2025학년도 수능 대비

수능 기출의 미래

과학탐구영역 | 화학Ⅰ

정답과 해설은 EBS*i* 사이트(www.ebs*i*.co.kr)에서 다운로드 받으실 수 있습니다.

2025학년도 수능 대비

수능 기출의 미래

과학탐구영역 | 화학 I

All New

수능 기출의 미래

과학탐구영역 화학 I

기출 풀어 유형 잡고, 수능 기출의 미래로 2025 수능 가자!!

매해 반복 출제되는 개념과 번갈아 출제되는 개념들을 익히기 위해서는 다년간의 기출 문제를 꼼꼼히 풀어 봐야 합니다. 다년간 수능 및 모의고사에 출제된 기출 문제를 풀다 보면 스스로 과목별, 영역별 유형을 익힐 수 있기 때문입니다.

새 교육과정에 맞춰 최근 7개년의 수능, 모의평가, 학력평가 기출 문제를 엄선하여 최다 문제를 실은 EBS **수능 기출의 미래로 2025학년도 수능을 준비**하세요.

수능 준비의 시작과 마무리! **수능 기출의 미래**가 책임집니다.

기출 문제로 유형 확인하기

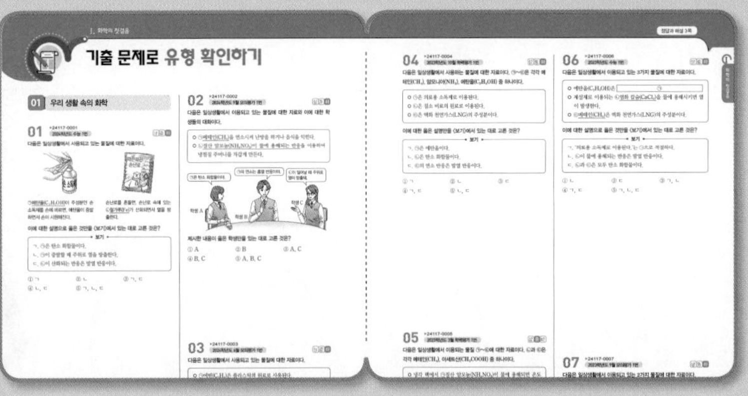

최근 7개년 간 역대 최다의 기출 문제로 단원별 유형을 확인하고 수능을 준비할 수 있도록 구성하였습니다. 매해 반복 출제되는 유형과 개념을 심화 학습할 수 있습니다.

기출 & 플러스

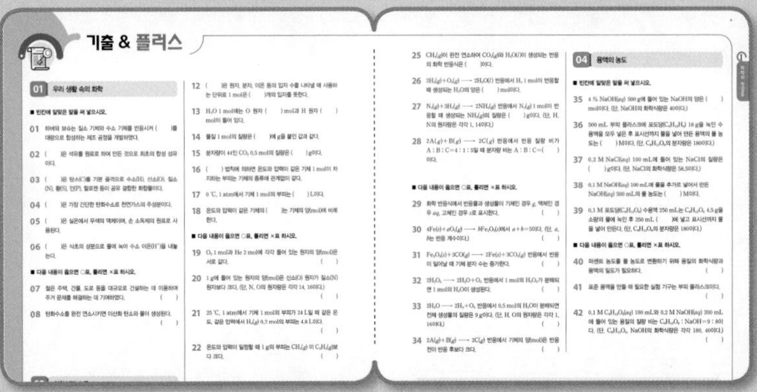

대단원이 끝날 때마다 학습 내용 확인을 위한 빈칸 개념 넣기와 ○× 문항으로 구성된 코너를 두어 완전 학습이 되도록 하였습니다.

정답과 해설

두껍고 무거운 해설이 아닌 핵심만 깔끔하게 정리된 슬림한 해설을 제공합니다.

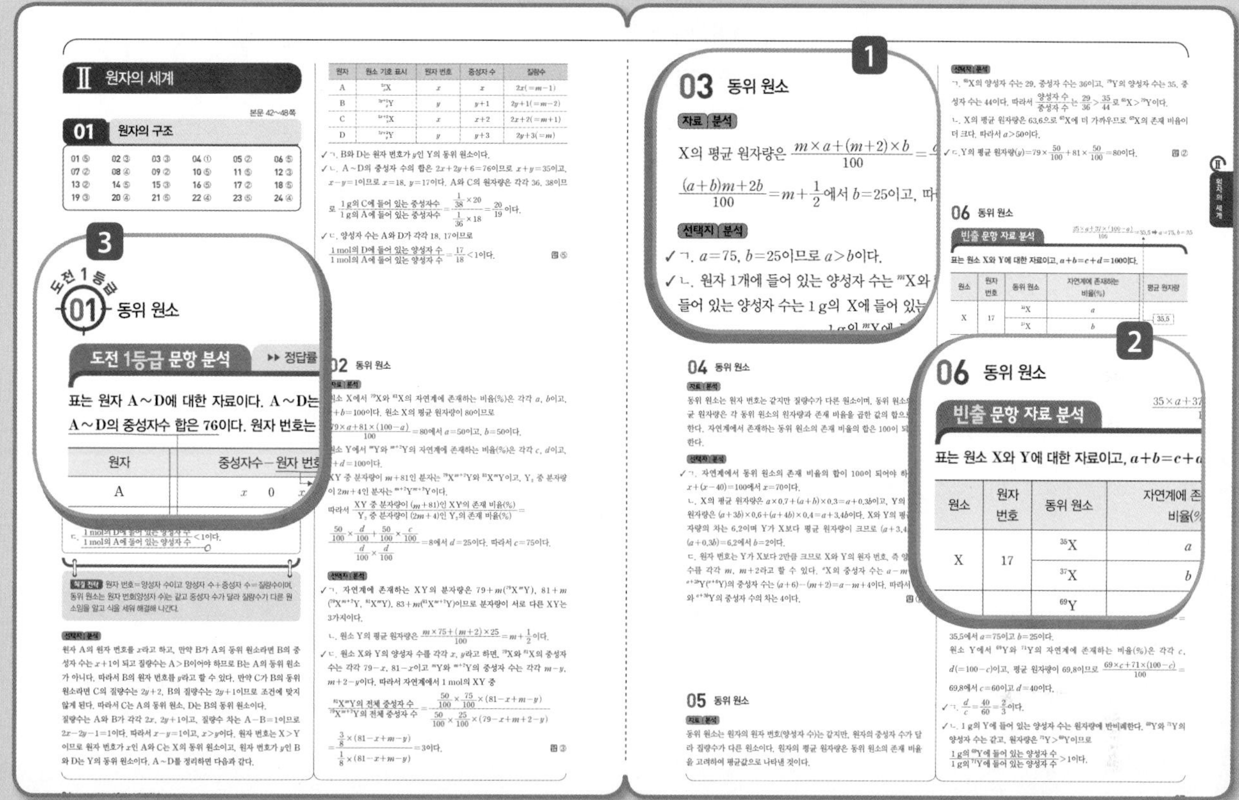

1 자세하고 명쾌한 해설!

기출 문제의 자료 분석을 통해 문제 해결 능력을 기르고, 정답인 이유와 오답인 이유를 상세히 설명하여 학생 스스로 핵심을 제대로 파악할 수 있도록 하였습니다.

2 빈출 문항 분석으로 중요 개념 다지기!

자주 출제되는 개념은 또 출제될 수 있는 만큼 첨삭 해설을 통해 핵심을 파악하고, 실전에 대비할 수 있도록 해결 전략을 제공하였습니다.

3 도전 1등급 문항 분석으로 실력 업그레이드!

정답률이 낮았던 난도 있는 문항을 상세히 분석하여 실력을 한 단계 업그레이드시킬 수 있도록 하였습니다.

차례

수능 기출의 미래
과학탐구영역 화학 I

I 화학의 첫걸음

II 원자의 세계

III 화학 결합과 분자의 세계

역동적인 화학 반응

별책 정답과 해설

학생
인공지능 DANCHOQ
푸리봇 문|제|검|색
EBSi 사이트와 EBSi 고교강의 APP 하단의 AI 학습도우미 푸리봇을 통해 문항코드를 검색하면 푸리봇이 해당 문제의 해설과 해설 강의를 찾아 줍니다. 사진 촬영으로도 검색할 수 있습니다.
문제별 문항코드 확인
문항코드 검색
[24117-0001]
1. 아래 그래프를 이해한 내용으로 가장 적절한 것은?
24117-0001
사진 촬영 검색
선생님
EBS 교사지원센터
교재 관련 자|료|제|공
교재의 문항 한글(HWP) 파일과 교재이미지, 강의자료를 무료로 제공합니다.
한글다운로드
교재이미지
강의자료
• 교사지원센터(teacher.ebsi.co.kr)에서 '교사인증' 이후 이용하실 수 있습니다.
• 교사지원센터에서 제공하는 자료는 교재별로 다를 수 있습니다.

화학의 첫걸음

기출 문제 분석 팁

- 〈우리 생활 속의 화학〉 단원에서는 비교적 쉽고 단순한 개념이 출제된다. 최근에는 탄소 화합물 중 메테인(CH_4), 에탄올(C_2H_5OH), 아세트산(CH_3COOH) 등에 관한 개념이 자주 출제되고 있으며, 〈화학 반응에서 출입하는 열〉 단원과 통합적인 문제로 주로 출제되고 있다. 이들의 화학식과 구조식, 성질 및 용도 등에 대해서 알아두어야 하며, 발열 반응과 흡열 반응의 의미를 이해하고 있어야 한다.
- 〈화학식량과 몰〉 단원은 원자량, 분자량, 몰, 아보가드로수 등 화학의 기본이 되는 중요한 개념이 많이 포함된 단원이다. 이 단원에서는 개념을 이용하여 몰과 질량, 몰과 부피 등의 다양한 계산까지 적용해야 하는 까다로운 문제들이 출제된다. 따라서 각 용어의 개념을 확실히 이해하고, 이와 관련된 다양한 계산 문제를 충분히 연습해 두어야 한다.
- 〈화학 반응식〉 단원은 화학 반응식을 제시하고 화학 반응 전과 후의 양적 관계를 분석하는 유형의 문제가 매년 출제되고 있다. 먼저 '화학 반응식의 계수 비는 반응하는 물질의 몰비'임을 이해하고, 〈화학식량과 몰〉 단원의 여러 가지 개념들을 적용하여 계산 문제를 해결할 수 있도록 훈련해야 한다.
- 〈용액의 농도〉 단원에서는 특정 몰 농도의 수용액을 만드는 실험에 관한 문제나, 용액을 희석하거나 혼합할 때의 몰 농도를 구하는 문제가 주로 출제된다. 원하는 몰 농도의 수용액을 만드는 실험 과정을 이해하고, 용액을 희석하거나 혼합할 때 용질의 양(mol)의 변화를 잘 알아두어야 한다.
- 2015 개정 교육 과정에서 '몰수'라는 용어는 '양(mol)'으로 바꾸어 사용하고, '몰'이라는 단위는 'mol'로 바꾸어 사용한다.

한눈에 보는 출제 빈도

시험 \ 내용		01 우리 생활 속의 화학 • 화학의 유용성 • 탄소 화합물의 유용성	02 화학식량과 몰 • 화학식량 • 몰 • 아보가드로 법칙	03 화학 반응식 • 화학 반응식 • 화학 반응에서 양적 관계	04 용액의 농도 • 퍼센트 농도 • 몰 농도
2024 학년도	수능	1	1	2	1
	9월 모의평가	1	1	2	1
	6월 모의평가	1	1	2	1
2023 학년도	수능	1	1	2	1
	9월 모의평가	1	1	2	1
	6월 모의평가	1	1	2	1
2022 학년도	수능	1	1	2	1
	9월 모의평가	1	1	2	1
	6월 모의평가	1	1	2	1
2021 학년도	수능	1	1	2	1
	9월 모의평가	1	1	2	1
	6월 모의평가	1	1	2	1
2020 학년도	수능		1	2	
	9월 모의평가		1	2	
	6월 모의평가		1	2	

기출 문제로 유형 확인하기

01 우리 생활 속의 화학

01 ▸24117-0001
2024학년도 수능 1번 상중하

다음은 일상생활에서 사용되고 있는 물질에 대한 자료이다.

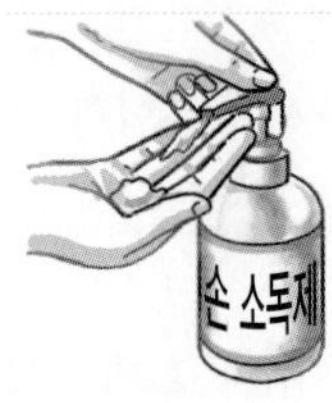

㉠에탄올(C_2H_5OH)이 주성분인 손 소독제를 손에 바르면, 에탄올이 증발하면서 손이 시원해진다.

손난로를 흔들면, 손난로 속에 있는 ㉡철가루(Fe)가 산화되면서 열을 방출한다.

이에 대한 설명으로 옳은 것만을 〈보기〉에서 있는 대로 고른 것은?

보기

ㄱ. ㉠은 탄소 화합물이다.
ㄴ. ㉠이 증발할 때 주위로 열을 방출한다.
ㄷ. ㉡이 산화되는 반응은 발열 반응이다.

① ㄱ ② ㄴ ③ ㄱ, ㄷ
④ ㄴ, ㄷ ⑤ ㄱ, ㄴ, ㄷ

02 ▸24117-0002
2024학년도 9월 모의평가 1번 상중하

다음은 일상생활에서 이용되고 있는 물질에 대한 자료와 이에 대한 학생들의 대화이다.

- ㉠메테인(CH_4)을 연소시켜 난방을 하거나 음식을 익힌다.
- ㉡질산 암모늄(NH_4NO_3)이 물에 용해되는 반응을 이용하여 냉찜질 주머니를 차갑게 만든다.

제시한 내용이 옳은 학생만을 있는 대로 고른 것은?

① A ② B ③ A, C
④ B, C ⑤ A, B, C

03 ▸24117-0003
2024학년도 6월 모의평가 1번 상중하

다음은 일상생활에서 사용되고 있는 물질에 대한 자료이다.

- ㉠에텐(C_2H_4)은 플라스틱의 원료로 사용된다.
- ㉡아세트산(CH_3COOH)은 의약품 제조에 이용된다.
- ㉢에탄올(C_2H_5OH)을 묻힌 솜으로 피부를 닦으면 에탄올이 기화되면서 피부가 시원해진다.

이에 대한 설명으로 옳은 것만을 〈보기〉에서 있는 대로 고른 것은?

보기

ㄱ. ㉠은 탄소 화합물이다.
ㄴ. ㉡을 물에 녹이면 염기성 수용액이 된다.
ㄷ. ㉢이 기화되는 반응은 흡열 반응이다.

① ㄱ ② ㄴ ③ ㄱ, ㄷ
④ ㄴ, ㄷ ⑤ ㄱ, ㄴ, ㄷ

04

▸24117-0004

2023학년도 10월 학력평가 1번

상중하

다음은 일상생활에서 사용하는 물질에 대한 자료이다. ㉠~㉢은 각각 메테인(CH_4), 암모니아(NH_3), 에탄올(C_2H_5OH) 중 하나이다.

- ㉠은 의료용 소독제로 이용된다.
- ㉡은 질소 비료의 원료로 이용된다.
- ㉢은 액화 천연가스(LNG)의 주성분이다.

이에 대한 옳은 설명만을 〈보기〉에서 있는 대로 고른 것은?

보기

ㄱ. ㉠은 에탄올이다.
ㄴ. ㉡은 탄소 화합물이다.
ㄷ. ㉢의 연소 반응은 발열 반응이다.

① ㄱ ② ㄴ ③ ㄷ
④ ㄱ, ㄷ ⑤ ㄴ, ㄷ

05

▸24117-0005

2023학년도 3월 학력평가 1번

상중하

다음은 일상생활에서 이용되는 물질 ㉠~㉢에 대한 자료이다. ㉡과 ㉢은 각각 메테인(CH_4), 아세트산(CH_3COOH) 중 하나이다.

- 냉각 팩에서 ㉠질산 암모늄(NH_4NO_3)이 물에 용해되면 온도가 낮아진다.
- [㉡]은 천연가스의 주성분이다.
- [㉢]은 식초의 성분이다.

이에 대한 옳은 설명만을 〈보기〉에서 있는 대로 고른 것은?

보기

ㄱ. ㉠이 물에 용해되는 반응은 흡열 반응이다.
ㄴ. ㉠과 ㉡은 모두 탄소 화합물이다.
ㄷ. ㉢의 수용액은 산성이다.

① ㄱ ② ㄴ ③ ㄱ, ㄷ
④ ㄴ, ㄷ ⑤ ㄱ, ㄴ, ㄷ

06

▸24117-0006

2023학년도 수능 1번

상중하

다음은 일상생활에서 이용되고 있는 3가지 물질에 대한 자료이다.

- 에탄올(C_2H_5OH)은 [㉠]
- 제설제로 이용되는 ㉡염화 칼슘($CaCl_2$)을 물에 용해시키면 열이 발생한다.
- ㉢메테인(CH_4)은 액화 천연가스(LNG)의 주성분이다.

이에 대한 설명으로 옳은 것만을 〈보기〉에서 있는 대로 고른 것은?

보기

ㄱ. '의료용 소독제로 이용된다.'는 ㉠으로 적절하다.
ㄴ. ㉡이 물에 용해되는 반응은 발열 반응이다.
ㄷ. ㉡과 ㉢은 모두 탄소 화합물이다.

① ㄴ ② ㄷ ③ ㄱ, ㄴ
④ ㄱ, ㄷ ⑤ ㄱ, ㄴ, ㄷ

07

▸24117-0007

2023학년도 9월 모의평가 1번

상중하

다음은 일상생활에서 이용되고 있는 2가지 물질에 대한 자료이다.

- 메테인(CH_4)은 [㉠]의 주성분이다.
- ㉡뷰테인(C_4H_{10})을 연소시켜 물을 끓인다.

이에 대한 설명으로 옳은 것만을 〈보기〉에서 있는 대로 고른 것은?

보기

ㄱ. '액화 천연가스(LNG)'는 ㉠으로 적절하다.
ㄴ. ㉡은 탄소 화합물이다.
ㄷ. ㉡의 연소 반응은 발열 반응이다.

① ㄱ ② ㄷ ③ ㄱ, ㄴ
④ ㄴ, ㄷ ⑤ ㄱ, ㄴ, ㄷ

08

▸24117-0008

2023학년도 6월 모의평가 1번

상중하

다음은 화학의 유용성에 대한 자료이다.

> ○ ㉠에탄올(C_2H_5OH)을 산화시켜 만든 ㉡아세트산(CH_3COOH)은 의약품 제조에 이용된다.
> ○ 질소(N_2)와 수소(H_2)를 반응시켜 만든 암모니아(NH_3)는 [㉢](으)로 이용된다.

이에 대한 설명으로 옳은 것만을 〈보기〉에서 있는 대로 고른 것은?

> 보기
>
> ㄱ. ㉠은 탄소 화합물이다.
> ㄴ. ㉡을 물에 녹이면 산성 수용액이 된다.
> ㄷ. '질소 비료의 원료'는 ㉢으로 적절하다.

① ㄱ ② ㄷ ③ ㄱ, ㄴ
④ ㄴ, ㄷ ⑤ ㄱ, ㄴ, ㄷ

09

▸24117-0009

2022학년도 10월 학력평가 1번

상중하

그림은 물질 (가)~(다)를 분자 모형으로 나타낸 것이다.

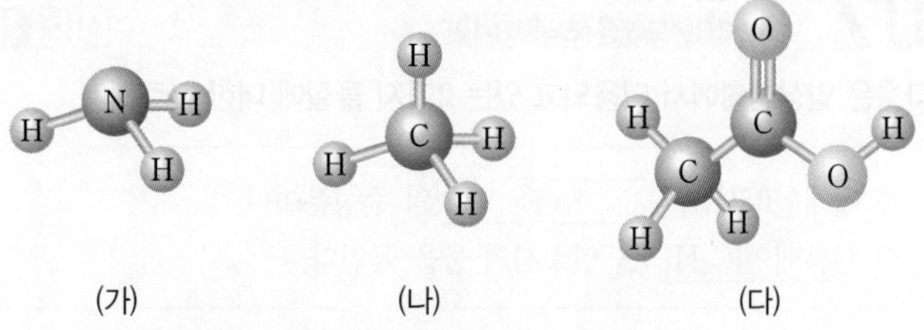

이에 대한 옳은 설명만을 〈보기〉에서 있는 대로 고른 것은?

> 보기
>
> ㄱ. (가)는 질소 비료를 만드는 데 쓰인다.
> ㄴ. (나)는 액화 천연가스(LNG)의 주성분이다.
> ㄷ. (다)의 수용액은 산성이다.

① ㄱ ② ㄴ ③ ㄱ, ㄷ
④ ㄴ, ㄷ ⑤ ㄱ, ㄴ, ㄷ

10

▸24117-0010

2022학년도 3월 학력평가 1번

상중하

다음은 물질 X에 대한 설명이다.

> ○ 탄소 화합물이다.
> ○ 구성 원소는 3가지이다.
> ○ 수용액은 산성이다.

다음 중 X로 가장 적절한 것은?

① 메테인(CH_4) ② 암모니아(NH_3)
③ 염화 나트륨(NaCl) ④ 아세트산(CH_3COOH)
⑤ 설탕($C_{12}H_{22}O_{11}$)

11

▸24117-0011

2022학년도 수능 2번

상중하

표는 일상생활에서 이용되고 있는 물질에 대한 자료이다.

물질	이용 사례
아세트산(CH_3COOH)	식초의 성분이다.
암모니아(NH_3)	질소 비료의 원료로 이용된다.
에탄올(C_2H_5OH)	㉠

이에 대한 설명으로 옳은 것만을 〈보기〉에서 있는 대로 고른 것은?

> 보기
>
> ㄱ. CH_3COOH을 물에 녹이면 산성 수용액이 된다.
> ㄴ. NH_3는 탄소 화합물이다.
> ㄷ. '의료용 소독제로 이용된다.'는 ㉠으로 적절하다.

① ㄱ ② ㄴ ③ ㄱ, ㄷ
④ ㄴ, ㄷ ⑤ ㄱ, ㄴ, ㄷ

12
▸24117-0012
2022학년도 9월 모의평가 2번 상중하

그림은 물질 (가)와 (나)의 구조식을 나타낸 것이다.

```
H-N-H            H  O
  |              |  ‖
  H          H - C - C - O - H
                 |
                 H
 (가)              (나)
```

이에 대한 설명으로 옳은 것만을 〈보기〉에서 있는 대로 고른 것은?

보기

ㄱ. (가)는 질소 비료의 원료로 사용된다.
ㄴ. (나)를 물에 녹이면 산성 수용액이 된다.
ㄷ. (가)와 (나)는 모두 탄소 화합물이다.

① ㄱ ② ㄷ ③ ㄱ, ㄴ
④ ㄴ, ㄷ ⑤ ㄱ, ㄴ, ㄷ

13
▸24117-0013
2022학년도 6월 모의평가 1번 상중하

다음은 일상생활에서 사용하는 제품과 이와 관련된 성분 (가)~(다)에 대한 자료이다.

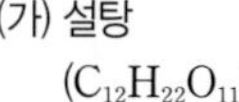
(가) 설탕 ($C_{12}H_{22}O_{11}$)

(나) 염화 나트륨 ($NaCl$)

(다) 아세트산 (CH_3COOH)

(가)~(다) 중 탄소 화합물만을 있는 대로 고른 것은?

① (가) ② (나) ③ (가), (다)
④ (나), (다) ⑤ (가), (나), (다)

14
▸24117-0014
2021학년도 10월 학력평가 1번 상중하

다음은 탄소 화합물 (가)~(다)에 대한 설명이다. (가)~(다)는 각각 메테인(CH_4), 에탄올(C_2H_5OH), 아세트산(CH_3COOH) 중 하나이다.

- (가): 천연가스의 주성분이다.
- (나): 수용액은 산성이다.
- (다): 손 소독제를 만드는 데 사용한다.

(가)~(다)로 옳은 것은?

	(가)	(나)	(다)
①	메테인	에탄올	아세트산
②	메테인	아세트산	에탄올
③	에탄올	메테인	아세트산
④	에탄올	아세트산	메테인
⑤	아세트산	에탄올	메테인

15
▸24117-0015
2021학년도 3월 학력평가 1번 상중하

다음은 메테인(CH_4), 에탄올(C_2H_5OH), 아세트산(CH_3COOH)에 대한 세 학생의 대화이다.

제시한 내용이 옳은 학생만을 있는 대로 고른 것은?

① A ② B ③ A, B
④ A, C ⑤ B, C

16

▸24117-0016

2021학년도 수능 1번

상중하

다음은 탄소 화합물에 대한 설명이다.

> 탄소 화합물이란 탄소(C)를 기본으로 수소(H), 산소(O), 질소(N) 등이 결합하여 만들어진 화합물이다.

다음 중 탄소 화합물은?

① 산화 칼슘(CaO) ② 염화 칼륨(KCl)
③ 암모니아(NH_3) ④ 에탄올(C_2H_5OH)
⑤ 물(H_2O)

17

▸24117-0017

2021학년도 9월 모의평가 1번

상중하

다음은 화학의 유용성과 관련된 자료이다.

> ○ 과학자들은 석유를 원료로 하여 ㉠나일론을 개발하였다.
> ○ 하버와 보슈는 질소 기체를 [㉡] 와/과 반응시켜 ㉢암모니아를 대량으로 합성하는 제조 공정을 개발하였다.

이에 대한 설명으로 옳은 것만을 〈보기〉에서 있는 대로 고른 것은?

보기

ㄱ. ㉠은 합성 섬유이다.
ㄴ. ㉡은 산소 기체이다.
ㄷ. ㉢은 인류의 식량 부족 문제를 개선하는 데 기여하였다.

① ㄱ ② ㄴ ③ ㄱ, ㄷ
④ ㄴ, ㄷ ⑤ ㄱ, ㄴ, ㄷ

18

▸24117-0018

2021학년도 6월 모의평가 2번

상중하

그림은 탄소 화합물 (가)~(다)의 구조식을 나타낸 것이다. (가)~(다)는 각각 메테인, 에탄올, 아세트산 중 하나이다.

```
     H              H   O               H   H
     |              |   ‖               |   |
 H - C - H      H - C - C - O - H   H - C - C - O - H
     |              |                   |   |
     H              H                   H   H
    (가)              (나)                  (다)
```

이에 대한 설명으로 옳은 것만을 〈보기〉에서 있는 대로 고른 것은?

보기

ㄱ. (가)는 천연가스의 주성분이다.
ㄴ. (나)를 물에 녹이면 염기성 수용액이 된다.
ㄷ. (다)는 손 소독제를 만드는 데 사용된다.

① ㄱ ② ㄷ ③ ㄱ, ㄴ
④ ㄱ, ㄷ ⑤ ㄴ, ㄷ

19

▸24117-0019

2020학년도 10월 학력평가 1번

상중하

다음은 화학이 실생활의 문제 해결에 기여한 사례이다.

> ○ 하버는 공기 중의 [㉠] 기체를 수소 기체와 반응시켜 [㉡]을 대량 합성하는 방법을 개발하여 인류의 식량 문제 해결에 기여하였다.
> ○ 캐러더스는 최초의 합성 섬유인 [㉢]을 개발하여 인류의 의류 문제 해결에 기여하였다.

이에 대한 옳은 설명만을 〈보기〉에서 있는 대로 고른 것은?

보기

ㄱ. ㉠은 질소이다.
ㄴ. ㉢은 천연 섬유에 비해 대량 생산이 쉽다.
ㄷ. 분자를 구성하는 원자 수는 ㉡이 ㉠의 4배이다.

① ㄱ ② ㄷ ③ ㄱ, ㄴ
④ ㄴ, ㄷ ⑤ ㄱ, ㄴ, ㄷ

20

▸24117-0020
2020학년도 10월 학력평가 3번
상중하

그림은 탄소 화합물 (가)와 (나)의 분자 모형을 나타낸 것이다.

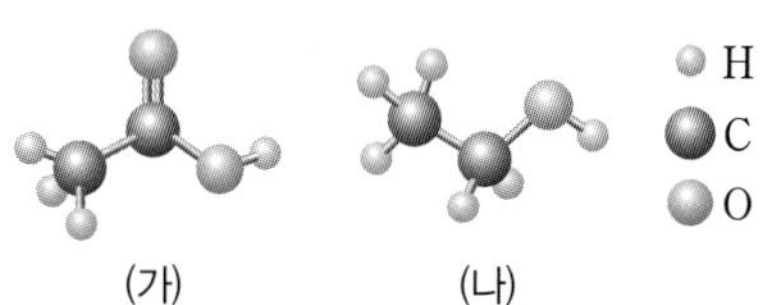

(가) (나)

이에 대한 옳은 설명만을 〈보기〉에서 있는 대로 고른 것은?

보기

ㄱ. (가)의 수용액은 산성이다.
ㄴ. 완전 연소 생성물의 가짓수는 (나) > (가)이다.
ㄷ. $\frac{\text{H 원자 수}}{\text{O 원자 수}}$는 (나)가 (가)의 3배이다.

① ㄱ ② ㄴ ③ ㄱ, ㄷ
④ ㄴ, ㄷ ⑤ ㄱ, ㄴ, ㄷ

21

▸24117-0021
2020학년도 3월 학력평가 2번
상중하

그림은 탄소 화합물 (가)~(다)의 분자 모형을 나타낸 것이다.

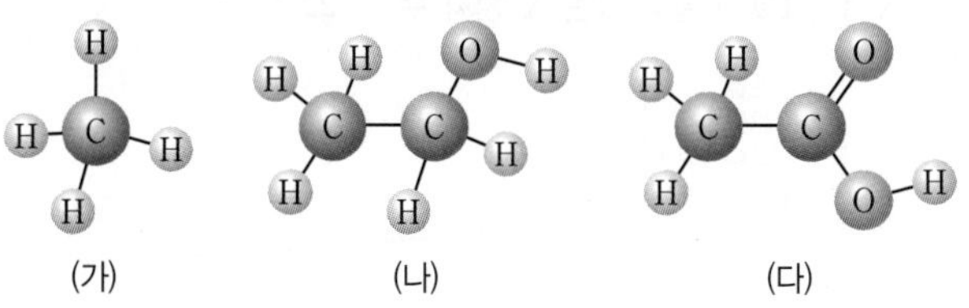

(가) (나) (다)

(가)~(다)에 대한 옳은 설명만을 〈보기〉에서 있는 대로 고른 것은?

보기

ㄱ. (가)는 액화 천연가스(LNG)의 주성분이다.
ㄴ. (다)의 수용액은 산성이다.
ㄷ. $\frac{\text{H 원자 수}}{\text{C 원자 수}}$는 (나)가 가장 크다.

① ㄱ ② ㄷ ③ ㄱ, ㄴ
④ ㄴ, ㄷ ⑤ ㄱ, ㄴ, ㄷ

02 화학식량과 몰

22

▸24117-0022
2024학년도 수능 19번
상중하

표는 같은 온도와 압력에서 실린더 (가)~(다)에 들어 있는 기체에 대한 자료이다.

실린더		(가)	(나)	(다)
기체의 질량(g)	$X_aY_b(g)$	$15w$	$22.5w$	
	$X_aY_c(g)$	$16w$	$8w$	
Y 원자 수(상댓값)		6	5	9
전체 원자 수		$10N$	$9N$	xN
기체의 부피(L)		$4V$	$4V$	$5V$

이에 대한 설명으로 옳은 것만을 〈보기〉에서 있는 대로 고른 것은? (단, X와 Y는 임의의 원소 기호이다.)

보기

ㄱ. $a=b$이다.
ㄴ. $\frac{\text{X의 원자량}}{\text{Y의 원자량}}=\frac{7}{8}$이다.
ㄷ. $x=14$이다.

① ㄱ ② ㄴ ③ ㄱ, ㄷ
④ ㄴ, ㄷ ⑤ ㄱ, ㄴ, ㄷ

23

▸24117-0023
2024학년도 9월 모의평가 18번 상중하

다음은 t ℃, 1기압에서 실린더 (가)와 (나)에 들어 있는 기체에 대한 자료이다.

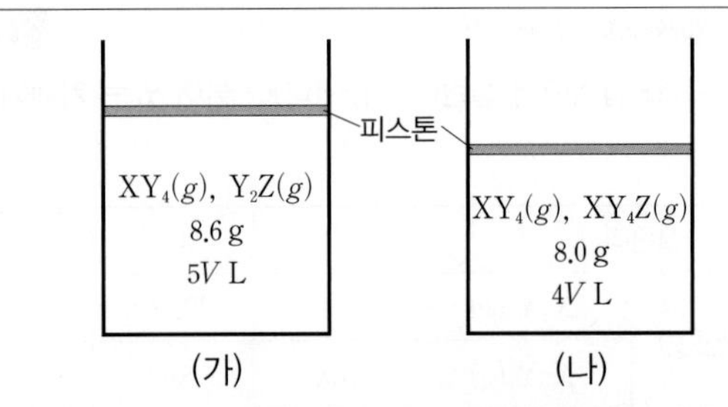

- Y 원자 수는 (가)에서가 (나)에서의 $\frac{7}{8}$배이다.
- $\frac{\text{Z 원자 수}}{\text{X 원자 수}}$는 (가)에서가 (나)에서의 6배이다.
- (가)에서 Z의 질량은 4.8 g이고, (나)에서 $XY_4(g)$의 질량은 w g이다.

$w \times \frac{\text{X의 원자량}}{\text{Z의 원자량}}$은? (단, X~Z는 임의의 원소 기호이다.)

① 1.2 ② 1.8 ③ 2.4
④ 3.0 ⑤ 3.6

24

▸24117-0024
2024학년도 6월 모의평가 18번 상중하

표는 용기 (가)와 (나)에 들어 있는 화합물에 대한 자료이다.

용기		(가)	(나)
화합물의 질량(g)	X_aY_b	$38w$	$19w$
	X_aY_c	0	$23w$
원자 수 비율		$\frac{3}{5}$, $\frac{2}{5}$	$\frac{7}{11}$, $\frac{4}{11}$
$\frac{\text{Y의 전체 질량}}{\text{X의 전체 질량}}$(상댓값)		6	7
전체 원자 수		$10N$	$11N$

$\frac{c}{a} \times \frac{\text{Y의 원자량}}{\text{X의 원자량}}$은? (단, X와 Y는 임의의 원소 기호이다.)

① $\frac{4}{11}$ ② $\frac{11}{12}$ ③ $\frac{12}{11}$
④ $\frac{7}{4}$ ⑤ $\frac{16}{7}$

25

▸24117-0025
2023학년도 10월 학력평가 10번 상중하

표는 t ℃, 1 atm에서 $AB(g)$와 $AB_2(g)$에 대한 자료이다.

기체	부피(L)	전체 원자 수	질량(g)
AB	1	N	$14w$
AB_2	x	$\frac{3}{4}N$	$11w$

이에 대한 옳은 설명만을 〈보기〉에서 있는 대로 고른 것은? (단, A, B는 임의의 원소 기호이다.)

보기

ㄱ. $x=2$이다.
ㄴ. 원자량은 B>A이다.
ㄷ. 1 g에 들어 있는 A 원자 수는 $AB > AB_2$이다.

① ㄱ ② ㄷ ③ ㄱ, ㄴ
④ ㄴ, ㄷ ⑤ ㄱ, ㄴ, ㄷ

26

▸24117-0026
2023학년도 3월 학력평가 18번 상중하

그림은 $X_aY_{2a}(g)$ N mol이 들어 있는 실린더에 $X_bY_{2a}(g)$를 조금씩 넣었을 때 $X_bY_{2a}(g)$의 양(mol)에 따른 혼합 기체의 밀도를 나타낸 것이다. $\frac{X_bY_{2a}\ \text{1 g에 들어 있는 X 원자 수}}{X_aY_{2a}\ \text{1 g에 들어 있는 X 원자 수}} = \frac{21}{22}$이다.

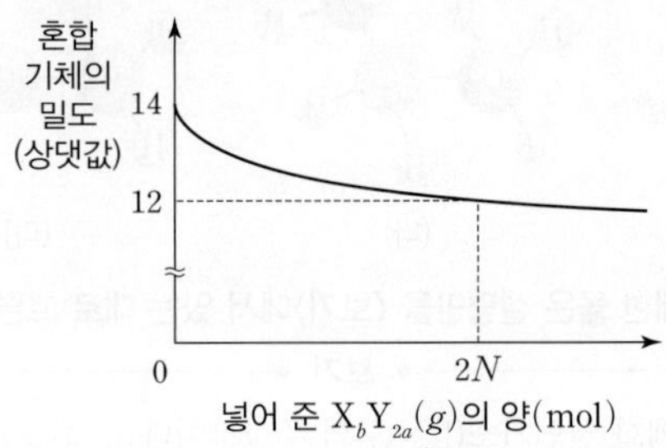

$\frac{b}{a} \times \frac{\text{X의 원자량}}{\text{Y의 원자량}}$은? (단, X, Y는 임의의 원소 기호이고, 두 기체는 반응하지 않으며, 실린더 속 기체의 온도와 압력은 일정하다.)

① $\frac{3}{4}$ ② 1 ③ $\frac{7}{6}$
④ 9 ⑤ 16

27

▸24117-0027

2023학년도 수능 20번

상 중 하

표는 t ℃, 1기압에서 실린더 (가)와 (나)에 들어 있는 기체에 대한 자료이다.

실린더	기체의 질량비	전체 기체의 밀도 (상댓값)	$\frac{\text{X 원자 수}}{\text{Y 원자 수}}$
(가)	$X_aY_{2b} : X_bY_c = 1 : 2$	9	$\frac{13}{24}$
(나)	$X_aY_{2b} : X_bY_c = 3 : 1$	8	$\frac{11}{28}$

$\frac{X_bY_c\text{의 분자량}}{X_aY_{2b}\text{의 분자량}} \times \frac{c}{a}$는? (단, X와 Y는 임의의 원소 기호이다.)

① $\frac{2}{3}$ ② $\frac{4}{3}$ ③ 2
④ $\frac{8}{3}$ ⑤ $\frac{10}{3}$

28

▸24117-0028

2023학년도 9월 모의평가 18번

상 중 하

표는 실린더 (가)와 (나)에 들어 있는 기체에 대한 자료이다. 분자당 구성 원자 수 비는 X : Y=5 : 3이다.

실린더	기체의 질량(g)		단위 부피당 전체 원자 수 (상댓값)	전체 기체의 밀도 (g/L)
	X(g)	Y(g)		
(가)	$3w$	0	5	d_1
(나)	w	$4w$	4	d_2

$\frac{\text{Y의 분자량}}{\text{X의 분자량}} \times \frac{d_2}{d_1}$는? (단, 실린더 속 기체의 온도와 압력은 일정하며, X(g)와 Y(g)는 반응하지 않는다.)

① $\frac{8}{5}$ ② 2 ③ $\frac{5}{2}$
④ 5 ⑤ 10

29

▸24117-0029

2022학년도 6월 모의평가 18번

상 중 하

표는 기체 (가)와 (나)에 대한 자료이다. (가)의 분자당 구성 원자 수는 7이다.

기체	분자식	1 g에 들어 있는 전체 원자 수(상댓값)	분자량 (상댓값)	구성 원소의 질량비
(가)	X_mY_{2n}	21	4	X : Y=9 : 1
(나)	Z_nY_n	16	3	

$\frac{m}{n} \times \frac{\text{Z의 원자량}}{\text{X의 원자량}}$은? (단, X~Z는 임의의 원소 기호이다.)

① $\frac{7}{4}$ ② $\frac{7}{8}$ ③ $\frac{6}{7}$
④ $\frac{7}{9}$ ⑤ $\frac{4}{7}$

30

▸24117-0030

2022학년도 10월 학력평가 18번

상 중 하

표는 기체 (가)~(다)에 대한 자료이다. 1 g에 들어 있는 Y 원자 수 비는 (가) : (다)=5 : 4이다.

기체	(가)	(나)	(다)
분자식	XY	ZX_n	Z_2Y_n
1 g에 들어 있는 전체 원자 수(상댓값)	40	125	24
질량(g)	5	8	

이에 대한 옳은 설명만을 ⟨보기⟩에서 있는 대로 고른 것은? (단, X~Z는 임의의 원소 기호이다.)

보기

ㄱ. $n=2$이다.
ㄴ. 기체의 양(mol)은 (나)가 (가)의 2배이다.
ㄷ. $\frac{\text{Z의 원자량}}{\text{X의 원자량}+\text{Y의 원자량}} = \frac{4}{5}$이다.

① ㄱ ② ㄴ ③ ㄷ
④ ㄱ, ㄴ ⑤ ㄴ, ㄷ

31

▶24117-0031

2022학년도 3월 학력평가 17번 상중하

표는 용기 (가)와 (나)에 들어 있는 기체에 대한 자료이다. $\frac{\text{B의 원자량}}{\text{A의 원자량}}=\frac{8}{7}$이다.

용기	기체	기체의 질량(g)	$\frac{\text{B 원자 수}}{\text{A 원자 수}}$	AB의 양(mol)
(가)	AB, A_2B	$37w$	$\frac{2}{3}$	$5n$
(나)	AB, CB_2	$56w$	6	$4n$

이에 대한 옳은 설명만을 〈보기〉에서 있는 대로 고른 것은? (단, A~C는 임의의 원소 기호이고, 모든 기체는 반응하지 않는다.)

보기

ㄱ. (가)에서 기체 분자 수는 AB와 A_2B가 같다.

ㄴ. $\frac{\text{(가)에서 }A_2B\text{의 양(mol)}}{\text{(나)에서 }CB_2\text{의 양(mol)}}=\frac{1}{2}$이다.

ㄷ. $\frac{\text{C의 원자량}}{\text{B의 원자량}}=\frac{3}{4}$이다.

① ㄱ ② ㄷ ③ ㄱ, ㄴ ④ ㄴ, ㄷ ⑤ ㄱ, ㄴ, ㄷ

32

▶24117-0032

2022학년도 수능 18번 상중하

표는 용기 (가)와 (나)에 들어 있는 기체에 대한 자료이다. (나)에서 $\frac{\text{X의 질량}}{\text{Y의 질량}}=\frac{15}{16}$이다.

용기	기체	기체의 질량(g)	$\frac{\text{X 원자 수}}{\text{Z 원자 수}}$	단위 질량당 Y 원자 수(상댓값)
(가)	XY_2, YZ_4	$55w$	$\frac{3}{16}$	23
(나)	XY_2, X_2Z_4	$23w$	$\frac{5}{8}$	11

이에 대한 설명으로 옳은 것만을 〈보기〉에서 있는 대로 고른 것은? (단, X~Z는 임의의 원소 기호이고, 모든 기체는 반응하지 않는다.)

보기

ㄱ. (가)에서 $\frac{\text{X의 질량}}{\text{Y의 질량}}=\frac{1}{2}$이다.

ㄴ. $\frac{\text{(나)에 들어 있는 전체 분자 수}}{\text{(가)에 들어 있는 전체 분자 수}}=\frac{3}{7}$이다.

ㄷ. $\frac{\text{X의 원자량}}{\text{Y의 원자량}+\text{Z의 원자량}}=\frac{4}{17}$이다.

① ㄱ ② ㄴ ③ ㄷ ④ ㄱ, ㄴ ⑤ ㄴ, ㄷ

33

▶24117-0033

2022학년도 9월 모의평가 18번 상중하

표는 원소 X와 Y로 이루어진 분자 (가)~(다)에서 구성 원소의 질량비를 나타낸 것이다. t ℃, 1 atm에서 기체 1 g의 부피비는 (가) : (나)= 15 : 22이고, (가)~(다)의 분자당 구성 원자 수는 각각 5 이하이다. 원자량은 Y가 X보다 크다.

분자	(가)	(나)	(다)
$\frac{\text{Y의 질량}}{\text{X의 질량}}$ (상댓값)	1	2	3

이에 대한 설명으로 옳은 것만을 〈보기〉에서 있는 대로 고른 것은? (단, X와 Y는 임의의 원소 기호이다.)

보기

ㄱ. $\frac{\text{Y의 원자량}}{\text{X의 원자량}}=\frac{4}{3}$이다.

ㄴ. (나)의 분자식은 XY이다.

ㄷ. $\frac{\text{(다)의 분자량}}{\text{(가)의 분자량}}=\frac{38}{11}$이다.

① ㄱ ② ㄴ ③ ㄷ ④ ㄱ, ㄴ ⑤ ㄴ, ㄷ

34

▶24117-0034

2022학년도 6월 모의평가 18번 상중하

다음은 A(g)~C(g)에 대한 자료이다.

- A(g)~C(g)의 질량은 각각 x g이다.
- B(g) 1 g에 들어 있는 X 원자 수와 C(g) 1 g에 들어 있는 Z 원자 수는 같다.

기체	구성 원소	분자당 구성 원자 수	단위 질량당 전체 원자 수(상댓값)	기체에 들어 있는 Y의 질량(g)
A(g)	X	2	11	
B(g)	X, Y	3	12	$2y$
C(g)	Y, Z	5	10	y

이에 대한 설명으로 옳은 것만을 〈보기〉에서 있는 대로 고른 것은? (단, X~Z는 임의의 2주기 원소 기호이다.)

보기

ㄱ. $\frac{\text{B}(g)\text{의 양(mol)}}{\text{A}(g)\text{의 양(mol)}}=\frac{8}{11}$이다.

ㄴ. C(g) 1 mol에 들어 있는 Y 원자의 양은 1 mol이다.

ㄷ. $\frac{x}{y}=\frac{11}{3}$이다.

① ㄱ ② ㄷ ③ ㄱ, ㄴ ④ ㄴ, ㄷ ⑤ ㄱ, ㄴ, ㄷ

35
▸24117-0035
2021학년도 10월 학력평가 18번
상 중 하

표는 t ℃, 1 atm에서 원소 X~Z로 이루어진 기체 (가)~(다)에 대한 자료이다. (가)~(다)는 각각 분자당 구성 원자 수가 3 이하이고, 원자량은 Y > Z > X이다.

기체	(가)	(나)	(다)
구성 원소	X, Y	X, Y	Y, Z
1 g당 전체 원자 수	$22N$	$21N$	$21N$
1 g당 부피(상댓값)	11	7	7

이에 대한 옳은 설명만을 〈보기〉에서 있는 대로 고른 것은? (단, X~Z는 임의의 원소 기호이다.)

보기

ㄱ. (가)의 분자식은 XY_2이다.
ㄴ. 원자량 비는 X : Z = 6 : 7이다.
ㄷ. 1 g당 Y 원자 수는 (나)가 (다)의 2배이다.

① ㄱ ② ㄴ ③ ㄱ, ㄷ
④ ㄴ, ㄷ ⑤ ㄱ, ㄴ, ㄷ

36
▸24117-0036
2021학년도 3월 학력평가 7번
상 중 하

표는 물질 X_2와 X_2Y에 대한 자료이다.

물질	X_2	X_2Y
전체 원자 수	N_A	$6N_A$
질량(g)	14	88

이에 대한 옳은 설명만을 〈보기〉에서 있는 대로 고른 것은? (단, X와 Y는 임의의 원소 기호이고, N_A는 아보가드로수이다.)

보기

ㄱ. X_2의 양은 1 mol이다.
ㄴ. X_2Y의 분자량은 44이다.
ㄷ. 원자량은 Y > X이다.

① ㄱ ② ㄴ ③ ㄱ, ㄷ
④ ㄴ, ㄷ ⑤ ㄱ, ㄴ, ㄷ

37
▸24117-0037
2021학년도 3월 학력평가 18번
상 중 하

그림은 X(g)가 들어 있는 실린더에 $Y_2(g)$, $ZY_3(g)$를 차례대로 넣은 것을 나타낸 것이다. 기체들은 서로 반응하지 않으며, 실린더 속 전체 원자 수 비는 (나) : (다) = 3 : 7이다.

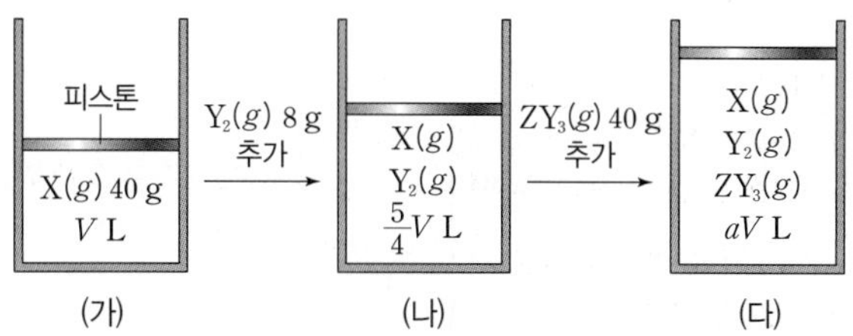

이에 대한 옳은 설명만을 〈보기〉에서 있는 대로 고른 것은? (단, X~Z는 임의의 원소 기호이며, 실린더 속 기체의 온도와 압력은 일정하다.)

보기

ㄱ. (다)에서 $a=\frac{7}{4}$이다.
ㄴ. 원자량 비는 X : Z = 5 : 4이다.
ㄷ. 1 g에 들어 있는 전체 원자 수는 Y_2가 ZY_3보다 크다.

① ㄱ ② ㄴ ③ ㄱ, ㄷ
④ ㄴ, ㄷ ⑤ ㄱ, ㄴ, ㄷ

38
▸24117-0038
2021학년도 수능 17번
상 중 하

그림 (가)는 강철 용기에 메테인($CH_4(g)$) 14.4 g과 에탄올($C_2H_5OH(g)$) 23 g이 들어 있는 것을, (나)는 (가)의 용기에 메탄올($CH_3OH(g)$) x g이 첨가된 것을 나타낸 것이다. 용기 속 기체의 $\frac{\text{산소(O) 원자 수}}{\text{전체 원자 수}}$는 (나)가 (가)의 2배이다.

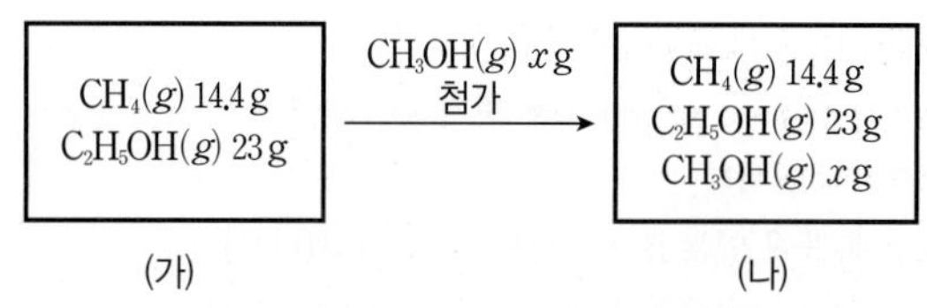

x는? (단, H, C, O의 원자량은 각각 1, 12, 16이다.)

① 16 ② 24 ③ 32
④ 48 ⑤ 64

39

▶24117-0039
2021학년도 9월 모의평가 17번 상중하

그림 (가)는 실린더에 $A_2B_4(g)$ 23 g이 들어 있는 것을, (나)는 (가)의 실린더에 $AB(g)$ 10 g이 첨가된 것을, (다)는 (나)의 실린더에 $A_2B(g)$ w g이 첨가된 것을 나타낸 것이다. (가)~(다)에서 실린더 속 기체의 부피는 V L, $\frac{7}{3}V$ L, $\frac{13}{3}V$ L이고, 모든 기체들은 반응하지 않는다.

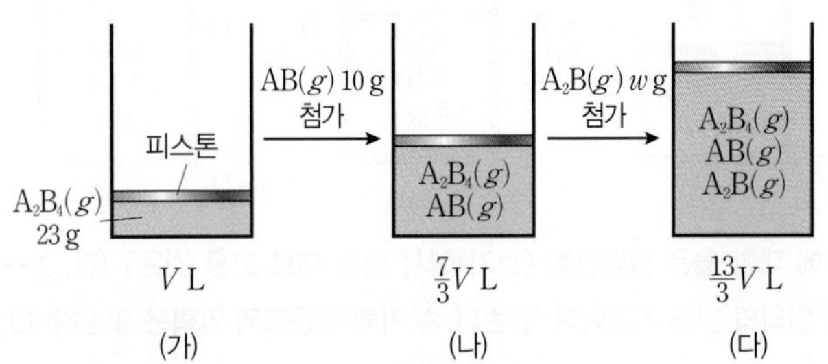

이에 대한 설명으로 옳은 것만을 〈보기〉에서 있는 대로 고른 것은? (단, A와 B는 임의의 원소 기호이며, 온도와 압력은 일정하다.)

보기

ㄱ. 원자량은 A > B이다.
ㄴ. w=22이다.
ㄷ. (다)에서 실린더 속 기체의 $\frac{\text{A 원자 수}}{\text{전체 원자 수}}=\frac{1}{2}$이다.

① ㄱ ② ㄴ ③ ㄱ, ㄷ
④ ㄴ, ㄷ ⑤ ㄱ, ㄴ, ㄷ

40

▶24117-0040
2021학년도 6월 모의평가 18번 상중하

표는 t ℃, 1기압에서 기체 (가)~(다)에 대한 자료이다.

기체	분자식	질량(g)	분자량	부피(L)	전체 원자 수(상댓값)
(가)	XY_2	18		8	1
(나)	ZX_2	23		a	1.5
(다)	Z_2Y_4	26	104		b

이에 대한 설명으로 옳은 것만을 〈보기〉에서 있는 대로 고른 것은? (단, X~Z는 임의의 원소 기호이고, t ℃, 1기압에서 기체 1 mol의 부피는 24 L이다.)

보기

ㄱ. $a\times b$=18이다.
ㄴ. 1 g에 들어 있는 전체 원자 수는 (나) > (다)이다.
ㄷ. t ℃, 1기압에서 $X_2(g)$ 6 L의 질량은 8 g이다.

① ㄱ ② ㄷ ③ ㄱ, ㄴ
④ ㄴ, ㄷ ⑤ ㄱ, ㄴ, ㄷ

41

▶24117-0041
2020학년도 10월 학력평가 6번 상중하

그림은 원자 X~Z의 질량 관계를 나타낸 것이다.

X 원자 3개 Y 원자 1개

Y 원자 4개 Z 원자 3개

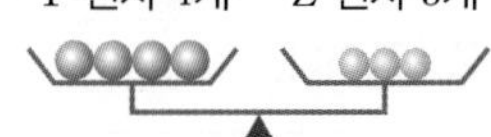

이에 대한 옳은 설명만을 〈보기〉에서 있는 대로 고른 것은? (단, X~Z는 임의의 원소 기호이다.)

보기

ㄱ. 원자 1개의 질량은 Y > X이다.
ㄴ. 원자 1 mol의 질량은 Z가 X의 3배이다.
ㄷ. YZ_2에서 구성 원소의 질량 비는 Y : Z=3 : 4이다.

① ㄱ ② ㄷ ③ ㄱ, ㄴ
④ ㄱ, ㄷ ⑤ ㄴ, ㄷ

42

▶24117-0042
2020학년도 3월 학력평가 17번 상중하

표는 t ℃, 1기압에서 원소 A와 B로 이루어진 기체 (가)와 (나)에 대한 자료이다.

기체	분자식	$\frac{\text{B의 질량}}{\text{A의 질량}}$	분자 1개의 질량(g)	기체 1 g의 부피(L)
(가)	AB	x	w_1	V_1
(나)	AB_2	$\frac{8}{3}$	w_2	V_2

이에 대한 옳은 설명만을 〈보기〉에서 있는 대로 고른 것은? (단, A와 B는 임의의 원소 기호이고, 아보가드로수는 N_A이다.)

보기

ㄱ. $x=\frac{4}{3}$이다.
ㄴ. $\frac{V_2}{V_1}=\frac{w_2}{w_1}$이다.
ㄷ. t ℃, 1기압에서 기체 1몰의 부피(L)는 $w_1N_AV_1$이다.

① ㄱ ② ㄴ ③ ㄱ, ㄷ
④ ㄴ, ㄷ ⑤ ㄱ, ㄴ, ㄷ

43

▸24117-0043
2020학년도 수능 14번
상 중 하

그림 (가)는 실린더에 $A_4B_8(g)$이 들어 있는 것을, (나)는 (가)의 실린더에 $A_nB_{2n}(g)$이 첨가된 것을 나타낸 것이다. (가)와 (나)에서 실린더 속 기체의 단위 부피당 전체 원자 수는 각각 x와 y이다. 두 기체는 반응하지 않는다.

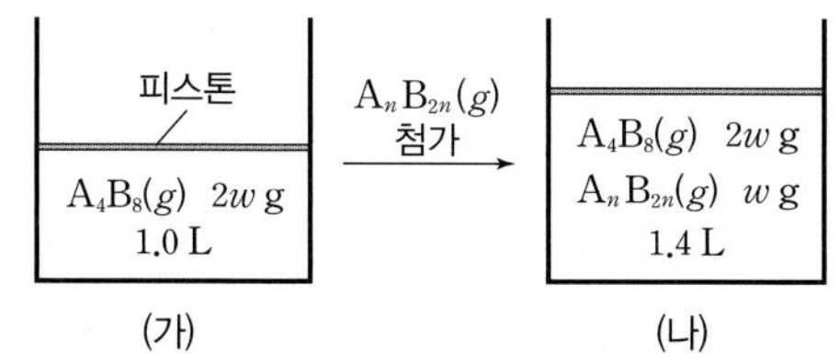

$n\times\frac{x}{y}$는? (단, A와 B는 임의의 원소 기호이며, 기체의 온도와 압력은 일정하다.)

① $\frac{7}{3}$ ② $\frac{10}{3}$ ③ $\frac{21}{5}$
④ $\frac{14}{3}$ ⑤ $\frac{24}{5}$

44

▸24117-0044
2020학년도 9월 모의평가 16번
상 중 하

표는 t ℃, 1기압에서 기체 (가)~(다)에 대한 자료이다.

기체	분자식	질량(g)	부피(L)	전체 원자 수(상댓값)
(가)	AB_2	16	6	1
(나)	AB_3	30	x	2
(다)	CB_2	23	12	y

이에 대한 설명으로 옳은 것만을 〈보기〉에서 있는 대로 고른 것은? (단, A~C는 임의의 원소 기호이다.)

보기

ㄱ. $x+y=10$이다.
ㄴ. 원자량은 B>C이다.
ㄷ. 1 g에 들어 있는 B 원자 수는 (나)>(다)이다.

① ㄱ ② ㄴ ③ ㄷ
④ ㄱ, ㄴ ⑤ ㄴ, ㄷ

45

▸24117-0045
2020학년도 6월 모의평가 13번
상 중 하

표는 $AB_2(g)$에 대한 자료이다. AB_2의 분자량은 M이다.

질량	부피	1 g에 들어 있는 전체 원자 수
1 g	2 L	N

$AB_2(g)$에 대한 설명으로 옳은 것만을 〈보기〉에서 있는 대로 고른 것은? (단, A와 B는 임의의 원소 기호이며, 온도와 압력은 일정하다.)

보기

ㄱ. 1 g에 들어 있는 B 원자 수는 $\frac{2N}{3}$이다.
ㄴ. 1몰의 부피는 $2M$ L이다.
ㄷ. 1몰에 해당하는 분자 수는 $\frac{MN}{3}$이다.

① ㄱ ② ㄷ ③ ㄱ, ㄴ
④ ㄴ, ㄷ ⑤ ㄱ, ㄴ, ㄷ

46

▸24117-0046
2019학년도 10월 학력평가 10번
상 중 하

표는 용기 (가)와 (나)에 들어 있는 기체에 대한 자료이다.

용기	(가)	(나)
분자식	AB_2	AB_3
기체의 질량(g)	2	5
전체 원자 수	$3N$	$8N$

$\frac{\text{B의 원자량}}{\text{A의 원자량}}$은? (단, A와 B는 임의의 원소 기호이다.)

① $\frac{1}{4}$ ② $\frac{1}{2}$ ③ 1
④ 2 ⑤ 4

47

▸24117-0047

2019학년도 3월 학력평가 4번

상중하

그림은 물질 (가), (나)의 구조식을 나타낸 것이다.

(가): H−C(=O)−H

(나): H−C(H)(H)−C(=O)−O−H

(가)와 (나)가 같은 값을 갖는 것만을 <보기>에서 있는 대로 고른 것은? (단, H, C, O의 원자량은 각각 1, 12, 16이다.)

보기

ㄱ. 분자량

ㄴ. 1 g에 들어 있는 전체 원자 수

ㄷ. 1몰에 들어 있는 H 원자 수

① ㄴ ② ㄷ ③ ㄱ, ㄴ
④ ㄱ, ㄷ ⑤ ㄴ, ㄷ

48

▸24117-0048

2019학년도 3월 학력평가 11번

상중하

표는 기체 (가), (나)에 대한 자료이다. (가)와 (나)는 분자량이 같다.

기체	분자식	질량(g)	A의 질량(g)	전체 원자 수
(가)	AB	x	12	$2N_A$
(나)	A_2C_4	28	24	y

이에 대한 옳은 설명만을 <보기>에서 있는 대로 고른 것은? (단, A~C는 임의의 원소 기호이고, N_A는 아보가드로수이다.)

보기

ㄱ. $x=14$이다.

ㄴ. $y=6N_A$이다.

ㄷ. 원자량은 A>B이다.

① ㄱ ② ㄴ ③ ㄷ
④ ㄱ, ㄴ ⑤ ㄴ, ㄷ

49

▸24117-0049

2019학년도 수능 9번

상중하

표는 같은 온도와 압력에서 질량이 같은 기체 (가)~(다)에 대한 자료이다.

기체	분자식	부피(L)
(가)	XY_4	22
(나)	Z_2	11
(다)	XZ_2	8

이에 대한 설명으로 옳은 것만을 <보기>에서 있는 대로 고른 것은? (단, X~Z는 임의의 원소 기호이다.)

보기

ㄱ. 분자량은 $XZ_2>XY_4$이다.

ㄴ. 1 g에 들어 있는 원자 수는 (가)가 (나)의 2.5배이다.

ㄷ. 원자량은 X>Z이다.

① ㄱ ② ㄴ ③ ㄱ, ㄷ
④ ㄴ, ㄷ ⑤ ㄱ, ㄴ, ㄷ

50

▸24117-0050

2019학년도 9월 모의평가 10번

상중하

표는 t ℃, 1기압에서 기체 (가)~(다)에 대한 자료이다.

기체	분자식	질량(g)	부피(L)	분자 수	전체 원자 수 (상댓값)
(가)	AB	y		$1.5N_A$	4
(나)	A_2B	11	7		z
(다)	AB_x	23		$0.5N_A$	2

$\frac{y}{x+z}$는? (단, t ℃, 1기압에서 기체 1 mol의 부피는 28 L이고, A와 B는 임의의 원소 기호이며, N_A는 아보가드로수이다.)

① 9 ② 11 ③ 12
④ 15 ⑤ 18

03 화학 반응식

51 ▸24117-0051
2024학년도 수능 3번
상 중 하

그림은 실린더에 $Al(s)$과 $HF(g)$를 넣고 반응을 완결시켰을 때, 반응 전과 후 실린더에 존재하는 물질을 나타낸 것이다.

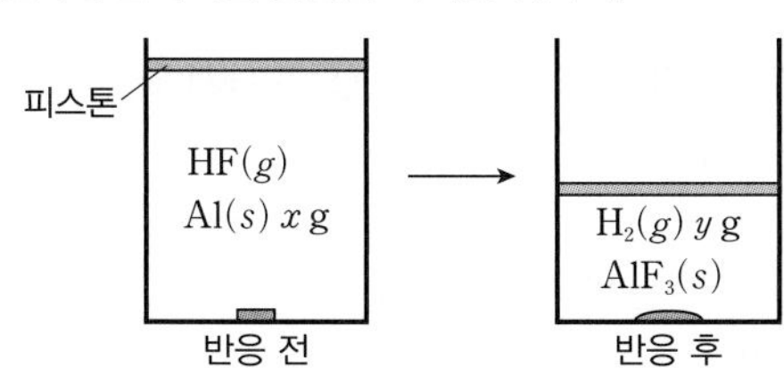

$\frac{x}{y}$는? (단, H와 Al의 원자량은 각각 1, 27이다.)

① $\frac{27}{2}$ ② 12 ③ $\frac{21}{2}$
④ 9 ⑤ $\frac{9}{2}$

52 ▸24117-0052
2024학년도 수능 20번
상 중 하

다음은 $A(g)$와 $B(g)$가 반응하여 $C(g)$와 $D(g)$를 생성하는 반응의 화학 반응식이다.

$$2A(g)+3B(g) \longrightarrow 2C(g)+2D(g)$$

표는 실린더에 $A(g)$와 $B(g)$를 넣고 반응을 완결시킨 실험 Ⅰ과 Ⅱ에 대한 자료이다. Ⅰ과 Ⅱ에서 남은 반응물의 종류는 서로 다르고, Ⅱ에서 반응 후 생성된 $D(g)$의 질량은 $\frac{45}{8}$ g이다.

실험	반응 전		반응 후	
	A(g)의 부피(L)	B(g)의 질량(g)	A(g) 또는 B(g)의 질량(g)	$\frac{\text{전체 기체의 양(mol)}}{\text{C(g)의 양(mol)}}$
Ⅰ	$4V$	6	$17w$	3
Ⅱ	$5V$	25	$40w$	x

$x \times \frac{\text{C의 분자량}}{\text{B의 분자량}}$은? (단, 실린더 속 기체의 온도와 압력은 일정하다.)

① $\frac{3}{2}$ ② 3 ③ $\frac{9}{2}$
④ 6 ⑤ 9

53

▸24117-0053

2024학년도 9월 모의평가 3번 상중하

그림은 실린더에 $AB_3(g)$와 $C_2(g)$를 넣고 반응을 완결시켰을 때, 반응 전과 후 실린더에 존재하는 물질을 나타낸 것이다. 반응 전과 후 실린더 속 기체의 부피는 각각 V_1과 V_2이다.

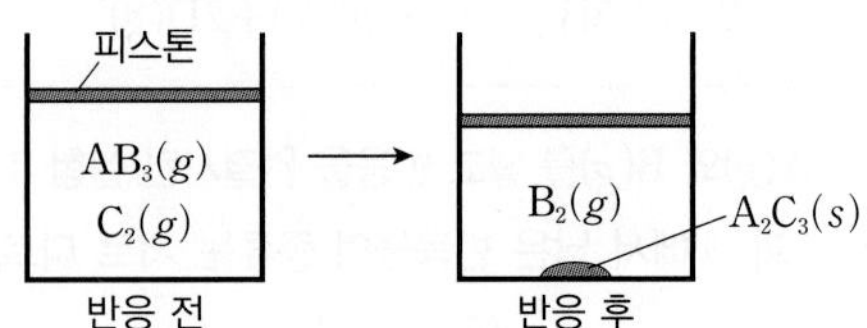

$\frac{V_2}{V_1}$는? (단, A~C는 임의의 원소 기호이고, 실린더 속 기체의 온도와 압력은 일정하다.)

① $\frac{7}{8}$ ② $\frac{6}{7}$ ③ $\frac{3}{4}$

④ $\frac{5}{7}$ ⑤ $\frac{4}{7}$

54

▸24117-0054

2024학년도 9월 모의평가 20번 상중하

다음은 $A(g)$와 $B(g)$가 반응하여 $C(s)$와 $D(g)$를 생성하는 반응의 화학 반응식이다.

$$A(g)+3B(g) \longrightarrow C(s)+3D(g)$$

표는 실린더에 $A(g)$와 $B(g)$를 넣고 반응을 완결시킨 실험 Ⅰ~Ⅲ에 대한 자료이다. Ⅰ~Ⅲ에서 $A(g)$는 모두 반응하였고, Ⅰ에서 반응 후 생성된 $D(g)$의 질량은 $27w$ g이며, $\frac{\text{A의 화학식량}}{\text{C의 화학식량}}=\frac{2}{5}$이다.

실험	반응 전		반응 후
	$A(g)$의 질량(g)	$B(g)$의 질량(g)	$\frac{B(g)\text{의 양(mol)}}{D(g)\text{의 양(mol)}}$
Ⅰ	$14w$	$96w$	
Ⅱ	$7w$	xw	2
Ⅲ	$7w$	$36w$	y

$x \times y$는?

① 42 ② 36 ③ 30

④ 24 ⑤ 18

55

▸24117-0055

2024학년도 6월 모의평가 3번 상중하

그림은 용기에 XY와 Y_2를 넣고 반응을 완결시켰을 때, 반응 전과 후 용기에 들어 있는 분자를 모형으로 나타낸 것이다.

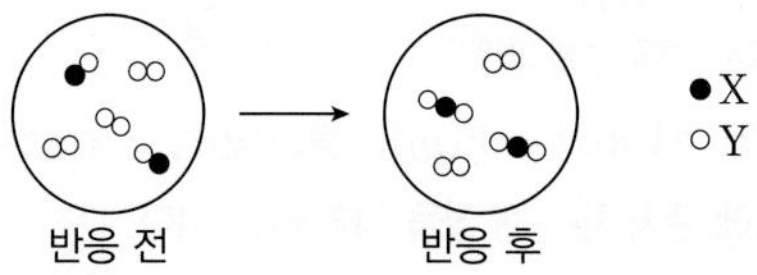

이 반응에 대한 설명으로 옳은 것만을 〈보기〉에서 있는 대로 고른 것은? (단, X와 Y는 임의의 원소 기호이다.)

보기

ㄱ. 전체 분자 수는 반응 전과 후가 같다.
ㄴ. 생성물의 종류는 1가지이다.
ㄷ. 4 mol의 XY_2가 생성되었을 때, 반응한 Y_2의 양은 2 mol이다.

① ㄱ ② ㄴ ③ ㄱ, ㄷ

④ ㄴ, ㄷ ⑤ ㄱ, ㄴ, ㄷ

56

▸24117-0056

2024학년도 6월 모의평가 20번 상중하

다음은 $A(g)$와 $B(g)$가 반응하여 $C(g)$와 $D(s)$를 생성하는 반응의 화학 반응식이다.

$$A(g)+2B(g) \longrightarrow 2C(g)+3D(s)$$

그림 (가)는 실린더에 전체 기체의 질량이 w g이 되도록 $A(g)$와 $B(g)$를 넣은 것을, (나)는 (가)의 실린더에서 일부가 반응한 것을, (다)는 (나)의 실린더에서 반응을 완결시킨 것을 나타낸 것이다. 실린더 속 전체 기체의 부피비는 (나) : (다)=11 : 10이고, $\frac{\text{A의 분자량}}{\text{B의 분자량}}=\frac{32}{17}$이다.

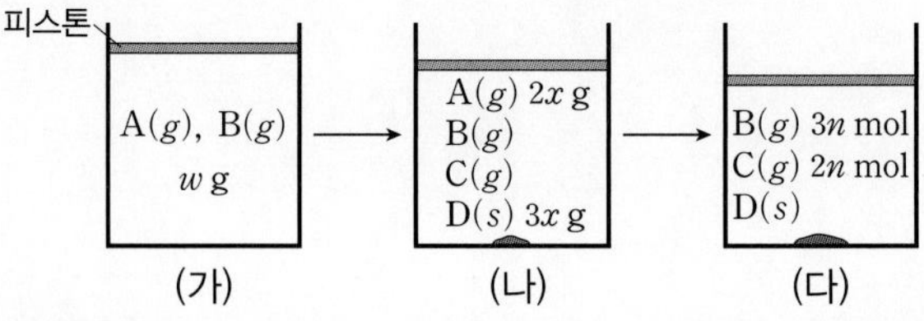

$x \times \frac{\text{C의 분자량}}{\text{A의 분자량}}$은? (단, 실린더 속 기체의 온도와 압력은 일정하다.)

① $\frac{1}{104}w$ ② $\frac{1}{64}w$ ③ $\frac{1}{52}w$

④ $\frac{1}{13}w$ ⑤ $\frac{3}{26}w$

57

▸24117-0057
2023학년도 10월 학력평가 14번
상중하

그림은 실린더에 $XY(g)$와 $ZY(g)$를 넣고 반응시켜 $X_aY_b(g)$와 $Z_2(g)$를 생성할 때, 반응 전과 후 단위 부피당 분자 모형을 나타낸 것이다. 반응 전과 후 실린더 속 기체의 온도와 압력은 일정하다.

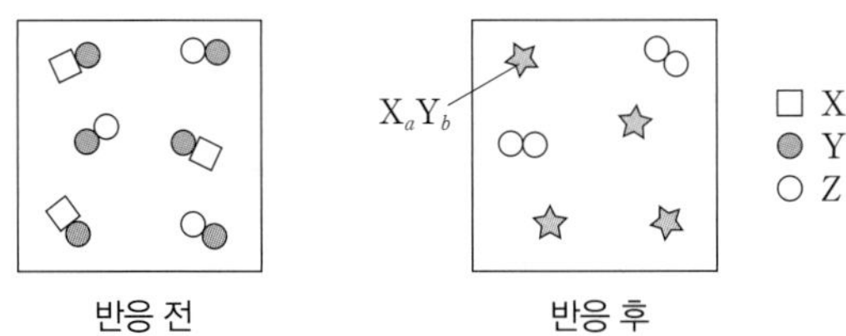

$b-a$는? (단, X~Z는 임의의 원소 기호이다.)

① −1 ② 0 ③ 1
④ 2 ⑤ 3

58

▸24117-0058
2023학년도 10월 학력평가 20번
상중하

다음은 $A(g)$와 $B(g)$가 반응하여 $C(g)$를 생성하는 반응의 화학 반응식이다.

$$A(g)+bB(g) \longrightarrow 2C(g) \text{ (}b\text{는 반응 계수)}$$

그림 (가)는 실린더에 $A(g)$ $4w$ g을 넣은 것을, (나)는 (가)의 실린더에 $B(g)$ 4.8 g을 넣고 반응을 완결시킨 것을, (다)는 (나)의 실린더에 $A(g)$ w g을 넣고 반응을 완결시킨 것을 나타낸 것이다.

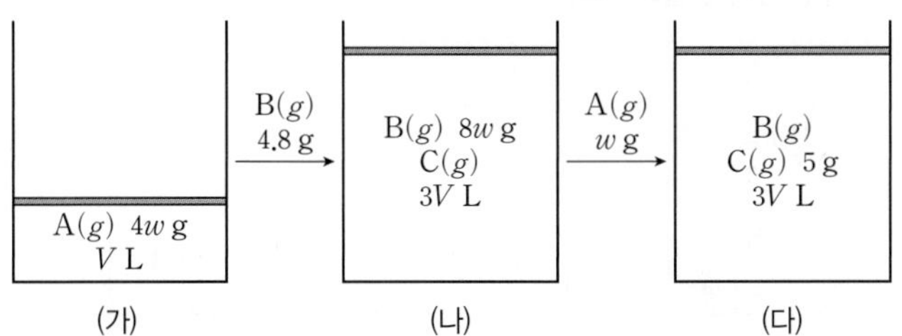

$\frac{w}{b} \times \frac{\text{B의 분자량}}{\text{A의 분자량}}$은? (단, 실린더 속 기체의 온도와 압력은 일정하다.)

① $\frac{2}{15}$ ② $\frac{1}{5}$ ③ $\frac{3}{10}$
④ $\frac{1}{2}$ ⑤ $\frac{3}{5}$

59

▸24117-0059
2023학년도 3월 학력평가 5번
상중하

다음은 금속 M의 원자량을 구하는 실험이다.

[자료]
- 화학 반응식: $M(s)+2HCl(aq) \longrightarrow MCl_2(aq)+H_2(g)$
- t ℃, 1 atm에서 기체 1 mol의 부피는 24 L이다.

[실험 과정]
(가) $M(s)$ w g을 충분한 양의 $HCl(aq)$에 넣어 반응을 완결시킨다.
(나) 생성된 $H_2(g)$의 부피를 측정한다.

[실험 결과]
- t ℃, 1 atm에서 $H_2(g)$의 부피: 480 mL
- M의 원자량: a

a는? (단, M은 임의의 원소 기호이다.)

① $16w$ ② $20w$ ③ $32w$
④ $50w$ ⑤ $100w$

60

▸24117-0060
2023학년도 3월 학력평가 19번
상중하

다음은 기체 A와 B가 반응하여 기체 C를 생성하는 반응의 화학 반응식이다.

$$A(g)+bB(g) \longrightarrow 2C(g) \text{ (}b\text{는 반응 계수)}$$

표는 실린더에 $A(g)$와 $B(g)$를 넣고 반응을 완결시킨 실험 Ⅰ, Ⅱ에 대한 자료이다. $\frac{\text{Ⅱ에서 반응 후 전체 기체의 부피}}{\text{Ⅰ에서 반응 전 전체 기체의 부피}}=\frac{3}{11}$이다.

실험	반응 전 기체의 질량(g)		반응 후 남은 반응물의 질량(g)
	A(g)	B(g)	
Ⅰ	$2w$	20	w
Ⅱ	$4w$	6	$2w$

$\frac{w}{b} \times \frac{\text{B의 분자량}}{\text{A의 분자량}}$은? (단, 실린더 속 기체의 온도와 압력은 일정하다.)

① $\frac{1}{4}$ ② $\frac{1}{3}$ ③ $\frac{1}{2}$
④ $\frac{2}{3}$ ⑤ $\frac{3}{4}$

61

▸24117-0061

2023학년도 수능 13번

상중하

다음은 XYZ_3의 반응을 이용하여 Y의 원자량을 구하는 실험이다.

[자료]

○ 화학 반응식: $XYZ_3(s) \longrightarrow XZ(s)+YZ_2(g)$

○ 원자량의 비는 X : Z=5 : 2이다.

[실험 과정]

(가) $XYZ_3(s)$ w g을 반응 용기에 넣고 모두 반응시킨다.

(나) 생성된 $XZ(s)$의 질량과 $YZ_2(g)$의 부피를 측정한다.

[실험 결과]

○ $XZ(s)$의 질량: $0.56w$ g

○ t ℃, 1기압에서 $YZ_2(g)$의 부피: 120 mL

○ Y의 원자량: a

a는? (단, X～Z는 임의의 원소 기호이고, t ℃, 1기압에서 기체 1 mol의 부피는 24 L이다.)

① $12w$ ② $24w$ ③ $32w$ ④ $40w$ ⑤ $44w$

62

▸24117-0062

2023학년도 수능 18번

상중하

다음은 $A(g)$와 $B(g)$가 반응하여 $C(g)$와 $D(g)$를 생성하는 반응의 화학 반응식이다.

$$A(g)+4B(g) \longrightarrow 3C(g)+2D(g)$$

표는 실린더에 $A(g)$와 $B(g)$를 넣고 반응을 완결시킨 실험 Ⅰ～Ⅲ에 대한 자료이다. Ⅰ과 Ⅱ에서 $B(g)$는 모두 반응하였고, Ⅰ에서 반응 후 생성물의 전체 질량은 $21w$ g이다.

실험	반응 전		반응 후
	A(g)의 질량(g)	B(g)의 질량(g)	$\frac{\text{생성물의 전체 양(mol)}}{\text{남아 있는 반응물의 양(mol)}}$(상댓값)
Ⅰ	$15w$	$16w$	3
Ⅱ	$10w$	xw	2
Ⅲ	$10w$	$48w$	y

$x+y$는?

① 11 ② 12 ③ 13 ④ 14 ⑤ 15

63

▸24117-0063

2023학년도 9월 모의평가 4번

상중하

그림은 실린더에 $AB(g)$와 $B_2(g)$를 넣고 반응을 완결시켰을 때, 반응 전과 후 실린더에 존재하는 물질을 나타낸 것이다. 반응 전과 후 실린더 속 전체 기체의 밀도는 각각 d_1과 d_2이다.

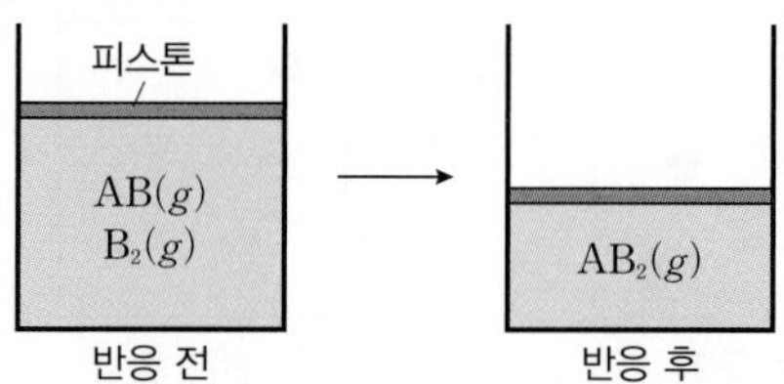

$\frac{d_2}{d_1}$는? (단, A와 B는 임의의 원소 기호이고, 실린더 속 기체의 온도와 압력은 일정하다.)

① 2 ② $\frac{3}{2}$ ③ $\frac{4}{3}$ ④ 1 ⑤ $\frac{2}{3}$

64

▸24117-0064

2023학년도 9월 모의평가 20번

상중하

다음은 $A(g)$와 $B(g)$가 반응하여 $C(g)$를 생성하는 반응의 화학 반응식이다.

$$A(g)+2B(g) \longrightarrow 2C(g)$$

표는 실린더에 $A(g)$와 $B(g)$를 넣고 반응시켰을 때, 반응이 진행되는 동안 시간에 따른 실린더 속 기체에 대한 자료이다. $t_1<t_2<t_3<t_4$이고, t_4에서 반응이 완결되었다.

시간	0	t_1	t_2	t_3	t_4
$\frac{B(g)\text{의 질량}}{A(g)\text{의 질량}}$	1	$\frac{7}{8}$	$\frac{7}{9}$	$\frac{1}{2}$	
전체 기체의 양(mol)(상댓값)	x	7	6.7	6.1	y

$\frac{\text{A의 분자량}}{\text{C의 분자량}} \times \frac{y}{x}$는? (단, 실린더 속 기체의 온도와 압력은 일정하다.)

① $\frac{3}{10}$ ② $\frac{2}{5}$ ③ $\frac{8}{15}$ ④ $\frac{7}{12}$ ⑤ $\frac{2}{3}$

65

▸24117-0065
2023학년도 6월 모의평가 12번
상중하

다음은 금속과 산의 반응에 대한 실험이다.

[화학 반응식]
- $2A(s)+6HCl(aq) \longrightarrow 2ACl_3(aq)+3H_2(g)$
- $B(s)+2HCl(aq) \longrightarrow BCl_2(aq)+H_2(g)$

[실험 과정]
(가) 금속 $A(s)$ 1 g을 충분한 양의 $HCl(aq)$과 반응시켜 발생한 $H_2(g)$의 부피를 측정한다.
(나) $A(s)$ 대신 금속 $B(s)$를 이용하여 (가)를 반복한다.
(다) (가)와 (나)에서 측정한 $H_2(g)$의 부피를 비교한다.

이 실험으로부터 B의 원자량을 구하기 위해 반드시 이용해야 할 자료만을 <보기>에서 있는 대로 고른 것은? (단, A와 B는 임의의 원소 기호이고, 온도와 압력은 일정하다.)

보기
ㄱ. A의 원자량
ㄴ. H_2의 분자량
ㄷ. 사용한 $HCl(aq)$의 몰 농도(M)

① ㄱ ② ㄷ ③ ㄱ, ㄴ
④ ㄴ, ㄷ ⑤ ㄱ, ㄴ, ㄷ

66

▸24117-0066
2023학년도 6월 모의평가 20번
상중하

다음은 $A(g)$와 $B(g)$가 반응하여 $C(g)$를 생성하는 반응의 화학 반응식이다.

$aA(g)+B(g) \longrightarrow 2C(g)$ (a는 반응 계수)

표는 실린더에 $A(g)$와 $B(g)$를 넣고 반응을 완결시킨 실험 Ⅰ, Ⅱ에 대한 자료이다.

실험	반응 전		반응 후		
	전체 기체의 질량(g)	전체 기체의 밀도(g/L)	A의 질량 (상댓값)	전체 기체의 부피(상댓값)	전체 기체의 밀도(g/L)
Ⅰ	$3w$	$5d_1$	1	5	$7d_1$
Ⅱ	$5w$	$9d_2$	5	9	$11d_2$

$a\times\frac{\text{B의 분자량}}{\text{C의 분자량}}$은? (단, 실린더 속 기체의 온도와 압력은 일정하다.)

① $\frac{1}{4}$ ② $\frac{4}{5}$ ③ $\frac{8}{9}$
④ 1 ⑤ $\frac{10}{9}$

67

▸24117-0067
2022학년도 10월 학력평가 17번
상중하

다음은 금속 A, B와 관련된 실험이다. A, B의 원자량은 각각 24, 27이고, t ℃, 1 atm에서 기체 1 mol의 부피는 25 L이다.

[화학 반응식]
- $A(s)+2HCl(aq) \longrightarrow ACl_2(aq)+H_2(g)$
- $2B(s)+6HCl(aq) \longrightarrow 2BCl_3(aq)+3H_2(g)$

[실험 과정 및 결과]
- t ℃, 1 atm에서 충분한 양의 $HCl(aq)$에 ㉠금속 A와 B의 혼합물 12.6 g을 넣어 모두 반응시켰더니 15 L의 $H_2(g)$가 발생하였다.

㉠에 들어 있는 B의 양(mol)은? (단, A와 B는 임의의 원소 기호이고, 온도와 압력은 일정하다.)

① 0.05 ② 0.1 ③ 0.15
④ 0.2 ⑤ 0.3

68

▸24117-0068
2022학년도 10월 학력평가 19번
상중하

다음은 A와 B가 반응하여 C를 생성하는 반응 (가)와 C와 B가 반응하여 D를 생성하는 반응 (나)에 대한 실험이다. c, d는 반응 계수이다.

[화학 반응식]
(가) $A+B \longrightarrow cC$
(나) $2C+B \longrightarrow dD$

[실험 Ⅰ]
- A $8w$ g이 들어 있는 용기 Ⅰ에 B를 조금씩 넣어가면서 반응 (가)를 완결시켰을 때, 넣어 준 B의 총 질량에 따른 $\frac{\text{C의 양(mol)}}{\text{전체 물질의 양(mol)}}$은 다음과 같았다.

넣어 준 B의 총 질량(g)	$3w$	$6w$	$16w$
$\frac{\text{C의 양(mol)}}{\text{전체 물질의 양(mol)}}$	$\frac{3}{8}$	$\frac{3}{4}$	$\frac{1}{2}$

[실험 Ⅱ]
- 용기 Ⅱ에 C $8w$ g과 B $3w$ g을 넣고 반응 (나)를 완결시켰을 때 $\frac{\text{D의 양(mol)}}{\text{전체 물질의 양(mol)}}=\frac{4}{5}$이었다.

$\frac{\text{D의 분자량}}{\text{C의 분자량}}$은?

① $\frac{5}{4}$ ② $\frac{7}{5}$ ③ $\frac{3}{2}$
④ $\frac{11}{7}$ ⑤ $\frac{23}{14}$

69

▸24117-0069
2022학년도 3월 학력평가 5번

상중하

다음은 금속 M의 원자량을 구하기 위한 실험이다. t ℃, 1 atm에서 기체 1 mol의 부피는 24 L이다.

○ 화학 반응식

$M(s)+NaHCO_3(s)+H_2O(l) \longrightarrow MCO_3(s)+Na^+(aq)+OH^-(aq)+$ ㉠ (g)

[실험 과정]

(가) 그림과 같이 Y자관 한쪽에 M(s) w g을, 다른 한쪽에 충분한 양의 $NaHCO_3(s)$과 $H_2O(l)$을 넣는다.

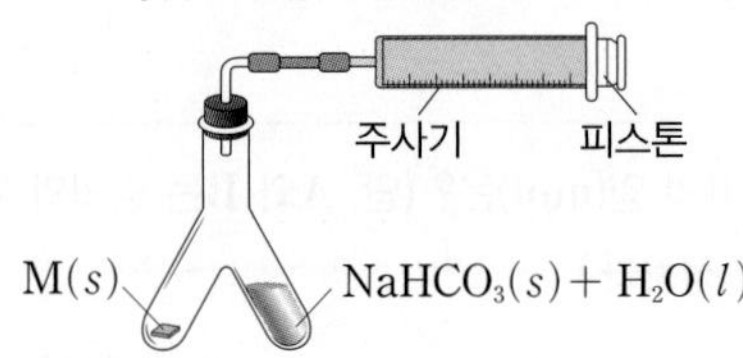

(나) Y자관을 기울여 M(s)을 모두 반응시킨 후, 발생한 기체 ㉠의 부피를 측정한다.

[실험 결과]

○ (나)에서 발생한 기체 ㉠의 부피: V L

○ M의 원자량: a

이에 대한 옳은 설명만을 〈보기〉에서 있는 대로 고른 것은? (단, M은 임의의 원소 기호이고, 온도와 압력은 t ℃, 1 atm으로 일정하며, 피스톤의 마찰은 무시한다.)

보기

ㄱ. ㉠은 CO_2이다.

ㄴ. (나)에서 반응 후 용액은 염기성이다.

ㄷ. $a=\frac{24w}{V}$이다.

① ㄱ ② ㄴ ③ ㄷ
④ ㄴ, ㄷ ⑤ ㄱ, ㄴ, ㄷ

70

▸24117-0070
2022학년도 3월 학력평가 19번

상중하

다음은 A(g)와 B(g)가 반응하여 C(g)를 생성하는 반응의 화학 반응식이다.

$aA(g)+B(g) \longrightarrow 2C(g)$ (a는 반응 계수)

표는 실린더에 A(g)와 B(g)를 질량을 달리하여 넣고 반응을 완결시킨 실험 Ⅰ과 Ⅱ에 대한 자료이다.

실험	반응 전			반응 후	
	A의 질량(g)	B의 질량(g)	전체 기체의 밀도	남은 반응물의 질량(g)	전체 기체의 밀도
Ⅰ	6	1	xd	2	$7d$
Ⅱ	8	4	yd	2	$6d$

$a\times\frac{x}{y}$는? (단, 온도와 압력은 일정하다.)

① $\frac{6}{5}$ ② $\frac{11}{6}$ ③ $\frac{13}{7}$
④ $\frac{7}{3}$ ⑤ $\frac{12}{5}$

71

▸24117-0071
2022학년도 수능 5번

상중하

다음은 2가지 반응의 화학 반응식이다.

(가) $HNO_2+NH_3 \longrightarrow$ ㉠ $+2H_2O$

(나) $aN_2O+bNH_3 \longrightarrow 4$ ㉠ $+aH_2O$ (a, b는 반응 계수)

이에 대한 설명으로 옳은 것만을 〈보기〉에서 있는 대로 고른 것은?

보기

ㄱ. ㉠은 N_2이다.

ㄴ. $a+b=4$이다.

ㄷ. (가)와 (나)에서 각각 NH_3 1 g이 모두 반응했을 때 생성되는 H_2O의 질량은 (나)>(가)이다.

① ㄱ ② ㄴ ③ ㄱ, ㄷ
④ ㄴ, ㄷ ⑤ ㄱ, ㄴ, ㄷ

72

▸24117-0072

2022학년도 수능 19번 상중하

다음은 A(g)와 B(g)가 반응하여 C(g)를 생성하는 반응의 화학 반응식이다.

$$aA(g)+B(g) \longrightarrow 2C(g)\ (a\text{는 반응 계수})$$

표는 B(g) x g이 들어 있는 실린더에 A(g)의 질량을 달리하여 넣고 반응을 완결시킨 실험 Ⅰ~Ⅳ에 대한 자료이다. Ⅱ에서 반응 후 남은 B(g)의 질량은 Ⅲ에서 반응 후 남은 A(g)의 질량의 $\frac{1}{4}$배이다.

실험	Ⅰ	Ⅱ	Ⅲ	Ⅳ
넣어 준 A(g)의 질량(g)	w	$2w$	$3w$	$4w$
반응 후 $\frac{\text{생성물의 양(mol)}}{\text{전체 기체의 부피(L)}}$(상댓값)	$\frac{4}{7}$	$\frac{8}{9}$		$\frac{5}{8}$

$a \times x$는? (단, 실린더 속 기체의 온도와 압력은 일정하다.)

① $\frac{3}{8}w$ ② $\frac{5}{8}w$ ③ $\frac{3}{4}w$ ④ $\frac{5}{4}w$ ⑤ $\frac{5}{2}w$

73

▸24117-0073

2022학년도 9월 모의평가 6번 상중하

다음은 아세틸렌(C_2H_2) 연소 반응의 화학 반응식이다.

$$2C_2H_2+aO_2 \longrightarrow 4CO_2+2H_2O\ (a\text{는 반응 계수})$$

이 반응에서 1 mol의 C_2H_2이 반응하여 x mol의 CO_2와 1 mol의 H_2O이 생성되었을 때, $a+x$는?

① 4 ② 5 ③ 6 ④ 7 ⑤ 8

74

▸24117-0074

2022학년도 9월 모의평가 20번 상중하

다음은 A(g)와 B(g)가 반응하여 C(g)를 생성하는 반응의 화학 반응식이다.

$$aA(g)+B(g) \longrightarrow cC(g)\ (a,\ c\text{는 반응 계수})$$

표는 실린더에 A(g)와 B(g)의 질량을 달리하여 넣고 반응을 완결시킨 실험 Ⅰ~Ⅲ에 대한 자료이다.

실험	반응 전		반응 후		
	A의 질량(g)	B의 질량(g)	A 또는 B의 질량(g)	C의 밀도(상댓값)	전체 기체의 부피(상댓값)
Ⅰ	1	w	$\frac{4}{5}$	17	6
Ⅱ	3	w	1	17	12
Ⅲ	4	$w+2$		x	17

$\frac{x}{c} \times \frac{\text{C의 분자량}}{\text{B의 분자량}}$은? (단, 온도와 압력은 일정하다.)

① $\frac{21}{4}$ ② $\frac{17}{2}$ ③ $\frac{39}{4}$ ④ $\frac{27}{2}$ ⑤ $\frac{39}{2}$

75

▸24117-0075

2022학년도 6월 모의평가 2번 상중하

그림은 강철 용기에 에탄올(C_2H_5OH)과 산소(O_2)를 넣고 반응시켰을 때, 반응 전과 후 용기에 존재하는 물질과 양을 나타낸 것이다.

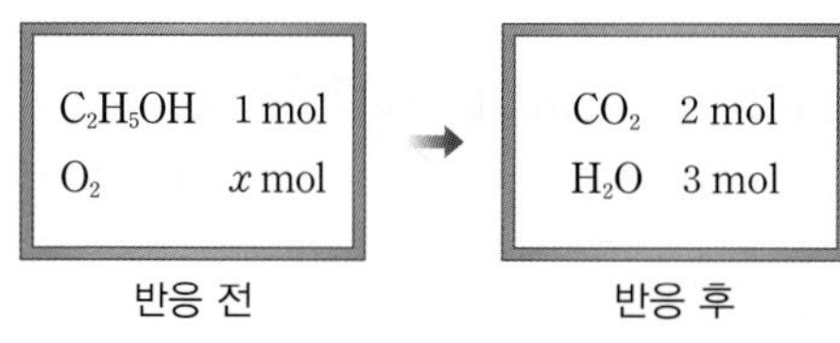

x는?

① 3 ② 4 ③ 5 ④ 6 ⑤ 7

76

▸24117-0076

2022학년도 6월 모의평가 19번

상 중 하

다음은 A(g)와 B(g)가 반응하여 C(g)와 D(g)를 생성하는 반응의 화학 반응식이다.

$$2A(g)+bB(g) \longrightarrow cC(g)+6D(g)$$ (b, c는 반응 계수)

그림 (가)는 실린더에 A(g), B(g), D(g)를 넣은 것을, (나)는 (가)의 실린더에서 반응을 완결시킨 것을 나타낸 것이다. (가)와 (나)에서 $\frac{\text{D의 양(mol)}}{\text{전체 기체의 양(mol)}}$은 각각 $\frac{2}{5}$, $\frac{3}{4}$이고, $\frac{\text{A의 분자량}}{\text{B의 분자량}}$은 $\frac{7}{4}$이다.

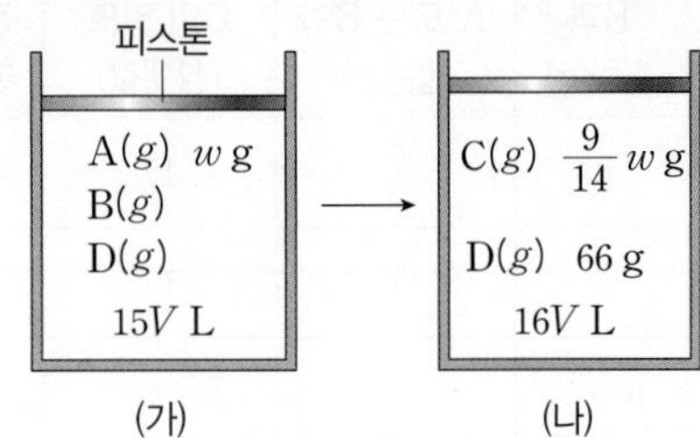

$\frac{b\times c}{w}$는? (단, 실린더 속 기체의 온도와 압력은 일정하다.)

① $\frac{3}{4}$ ② 1 ③ $\frac{7}{5}$

④ $\frac{3}{2}$ ⑤ 2

77

▸24117-0077

2021학년도 10월 학력평가 3번

상 중 하

다음은 2가지 반응의 화학 반응식이다.

- $2NaHCO_3 \longrightarrow Na_2CO_3+$ ㉠ $+CO_2$
- $MnO_2+aHCl \longrightarrow MnCl_2+b$ ㉠ $+Cl_2$

(a, b는 반응 계수)

$\frac{b}{a}$는?

① $\frac{1}{3}$ ② $\frac{1}{2}$ ③ $\frac{2}{3}$

④ 1 ⑤ 2

78

▸24117-0078

2021학년도 10월 학력평가 20번

상 중 하

다음은 기체 A와 B가 반응하여 기체 C가 생성되는 반응의 화학 반응식이다.

$$A(g)+bB(g) \longrightarrow 2C(g)$$ (b는 반응 계수)

그림 (가)는 실린더에 A(g) x g과 B(g) y g을 넣은 것을, (나)는 (가)의 실린더에서 반응을 완결시킨 것을, (다)는 (나)의 실린더에 ㉠ 1 L를 추가하여 반응을 완결시킨 것을 나타낸 것이다. ㉠은 A(g), B(g) 중 하나이고, 실린더 속 기체의 밀도 비는 (나) : (다) = 1 : 2이다.

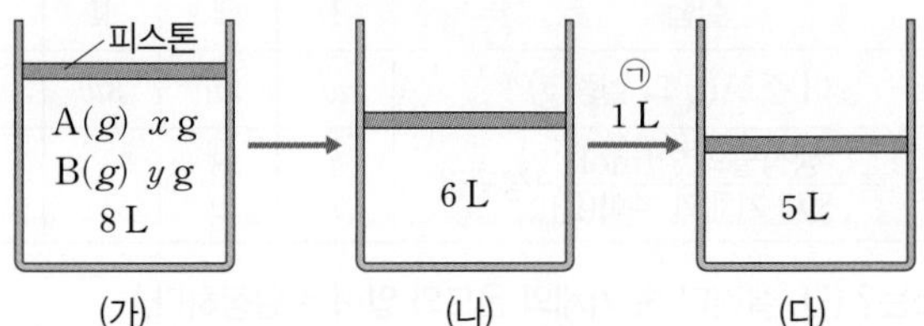

$b\times\frac{y}{x}$는? (단, 온도와 압력은 t ℃, 1 atm으로 일정하고, 피스톤의 질량과 마찰은 무시한다.)

① $\frac{1}{2}$ ② $\frac{5}{4}$ ③ $\frac{3}{2}$

④ 10 ⑤ 12

79

▸24117-0079

2021학년도 3월 학력평가 20번

상 중 하

다음은 A(g)와 B(g)가 반응하여 C(g)를 생성하는 반응의 화학 반응식이다.

$$A(g)+bB(g) \longrightarrow cC(g)$$ (b, c는 반응 계수)

표는 실린더에 A(g)와 B(g)의 질량을 달리하여 넣고 반응을 완결시킨 실험 Ⅰ, Ⅱ에 대한 자료이다.

실험	반응 전			반응 후	
	A(g)의 질량(g)	B(g)의 질량(g)	전체 기체의 밀도	C(g)의 질량(g)	전체 기체의 밀도
Ⅰ	8	28	$72d$	22	xd
Ⅱ	24	y	$75d$	33	$100d$

$\frac{x}{y}$는? (단, 실린더 속 기체의 온도와 압력은 일정하다.)

① $\frac{25}{7}$ ② 4 ③ $\frac{30}{7}$

④ $\frac{32}{7}$ ⑤ 5

80

▸24117-0080
2021학년도 수능 5번 상중하

다음은 2가지 반응의 화학 반응식이다.

- $Zn(s)+2HCl(aq) \longrightarrow$ ㉠ $(aq)+H_2(g)$
- $2Al(s)+aHCl(aq) \longrightarrow 2AlCl_3(aq)+bH_2(g)$

(a, b는 반응 계수)

이에 대한 설명으로 옳은 것만을 〈보기〉에서 있는 대로 고른 것은?

보기

ㄱ. ㉠은 $ZnCl_2$이다.
ㄴ. $a+b=9$이다.
ㄷ. 같은 양(mol)의 $Zn(s)$과 $Al(s)$을 각각 충분한 양의 $HCl(aq)$에 넣어 반응을 완결시켰을 때 생성되는 H_2의 몰비는 1 : 2이다.

① ㄱ ② ㄷ ③ ㄱ, ㄴ
④ ㄴ, ㄷ ⑤ ㄱ, ㄴ, ㄷ

81

▸24117-0081
2021학년도 수능 20번 상중하

다음은 $A(g)$와 $B(g)$가 반응하여 $C(g)$와 $D(g)$를 생성하는 반응의 화학 반응식이다.

$$A(g)+xB(g) \longrightarrow C(g)+yD(g) \ (x,\ y\text{는 반응 계수})$$

그림 (가)는 실린더에 $A(g)$와 $B(g)$가 각각 $9w$ g, w g이 들어 있는 것을, (나)는 (가)의 실린더에서 반응을 완결시킨 것을, (다)는 (나)의 실린더에 $B(g)$ $2w$ g을 추가하여 반응을 완결시킨 것을 나타낸 것이다. (가), (나), (다) 실린더 속 기체의 밀도가 각각 d_1, d_2, d_3일 때, $\frac{d_2}{d_1}=\frac{5}{7}$, $\frac{d_3}{d_2}=\frac{14}{25}$이다. (다)의 실린더 속 $C(g)$와 $D(g)$의 질량비는 4 : 5이다.

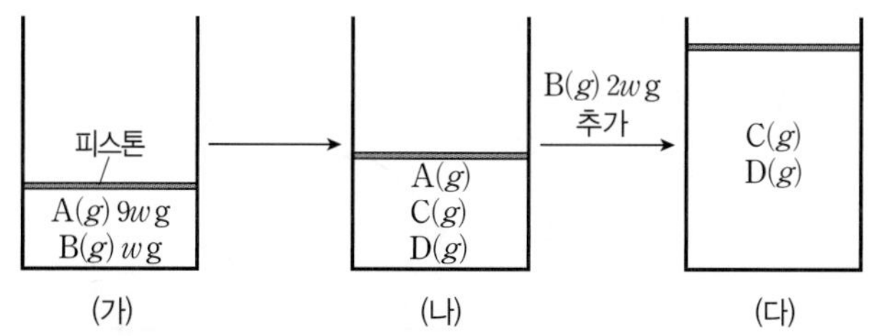

(가) (나) (다)

$\frac{\text{D의 분자량}}{\text{A의 분자량}} \times \frac{x}{y}$는? (단, 실린더 속 기체의 온도와 압력은 일정하다.)

① $\frac{5}{54}$ ② $\frac{4}{27}$ ③ $\frac{7}{27}$
④ $\frac{10}{27}$ ⑤ $\frac{25}{54}$

82

▸24117-0082
2021학년도 9월 모의평가 5번 상중하

다음은 아세트알데하이드(C_2H_4O) 연소 반응의 화학 반응식이다.

$$2C_2H_4O+xO_2 \longrightarrow 4CO_2+4H_2O \ (x\text{는 반응 계수})$$

이 반응에서 1 mol의 CO_2가 생성되었을 때 반응한 O_2의 양(mol)은?

① $\frac{5}{4}$ ② 1 ③ $\frac{4}{5}$
④ $\frac{3}{4}$ ⑤ $\frac{3}{5}$

83

▸24117-0083
2021학년도 9월 모의평가 18번 상중하

다음은 $A(g)$와 $B(g)$가 반응하여 $C(g)$를 생성하는 반응의 화학 반응식이다.

$$2A(g)+B(g) \longrightarrow cC(g) \ (c\text{는 반응 계수})$$

표는 실린더에 $A(g)$와 $B(g)$의 질량을 달리하여 넣고 반응을 완결시킨 실험 Ⅰ, Ⅱ에 대한 자료이다. $\frac{\text{A의 분자량}}{\text{C의 분자량}}=\frac{4}{5}$이고, 실험 Ⅱ에서 B는 모두 반응하였다.

실험	반응 전		반응 후	
	A의 질량(g)	B의 질량(g)	$\frac{\text{C의 양(mol)}}{\text{전체 기체의 양(mol)}}$	전체 기체의 부피 (L)
Ⅰ	$4w$	$6w$		V_1
Ⅱ	$9w$	$2w$	$\frac{8}{9}$	V_2

$c \times \frac{V_2}{V_1}$는? (단, 온도와 압력은 일정하다.)

① $\frac{8}{5}$ ② $\frac{9}{7}$ ③ $\frac{8}{9}$
④ $\frac{5}{9}$ ⑤ $\frac{3}{8}$

84

▸24117-0084
2021학년도 6월 모의평가 7번
상 중 하

다음은 과산화 수소(H_2O_2) 분해 반응의 화학 반응식이다.

$$2H_2O_2 \longrightarrow 2H_2O + \boxed{㉠}$$

이에 대한 설명으로 옳은 것만을 〈보기〉에서 있는 대로 고른 것은? (단, H와 O의 원자량은 각각 1과 16이다.)

보기

ㄱ. ㉠은 H_2이다.
ㄴ. 1 mol의 H_2O_2가 분해되면 1 mol의 H_2O이 생성된다.
ㄷ. 0.5 mol의 H_2O_2가 분해되면 전체 생성물의 질량은 34 g이다.

① ㄱ ② ㄴ ③ ㄷ
④ ㄱ, ㄴ ⑤ ㄴ, ㄷ

85

▸24117-0085
2021학년도 6월 모의평가 19번
상 중 하

다음은 A(g)와 B(g)가 반응하여 C(g)를 생성하는 화학 반응식이다. 분자량은 A가 B의 2배이다.

$$aA(g) + B(g) \longrightarrow aC(g) \ (a\text{는 반응 계수})$$

그림은 A(g) V L가 들어 있는 실린더에 B(g)를 넣어 반응을 완결시켰을 때, 넣어 준 B(g)의 질량에 따른 반응 후 전체 기체의 밀도를 나타낸 것이다. P에서 실린더의 부피는 2.5V L이다.

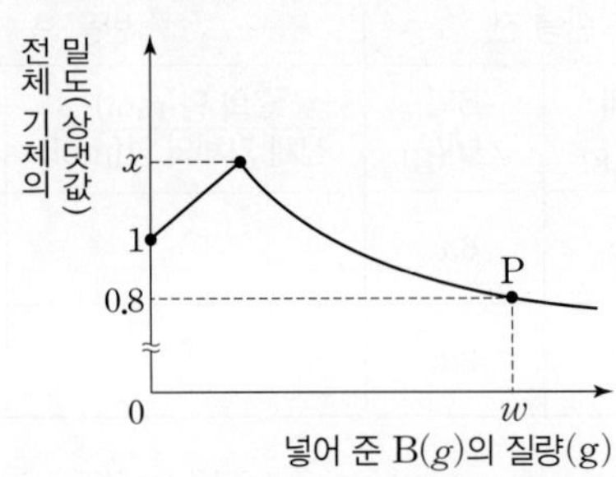

$a \times x$는? (단, 기체의 온도와 압력은 일정하다.)

① $\frac{3}{2}$ ② $\frac{5}{2}$ ③ $\frac{7}{2}$
④ $\frac{15}{4}$ ⑤ $\frac{25}{4}$

86

▸24117-0086
2020학년도 10월 학력평가 20번
상 중 하

다음은 A(g)와 B(g)가 반응하여 C(g)를 생성하는 반응의 화학 반응식이다.

$$aA(g) + B(g) \longrightarrow aC(g) \ (a\text{는 반응 계수})$$

표는 실린더에 A(g)와 B(g)를 넣고 반응을 완결시킨 실험 Ⅰ~Ⅲ에 대한 자료이다.

실험	반응 전			반응 후
	A(g)의 질량(g)	B(g)의 질량(g)	전체 기체의 밀도(상댓값)	전체 기체의 부피(상댓값)
Ⅰ	4	3	4	4
Ⅱ	4	4		5
Ⅲ	12	2	5	x

$\frac{x}{a}$는? (단, 기체의 온도와 압력은 일정하다.)

① $\frac{3}{2}$ ② $\frac{7}{3}$ ③ 3
④ $\frac{7}{2}$ ⑤ 4

87

▸24117-0087
2020학년도 3월 학력평가 20번
상 중 하

다음은 A(g)와 B(s)가 반응하여 C(s)를 생성하는 화학 반응식이다.

$$A(g) + 2B(s) \longrightarrow cC(s) \ (c\text{는 반응 계수})$$

그림은 V L의 A(g)가 들어 있는 실린더에 B(s)를 넣어 반응을 완결시켰을 때, 넣어 준 B(s)의 양(mol)에 따른 반응 후 남은 A(g)의 부피(L)와 생성된 C(s)의 양(mol)의 곱을 나타낸 것이다.

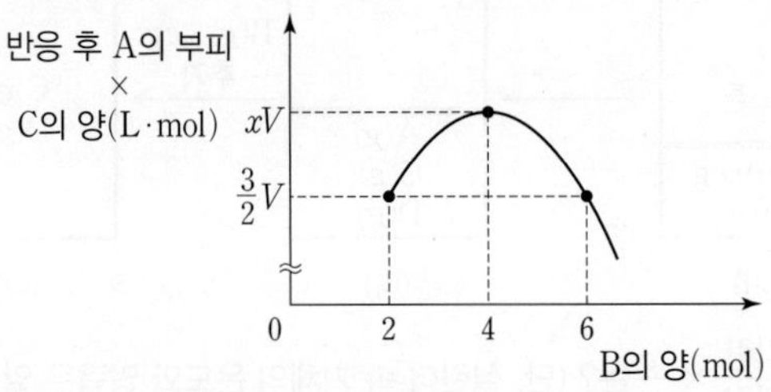

$c \times x$는? (단, 온도와 압력은 일정하다.)

① $\frac{5}{3}$ ② 2 ③ $\frac{5}{2}$
④ 4 ⑤ 6

88

▸24117-0088
2020학년도 수능 3번

상중하

다음은 이산화 질소(NO_2)와 관련된 반응의 화학 반응식이다.

$aNO_2 + bH_2O \longrightarrow cHNO_3 + NO$ (a~c: 반응 계수)

$a+b+c$는?

① 7 ② 6 ③ 5 ④ 4 ⑤ 3

89

▸24117-0089
2020학년도 수능 19번

상중하

다음은 A(s)와 B(g)가 반응하여 C(g)를 생성하는 반응의 화학 반응식이다.

$A(s) + bB(g) \longrightarrow C(g)$ (b: 반응 계수)

표는 실린더에 A(s)와 B(g)의 몰수를 달리하여 넣고 반응을 완결시킨 실험 Ⅰ, Ⅱ에 대한 자료이다. $\dfrac{\text{B의 분자량}}{\text{C의 분자량}} = \dfrac{1}{16}$이다.

실험	넣어 준 물질의 몰수(몰)		실린더 속 기체의 밀도 (상댓값)	
	A(s)	B(g)	반응 전	반응 후
Ⅰ	2	7	1	7
Ⅱ	3	8	1	x

$b \times x$는? (단, 기체의 온도와 압력은 일정하다.)

① 15 ② 20 ③ 21 ④ 24 ⑤ 32

90

▸24117-0090
2020학년도 9월 모의평가 1번

상중하

다음은 철의 제련과 관련된 화학 반응식이다.

$Fe_2O_3(s) + aCO(g) \longrightarrow bFe(s) + cCO_2(g)$ (a~c는 반응 계수)

$a+b+c$는?

① 7 ② 8 ③ 9 ④ 10 ⑤ 11

91

▸24117-0091
2020학년도 9월 모의평가 17번

상중하

다음은 A와 B가 반응하여 C를 생성하는 화학 반응식이다.

$A + bB \longrightarrow cC$ (b, c는 반응 계수)

그림은 m몰의 B가 들어 있는 용기에 A를 넣어 반응을 완결시켰을 때, 넣어 준 A의 몰수에 따른 반응 후 $\dfrac{\text{전체 물질의 몰수}}{\text{C의 몰수}}$를 나타낸 것이다.

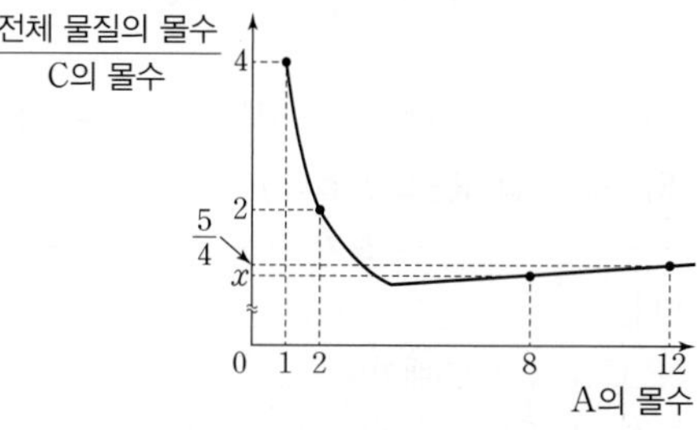

$m \times x$는?

① 36 ② 33 ③ 32 ④ 30 ⑤ 27

92

▸24117-0092

2020학년도 6월 모의평가 2번

상중하

다음은 암모니아의 생성 반응을 화학 반응식으로 나타내는 과정이다.

ㅇ 반응: 수소와 질소가 반응하여 암모니아가 생성된다.

[과정]

(가) 반응물과 생성물을 화학식으로 나타내고, 화살표를 기준으로 반응물을 왼쪽에, 생성물을 오른쪽에 쓴다.

$N_2+H_2 \longrightarrow$ ㉠

(나) 화살표 양쪽의 원자의 종류와 개수가 같아지도록 계수를 맞춰 화학 반응식을 완성한다.

$N_2+aH_2 \longrightarrow b$ ㉠

이에 대한 설명으로 옳은 것만을 〈보기〉에서 있는 대로 고른 것은?

보기

ㄱ. ㉠은 NH_3이다.

ㄴ. $a=2$이다.

ㄷ. 반응한 분자 수는 생성된 분자 수보다 작다.

① ㄱ ② ㄴ ③ ㄱ, ㄷ ④ ㄴ, ㄷ ⑤ ㄱ, ㄴ, ㄷ

93

▸24117-0093

2020학년도 6월 모의평가 19번

상중하

다음은 $A(g)$와 $B(g)$의 양을 달리하여 반응을 완결시킨 실험 Ⅰ~Ⅲ에 대한 자료이다.

ㅇ 화학 반응식: $A(g)+bB(g) \longrightarrow cC(g)$ (b, c는 반응 계수)

실험	반응 전 물질의 양		전체 기체의 부피	
	$A(g)$	$B(g)$	반응 전	반응 후
Ⅰ	$2n$몰	n몰	$3V$	$\frac{5}{2}V$
Ⅱ	n몰	$3n$몰	$4V$	$3V$
Ⅲ	x g	x g		$\frac{45}{8}V$

ㅇ 실험 Ⅲ에서 반응 후 $A(g)$는 $\frac{3}{4}x$ g이 남았다.

이에 대한 설명으로 옳은 것만을 〈보기〉에서 있는 대로 고른 것은? (단, 반응 전과 후의 온도와 압력은 모두 같다.)

보기

ㄱ. $b=4$이다.

ㄴ. 분자량은 C가 A의 2.5배이다.

ㄷ. 반응 후 생성된 C의 몰수 비는 Ⅱ : Ⅲ=8 : 9이다.

① ㄱ ② ㄴ ③ ㄷ ④ ㄱ, ㄴ ⑤ ㄴ, ㄷ

94

▸24117-0094

2019학년도 10월 학력평가 3번

상중하

다음은 3가지 반응의 화학 반응식이다.

ㅇ ㉠ $+H_2O \longrightarrow Ca(OH)_2$

ㅇ $H_2+Cl_2 \longrightarrow 2$ ㉡

ㅇ $aFe_2O_3+bCO \longrightarrow cFe+dCO_2$ (a~d는 반응 계수)

이에 대한 옳은 설명만을 〈보기〉에서 있는 대로 고른 것은?

보기

ㄱ. ㉠은 CaO이다.

ㄴ. ㉡은 2원자 분자이다.

ㄷ. $c+d>a+b$이다.

① ㄱ ② ㄷ ③ ㄱ, ㄴ ④ ㄴ, ㄷ ⑤ ㄱ, ㄴ, ㄷ

95

▸24117-0095

2019학년도 10월 학력평가 19번

상중하

다음은 t ℃, 1기압에서 $C_xH_y(g)$와 $O_2(g)$를 실린더에 넣고 완전 연소시켰을 때, 반응 전과 후 실린더에 들어 있는 기체에 대한 자료이다. 생성물은 CO_2와 H_2O이며, 모두 기체이다.

실험	반응 전		반응 후		
	기체 몰수		기체 몰수		부피 (L)
	C_xH_y	O_2	전체 생성물	남은 반응물	
(가)	n	5	m	n	$2V$
(나)	$3n$	12	$3m$	0	$5V$

$\frac{\text{(가)에서 생성된 } CO_2 \text{의 몰수}}{\text{(나)에서 생성된 } H_2O \text{의 몰수}}$는? (단, 온도와 압력은 일정하다.)

① $\frac{1}{3}$ ② $\frac{1}{2}$ ③ $\frac{2}{3}$ ④ $\frac{4}{3}$ ⑤ $\frac{3}{2}$

96
▸24117-0096
2019학년도 3월 학력평가 17번
상중하

다음은 기체 A와 B가 반응하여 기체 C를 생성하는 반응의 화학 반응식이다.

$a\mathrm{A}(g)+b\mathrm{B}(g) \longrightarrow a\mathrm{C}(g)$ (a, b는 반응 계수)

표는 실린더 (가), (나)에 A, B를 넣고 각각 반응을 완결시켰을 때, 반응 전과 후 기체에 대한 자료이다.

실린더	반응 전	반응 후
(가)	몰수 비 A : B=1 : 1	몰수 비 B : C=1 : 2
(나)	질량 비 A : B=1 : 1	질량 비 B : C=3 : 11

$\frac{\text{B의 분자량}}{\text{A의 분자량}}$은?

① $\frac{4}{7}$　② $\frac{3}{4}$　③ $\frac{7}{8}$　④ $\frac{8}{7}$　⑤ $\frac{4}{3}$

97
▸24117-0097
2019학년도 수능 12번
상중하

그림은 반응 전 실린더 속에 들어 있는 기체 XY와 Y_2를 모형으로 나타낸 것이고, 표는 반응 전과 후의 실린더 속 기체에 대한 자료이다. ㉠은 반응하고 남은 XY와 Y_2 중 하나이고, ㉡은 X를 포함하는 3원자 분자이며 기체이다.

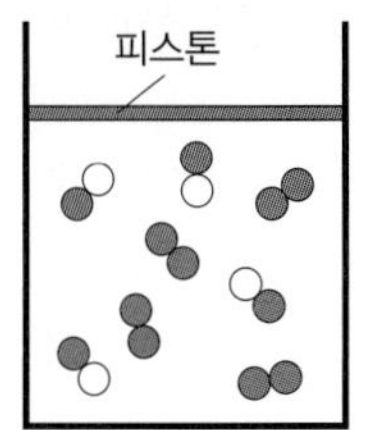

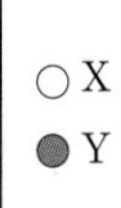

반응 전

	반응 전	반응 후
기체의 종류	XY, Y_2	㉠, ㉡
전체 기체의 부피(L)	$4V$	$3V$

㉠과 ㉡으로 옳은 것은? (단, X와 Y는 임의의 원소 기호이며, 반응 전과 후 기체의 온도와 압력은 일정하다.)

	㉠	㉡
①	XY	XY_2
②	XY	X_2Y
③	Y_2	XY_2
④	Y_2	X_2Y
⑤	Y_2	X_3

04 용액의 농도

98
▸24117-0098
2024학년도 수능 11번
상중하

표는 t ℃에서 X(aq) (가)~(다)에 대한 자료이다.

수용액	(가)	(나)	(다)
부피(L)	V_1	V_2	V_2
몰 농도(M)	0.4	0.3	0.2
용질의 질량(g)	w	$3w$	

(가)와 (다)를 혼합한 용액의 몰 농도(M)는? (단, 혼합 용액의 부피는 혼합 전 각 용액의 부피의 합과 같다.)

① $\frac{6}{25}$　② $\frac{4}{15}$　③ $\frac{2}{7}$　④ $\frac{3}{10}$　⑤ $\frac{1}{3}$

99
▸24117-0099
2024학년도 9월 모의평가 13번
상중하

그림은 0.4 M A(aq) x mL와 0.2 M B(aq) 300 mL에 각각 물을 넣을 때, 넣어 준 물의 부피에 따른 각 용액의 몰 농도를 나타낸 것이다. A와 B의 화학식량은 각각 $3a$와 a이다.

이에 대한 설명으로 옳은 것만을 <보기>에서 있는 대로 고른 것은? (단, 온도는 일정하고, 혼합 용액의 부피는 혼합 전 용액과 넣어 준 물의 부피의 합과 같다.)

보기

ㄱ. $x=50$이다.
ㄴ. $V=80$이다.
ㄷ. 용질의 질량은 B(aq)에서가 A(aq)에서보다 크다.

① ㄱ　② ㄷ　③ ㄱ, ㄴ　④ ㄱ, ㄷ　⑤ ㄴ, ㄷ

100 ▸24117-0100
2024학년도 6월 모의평가 12번 상중하

표는 t ℃에서 A(aq)과 B(aq)에 대한 자료이다. A와 B의 화학식량은 각각 $3a$와 a이다.

수용액	몰 농도 (M)	용질의 질량 (g)	용액의 질량 (g)	용액의 밀도 (g/mL)
A(aq)	x	w_1	$2w_2$	d_A
B(aq)	y	$2w_1$	w_2	d_B

$\frac{x}{y}$는?

① $\frac{d_A}{12d_B}$ ② $\frac{d_A}{4d_B}$ ③ $\frac{3d_A}{4d_B}$
④ $\frac{d_B}{12d_A}$ ⑤ $\frac{4d_B}{3d_A}$

101 ▸24117-0101
2023학년도 10월 학력평가 7번 상중하

표는 t ℃에서 포도당 수용액 (가)와 (나)에 대한 자료이다.

수용액	용질의 질량(g)	부피(mL)	몰 농도(M)
(가)	w	250	1
(나)	$3w$	500	a

a는?

① $\frac{1}{3}$ ② $\frac{2}{3}$ ③ $\frac{3}{2}$
④ 3 ⑤ 6

102 ▸24117-0102
2023학년도 3월 학력평가 10번 상중하

다음은 A(aq)을 만드는 실험이다. A의 화학식량은 40이다.

[실험 과정]
(가) A(s) w g을 모두 물에 녹여 x M A(aq) 100 mL를 만든다.
(나) x M A(aq) 20 mL를 100 mL 부피 플라스크에 넣고 표시된 눈금까지 물을 넣어 y M A(aq)을 만든다.
(다) y M A(aq) 50 mL와 0.3 M A(aq) 50 mL를 혼합하고 물을 넣어 0.1 M A(aq) 200 mL를 만든다.

w는? (단, 온도는 일정하다.)

① 2 ② 6 ③ 10
④ 12 ⑤ 20

103 ▸24117-0103
2023학년도 수능 9번 상중하

다음은 A(l)를 이용한 실험이다.

[실험 과정]
(가) 25 ℃에서 밀도가 d_1 g/mL인 A(l)를 준비한다.
(나) (가)의 A(l) 10 mL를 취하여 부피 플라스크에 넣고 물과 혼합하여 수용액 Ⅰ 100 mL를 만든다.
(다) (가)의 A(l) 10 mL를 취하여 비커에 넣고 물과 혼합하여 수용액 Ⅱ 100 g을 만든 후 밀도를 측정한다.

[실험 결과]
○ Ⅰ의 몰 농도: x M
○ Ⅱ의 밀도 및 몰 농도: d_2 g/mL, y M

$\frac{y}{x}$는? (단, A의 분자량은 a이고, 온도는 25 ℃로 일정하다.)

① $\frac{d_1}{d_2}$ ② $\frac{d_2}{d_1}$ ③ d_2
④ $\frac{10}{d_1}$ ⑤ $\frac{10}{d_2}$

104
▸24117-0104
2023학년도 9월 모의평가 12번
상중하

그림은 a M X(aq)에 ㉠~㉢을 순서대로 추가하여 수용액 (가)~(다)를 만드는 과정을 나타낸 것이다. ㉠~㉢은 각각 $H_2O(l)$, $3a$ M X(aq), $5a$ M X(aq) 중 하나이고, 수용액에 포함된 X의 질량 비는 (나) : (다)=2 : 3이다.

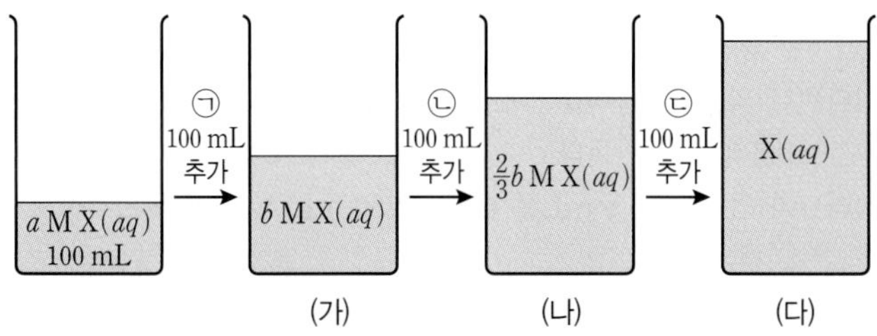

㉢과 b로 옳은 것은? (단, 온도는 일정하고, 혼합 용액의 부피는 혼합 전 각 용액의 부피의 합과 같다.)

	㉢	b		㉢	b
①	$H_2O(l)$	$2a$	②	$3a$ M X(aq)	$2a$
③	$3a$ M X(aq)	$3a$	④	$5a$ M X(aq)	$2a$
⑤	$5a$ M X(aq)	$3a$			

105
▸24117-0105
2023학년도 6월 모의평가 11번
상중하

다음은 A(aq)을 만드는 실험이다.

[자료]
- t ℃에서 a M A(aq)의 밀도: d g/mL

[실험 과정]
(가) A(s) 1 mol이 녹아 있는 100 g의 a M A(aq)을 준비한다.
(나) (가)의 A(aq) x mL와 물을 혼합하여 0.1 M A(aq) 500 mL를 만든다.
(다) (나)에서 만든 A(aq) 250 mL와 (가)의 A(aq) y mL를 혼합하고 물을 넣어 0.2 M A(aq) 500 mL를 만든다.

$x+y$는? (단, 용액의 온도는 t ℃로 일정하다.)

① $\frac{25}{d}$　② $\frac{25}{2d}$　③ $\frac{25}{3d}$　④ $\frac{25}{4d}$　⑤ $\frac{5}{d}$

106
▸24117-0106
2022학년도 10월 학력평가 8번
상중하

다음은 A(aq)을 만드는 실험이다. A의 분자량은 180이다.

(가) A(s) 36 g을 모두 물에 녹여 a M A(aq) 200 mL를 만든다.
(나) (가)의 A(aq) x mL에 물을 넣어 0.2 M A(aq) 50 mL를 만든다.
(다) (가)의 A(aq) y mL에 A(s) 18 g을 모두 녹이고 물을 넣어 a M A(aq) 200 mL를 만든다.

$\frac{y}{x}$는? (단, 온도는 일정하다.)

① 0.2　② 0.5　③ 2　④ 10　⑤ 20

107
▸24117-0107
2022학년도 3월 학력평가 13번
상중하

다음은 A(aq)에 관한 실험이다. A의 화학식량은 40이다.

(가) A(s) 4 g을 모두 물에 녹여 x M A(aq) 100 mL를 만든다.
(나) x M A(aq) 25 mL에 물을 넣어 y M A(aq) 200 mL를 만든다.
(다) x M A(aq) 50 mL와 y M A(aq) V mL를 혼합하고 물을 넣어 0.3 M A(aq) 200 mL를 만든다.

$\frac{y}{x}\times V$는? (단, 온도는 일정하다.)

① 10　② 40　③ 50　④ 80　⑤ 100

108 ▸24117-0108

2022학년도 수능 15번 상중하

그림은 A(s) x g을 모두 물에 녹여 10 mL로 만든 0.3 M A(aq)에 a M A(aq)을 넣었을 때, 넣어 준 a M A(aq)의 부피에 따른 혼합된 A(aq)의 몰 농도(M)를 나타낸 것이다. A의 화학식량은 180이다.

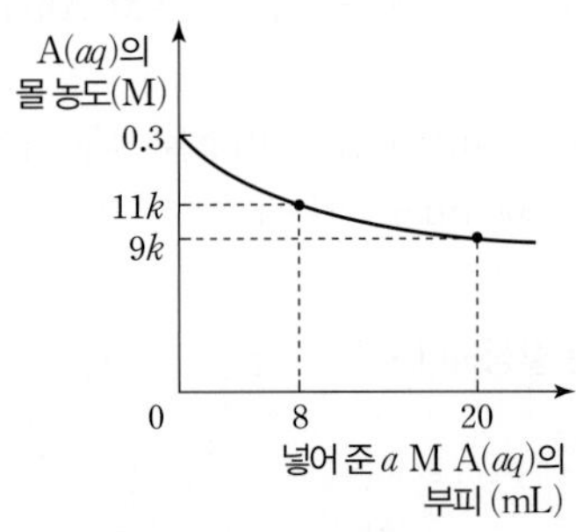

$\frac{x}{a}$는? (단, 온도는 일정하며, 혼합 용액의 부피는 혼합 전 각 용액의 부피의 합과 같다.)

① $\frac{7}{3}$　② $\frac{7}{2}$　③ $\frac{9}{2}$　④ $\frac{27}{4}$　⑤ $\frac{27}{2}$

109 ▸24117-0109

2022학년도 9월 모의평가 15번 상중하

다음은 A(aq)을 만드는 실험이다. A의 화학식량은 a이다.

> (가) A(s) x g을 모두 물에 녹여 A(aq) 500 mL를 만든다.
> (나) (가)에서 만든 A(aq) 100 mL에 A(s) $\frac{x}{2}$ g을 모두 녹이고 물을 넣어 A(aq) 500 mL를 만든다.
> (다) (가)에서 만든 A(aq) 50 mL와 (나)에서 만든 A(aq) 200 mL를 혼합하고 물을 넣어 0.2 M A(aq) 500 mL를 만든다.

x는? (단, 온도는 일정하다.)

① $\frac{1}{19}a$　② $\frac{2}{19}a$　③ $\frac{3}{19}a$　④ $\frac{4}{19}a$　⑤ $\frac{5}{19}a$

110 ▸24117-0110

2022학년도 6월 모의평가 12번 상중하

다음은 A(aq)에 관한 실험이다.

> [실험 과정]
> (가) 1 M A(aq)을 준비한다.
> (나) (가)의 A(aq) x mL를 취하여 100 mL 부피 플라스크에 모두 넣는다.
> (다) (나)의 부피 플라스크에 표시된 눈금선까지 물을 넣고 섞어 수용액 Ⅰ을 만든다.
> (라) (가)의 A(aq) y mL를 취하여 250 mL 부피 플라스크에 모두 넣는다.
> (마) (라)의 부피 플라스크에 표시된 눈금선까지 물을 넣고 섞어 수용액 Ⅱ를 만든다.
>
> [실험 결과 및 자료]
> ○ $x+y=70$이다.
> ○ Ⅰ과 Ⅱ의 몰 농도는 모두 a M이다.

이에 대한 설명으로 옳은 것만을 <보기>에서 있는 대로 고른 것은? (단, 온도는 25 ℃로 일정하다.)

보기

> ㄱ. $x=20$이다.
> ㄴ. $a=0.1$이다.
> ㄷ. Ⅰ과 Ⅱ를 모두 혼합한 수용액에 포함된 A의 양은 0.07 mol이다.

① ㄱ　② ㄴ　③ ㄱ, ㄷ　④ ㄴ, ㄷ　⑤ ㄱ, ㄴ, ㄷ

111 ▸24117-0111

2021학년도 10월 학력평가 6번 상중하

다음은 수산화 나트륨(NaOH) 수용액을 만드는 실험이다.

> [실험 과정]
> (가) NaOH(s) w g을 물 100 mL에 모두 녹인다.
> (나) (가)의 수용액을 모두 V mL 부피 플라스크에 넣고 표시선까지 물을 넣는다.
>
> [실험 결과]
> ○ (나)에서 만든 NaOH(aq)의 몰 농도는 a M이다.

V는? (단, NaOH의 화학식량은 40이다.)

① $\frac{w}{40a}$　② $\frac{w}{4a}$　③ $\frac{10w}{a}$　④ $\frac{25w}{a}$　⑤ $\frac{40w}{a}$

112

▸24117-0112
2021학년도 3월 학력평가 13번

상중하

표는 포도당 수용액 (가)와 (나)에 대한 자료이다.

수용액	(가)	(나)
부피(mL)	20	30
단위 부피당 포도당 분자 모형	☆	☆ ☆ ☆ ☆ ☆ ☆

(가)와 (나)를 모두 혼합하고 물을 추가하여 용액의 부피가 100 mL가 되도록 만든 수용액의 단위 부피당 포도당 분자 모형으로 옳은 것은? (단, 온도는 일정하다.)

① 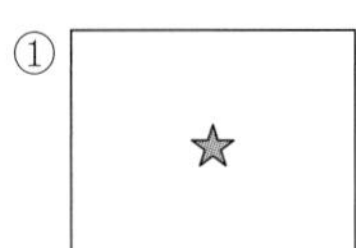
② 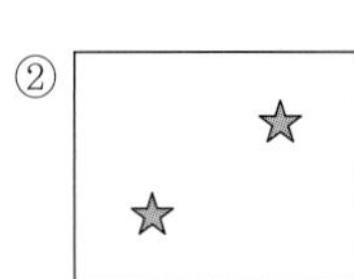
③ 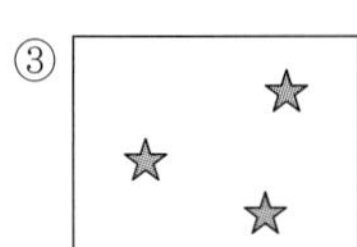
④ 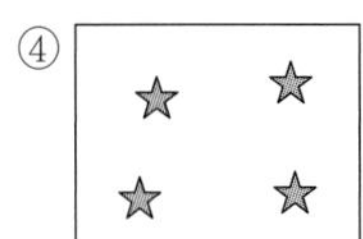
⑤ 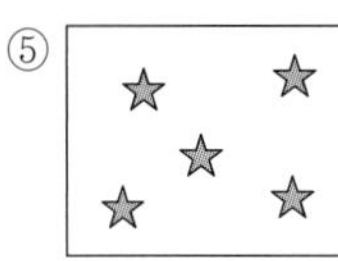

113

▸24117-0113
2021학년도 수능 13번

상중하

다음은 수산화 나트륨 수용액($NaOH(aq)$)에 관한 실험이다.

(가) 2 M $NaOH(aq)$ 300 mL에 물을 넣어 1.5 M $NaOH(aq)$ x mL를 만든다.
(나) 2 M $NaOH(aq)$ 200 mL에 $NaOH(s)$ y g과 물을 넣어 2.5 M $NaOH(aq)$ 400 mL를 만든다.
(다) (가)에서 만든 수용액과 (나)에서 만든 수용액을 모두 혼합하여 z M $NaOH(aq)$을 만든다.

$\frac{y \times z}{x}$는? (단, NaOH의 화학식량은 40이고, 온도는 일정하며, 혼합 용액의 부피는 혼합 전 각 용액의 부피의 합과 같다.)

① $\frac{12}{25}$ ② $\frac{9}{25}$ ③ $\frac{6}{25}$ ④ $\frac{3}{25}$ ⑤ $\frac{1}{25}$

114

▸24117-0114
2021학년도 9월 모의평가 12번

상중하

다음은 0.3 M A 수용액을 만드는 실험이다.

(가) 소량의 물에 고체 A x g을 모두 녹인다.
(나) 250 mL 부피 플라스크에 (가)의 수용액을 모두 넣고 표시된 눈금선까지 물을 넣고 섞는다.
(다) (나)의 수용액 50 mL를 취하여 500 mL 부피 플라스크에 모두 넣는다.
(라) (다)의 500 mL 부피 플라스크에 표시된 눈금선까지 물을 넣고 섞어 0.3 M A 수용액을 만든다.

x는? (단, A의 화학식량은 60이고, 온도는 25 ℃로 일정하다.)

① 9 ② 18 ③ 30 ④ 45 ⑤ 60

115

▸24117-0115
2021학년도 6월 모의평가 8번

상중하

다음은 0.1 M 포도당($C_6H_{12}O_6$) 수용액을 만드는 실험 과정이다.

[실험 과정]
(가) 전자 저울을 이용하여 $C_6H_{12}O_6$ x g을 준비한다.
(나) 준비한 $C_6H_{12}O_6$ x g을 비커에 넣고 소량의 물을 부어 모두 녹인다.
(다) 250 mL ㉠ 에 (나)의 용액을 모두 넣는다.
(라) 물로 (나)의 비커에 묻어 있는 용액을 몇 번 씻어 (다)의 ㉠ 에 모두 넣고 섞는다.
(마) (라)의 ㉠ 에 표시된 눈금선까지 물을 넣고 섞는다.

이에 대한 설명으로 옳은 것만을 〈보기〉에서 있는 대로 고른 것은? (단, $C_6H_{12}O_6$의 분자량은 180이다.)

보기

ㄱ. '부피 플라스크'는 ㉠으로 적절하다.
ㄴ. $x=9$이다.
ㄷ. (마) 과정 후의 수용액 100 mL에 들어 있는 $C_6H_{12}O_6$의 양은 0.02 mol이다.

① ㄱ ② ㄴ ③ ㄷ ④ ㄱ, ㄴ ⑤ ㄱ, ㄷ

기출 & 플러스

01 우리 생활 속의 화학

■ 빈칸에 알맞은 말을 써 넣으시오.

01 하버와 보슈는 질소 기체와 수소 기체를 반응시켜 (　　　)를 대량으로 합성하는 제조 공정을 개발하였다.

02 (　　　)은 석유를 원료로 하여 만든 것으로 최초의 합성 섬유이다.

03 (　　　)은 탄소(C)를 기본 골격으로 수소(H), 산소(O), 질소(N), 황(S), 인(P), 할로젠 등이 공유 결합한 화합물이다.

04 (　　　)은 가장 간단한 탄화수소로 천연가스의 주성분이다.

05 (　　　)은 실온에서 무색의 액체이며, 손 소독제의 원료로 사용된다.

06 (　　　)은 식초의 성분으로 물에 녹아 수소 이온(H^+)을 내놓는다.

■ 다음 내용이 옳으면 ○표, 틀리면 ×표 하시오.

07 철은 주택, 건물, 도로 등을 대규모로 건설하는 데 이용하여 주거 문제를 해결하는 데 기여하였다. (　　)

08 탄화수소를 완전 연소시키면 이산화 탄소와 물이 생성된다. (　　)

02 화학식량과 몰

■ 빈칸에 알맞은 말을 써 넣으시오.

09 원자량은 (　　　) 원자의 원자량을 12로 정하고, 이것을 기준으로 하여 나타낸 원자의 상대적 질량이다.

10 원자 1개의 질량이 ^{16}O가 ^{1}H의 16배일 때 원자량 비는 $^{16}O : {}^{1}H$=(　　　)이다.

11 (　　　)은 분자를 구성하는 모든 원자의 원자량을 합한 값으로 분자의 상대적 질량이다.

12 (　　　)은 원자, 분자, 이온 등의 입자 수를 나타낼 때 사용하는 단위로 1 mol은 (　　　)개의 입자를 뜻한다.

13 H_2O 1 mol에는 O 원자 (　　　) mol과 H 원자 (　　　) mol이 들어 있다.

14 물질 1 mol의 질량은 (　　　)에 g을 붙인 값과 같다.

15 분자량이 44인 CO_2 0.5 mol의 질량은 (　　　) g이다.

16 (　　　) 법칙에 의하면 온도와 압력이 같은 기체 1 mol이 차지하는 부피는 기체의 종류에 관계없이 같다.

17 0 ℃, 1 atm에서 기체 1 mol의 부피는 (　　　) L이다.

18 온도와 압력이 같은 기체의 (　　　)는 기체의 양(mol)에 비례한다.

■ 다음 내용이 옳으면 ○표, 틀리면 ×표 하시오.

19 O_2 1 mol과 He 2 mol에 각각 들어 있는 원자의 양(mol)은 서로 같다. (　　)

20 1 g에 들어 있는 원자의 양(mol)은 산소(O) 원자가 질소(N) 원자보다 크다. (단, N, O의 원자량은 각각 14, 16이다.) (　　)

21 25 ℃, 1 atm에서 기체 1 mol의 부피가 24 L일 때 같은 온도, 같은 압력에서 $H_2(g)$ 0.2 mol의 부피는 4.8 L이다. (　　)

22 온도와 압력이 일정할 때 1 g의 부피는 $CH_4(g)$ 이 $C_2H_4(g)$보다 크다. (　　)

03 화학 반응식

■ 빈칸에 알맞은 말을 써 넣으시오.

23 (　　　)은 화학식과 기호를 사용하여 화학 반응을 나타낸 식이다.

24 화학 반응식의 (　　　) 비는 반응하는 물질의 양(mol)의 비와 같다.

25 $CH_4(g)$이 완전 연소하여 $CO_2(g)$와 $H_2O(l)$이 생성되는 반응의 화학 반응식은 (　　　)이다.

26 $2H_2(g)+O_2(g) \longrightarrow 2H_2O(l)$ 반응에서 H_2 1 mol이 반응할 때 생성되는 H_2O의 양은 (　　　) mol이다.

27 $N_2(g)+3H_2(g) \longrightarrow 2NH_3(g)$ 반응에서 $N_2(g)$ 1 mol이 반응할 때 생성되는 $NH_3(g)$의 질량은 (　　　) g이다. (단, H, N의 원자량은 각각 1, 14이다.)

28 $2A(g)+B(g) \longrightarrow 2C(g)$ 반응에서 반응 질량 비가 A : B : C=4 : 1 : 5일 때 분자량 비는 A : B : C=(　　　)이다.

■ **다음 내용이 옳으면 ○표, 틀리면 ×표 하시오.**

29 화학 반응식에서 반응물과 생성물이 기체인 경우 g, 액체인 경우 aq, 고체인 경우 s로 표시한다. (　　)

30 $4Fe(s)+aO_2(g) \longrightarrow bFe_2O_3(s)$에서 $a+b=5$이다. (단, a, b는 반응 계수이다.) (　　)

31 $Fe_2O_3(s)+3CO(g) \longrightarrow 2Fe(s)+3CO_2(g)$ 반응에서 반응이 일어날 때 기체 분자 수는 증가한다. (　　)

32 $2H_2O_2 \longrightarrow 2H_2O+O_2$ 반응에서 1 mol의 H_2O_2가 분해되면 1 mol의 H_2O이 생성된다. (　　)

33 $2H_2O \longrightarrow 2H_2+O_2$ 반응에서 0.5 mol의 H_2O이 분해되면 전체 생성물의 질량은 9 g이다. (단, H, O의 원자량은 각각 1, 16이다.) (　　)

34 $2A(g)+B(g) \longrightarrow 2C(g)$ 반응에서 기체의 양(mol)은 반응 전이 반응 후보다 크다. (　　)

04 용액의 농도

■ **빈칸에 알맞은 말을 써 넣으시오.**

35 4 % $NaOH(aq)$ 500 g에 들어 있는 NaOH의 양은 (　　　) mol이다. (단, NaOH의 화학식량은 40이다.)

36 500 mL 부피 플라스크에 포도당($C_6H_{12}H_6$) 18 g을 녹인 수용액을 모두 넣은 후 표시선까지 물을 넣어 만든 용액의 몰 농도는 (　　　) M이다. (단, $C_6H_{12}O_6$의 분자량은 180이다.)

37 0.2 M $NaCl(aq)$ 100 mL에 들어 있는 NaCl의 질량은 (　　　) g이다. (단, NaCl의 화학식량은 58.5이다.)

38 0.1 M $NaOH(aq)$ 100 mL에 물을 추가로 넣어서 만든 $NaOH(aq)$ 500 mL의 몰 농도는 (　　　) M이다.

39 0.1 M 포도당($C_6H_{12}O_6$) 수용액 250 mL는 $C_6H_{12}O_6$ 4.5 g을 소량의 물에 녹인 후 250 mL (　　　)에 넣고 표시선까지 물을 넣어 만든다. (단, $C_6H_{12}O_6$의 분자량은 180이다.)

■ **다음 내용이 옳으면 ○표, 틀리면 ×표 하시오.**

40 퍼센트 농도를 몰 농도로 변환하기 위해 용질의 화학식량과 용액의 밀도가 필요하다. (　　)

41 표준 용액을 만들 때 필요한 실험 기구는 부피 플라스크이다. (　　)

42 0.1 M $C_6H_{12}O_6(aq)$ 100 mL와 0.2 M $NaOH(aq)$ 200 mL에 들어 있는 용질의 질량 비는 $C_6H_{12}O_6$: NaOH=9 : 8이다. (단, $C_6H_{12}O_6$, NaOH의 화학식량은 각각 180, 40이다.) (　　)

정답

01 암모니아(NH_3) **02** 나일론 **03** 탄소 화합물 **04** 메테인(CH_4) **05** 에탄올(C_2H_5OH) **06** 아세트산(CH_3COOH)
07 ○ **08** ○ **09** ^{12}C **10** 16 : 1 **11** 분자량 **12** 몰, 6.02×10^{23} **13** 1, 2 **14** 화학식량 **15** 22 **16** 아보가드로
17 22.4 **18** 부피 **19** ○ **20** × **21** ○ **22** ○ **23** 화학 반응식 **24** 계수
25 $CH_4(g)+2O_2(g) \longrightarrow CO_2(g)+2H_2O(l)$ **26** 1 **27** 34 **28** 4 : 2 : 5 **29** × **30** ○ **31** × **32** ○
33 ○ **34** ○ **35** 0.5 **36** 0.2 **37** 1.17 **38** 0.02 **39** 부피 플라스크 **40** ○ **41** ○ **42** ○

함정 탈출 TIP 체크

28 A～C의 분자량을 각각 a～c라고 할 때, 계수 비는 반응하는 기체의 양(mol)의 비이므로 A : B : C=$\frac{4}{a}$: $\frac{1}{b}$: $\frac{5}{c}$=2 : 1 : 2이다. 따라서 a : b : c=4 : 2 : 5이다. **33** 반응 전후 질량은 보존된다. 0.5 mol의 $H_2O(l)$의 질량은 9 g이므로 분해되어 생성되는 생성물의 전체 질량은 9 g이다. **42** 0.1 M $C_6H_{12}O_6(aq)$ 100 mL에 들어 있는 $C_6H_{12}O_6$의 양은 0.01 mol이므로 질량은 1.8 g이다. 0.2 M $NaOH(aq)$ 200 mL에 들어 있는 NaOH의 양은 0.04 mol이므로 질량은 1.6 g이다. 따라서 용질의 질량 비는 $C_6H_{12}O_6$: NaOH=9 : 8이다.

Ⅱ 원자의 세계

01 원자의 구조

02 현대적 원자 모형과 전자 배치

03 원소의 주기적 성질

기출 문제 분석 팁

- 〈원자의 구조〉 단원에서는 원자의 구성 입자들의 수에 대한 자료를 분석하는 문제가 주로 출제되는데, 최근에는 동위 원소와 관련된 자료를 분석하는 문제로 출제된다. 따라서 양성자, 중성자, 질량수, 원자 번호, 동위 원소 등의 개념을 정확히 알아두어야 한다.
- 〈현대적 원자 모형과 전자 배치〉 단원은 오비탈, 양자수, 전자 배치 등 학습해야 할 개념이 많은 단원이지만, 비교적 평이한 난이도로 출제되는 단원이다. 원자의 전자 배치를 제시하고 분석하는 문제는 비교적 난이도가 낮지만, 전자가 들어 있는 s, p 오비탈 수나 홀전자 수, 양자수 등의 자료로부터 전자 배치를 유추해야 하는 문제는 다소 까다로울 수 있다. 따라서 전자 배치 원리를 이해하고, 양자수의 종류와 개념을 정확히 알아두어야 한다.
- 〈원소의 주기적 성질〉 단원은 유효 핵전하, 원자 및 이온 반지름, 이온화 에너지 등의 주기적 성질이 복합적으로 적용되는 문제들이 주로 출제된다. 따라서 각 성질의 족과 주기에서의 경향성과 그 원인을 서로 연결지어 이해하고 있어야 하며, 실제 원소들에서 주기적 성질의 대소 관계를 빨리 파악할 수 있도록 연습해 두어야 한다.
- 2015 개정 교육 과정에서 '순차적 이온화 에너지'는 '순차 이온화 에너지'로 바꾸어 사용한다.

한눈에 보는 출제 빈도

시험 \ 내용		01 원자의 구조 • 원자의 구성 입자 • 동위 원소	02 현대적 원자 모형과 전자 배치 • 오비탈과 양자수 • 오비탈과 전자 배치	03 원소의 주기적 성질 • 유효 핵전하 • 원자 반지름, 이온 반지름 • 이온화 에너지
2024 학년도	수능	1	2	2
	9월 모의평가	1	2	1
	6월 모의평가	1	2	2
2023 학년도	수능	1	2	2
	9월 모의평가	1	2	2
	6월 모의평가	1	2	2
2022 학년도	수능	1	2	1
	9월 모의평가	1	2	1
	6월 모의평가	1	2	1
2021 학년도	수능	1	2	1
	9월 모의평가	1	2	1
	6월 모의평가	1	2	2
2020 학년도	수능	1	1	2
	9월 모의평가	1	1	2
	6월 모의평가	1	1	2

기출 문제로 유형 확인하기

01 원자의 구조

01

▸24117-0116
2024학년도 수능 14번
상중하

표는 원자 A～D에 대한 자료이다. A～D는 원소 X와 Y의 동위 원소이고, A～D의 중성자수 합은 76이다. 원자 번호는 X>Y이다.

원자	중성자수－원자 번호	질량수
A	0	$m-1$
B	1	$m-2$
C	2	$m+1$
D	3	m

이에 대한 설명으로 옳은 것만을 〈보기〉에서 있는 대로 고른 것은? (단, X와 Y는 임의의 원소 기호이고, A, B, C, D의 원자량은 각각 $m-1$, $m-2$, $m+1$, m이다.)

보기

ㄱ. B와 D는 Y의 동위 원소이다.

ㄴ. $\frac{\text{1 g의 C에 들어 있는 중성자수}}{\text{1 g의 A에 들어 있는 중성자수}}=\frac{20}{19}$이다.

ㄷ. $\frac{\text{1 mol의 D에 들어 있는 양성자수}}{\text{1 mol의 A에 들어 있는 양성자수}}<1$이다.

① ㄱ ② ㄴ ③ ㄱ, ㄷ
④ ㄴ, ㄷ ⑤ ㄱ, ㄴ, ㄷ

02

▸24117-0117
2024학년도 9월 모의평가 16번
상중하

다음은 자연계에 존재하는 원소 X와 Y에 대한 자료이다.

○ X와 Y의 동위 원소 존재 비율과 평균 원자량

원소	동위 원소	존재 비율(%)	평균 원자량
X	^{79}X	a	80
	^{81}X	b	
Y	^{m}Y	c	
	$^{m+2}$Y	d	

○ $a+b=c+d=100$이다.

○ $\frac{\text{XY 중 분자량이 } m+81\text{인 XY의 존재 비율(\%)}}{\text{Y}_2\text{ 중 분자량이 } 2m+4\text{인 Y}_2\text{의 존재 비율(\%)}}=8$이다.

이에 대한 설명으로 옳은 것만을 〈보기〉에서 있는 대로 고른 것은? (단, X와 Y는 임의의 원소 기호이고, ^{79}X, ^{81}X, ^{m}Y, $^{m+2}$Y의 원자량은 각각 79, 81, m, $m+2$이다.)

보기

ㄱ. 자연계에서 분자량이 서로 다른 XY는 3가지이다.

ㄴ. Y의 평균 원자량은 $m+1$이다.

ㄷ. 자연계에서 1 mol의 XY 중 $\frac{^{81}\text{X}^{m}\text{Y의 전체 중성자수}}{^{79}\text{X}^{m+2}\text{Y의 전체 중성자수}}=3$이다.

① ㄱ ② ㄴ ③ ㄱ, ㄷ
④ ㄴ, ㄷ ⑤ ㄱ, ㄴ, ㄷ

03
▸24117-0118
2024학년도 6월 모의평가 9번
상중하

표는 원소 X의 동위 원소에 대한 자료이다. X의 평균 원자량은 $m+\frac{1}{2}$이고, $a+b=100$이다.

동위 원소	원자량	자연계에 존재하는 비율(%)
${}^{m}X$	m	a
${}^{m+2}X$	$m+2$	b

이에 대한 설명으로 옳은 것만을 〈보기〉에서 있는 대로 고른 것은? (단, X는 임의의 원소 기호이다.)

보기

ㄱ. $a>b$이다.

ㄴ. $\frac{1\text{ g의 }{}^{m}X\text{에 들어 있는 양성자수}}{1\text{ g의 }{}^{m+2}X\text{에 들어 있는 양성자수}}>1$이다.

ㄷ. $\frac{1\text{ mol의 }{}^{m}X\text{에 들어 있는 전자 수}}{1\text{ mol의 }{}^{m+2}X\text{에 들어 있는 전자 수}}>1$이다.

① ㄱ ② ㄷ ③ ㄱ, ㄴ ④ ㄴ, ㄷ ⑤ ㄱ, ㄴ, ㄷ

04
▸24117-0119
2023학년도 10월 학력평가 17번
상중하

다음은 원소 X와 Y의 동위 원소에 대한 자료이다. 자연계에 존재하는 X와 Y의 동위 원소는 각각 2가지이다.

○ X와 Y의 동위 원소의 원자량과 자연계에 존재하는 비율

원소	동위 원소	원자량	존재 비율(%)
X	${}^{a}X$	a	x
	${}^{a+b}X$	$a+b$	$x-40$
Y	${}^{a+3b}Y$	$a+3b$	60
	${}^{a+4b}Y$	$a+4b$	40

○ X와 Y의 평균 원자량의 차는 6.2이다.
○ 원자 번호는 Y가 X보다 2만큼 크다.

이에 대한 옳은 설명만을 〈보기〉에서 있는 대로 고른 것은? (단, X, Y는 임의의 원소 기호이다.)

보기

ㄱ. $x=70$이다.

ㄴ. $b=1$이다.

ㄷ. ${}^{a}X$와 ${}^{a+3b}Y$의 중성자수의 차는 6이다.

① ㄱ ② ㄴ ③ ㄱ, ㄷ ④ ㄴ, ㄷ ⑤ ㄱ, ㄴ, ㄷ

05
▸24117-0120
2023학년도 3월 학력평가 6번
상중하

표는 원소 X와 Y에 대한 자료이다.

원소	원자 번호	동위 원소	자연계에 존재하는 비율(%)	평균 원자량
X	29	${}^{63}X$	a	63.6
		${}^{65}X$	$100-a$	
Y	35	${}^{79}X$	50	y
		${}^{81}X$	50	

이에 대한 옳은 설명만을 〈보기〉에서 있는 대로 고른 것은? (단, X, Y는 임의의 원소 기호이고, ${}^{63}X$, ${}^{65}X$, ${}^{79}Y$, ${}^{81}Y$의 원자량은 각각 63, 65, 79, 81이다.)

보기

ㄱ. $\frac{\text{양성자수}}{\text{중성자수}}$는 ${}^{79}Y>{}^{65}X$이다.

ㄴ. $a<50$이다.

ㄷ. $y=80$이다.

① ㄱ ② ㄷ ③ ㄱ, ㄴ ④ ㄴ, ㄷ ⑤ ㄱ, ㄴ, ㄷ

06
▸24117-0121
2023학년도 수능 15번
상중하

표는 원소 X와 Y에 대한 자료이고, $a+b=c+d=100$이다.

원소	원자 번호	동위 원소	자연계에 존재하는 비율(%)	평균 원자량
X	17	${}^{35}X$	a	35.5
		${}^{37}X$	b	
Y	31	${}^{69}Y$	c	69.8
		${}^{71}Y$	d	

이에 대한 설명으로 옳은 것만을 〈보기〉에서 있는 대로 고른 것은? (단, X와 Y는 임의의 원소 기호이고, ${}^{35}X$, ${}^{37}X$, ${}^{69}Y$, ${}^{71}Y$의 원자량은 각각 35.0, 37.0, 69.0, 71.0이다.)

보기

ㄱ. $\frac{d}{c}=\frac{2}{3}$이다.

ㄴ. $\frac{1\text{ g의 }{}^{69}Y\text{에 들어 있는 양성자수}}{1\text{ g의 }{}^{71}Y\text{에 들어 있는 양성자수}}>1$이다.

ㄷ. X_2 1 mol에 들어 있는 ${}^{35}X$와 ${}^{37}X$의 존재 비율(%)이 각각 a, b일 때, 중성자의 양은 37 mol이다.

① ㄱ ② ㄷ ③ ㄱ, ㄴ ④ ㄴ, ㄷ ⑤ ㄱ, ㄴ, ㄷ

07
▸24117-0122
2023학년도 9월 모의평가 14번
상중하

다음은 실린더 (가)에 들어 있는 $BF_3(g)$에 대한 자료이다.

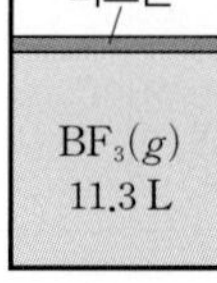

- 자연계에서 B는 ^{10}B와 ^{11}B로만 존재하고, F은 ^{19}F으로만 존재한다.
- B와 F의 각 동위 원소의 존재 비율은 자연계에서와 (가)에서가 같다.
- (가)에 들어 있는 $BF_3(g)$의 온도, 압력, 밀도는 각각 t ℃, 1기압, 3 g/L이다.
- t ℃, 1기압에서 기체 1 mol의 부피는 22.6 L이다.

이에 대한 설명으로 옳은 것만을 〈보기〉에서 있는 대로 고른 것은? (단, B와 F의 원자 번호는 각각 5와 9이고, ^{10}B, ^{11}B, ^{19}F의 원자량은 각각 10.0, 11.0, 19.0이다.)

보기

ㄱ. 자연계에서 $\frac{^{11}B\text{의 존재 비율}}{^{10}B\text{의 존재 비율}}=5$이다.
ㄴ. B의 평균 원자량은 10.8이다.
ㄷ. (가)에 들어 있는 중성자의 양은 35.8 mol이다.

① ㄱ ② ㄴ ③ ㄷ ④ ㄱ, ㄴ ⑤ ㄴ, ㄷ

08
▸24117-0123
2023학년도 6월 모의평가 17번
상중하

다음은 분자 XY에 대한 자료이다.

- XY를 구성하는 원자 X와 Y에 대한 자료

원자	^aX	^bY	^{b+2}Y
$\frac{\text{전자 수}}{\text{중성자수}}$(상댓값)	5	5	4

- ^aX와 ^{b+2}Y의 양성자수 차는 2이다.
- $\frac{^aX^bY\ 1\ \text{mol에 들어 있는 전체 중성자수}}{^aX^{b+2}Y\ 1\ \text{mol에 들어 있는 전체 중성자수}}=\frac{7}{8}$이다.

$\frac{^{b+2}Y\text{의 중성자수}}{^aX\text{의 양성자수}}$는? (단, X와 Y는 임의의 원소 기호이다.)

① $\frac{3}{5}$ ② $\frac{4}{3}$ ③ $\frac{3}{2}$ ④ $\frac{5}{3}$ ⑤ $\frac{8}{3}$

09
▸24117-0124
2022학년도 10월 학력평가 16번
상중하

다음은 용기에 들어 있는 기체 XY에 대한 자료이다.

- XY를 구성하는 원자는 ^aX, ^{a+2}X, ^bY, ^{b+2}Y이다.
- ^aX, ^{a+2}X, ^bY, ^{b+2}Y의 원자량은 각각 a, $a+2$, b, $b+2$이다.
- 양성자수는 ^bY가 ^aX보다 2만큼 크다.
- 중성자수는 ^{a+2}X와 ^bY가 같다.
- 질량수 비는 ^aX : $^{b+2}Y=2:3$이다.

이에 대한 옳은 설명만을 〈보기〉에서 있는 대로 고른 것은? (단, X와 Y는 임의의 원소 기호이다.)

보기

ㄱ. $b=a+2$이다.
ㄴ. 질량수 비는 ^{a+2}X : $^bY=7:8$이다.
ㄷ. 분자량이 다른 XY는 4가지이다.

① ㄱ ② ㄴ ③ ㄷ ④ ㄱ, ㄴ ⑤ ㄴ, ㄷ

10
▸24117-0125
2022학년도 3월 학력평가 9번
상중하

다음은 자연계에 존재하는 붕소(B)의 동위 원소와 플루오린(F)에 대한 자료이다.

- B의 동위 원소

동위 원소	$^{10}_{5}B$	$^{11}_{5}B$
원자량	10	11
존재 비율(%)	20	80

- F은 $^{19}_{9}F$만 존재한다.

이에 대한 옳은 설명만을 〈보기〉에서 있는 대로 고른 것은?

보기

ㄱ. 분자량이 다른 BF_3는 2가지이다.
ㄴ. B의 평균 원자량은 10.8이다.
ㄷ. $\frac{^{10}_{5}B\ 1\ g\text{에 들어 있는 양성자 수}}{^{11}_{5}B\ 1\ g\text{에 들어 있는 양성자 수}}>1$이다.

① ㄱ ② ㄷ ③ ㄱ, ㄴ ④ ㄴ, ㄷ ⑤ ㄱ, ㄴ, ㄷ

11

▸24117-0126
2022학년도 수능 17번
상 중 하

다음은 용기 (가)와 (나)에 각각 들어 있는 O_2와 H_2O에 대한 자료이다.

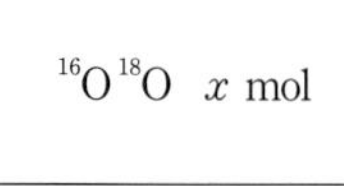

$^{1}H^{1}H^{18}O$ 0.2 mol
$^{1}H^{2}H^{16}O$ y mol

(가) (나)

- (가)와 (나)에 들어 있는 양성자의 양은 각각 9.6 mol, z mol 이다.
- (가)와 (나)에 들어 있는 중성자의 양의 합은 20 mol이다.

이에 대한 설명으로 옳은 것만을 <보기>에서 있는 대로 고른 것은? (단, H, O의 원자 번호는 각각 1, 8이고, ^{1}H, ^{2}H, ^{16}O, ^{18}O의 원자량은 각각 1, 2, 16, 18이다.)

ㄱ. $z=10$이다.

ㄴ. (나)에 들어 있는 $\frac{^{1}H \text{ 원자 수}}{^{2}H \text{ 원자 수}}=\frac{3}{2}$이다.

ㄷ. $\frac{\text{(나)에 들어 있는 } H_2O\text{의 질량}}{\text{(가)에 들어 있는 } O_2\text{의 질량}}=\frac{16}{17}$이다.

① ㄱ ② ㄷ ③ ㄱ, ㄴ
④ ㄴ, ㄷ ⑤ ㄱ, ㄴ, ㄷ

12

▸24117-0127
2022학년도 9월 모의평가 17번
상 중 하

다음은 용기 속에 들어 있는 X_2Y에 대한 자료이다.

- 용기 속 X_2Y를 구성하는 원자 X와 Y에 대한 자료

원자	^{a}X	^{b}X	^{c}Y
양성자 수	n		$n+1$
중성자 수	$n+1$	n	$n+3$
$\frac{\text{중성자 수}}{\text{전자 수}}$(상댓값)		4	5

- 용기 속에는 $^{a}X^{a}X^{c}Y$, $^{a}X^{b}X^{c}Y$, $^{b}X^{b}X^{c}Y$만 들어 있다.
- $\frac{\text{용기 속에 들어 있는 } ^{a}X \text{ 원자 수}}{\text{용기 속에 들어 있는 } ^{b}X \text{ 원자 수}}=\frac{2}{3}$이다.

용기 속 $\frac{\text{전체 중성자 수}}{\text{전체 양성자 수}}$는? (단, X와 Y는 임의의 원소 기호이다.)

① $\frac{58}{55}$ ② $\frac{12}{11}$ ③ $\frac{62}{55}$
④ $\frac{64}{55}$ ⑤ $\frac{6}{5}$

13

▸24117-0128
2022학년도 6월 모의평가 17번
상 중 하

다음은 용기 (가)와 (나)에 각각 들어 있는 Cl_2에 대한 자료이다.

- (가)에는 $^{35}Cl_2$와 $^{37}Cl_2$의 혼합 기체가, (나)에는 $^{35}Cl^{37}Cl$ 기체가 들어 있다.
- (가)와 (나)에 들어 있는 기체의 총 양은 각각 1 mol이다.

(가) (나)

- ^{35}Cl 원자의 양(mol)은 (가)에서가 (나)에서의 $\frac{3}{2}$배이다.

이에 대한 설명으로 옳은 것만을 <보기>에서 있는 대로 고른 것은?

보기

ㄱ. (가)에서 $\frac{^{35}Cl_2 \text{ 분자 수}}{^{37}Cl_2 \text{ 분자 수}}=4$이다.

ㄴ. ^{37}Cl 원자 수는 (나)에서가 (가)에서의 2배이다.

ㄷ. 중성자의 양은 (나)에서가 (가)에서보다 2 mol만큼 많다.

① ㄱ ② ㄴ ③ ㄷ
④ ㄱ, ㄴ ⑤ ㄴ, ㄷ

14

▸24117-0129
2021학년도 10월 학력평가 15번
상 중 하

다음은 자연계에 존재하는 분자 XCl_3와 관련된 자료이다.

- X와 Cl의 동위 원소의 존재 비율과 원자량

동위 원소		존재 비율(%)	원자량
X의 동위 원소	^{m}X	a	m
	^{m+1}X	$100-a$	$m+1$
Cl의 동위 원소	^{35}Cl	75	35
	^{37}Cl	25	37

- $\frac{\text{분자량이 가장 큰 } XCl_3\text{의 존재 비율}}{\text{분자량이 가장 작은 } XCl_3\text{의 존재 비율}}=\frac{4}{27}$

X의 평균 원자량은? (단, X는 임의의 원소 기호이다.)

① $m+\frac{1}{5}$ ② $m+\frac{1}{4}$ ③ $m+\frac{1}{3}$
④ $m+\frac{2}{3}$ ⑤ $m+\frac{4}{5}$

15

▸24117-0130

2021학년도 3월 학력평가 10번

상중하

다음은 자연계에 존재하는 염화 나트륨(NaCl)과 관련된 자료이다. NaCl은 화학식량이 다른 (가)와 (나)가 존재한다.

- Na은 ^{23}Na으로만, Cl는 ^{35}Cl와 ^{37}Cl로만 존재한다.
- Cl의 평균 원자량은 35.5이다.
- (가)와 (나)의 화학식량과 존재 비율

NaCl	(가)	(나)
화학식량	58	x
존재 비율(%)	a	b

이에 대한 옳은 설명만을 〈보기〉에서 있는 대로 고른 것은? (단, ^{23}Na, ^{35}Cl, ^{37}Cl의 원자량은 각각 23, 35, 37이다.)

보기

ㄱ. $\dfrac{\text{(나) 1 mol에 들어 있는 중성자수}}{\text{(가) 1 mol에 들어 있는 중성자수}} > 1$이다.

ㄴ. $x=60$이다.

ㄷ. $b>a$이다.

① ㄱ ② ㄷ ③ ㄱ, ㄴ ④ ㄴ, ㄷ ⑤ ㄱ, ㄴ, ㄷ

16

▸24117-0131

2021학년도 수능 18번

상중하

다음은 자연계에 존재하는 수소(H)와 플루오린(F)에 대한 자료이다.

- $^1_1$H, $^2_1$H, $^3_1$H의 존재 비율(%)은 각각 a, b, c이다.
- $a+b+c=100$이고, $a>b>c$이다.
- F은 $^{19}_9$F으로만 존재한다.
- $^1_1$H, $^2_1$H, $^3_1$H, $^{19}_9$F의 원자량은 각각 1, 2, 3, 19이다.

이에 대한 설명으로 옳은 것만을 〈보기〉에서 있는 대로 고른 것은?

보기

ㄱ. H의 평균 원자량은 $\dfrac{a+2b+3c}{100}$이다.

ㄴ. $\dfrac{\text{분자량이 5인 } H_2\text{의 존재 비율(\%)}}{\text{분자량이 6인 } H_2\text{의 존재 비율(\%)}} > 2$이다.

ㄷ. $\dfrac{\text{1 mol의 } H_2 \text{ 중 분자량이 3인 } H_2\text{의 전체 중성자의 수}}{\text{1 mol의 HF 중 분자량이 20인 HF의 전체 중성자의 수}} = \dfrac{b}{500}$이다.

① ㄱ ② ㄷ ③ ㄱ, ㄴ ④ ㄴ, ㄷ ⑤ ㄱ, ㄴ, ㄷ

17

▸24117-0132

2021학년도 9월 모의평가 16번

상중하

다음은 자연계에 존재하는 모든 X_2에 대한 자료이다.

- X_2는 분자량이 서로 다른 (가), (나), (다)로 존재한다.
- X_2의 분자량: (가)>(나)>(다)
- 자연계에서 $\dfrac{\text{(다)의 존재 비율(\%)}}{\text{(나)의 존재 비율(\%)}} = 1.5$이다.

이에 대한 설명으로 옳은 것만을 〈보기〉에서 있는 대로 고른 것은? (단, X는 임의의 원소 기호이다.)

보기

ㄱ. X의 동위 원소는 3가지이다.

ㄴ. X의 평균 원자량은 $\dfrac{\text{(나)의 분자량}}{2}$보다 작다.

ㄷ. 자연계에서 $\dfrac{\text{(나)의 존재 비율(\%)}}{\text{(가)의 존재 비율(\%)}} = 2$이다.

① ㄱ ② ㄴ ③ ㄷ ④ ㄱ, ㄴ ⑤ ㄴ, ㄷ

18

▸24117-0133

2021학년도 6월 모의평가 15번

상중하

다음은 원자 X의 평균 원자량을 구하기 위해 수행한 탐구 활동이다.

[탐구 과정]

(가) 자연계에 존재하는 X의 동위 원소와 각각의 원자량을 조사한다.

(나) 원자량에 따른 X의 동위 원소 존재 비율을 조사한다.

(다) X의 평균 원자량을 구한다.

[탐구 결과 및 자료]

- X의 동위 원소

동위 원소	원자량	존재 비율(%)
^{a}X	A	19.9
^{b}X	B	80.1

- $b>a$이다.
- 평균 원자량은 w이다.

이에 대한 설명으로 옳은 것만을 〈보기〉에서 있는 대로 고른 것은? (단, X는 임의의 원소 기호이다.)

보기

ㄱ. $w=(0.199\times \text{A})+(0.801\times \text{B})$이다.

ㄴ. 중성자수는 $^a\text{X} > {}^b\text{X}$이다.

ㄷ. $\dfrac{\text{1 g의 } ^a\text{X에 들어 있는 전체 양성자수}}{\text{1 g의 } ^b\text{X에 들어 있는 전체 양성자수}} > 1$이다.

① ㄱ ② ㄴ ③ ㄷ ④ ㄱ, ㄴ ⑤ ㄱ, ㄷ

19

▸24117-0134

2020학년도 10월 학력평가 8번

상중하

다음은 구리(Cu)에 대한 자료이다.

- 자연계에 존재하는 구리의 동위 원소는 ^{63}Cu, ^{65}Cu 2가지이다.
- ^{63}Cu, ^{65}Cu의 원자량은 각각 62.9, 64.9이다.
- Cu의 평균 원자량은 63.5이다.

이에 대한 옳은 설명만을 <보기>에서 있는 대로 고른 것은?

보기

ㄱ. 중성자수는 $^{65}Cu > {}^{63}Cu$이다.

ㄴ. 자연계에 존재하는 비율은 $^{65}Cu > {}^{63}Cu$이다.

ㄷ. $\dfrac{^{63}\text{Cu 1 g에 들어 있는 원자 수}}{^{65}\text{Cu 1 g에 들어 있는 원자 수}} > 1$이다.

① ㄱ ② ㄴ ③ ㄱ, ㄷ

④ ㄴ, ㄷ ⑤ ㄱ, ㄴ, ㄷ

20

▸24117-0135

2020학년도 3월 학력평가 9번

그림은 분자 X_2가 자연계에 존재하는 비율을 나타낸 것이다. ^{a}X, ^{a+2}X의 원자량은 각각 a, $a+2$이다.

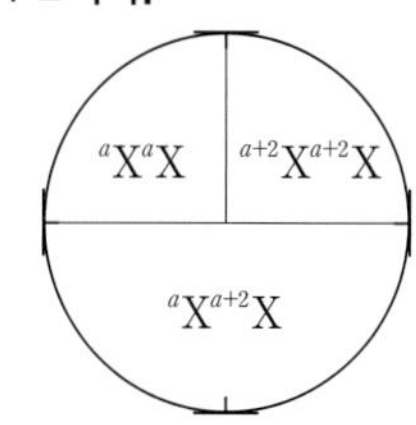

이에 대한 옳은 설명만을 <보기>에서 있는 대로 고른 것은? (단, X는 임의의 원소 기호이다.)

보기

ㄱ. 전자 수는 $^{a+2}X > {}^{a}X$이다.

ㄴ. 중성자 수는 $^{a+2}X > {}^{a}X$이다.

ㄷ. X의 평균 원자량은 $a+1$이다.

① ㄱ ② ㄴ ③ ㄱ, ㄷ

④ ㄴ, ㄷ ⑤ ㄱ, ㄴ, ㄷ

21

▸24117-0136

2020학년도 9월 모의평가 4번

상중하

표는 원자 X～Z에 대한 자료이다.

원자	중성자 수	질량수	전자 수
X	6	㉠	6
Y	7	13	
Z	9	17	

이에 대한 설명으로 옳은 것만을 <보기>에서 있는 대로 고른 것은? (단, X～Z는 임의의 원소 기호이다.)

보기

ㄱ. ㉠은 12이다.

ㄴ. Y는 X의 동위 원소이다.

ㄷ. Z^{2-}의 전자 수는 10이다.

① ㄱ ② ㄷ ③ ㄱ, ㄴ

④ ㄴ, ㄷ ⑤ ㄱ, ㄴ, ㄷ

22

▸24117-0137

2020학년도 6월 모의평가 7번

상중하

다음은 원자량에 대한 학생과 선생님의 대화이다.

학 생: ^{12}C의 원자량은 12.00인데 주기율표에는 왜 C의 원자량이 12.01인가요?

6	원자 번호
C	원소 기호
탄소	원소 이름
12.01	원자량

선생님: 아래 표의 ^{13}C와 같이, ^{12}C와 원자 번호는 같지만 질량수가 다른 동위 원소가 존재합니다. 따라서 주기율표에 제시된 원자량은 동위 원소가 자연계에 존재하는 비율을 고려하여 평균값으로 나타낸 것입니다.

동위 원소	^{12}C	^{13}C
양성자 수	a	b
중성자 수	c	d

이에 대한 설명으로 옳은 것만을 <보기>에서 있는 대로 고른 것은? (단, C의 동위 원소는 ^{12}C와 ^{13}C만 존재한다고 가정한다.)

보기

ㄱ. $b > a$이다.

ㄴ. $d > c$이다.

ㄷ. 자연계에서 ^{12}C의 존재 비율은 ^{13}C보다 크다.

① ㄱ ② ㄴ ③ ㄱ, ㄷ

④ ㄴ, ㄷ ⑤ ㄱ, ㄴ, ㄷ

23

▸24117-0138
2019학년도 10월 학력평가 6번

상중하

표는 원자 또는 이온 (가)~(다)에 대한 자료이다. (가)~(다)는 각각 ^{16}O, ^{18}O, $^{n}O^{2-}$ 중 하나이고, ㉠~㉢은 각각 양성자, 중성자, 전자 중 하나이다.

원자 또는 이온	구성 입자 수		
	㉠	㉡	㉢
(가)	a	a	a
(나)	a	b	b
(다)	a	a	b

이에 대한 옳은 설명만을 〈보기〉에서 있는 대로 고른 것은?

보기

ㄱ. ㉠은 양성자이다.
ㄴ. $b>a$이다.
ㄷ. $n=18$이다.

① ㄱ ② ㄷ ③ ㄱ, ㄴ
④ ㄴ, ㄷ ⑤ ㄱ, ㄴ, ㄷ

24

▸24117-0139
2019학년도 수능 14번

그림은 부피가 동일한 용기 (가)와 (나)에 기체가 각각 들어 있는 것을 나타낸 것이다. 두 용기 속 기체의 온도와 압력은 같고, 두 용기 속 기체의 질량 비는 (가) : (나)=45 : 46이다.

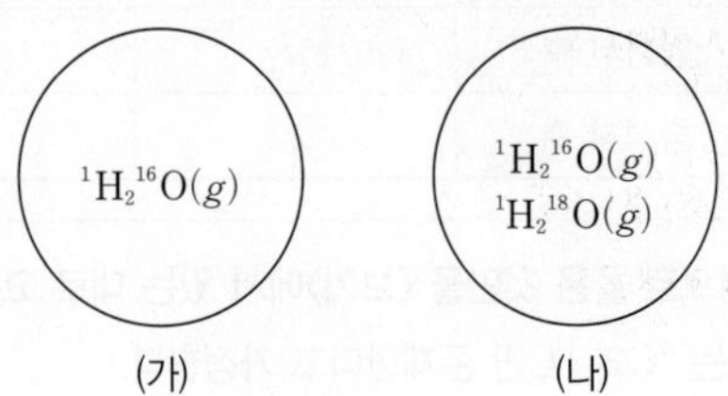

(가) (나)

(나)에 들어 있는 기체의 $\frac{\text{전체 중성자 수}}{\text{전체 양성자 수}}$는? (단, H, O의 원자 번호는 각각 1, 8이고, ^{1}H, ^{16}O, ^{18}O의 원자량은 각각 1, 16, 18이다.)

① $\frac{8}{15}$ ② $\frac{17}{29}$ ③ $\frac{19}{27}$
④ $\frac{21}{25}$ ⑤ $\frac{8}{9}$

02 현대적 원자 모형과 전자 배치

25

▸24117-0140
2024학년도 수능 8번

상중하

다음은 2, 3주기 15~17족 바닥상태 원자 W~Z에 대한 자료이다.

- W와 Y는 다른 주기 원소이다.
- W와 Y의 $\frac{p\text{ 오비탈에 들어 있는 전자 수}}{\text{홀전자 수}}$는 같다.
- X~Z의 전자 배치에 대한 자료

원자	X	Y	Z
$\frac{\text{홀전자 수}}{s\text{ 오비탈에 들어 있는 전자 수}}$(상댓값)	9	4	2

W~Z에 대한 설명으로 옳은 것만을 〈보기〉에서 있는 대로 고른 것은? (단, W~Z는 임의의 원소 기호이다.)

보기

ㄱ. 3주기 원소는 2가지이다.
ㄴ. 원자가 전자 수는 W>Z이다.
ㄷ. 전자가 들어 있는 오비탈 수는 X>Y이다.

① ㄱ ② ㄴ ③ ㄱ, ㄷ
④ ㄴ, ㄷ ⑤ ㄱ, ㄴ, ㄷ

26

▸24117-0141

2024학년도 수능 10번

상중하

다음은 바닥상태 탄소(C) 원자의 전자 배치에서 전자가 들어 있는 오비탈 (가)~(라)에 대한 자료이다. n은 주 양자수, l은 방위(부) 양자수, m_l은 자기 양자수이다.

- $n-l$는 (가)>(나)이다.
- $l-m_l$는 (다)>(나)=(라)이다.
- $\frac{n+l+m_l}{n}$는 (라)>(나)=(다)이다.

이에 대한 설명으로 옳은 것만을 <보기>에서 있는 대로 고른 것은?

보기

ㄱ. (나)는 $1s$이다.
ㄴ. (다)에 들어 있는 전자 수는 2이다.
ㄷ. 에너지 준위는 (라)>(가)이다.

① ㄱ ② ㄴ ③ ㄱ, ㄷ
④ ㄴ, ㄷ ⑤ ㄱ, ㄴ, ㄷ

27

▸24117-0142

2024학년도 9월 모의평가 7번

다음은 바닥상태 Mg의 전자 배치에서 전자가 들어 있는 오비탈 (가)~(라)에 대한 자료이다. n은 주 양자수, l은 방위(부) 양자수, m_l은 자기 양자수이다.

- $n+l$는 (가)>(나)>(다)이다.
- m_l는 (나)=(라)>(가)이다.
- (가)~(라) 중 $l+m_l$는 (라)가 가장 크다.

이에 대한 설명으로 옳은 것만을 <보기>에서 있는 대로 고른 것은?

보기

ㄱ. 에너지 준위는 (가)=(나)이다.
ㄴ. (가)의 $l+m_l=0$이다.
ㄷ. (라)는 $3s$이다.

① ㄱ ② ㄴ ③ ㄱ, ㄴ
④ ㄱ, ㄷ ⑤ ㄴ, ㄷ

28

▸24117-0143

2024학년도 9월 모의평가 10번

상중하

표는 2, 3주기 14~16족 바닥상태 원자 X~Z에 대한 자료이다.

원자	X	Y	Z
$\frac{p \text{ 오비탈에 들어 있는 전자 수}}{\text{홀전자 수}}$	2	3	4

X~Z에 대한 설명으로 옳은 것만을 <보기>에서 있는 대로 고른 것은? (단, X~Z는 임의의 원소 기호이다.)

보기

ㄱ. 3주기 원소는 2가지이다.
ㄴ. 홀전자 수는 X>Y이다.
ㄷ. 전자가 들어 있는 오비탈 수는 Z가 X의 2배이다.

① ㄱ ② ㄴ ③ ㄱ, ㄷ
④ ㄴ, ㄷ ⑤ ㄱ, ㄴ, ㄷ

29

▸24117-0144

2024학년도 6월 모의평가 8번

상중하

표는 2, 3주기 바닥상태 원자 X~Z의 전자 배치에 대한 자료이다. ㉠과 ㉡은 각각 s 오비탈과 p 오비탈 중 하나이고, 원자 번호는 Y>X이다.

원자	X	Y	Z
$\frac{\text{㉠에 들어 있는 전자 수}}{\text{㉡에 들어 있는 전자 수}}$	$\frac{2}{3}$	$\frac{2}{3}$	$\frac{3}{5}$

X~Z에 대한 설명으로 옳은 것만을 <보기>에서 있는 대로 고른 것은? (단, X~Z는 임의의 원소 기호이다.)

보기

ㄱ. 2주기 원소는 1가지이다.
ㄴ. X에는 홀전자가 존재한다.
ㄷ. 원자가 전자 수는 Y>Z이다.

① ㄱ ② ㄴ ③ ㄱ, ㄷ
④ ㄴ, ㄷ ⑤ ㄱ, ㄴ, ㄷ

30

▸24117-0145

2024학년도 6월 모의평가 15번

상 중 하

다음은 수소 원자의 오비탈 (가)~(라)에 대한 자료이다. n은 주 양자수, l은 방위(부) 양자수, m_l은 자기 양자수이다.

- $n+l$는 (가)~(라)에서 각각 3 이하이고, (가)>(나)이다.
- n는 (나)>(다)이고, 에너지 준위는 (나)=(라)이다.
- m_l는 (라)>(나)이고, (가)~(라)의 m_l 합은 0이다.

이에 대한 설명으로 옳은 것만을 ⟨보기⟩에서 있는 대로 고른 것은?

보기

ㄱ. (다)는 $1s$이다.
ㄴ. m_l는 (나)>(가)이다.
ㄷ. 에너지 준위는 (가)>(라)이다.

① ㄱ　② ㄷ　③ ㄱ, ㄴ　④ ㄴ, ㄷ　⑤ ㄱ, ㄴ, ㄷ

31

▸24117-0146

2023학년도 10월 학력평가 2번

상 중 하

그림은 원자 X~Z의 전자 배치를 나타낸 것이다.

	1s	2s	2p		
X	↑↓	↑↓	↑		↑
Y	↑↓	↑↓	↑↓	↑	
Z	↑↓	↑	↑↓	↑	↑↓

X~Z에 대한 옳은 설명만을 ⟨보기⟩에서 있는 대로 고른 것은? (단, X~Z는 임의의 원소 기호이다.)

보기

ㄱ. X의 전자 배치는 쌓음 원리를 만족한다.
ㄴ. Y의 전자 배치는 훈트 규칙을 만족한다.
ㄷ. 바닥상태 원자의 홀전자 수는 Z>Y이다.

① ㄱ　② ㄷ　③ ㄱ, ㄴ　④ ㄴ, ㄷ　⑤ ㄱ, ㄴ, ㄷ

32

▸24117-0147

2023학년도 10월 학력평가 13번

상 중 하

표는 수소 원자의 오비탈 (가)~(다)에 대한 자료이다. n은 주 양자수, l은 방위(부) 양자수, m_l은 자기 양자수이다.

오비탈	$n+l$	$n+m_l$	$l+m_l$
(가)	a		0
(나)	$4-a$		2
(다)	$5-a$	2	

이에 대한 옳은 설명만을 ⟨보기⟩에서 있는 대로 고른 것은?

보기

ㄱ. $a=2$이다.
ㄴ. (가)의 모양은 구형이다.
ㄷ. 에너지 준위는 (다)>(나)이다.

① ㄱ　② ㄷ　③ ㄱ, ㄴ　④ ㄴ, ㄷ　⑤ ㄱ, ㄴ, ㄷ

33

▸24117-0148

2023학년도 10월 학력평가 16번

상 중 하

그림은 바닥상태 원자 W~Z의 전자 배치에 대한 자료를 나타낸 것이다. W~Z는 각각 N, O, Na, Mg 중 하나이다.

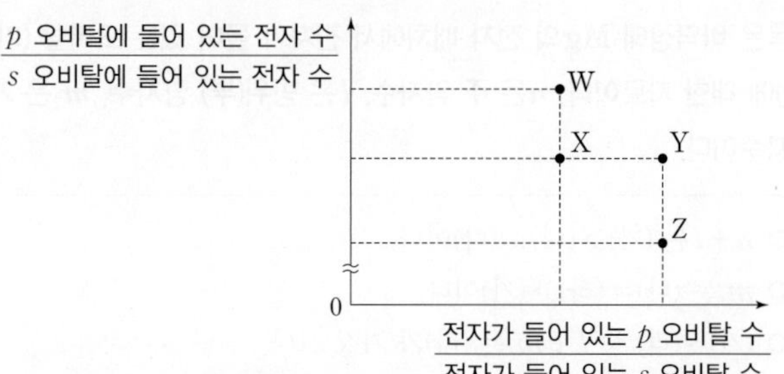

W~Z에 대한 옳은 설명만을 ⟨보기⟩에서 있는 대로 고른 것은?

보기

ㄱ. 홀전자 수는 W>X이다.
ㄴ. 전자가 들어 있는 오비탈 수는 X>Y이다.
ㄷ. 원자가 전자가 느끼는 유효 핵전하는 Y>Z이다.

① ㄱ　② ㄷ　③ ㄱ, ㄴ　④ ㄴ, ㄷ　⑤ ㄱ, ㄴ, ㄷ

34
▸24117-0149
2023학년도 3월 학력평가 9번
상중하

표는 2주기 바닥상태 원자 W∼Z에 대한 자료이다.

원자	W	X	Y	Z
전자가 2개 들어 있는 오비탈 수	a		$2a$	
$\frac{\text{홀전자 수}}{\text{원자가 전자 수}}$	1	$\frac{1}{2}$	$\frac{1}{3}$	$\frac{1}{3}$

이에 대한 옳은 설명만을 〈보기〉에서 있는 대로 고른 것은? (단, W∼Z는 임의의 원소 기호이다.)

보기

ㄱ. $a=1$이다.
ㄴ. 전자가 들어 있는 오비탈 수는 Y>X이다.
ㄷ. p 오비탈에 들어 있는 전자 수는 Z가 X의 2배이다.

① ㄱ ② ㄴ ③ ㄱ, ㄷ
④ ㄴ, ㄷ ⑤ ㄱ, ㄴ, ㄷ

35
▸24117-0150
2023학년도 3월 학력평가 11번
상중하

표는 2, 3주기 바닥상태 원자 X∼Z에 대한 자료이다. n은 주 양자수이고, l은 방위(부) 양자수이다.

원자	X	Y	Z
$n+l=2$인 전자 수	a		
$n+l=3$인 전자 수	b	$2b$	
$n+l=4$인 전자 수		a	b

이에 대한 옳은 설명만을 〈보기〉에서 있는 대로 고른 것은? (단, X∼Z는 임의의 원소 기호이다.)

보기

ㄱ. $b=2a$이다.
ㄴ. X와 Z는 원자가 전자 수가 같다.
ㄷ. $n-l=2$인 전자 수는 Z가 Y의 $\frac{3}{2}$배이다.

① ㄱ ② ㄴ ③ ㄱ, ㄷ
④ ㄴ, ㄷ ⑤ ㄱ, ㄴ, ㄷ

36
▸24117-0151
2023학년도 수능 10번
상중하

다음은 2, 3주기 13∼15족 바닥상태 원자 W∼Z에 대한 자료이다.

- W와 X는 다른 주기 원소이고, 원자가 전자 수는 X>Y이다.
- W와 X의 $\frac{\text{홀전자 수}}{\text{전자가 들어 있는 오비탈 수}}$는 같다.
- $\frac{s\text{ 오비탈에 들어 있는 전자 수}}{\text{홀전자 수}}$의 비는 X : Y : Z=1 : 1 : 3이다.

이에 대한 설명으로 옳은 것만을 〈보기〉에서 있는 대로 고른 것은? (단, W∼Z는 임의의 원소 기호이다.)

보기

ㄱ. Y는 3주기 원소이다.
ㄴ. 홀전자 수는 W와 Z가 같다.
ㄷ. s 오비탈에 들어 있는 전자 수의 비는 X : Y=3 : 2이다.

① ㄱ ② ㄴ ③ ㄷ
④ ㄱ, ㄷ ⑤ ㄴ, ㄷ

37
▸24117-0152
2023학년도 수능 11번
상중하

그림은 수소 원자의 오비탈 (가)∼(라)의 $n+l$과 $\frac{n+l+m_l}{n}$을 나타낸 것이다. n은 주 양자수이고, l은 방위(부) 양자수이며, m_l은 자기 양자수이다.

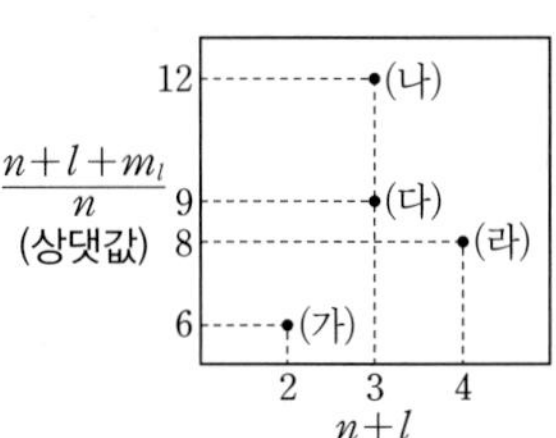

이에 대한 설명으로 옳은 것만을 〈보기〉에서 있는 대로 고른 것은?

보기

ㄱ. (나)는 3s이다.
ㄴ. 에너지 준위는 (가)와 (다)가 같다.
ㄷ. m_l는 (가)와 (라)가 같다.

① ㄱ ② ㄴ ③ ㄷ
④ ㄱ, ㄴ ⑤ ㄴ, ㄷ

38

▸24117-0153

2023학년도 9월 모의평가 11번

상중하

다음은 ㉠과 ㉡에 대한 설명과 2주기 바닥상태 원자 X~Z에 대한 자료이다. n은 주 양자수이고, l은 방위(부) 양자수이다.

- ㉠: 각 원자의 바닥상태 전자 배치에서 전자가 들어 있는 오비탈 중 n가 가장 큰 오비탈
- ㉡: 각 원자의 바닥상태 전자 배치에서 전자가 들어 있는 오비탈 중 $n+l$가 가장 큰 오비탈

원자	X	Y	Z
㉠에 들어 있는 전자 수(상댓값)	1	2	4
㉡에 들어 있는 전자 수(상댓값)	1	1	3

이에 대한 설명으로 옳은 것만을 <보기>에서 있는 대로 고른 것은? (단, X~Z는 임의의 원소 기호이다.)

보기

ㄱ. Z는 18족 원소이다.
ㄴ. 홀전자 수는 X와 Z가 같다.
ㄷ. 전자가 들어 있는 오비탈 수 비는 X : Y=1 : 2이다.

① ㄱ ② ㄷ ③ ㄱ, ㄴ
④ ㄴ, ㄷ ⑤ ㄱ, ㄴ, ㄷ

39

▸24117-0154

2023학년도 9월 모의평가 15번

상중하

표는 2, 3주기 바닥상태 원자 A~C에 대한 자료이다. n은 주 양자수이고, l은 방위(부) 양자수이며, m_l은 자기 양자수이다.

원자	A	B	C
$n-l=1$인 오비탈에 들어 있는 전자 수	6	x	8
$n-l=2$인 오비탈에 들어 있는 전자 수	x	2	$2x$

이에 대한 설명으로 옳은 것만을 <보기>에서 있는 대로 고른 것은? (단, A~C는 임의의 원소 기호이다.)

보기

ㄱ. $x=2$이다.
ㄴ. A에서 전자가 들어 있는 오비탈 중 $l+m_l=1$인 오비탈이 있다.
ㄷ. 원자가 전자 수는 B와 C가 같다.

① ㄱ ② ㄷ ③ ㄱ, ㄴ
④ ㄴ, ㄷ ⑤ ㄱ, ㄴ, ㄷ

40

▸24117-0155

2023학년도 6월 모의평가 4번

상중하

표는 수소 원자의 서로 다른 오비탈 (가)~(라)에 대한 자료이다. (가)~(라)는 각각 $2s$, $2p$, $3s$, $3p$ 중 하나이며 n은 주 양자수이고, l은 방위(부) 양자수이다.

오비탈	(가)	(나)	(다)	(라)
$n+l$	a	3	3	
$2l+1$	1	1		b

이에 대한 설명으로 옳은 것만을 <보기>에서 있는 대로 고른 것은?

보기

ㄱ. (라)는 $2p$이다.
ㄴ. $a+b=5$이다.
ㄷ. 에너지 준위는 (나)>(다)이다.

① ㄱ ② ㄷ ③ ㄱ, ㄴ
④ ㄴ, ㄷ ⑤ ㄱ, ㄴ, ㄷ

41

▸24117-0156

2023학년도 6월 모의평가 9번

상중하

표는 바닥상태 원자 X~Z에 대한 자료이다. X~Z의 원자 번호는 각각 8~15 중 하나이다.

원자	X	Y	Z
s 오비탈에 들어 있는 전자 수	a		a
p 오비탈에 들어 있는 전자 수		a	
$\frac{p \text{ 오비탈에 들어 있는 전자 수}}{s \text{ 오비탈에 들어 있는 전자 수}}$	1	b	b

이에 대한 설명으로 옳은 것만을 <보기>에서 있는 대로 고른 것은? (단, X~Z는 임의의 원소 기호이다.)

보기

ㄱ. $b=\frac{3}{2}$이다.
ㄴ. Y와 Z는 같은 주기 원소이다.
ㄷ. 전자가 들어 있는 p 오비탈 수는 Z가 X의 2배이다.

① ㄱ ② ㄴ ③ ㄱ, ㄷ
④ ㄴ, ㄷ ⑤ ㄱ, ㄴ, ㄷ

42 ▸24117-0157 2022학년도 10월 학력평가 4번 상중하

다음은 수소 원자의 오비탈 (가)~(다)에 대한 자료이다. n은 주 양자수, l은 방위(부) 양자수이다.

- (가)~(다)는 각각 $2p$, $3s$, $3p$ 오비탈 중 하나이다.
- 에너지 준위는 (가)>(나)이다.
- $n+l$은 (나)와 (다)가 같다.

이에 대한 옳은 설명만을 〈보기〉에서 있는 대로 고른 것은?

보기

ㄱ. (가)의 모양은 구형이다.
ㄴ. 에너지 준위는 (가)>(다)이다.
ㄷ. l은 (나)>(다)이다.

① ㄱ ② ㄷ ③ ㄱ, ㄴ ④ ㄴ, ㄷ ⑤ ㄱ, ㄴ, ㄷ

43 ▸24117-0158 2022학년도 10월 학력평가 9번 상중하

표는 2, 3주기 바닥상태 원자 X~Z에 대한 자료이다.

원자	X	Y	Z
홀전자 수	a	1	2
$\frac{\text{전자가 2개 들어 있는 오비탈 수}}{p \text{ 오비탈에 들어 있는 전자 수}}$	$\frac{7}{10}$	$\frac{5}{6}$	1

이에 대한 옳은 설명만을 〈보기〉에서 있는 대로 고른 것은? (단, X~Z는 임의의 원소 기호이다.)

보기

ㄱ. $a=3$이다.
ㄴ. X~Z 중 3주기 원소는 2가지이다.
ㄷ. s 오비탈에 들어 있는 전자 수는 Z>Y이다.

① ㄱ ② ㄴ ③ ㄱ, ㄷ ④ ㄴ, ㄷ ⑤ ㄱ, ㄴ, ㄷ

44 ▸24117-0159 2022학년도 3월 학력평가 4번 상중하

그림은 원자 X의 전자 배치 (가)와 (나)를 나타낸 것이다.

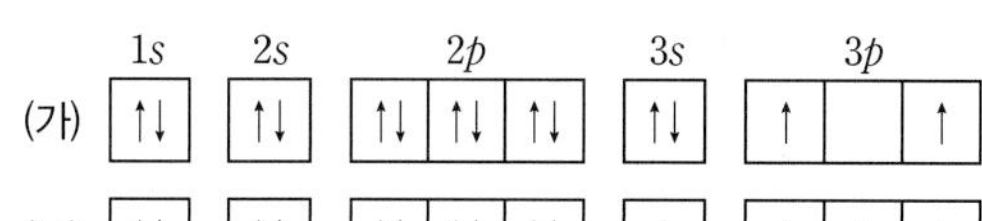

이에 대한 옳은 설명만을 〈보기〉에서 있는 대로 고른 것은? (단, n, l은 각각 주 양자수, 방위(부) 양자수이고, X는 임의의 원소 기호이다.)

보기

ㄱ. X는 14족 원소이다.
ㄴ. (가)와 (나)는 모두 들뜬상태의 전자 배치이다.
ㄷ. X는 바닥상태에서 $n+l=4$인 전자 수가 3이다.

① ㄱ ② ㄴ ③ ㄷ ④ ㄱ, ㄴ ⑤ ㄴ, ㄷ

45 ▸24117-0160 2022학년도 3월 학력평가 18번 상중하

다음은 2, 3주기 바닥상태 원자 X~Z의 전자 배치에 대한 자료이다.

- X~Z의 홀전자 수의 합은 6이다.
- 전자가 들어 있는 s 오비탈 수와 p 오비탈 수의 비

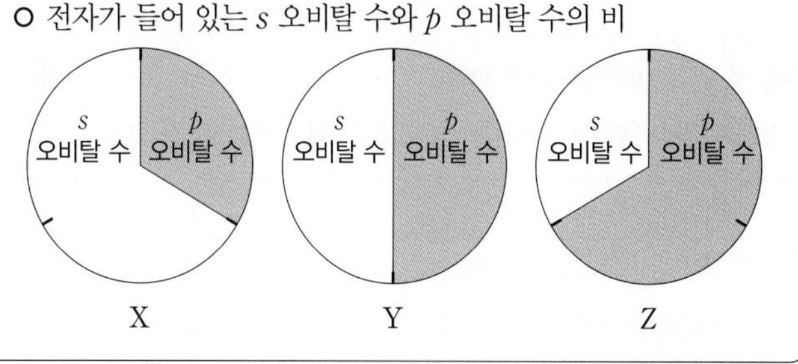

X~Z에 대한 옳은 설명만을 〈보기〉에서 있는 대로 고른 것은? (단, X~Z는 임의의 원소 기호이다.)

보기

ㄱ. 2주기 원소는 2가지이다.
ㄴ. 원자가 전자 수는 X>Y이다.
ㄷ. 홀전자 수는 Z>Y이다.

① ㄱ ② ㄴ ③ ㄱ, ㄷ ④ ㄴ, ㄷ ⑤ ㄱ, ㄴ, ㄷ

46
▸24117-0161
2022학년도 수능 9번
상중하

다음은 수소 원자의 오비탈 (가)~(다)에 대한 자료이다. n은 주 양자수이고, l은 방위(부) 양자수이다.

- (가)~(다)는 각각 $2s$, $2p$, $3s$ 중 하나이다.
- 에너지 준위는 (가)>(나)이다.
- $n+l$는 (나)>(다)이다.

이에 대한 설명으로 옳은 것만을 〈보기〉에서 있는 대로 고른 것은?

보기

ㄱ. (가)의 자기 양자수(m_l)는 0이다.
ㄴ. (나)의 $n+l=2$이다.
ㄷ. (다)의 모양은 구형이다.

① ㄱ ② ㄴ ③ ㄱ, ㄷ
④ ㄴ, ㄷ ⑤ ㄱ, ㄴ, ㄷ

47
▸24117-0162
2022학년도 수능 11번
상중하

표는 2주기 바닥상태 원자 X~Z의 전자 배치에 대한 자료이다.

원자	X	Y	Z
전자가 2개 들어 있는 오비탈 수	a	$a+1$	$a+2$
p 오비탈에 들어 있는 홀전자 수	a	a	b

이에 대한 설명으로 옳은 것만을 〈보기〉에서 있는 대로 고른 것은? (단, X~Z는 임의의 원소 기호이다.)

보기

ㄱ. $a+b=3$이다.
ㄴ. X의 원자가 전자 수는 2이다.
ㄷ. 전자가 들어 있는 오비탈 수는 Y와 Z가 같다.

① ㄱ ② ㄴ ③ ㄱ, ㄷ
④ ㄴ, ㄷ ⑤ ㄱ, ㄴ, ㄷ

48
▸24117-0163
2022학년도 9월 모의평가 4번
상중하

다음은 학생 A가 가설을 세우고 수행한 탐구 활동이다.

[가설]
- 수소 원자의 오비탈 에너지 준위는 ㉠ 가 커질수록 높아진다.

[탐구 과정]
(가) 수소 원자에서 주 양자수(n)가 1~3인 모든 오비탈 종류와 에너지 준위를 조사한다.
(나) (가)에서 조사한 오비탈 에너지 준위를 비교한다.

[탐구 결과]

주 양자수(n)	1	2	2	3	3	3
오비탈 종류	s	㉡	p	s	p	d

- 오비탈 에너지 준위: $1s<2s=2p<3s=3p=3d$

[결론]
- 가설은 옳다.

학생 A의 결론이 타당할 때, ㉠과 ㉡으로 가장 적절한 것은?

	㉠	㉡
①	주 양자수(n)	s
②	주 양자수(n)	p
③	주 양자수(n)	d
④	방위(부) 양자수(l)	s
⑤	방위(부) 양자수(l)	p

49
▸24117-0164
2022학년도 9월 모의평가 11번
상중하

다음은 원자 번호가 20 이하인 바닥상태 원자 X~Z에 대한 자료이다.

- X~Z 각각의 전자 배치에서 $\frac{p\text{ 오비탈에 들어 있는 전자 수}}{s\text{ 오비탈에 들어 있는 전자 수}}=\frac{3}{2}$으로 같다.
- 원자 번호는 X>Y>Z이다.

이에 대한 설명으로 옳은 것만을 〈보기〉에서 있는 대로 고른 것은? (단, X~Z는 임의의 원소 기호이다.)

보기

ㄱ. X의 원자가 전자 수는 2이다.
ㄴ. Y의 홀전자 수는 0이다.
ㄷ. Z에서 전자가 들어 있는 오비탈 수는 5이다.

① ㄱ ② ㄴ ③ ㄱ, ㄷ
④ ㄴ, ㄷ ⑤ ㄱ, ㄴ, ㄷ

50

▸24117-0165
2022학년도 6월 모의평가 9번

상중하

다음은 수소 원자의 오비탈 (가)~(다)에 대한 자료이다. n은 주 양자수이고, l은 방위(부) 양자수이다.

- (가)~(다)는 각각 $2s$, $2p$, $3s$, $3p$ 중 하나이다.
- (나)의 모양은 구형이다.
- $n-l$는 (다)>(나)>(가)이다.

(가)~(다)의 에너지 준위를 비교한 것으로 옳은 것은?

① (가)=(나)>(다)
② (나)>(가)>(다)
③ (나)>(다)>(가)
④ (다)>(가)=(나)
⑤ (다)>(가)>(나)

51

▸24117-0166
2022학년도 6월 모의평가 11번

상중하

다음은 2주기 바닥상태 원자 X와 Y에 대한 자료이다.

- X의 홀전자 수는 0이다.
- 전자가 2개 들어 있는 오비탈 수는 Y가 X의 2배이다.

이에 대한 설명으로 옳은 것만을 〈보기〉에서 있는 대로 고른 것은? (단, X와 Y는 임의의 원소 기호이다.)

보기

ㄱ. X는 베릴륨(Be)이다.
ㄴ. Y의 원자가 전자 수는 7이다.
ㄷ. s 오비탈에 들어 있는 전자 수는 Y>X이다.

① ㄱ ② ㄷ ③ ㄱ, ㄴ
④ ㄴ, ㄷ ⑤ ㄱ, ㄴ, ㄷ

52

▸24117-0167
2021학년도 10월 학력평가 12번

상중하

다음은 3주기 바닥상태 원자 X의 전자가 들어 있는 오비탈 (가)~(다)에 대한 자료이다. n, l은 각각 주 양자수, 방위(부) 양자수이다.

- n은 (가)~(다)가 모두 다르다.
- $(n+l)$은 (가)와 (나)가 같다.
- $(n-l)$은 (나)와 (다)가 같다.
- 오비탈에 들어 있는 전자 수는 (다)>(가)이다.

이에 대한 옳은 설명만을 〈보기〉에서 있는 대로 고른 것은? (단, X는 임의의 원소 기호이다.)

보기

ㄱ. l은 (나)>(가)이다.
ㄴ. 에너지 준위는 (다)>(가)이다.
ㄷ. X의 홀전자 수는 1이다.

① ㄱ ② ㄴ ③ ㄱ, ㄷ
④ ㄴ, ㄷ ⑤ ㄱ, ㄴ, ㄷ

53

▸24117-0168
2021학년도 10월 학력평가 13번

상중하

표는 2주기 바닥상태 원자 X~Z에 대한 자료이다.

원자	X	Y	Z
$\dfrac{\text{홀전자 수}}{\text{전자가 들어 있는 오비탈 수}}$	$\frac{1}{2}$	a	$\frac{2}{5}$
$\dfrac{p\text{ 오비탈의 전자 수}}{s\text{ 오비탈의 전자 수}}$ (상댓값)	2	1	b

이에 대한 옳은 설명만을 〈보기〉에서 있는 대로 고른 것은? (단, X~Z는 임의의 원소 기호이다.)

보기

ㄱ. $ab=\frac{4}{3}$이다.
ㄴ. 원자 번호는 Y>X이다.
ㄷ. 전자가 2개 들어 있는 오비탈 수는 Z가 Y의 2배이다.

① ㄱ ② ㄷ ③ ㄱ, ㄴ
④ ㄴ, ㄷ ⑤ ㄱ, ㄴ, ㄷ

54
▸24117-0169
2021학년도 3월 학력평가 3번

상중하

그림은 원자 X～Z의 전자 배치를 나타낸 것이다.

	1s	2s	2p		
X	↑↓	↑	↑	↑	
Y	↑↓	↑↓	↑		↑
Z	↑↓	↑↓	↑↓	↑	

이에 대한 옳은 설명만을 〈보기〉에서 있는 대로 고른 것은? (단, X～Z는 임의의 원소 기호이다.)

보기

ㄱ. X는 들뜬상태이다.
ㄴ. Y는 훈트 규칙을 만족한다.
ㄷ. Z는 바닥상태일 때 홀전자 수가 3이다.

① ㄱ　② ㄴ　③ ㄱ, ㄷ
④ ㄴ, ㄷ　⑤ ㄱ, ㄴ, ㄷ

55
▸24117-0170
2021학년도 3월 학력평가 11번

상중하

표는 2, 3주기 바닥상태 원자 X～Z에 대한 자료이다.

원자	X	Y	Z
모든 전자의 주 양자수(n)의 합	a	$a+4$	$a+9$

X～Z에 대한 옳은 설명만을 〈보기〉에서 있는 대로 고른 것은? (단, X～Z는 임의의 원소 기호이다.)

보기

ㄱ. 3주기 원소는 1가지이다.
ㄴ. 전자가 들어 있는 오비탈 수는 Y>X이다.
ㄷ. 모든 전자의 방위(부) 양자수(l)의 합은 Z가 X의 2배이다.

① ㄱ　② ㄷ　③ ㄱ, ㄴ
④ ㄱ, ㄷ　⑤ ㄴ, ㄷ

56
▸24117-0171
2021학년도 수능 3번

상중하

그림 (가)～(라)는 학생들이 그린 산소(O) 원자의 전자 배치이다.

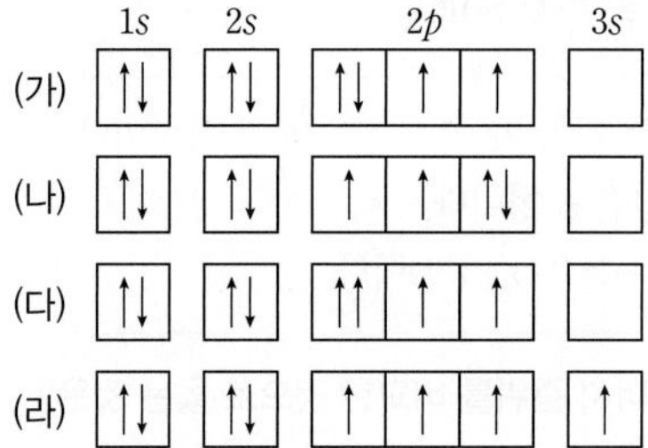

이에 대한 설명으로 옳은 것만을 〈보기〉에서 있는 대로 고른 것은?

보기

ㄱ. (가)와 (나)는 모두 바닥상태의 전자 배치이다.
ㄴ. (다)는 파울리 배타 원리에 어긋난다.
ㄷ. (라)는 들뜬상태의 전자 배치이다.

① ㄱ　② ㄷ　③ ㄱ, ㄴ
④ ㄴ, ㄷ　⑤ ㄱ, ㄴ, ㄷ

57
▸24117-0172
2021학년도 수능 7번

상중하

표는 수소 원자의 오비탈 (가)～(다)에 대한 자료이다. n, l, m_l는 각각 주 양자수, 방위(부) 양자수, 자기 양자수이다.

	$n+l$	$l+m_l$
(가)	1	0
(나)	2	0
(다)	3	1

이에 대한 설명으로 옳은 것만을 〈보기〉에서 있는 대로 고른 것은?

보기

ㄱ. 방위(부) 양자수(l)는 (가)=(나)이다.
ㄴ. 에너지 준위는 (가)>(나)이다.
ㄷ. (다)의 모양은 구형이다.

① ㄱ　② ㄴ　③ ㄱ, ㄷ
④ ㄴ, ㄷ　⑤ ㄱ, ㄴ, ㄷ

58

▸24117-0173
2021학년도 9월 모의평가 2번

그림은 학생들이 그린 원자 $_{6}C$의 전자 배치 (가)~(다)를 나타낸 것이다.

	$1s$	$2s$	$2p$		
(가)	↑↓	↑	↑	↑	↑
(나)	↑↓	↑↓	↑↓		
(다)	↑↓	↑↓	↑	↑	

이에 대한 설명으로 옳은 것만을 <보기>에서 있는 대로 고른 것은?

보기

ㄱ. (가)는 쌓음 원리를 만족한다.
ㄴ. (다)는 바닥상태 전자 배치이다.
ㄷ. (가)~(다)는 모두 파울리 배타 원리를 만족한다.

① ㄱ　② ㄴ　③ ㄱ, ㄷ　④ ㄴ, ㄷ　⑤ ㄱ, ㄴ, ㄷ

59

▸24117-0174
2021학년도 9월 모의평가 10번

그림은 오비탈 (가), (나)를 모형으로 나타낸 것이고, 표는 오비탈 A, B에 대한 자료이다. (가), (나)는 각각 A, B 중 하나이다.

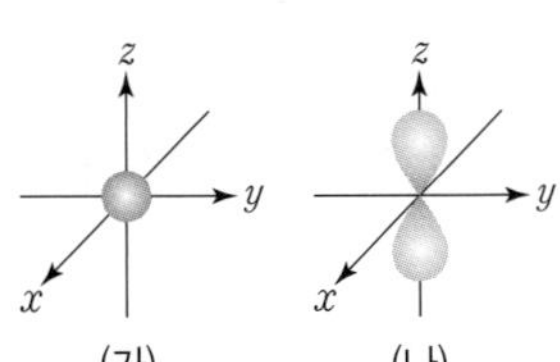

오비탈	주 양자수(n)	방위(부) 양자수(l)
A	1	a
B	2	b

이에 대한 설명으로 옳은 것만을 <보기>에서 있는 대로 고른 것은?

보기

ㄱ. (가)는 A이다.
ㄴ. $a+b=2$이다.
ㄷ. (나)의 자기 양자수(m_l)는 $+\frac{1}{2}$이다.

① ㄱ　② ㄴ　③ ㄱ, ㄷ　④ ㄴ, ㄷ　⑤ ㄱ, ㄴ, ㄷ

60

▸24117-0175
2021학년도 6월 모의평가 10번

다음은 바닥상태 원자 X～Z의 전자 배치이다.

X: $1s^2 2s^2 2p^5$
Y: $1s^2 2s^2 2p^6 3s^2$
Z: $1s^2 2s^2 2p^6 3s^2 3p^1$

바닥상태 원자 X～Z에 대한 설명으로 옳은 것만을 <보기>에서 있는 대로 고른 것은? (단, X～Z는 임의의 원소 기호이다.)

보기

ㄱ. 전자가 들어 있는 전자 껍질 수는 Y>X이다.
ㄴ. 원자가 전자 수는 Y>Z이다.
ㄷ. 홀전자 수는 X>Z이다.

① ㄱ　② ㄷ　③ ㄱ, ㄴ　④ ㄱ, ㄷ　⑤ ㄴ, ㄷ

61

▸24117-0176
2021학년도 6월 모의평가 12번

상중하

그림은 수소 원자의 오비탈 (가)~(다)를 모형으로 나타낸 것이다. (가)~(다)는 각각 $1s$, $2s$, $2p_z$ 오비탈 중 하나이다. 수소 원자의 바닥상태 전자 배치에서 전자는 (다)에 들어 있다.

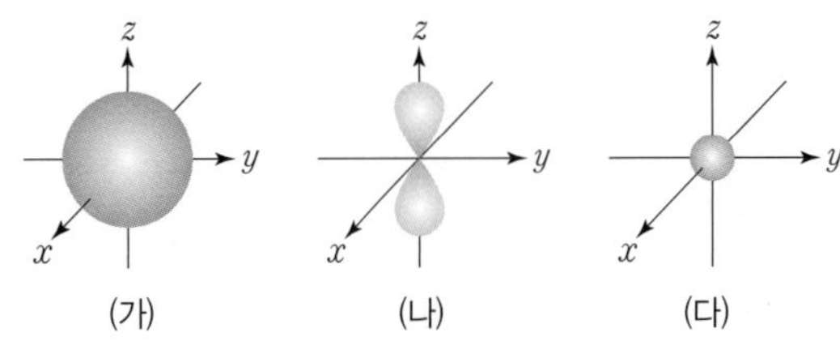

이에 대한 설명으로 옳은 것만을 <보기>에서 있는 대로 고른 것은?

보기

ㄱ. 주 양자수(n)는 (나)>(가)이다.
ㄴ. 방위(부) 양자수(l)는 (가)=(다)이다.
ㄷ. 에너지 준위는 (나)>(가)이다.

① ㄱ　② ㄴ　③ ㄷ　④ ㄱ, ㄴ　⑤ ㄴ, ㄷ

62
▸24117-0177
2020학년도 10월 학력평가 2번 상중하

그림은 원자 X~Z의 전자 배치를 나타낸 것이다.

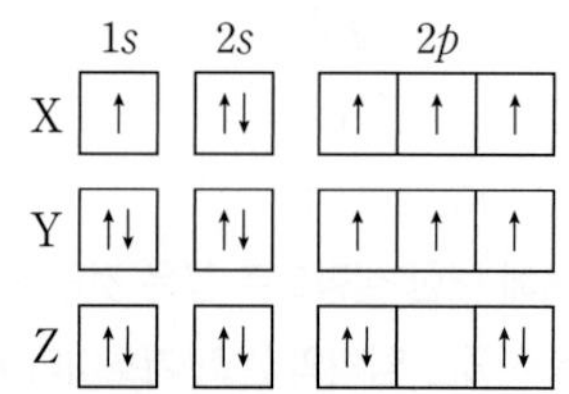

이에 대한 옳은 설명만을 〈보기〉에서 있는 대로 고른 것은? (단, X~Z는 임의의 원소 기호이다.)

보기

ㄱ. X는 15족 원소이다.
ㄴ. Y의 전자 배치는 훈트 규칙을 만족한다.
ㄷ. 바닥상태에서 홀전자 수는 X>Z이다.

① ㄱ ② ㄴ ③ ㄱ, ㄴ
④ ㄱ, ㄷ ⑤ ㄴ, ㄷ

63
▸24117-0178
2020학년도 10월 학력평가 10번 

그림은 바닥상태 나트륨($_{11}Na$) 원자에서 전자가 들어 있는 오비탈 중 (가)~(다)를 모형으로 나타낸 것이다. (가)~(다) 중 에너지 준위는 (가)가 가장 높다.

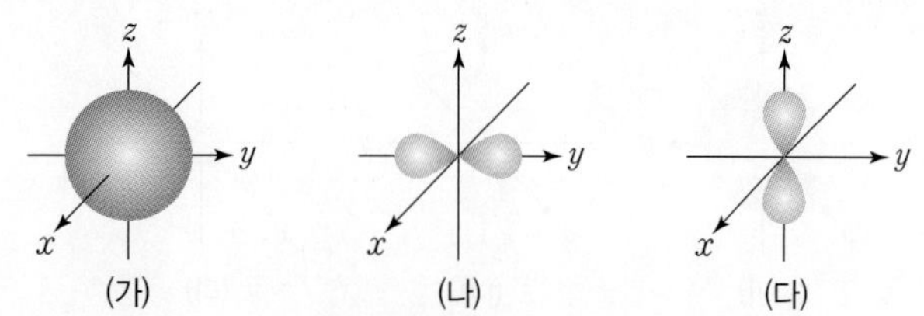

이에 대한 옳은 설명만을 〈보기〉에서 있는 대로 고른 것은?

보기

ㄱ. 주 양자수(n)는 (가)>(나)이다.
ㄴ. (나)에 들어 있는 전자 수는 1이다.
ㄷ. 에너지 준위는 (나)와 (다)가 같다.

① ㄱ ② ㄴ ③ ㄱ, ㄷ
④ ㄴ, ㄷ ⑤ ㄱ, ㄴ, ㄷ

64
▸24117-0179
2020학년도 10월 학력평가 17번 상중하

표는 2, 3주기 바닥상태 원자 A~C의 전자 배치에 대한 자료이다. n은 주 양자수, l은 방위(부) 양자수이다.

원자	A	B	C
$\frac{p \text{ 오비탈의 전자 수}}{s \text{ 오비탈의 전자 수}}$	$\frac{3}{2}$	㉠	$\frac{5}{3}$
$n+l=3$인 전자 수	㉡	6	㉢

이에 대한 옳은 설명만을 〈보기〉에서 있는 대로 고른 것은? (단, A~C는 임의의 원소 기호이다.)

보기

ㄱ. A~C 중 3주기 원소는 1가지이다.
ㄴ. ㉠$=\frac{3}{2}$이다.
ㄷ. ㉡=㉢이다.

① ㄱ ② ㄴ ③ ㄱ, ㄷ
④ ㄴ, ㄷ ⑤ ㄱ, ㄴ, ㄷ

65
▸24117-0180
2020학년도 3월 학력평가 4번 

표는 2주기 바닥상태 원자 X, Y의 전자 배치에 대한 자료이다.

원자	X	Y
전자가 들어 있는 오비탈 수	n	$n+1$
홀전자 수	2	2

바닥상태 원자 Y의 전자 배치로 옳은 것은? (단, X, Y는 임의의 원소 기호이다.)

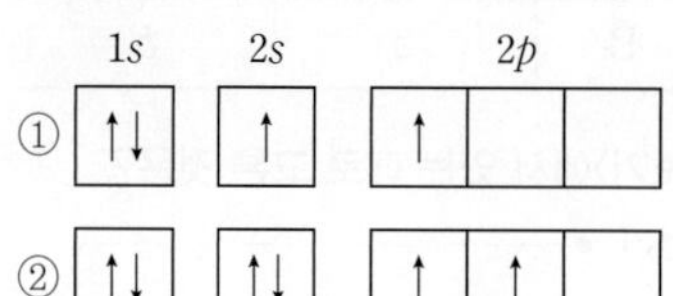

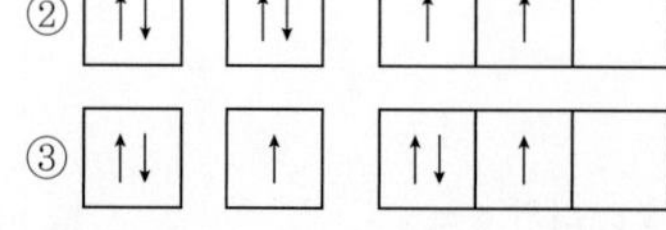

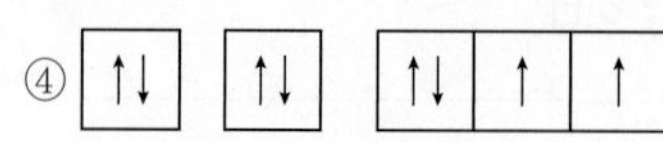

66

▸24117-0181
2020학년도 3월 학력평가 8번
상 중 하

그림은 바닥상태 나트륨($_{11}Na$) 원자에서 전자가 들어 있는 오비탈 (가), (나)를 모형으로 나타낸 것이다. 에너지 준위는 (가)가 (나)보다 높다.

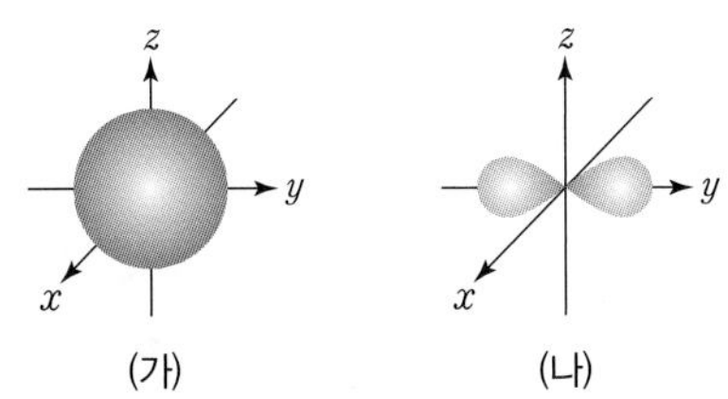

이에 대한 옳은 설명만을 〈보기〉에서 있는 대로 고른 것은?

보기

ㄱ. (가)와 (나)에 들어 있는 전자의 주 양자수(n)는 같다.
ㄴ. 오비탈에 들어 있는 전자 수는 (나)가 (가)의 2배이다.
ㄷ. (가)에 들어 있는 전자의 부 양자수(l)는 1이다.

① ㄱ ② ㄴ ③ ㄷ
④ ㄱ, ㄴ ⑤ ㄴ, ㄷ

67

▸24117-0182
2020학년도 수능 5번
상 중 하

다음은 2주기 바닥상태 원자 X와 Y에 대한 자료이다.

- X와 Y의 홀전자 수의 합은 5이다.
- 전자가 들어 있는 p 오비탈 수는 Y>X이다.

바닥상태 원자 X의 전자 배치로 적절한 것은? (단, X와 Y는 임의의 원소 기호이다.)

	1s	2s	2p		
①	↑↓	↑	↑		
②	↑↓	↑↓	↑	↑	
③	↑↓	↑	↑↓	↑	
④	↑↓	↑↓	↑	↑	↑
⑤	↑↓	↑↓	↑	↑	↑↓

68

▸24117-0183
2020학년도 9월 모의평가 3번
상 중 하

그림은 학생이 그린 원자 C, N와 이온 Al^{3+}의 전자 배치 (가)~(다)를 나타낸 것이다.

		1s	2s	2p		
(가)	C	↑↓	↑↓		↑	↑
(나)	N	↑↓	↑↓	↑↑		↑
(다)	Al^{3+}	↑↓	↑↓	↑↓	↑↓	↑↓

이에 대한 설명으로 옳은 것만을 〈보기〉에서 있는 대로 고른 것은? (단, C, N, Al의 원자 번호는 각각 6, 7, 13이다.)

보기

ㄱ. (가)는 바닥상태 전자 배치이다.
ㄴ. (나)는 파울리 배타 원리에 어긋난다.
ㄷ. 바닥상태의 원자 Al에서 전자가 들어 있는 오비탈 수는 7이다.

① ㄱ ② ㄷ ③ ㄱ, ㄴ
④ ㄴ, ㄷ ⑤ ㄱ, ㄴ, ㄷ

69

▸24117-0184
2020학년도 6월 모의평가 5번
상 중 하

그림 (가)~(다)는 3가지 원자의 전자 배치를 나타낸 것이다.

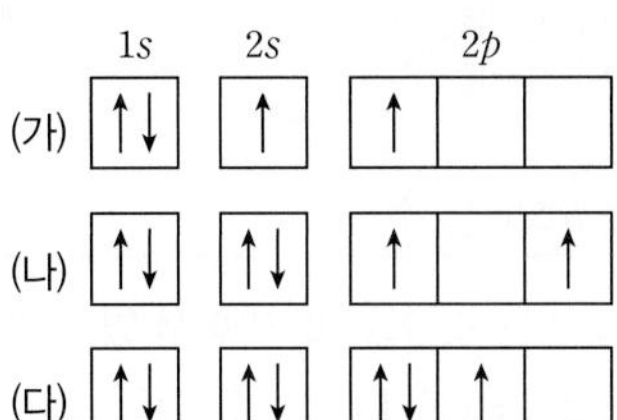

(가)~(다)에 대한 설명으로 옳은 것은?

① 바닥상태 전자 배치는 2가지이다.
② 전자가 들어 있는 오비탈 수는 모두 같다.
③ (가)는 쌓음 원리를 만족한다.
④ (나)에서 p 오비탈에 있는 두 전자의 에너지는 같다.
⑤ (다)는 훈트 규칙을 만족한다.

70 ▸24117-0185

2019학년도 10월 학력평가 5번

상중하

그림은 원자 X～Z의 전자 배치를 나타낸 것이다.

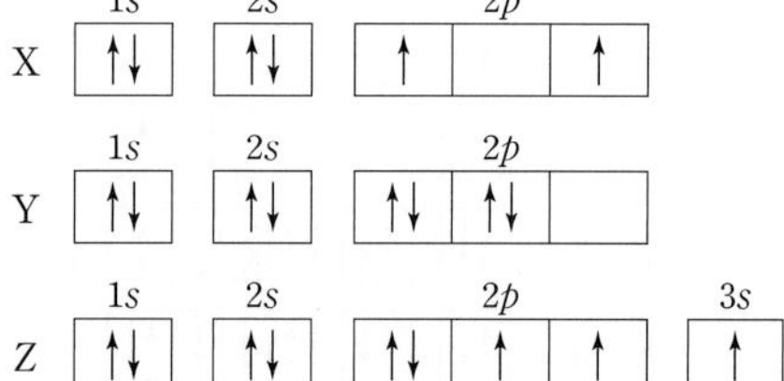

이에 대한 옳은 설명만을 〈보기〉에서 있는 대로 고른 것은? (단, X～Z는 임의의 원소 기호이다.)

보기

ㄱ. X는 바닥상태이다.
ㄴ. Y는 훈트 규칙을 만족한다.
ㄷ. Z는 3주기 원소이다.

① ㄱ ② ㄷ ③ ㄱ, ㄴ
④ ㄱ, ㄷ ⑤ ㄴ, ㄷ

71 ▸24117-0186

2019학년도 10월 학력평가 11번

상중하

표는 2, 3주기 원자 X와 Y의 바닥상태 전자 배치에 대한 자료이다.

원자	X	Y
$\frac{\text{전자가 들어 있는 } p \text{ 오비탈 수}}{\text{전자가 들어 있는 } s \text{ 오비탈 수}}$	1	$\frac{3}{2}$
$\frac{\text{홀전자 수}}{\text{전자가 들어 있는 } p \text{ 오비탈 수}}$	$\frac{1}{3}$	1

X가 Y보다 큰 값을 갖는 것만을 〈보기〉에서 있는 대로 고른 것은? (단, X와 Y는 임의의 원소 기호이다.)

보기

ㄱ. 원자 번호
ㄴ. 원자가 전자 수
ㄷ. 제2 이온화 에너지

① ㄱ ② ㄴ ③ ㄱ, ㄷ
④ ㄴ, ㄷ ⑤ ㄱ, ㄴ, ㄷ

03 원소의 주기적 성질

72 ▸24117-0187

2024학년도 수능 5번

그림은 이온 X^+, Y^{2-}, Z^{2-}의 전자 배치를 모형으로 나타낸 것이다.

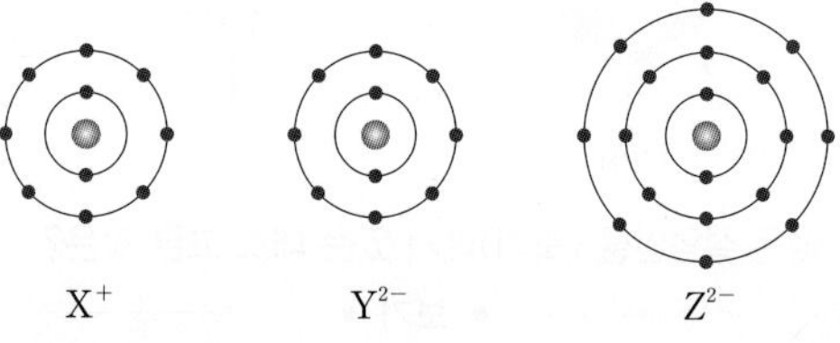

이에 대한 설명으로 옳은 것만을 〈보기〉에서 있는 대로 고른 것은? (단, X～Z는 임의의 원소 기호이다.)

보기

ㄱ. X와 Y는 같은 주기 원소이다.
ㄴ. 전기 음성도는 Y＞Z이다.
ㄷ. 원자가 전자가 느끼는 유효 핵전하는 X＞Z이다.

① ㄱ ② ㄴ ③ ㄷ
④ ㄱ, ㄴ ⑤ ㄴ, ㄷ

73 ▸24117-0188

2024학년도 수능 15번

상중하

그림 (가)는 원자 A～D의 제2 이온화 에너지(E_2)와 ㉠을, (나)는 원자 C～E의 전기 음성도를 나타낸 것이다. A～E는 O, F, Na, Mg, Al을 순서 없이 나타낸 것이고, A～E의 이온은 모두 Ne의 전자 배치를 갖는다. ㉠은 원자 반지름과 이온 반지름 중 하나이다.

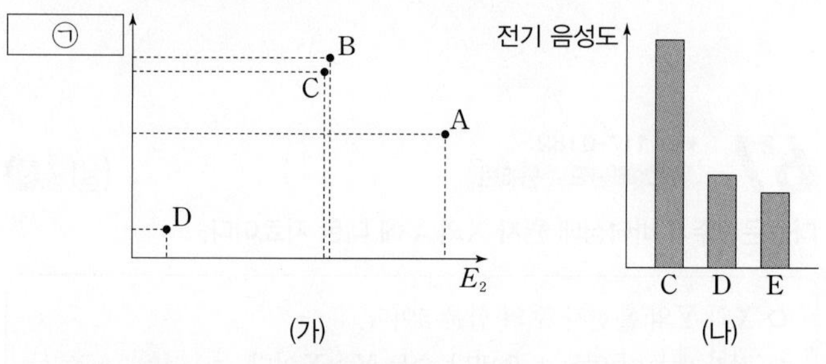

(가) (나)

이에 대한 설명으로 옳은 것만을 〈보기〉에서 있는 대로 고른 것은?

보기

ㄱ. B는 산소(O)이다.
ㄴ. ㉠은 원자 반지름이다.
ㄷ. $\frac{\text{제3 이온화 에너지}}{\text{제2 이온화 에너지}}$는 E＞D이다.

① ㄱ ② ㄷ ③ ㄱ, ㄴ
④ ㄱ, ㄷ ⑤ ㄴ, ㄷ

74
▸24117-0189
2024학년도 9월 모의평가 11번
상 중 하

그림은 원자 W~Z의 $\frac{\text{제1 이온화 에너지}(E_1)}{\text{제2 이온화 에너지}(E_2)}$를 나타낸 것이다. W~Z는 각각 Li, Be, B, C 중 하나이고, 제1 이온화 에너지는 Y>Z이다.

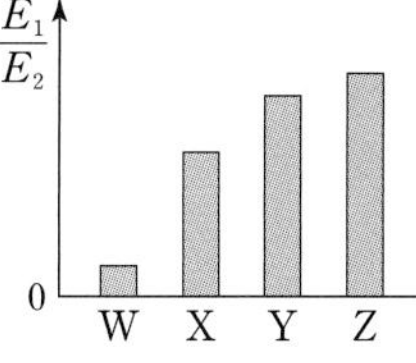

W~Z에 대한 설명으로 옳은 것만을 <보기>에서 있는 대로 고른 것은?

보기

ㄱ. W는 Li이다.
ㄴ. 원자가 전자가 느끼는 유효 핵전하는 Y>X이다.
ㄷ. 원자 반지름은 Z가 가장 작다.

① ㄱ ② ㄷ ③ ㄱ, ㄴ
④ ㄴ, ㄷ ⑤ ㄱ, ㄴ, ㄷ

75
▸24117-0190
2024학년도 6월 모의평가 10번
상 중 하

표는 2, 3주기 바닥상태 원자 X~Z에 대한 자료이다.

원자	X	Y	Z
원자 번호	$m-3$	m	$m+3$
$\frac{\text{홀전자 수}}{\text{원자가 전자 수}}$(상댓값)	㉠	6	3

이에 대한 설명으로 옳은 것만을 <보기>에서 있는 대로 고른 것은? (단, X~Z는 임의의 원소 기호이다.)

보기

ㄱ. ㉠은 1이다.
ㄴ. 홀전자 수는 X와 Z가 같다.
ㄷ. 제1 이온화 에너지는 X>Z>Y이다.

① ㄱ ② ㄴ ③ ㄷ
④ ㄱ, ㄴ ⑤ ㄴ, ㄷ

76
▸24117-0191
2024학년도 6월 모의평가 13번
상 중 하

다음은 ㉠에 대한 설명과 2주기 바닥상태 원자 W~Z에 대한 자료이다. n은 주 양자수이고, l은 방위(부) 양자수이다.

- ㉠: 바닥상태 전자 배치에서 전자가 들어 있는 오비탈 중 $n+l$가 가장 큰 오비탈
- ㉠에 들어 있는 전자 수와 원자가 전자가 느끼는 유효 핵전하(Z^*)

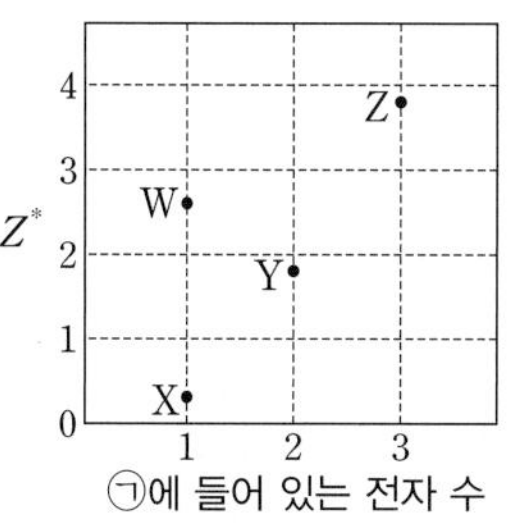

이에 대한 설명으로 옳은 것만을 <보기>에서 있는 대로 고른 것은? (단, W~Z는 임의의 원소 기호이다.)

보기

ㄱ. Y는 탄소(C)이다.
ㄴ. 원자 반지름은 X>Z이다.
ㄷ. 전기 음성도는 Y>W이다.

① ㄱ ② ㄴ ③ ㄷ
④ ㄱ, ㄴ ⑤ ㄴ, ㄷ

77
▸24117-0192
2023학년도 10월 학력평가 18번
상중하

다음은 원자 W～Z에 대한 자료이다.

○ W～Z는 각각 O, F, Na, Al 중 하나이다.
○ W～Z의 이온은 모두 Ne의 전자 배치를 갖는다.
○ ㉠과 ㉡은 각각 $\frac{\text{이온 반지름}}{|\text{이온의 전하}|}$과 $\frac{\text{제2 이온화 에너지}}{\text{제1 이온화 에너지}}$ 중 하나이다.

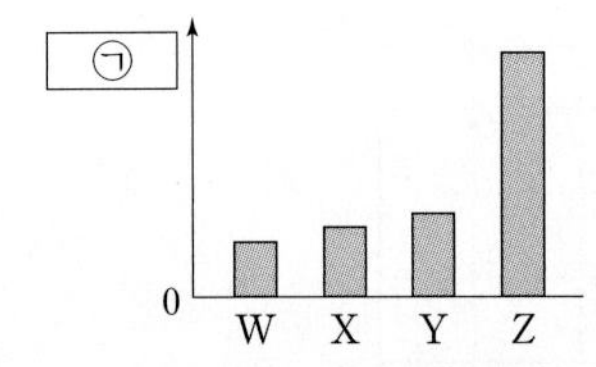

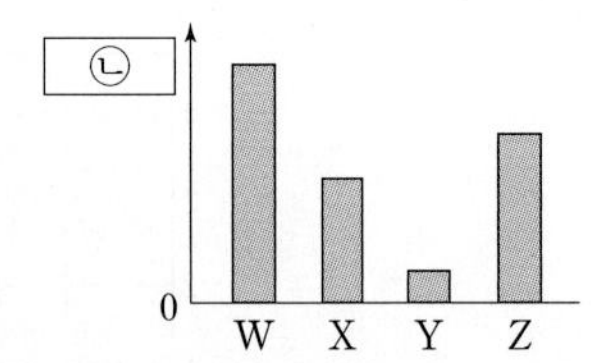

이에 대한 옳은 설명만을 <보기>에서 있는 대로 고른 것은?

보기

ㄱ. ㉠은 $\frac{\text{제2 이온화 에너지}}{\text{제1 이온화 에너지}}$이다.
ㄴ. W는 F이다.
ㄷ. 원자 반지름은 Y>X이다.

① ㄱ ② ㄷ ③ ㄱ, ㄴ
④ ㄴ, ㄷ ⑤ ㄱ, ㄴ, ㄷ

78
▸24117-0193
2023학년도 3월 학력평가 8번
상중하

그림은 바닥상태 원자 A～E의 홀전자 수와 전기 음성도를 나타낸 것이다. A～E의 원자 번호는 각각 11～17 중 하나이다.

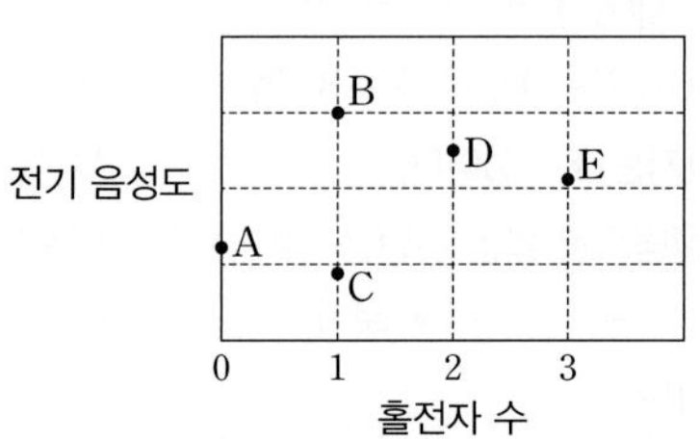

A～E에 대한 옳은 설명만을 <보기>에서 있는 대로 고른 것은? (단, A～E는 임의의 원소 기호이다.)

보기

ㄱ. B는 금속 원소이다.
ㄴ. $\frac{\text{제2 이온화 에너지}}{\text{제1 이온화 에너지}}$는 C가 가장 크다.
ㄷ. 원자가 전자 수는 D>E이다.

① ㄱ ② ㄷ ③ ㄱ, ㄴ
④ ㄴ, ㄷ ⑤ ㄱ, ㄴ, ㄷ

79
▸24117-0194
2023학년도 3월 학력평가 12번
상중하

다음은 원소 W～Z에 대한 자료이다. W～Z는 각각 O, F, Na, Mg 중 하나이고, 이온은 모두 Ne의 전자 배치를 갖는다.

○ 원자가 전자 수는 W>X>Y이다.
○ ㉠과 ㉡은 각각 원자 반지름, 이온 반지름 중 하나이다.

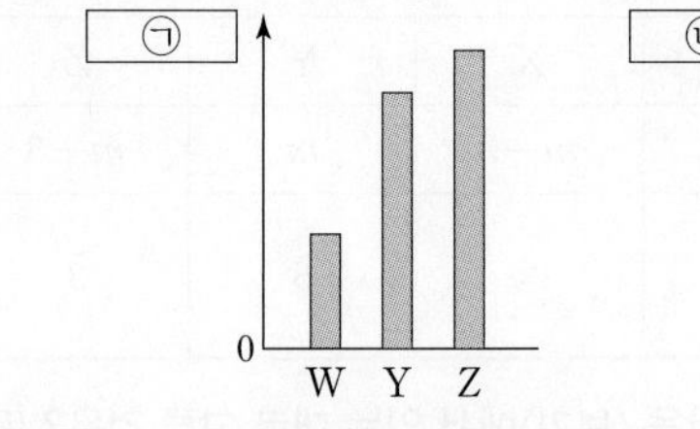

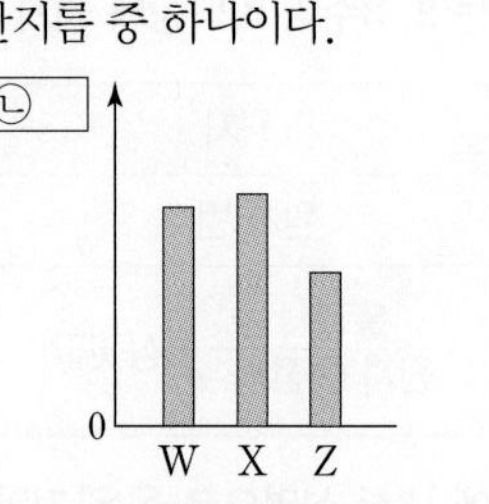

이에 대한 옳은 설명만을 <보기>에서 있는 대로 고른 것은?

보기

ㄱ. ㉠은 이온 반지름이다.
ㄴ. W와 X는 같은 주기 원소이다.
ㄷ. 원자가 전자가 느끼는 유효 핵전하는 Z>Y이다.

① ㄱ ② ㄴ ③ ㄱ, ㄴ
④ ㄱ, ㄷ ⑤ ㄴ, ㄷ

80 ▸24117-0195
2023학년도 수능 6번 상중하

다음은 바닥상태 원자 W~Z에 대한 자료이다. W~Z의 원자 번호는 각각 8~14 중 하나이다.

- W~Z에는 모두 홀전자가 존재한다.
- 전기 음성도는 W~Z 중 W가 가장 크고, X가 가장 작다.
- 전자가 2개 들어 있는 오비탈 수의 비는 X : Y : Z=2 : 2 : 1이다.

이에 대한 설명으로 옳은 것만을 <보기>에서 있는 대로 고른 것은? (단, W~Z는 임의의 원소 기호이다.)

보기

ㄱ. Z는 2주기 원소이다.
ㄴ. Ne의 전자 배치를 갖는 이온의 반지름은 X>W이다.
ㄷ. 원자가 전자가 느끼는 유효 핵전하는 Y>X이다.

① ㄱ ② ㄷ ③ ㄱ, ㄴ ④ ㄱ, ㄷ ⑤ ㄴ, ㄷ

81 ▸24117-0196
2023학년도 수능 12번 상중하

그림 (가)는 원자 W~Y의 제3~제5 이온화 에너지(E_3~E_5)를, (나)는 원자 X~Z의 원자 반지름을 나타낸 것이다. W~Z는 C, O, Si, P을 순서 없이 나타낸 것이다.

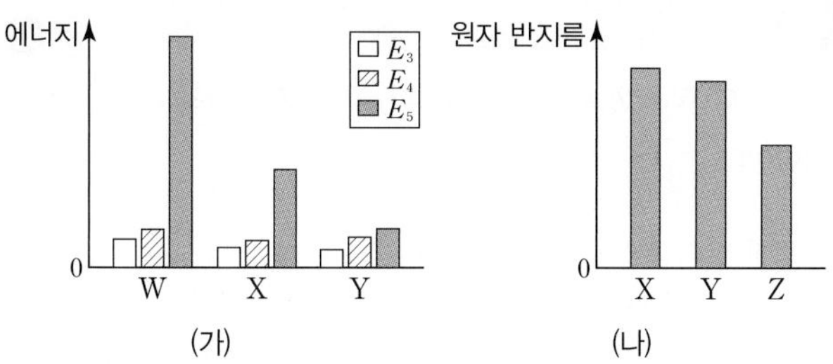

(가) (나)

이에 대한 설명으로 옳은 것만을 <보기>에서 있는 대로 고른 것은?

보기

ㄱ. X는 Si이다.
ㄴ. W와 Y는 같은 주기 원소이다.
ㄷ. 제2 이온화 에너지는 Z>Y이다.

① ㄱ ② ㄷ ③ ㄱ, ㄴ ④ ㄱ, ㄷ ⑤ ㄴ, ㄷ

82 ▸24117-0197
2023학년도 9월 모의평가 2번 상중하

다음은 학생 A가 수행한 탐구 활동이다.

[가설]
- 원자 번호가 5~9인 원자들은 원자가 전자가 느끼는 유효 핵전하가 커질수록 원자 반지름이 ㉠ .

[탐구 과정]
(가) 원자 번호가 5~9인 원자들의 원자 반지름과 원자가 전자가 느끼는 유효 핵전하를 조사한다.
(나) (가)에서 조사한 각 원자들의 원자 반지름을 원자가 전자가 느끼는 유효 핵전하에 따라 점으로 표시한다.

[탐구 결과]

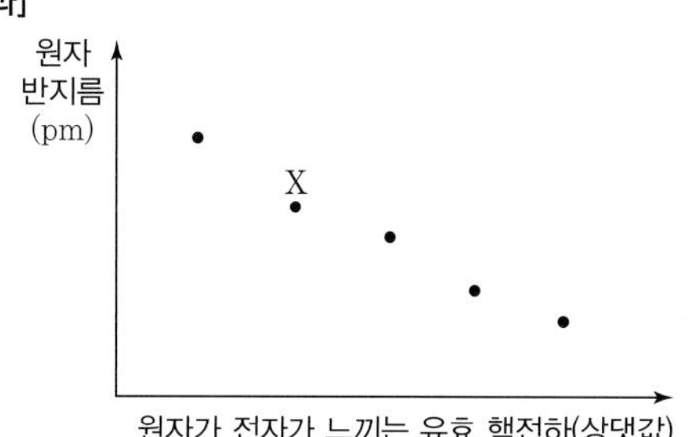

[결론]
- 가설은 옳다.

학생 A의 결론이 타당할 때, ㉠과 X의 원자 번호로 가장 적절한 것은? (단, X는 임의의 원소 기호이다.)

	㉠	X의 원자 번호
①	작아진다	6
②	작아진다	8
③	커진다	6
④	커진다	7
⑤	커진다	8

83
▸24117-0198
2023학년도 9월 모의평가 10번
상중하

다음은 2, 3주기 바닥상태 원자 W ~ Z에 대한 자료이다.

○ W~Z의 전자 배치에 대한 자료

원자	W	X	Y	Z
$\frac{\text{홀전자 수}}{s\text{ 오비탈에 들어 있는 전자 수}}$	$\frac{1}{6}$	$\frac{1}{6}$	$\frac{1}{4}$	$\frac{1}{3}$

○ 전기 음성도는 W>Y>X이다.
○ Y와 Z는 같은 주기 원소이다.

W ~ Z에 대한 설명으로 옳은 것만을 〈보기〉에서 있는 대로 고른 것은? (단, W ~ Z는 임의의 원소 기호이다.)

보기

ㄱ. W는 Cl이다.
ㄴ. X와 Y는 같은 족 원소이다.
ㄷ. $\frac{\text{제2 이온화 에너지}}{\text{제1 이온화 에너지}}$는 Z>Y이다.

① ㄱ ② ㄷ ③ ㄱ, ㄴ
④ ㄴ, ㄷ ⑤ ㄱ, ㄴ, ㄷ

84
▸24117-0199
2023학년도 6월 모의평가 10번
상중하

표는 2, 3주기 원자 X ~ Z의 제n 이온화 에너지(E_n)에 대한 자료이다. X ~ Z의 원자가 전자 수는 각각 3 이하이다.

원자	E_n(10^3 kJ/mol)			
	E_1	E_2	E_3	E_4
X	0.74	1.45	7.72	10.52
Y	0.80	2.42	3.65	24.98
Z	0.90	1.75	14.82	20.97

이에 대한 설명으로 옳은 것만을 〈보기〉에서 있는 대로 고른 것은? (단, X ~ Z는 임의의 원소 기호이다.)

보기

ㄱ. Y는 Al이다.
ㄴ. Z는 3주기 원소이다.
ㄷ. 원자가 전자 수는 Y>X이다.

① ㄱ ② ㄴ ③ ㄷ
④ ㄱ, ㄴ ⑤ ㄱ, ㄷ

85
▸24117-0200
2023학년도 6월 모의평가 14번
상중하

다음은 바닥상태 원자 W ~ Z에 대한 자료이다. W ~ Z의 원자 번호는 각각 7 ~ 13 중 하나이다.

○ W~Z의 홀전자 수

원자	W	X	Y	Z
홀전자 수	a	a	b	$a+b$

○ W는 홀전자 수와 원자가 전자 수가 같다.
○ 제1 이온화 에너지는 X>Y>W이다.
○ Ne의 전자 배치를 갖는 이온의 반지름은 Y>X이다.

W ~ Z에 대한 설명으로 옳은 것만을 〈보기〉에서 있는 대로 고른 것은? (단, W ~ Z는 임의의 원소 기호이다.)

보기

ㄱ. Z는 17족 원소이다.
ㄴ. 제2 이온화 에너지는 W가 가장 크다.
ㄷ. 원자 반지름은 Y>Z이다.

① ㄱ ② ㄴ ③ ㄷ
④ ㄱ, ㄴ ⑤ ㄴ, ㄷ

86
▸24117-0201
2022학년도 10월 학력평가 12번
상중하

다음은 원자 W ~ Z에 대한 자료이다. W ~ Z는 각각 O, F, Mg, Al 중 하나이다.

○ 원자 반지름은 W>X>Y이다.
○ Ne의 전자 배치를 갖는 이온의 반지름은 Y>Z>X이다.

이에 대한 옳은 설명만을 〈보기〉에서 있는 대로 고른 것은?

보기

ㄱ. Y는 O이다.
ㄴ. 제1 이온화 에너지는 W>X이다.
ㄷ. 원자가 전자가 느끼는 유효 핵전하는 Y>Z이다.

① ㄱ ② ㄷ ③ ㄱ, ㄴ
④ ㄴ, ㄷ ⑤ ㄱ, ㄴ, ㄷ

87

▸24117-0202

2022학년도 3월 학력평가 14번

상중하

그림은 원자 A~E의 원자 반지름을 나타낸 것이다. A~E의 원자 번호는 각각 7, 8, 9, 11, 12 중 하나이다.

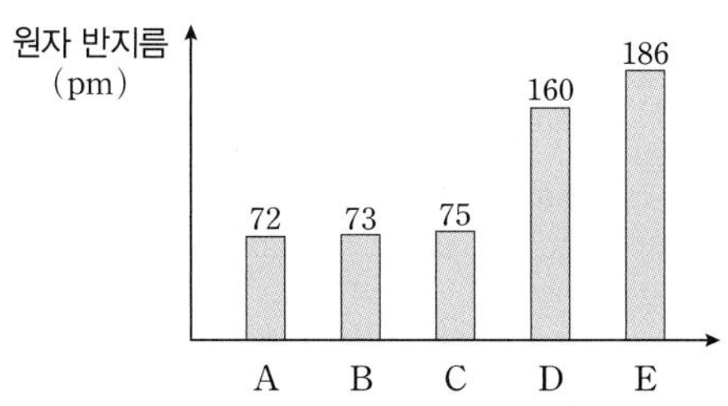

이에 대한 옳은 설명만을 〈보기〉에서 있는 대로 고른 것은? (단, A~E는 임의의 원소 기호이다.)

보기

ㄱ. 원자 번호는 B>A이다.

ㄴ. 원자가 전자가 느끼는 유효 핵전하는 D>E이다.

ㄷ. 제2 이온화 에너지는 B>C이다.

① ㄱ ② ㄴ ③ ㄱ, ㄷ ④ ㄴ, ㄷ ⑤ ㄱ, ㄴ, ㄷ

88

▸24117-0203

2022학년도 수능 14번

다음은 바닥상태 원자 W~Z에 대한 자료이다. W~Z는 각각 O, F, P, S 중 하나이다.

- 원자가 전자 수는 W>X이다.
- 원자 반지름은 W>Y이다.
- 제1 이온화 에너지는 Z>Y>W이다.

이에 대한 설명으로 옳은 것만을 〈보기〉에서 있는 대로 고른 것은? (단, W~Z는 임의의 원소 기호이다.)

보기

ㄱ. Y는 P이다.

ㄴ. W와 X는 같은 주기 원소이다.

ㄷ. 원자가 전자가 느끼는 유효 핵전하는 Y>Z이다.

① ㄱ ② ㄴ ③ ㄱ, ㄷ ④ ㄴ, ㄷ ⑤ ㄱ, ㄴ, ㄷ

89

▸24117-0204

2022학년도 9월 모의평가 16번

상중하

다음은 바닥상태 원자 W~Z에 대한 자료이다. W~Z는 각각 O, F, Na, Mg 중 하나이다.

- 홀전자 수는 W>Y>X이다.
- 원자 반지름은 Y>X>Z이다.

이에 대한 설명으로 옳은 것만을 〈보기〉에서 있는 대로 고른 것은? (단, W~Z의 이온은 모두 Ne의 전자 배치를 갖는다.)

보기

ㄱ. 원자가 전자가 느끼는 유효 핵전하는 X>Y이다.

ㄴ. 이온 반지름은 X>W이다.

ㄷ. $\frac{\text{제2 이온화 에너지}}{\text{제1 이온화 에너지}}$는 Y>W>Z이다.

① ㄱ ② ㄴ ③ ㄱ, ㄷ ④ ㄴ, ㄷ ⑤ ㄱ, ㄴ, ㄷ

90

▸24117-0205

2022학년도 6월 모의평가 16번

상중하

다음은 바닥상태 원자 W~Z에 대한 자료이다.

- W~Z의 원자 번호는 각각 7~14 중 하나이다.
- W~Z의 홀전자 수와 제2 이온화 에너지

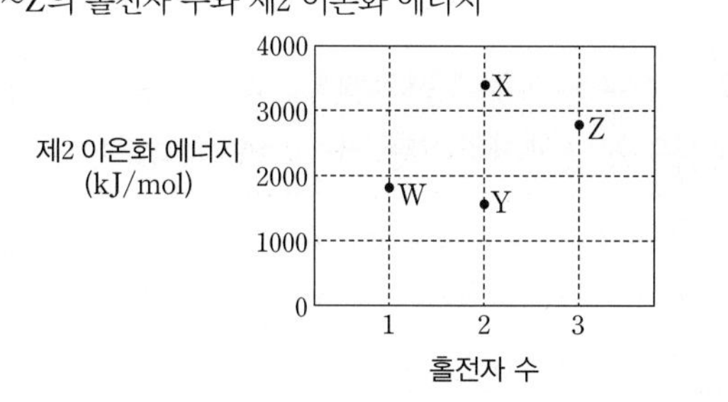

이에 대한 설명으로 옳은 것만을 〈보기〉에서 있는 대로 고른 것은? (단, W~Z는 임의의 원소 기호이다.)

보기

ㄱ. W는 13족 원소이다.

ㄴ. 원자 반지름은 X>Y이다.

ㄷ. $\frac{\text{제2 이온화 에너지}}{\text{제1 이온화 에너지}}$는 Z>X이다.

① ㄱ ② ㄴ ③ ㄱ, ㄷ ④ ㄴ, ㄷ ⑤ ㄱ, ㄴ, ㄷ

91
▸24117-0206
2021학년도 10월 학력평가 17번
상중하

그림은 2, 3주기 원소 W~Z에 대한 자료를 나타낸 것이다. 원자 번호는 W>X이다.

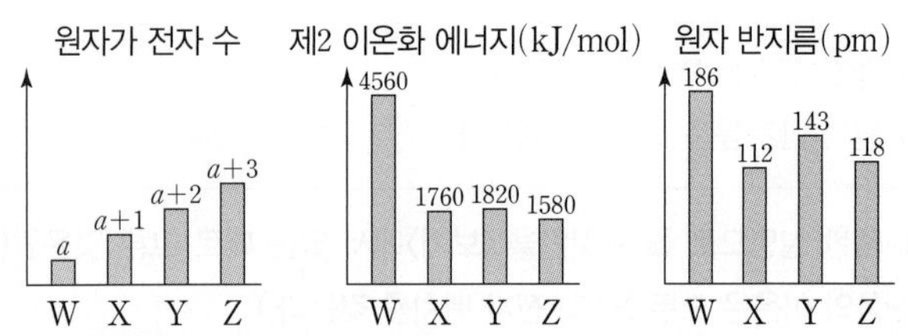

이에 대한 옳은 설명만을 <보기>에서 있는 대로 고른 것은? (단, W~Z는 임의의 원소 기호이다.)

보기

ㄱ. $a=1$이다.
ㄴ. W~Z 중 3주기 원소는 2가지이다.
ㄷ. 제1 이온화 에너지는 Y>Z이다.

① ㄱ ② ㄴ ③ ㄱ, ㄷ
④ ㄴ, ㄷ ⑤ ㄱ, ㄴ, ㄷ

93
▸24117-0208
2021학년도 3월 학력평가 17번
상중하

그림은 2주기 원소 중 6가지 원소에 대한 자료이다.

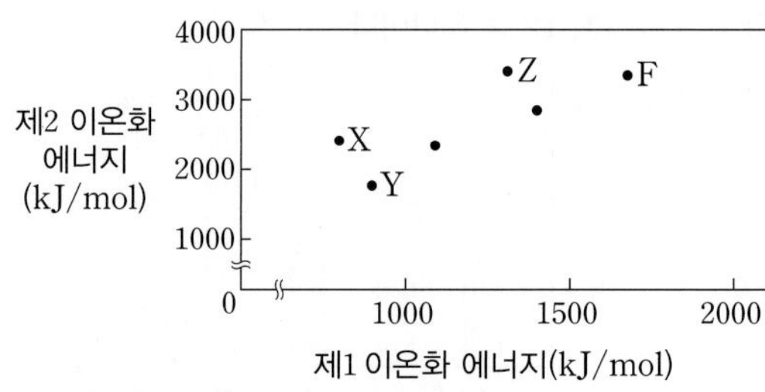

이에 대한 옳은 설명만을 <보기>에서 있는 대로 고른 것은? (단, X~Z는 임의의 원소 기호이다.)

보기

ㄱ. X는 Be이다.
ㄴ. Y와 Z의 원자 번호의 차는 4이다.
ㄷ. $\frac{\text{제2 이온화 에너지}}{\text{제1 이온화 에너지}}$는 X>Y이다.

① ㄱ ② ㄷ ③ ㄱ, ㄴ
④ ㄴ, ㄷ ⑤ ㄱ, ㄴ, ㄷ

92
▸24117-0207
2021학년도 3월 학력평가 9번
상중하

다음은 원소 A~C에 대한 자료이다.

- A~C는 각각 Cl, K, Ca 중 하나이다.
- A~C의 이온은 모두 Ar의 전자 배치를 갖는다.
- $\frac{\text{이온 반지름}}{\text{원자 반지름}}$은 B가 가장 크다.
- 바닥상태 원자에서 $\frac{p\text{ 오비탈의 전자 수}}{s\text{ 오비탈의 전자 수}}$는 A>C이다.

A~C에 대한 옳은 설명만을 <보기>에서 있는 대로 고른 것은?

보기

ㄱ. 원자가 전자 수는 B가 가장 크다.
ㄴ. 원자 반지름은 A가 가장 크다.
ㄷ. 원자가 전자가 느끼는 유효 핵전하는 C>A이다.

① ㄱ ② ㄴ ③ ㄱ, ㄷ
④ ㄴ, ㄷ ⑤ ㄱ, ㄴ, ㄷ

94
▸24117-0209
2021학년도 수능 14번
상중하

다음은 원자 A~D에 대한 자료이다. A~D의 원자 번호는 각각 7, 8, 12, 13 중 하나이고, A~D의 이온은 모두 Ne의 전자 배치를 갖는다.

- 원자 반지름은 A가 가장 크다.
- 이온 반지름은 B가 가장 작다.
- 제2 이온화 에너지는 D가 가장 크다.

A~D에 대한 설명으로 옳은 것만을 <보기>에서 있는 대로 고른 것은? (단, A~D는 임의의 원소 기호이다.)

보기

ㄱ. 이온 반지름은 C가 가장 크다.
ㄴ. 제2 이온화 에너지는 A>B이다.
ㄷ. 원자가 전자가 느끼는 유효 핵전하는 D>C이다.

① ㄱ ② ㄴ ③ ㄱ, ㄷ
④ ㄴ, ㄷ ⑤ ㄱ, ㄴ, ㄷ

95

▸24117-0210
2021학년도 9월 모의평가 19번
상중하

다음은 원자 W~Z에 대한 자료이다.

- W~Z는 각각 N, O, Na, Mg 중 하나이다.
- 각 원자의 이온은 모두 Ne의 전자 배치를 갖는다.
- ㉠, ㉡은 각각 이온 반지름, 제1 이온화 에너지 중 하나이다.

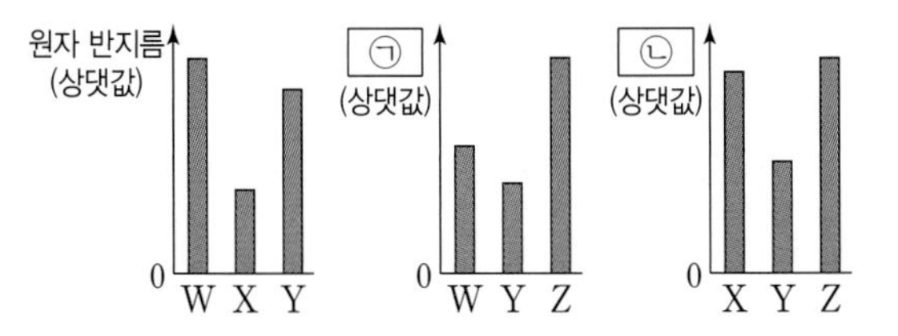

이에 대한 설명으로 옳은 것만을 <보기>에서 있는 대로 고른 것은?

보기

ㄱ. ㉠은 이온 반지름이다.
ㄴ. 제2 이온화 에너지는 Y>W이다.
ㄷ. 원자가 전자가 느끼는 유효 핵전하는 Z>X이다.

① ㄱ ② ㄴ ③ ㄱ, ㄷ
④ ㄴ, ㄷ ⑤ ㄱ, ㄴ, ㄷ

96

▸24117-0211
2021학년도 6월 모의평가 1번
상중하

다음은 주기율표에 대한 세 학생의 대화이다.

제시한 내용이 옳은 학생만을 있는 대로 고른 것은?

① A ② C ③ A, B
④ B, C ⑤ A, B, C

97

▸24117-0212
2021학년도 6월 모의평가 17번
상중하

다음은 원자 번호가 연속인 2주기 원자 W~Z의 이온화 에너지에 대한 자료이다. 원자 번호는 W<X<Y<Z이다.

- 제n 이온화 에너지(E_n)
  제1 이온화 에너지(E_1): $M(g)+E_1 \rightarrow M^+(g)+e^-$
  제2 이온화 에너지(E_2): $M^+(g)+E_2 \rightarrow M^{2+}(g)+e^-$
  제3 이온화 에너지(E_3): $M^{2+}(g)+E_3 \rightarrow M^{3+}(g)+e^-$
- W~Z의 $\frac{E_3}{E_2}$

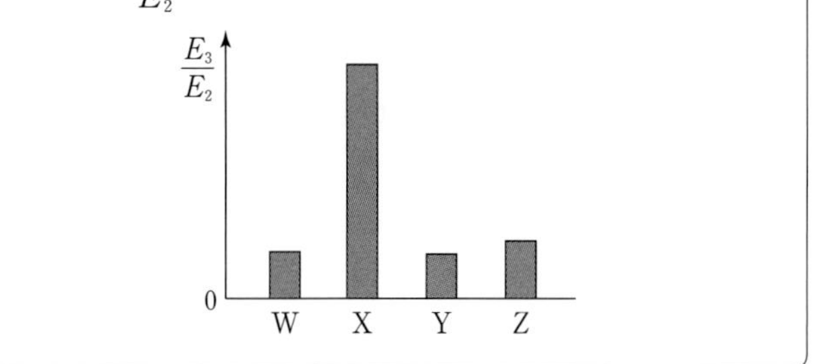

이에 대한 설명으로 옳은 것만을 <보기>에서 있는 대로 고른 것은? (단, W~Z는 임의의 원소 기호이다.)

보기

ㄱ. 원자 반지름은 W>X이다.
ㄴ. E_2는 Y>Z이다.
ㄷ. $\frac{E_2}{E_1}$는 Z>W이다.

① ㄱ ② ㄷ ③ ㄱ, ㄴ
④ ㄴ, ㄷ ⑤ ㄱ, ㄴ, ㄷ

98

▸24117-0213
2020학년도 10월 학력평가 15번
상중하

그림은 바닥상태 원자 A~D의 홀전자 수와 원자 반지름을 나타낸 것이다. A~D는 각각 O, Na, Mg, Al 중 하나이다.

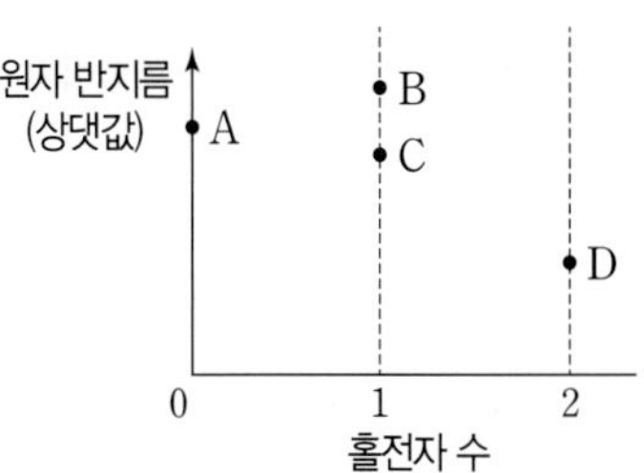

이에 대한 옳은 설명만을 <보기>에서 있는 대로 고른 것은?

보기

ㄱ. 원자 번호는 C>B이다.
ㄴ. 이온화 에너지는 C>A이다.
ㄷ. Ne의 전자 배치를 갖는 이온의 반지름은 B>D이다.

① ㄱ ② ㄴ ③ ㄱ, ㄷ
④ ㄴ, ㄷ ⑤ ㄱ, ㄴ, ㄷ

99
▸24117-0214
2020학년도 3월 학력평가 5번
상중하

다음은 이온 반지름에 대한 세 학생의 대화이다.

나트륨 이온(Na^+)의 반지름은 Na의 원자 반지름보다 작아.
플루오린화 이온(F^-)의 반지름은 F의 원자 반지름보다 작아.
이온 반지름은 Na^+이 F^-보다 커.
학생 A
학생 B
학생 C

제시한 내용이 옳은 학생만을 있는 대로 고른 것은?

① A ② B ③ A, B
④ A, C ⑤ B, C

100
▸24117-0215
2020학년도 3월 학력평가 11번
상중하

다음은 원자 A～C에 대한 자료이다. A～C는 각각 Na, Mg, Al 중 하나이다.

- $\frac{\text{제2 이온화 에너지}}{\text{제1 이온화 에너지}}$는 A가 가장 크다.
- 원자가 전자가 느끼는 유효 핵전하는 B>C이다.

A～C에 대한 옳은 설명만을 〈보기〉에서 있는 대로 고른 것은?

보기

ㄱ. 원자가 전자 수는 B가 가장 크다.
ㄴ. 원자 반지름은 A>C이다.
ㄷ. 제1 이온화 에너지는 C>B이다.

① ㄱ ② ㄷ ③ ㄱ, ㄴ
④ ㄴ, ㄷ ⑤ ㄱ, ㄴ, ㄷ

101
▸24117-0216
2020학년도 수능 10번
상중하

다음은 이온화 에너지와 관련하여 학생 A가 세운 가설과 이를 검증하기 위해 수행한 탐구 활동이다.

[가설]
- 15～17족에 속한 원자들은
[㉠]

[탐구 과정]
(가) 15～17족에 속한 각 원자의 제1 이온화 에너지(E_1)를 조사한다.
(나) 조사한 각 원자의 E_1를 족에 따라 구분하여 점으로 표시한 후, 표시한 점을 각 주기별로 연결한다.

[탐구 결과]

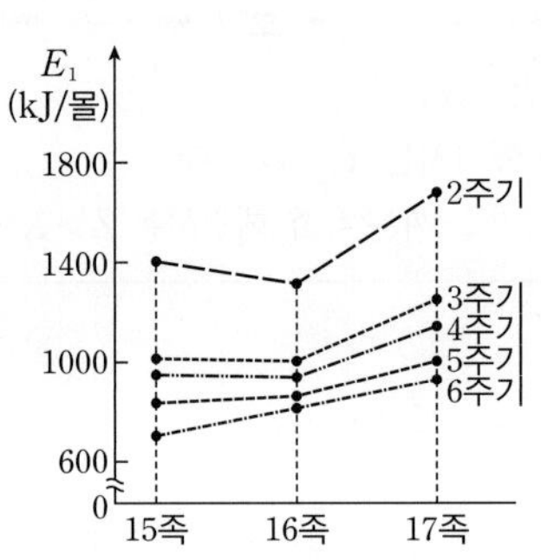

[결론]
- 가설은 옳다.

학생 A의 결론이 타당할 때, ㉠으로 가장 적절한 것은?

① 원자량이 커질수록 제1 이온화 에너지가 커진다.
② 원자 번호가 커질수록 제1 이온화 에너지가 커진다.
③ 같은 족에서 원자 번호가 커질수록 제1 이온화 에너지가 작아진다.
④ 같은 주기에서 유효 핵전하가 커질수록 제1 이온화 에너지가 커진다.
⑤ 같은 주기에서 원자가 전자 수가 커질수록 제1 이온화 에너지가 작아진다.

102 ▸24117-0217
2020학년도 수능 15번

상중하

다음은 바닥상태 원자 W～Z에 대한 자료이다.

- W～Z의 원자 번호는 각각 8～13 중 하나이다.
- W, X, Y의 홀전자 수는 모두 같다.
- 각 원자의 이온은 모두 Ne의 전자 배치를 갖는다.
- ㉠과 ㉡은 각각 전기 음성도와 이온 반지름 중 하나이다.

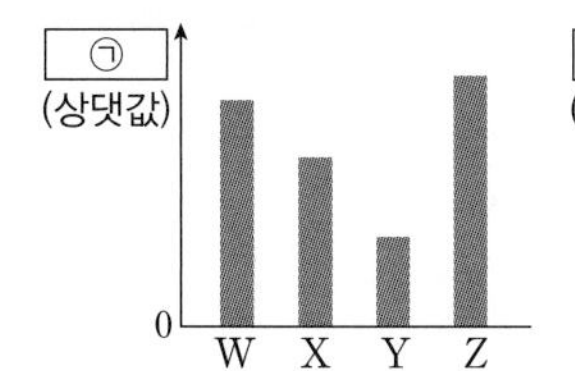

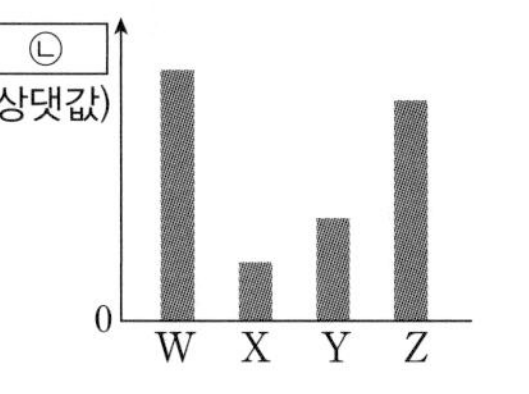

이에 대한 설명으로 옳은 것만을 〈보기〉에서 있는 대로 고른 것은? (단, W～Z는 임의의 원소 기호이다.)

보기

ㄱ. ㉠은 전기 음성도이다.
ㄴ. 제2 이온화 에너지는 Z>W이다.
ㄷ. 원자가 전자가 느끼는 유효 핵전하는 X>Y이다.

① ㄱ ② ㄴ ③ ㄷ
④ ㄱ, ㄴ ⑤ ㄴ, ㄷ

103 ▸24117-0218
2020학년도 9월 모의평가 8번

상중하

그림은 원자 A～D에 대한 자료이다. A～D는 각각 원자 번호가 15, 16, 19, 20 중 하나이고, A～D 이온의 전자 배치는 모두 Ar과 같다.

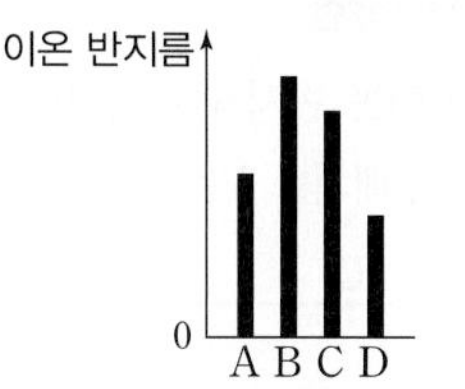

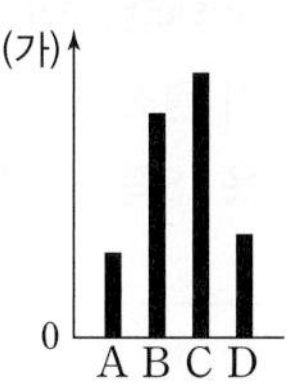

이에 대한 설명으로 옳은 것만을 〈보기〉에서 있는 대로 고른 것은? (단, A～D는 임의의 원소 기호이다.)

보기

ㄱ. '전기 음성도'는 (가)로 적절하다.
ㄴ. 원자가 전자가 느끼는 유효 핵전하는 A>D이다.
ㄷ. 원자 반지름은 D>C이다.

① ㄱ ② ㄴ ③ ㄱ, ㄴ
④ ㄱ, ㄷ ⑤ ㄴ, ㄷ

104 ▸24117-0219
2020학년도 9월 모의평가 14번

상중하

그림 (가)는 원자 A～D의 제1 이온화 에너지를, (나)는 주기율표에 원소 ㉠～㉣을 나타낸 것이다. A～D는 각각 ㉠～㉣ 중 하나이다.

(가)

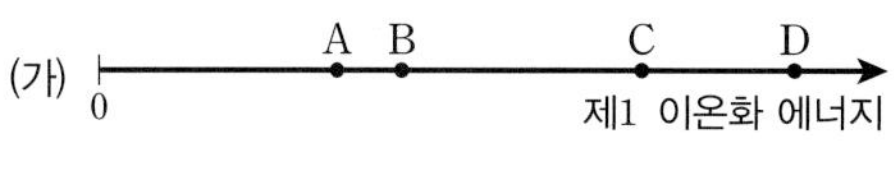

(나)

주기＼족	1	2	13	14	15	16	17	18
1								
2						㉠	㉡	
3		㉢	㉣					

이에 대한 설명으로 옳은 것만을 〈보기〉에서 있는 대로 고른 것은? (단, A～D는 임의의 원소 기호이다.)

보기

ㄱ. D는 ㉡이다.
ㄴ. C와 D는 같은 주기 원소이다.
ㄷ. $\frac{\text{제3 이온화 에너지}}{\text{제2 이온화 에너지}}$는 B>A이다.

① ㄱ ② ㄷ ③ ㄱ, ㄴ
④ ㄴ, ㄷ ⑤ ㄱ, ㄴ, ㄷ

105 ▸24117-0220
2020학년도 6월 모의평가 14번

상중하

다음은 2, 3주기 바닥상태 원자 A～C에 대한 자료이다.

원자	A	B	C
총 전자 수	$x+3$	$x+6$	$x+10$
원자가 전자 수	$x+1$	$x-4$	x

- A～C는 18족 원소가 아니다.
- A～C 중 원자가 전자 수와 홀전자 수가 같은 것이 1가지 존재한다.

이에 대한 설명으로 옳은 것만을 〈보기〉에서 있는 대로 고른 것은? (단, A～C는 임의의 원소 기호이다.)

보기

ㄱ. 원자 반지름은 B>A이다.
ㄴ. 전기 음성도는 C>A이다.
ㄷ. 원자가 전자가 느끼는 유효 핵전하는 C>B이다.

① ㄱ ② ㄴ ③ ㄷ
④ ㄱ, ㄷ ⑤ ㄴ, ㄷ

106
▸24117-0221

2020학년도 6월 모의평가 16번

상 중 하

그림은 원자 A～E의 제1 이온화 에너지와 제2 이온화 에너지를 나타낸 것이다. A～E의 원자 번호는 각각 3, 4, 11, 12, 13 중 하나이다.

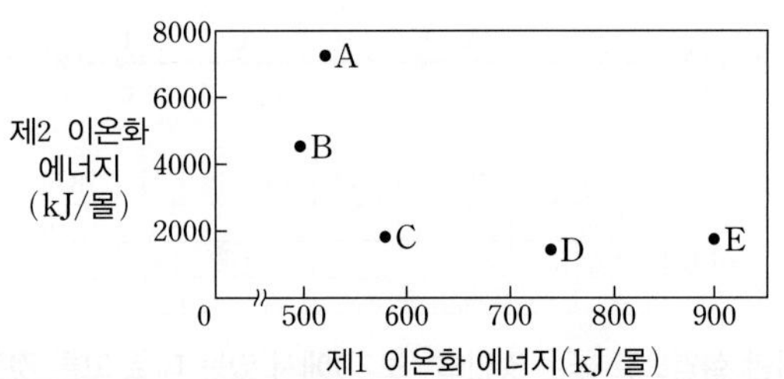

이에 대한 설명으로 옳은 것만을 〈보기〉에서 있는 대로 고른 것은? (단, A～E는 임의의 원소 기호이다.)

보기

ㄱ. 원자 번호는 B>A이다.

ㄴ. D와 E는 같은 주기 원소이다.

ㄷ. $\frac{\text{제3 이온화 에너지}}{\text{제2 이온화 에너지}}$는 C>D이다.

① ㄱ　② ㄴ　③ ㄱ, ㄷ　④ ㄴ, ㄷ　⑤ ㄱ, ㄴ, ㄷ

107
▸24117-0222

2019학년도 10월 학력평가 16번

상 중 하

그림은 2, 3주기 원소 A～D에 대한 자료이다. A～D는 각각 O, F, Na, Al 중 하나이며, 이온의 전자 배치는 모두 Ne과 같다.

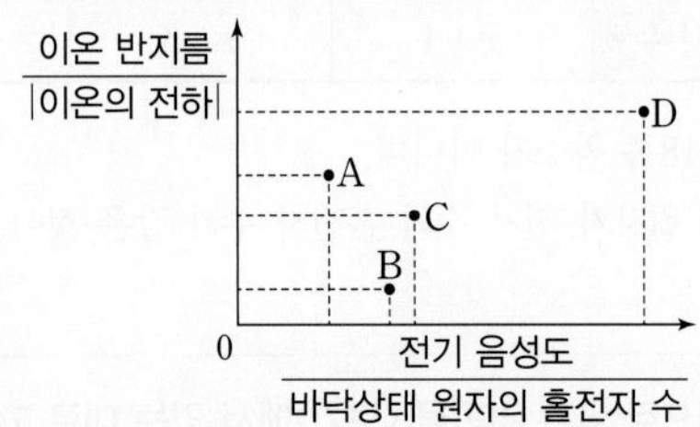

A～D에 대한 옳은 설명만을 〈보기〉에서 있는 대로 고른 것은?

보기

ㄱ. 바닥상태 원자의 홀전자 수는 A가 가장 크다.

ㄴ. 원자 반지름은 B가 C보다 크다.

ㄷ. 원자가 전자가 느끼는 유효 핵전하는 C가 D보다 크다.

① ㄱ　② ㄴ　③ ㄱ, ㄷ　④ ㄴ, ㄷ　⑤ ㄱ, ㄴ, ㄷ

108
▸24117-0223

2019학년도 3월 학력평가 10번

상 중 하

다음은 2주기 바닥상태 원자 X～Z에 대한 자료이다.

- X, Y, Z는 홀전자 수가 같다.
- 제1 이온화 에너지는 X가 가장 크다.
- 제2 이온화 에너지는 Z가 가장 크다.

전기 음성도를 옳게 비교한 것은? (단, X～Z는 임의의 원소 기호이다.)

① X>Y>Z　② X>Z>Y　③ Y>Z>X　④ Z>X>Y　⑤ Z>Y>X

109
▸24117-0224

2019학년도 3월 학력평가 13번

상 중 하

그림은 2, 3주기 원소 A～D의 이온 반지름을 나타낸 것이다. A^{2+}, B^{3+}, C^{2-}, D^{-}은 18족 원소의 전자 배치를 갖는다.

0　A^{2+}　B^{3+}　C^{2-}　D^{-}　이온 반지름

A～D에 대한 옳은 설명만을 〈보기〉에서 있는 대로 고른 것은? (단, A～D는 임의의 원소 기호이다.)

보기

ㄱ. A는 2주기 원소이다.

ㄴ. 원자 번호는 C가 B보다 크다.

ㄷ. 원자 반지름은 D가 B보다 크다.

① ㄱ　② ㄴ　③ ㄱ, ㄷ　④ ㄴ, ㄷ　⑤ ㄱ, ㄴ, ㄷ

110

▸24117-0225
2019학년도 수능 13번
상중하

그림은 원자 A ~ E의 원자 반지름과 이온 반지름을 나타낸 것이고, (가)와 (나)는 각각 원자 반지름과 이온 반지름 중 하나이다. A ~ E의 원자 번호는 각각 15, 16, 17, 19, 20 중 하나이고, A ~ E의 이온은 모두 Ar의 전자 배치를 가진다.

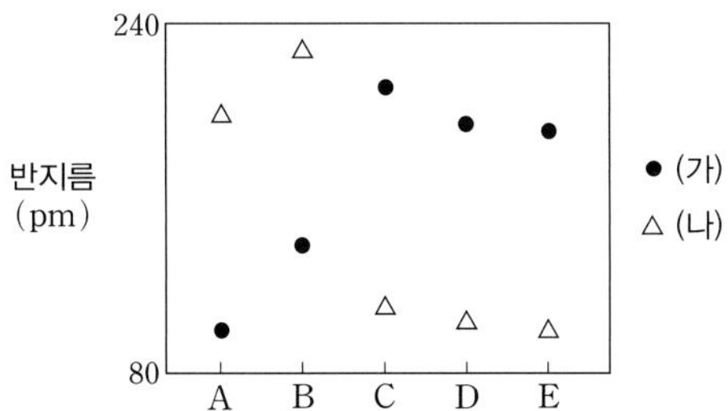

이에 대한 설명으로 옳은 것만을 〈보기〉에서 있는 대로 고른 것은? (단, A ~ E는 임의의 원소 기호이다.)

보기

ㄱ. (가)는 원자 반지름이다.
ㄴ. A의 이온은 A^{2+}이다.
ㄷ. A~E 중 전기 음성도는 E가 가장 크다.

① ㄱ ② ㄴ ③ ㄱ, ㄷ
④ ㄴ, ㄷ ⑤ ㄱ, ㄴ, ㄷ

111

▸24117-0226
2019학년도 수능 15번
상중하

그림은 원자 V ~ Z의 제2 이온화 에너지를 나타낸 것이다. V ~ Z는 각각 원자 번호 9 ~ 13의 원소 중 하나이다.

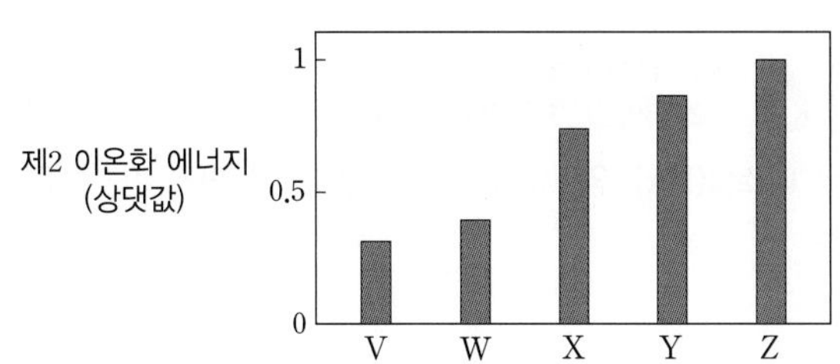

이에 대한 설명으로 옳은 것만을 〈보기〉에서 있는 대로 고른 것은? (단, V ~ Z는 임의의 원소 기호이다.)

보기

ㄱ. Z는 1족 원소이다.
ㄴ. X와 Y는 같은 주기 원소이다.
ㄷ. 원자가 전자가 느끼는 유효 핵전하는 W > V이다.

① ㄱ ② ㄷ ③ ㄱ, ㄴ
④ ㄴ, ㄷ ⑤ ㄱ, ㄴ, ㄷ

112

▸24117-0227
2019학년도 9월 모의평가 7번
상중하

다음은 학생 A가 수행한 탐구 활동이다.

[가설]
○ 3주기에서 원자 번호가 큰 원자일수록 항상 제1 이온화 에너지(E_1)가 크다.

[활동]
○ 3주기에서 원자 번호에 따른 원자의 E_1를 조사하고, 원자 번호가 다른 2개 원자의 E_1를 비교한다.

[결과]
• 3주기 원자의 E_1

원자	(가)	(나)	(다)	(라)	(마)	(바)	(사)	(아)
원자 번호	11	12	13	14	15	16	17	18
E_1(kJ/몰)	496	738	578	787	1012	1000	1251	1521

○ 원자 번호가 다른 2개의 원자에 대한 비교 결과

구분	원자 번호가 큰 원자가 E_1가 크다.	원자 번호가 큰 원자가 E_1가 작다.
비교한 2개의 원자	(가)와 (나), …	(나)와 (다), ㉠

[결론]
○ 가설에 어긋나는 비교 결과가 있으므로 가설은 옳지 않다.

다음 중 ㉠으로 가장 적절한 것은?

① (다)와 (라) ② (라)와 (마) ③ (마)와 (바)
④ (바)와 (사) ⑤ (사)와 (아)

113

▸24117-0228
2019학년도 9월 모의평가 11번

상 중 하

그림은 원자 A～C에 대하여 $\frac{\text{원자 반지름}}{\text{이온 반지름}}$과 $\frac{\text{이온 반지름}}{|\text{이온의 전하}|}$을 나타낸 것이다. A～C는 각각 O, Na, Al 중 하나이며, A～C 이온의 전자 배치는 모두 Ne과 같다.

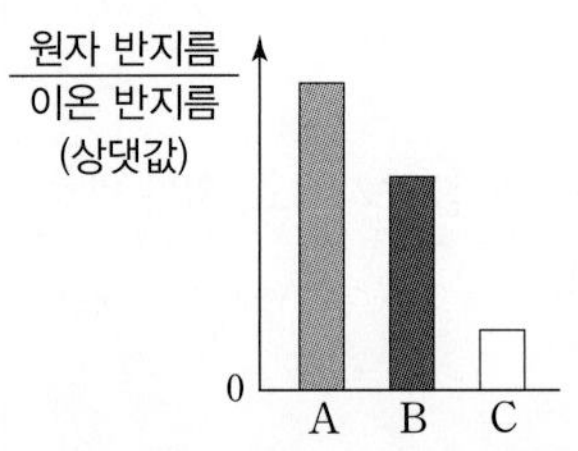

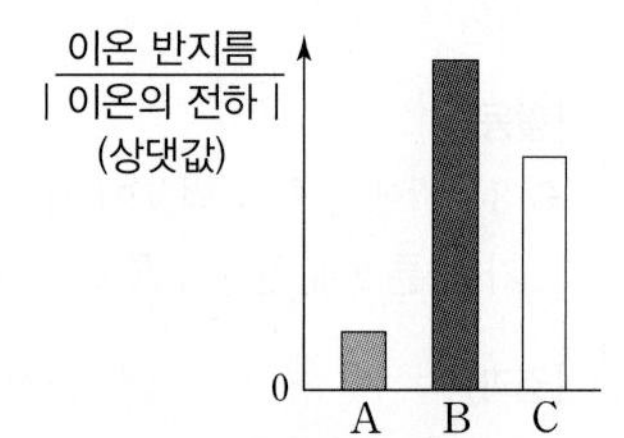

이에 대한 설명으로 옳은 것만을 〈보기〉에서 있는 대로 고른 것은?

보기

ㄱ. 원자가 전자가 느끼는 유효 핵전하는 B>A이다.
ㄴ. 이온 반지름은 C 이온이 A 이온보다 크다.
ㄷ. 원자가 전자 수는 C>B이다.

① ㄱ ② ㄴ ③ ㄷ
④ ㄱ, ㄷ ⑤ ㄴ, ㄷ

114

▸24117-0229
2019학년도 6월 모의평가 13번

상 중 하

다음은 바닥상태 원자 A～D에 대한 자료이다.

- 원자 번호는 각각 8, 9, 11, 12 중 하나이다.
- 전기 음성도는 B>C이다.
- 각 원자의 이온은 모두 Ne의 전자 배치를 갖는다.
- A～D의 $\frac{\text{이온 반지름}}{|q|}$($q$는 이온의 전하)

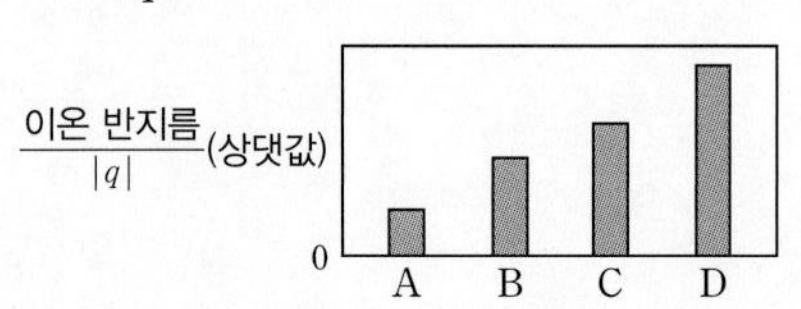

이에 대한 설명으로 옳은 것만을 〈보기〉에서 있는 대로 고른 것은? (단, A～D는 임의의 원소 기호이다.)

보기

ㄱ. B는 $\frac{\text{이온 반지름}}{\text{원자 반지름}}>1$이다.
ㄴ. 전기 음성도는 D>B이다.
ㄷ. 원자가 전자가 느끼는 유효 핵전하는 A>C이다.

① ㄱ ② ㄷ ③ ㄱ, ㄴ
④ ㄴ, ㄷ ⑤ ㄱ, ㄴ, ㄷ

115

▸24117-0230
2019학년도 6월 모의평가 17번

상 중 하

다음은 탄소(C)와 2, 3주기 원자 V～Z에 대한 자료이다.

- 모든 원자는 바닥상태이다.
- 전자가 들어 있는 p 오비탈 수는 3 이하이다.
- 홀전자 수와 제1 이온화 에너지

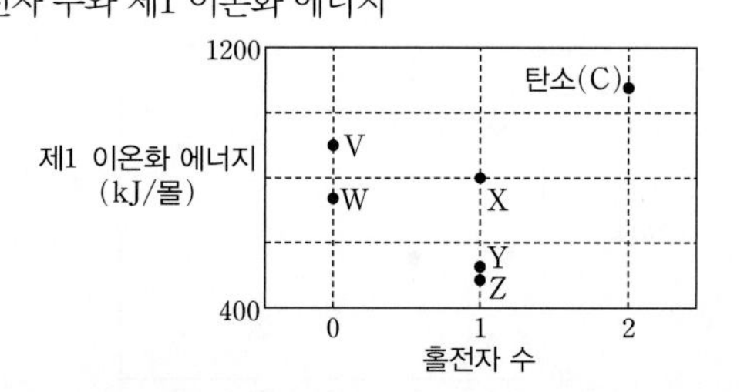

이에 대한 설명으로 옳은 것만을 〈보기〉에서 있는 대로 고른 것은? (단, V～Z는 임의의 원소 기호이다.)

보기

ㄱ. X는 13족 원소이다.
ㄴ. 원자 반지름은 W>X>V이다.
ㄷ. 제2 이온화 에너지는 Y>Z>X이다.

① ㄱ ② ㄴ ③ ㄱ, ㄷ
④ ㄴ, ㄷ ⑤ ㄱ, ㄴ, ㄷ

116

▸24117-0231
2018학년도 10월 학력평가 10번

상 중 하

그림은 나트륨(Na), 염소(Cl)의 원자 반지름과 이온 반지름을 나타낸 것이다.

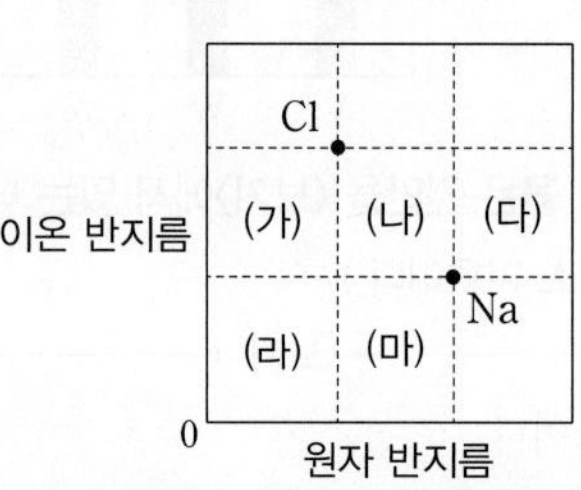

영역 (가)～(마) 중 플루오린(F)의 원자 반지름과 이온 반지름이 위치하는 영역은? (단, F, Na, Cl의 이온은 각각 F^-, Na^+, Cl^-이다.)

① (가) ② (나) ③ (다)
④ (라) ⑤ (마)

117 ▸24117-0232
2018학년도 수능 10번 상중하

다음은 원자 반지름의 주기적 변화와 관련하여 학생 A가 세운 가설과 이를 검증하기 위해 수행한 탐구 활동이다.

[가설]
- ㉠

[탐구 과정]
- 1족 원소 Li, Na, K, Rb의 원자 반지름을 조사한다.
- 17족 원소 F, Cl, Br, I의 원자 반지름을 조사한다.
- 조사한 8가지 원소의 원자 반지름을 비교한다.

[탐구 결과]

주기	2	3	4	5
원소	$_{3}Li$	$_{11}Na$	$_{19}K$	$_{37}Rb$
원자 반지름(pm)	130	160	200	215
원소	$_{9}F$	$_{17}Cl$	$_{35}Br$	$_{53}I$
원자 반지름(pm)	60	100	117	136

[결론]
- 가설은 옳다.

학생 A의 결론이 타당할 때, ㉠으로 가장 적절한 것은?

① 전자 수가 클수록 원자 반지름은 커진다.
② 원자가 전자 수가 클수록 원자 반지름은 커진다.
③ 같은 족에서 원자 번호가 클수록 원자 반지름은 커진다.
④ 같은 주기에서 원자 번호가 클수록 원자 반지름은 커진다.
⑤ 전자가 들어 있는 전자 껍질 수가 클수록 원자 반지름은 커진다.

118 ▸24117-0233
2018학년도 수능 14번 상중하

다음은 2, 3주기 바닥상태 원자 A～C에 대한 자료이다.

- A의 원자가 전자 수와 전자가 들어 있는 전자 껍질 수는 n으로 같다.
- A와 B는 같은 족 원소이고, 이온화 에너지는 A>B이다.
- B와 C는 같은 주기 원소이고, 전기 음성도는 B>C이다.

이에 대한 설명으로 옳은 것만을 〈보기〉에서 있는 대로 고른 것은? (단, A～C는 임의의 원소 기호이다.)

보기

ㄱ. A~C에서 원자 반지름은 A가 가장 작다.
ㄴ. 원자가 전자가 느끼는 유효 핵전하는 C>B이다.
ㄷ. n주기 모든 원소 중 원자의 이온화 에너지가 A보다 작은 것은 2가지이다.

① ㄱ ② ㄴ ③ ㄷ
④ ㄱ, ㄷ ⑤ ㄴ, ㄷ

119 ▸24117-0234
2018학년도 9월 모의평가 13번 상중하

표는 원자 번호가 연속인 2주기 원자 W～Z의 홀전자 수와 제1 이온화 에너지를 나타낸 것이다. W～Z는 임의의 원소 기호이며, 원자 번호 순서가 아니다.

원자	W	X	Y	Z
바닥상태 원자의 홀전자 수	0	1	2	a
제1 이온화 에너지(상댓값)	b	1	2.1	1.5

W～Z에 대한 설명으로 옳은 것만을 〈보기〉에서 있는 대로 고른 것은?

보기

ㄱ. $a=1$이다.
ㄴ. $b<1.5$이다.
ㄷ. 제2 이온화 에너지는 Y가 W보다 크다.

① ㄱ ② ㄴ ③ ㄱ, ㄷ
④ ㄴ, ㄷ ⑤ ㄱ, ㄴ, ㄷ

120 ▸24117-0235
2018학년도 9월 모의평가 15번 상중하

그림은 원자 A～C에 대한 자료이고, Z^*는 원자가 전자가 느끼는 유효 핵전하이다. A～C의 이온은 모두 Ar의 전자 배치를 가지며, 원자 번호는 각각 17, 19, 20 중 하나이다.

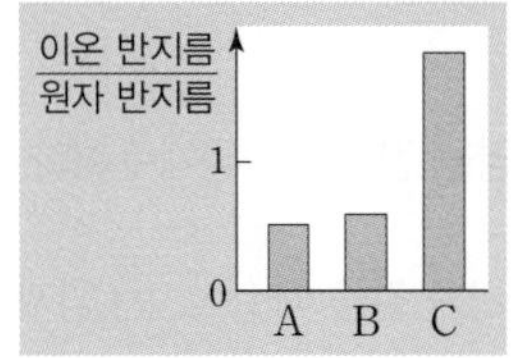

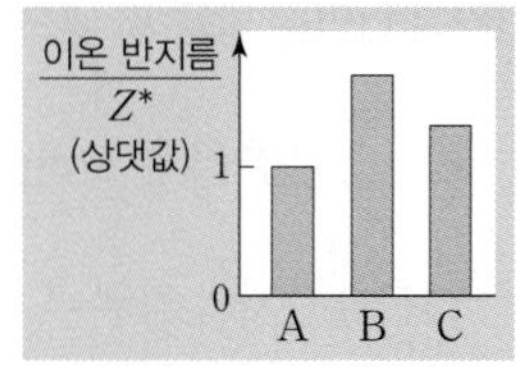

A～C에 대한 설명으로 옳은 것만을 〈보기〉에서 있는 대로 고른 것은? (단, A～C는 임의의 원소 기호이다.)

보기

ㄱ. 원자 반지름은 A가 가장 크다.
ㄴ. 원자가 전자가 느끼는 유효 핵전하는 A가 B보다 크다.
ㄷ. B와 C는 1 : 2로 결합하여 안정한 화합물을 형성한다.

① ㄱ ② ㄴ ③ ㄷ
④ ㄱ, ㄴ ⑤ ㄴ, ㄷ

기출 & 플러스

01 원자의 구조

■ **빈칸에 알맞은 말을 써 넣으시오.**

01 (　　　)는 양성자 수가 같아 원자 번호가 같으나 중성자 수가 달라 질량수가 다른 원소이다.

02 동위 원소는 (　　　) 성질은 같으나 물리적 성질은 다르다.

03 $_{3}Li$의 중성자 수가 4일 때 질량수는 (　　　)이다.

04 자연계에 존재하는 동위 원소의 존재 비율을 고려하여 평균값으로 나타낸 원자량을 (　　　) 원자량이라고 한다.

05 X_2가 분자량이 서로 다른 3가지 분자로 존재할 때 X의 동위 원소는 (　　　)가지이다.

06 ^{35}Cl과 ^{37}Cl의 존재 비율이 각각 75 %, 25 %일 때 평균 원자량은 (　　　)이다. (단, 원자량은 질량수와 같다.)

■ **다음 내용이 옳으면 ○표, 틀리면 ×표 하시오.**

07 중성자 수는 $^{3}_{2}He$이 $^{3}_{1}H$보다 크다. (　　)

08 X_2는 분자량이 158, 160, 162인 3가지 분자로 존재할 때 원자량이 79, 80, 81인 3가지 X의 동위 원소가 존재한다. (　　)

02 현대적 원자 모형과 전자 배치

■ **빈칸에 알맞은 말을 써 넣으시오.**

09 (　　　) 양자수는 오비탈의 모양을 결정하는 양자수이다.

10 다전자 원자의 경우 주 양자수(n)가 같을 때 (　　　) 양자수가 클수록 에너지 준위가 높다.

11 $2s$ 오비탈은 주 양자수(n)가 (　　　), 방위(부) 양자수(l)가 (　　　)이다.

12 바닥상태에서 전자는 에너지 준위가 낮은 오비탈부터 차례대로 채워진다는 것을 (　　　)라고 한다.

13 1개의 오비탈에는 스핀 방향이 반대인 전자가 쌍을 이루면서 존재할 수 있으므로 전자가 최대 (　　　)개까지 들어간다.

14 $_{9}F$의 바닥상태 전자 배치는 (　　　)이다.

15 $_{7}N$의 바닥상태 전자 배치에서 방위(부) 양자수(l)가 1인 오비탈의 총 전자 수는 (　　　)이다.

16 바닥상태 전자 배치에서 $\frac{\text{전자가 들어 있는 } p \text{ 오비탈 수}}{\text{전자가 들어 있는 } s \text{ 오비탈 수}}$는 $_{8}O$가 $_{6}C$의 (　　　)배이다.

■ **다음 내용이 옳으면 ○표, 틀리면 ×표 하시오.**

17 오비탈의 주 양자수(n)가 3일 때 방위(부) 양자수(l)는 0, 1, 2의 값을 갖는다. (　　)

18 $2p_x$ 오비탈의 자기 양자수(m_l)는 $+\frac{1}{2}$이다. (　　)

19 주 양자수(n)가 1인 오비탈의 방위(부) 양자수(l)는 1이다. (　　)

[20~22] 그림은 수소 원자의 오비탈 (가)~(다)를 모형으로 나타낸 것이다. (가)~(다)는 각각 $1s$, $2s$, $2p_z$ 오비탈 중 하나이다.

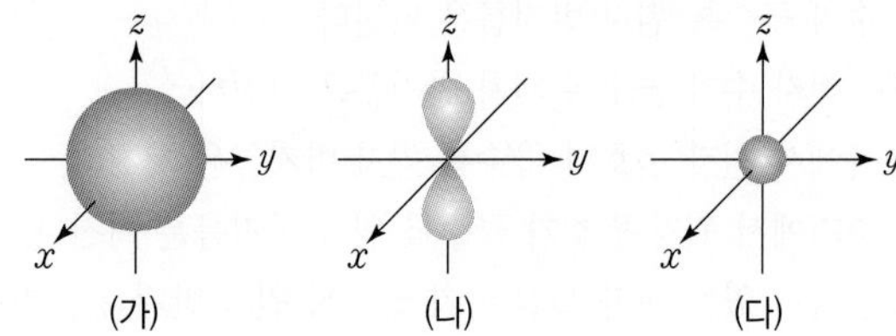

20 (가)는 $2s$ 오비탈이다. (　　)

21 오비탈의 에너지 준위는 (나)가 (가)보다 크다. (　　)

22 방위(부) 양자수(l)는 (가)=(다)이다. (　　)

23 X와 Y의 바닥상태 전자 배치가 각각 $1s^2 2s^2 2p^5$, $1s^2 2s^2 2p^6 3s^2$일 때 전자가 들어 있는 전자 껍질 수는 X>Y이다. (　　)

24 전자 배치가 $1s^2 2s^1 2p^6$인 원자는 쌓음 원리에 위배된다. (　　)

03 원소의 주기적 성질

■ **빈칸에 알맞은 말을 써 넣으시오.**

25 주기율표에서 가로줄을 (　　　), 세로줄을 (　　　)이라고 한다.

26 $_{17}Cl$는 (　　　)주기, (　　　)족 원소이다.

27 $_{11}$Na과 $_{19}$K은 모두 원자가 전자 수가 (   )이다.

28 전자에 실제로 작용하는 핵전하를 (   ) 핵전하라고 한다.

29 원자가 전자가 느끼는 유효 핵전하는 $_9$F이 $_7$N보다 (   ).

30 같은 족에서 원자 번호가 증가할수록 (   )가 증가하므로 원자 반지름이 커진다.

31 2주기 원소 중 원자 반지름이 가장 큰 원소는 (   )이다. (단, 18족 원소는 제외)

32 금속 원소는 (㉠) 반지름이 (㉡) 반지름보다 작고, 비금속 원소는 (㉠) 반지름이 (㉡) 반지름보다 크다.

33 전자 수가 같은 이온의 경우 원자 번호가 클수록 핵전하가 크므로 이온 반지름은 (   ).

34 안정한 이온의 전자 배치가 $1s^22s^22p^6$인 원소 중 이온 반지름이 가장 큰 원소는 (   )이다.

35 N, O, Mg, Al의 제1 이온화 에너지의 크기는 (   )이다.

36 B, C, N, O 중 원자 반지름은 (   )이(가) 가장 크고, 제1 이온화 에너지는 (   )이(가) 가장 크다.

37 2주기 원소 중 $\frac{\text{제2 이온화 에너지}}{\text{제1 이온화 에너지}}$가 가장 큰 원소는 (   )이다.

■ **다음 내용이 옳으면 ○표, 틀리면 ×표 하시오.**

38 멘델레예프는 원소를 양성자 수 순서대로 배열해서 주기율표를 만들었다. (   )

39 현대 주기율표는 원소를 원자 번호 순서대로 배열하여 나타낸다. (   )

40 $_{11}$Na과 $_{19}$K은 전자가 들어 있는 전자 껍질 수가 같다. (   )

41 $_{11}$Na과 $_{19}$K은 화학적 성질이 비슷하다. (   )

42 18족 원소를 제외한 2주기 원소에서 원자 번호가 증가할수록 원자가 전자 수가 커진다. (   )

43 같은 족에서는 원자 번호가 증가할수록 원자가 전자의 유효 핵전하가 감소하기 때문에 원자 반지름이 작아진다. (   )

[44~47] 그림 (가)는 원소 A～D의 제1 이온화 에너지를, (나)는 주기율표에 원소 ㉠～㉣을 나타낸 것이다. A～D는 각각 ㉠～㉣ 중 하나이다.

주기＼족	1	2	13	14	15	16	17	18
1								
2						㉠	㉡	
3		㉢	㉣					

44 전자가 들어 있는 전자 껍질 수는 A가 C보다 크다. (   )

45 제2 이온화 에너지는 A가 B보다 크다. (   )

46 원자 반지름은 D가 C보다 크다. (   )

47 전자 배치가 Ne과 같은 이온의 반지름은 B가 C보다 크다. (   )

48 원자 번호가 8～12인 원소에서 제1 이온화 에너지와 제2 이온화 에너지는 모두 Ne이 가장 크다. (   )

49 18족 원소를 제외한 2주기 원소에서 원자가 전자의 유효 핵전하가 클수록 제1 이온화 에너지가 크다. (   )

정답 **01** 동위 원소 **02** 화학적 **03** 7 **04** 평균 **05** 2 **06** 35.5 **07** × **08** × **09** 방위(부) **10** 방위(부) **11** 2, 0 **12** 쌓음 원리 **13** 2 **14** $1s^22s^22p^5$ **15** 3 **16** 1.5 **17** ○ **18** × **19** × **20** ○ **21** × **22** ○ **23** × **24** ○ **25** 주기, 족 **26** 3, 17 **27** 1 **28** 유효 **29** 크다 **30** 전자 껍질 수 **31** Li **32** ㉠ 이온 ㉡ 원자 **33** 작다 **34** N **35** N>O>Mg>Al **36** B, N **37** Li **38** × **39** ○ **40** × **41** ○ **42** ○ **43** × **44** ○ **45** ○ **46** × **47** × **48** × **49** ×

함정 탈출 TIP 체크

16 $_6$C와 $_8$O의 바닥상태 전자 배치는 각각 $1s^22s^22p^2$, $1s^22s^22p^4$이다. 따라서 $\frac{\text{전자가 들어 있는 } p \text{ 오비탈 수}}{\text{전자가 들어 있는 } s \text{ 오비탈 수}}$는 $_6$C가 1, $_8$O가 $\frac{3}{2}$이다. **20** (가)와 (다)는 모두 s 오비탈인데, 오비탈의 크기가 (가)>(다)이므로 (가)는 $2s$ 오비탈이다. **24** $1s^22s^12p^6$에서 $2s$ 오비탈에 1개의 전자만 배치되고 $2p$ 오비탈에 전자가 배치되었으므로 쌓음 원리에 위배된다. **35** N와 O에서 O는 $2p$ 오비탈에 있는 전자 사이의 반발력이 N에서보다 크므로 전자를 떼어 내기 더 쉽다. 따라서 제1 이온화 에너지는 N>O이다. **44** ㉠～㉣의 제1 이온화 에너지는 ㉡>㉠>㉢>㉣이므로 A는 ㉣(Al), B는 ㉢(Mg), C는 ㉠(O), D는 ㉡(F)이다.

화학 결합과 분자의 세계

기출 문제 분석 팁

- 〈화학 결합〉 단원에서는 물과 염화 나트륨의 전기 분해 실험을 분석하거나 화학 결합에 전자가 관여함을 아는지 묻는 문제가 가끔 출제된다. 또한 물질의 화학 결합 모형을 제시한 후 화학 결합의 종류와 성질을 파악하거나, 화합물을 이루는 원소들의 성질을 분석하는 문제도 자주 출제된다. 따라서 이온 결합, 공유 결합, 금속 결합 각각의 특징을 잘 파악하고 있어야 하며, Ⅱ단원의 전자 배치와 원소의 주기적 성질들과 연관지어 이해하는 연습이 필요하다.
- 〈결합의 극성과 루이스 전자점식〉 단원에서는 화합물의 루이스 전자점식이나 구조식을 제시하거나 화합물을 구성하는 원자에 대한 자료를 제시하고, 공유 전자쌍 수와 비공유 전자쌍 수, 결합과 분자의 극성 여부, 원자가 띠는 부분적인 전하 등을 묻는 문제도 다양하게 출제된다. 하지만 개념을 정확히 알고 있으면 쉽게 해결할 수 있는 비교적 쉬운 문제들이므로 유사 문제들을 조금만 연습한다면 충분히 대비할 수 있다.
- 〈분자의 구조와 성질〉 단원은 전자쌍 반발 원리를 이용하여 분자의 구조를 파악하는 문제가 출제된다. 이 단원은 새로운 개념은 많지 않은 대신, Ⅲ단원의 전체 내용을 포괄하는 선지들이 자주 나오므로 분자와 관련된 다양한 개념을 적용하는 훈련이 필요하다.

한눈에 보는 출제 빈도

시험 \ 내용		01 화학 결합 • 이온 결합 • 공유 결합 • 금속 결합	02 결합의 극성과 루이스 전자점식 • 루이스 전자점식 • 극성 공유 결합 • 무극성 공유 결합	03 분자의 구조와 성질 • 전자쌍 반발 이론 • 분자의 구조 • 결합각
2024 학년도	수능	1	1	2
	9월 모의평가	2	1	2
	6월 모의평가	1	1	2
2023 학년도	수능	1	2	1
	9월 모의평가	2	1	1
	6월 모의평가	1	2	1
2022 학년도	수능	2	2	1
	9월 모의평가	2	2	1
	6월 모의평가	2	2	1
2021 학년도	수능	3	1	1
	9월 모의평가	2	2	1
	6월 모의평가	2	2	1
2020 학년도	수능	1	1	1
	9월 모의평가	1	1	1
	6월 모의평가	1	1	1

기출 문제로 유형 확인하기

01 화학 결합

01 ▸24117-0236
2024학년도 수능 2번 상중하

그림은 원자 X, Y로부터 Ne의 전자 배치를 갖는 이온이 형성되는 과정을 모형으로 나타낸 것이다.

이에 대한 설명으로 옳은 것만을 〈보기〉에서 있는 대로 고른 것은? (단, X와 Y는 임의의 원소 기호이고, m과 n은 3 이하의 자연수이다.)

보기

ㄱ. X(s)는 전성(펴짐성)이 있다.
ㄴ. ㉡은 음이온이다.
ㄷ. ㉠과 ㉡으로부터 X_2Y가 형성될 때, $m : n = 1 : 2$이다.

① ㄱ ② ㄷ ③ ㄱ, ㄴ
④ ㄴ, ㄷ ⑤ ㄱ, ㄴ, ㄷ

02 ▸24117-0237
2024학년도 9월 모의평가 2번 상중하

그림은 2가지 물질을 결합 모형으로 나타낸 것이다.

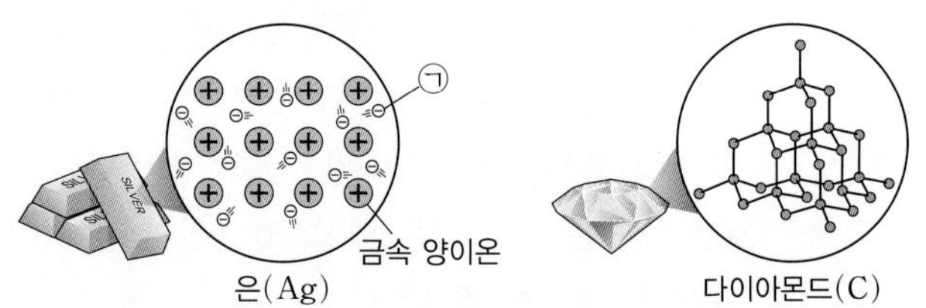

이에 대한 설명으로 옳은 것만을 〈보기〉에서 있는 대로 고른 것은?

보기

ㄱ. ㉠은 자유 전자이다.
ㄴ. Ag(s)은 전성(펴짐성)이 있다.
ㄷ. C(s, 다이아몬드)를 구성하는 원자는 공유 결합을 하고 있다.

① ㄱ ② ㄷ ③ ㄱ, ㄴ
④ ㄴ, ㄷ ⑤ ㄱ, ㄴ, ㄷ

03 ▸24117-0238
2024학년도 9월 모의평가 6번 상중하

그림은 원자 X~Z의 안정한 이온 X^{a+}, Y^{b+}, Z^{c-}의 전자 배치를 모형으로 나타낸 것이고, 표는 이온 결합 화합물 (가)와 (나)에 대한 자료이다.

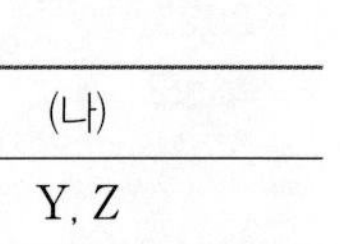

화합물	(가)	(나)
구성 원소	X, Z	Y, Z
이온 수 비	$X^{a+} : Z^{c-} = 2 : 3$	$Y^{b+} : Z^{c-} = 2 : 1$

이에 대한 설명으로 옳은 것만을 〈보기〉에서 있는 대로 고른 것은? (단, X~Z는 임의의 원소 기호이고, a~c는 3 이하의 자연수이다.)

보기

ㄱ. $a=2$이다.
ㄴ. Z는 산소(O)이다.
ㄷ. 원자가 전자 수는 X>Y이다.

① ㄱ ② ㄴ ③ ㄷ
④ ㄱ, ㄴ ⑤ ㄴ, ㄷ

04

▸24117-0239

2024학년도 6월 모의평가 2번

상중하

그림은 화합물 AB와 CD를 화학 결합 모형으로 나타낸 것이다.

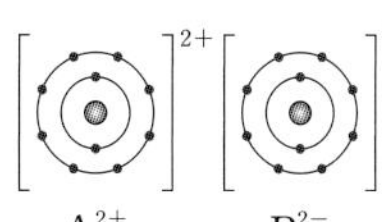

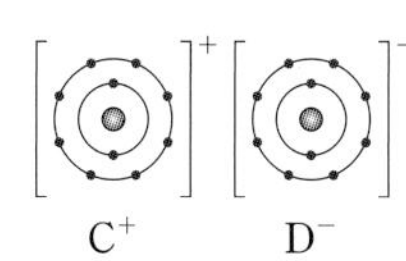

이에 대한 설명으로 옳은 것만을 〈보기〉에서 있는 대로 고른 것은? (단, A~D는 임의의 원소 기호이다.)

보기

ㄱ. A~D에서 2주기 원소는 2가지이다.
ㄴ. A는 비금속 원소이다.
ㄷ. BD_2는 이온 결합 물질이다.

① ㄱ ② ㄴ ③ ㄱ, ㄷ
④ ㄴ, ㄷ ⑤ ㄱ, ㄴ, ㄷ

05

▸24117-0240

2023학년도 10월 학력평가 3번

상중하

그림은 화합물 AB_2와 AC를 화학 결합 모형으로 나타낸 것이다.

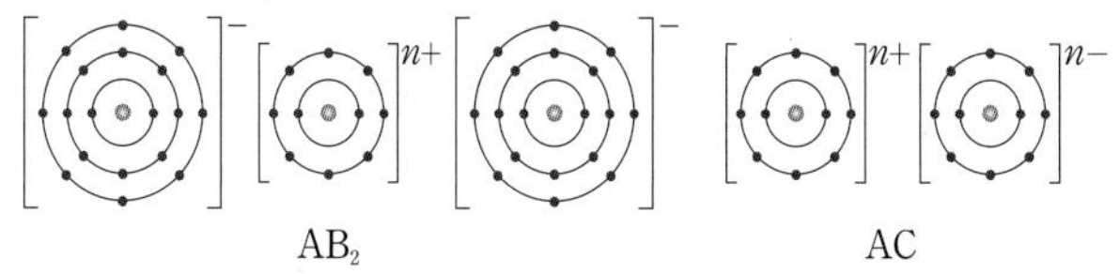

이에 대한 옳은 설명만을 〈보기〉에서 있는 대로 고른 것은? (단, A~C는 임의의 원소 기호이다.)

보기

ㄱ. $n=2$이다.
ㄴ. A(s)는 전기 전도성이 있다.
ㄷ. B와 C로 구성된 화합물은 공유 결합 물질이다.

① ㄱ ② ㄴ ③ ㄱ, ㄷ
④ ㄴ, ㄷ ⑤ ㄱ, ㄴ, ㄷ

06

▸24117-0241

2023학년도 3월 학력평가 2번

상중하

그림은 화합물 ABC와 CD를 화학 결합 모형으로 나타낸 것이다.

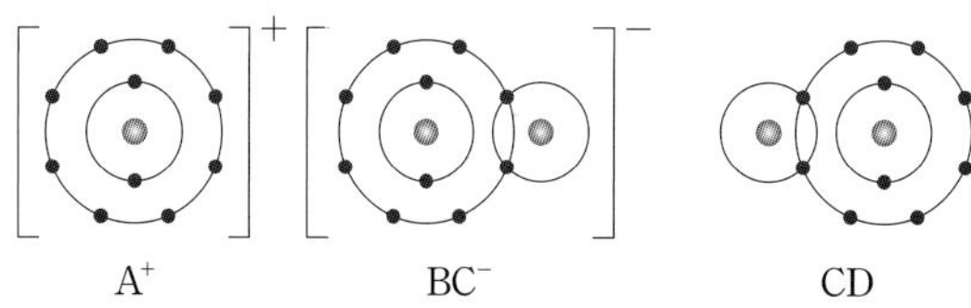

이에 대한 옳은 설명만을 〈보기〉에서 있는 대로 고른 것은? (단, A~D는 임의의 원소 기호이다.)

보기

ㄱ. A(s)는 전성(펴짐성)이 있다.
ㄴ. A~D 중 2주기 원소는 2가지이다.
ㄷ. A와 D로 구성된 안정한 화합물은 AD이다.

① ㄱ ② ㄷ ③ ㄱ, ㄴ
④ ㄴ, ㄷ ⑤ ㄱ, ㄴ, ㄷ

07

▸24117-0242

2023학년도 수능 3번

상중하

그림은 화합물 A_2B와 CBD를 화학 결합 모형으로 나타낸 것이다.

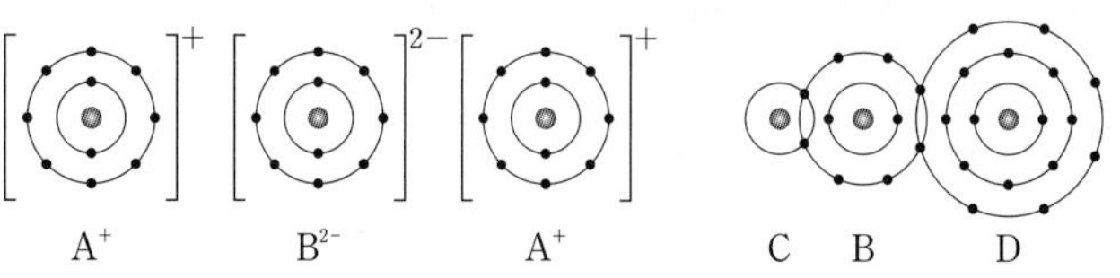

이에 대한 설명으로 옳은 것만을 〈보기〉에서 있는 대로 고른 것은? (단, A~D는 임의의 원소 기호이다.)

보기

ㄱ. A(s)는 전성(펴짐성)이 있다.
ㄴ. A와 D의 안정한 화합물은 AD이다.
ㄷ. C_2B는 공유 결합 물질이다.

① ㄱ ② ㄷ ③ ㄱ, ㄴ
④ ㄴ, ㄷ ⑤ ㄱ, ㄴ, ㄷ

08
▸24117-0243
2023학년도 9월 모의평가 3번
상 중 하

그림은 바닥상태 원자 W～Z의 전자 배치를 모형으로 나타낸 것이다.

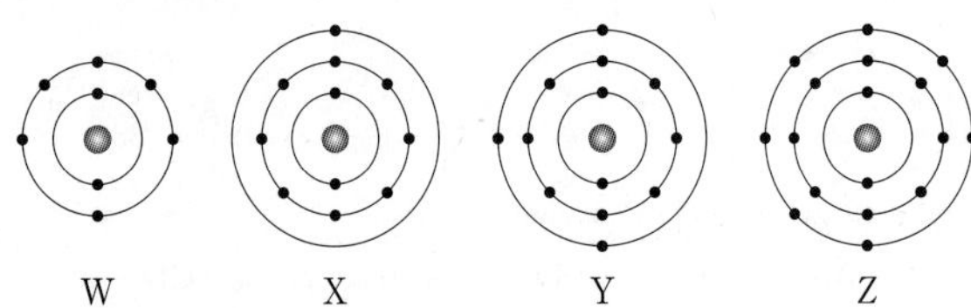

이에 대한 설명으로 옳은 것만을 〈보기〉에서 있는 대로 고른 것은? (단, W～Z는 임의의 원소 기호이다.)

보기

ㄱ. $XZ(l)$는 전기 전도성이 있다.
ㄴ. Z_2W는 이온 결합 물질이다.
ㄷ. W와 Y는 3 : 2로 결합하여 안정한 화합물을 형성한다.

① ㄱ ② ㄴ ③ ㄱ, ㄷ
④ ㄴ, ㄷ ⑤ ㄱ, ㄴ, ㄷ

09
▸24117-0244
2023학년도 9월 모의평가 6번
상 중 하

다음은 물(H_2O)의 전기 분해 실험이다.

[실험 과정]
(가) 비커에 물을 넣고, 황산 나트륨을 소량 녹인다.
(나) 그림과 같이 (가)의 수용액으로 가득 채운 시험관에 전극 A와 B를 설치하고, 전류를 흘려 생성되는 기체를 각각의 시험관에 모은다.

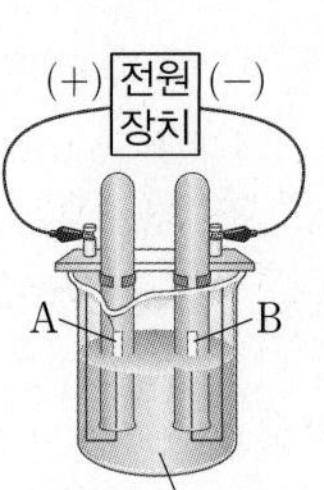

[실험 결과]
○ (나)에서 생성된 기체는 수소(H_2)와 산소(O_2)였다.
○ 각 전극에서 생성된 기체의 양(mol) ($0<t_1<t_2$)

전류를 흘려 준 시간		t_1	t_2
기체의 양 (mol)	전극 A	x	N
	전극 B	N	y

이에 대한 설명으로 옳은 것만을 〈보기〉에서 있는 대로 고른 것은?

보기

ㄱ. 전극 A에서 생성된 기체는 O_2이다.
ㄴ. H_2O을 이루고 있는 H 원자와 O 원자 사이의 화학 결합에는 전자가 관여한다.
ㄷ. $\frac{x}{y}=\frac{1}{4}$이다.

① ㄱ ② ㄷ ③ ㄱ, ㄴ
④ ㄴ, ㄷ ⑤ ㄱ, ㄴ, ㄷ

10
▸24117-0245
2023학년도 6월 모의평가 3번
상 중 하

그림은 화합물 A_2B와 CD를 화학 결합 모형으로 나타낸 것이다.

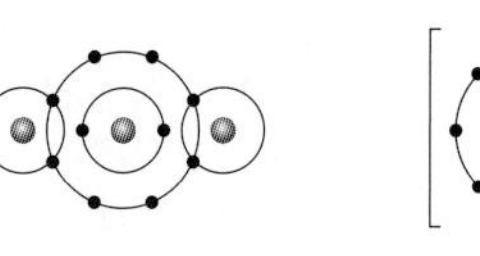

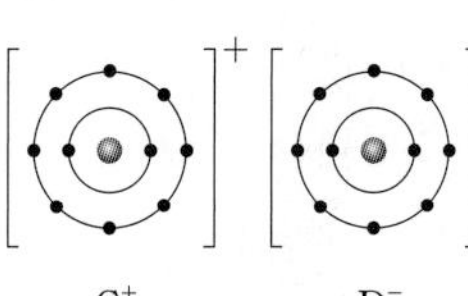

이에 대한 설명으로 옳은 것만을 〈보기〉에서 있는 대로 고른 것은? (단, A～D는 임의의 원소 기호이다.)

보기

ㄱ. A_2B는 공유 결합 물질이다.
ㄴ. $C(s)$는 연성(뽑힘성)이 있다.
ㄷ. $C_2B(l)$는 전기 전도성이 있다.

① ㄱ ② ㄷ ③ ㄱ, ㄴ
④ ㄴ, ㄷ ⑤ ㄱ, ㄴ, ㄷ

11
▸24117-0246
2022학년도 10월 학력평가 3번
상 중 하

그림은 화합물 XY_4ZX를 화학 결합 모형으로 나타낸 것이다.

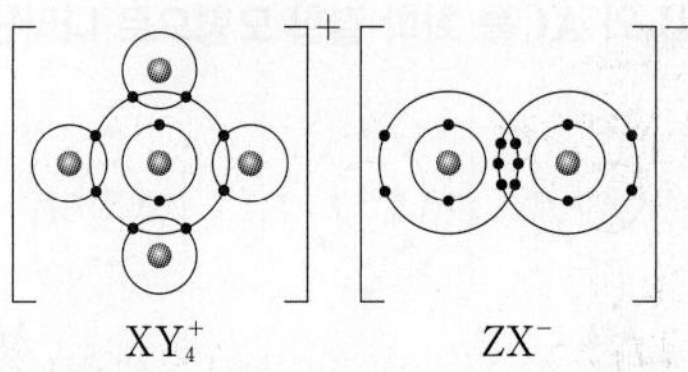

이에 대한 옳은 설명만을 〈보기〉에서 있는 대로 고른 것은? (단, X～Z는 임의의 원소 기호이다.)

보기

ㄱ. 원자가 전자 수는 X>Z이다.
ㄴ. XY_4ZX는 고체 상태에서 전기 전도성이 있다.
ㄷ. Z_2Y_2의 공유 전자쌍 수는 5이다.

① ㄱ ② ㄴ ③ ㄱ, ㄷ
④ ㄴ, ㄷ ⑤ ㄱ, ㄴ, ㄷ

12 ▸24117-0247
2022학년도 3월 학력평가 15번 상중하

그림은 화합물 AB와 CD를 화학 결합 모형으로 나타낸 것이다. 양이온의 반지름은 $A^{n+} > C^{2+}$이다.

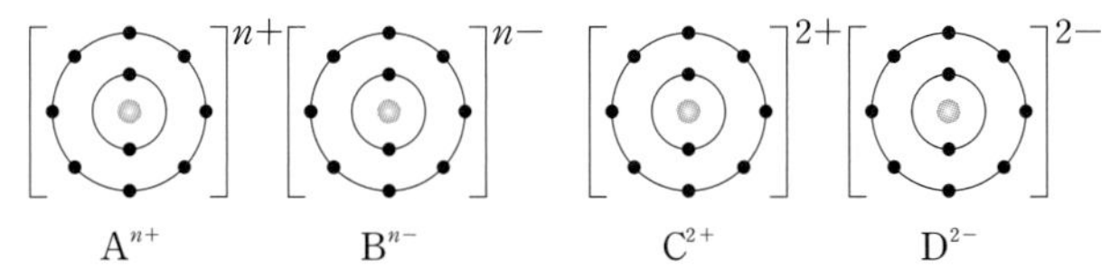

이에 대한 옳은 설명만을 <보기>에서 있는 대로 고른 것은? (단, A~D는 임의의 원소 기호이다.)

보기

ㄱ. CD(l)는 전기 전도성이 있다.
ㄴ. $n=1$이다.
ㄷ. 음이온의 반지름은 $B^{n-} > D^{2-}$이다.

① ㄱ ② ㄷ ③ ㄱ, ㄴ
④ ㄴ, ㄷ ⑤ ㄱ, ㄴ, ㄷ

13 ▸24117-0248
2022학년도 수능 3번 상중하

다음은 학생 A가 금속의 성질을 알아보기 위해 수행한 탐구 활동이다.

[가설]
○ 고체 상태 금속은 전기 전도성이 있다.

[탐구 과정]
○ 3가지 금속 ㉠, ㉡, Al(s)의 전기 전도성을 조사한다.

[탐구 결과]

금속	㉠	㉡	Al(s)
전기 전도성	있음	있음	있음

[결론]
○ 가설은 옳다.

학생 A의 결론이 타당할 때, 다음 중 ㉠과 ㉡으로 가장 적절한 것은?

	㉠	㉡
①	$CO_2(s)$	Cu(s)
②	Cu(s)	Mg(s)
③	Fe(s)	$CO_2(s)$
④	Mg(s)	NaCl(s)
⑤	NaCl(s)	Fe(s)

14 ▸24117-0249
2022학년도 수능 4번 상중하

그림은 화합물 AB와 BC_2를 화학 결합 모형으로 나타낸 것이다.

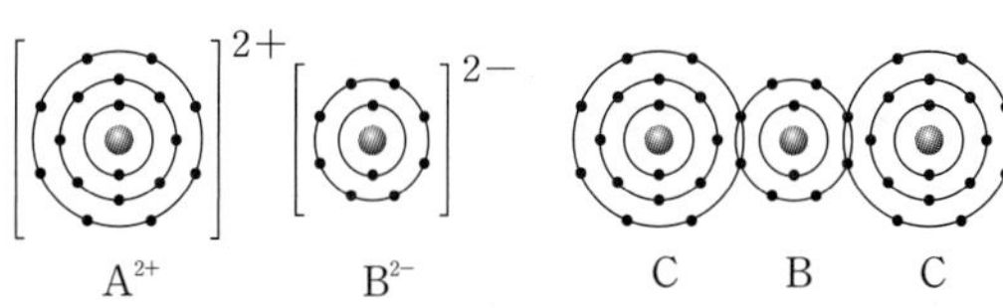

이에 대한 설명으로 옳은 것만을 <보기>에서 있는 대로 고른 것은? (단, A~C는 임의의 원소 기호이다.)

보기

ㄱ. A는 3주기 원소이다.
ㄴ. AB는 이온 결합 물질이다.
ㄷ. A와 C는 1 : 2로 결합하여 안정한 화합물을 형성한다.

① ㄱ ② ㄴ ③ ㄱ, ㄷ
④ ㄴ, ㄷ ⑤ ㄱ, ㄴ, ㄷ

15 ▸24117-0250
2022학년도 9월 모의평가 7번 상중하

다음은 Na과 ㉠이 반응하여 ㉡과 H_2를 생성하는 반응의 화학 반응식이고, 그림 (가)와 (나)는 ㉠과 ㉡을 각각 화학 결합 모형으로 나타낸 것이다.

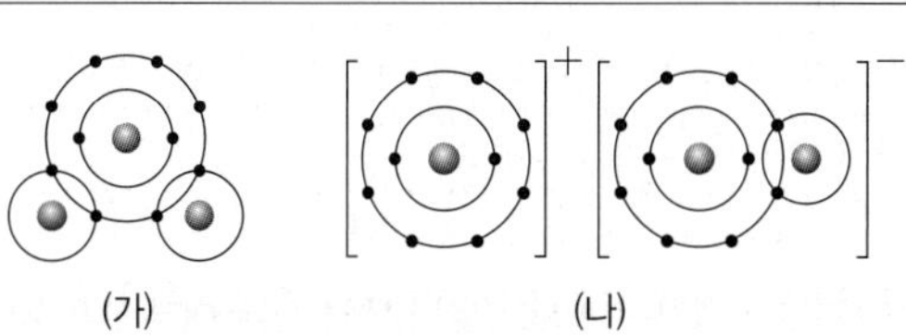

이에 대한 설명으로 옳은 것만을 <보기>에서 있는 대로 고른 것은?

보기

ㄱ. Na(s)은 전성(펴짐성)이 있다.
ㄴ. ㉠은 공유 결합 물질이다.
ㄷ. (나)에서 양이온의 총 전자 수와 음이온의 총 전자 수는 같다.

① ㄱ ② ㄷ ③ ㄱ, ㄴ
④ ㄴ, ㄷ ⑤ ㄱ, ㄴ, ㄷ

16

▸24117-0251

2022학년도 9월 모의평가 9번

그림은 같은 주기 원소 A와 B로 이루어진 이온 결합 물질 X(*s*)를 물에 녹였을 때, X(*aq*)의 단위 부피당 이온 모형을 나타낸 것이다. A^{2+}과 B^{n-}은 각각 Ne 또는 Ar과 같은 전자 배치를 갖는다.

● A^{2+} ▲ B^{n-}

이에 대한 설명으로 옳은 것만을 〈보기〉에서 있는 대로 고른 것은? (단, A와 B는 임의의 원소 기호이다.)

보기

ㄱ. X의 화학식은 A_2B이다.
ㄴ. B는 3주기 원소이다.
ㄷ. 원자 번호는 B > A이다.

① ㄱ ② ㄴ ③ ㄷ
④ ㄱ, ㄴ ⑤ ㄴ, ㄷ

17

▸24117-0252

2022학년도 6월 모의평가 6번

다음은 바닥상태 원자 A~D의 전자 배치이다.

A : $1s^2\ 2s^2\ 2p^4$
B : $1s^2\ 2s^2\ 2p^5$
C : $1s^2\ 2s^2\ 2p^6\ 3s^1$
D : $1s^2\ 2s^2\ 2p^6\ 3s^2\ 3p^5$

이에 대한 설명으로 옳은 것만을 〈보기〉에서 있는 대로 고른 것은? (단, A~D는 임의의 원소 기호이다.)

보기

ㄱ. AB_2는 이온 결합 물질이다.
ㄴ. C와 D는 같은 주기 원소이다.
ㄷ. B와 C는 1 : 1로 결합하여 안정한 화합물을 형성한다.

① ㄱ ② ㄴ ③ ㄱ, ㄷ
④ ㄴ, ㄷ ⑤ ㄱ, ㄴ, ㄷ

18

▸24117-0253

2022학년도 6월 모의평가 8번

상중하

다음은 AB와 CD의 반응을 화학 반응식으로 나타낸 것이고, 그림은 AB와 CD를 결합 모형으로 나타낸 것이다.

$2AB + CD \longrightarrow$ (가) $+ A_2D$

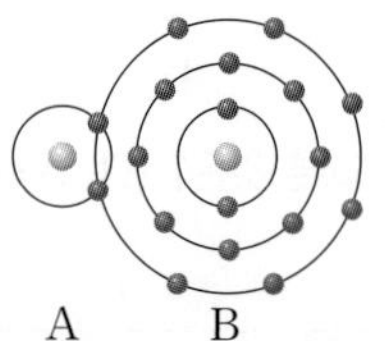
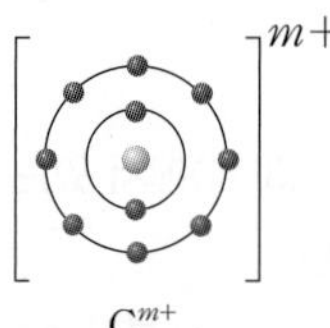
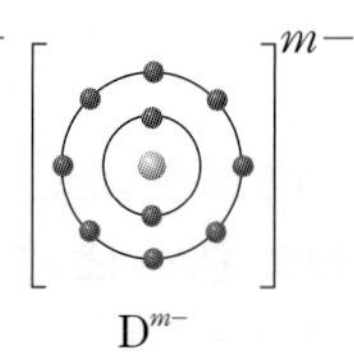

A B C^{m+} D^{m-}

이에 대한 설명으로 옳은 것만을 〈보기〉에서 있는 대로 고른 것은? (단, A~D는 임의의 원소 기호이다.)

보기

ㄱ. $m=2$이다.
ㄴ. (가)는 공유 결합 물질이다.
ㄷ. 비공유 전자쌍 수는 $B_2 > D_2$이다.

① ㄱ ② ㄴ ③ ㄱ, ㄷ
④ ㄴ, ㄷ ⑤ ㄱ, ㄴ, ㄷ

19

▸24117-0254

2021학년도 10월 학력평가 5번

상중하

그림은 화합물 ABC와 B_2D_2의 화학 결합 모형을 나타낸 것이다.

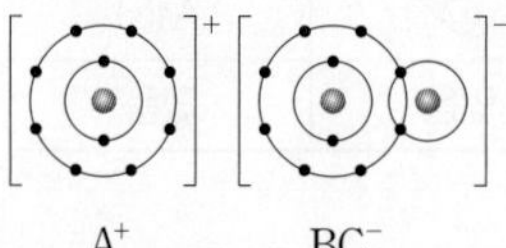
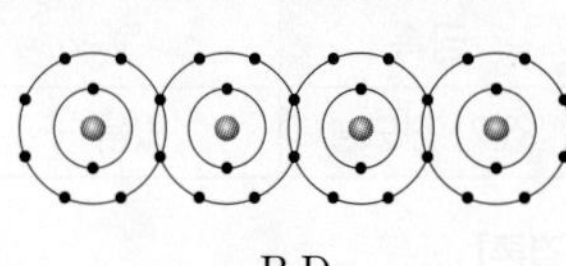

A^+ BC^- B_2D_2

이에 대한 옳은 설명만을 〈보기〉에서 있는 대로 고른 것은? (단, A~D는 임의의 원소 기호이다.)

보기

ㄱ. A와 C는 같은 족 원소이다.
ㄴ. B_2D_2에는 무극성 공유 결합이 있다.
ㄷ. BD_2에서 B는 부분적인 음전하(δ^-)를 띤다.

① ㄱ ② ㄷ ③ ㄱ, ㄴ
④ ㄴ, ㄷ ⑤ ㄱ, ㄴ, ㄷ

20

▸24117-0255
2021학년도 10월 학력평가 10번
상중하

다음은 2, 3주기 원소 X～Z로 이루어진 화합물과 관련된 자료이다. 화합물에서 X～Z는 모두 옥텟 규칙을 만족한다.

- X~Z의 이온은 모두 18족 원소의 전자 배치를 갖는다.
- 이온의 전자 수

이온	X 이온	Y 이온	Z 이온
전자 수	n	n	$n+8$

- 액체 상태에서의 전기 전도성

화합물	XY	XZ_2	YZ_2
액체 상태에서의 전기 전도성	있음	㉠	없음

이에 대한 옳은 설명만을 〈보기〉에서 있는 대로 고른 것은? (단, X～Z는 임의의 원소 기호이다.)

보기

ㄱ. X는 3주기 원소이다.
ㄴ. '있음'은 ㉠으로 적절하다.
ㄷ. 원자가 전자 수는 Z>Y이다.

① ㄱ ② ㄷ ③ ㄱ, ㄴ ④ ㄴ, ㄷ ⑤ ㄱ, ㄴ, ㄷ

21

▸24117-0256
2021학년도 3월 학력평가 4번
상중하

표는 원소 A～D로 이루어진 3가지 화합물에 대한 자료이다. A～D는 각각 O, F, Na, Mg 중 하나이다.

화합물	AB_2	CB	DB_2
액체의 전기 전도성	있음	㉠	없음

이에 대한 옳은 설명만을 〈보기〉에서 있는 대로 고른 것은?

보기

ㄱ. ㉠은 '없음'이다.
ㄴ. A는 Na이다.
ㄷ. C_2D는 이온 결합 물질이다.

① ㄱ ② ㄷ ③ ㄱ, ㄴ ④ ㄴ, ㄷ ⑤ ㄱ, ㄴ, ㄷ

22

▸24117-0257
2021학년도 3월 학력평가 8번
상중하

그림은 물질 AB와 CD를 화학 결합 모형으로 나타낸 것이다.

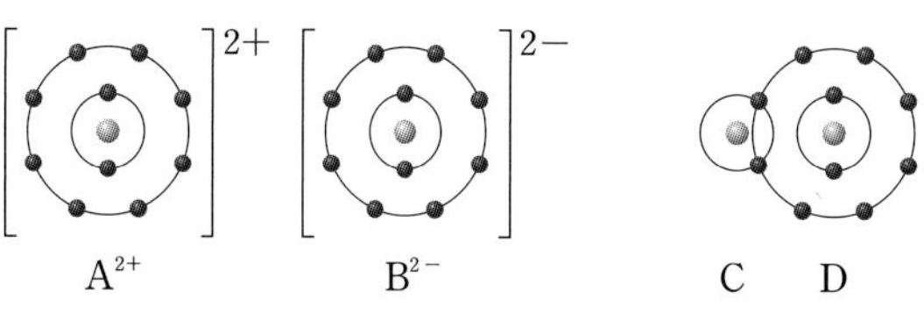

이에 대한 옳은 설명만을 〈보기〉에서 있는 대로 고른 것은? (단, A～D는 임의의 원소 기호이다.)

보기

ㄱ. A(s)는 전기 전도성이 있다.
ㄴ. CD에서 C는 부분적인 음전하(δ^-)를 띤다.
ㄷ. 분자당 공유 전자쌍 수는 D_2가 B_2보다 크다.

① ㄱ ② ㄷ ③ ㄱ, ㄴ ④ ㄴ, ㄷ ⑤ ㄱ, ㄴ, ㄷ

23

▸24117-0258
2021학년도 수능 4번
상중하

다음은 3가지 물질이다.

구리(Cu) 염화 나트륨(NaCl) 다이아몬드(C)

이에 대한 설명으로 옳은 것만을 〈보기〉에서 있는 대로 고른 것은?

보기

ㄱ. Cu(s)는 연성(뽑힘성)이 있다.
ㄴ. NaCl(l)은 전기 전도성이 있다.
ㄷ. C(s, 다이아몬드)를 구성하는 원자는 공유 결합을 하고 있다.

① ㄱ ② ㄷ ③ ㄱ, ㄴ ④ ㄴ, ㄷ ⑤ ㄱ, ㄴ, ㄷ

Ⅲ 화학 결합과 분자의 세계

24

▸24117-0259

2021학년도 수능 9번

그림은 화합물 WX와 WYZ를 화학 결합 모형으로 나타낸 것이다.

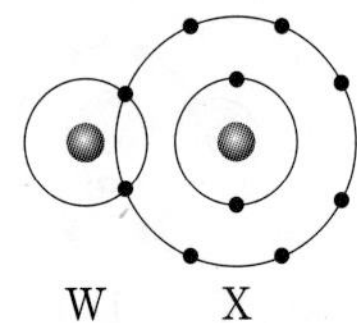

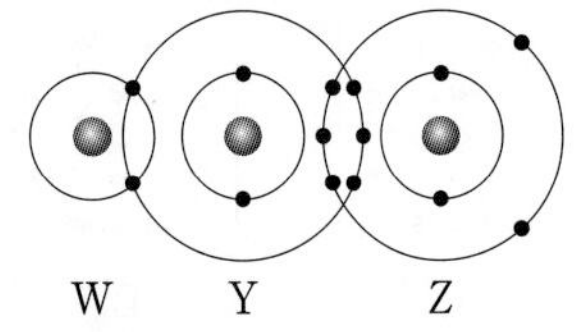

이에 대한 설명으로 옳은 것만을 〈보기〉에서 있는 대로 고른 것은? (단, W～Z는 임의의 원소 기호이다.)

보기

ㄱ. WX에서 W는 부분적인 양전하(δ^+)를 띤다.
ㄴ. 전기 음성도는 Z>Y이다.
ㄷ. YW_4에는 극성 공유 결합이 있다.

① ㄱ ② ㄷ ③ ㄱ, ㄴ
④ ㄴ, ㄷ ⑤ ㄱ, ㄴ, ㄷ

25

▸24117-0260

2021학년도 수능 12번

상중하

다음은 원자 W～Z에 대한 자료이다.

- W～Z는 각각 O, F, Na, Mg 중 하나이다.
- 각 원자의 이온은 모두 Ne의 전자 배치를 갖는다.
- Y와 Z는 2주기 원소이다.
- X와 Z는 2 : 1로 결합하여 안정한 화합물을 형성한다.

이에 대한 설명으로 옳은 것만을 〈보기〉에서 있는 대로 고른 것은? (단, W～Z는 임의의 원소 기호이다.)

보기

ㄱ. W는 Na이다.
ㄴ. 녹는점은 WZ가 CaO보다 높다.
ㄷ. X와 Y의 안정한 화합물은 XY_2이다.

① ㄱ ② ㄴ ③ ㄷ
④ ㄱ, ㄴ ⑤ ㄴ, ㄷ

26

▸24117-0261

2021학년도 9월 모의평가 6번

상중하

다음은 이온 결합 물질과 관련하여 학생 A가 세운 가설과 이를 검증하기 위해 수행한 탐구 활동이다.

[가설]
- Na과 할로젠 원소(X)로 구성된 이온 결합 물질(NaX)은 ㉠

[탐구 과정]
- 4가지 고체 NaF, NaCl, NaBr, NaI의 이온 사이의 거리와 1 atm에서의 녹는점을 조사하고 비교한다.

[탐구 결과]

이온 결합 물질	NaF	NaCl	NaBr	NaI
이온 사이의 거리(pm)	231	282	299	324
녹는점(℃)	996	802	747	661

[결론]
- 가설은 옳다.

학생 A의 결론이 타당할 때, 이에 대한 설명으로 옳은 것만을 〈보기〉에서 있는 대로 고른 것은?

보기

ㄱ. NaCl을 구성하는 양이온 수와 음이온 수는 같다.
ㄴ. '이온 사이의 거리가 가까울수록 녹는점이 높다.'는 ㉠으로 적절하다.
ㄷ. NaF, NaCl, NaBr, NaI 중 이온 사이의 정전기적 인력이 가장 큰 물질은 NaF이다.

① ㄱ ② ㄷ ③ ㄱ, ㄴ
④ ㄴ, ㄷ ⑤ ㄱ, ㄴ, ㄷ

27

▸24117-0262

2021학년도 9월 모의평가 8번

상중하

그림은 화합물 AB와 CD_3를 화학 결합 모형으로 나타낸 것이다.

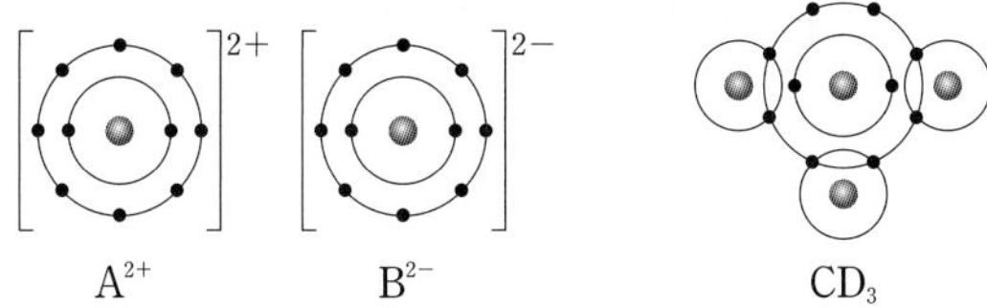

이에 대한 설명으로 옳은 것만을 <보기>에서 있는 대로 고른 것은? (단, A~D는 임의의 원소 기호이다.)

보기

ㄱ. AB는 이온 결합 물질이다.
ㄴ. C_2에는 2중 결합이 있다.
ㄷ. A(*s*)는 전기 전도성이 있다.

① ㄱ ② ㄴ ③ ㄱ, ㄷ
④ ㄴ, ㄷ ⑤ ㄱ, ㄴ, ㄷ

28

▸24117-0263

2021학년도 6월 모의평가 4번

상중하

다음은 물(H_2O)의 전기 분해 실험이다.

[실험 과정]

(가) 비커에 물을 넣고, 황산 나트륨을 소량 녹인다.
(나) (가)의 수용액으로 가득 채운 시험관 A와 B에 전극을 설치하고 전류를 흘려 주어 생성되는 기체를 그림과 같이 시험관에 각각 모은다.
(다) (나)의 각 시험관에 모은 기체의 종류를 확인하고 부피를 측정한다.

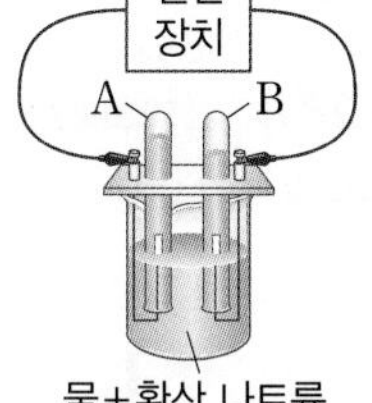

[실험 결과]

○ 각 시험관에 모은 기체는 각각 수소(H_2)와 산소(O_2)였다.
○ 시험관에 각각 모은 기체의 부피(*V*) 비는 $V_A : V_B = 1 : 2$였다.

이에 대한 설명으로 옳은 것만을 <보기>에서 있는 대로 고른 것은?

보기

ㄱ. A에서 모은 기체는 산소(O_2)이다.
ㄴ. 이 실험으로 물이 화합물이라는 것을 알 수 있다.
ㄷ. 물을 이루고 있는 수소(H) 원자와 산소(O) 원자 사이의 화학 결합에는 전자가 관여한다.

① ㄱ ② ㄷ ③ ㄱ, ㄴ
④ ㄴ, ㄷ ⑤ ㄱ, ㄴ, ㄷ

29

▸24117-0264

2021학년도 6월 모의평가 9번

상중하

그림은 화합물 ABC와 H_2B를 화학 결합 모형으로 나타낸 것이다.

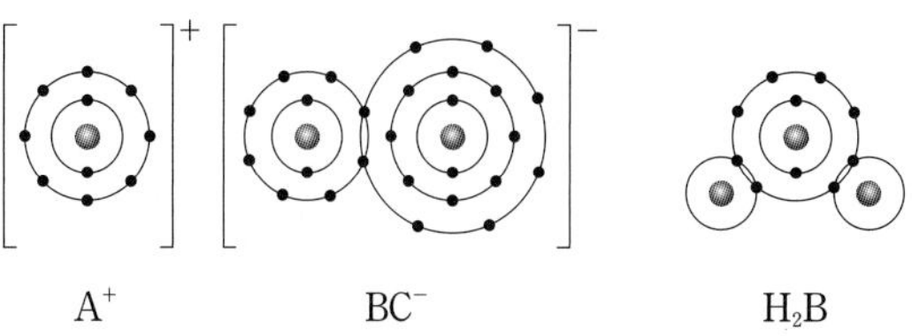

이에 대한 설명으로 옳은 것만을 <보기>에서 있는 대로 고른 것은? (단, A~C는 임의의 원소 기호이다.)

보기

ㄱ. A(*s*)는 외부에서 힘을 가하면 넓게 펴지는 성질이 있다.
ㄴ. B_2와 C_2에는 모두 2중 결합이 있다.
ㄷ. AC(*l*)는 전기 전도성이 있다.

① ㄱ ② ㄴ ③ ㄱ, ㄷ
④ ㄴ, ㄷ ⑤ ㄱ, ㄴ, ㄷ

30

▸24117-0265

2020학년도 10월 학력평가 13번

상중하

그림은 물(H_2O)을 전기 분해하는 것을 나타낸 것이다.

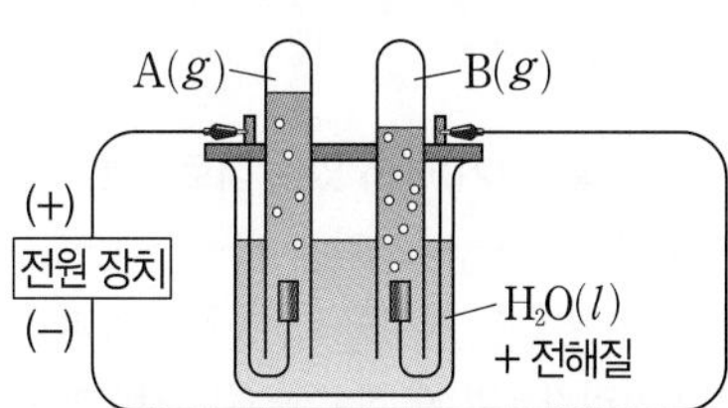

$\frac{\text{(−)극에서 생성된 기체 B의 질량}}{\text{(+)극에서 생성된 기체 A의 질량}}$은? (단, H, O의 원자량은 각각 1, 16이다.)

① $\frac{1}{16}$ ② $\frac{1}{8}$ ③ 2
④ 8 ⑤ 16

31
▸24117-0266
2020학년도 10월 학력평가 14번

상중하

그림은 화합물 WX와 YXZ_2를 화학 결합 모형으로 나타낸 것이다.

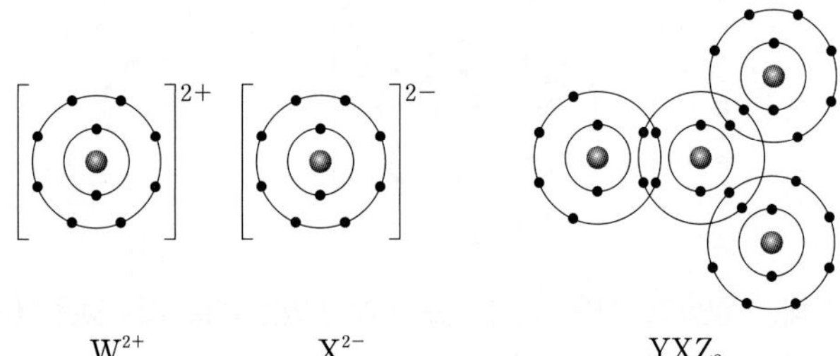

이에 대한 옳은 설명만을 〈보기〉에서 있는 대로 고른 것은? (단, W ~ Z는 임의의 원소 기호이다.)

보기

ㄱ. 원자가 전자 수는 X > Y이다.
ㄴ. W와 Y는 같은 주기 원소이다.
ㄷ. YXZ_2 분자에서 모든 원자는 동일 평면에 존재한다.

① ㄴ ② ㄷ ③ ㄱ, ㄴ
④ ㄱ, ㄷ ⑤ ㄴ, ㄷ

32
▸24117-0267
2020학년도 3월 학력평가 10번

상중하

그림은 NaCl에서 이온 사이의 거리에 따른 에너지를 나타낸 것이다.

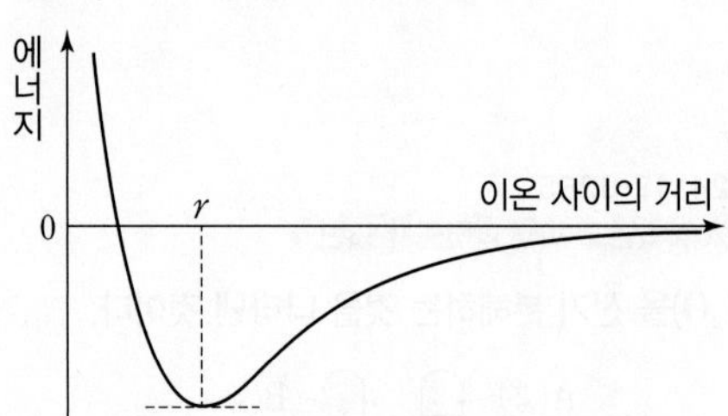

이에 대한 옳은 설명만을 〈보기〉에서 있는 대로 고른 것은?

보기

ㄱ. NaCl에서 이온 결합을 형성할 때 이온 사이의 거리는 r이다.
ㄴ. 이온 사이의 거리가 r일 때 Na^+과 Cl^- 사이에 반발력이 작용하지 않는다.
ㄷ. KCl에서 이온 결합을 형성할 때 이온 사이의 거리는 r보다 작다.

① ㄱ ② ㄴ ③ ㄱ, ㄷ
④ ㄴ, ㄷ ⑤ ㄱ, ㄴ, ㄷ

33
▸24117-0268
2020학년도 3월 학력평가 12번

상중하

표는 물질 (가)~(다)에 대한 자료이다. (가)~(다)는 각각 구리(Cu), 설탕($C_{12}H_{22}O_{11}$), 염화 칼슘($CaCl_2$) 중 하나이다.

물질	전기 전도성	
	고체 상태	액체 상태
(가)	없음	없음
(나)	없음	있음
(다)	있음	있음

이에 대한 옳은 설명만을 〈보기〉에서 있는 대로 고른 것은?

보기

ㄱ. (가)는 설탕이다.
ㄴ. (나)는 수용액 상태에서 전기 전도성이 있다.
ㄷ. (다)는 금속 결합 물질이다.

① ㄱ ② ㄴ ③ ㄱ, ㄷ
④ ㄴ, ㄷ ⑤ ㄱ, ㄴ, ㄷ

34
▸24117-0269
2020학년도 수능 2번

상중하

다음은 물 분자의 화학 결합 모형과 이에 대한 세 학생의 대화이다.

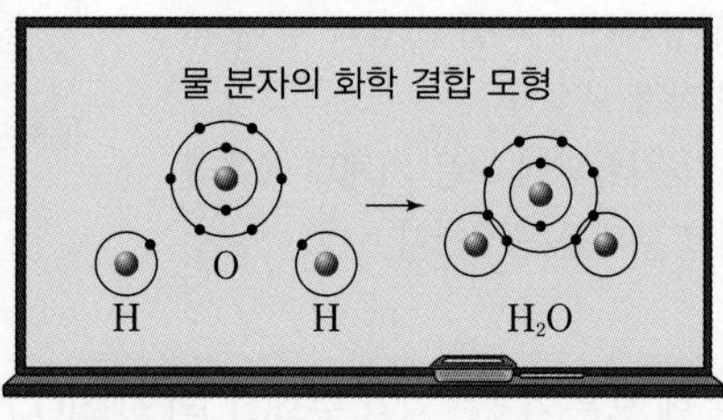

물 분자 1개는 수소 원자 2개와 산소 원자 1개로 이루어져 있어.
물 분자 내에서 수소와 산소의 결합은 공유 결합이야.
물 분자 내에서 산소는 옥텟 규칙을 만족해.
학생 A
학생 B
학생 C

제시한 내용이 옳은 학생만을 있는 대로 고른 것은?

① A ② C ③ A, B
④ B, C ⑤ A, B, C

35

▸24117-0270

2020학년도 9월 모의평가 5번

상중하

그림은 화합물 AB, C_2D를 화학 결합 모형으로 나타낸 것이다.

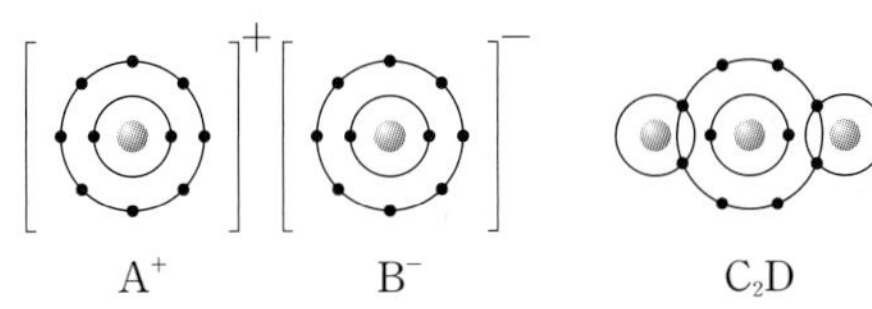

이에 대한 설명으로 옳은 것만을 〈보기〉에서 있는 대로 고른 것은? (단, A～D는 임의의 원소 기호이다.)

보기

ㄱ. C_2D의 공유 전자쌍 수는 2이다.
ㄴ. A_2D는 이온 결합 화합물이다.
ㄷ. B_2에는 2중 결합이 있다.

① ㄱ ② ㄷ ③ ㄱ, ㄴ
④ ㄴ, ㄷ ⑤ ㄱ, ㄴ, ㄷ

36

▸24117-0271

2020학년도 6월 모의평가 9번

그림은 화합물 AB와 CDB를 화학 결합 모형으로 나타낸 것이다.

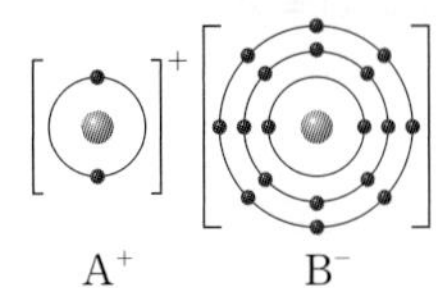

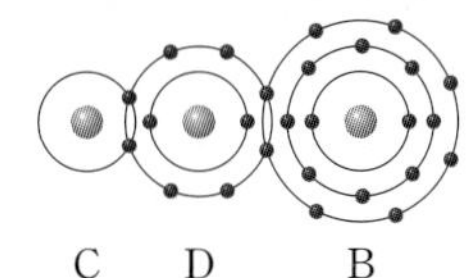

이에 대한 설명으로 옳은 것만을 〈보기〉에서 있는 대로 고른 것은? (단, A～D는 임의의 원소 기호이다.)

보기

ㄱ. A와 C는 1주기 원소이다.
ㄴ. AB는 액체 상태에서 전기 전도성이 있다.
ㄷ. 비공유 전자쌍 수는 $CB > D_2$이다.

① ㄱ ② ㄴ ③ ㄱ, ㄷ
④ ㄴ, ㄷ ⑤ ㄱ, ㄴ, ㄷ

37

▸24117-0272

2019학년도 10월 학력평가 13번

상중하

그림은 ABC와 CD의 반응을 화학 결합 모형으로 나타낸 것이다.

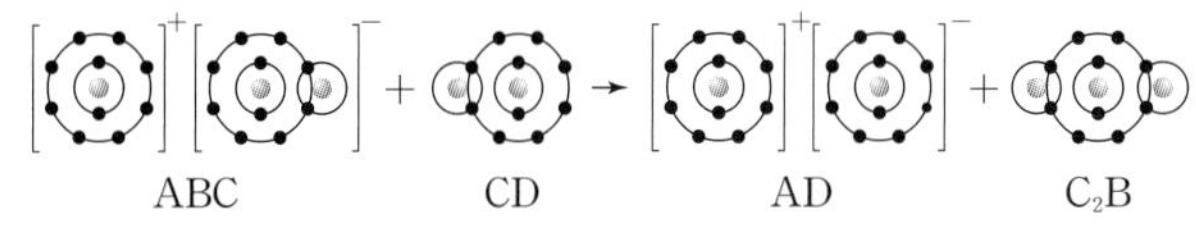

이에 대한 옳은 설명만을 〈보기〉에서 있는 대로 고른 것은? (단, A～D는 임의의 원소 기호이다.)

보기

ㄱ. A와 B는 같은 주기 원소이다.
ㄴ. AD는 액체 상태에서 전기 전도성이 있다.
ㄷ. C_2B에서 B는 부분적인 (+)전하를 띤다.

① ㄱ ② ㄴ ③ ㄷ
④ ㄱ, ㄴ ⑤ ㄴ, ㄷ

38

▸24117-0273

2019학년도 3월 학력평가 9번

상중하

그림은 화합물 ABC와 DB의 화학 결합 모형을 나타낸 것이다.

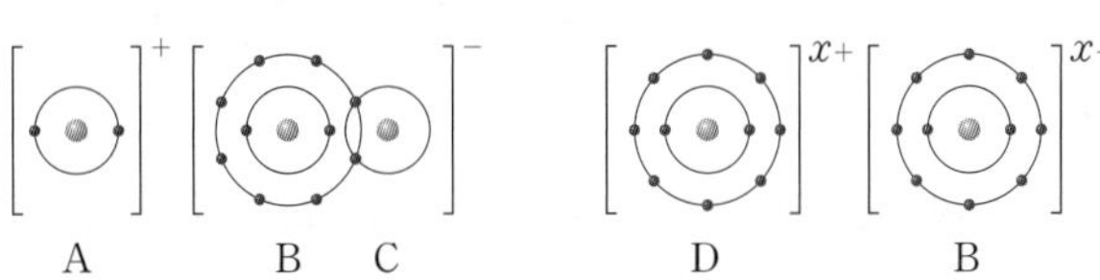

이에 대한 옳은 설명만을 〈보기〉에서 있는 대로 고른 것은? (단, A～D는 임의의 원소 기호이다.)

보기

ㄱ. A와 C는 같은 족 원소이다.
ㄴ. $x=1$이다.
ㄷ. DB는 액체 상태에서 전기 전도성이 있다.

① ㄱ ② ㄴ ③ ㄱ, ㄷ
④ ㄴ, ㄷ ⑤ ㄱ, ㄴ, ㄷ

39 ▸24117-0274

2019학년도 수능 11번 상중하

그림은 화합물 AB_2와 CA를 화학 결합 모형으로 나타낸 것이다.

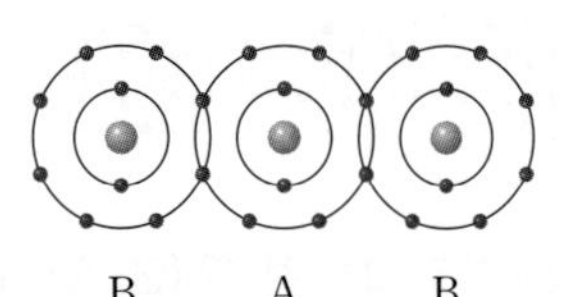

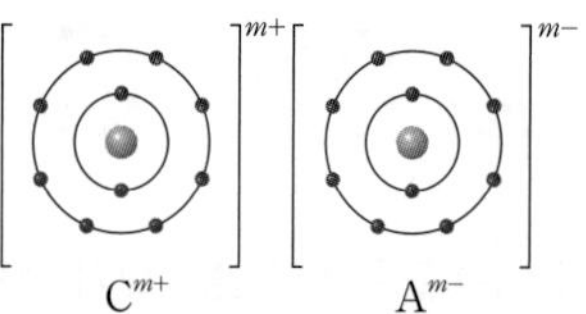

이에 대한 설명으로 옳은 것만을 ⟨보기⟩에서 있는 대로 고른 것은? (단, A～C는 임의의 원소 기호이다.)

보기

ㄱ. m은 1이다.
ㄴ. CB_2는 이온 결합 화합물이다.
ㄷ. 공유 전자쌍 수는 A_2가 B_2의 2배이다.

① ㄱ ② ㄴ ③ ㄱ, ㄷ
④ ㄴ, ㄷ ⑤ ㄱ, ㄴ, ㄷ

40 ▸24117-0275

2019학년도 9월 모의평가 8번 상중하

그림은 화합물 XY와 Z_2Y_2를 화학 결합 모형으로 나타낸 것이다.

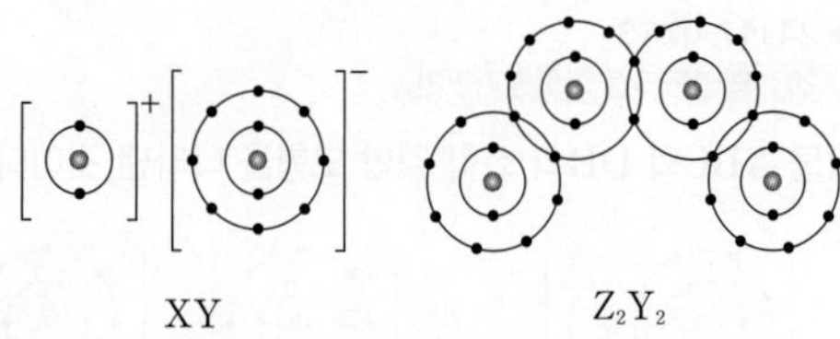

이에 대한 설명으로 옳은 것만을 ⟨보기⟩에서 있는 대로 고른 것은? (단, X～Z는 임의의 원소 기호이다.)

보기

ㄱ. XY에서 Y^-과 Z_2Y_2에서 Y는 모두 옥텟 규칙을 만족한다.
ㄴ. Z_2Y_2는 이온 결합 화합물이다.
ㄷ. 분자 Z_2에서 구성 원자가 모두 옥텟 규칙을 만족할 때, $\frac{\text{공유 전자쌍 수}}{\text{비공유 전자쌍 수}}=\frac{1}{6}$이다.

① ㄱ ② ㄴ ③ ㄱ, ㄷ
④ ㄴ, ㄷ ⑤ ㄱ, ㄴ, ㄷ

02 결합의 극성과 루이스 전자점식

41 ▸24117-0276

2024학년도 수능 6번 상중하

다음은 수소(H)와 2주기 원소 X, Y로 구성된 분자 (가)～(다)에 대한 자료이다. (가)～(다)에서 X와 Y는 옥텟 규칙을 만족한다.

- (가)～(다)의 분자당 구성 원자 수는 각각 4 이하이다.
- (가)와 (나)에서 분자당 X와 Y의 원자 수는 같다.
- 각 분자 1 mol에 존재하는 원자 수 비

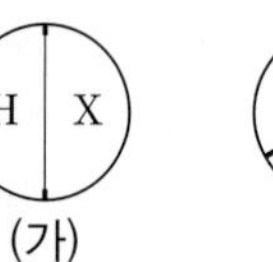

(가)

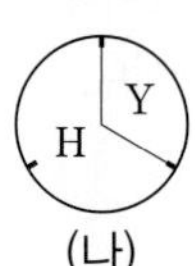

(나)

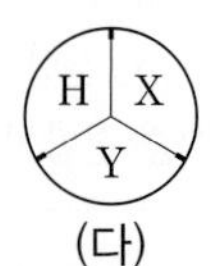

(다)

이에 대한 설명으로 옳은 것만을 ⟨보기⟩에서 있는 대로 고른 것은? (단, X와 Y는 임의의 원소 기호이다.)

보기

ㄱ. (가)에는 2중 결합이 있다.
ㄴ. (나)에는 무극성 공유 결합이 있다.
ㄷ. (다)에서 X는 부분적인 음전하(δ^-)를 띤다.

① ㄴ ② ㄷ ③ ㄱ, ㄴ
④ ㄱ, ㄷ ⑤ ㄴ, ㄷ

42 ▸24117-0277

2024학년도 9월 모의평가 8번 상중하

다음은 수소(H)와 2주기 원소 X, Y로 구성된 3가지 분자의 분자식이다. 분자에서 모든 X와 Y는 옥텟 규칙을 만족하고, 전기 음성도는 X > H이다.

XH_4 YH_2 XY_2

이에 대한 설명으로 옳은 것만을 ⟨보기⟩에서 있는 대로 고른 것은? (단, X와 Y는 임의의 원소 기호이다.)

보기

ㄱ. 전기 음성도는 Y > X이다.
ㄴ. YH_2에서 Y는 부분적인 양전하(δ^+)를 띤다.
ㄷ. 결합각은 $XY_2 > XH_4$이다.

① ㄱ ② ㄷ ③ ㄱ, ㄴ
④ ㄱ, ㄷ ⑤ ㄴ, ㄷ

43

▸24117-0278
2024학년도 6월 모의평가 4번 상중하

다음은 학생 A가 수행한 탐구 활동이다.

[가설]
○ 극성 공유 결합이 있는 분자는 모두 극성 분자이다.

[탐구 과정 및 결과]
(가) 극성 공유 결합이 있는 분자를 찾고, 각 분자의 극성 여부를 조사하였다.
(나) (가)에서 조사한 내용을 표로 정리하였다.

분자	H_2O	NH_3	㉠	㉡	…
분자의 극성 여부	극성	극성	극성	무극성	…

[결론]
○ 가설에 어긋나는 분자가 있으므로 가설은 옳지 않다.

학생 A의 탐구 과정 및 결과와 결론이 타당할 때, ㉠과 ㉡으로 적절한 것은?

	㉠	㉡
①	O_2	CF_4
②	CF_4	O_2
③	CF_4	HCl
④	HCl	O_2
⑤	HCl	CF_4

44

▸24117-0279
2023학년도 10월 학력평가 11번 상중하

표는 2주기 원소 W～Z로 구성된 분자 (가)～(다)에 대한 자료이다. (가)～(다)에서 모든 원자는 옥텟 규칙을 만족한다.

분자	(가)	(나)	(다)
분자식	WX_3	YZ_2	ZX_2
2중 결합	없음	있음	없음

(가)～(다)에 대한 옳은 설명만을 〈보기〉에서 있는 대로 고른 것은? (단, W～Z는 임의의 원소 기호이다.)

보기
ㄱ. (가)에서 W는 부분적인 음전하(δ^-)를 띤다.
ㄴ. 결합각은 (나)>(다)이다.
ㄷ. 분자의 쌍극자 모멘트가 0인 것은 2가지이다.

① ㄱ ② ㄴ ③ ㄱ, ㄷ ④ ㄴ, ㄷ ⑤ ㄱ, ㄴ, ㄷ

45

▸24117-0280
2023학년도 3월 학력평가 7번 상중하

그림은 2주기 원자 W～Z의 루이스 전자점식을 나타낸 것이다.

W· ·Ẋ· ·Ÿ· :Z̈·

이에 대한 옳은 설명만을 〈보기〉에서 있는 대로 고른 것은? (단, W～Z는 임의의 원소 기호이다.)

보기
ㄱ. $W_2Y(l)$는 전기 전도성이 있다.
ㄴ. X_2Z_4에는 2중 결합이 있다.
ㄷ. YZ_2는 극성 분자이다.

① ㄱ ② ㄷ ③ ㄱ, ㄴ ④ ㄴ, ㄷ ⑤ ㄱ, ㄴ, ㄷ

46

▸24117-0281
2023학년도 수능 2번 상중하

그림은 2주기 원소 X～Z로 구성된 분자 (가)와 (나)의 루이스 전자점식을 나타낸 것이다.

:Ẍ::Y::Ẍ: (가)

:X: / :Z̈:Y:Z̈: (나)

이에 대한 설명으로 옳은 것만을 〈보기〉에서 있는 대로 고른 것은? (단, X～Z는 임의의 원소 기호이다.)

보기
ㄱ. X는 산소(O)이다.
ㄴ. (나)에서 단일 결합의 수는 3이다.
ㄷ. 비공유 전자쌍 수는 (나)가 (가)의 2배이다.

① ㄱ ② ㄷ ③ ㄱ, ㄴ ④ ㄱ, ㄷ ⑤ ㄴ, ㄷ

47

▸24117-0282
2023학년도 수능 4번
상중하

다음은 학생 A가 수행한 탐구 활동이다.

[학습 내용]
- 극성 공유 결합을 형성한 두 원자는 각각 부분적인 양전하와 음전하를 띤다.
- 부분적인 양전하는 δ^+ 부호로, 부분적인 음전하는 δ^- 부호로 나타낸다.

[가설]
- 극성 공유 결합을 형성한 어떤 원자의 부분적인 전하의 부호는 다른 분자에서 극성 공유 결합을 형성할 때도 바뀌지 않는다.

[탐구 과정]
(가) 1, 2주기 원소로 구성된 분자 중 극성 공유 결합이 있는 분자를 찾는다.
(나) (가)에서 찾은 분자 중 같은 원자를 포함하는 분자 쌍을 선택하여, 해당 원자의 부분적인 전하의 부호를 확인한다.

[탐구 결과]

가설에 일치하는 분자 쌍	가설에 어긋나는 분자 쌍
HF와 CH_4 HF와 OF_2 ⋮	OF_2와 CO_2 ㉠ ⋮

[결론]
- 가설에 어긋나는 분자 쌍이 있으므로 가설은 옳지 않다.

학생 A의 결론이 타당할 때, 다음 중 ㉠으로 적절한 것은?

① H_2O과 CH_4　② H_2O과 CO_2　③ CO_2와 CF_4
④ NH_3와 NF_3　⑤ NF_3와 OF_2

48

▸24117-0283
2023학년도 9월 모의평가 5번
상중하

표는 2주기 원자 X와 Y로 이루어진 분자 (가)~(다)의 루이스 전자점식과 관련된 자료이다. (가)~(다)에서 모든 원자는 옥텟 규칙을 만족한다.

분자	구성 원소	분자당 구성 원자 수	비공유 전자쌍 수－공유 전자쌍 수
(가)	X	2	2
(나)	Y	2	a
(다)	X, Y	3	6

이에 대한 설명으로 옳은 것만을 〈보기〉에서 있는 대로 고른 것은? (단, X와 Y는 임의의 원소 기호이다.)

보기
ㄱ. $a=5$이다.
ㄴ. (나)에는 다중 결합이 있다.
ㄷ. 공유 전자쌍 수는 (다)>(가)이다.

① ㄱ　② ㄴ　③ ㄱ, ㄷ　④ ㄴ, ㄷ　⑤ ㄱ, ㄴ, ㄷ

49

▸24117-0284
2023학년도 6월 모의평가 2번
상중하

다음은 학생 A가 수행한 탐구 활동이다.

[가설]
- 18족을 제외한 2, 3주기에 속한 원자들은 같은 주기에서 원자 번호가 커질수록 ㉠

[탐구 과정]
(가) 18족을 제외한 2, 3주기에 속한 원자의 전기 음성도를 조사한다.
(나) (가)에서 조사한 각 원자의 전기 음성도를 원자 번호에 따라 점으로 표시한 후, 표시한 점을 각 주기별로 연결한다.

[탐구 결과]

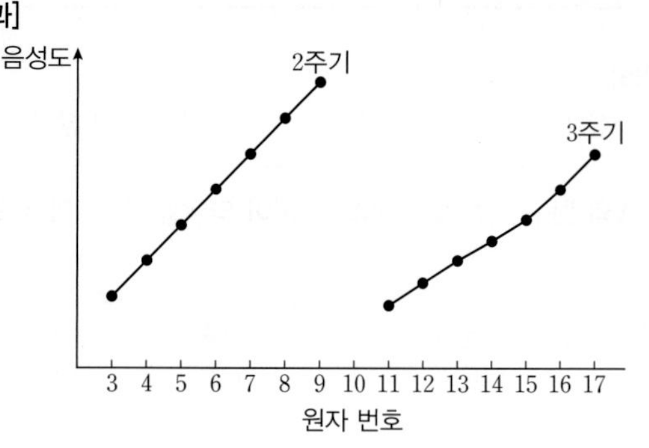

[결론]
- 가설은 옳다.

학생 A의 결론이 타당할 때, 이에 대한 설명으로 옳은 것만을 〈보기〉에서 있는 대로 고른 것은?

보기
ㄱ. '전기 음성도가 커진다.'는 ㉠으로 적절하다.
ㄴ. CO_2에서 C는 부분적인 음전하(δ^-)를 띤다.
ㄷ. PF_3에는 극성 공유 결합이 있다.

① ㄱ　② ㄴ　③ ㄱ, ㄷ
④ ㄴ, ㄷ　⑤ ㄱ, ㄴ, ㄷ

50

▸24117-0285
2023학년도 6월 모의평가 7번 

그림은 1, 2주기 원소 W～Z로 이루어진 물질 WXY와 YZX의 루이스 전자점식을 나타낸 것이다.

$W^+[:\ddot{\underset{..}{X}}:Y]^-$　　　$Y:\ddot{Z}::\ddot{X}:$

이에 대한 설명으로 옳은 것만을 〈보기〉에서 있는 대로 고른 것은? (단, W～Z는 임의의 원소 기호이다.)

보기

ㄱ. W와 Y는 같은 족 원소이다.
ㄴ. Z_2에는 3중 결합이 있다.
ㄷ. Y_2X_2의 $\frac{\text{비공유 전자쌍 수}}{\text{공유 전자쌍 수}}=1$이다.

① ㄱ　② ㄷ　③ ㄱ, ㄴ　④ ㄴ, ㄷ　⑤ ㄱ, ㄴ, ㄷ

51

▸24117-0286
2022학년도 10월 학력평가 5번 상중하

표는 4가지 원자의 전기 음성도를 나타낸 것이다.

원자	H	C	O	F
전기 음성도	2.1	2.5	3.5	4.0

이에 대한 옳은 설명만을 〈보기〉에서 있는 대로 고른 것은?

보기

ㄱ. HF에서 H는 부분적인 음전하(δ^-)를 띤다.
ㄴ. H_2O_2에는 무극성 공유 결합이 있다.
ㄷ. CH_2O에서 C의 산화수는 0이다.

① ㄱ　② ㄴ　③ ㄱ, ㄷ　④ ㄴ, ㄷ　⑤ ㄱ, ㄴ, ㄷ

52

▸24117-0287
2022학년도 10월 학력평가 13번 상중하

그림은 1, 2주기 원자 A～D의 루이스 전자점식을 나타낸 것이다. AD는 이온 결합 물질이다.

$A\cdot$　　$B\cdot$　　$:\dot{\underset{\cdot}{C}}\cdot$　　$:\ddot{\underset{..}{D}}\cdot$

이에 대한 옳은 설명만을 〈보기〉에서 있는 대로 고른 것은? (단, A～D는 임의의 원소 기호이다.)

보기

ㄱ. 원자 번호는 A>B이다.
ㄴ. CD_2의 분자 모양은 굽은 형이다.
ㄷ. $\frac{\text{비공유 전자쌍 수}}{\text{공유 전자쌍 수}}$는 D_2가 C_2의 3배이다.

① ㄱ　② ㄷ　③ ㄱ, ㄴ　④ ㄴ, ㄷ　⑤ ㄱ, ㄴ, ㄷ

53

▸24117-0288
2022학년도 3월 학력평가 11번 상중하

그림은 2주기 원자 A～D의 루이스 전자점식을 나타낸 것이다.

$A\cdot$　　$\cdot\dot{\underset{\cdot}{B}}\cdot$　　$:\dot{\underset{\cdot}{C}}\cdot$　　$:\ddot{\underset{..}{D}}\cdot$

이에 대한 옳은 설명만을 〈보기〉에서 있는 대로 고른 것은? (단, A～D는 임의의 원소 기호이다.)

보기

ㄱ. A(*s*)는 전기 전도성이 있다.
ㄴ. BD_3에서 B는 부분적인 양전하(δ^+)를 띤다.
ㄷ. 분자당 공유 전자쌍 수는 $B_2D_2>C_2D_2$이다.

① ㄱ　② ㄴ　③ ㄱ, ㄷ　④ ㄴ, ㄷ　⑤ ㄱ, ㄴ, ㄷ

54

▸24117-0289

2022학년도 3월 학력평가 12번

상중하

표는 2주기 원소 X～Z로 구성된 분자 (가)～(다)에 대한 자료이다. (가)～(다)에서 X～Z는 모두 옥텟 규칙을 만족한다.

분자	(가)	(나)	(다)
분자식	XY_2	ZX_2	ZXY_2
$\frac{\text{공유 전자쌍 수}}{\text{비공유 전자쌍 수}}$	$\frac{1}{4}$	1	a

이에 대한 옳은 설명만을 〈보기〉에서 있는 대로 고른 것은? (단, X～Z는 임의의 원소 기호이다.)

보기

ㄱ. (가)에는 다중 결합이 있다.

ㄴ. $a=\frac{1}{2}$이다.

ㄷ. 공유 전자쌍 수는 (가)가 (나)의 2배이다.

① ㄱ ② ㄴ ③ ㄷ ④ ㄱ, ㄷ ⑤ ㄴ, ㄷ

55

▸24117-0290

2022학년도 수능 8번

상중하

표는 원자 X와 Y의 원자가 전자 수를 나타낸 것이고, 그림은 원자 W～Z로 이루어진 분자 (가)와 (나)를 루이스 전자점식으로 나타낸 것이다. W～Z는 각각 C, N, O, F 중 하나이다.

원자	X	Y
원자가 전자 수	a	$a+3$

:Y:X⋮⋮W: (가)

:Z: / :Y:X:Y: (나)

이에 대한 설명으로 옳은 것만을 〈보기〉에서 있는 대로 고른 것은? (단, W～Z는 임의의 원소 기호이다.)

보기

ㄱ. $a=4$이다.

ㄴ. Z는 N이다.

ㄷ. 비공유 전자쌍 수는 (나)가 (가)의 $\frac{8}{3}$배이다.

① ㄱ ② ㄴ ③ ㄱ, ㄷ ④ ㄴ, ㄷ ⑤ ㄱ, ㄴ, ㄷ

56

▸24117-0291

2022학년도 수능 10번

상중하

표는 원소 A～E에 대한 자료이다.

주기 \ 족	15	16	17
2	A	B	C
3	D		E

이에 대한 설명으로 옳은 것만을 〈보기〉에서 있는 대로 고른 것은? (단, A～E는 임의의 원소 기호이다.)

보기

ㄱ. 전기 음성도는 B>A>D이다.

ㄴ. BC_2에는 극성 공유 결합이 있다.

ㄷ. EC에서 C는 부분적인 음전하(δ^-)를 띤다.

① ㄱ ② ㄷ ③ ㄱ, ㄴ ④ ㄴ, ㄷ ⑤ ㄱ, ㄴ, ㄷ

57

▸24117-0292

2022학년도 9월 모의평가 12번

상중하

그림은 분자 (가)～(라)의 루이스 전자점식에서 공유 전자쌍 수와 비공유 전자쌍 수를 나타낸 것이다. (가)～(라)는 각각 N_2, HCl, CO_2, CH_2O 중 하나이고, C, N, O, Cl는 분자 내에서 옥텟 규칙을 만족한다.

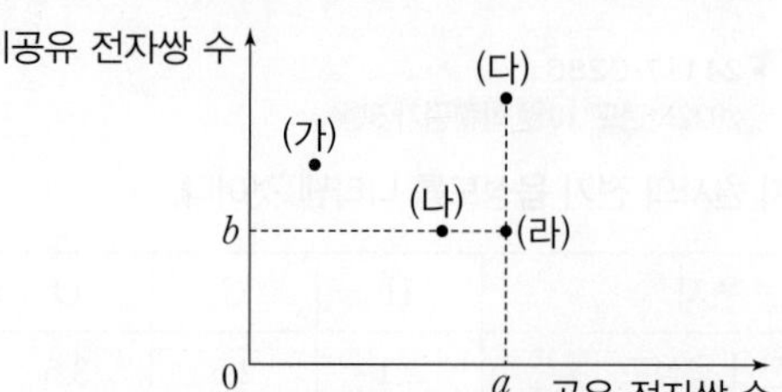

이에 대한 설명으로 옳은 것만을 〈보기〉에서 있는 대로 고른 것은?

보기

ㄱ. $a+b=4$이다.

ㄴ. (다)는 CO_2이다.

ㄷ. (가)와 (나)에는 모두 다중 결합이 있다.

① ㄱ ② ㄴ ③ ㄷ ④ ㄱ, ㄴ ⑤ ㄴ, ㄷ

58
▸24117-0293
2022학년도 9월 모의평가 14번
상중하

표는 4가지 각각의 분자에서 플루오린(F)의 전기 음성도(a)와 나머지 구성 원소의 전기 음성도(b) 차($a-b$)를 나타낸 것이다.

분자	CF_4	OF_2	PF_3	ClF
전기 음성도 차($a-b$)	x	0.5	1.9	1.0

이에 대한 설명으로 옳은 것만을 〈보기〉에서 있는 대로 고른 것은?

보기

ㄱ. $x<0.5$이다.
ㄴ. PF_3에는 극성 공유 결합이 있다.
ㄷ. Cl_2O에서 Cl는 부분적인 양전하(δ^+)를 띤다.

① ㄱ ② ㄴ ③ ㄱ, ㄷ
④ ㄴ, ㄷ ⑤ ㄱ, ㄴ, ㄷ

59
▸24117-0294
2022학년도 6월 모의평가 7번
상중하

표는 수소(H)가 포함된 3가지 분자 (가)~(다)에 대한 자료이다. X와 Y는 2주기 원자이고, 분자 내에서 옥텟 규칙을 만족한다.

분자	구성 원자 수			공유 전자쌍 수	비공유 전자쌍 수
	X	Y	H		
(가)	1	0	a	a	0
(나)	0	1	b	b	2
(다)	1	c	2	4	2

이에 대한 설명으로 옳은 것만을 〈보기〉에서 있는 대로 고른 것은? (단, X와 Y는 임의의 원소 기호이다.)

보기

ㄱ. $a=b+c$이다.
ㄴ. (다)에는 2중 결합이 존재한다.
ㄷ. XY_2의 공유 전자쌍 수는 4이다.

① ㄱ ② ㄴ ③ ㄷ
④ ㄱ, ㄷ ⑤ ㄴ, ㄷ

60
▸24117-0295
2022학년도 6월 모의평가 14번
상중하

다음은 원자 W~Z에 대한 자료이다. W~Z는 각각 C, O, F, Cl 중 하나이고, 분자 내에서 옥텟 규칙을 만족한다.

- Y와 Z는 같은 족 원소이다.
- 전기 음성도는 X>Y>W이다.

이에 대한 설명으로 옳은 것만을 〈보기〉에서 있는 대로 고른 것은? (단, W~Z는 임의의 원소 기호이다.)

보기

ㄱ. W는 산소(O)이다.
ㄴ. XY_2에서 X는 부분적인 음전하(δ^-)를 띤다.
ㄷ. WZ_4에서 W와 Z의 결합은 무극성 공유 결합이다.

① ㄱ ② ㄴ ③ ㄷ
④ ㄱ, ㄴ ⑤ ㄴ, ㄷ

61
▸24117-0296
2021학년도 10월 학력평가 9번
상중하

표는 2주기 원소 X~Z로 이루어진 분자 (가)~(다)에 대한 자료이다. (가)~(다)에서 X~Z는 모두 옥텟 규칙을 만족한다.

분자	(가)	(나)	(다)
분자식	X_2	YX_2	Y_2Z_4
공유 전자쌍 수	a	$2a$	$2a+2$

이에 대한 옳은 설명만을 〈보기〉에서 있는 대로 고른 것은? (단, X~Z는 임의의 원소 기호이다.)

보기

ㄱ. $a=2$이다.
ㄴ. (나)는 극성 분자이다.
ㄷ. 비공유 전자쌍 수는 (다)가 (가)의 3배이다.

① ㄱ ② ㄴ ③ ㄱ, ㄷ
④ ㄴ, ㄷ ⑤ ㄱ, ㄴ, ㄷ

62
▸24117-0297
2021학년도 3월 학력평가 14번
상중하

표는 2주기 원소 X와 Y로 이루어진 분자 (가)~(다)에 대한 자료이다. (가)~(다)에서 모든 원자는 옥텟 규칙을 만족한다.

분자	분자식	비공유 전자쌍 수
(가)	X_aY_a	8
(나)	X_aY_{a+2}	14
(다)	X_bY_{a+1}	10

이에 대한 옳은 설명만을 〈보기〉에서 있는 대로 고른 것은? (단, X와 Y는 임의의 원소 기호이다.)

보기

ㄱ. X는 16족 원소이다.
ㄴ. $a+b=3$이다.
ㄷ. (가)~(다)에서 다중 결합이 있는 분자는 2가지이다.

① ㄱ ② ㄴ ③ ㄱ, ㄷ
④ ㄴ, ㄷ ⑤ ㄱ, ㄴ, ㄷ

63
▸24117-0298
2021학년도 수능 10번
상중하

다음은 루이스 전자점식과 관련하여 학생 A가 세운 가설과 이를 검증하기 위해 수행한 탐구 활동이다.

[가설]
○ O_2, F_2, OF_2의 루이스 전자점식에서 각 분자의 구성 원자 수(a), 분자를 구성하는 원자들의 원자가 전자 수 합(b), 공유 전자쌍 수(c) 사이에는 관계식 (가) 가 성립한다.

[탐구 과정]
○ O_2, F_2, OF_2의 a, b, c를 각각 조사한다.
○ 각 분자의 a, b, c 사이에 관계식 (가) 가 성립하는지 확인한다.

[탐구 결과]

분자	구성 원자 수(a)	원자가 전자 수 합(b)	공유 전자쌍 수(c)
O_2			2
F_2		14	
OF_2	3		

[결론]
○ 가설은 옳다.

학생 A의 결론이 타당할 때, 다음 중 (가)로 가장 적절한 것은?

① $8a=b-c$ ② $8a=b-2c$ ③ $8a=2b-c$
④ $8a=b+2c$ ⑤ $8a=2b+c$

64
▸24117-0299
2021학년도 9월 모의평가 7번
상중하

그림은 1, 2주기 원소 A~C로 이루어진 이온 (가)와 분자 (나)의 루이스 전자점식을 나타낸 것이다.

$[:\ddot{\underset{..}{A}}:B]^-$ $B:\ddot{\underset{..}{C}}:$

(가) (나)

이에 대한 설명으로 옳은 것만을 〈보기〉에서 있는 대로 고른 것은? (단, A~C는 임의의 원소 기호이다.)

보기

ㄱ. 1 mol에 들어 있는 전자 수는 (가)와 (나)가 같다.
ㄴ. A와 C는 같은 족 원소이다.
ㄷ. AC_2의 $\frac{\text{비공유 전자쌍 수}}{\text{공유 전자쌍 수}}=4$이다.

① ㄱ ② ㄴ ③ ㄷ
④ ㄱ, ㄴ ⑤ ㄱ, ㄷ

65
▸24117-0300
2021학년도 9월 모의평가 13번
상중하

다음은 원자 W~Z와 수소(H)로 이루어진 분자 H_aW, H_bX, H_cY, H_dZ에 대한 자료이다. W~Z는 각각 O, F, S, Cl 중 하나이고, 분자 내에서 옥텟 규칙을 만족한다. W, Y는 같은 주기 원소이다.

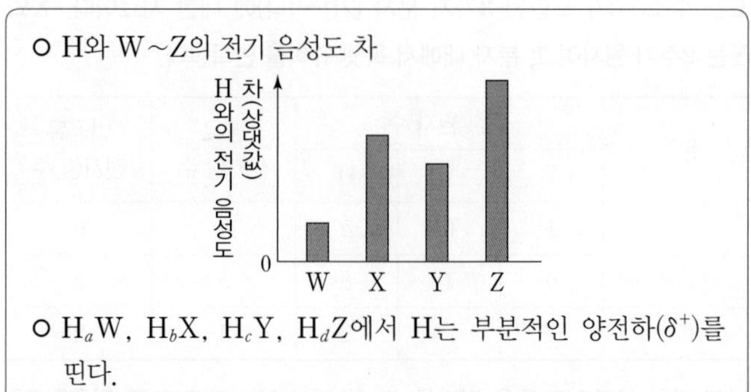

○ H와 W~Z의 전기 음성도 차
H와의 전기 음성도 차(상댓값)
0
W
X
Y
Z
○ H_aW, H_bX, H_cY, H_dZ에서 H는 부분적인 양전하(δ^+)를 띤다.

이에 대한 설명으로 옳은 것만을 〈보기〉에서 있는 대로 고른 것은?

보기

ㄱ. 전기 음성도는 X>W이다.
ㄴ. $c>a$이다.
ㄷ. YZ에서 Y는 부분적인 음전하(δ^-)를 띤다.

① ㄱ ② ㄴ ③ ㄱ, ㄷ
④ ㄴ, ㄷ ⑤ ㄱ, ㄴ, ㄷ

66
▸24117-0301
2021학년도 6월 모의평가 3번

상중하

그림은 폼산(HCOOH)의 구조식을 나타낸 것이다.

$$\begin{array}{c} \quad O \\ \quad \| \\ H-C-O-H \end{array}$$

HCOOH에서 비공유 전자쌍 수는?

① 1　② 2　③ 3　④ 4　⑤ 5

67
▸24117-0302
2021학년도 6월 모의평가 13번

상중하

그림은 2, 3주기 원자 W～Z의 전기 음성도를 나타낸 것이다. W와 X는 14족, Y와 Z는 17족 원소이다.

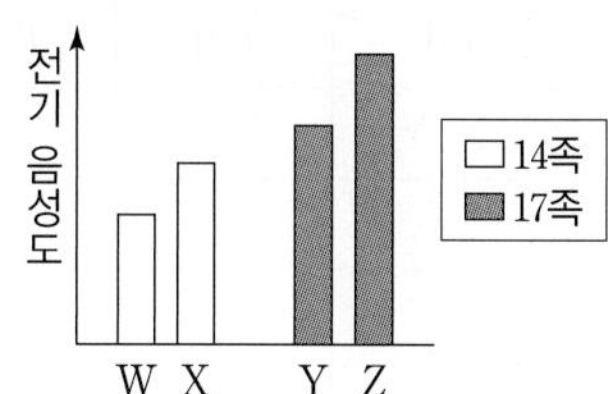

이에 대한 설명으로 옳은 것만을 〈보기〉에서 있는 대로 고른 것은? (단, W～Z는 임의의 원소 기호이다.)

보기

ㄱ. W는 3주기 원소이다.
ㄴ. XY_4에는 극성 공유 결합이 있다.
ㄷ. YZ에서 Z는 부분적인 양전하(δ^+)를 띤다.

① ㄱ　② ㄷ　③ ㄱ, ㄴ　④ ㄴ, ㄷ　⑤ ㄱ, ㄴ, ㄷ

68
▸24117-0303
2020학년도 10월 학력평가 7번

그림은 2주기 원자 A～D의 루이스 전자점식을 나타낸 것이다.

A·　·B̈·　:Ç·　:D̈·

이에 대한 옳은 설명만을 〈보기〉에서 있는 대로 고른 것은? (단, A～D는 임의의 원소 기호이다.)

보기

ㄱ. 고체 상태에서 전기 전도성은 A>AD이다.
ㄴ. BD_3 분자에서 B는 부분적인 (+)전하를 띤다.
ㄷ. CD_2 분자에서 비공유 전자쌍 수는 8이다.

① ㄱ　② ㄴ　③ ㄱ, ㄷ　④ ㄴ, ㄷ　⑤ ㄱ, ㄴ, ㄷ

69
▸24117-0304
2020학년도 3월 학력평가 7번

상중하

그림은 2, 3주기 원소 X～Z로 이루어진 3가지 물질의 루이스 전자점식을 나타낸 것이다. 원자 번호는 X>Y>Z이다.

$X^{a+}[:\ddot{Y}:]^{a-}$　　$:\ddot{Y}::\ddot{Y}:$　　$:\ddot{Y}::Z::\ddot{Y}:$

이에 대한 옳은 설명만을 〈보기〉에서 있는 대로 고른 것은? (단, X～Z는 임의의 원소 기호이다.)

보기

ㄱ. $a=2$이다.
ㄴ. X～Z 중 2주기 원소는 2가지이다.
ㄷ. 원자가 전자 수는 Z>Y이다.

① ㄱ　② ㄷ　③ ㄱ, ㄴ　④ ㄴ, ㄷ　⑤ ㄱ, ㄴ, ㄷ

70

▸24117-0305

2020학년도 수능 4번 상중하

그림은 2주기 원소 X～Z로 이루어진 분자 (가)와 (나)를 루이스 전자점식으로 나타낸 것이다.

(가) (나)

이에 대한 설명으로 옳은 것만을 〈보기〉에서 있는 대로 고른 것은? (단, X～Z는 임의의 원소 기호이다.)

보기

ㄱ. (가)의 쌍극자 모멘트는 0이다.
ㄴ. 공유 전자쌍 수는 (나)>(가)이다.
ㄷ. Z_2에는 다중 결합이 있다.

① ㄱ ② ㄴ ③ ㄱ, ㄷ
④ ㄴ, ㄷ ⑤ ㄱ, ㄴ, ㄷ

71

▸24117-0306

2020학년도 9월 모의평가 11번 상중하

다음은 2주기 원소 X～Z로 구성된 3가지 분자 Ⅰ～Ⅲ의 루이스 구조식과 관련된 탐구 활동이다.

[탐구 과정]

(가) 중심 원자와 주변 원자들을 각각 하나의 선으로 연결한다. 하나의 선은 하나의 공유 전자쌍을 의미한다.

Y－X－Y

Z－X－Z

Z－Y－Z

(나) 각 원자의 원자가 전자 수를 고려하여 모든 원자가 옥텟 규칙을 만족하도록 비공유 전자쌍과 다중 결합을 그린다.

(다) (나)에서 그린 구조로부터 중심 원자의 비공유 전자쌍 수를 조사한다.

[탐구 결과]

분자	Ⅰ	Ⅱ	Ⅲ
분자식	XY_2	XYZ_2	YZ_2
중심 원자의 비공유 전자쌍 수	0	a	2

이에 대한 설명으로 옳은 것만을 〈보기〉에서 있는 대로 고른 것은? (단, X～Z는 임의의 원소 기호이다.)

보기

ㄱ. Y는 산소(O)이다.
ㄴ. $a=0$이다.
ㄷ. Ⅰ～Ⅲ 중 다중 결합이 있는 것은 1가지이다.

① ㄱ ② ㄷ ③ ㄱ, ㄴ
④ ㄴ, ㄷ ⑤ ㄱ, ㄴ, ㄷ

72

▸24117-0307

2020학년도 6월 모의평가 10번 상중하

다음은 2주기 원소 W～Z로 이루어진 분자 (가)～(다)의 분자식을 나타낸 것이다. 전기 음성도는 X>Y>W이고, 분자 내 모든 원자는 옥텟 규칙을 만족한다.

WX_2 YZ_3 XZ_2

(가) (나) (다)

이에 대한 설명으로 옳은 것만을 〈보기〉에서 있는 대로 고른 것은? (단, W～Z는 임의의 원소 기호이다.)

보기

ㄱ. (가)에는 공유 전자쌍이 2개 있다.
ㄴ. (가)～(다) 중 극성 분자는 2가지이다.
ㄷ. Y_2에는 다중 결합이 있다.

① ㄱ ② ㄴ ③ ㄷ
④ ㄱ, ㄷ ⑤ ㄴ, ㄷ

73

▸24117-0308

2019학년도 10월 학력평가 17번 상중하

표는 2주기 원소 X～Z로 이루어진 분자 (가)～(라)에 대한 자료이다. (가)～(라)에서 X～Z는 옥텟 규칙을 만족한다.

분자	(가)	(나)	(다)	(라)
구성 원소	X, Y	Y, Z	X, Z	X, Y, Z
분자당 원자 수	3	3	x	4
$\frac{\text{비공유 전자쌍 수}}{\text{공유 전자쌍 수}}$	1	4	3	y

(가)～(라)에 대한 옳은 설명만을 〈보기〉에서 있는 대로 고른 것은? (단, X～Z는 임의의 원소 기호이다.)

보기

ㄱ. $x+y=7$이다.
ㄴ. 모든 구성 원자가 동일 평면에 있는 분자는 2가지이다.
ㄷ. 분자의 쌍극자 모멘트는 (나)가 (다)보다 크다.

① ㄱ ② ㄷ ③ ㄱ, ㄴ
④ ㄱ, ㄷ ⑤ ㄴ, ㄷ

03 분자의 구조와 성질

74 ▸24117-0309
2024학년도 수능 7번 상중하

그림은 탄소(C)와 2주기 원소 X, Y로 구성된 분자 (가)~(다)의 구조식을 단일 결합과 다중 결합의 구분 없이 나타낸 것이다. (가)~(다)에서 모든 원자는 옥텟 규칙을 만족한다.

X−C−X (가)　　Y−C(−X)−Y (나)　　Y−X−X−Y (다)

(가)~(다)에 대한 설명으로 옳은 것만을 〈보기〉에서 있는 대로 고른 것은? (단, X와 Y는 임의의 원소 기호이다.)

보기

ㄱ. 다중 결합이 있는 분자는 2가지이다.
ㄴ. (가)는 무극성 분자이다.
ㄷ. 공유 전자쌍 수는 (나)와 (다)가 같다.

① ㄱ　② ㄷ　③ ㄱ, ㄴ　④ ㄴ, ㄷ　⑤ ㄱ, ㄴ, ㄷ

75 ▸24117-0310
2024학년도 수능 13번 상중하

표는 원소 W~Z로 구성된 분자 (가)~(라)에 대한 자료이다. (가)~(라)의 분자당 구성 원자 수는 각각 3 이하이고, 분자에서 모든 원자는 옥텟 규칙을 만족한다. W~Z는 각각 C, N, O, F 중 하나이다.

분자	구성 원소	중심 원자	$\frac{\text{비공유 전자쌍 수}}{\text{공유 전자쌍 수}}$
(가)	W		6
(나)	W, X	X	4
(다)	W, X, Y	Y	2
(라)	W, Y, Z	Z	1

이에 대한 설명으로 옳은 것만을 〈보기〉에서 있는 대로 고른 것은?

보기

ㄱ. Z는 탄소(C)이다.
ㄴ. (다)의 분자 모양은 직선형이다.
ㄷ. 결합각은 (라)>(나)이다.

① ㄱ　② ㄴ　③ ㄱ, ㄷ　④ ㄴ, ㄷ　⑤ ㄱ, ㄴ, ㄷ

76 ▸24117-0311
2024학년도 9월 모의평가 4번 상중하

다음은 학생 A가 수행한 탐구 활동이다.

[가설]
○ 구조가 직선형인 분자와 평면 삼각형인 분자는 모두 무극성 분자이다.

[탐구 과정 및 결과]
(가) 구조가 직선형인 분자와 평면 삼각형인 분자를 찾고, 각 분자의 극성 여부를 조사하였다.
(나) (가)에서 조사한 분자를 구조와 극성 여부에 따라 분류하였다.

	직선형	평면 삼각형
무극성 분자	CO_2, ⋯	BF_3, ⋯
극성 분자	㉠, ⋯	㉡, ⋯

[결론]
○ 가설에 어긋나는 분자가 있으므로 가설은 옳지 않다.

학생 A의 탐구 과정 및 결과와 결론이 타당할 때, 다음 중 ㉠과 ㉡으로 적절한 것은?

	㉠	㉡
①	H_2O	BCl_3
②	H_2O	HCHO
③	HCN	BCl_3
④	HCN	HCHO
⑤	HCN	NH_3

77
▸24117-0312
2024학년도 9월 모의평가 12번 상중하

표는 탄소(C), 플루오린(F), X, Y로 구성된 분자 (가)~(다)에 대한 자료이다. X와 Y는 질소(N)와 산소(O) 중 하나이고, 분자에서 모든 원자는 옥텟 규칙을 만족한다.

분자	분자식	모든 결합의 종류	결합의 수
(가)	XF_2	F과 X 사이의 단일 결합	2
(나)	CXF_m	C와 F 사이의 단일 결합	2
		C와 X 사이의 2중 결합	1
(다)	YF_3	F과 Y 사이의 단일 결합	3

이에 대한 설명으로 옳은 것만을 〈보기〉에서 있는 대로 고른 것은?

보기

ㄱ. (가)의 분자 구조는 굽은형이다.
ㄴ. $m=3$이다.
ㄷ. $\frac{\text{공유 전자쌍 수}}{\text{비공유 전자쌍 수}}$는 (다)>(나)이다.

① ㄱ ② ㄴ ③ ㄷ
④ ㄱ, ㄴ ⑤ ㄱ, ㄷ

78
▸24117-0313
2024학년도 6월 모의평가 6번 상중하

표는 원소 W~Z로 구성된 3가지 분자에 대한 자료이다. W~Z는 C, N, O, F을 순서 없이 나타낸 것이고, 분자에서 모든 원자는 옥텟 규칙을 만족한다.

분자	WX_2	YZ_3	YWZ
중심 원자	W	Y	W
전체 구성 원자의 원자가 전자 수 합	㉠	26	16

이에 대한 설명으로 옳은 것만을 〈보기〉에서 있는 대로 고른 것은?

보기

ㄱ. X는 F이다.
ㄴ. YWZ의 비공유 전자쌍 수는 4이다.
ㄷ. ㉠은 16이다.

① ㄱ ② ㄷ ③ ㄱ, ㄴ
④ ㄴ, ㄷ ⑤ ㄱ, ㄴ, ㄷ

79
▸24117-0314
2024학년도 6월 모의평가 11번 상중하

그림은 2주기 원소 X~Z로 구성된 분자 (가)~(다)의 구조식을 나타낸 것이다. (가)~(다)에서 모든 원자는 옥텟 규칙을 만족한다.

Y=X=Y (가) Z−Y−Z (나) Z−X(=Y)−Z (다)

(가)~(다)에 대한 설명으로 옳은 것만을 〈보기〉에서 있는 대로 고른 것은? (단, X~Z는 임의의 원소 기호이다.)

보기

ㄱ. 극성 분자는 2가지이다.
ㄴ. 결합각은 (가)>(나)이다.
ㄷ. 중심 원자에 비공유 전자쌍이 있는 분자는 1가지이다.

① ㄱ ② ㄷ ③ ㄱ, ㄴ
④ ㄴ, ㄷ ⑤ ㄱ, ㄴ, ㄷ

80
▸24117-0315
2023학년도 10월 학력평가 4번 상중하

그림은 1, 2주기 원소로 구성된 분자 W_2X와 XYZ를 루이스 전자점식으로 나타낸 것이다.

W:X:W (X 위아래 비공유 전자쌍 각 1개) X::Y:Z (X 위아래, Y 위, Z 위·아래·오른쪽 비공유 전자쌍)

이에 대한 옳은 설명만을 〈보기〉에서 있는 대로 고른 것은? (단, W~Z는 임의의 원소 기호이다.)

보기

ㄱ. W와 Z의 원자가 전자 수의 합은 8이다.
ㄴ. 공유 전자쌍 수는 $X_2>Y_2$이다.
ㄷ. YW_3의 분자 모양은 삼각뿔형이다.

① ㄱ ② ㄴ ③ ㄱ, ㄷ
④ ㄴ, ㄷ ⑤ ㄱ, ㄴ, ㄷ

81
▸24117-0316
2023학년도 10월 학력평가 15번
상중하

표는 2주기 원소 W～Z로 구성된 분자 (가)～(다)에 대한 자료이다. (가)～(다)에서 모든 원자는 옥텟 규칙을 만족하고, 원자 번호는 Y > X이다.

분자	(가)	(나)	(다)
분자식	W_2Z_2	X_2Z_2	WYZ_2
공유 전자쌍 수×비공유 전자쌍 수	30	32	32

(가)～(다)에 대한 옳은 설명만을 〈보기〉에서 있는 대로 고른 것은? (단, W～Z는 임의의 원소 기호이다.)

보기
ㄱ. 무극성 공유 결합이 있는 것은 2가지이다.
ㄴ. (나)에는 3중 결합이 있다.
ㄷ. $\frac{\text{비공유 전자쌍 수}}{\text{공유 전자쌍 수}}$는 (가) > (다)이다.

① ㄱ ② ㄴ ③ ㄱ, ㄷ ④ ㄴ, ㄷ ⑤ ㄱ, ㄴ, ㄷ

82
▸24117-0317
2023학년도 3월 학력평가 15번
상중하

표는 2주기 원소 X～Z로 구성된 분자 (가)～(다)에 대한 자료이다. (가)～(다)에서 X～Z는 옥텟 규칙을 만족한다.

분자	구성 원자	구성 원자 수	구성 원자의 원자가 전자 수의 합
(가)	X, Y, Z	3	16
(나)	X, Y	4	26
(다)	X, Z	5	32

(가)～(다)에 대한 옳은 설명만을 〈보기〉에서 있는 대로 고른 것은? (단, X～Z는 임의의 원소 기호이다.)

보기
ㄱ. (가)의 분자 모양은 직선형이다.
ㄴ. 중심 원자의 비공유 전자쌍 수는 (나) > (다)이다.
ㄷ. 모든 구성 원자가 동일 평면에 있는 분자는 1가지이다.

① ㄱ ② ㄷ ③ ㄱ, ㄴ ④ ㄴ, ㄷ ⑤ ㄱ, ㄴ, ㄷ

83
▸24117-0318
2023학년도 3월 학력평가 17번
상중하

표는 2주기 원소 W～Z로 구성된 분자 (가)～(라)에 대한 자료이다. (가)～(라)에서 W～Z는 옥텟 규칙을 만족한다.

분자	(가)	(나)	(다)	(라)
분자식	W_2	X_2	YW_2	X_2Z_2
$\frac{\text{공유 전자쌍 수}}{\text{비공유 전자쌍 수}}$(상댓값)	1	3	2	1

(가)～(라)에 대한 옳은 설명만을 〈보기〉에서 있는 대로 고른 것은? (단, W～Z는 임의의 원소 기호이다.)

보기
ㄱ. (가)와 (다)는 비공유 전자쌍 수가 같다.
ㄴ. 무극성 공유 결합이 있는 분자는 2가지이다.
ㄷ. 다중 결합이 있는 분자는 3가지이다.

① ㄱ ② ㄴ ③ ㄱ, ㄷ ④ ㄴ, ㄷ ⑤ ㄱ, ㄴ, ㄷ

84
▸24117-0319
2023학년도 수능 8번
상중하

표는 수소(H)와 2주기 원소 X～Z로 구성된 분자 (가)～(다)에 대한 자료이다. (가)～(다)의 중심 원자는 모두 옥텟 규칙을 만족한다.

분자	(가)	(나)	(다)
분자식	XH_a	YH_b	ZH_c
공유 전자쌍 수	2	3	4

(가)～(다)에 대한 설명으로 옳은 것만을 〈보기〉에서 있는 대로 고른 것은? (단, X～Z는 임의의 원소 기호이다.)

보기
ㄱ. (가)의 분자 모양은 직선형이다.
ㄴ. 결합각은 (다) > (나)이다.
ㄷ. 극성 분자는 3가지이다.

① ㄴ ② ㄷ ③ ㄱ, ㄴ ④ ㄱ, ㄷ ⑤ ㄴ, ㄷ

85

▸24117-0320
2023학년도 9월 모의평가 8번 상중하

다음은 2주기 원자 W~Z로 이루어진 3가지 분자의 분자식이다. 분자에서 모든 원자는 옥텟 규칙을 만족하고, 전기 음성도는 W > Y이다.

WX_3 XYW YZX_2

이에 대한 설명으로 옳은 것만을 〈보기〉에서 있는 대로 고른 것은? (단, W~Z는 임의의 원소 기호이다.)

보기

ㄱ. WX_3는 극성 분자이다.
ㄴ. YZX_2에서 X는 부분적인 음전하(δ^-)를 띤다.
ㄷ. 결합각은 WX_3가 XYW보다 크다.

① ㄱ ② ㄴ ③ ㄷ
④ ㄱ, ㄴ ⑤ ㄱ, ㄴ, ㄷ

86

▸24117-0321
2023학년도 6월 모의평가 5번 상중하

그림은 2주기 원소 W~Z로 구성된 분자 (가)~(다)의 구조식을 나타낸 것이다. (가)~(다)에서 모든 원자는 옥텟 규칙을 만족한다.

(가) X−W(−X)−X (W에 X 3개 결합)
(나) X−Y−X
(다) X−Z≡W

(가)~(다)에 대한 설명으로 옳은 것만을 〈보기〉에서 있는 대로 고른 것은? (단, W~Z는 임의의 원소 기호이다.)

보기

ㄱ. (가)의 분자 모양은 평면 삼각형이다.
ㄴ. 결합각은 (다)>(나)이다.
ㄷ. 극성 분자는 2가지이다.

① ㄱ ② ㄴ ③ ㄷ
④ ㄱ, ㄴ ⑤ ㄴ, ㄷ

87

▸24117-0322
2022학년도 10월 학력평가 7번 상중하

그림은 분자 (가)~(다)의 구조식을 나타낸 것이다.

(가) CCl_4: Cl−C(−Cl)(−Cl)−Cl
(나) Cl−N(−Cl)−Cl
(다) Cl−O−Cl

(가)~(다)에 대한 옳은 설명만을 〈보기〉에서 있는 대로 고른 것은?

보기

ㄱ. 중심 원자의 비공유 전자쌍 수는 (나)가 가장 크다.
ㄴ. 극성 분자는 2가지이다.
ㄷ. 구성 원자가 모두 동일한 평면에 있는 분자는 2가지이다.

① ㄴ ② ㄷ ③ ㄱ, ㄴ
④ ㄱ, ㄷ ⑤ ㄴ, ㄷ

88

▸24117-0323
2022학년도 10월 학력평가 14번 상중하

표는 원소 W~Z로 구성된 분자 (가)~(다)에 대한 자료이다. W~Z는 각각 C, N, O, F 중 하나이고, (가)~(다)에서 중심 원자는 각각 1개이며, 모든 원자는 옥텟 규칙을 만족한다.

분자	(가)	(나)	(다)
구성 원소	W, X	W, X, Y	X, Y, Z
구성 원자 수	4	3	4
공유 전자쌍 수	3	4	4

이에 대한 옳은 설명만을 〈보기〉에서 있는 대로 고른 것은?

보기

ㄱ. W는 N이다.
ㄴ. (다)에는 3중 결합이 있다.
ㄷ. 결합각은 (가)>(나)이다.

① ㄱ ② ㄷ ③ ㄱ, ㄴ
④ ㄴ, ㄷ ⑤ ㄱ, ㄴ, ㄷ

89
▸24117-0324
2022학년도 3월 학력평가 6번
상 중 하

그림은 2주기 원소 X～Z와 수소(H)로 구성된 분자 (가)와 (나)의 구조식을 나타낸 것이다. X～Z는 각각 C, O, F 중 하나이고, (가)와 (나)에서 X～Z는 모두 옥텟 규칙을 만족한다.

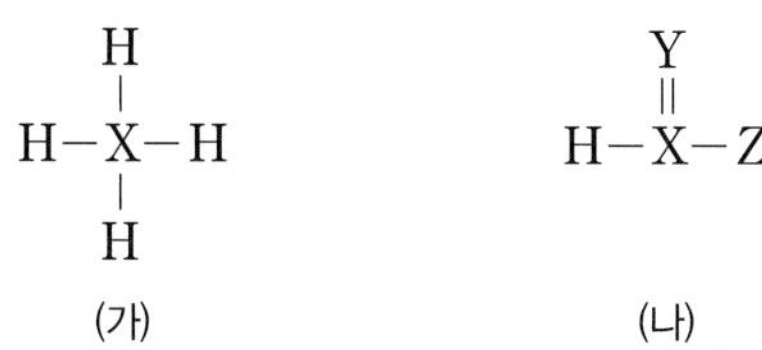

이에 대한 옳은 설명만을 〈보기〉에서 있는 대로 고른 것은?

보기

ㄱ. 전기 음성도는 Z>Y>X이다.
ㄴ. 분자의 쌍극자 모멘트는 (가)>(나)이다.
ㄷ. (나)에는 무극성 공유 결합이 있다.

① ㄱ ② ㄷ ③ ㄱ, ㄴ
④ ㄴ, ㄷ ⑤ ㄱ, ㄴ, ㄷ

90
▸24117-0325
2022학년도 3월 학력평가 8번
상 중 하

표는 분자 (가)～(다)에 대한 자료이다. (가)～(다)는 각각 HCN, NH_3, CH_2O 중 하나이다.

분자	(가)	(나)	(다)
공유 전자쌍 수	a	$a+1$	
비공유 전자쌍 수		b	$2b$

이에 대한 옳은 설명만을 〈보기〉에서 있는 대로 고른 것은?

보기

ㄱ. (다)는 HCN이다.
ㄴ. $a+b=4$이다.
ㄷ. 결합각은 (가)>(나)이다.

① ㄱ ② ㄴ ③ ㄱ, ㄷ
④ ㄴ, ㄷ ⑤ ㄱ, ㄴ, ㄷ

91
▸24117-0326
2022학년도 수능 7번
상 중 하

그림은 3가지 분자를 기준 (가)와 (나)에 따라 분류한 것이다.

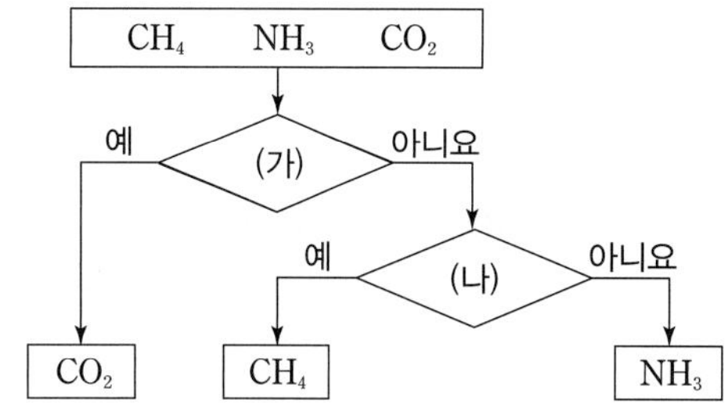

다음 중 (가)와 (나)로 가장 적절한 것은?

	(가)	(나)
①	무극성 분자인가?	공유 전자쌍 수는 3인가?
②	공유 전자쌍 수는 4인가?	무극성 분자인가?
③	분자 모양이 직선형인가?	비공유 전자쌍 수는 4인가?
④	다중 결합이 존재하는가?	분자 모양이 정사면체형인가?
⑤	비공유 전자쌍 수는 4인가?	다중 결합이 존재하는가?

92
▸24117-0327
2022학년도 9월 모의평가 3번
상 중 하

그림은 3가지 분자 (가)～(다)의 구조식을 나타낸 것이다.

H
H−C−H
H
(가)

H−O−H
(나)

H−C≡N
(다)

(가)～(다)에 대한 설명으로 옳은 것만을 〈보기〉에서 있는 대로 고른 것은?

보기

ㄱ. (가)의 분자 모양은 정사면체형이다.
ㄴ. 결합각은 (나)와 (다)가 같다.
ㄷ. 극성 분자는 2가지이다.

① ㄱ ② ㄴ ③ ㄱ, ㄷ
④ ㄴ, ㄷ ⑤ ㄱ, ㄴ, ㄷ

93
▸24117-0328
2022학년도 6월 모의평가 4번
상중하

그림은 3가지 분자의 구조식을 나타낸 것이다.

(구조식: NH_3 — H−N−H 위에 H, 결합각 α / COF_2 — F−C−F 위에 O(이중 결합), 결합각 β / CCl_4 — Cl−C−Cl 위아래 Cl, 결합각 γ)

결합각 $\alpha \sim \gamma$의 크기를 비교한 것으로 옳은 것은?

① $\alpha > \beta > \gamma$ ② $\alpha > \gamma > \beta$ ③ $\beta > \alpha > \gamma$
④ $\beta > \gamma > \alpha$ ⑤ $\gamma > \alpha > \beta$

94
▸24117-0329
2021학년도 10월 학력평가 8번
상중하

그림은 1, 2주기 원소 W～Z로 이루어진 분자 (가)와 이온 (나)의 루이스 전자점식을 나타낸 것이다.

(가): W 중심에 X 4개가 결합, 각 X는 비공유 전자쌍 3개
(나): $[Z:Y:Z$ (Y 위아래 Z)$]^{+}$

이에 대한 옳은 설명만을 〈보기〉에서 있는 대로 고른 것은? (단, W～Z는 임의의 원소 기호이다.)

보기

ㄱ. 원자가 전자 수는 X와 Z가 같다.
ㄴ. 분자의 결합각은 (가)가 YZ_3보다 크다.
ㄷ. ZWY의 분자 모양은 직선형이다.

① ㄱ ② ㄴ ③ ㄱ, ㄷ
④ ㄴ, ㄷ ⑤ ㄱ, ㄴ, ㄷ

95
▸24117-0330
2021학년도 10월 학력평가 14번
상중하

표는 3가지 분자 C_2H_2, CH_2O, CH_2Cl_2을 기준에 따라 분류한 것이다.

분류 기준	예	아니요
(가)	CH_2O	C_2H_2, CH_2Cl_2
모든 구성 원자가 동일 평면에 있는가?	㉠	㉡
극성 분자인가?	㉢	㉣

이에 대한 옳은 설명만을 〈보기〉에서 있는 대로 고른 것은?

보기

ㄱ. '다중 결합이 있는가?'는 (가)로 적절하다.
ㄴ. ㉠에 해당하는 분자는 2가지이다.
ㄷ. ㉡과 ㉢에 공통으로 해당하는 분자는 CH_2Cl_2이다.

① ㄱ ② ㄷ ③ ㄱ, ㄴ
④ ㄴ, ㄷ ⑤ ㄱ, ㄴ, ㄷ

96
▸24117-0331
2021학년도 3월 학력평가 6번
상중하

그림은 3가지 분자를 주어진 기준에 따라 분류한 것이다.

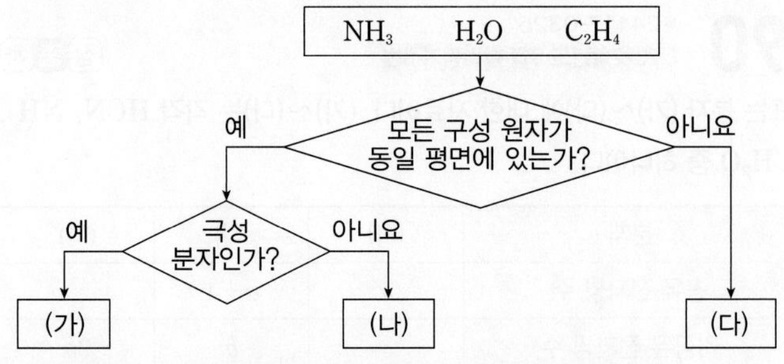

이에 대한 옳은 설명만을 〈보기〉에서 있는 대로 고른 것은?

보기

ㄱ. (가)는 $\frac{\text{비공유 전자쌍 수}}{\text{공유 전자쌍 수}} < 1$이다.
ㄴ. (나)에는 무극성 공유 결합이 있다.
ㄷ. 결합각은 (가)가 (다)보다 크다.

① ㄴ ② ㄷ ③ ㄱ, ㄴ
④ ㄱ, ㄷ ⑤ ㄱ, ㄴ, ㄷ

97 ▸24117-0332

2021학년도 3월 학력평가 12번 상중하

표는 2주기 원소 W～Z로 이루어진 분자 (가)～(다)에 대한 자료이다. (가)～(다)에서 모든 원자는 옥텟 규칙을 만족한다.

분자	(가)	(나)	(다)
구조식	X=W=X	Y−W≡Z	Y−Z=X

이에 대한 옳은 설명만을 〈보기〉에서 있는 대로 고른 것은? (단, W～Z는 임의의 원소 기호이다.)

보기

ㄱ. (나)의 분자 모양은 직선형이다.
ㄴ. 분자의 쌍극자 모멘트는 (다)가 (가)보다 크다.
ㄷ. (나)와 (다)에서 Z의 산화수는 같다.

① ㄱ ② ㄷ ③ ㄱ, ㄴ
④ ㄴ, ㄷ ⑤ ㄱ, ㄴ, ㄷ

98 ▸24117-0333

2021학년도 수능 6번 상중하

그림은 분자 (가)～(다)의 구조식을 나타낸 것이다.

(가) O=C=O

(나) F−N−F (N 아래에 F)

(다) F−C−F (C 위와 아래에 각각 F)

(가)～(다)에 대한 설명으로 옳은 것만을 〈보기〉에서 있는 대로 고른 것은?

보기

ㄱ. 극성 분자는 2가지이다.
ㄴ. 결합각은 (가)가 가장 크다.
ㄷ. 중심 원자에 비공유 전자쌍이 존재하는 분자는 2가지이다.

① ㄱ ② ㄴ ③ ㄷ
④ ㄱ, ㄴ ⑤ ㄴ, ㄷ

99 ▸24117-0334

2021학년도 9월 모의평가 4번 상중하

그림은 분자 (가)～(다)의 구조식을 나타낸 것이다.

(가) H−O−H

(나) O=C=O

(다) H−C≡N

(가)～(다)에 대한 설명으로 옳은 것만을 〈보기〉에서 있는 대로 고른 것은?

보기

ㄱ. 중심 원자에 비공유 전자쌍이 존재하는 분자는 2가지이다.
ㄴ. 분자 모양이 직선형인 분자는 2가지이다.
ㄷ. 극성 분자는 1가지이다.

① ㄱ ② ㄴ ③ ㄱ, ㄷ
④ ㄴ, ㄷ ⑤ ㄱ, ㄴ, ㄷ

100 ▸24117-0335

2021학년도 6월 모의평가 6번 상중하

그림은 분자 (가)～(다)의 구조식을 나타낸 것이다.

(가) H−C≡N

(나) F−B−F (B 아래에 F)

(다) F−C−F (C 위와 아래에 각각 F)

이에 대한 설명으로 옳은 것만을 〈보기〉에서 있는 대로 고른 것은?

보기

ㄱ. (가)의 분자 모양은 굽은 형이다.
ㄴ. (나)는 무극성 분자이다.
ㄷ. 결합각은 (나)>(다)이다.

① ㄱ ② ㄴ ③ ㄷ
④ ㄱ, ㄴ ⑤ ㄴ, ㄷ

Ⅲ 화학 결합과 분자의 세계

101
▸24117-0336
2020학년도 10월 학력평가 11번
상중하

다음은 분자 (가)~(다)에 대한 자료이다. (가)~(다)는 각각 H_2O, CO_2, BF_3 중 하나이다.

○ 구성 원자 수는 (나)>(가)이다.
○ 중심 원자의 원자 번호는 (다)>(가)이다.

이에 대한 옳은 설명만을 〈보기〉에서 있는 대로 고른 것은?

보기

ㄱ. (가)는 H_2O이다.
ㄴ. 결합각은 (가)>(다)이다.
ㄷ. 분자의 쌍극자 모멘트는 (나)>(다)이다.

① ㄱ ② ㄴ ③ ㄷ
④ ㄱ, ㄴ ⑤ ㄴ, ㄷ

102
▸24117-0337
2020학년도 10월 학력평가 19번
상중하

표는 2주기 원소 X~Z로 이루어진 분자 (가)~(다)에 대한 자료이다. (가)~(다)의 모든 원자는 옥텟 규칙을 만족한다.

분자	(가)	(나)	(다)
구성 원소	X, Y, Z	X, Y	X, Z
구성 원자 수	3	4	4
$\frac{\text{비공유 전자쌍 수}}{\text{공유 전자쌍 수}}$(상댓값)	5	6	10

(가)~(다)에 대한 옳은 설명만을 〈보기〉에서 있는 대로 고른 것은? (단, X~Z는 임의의 원소 기호이다.)

보기

ㄱ. (가)의 분자 모양은 굽은 형이다.
ㄴ. 무극성 공유 결합이 있는 것은 2가지이다.
ㄷ. 다중 결합이 있는 것은 2가지이다.

① ㄱ ② ㄴ ③ ㄱ, ㄴ
④ ㄱ, ㄷ ⑤ ㄴ, ㄷ

103
▸24117-0338
2020학년도 3월 학력평가 14번
상중하

표는 분자 (가)~(다)에 대한 자료이다. X~Z는 2주기 원소이고, (가)~(다)의 중심 원자는 옥텟 규칙을 만족한다.

분자	(가)	(나)	(다)
구성 원소	H, X, Y	H, Y	H, Z
전체 원자 수	3	4	3
H 원자 수	1	3	2

(가)~(다)에 대한 옳은 설명만을 〈보기〉에서 있는 대로 고른 것은? (단, X~Z는 임의의 원소 기호이다.)

보기

ㄱ. $\frac{\text{공유 전자쌍 수}}{\text{비공유 전자쌍 수}}>1$인 것은 2가지이다.
ㄴ. 분자를 구성하는 모든 원자가 동일 평면에 존재하는 것은 2가지이다.
ㄷ. (가)~(다)는 모두 극성 분자이다.

① ㄱ ② ㄴ ③ ㄱ, ㄷ
④ ㄴ, ㄷ ⑤ ㄱ, ㄴ, ㄷ

104
▸24117-0339
2020학년도 수능 11번
상중하

그림은 4가지 분자를 주어진 기준에 따라 분류한 것이다. ㉠~㉢은 각각 CO_2, FCN, NH_3 중 하나이다.

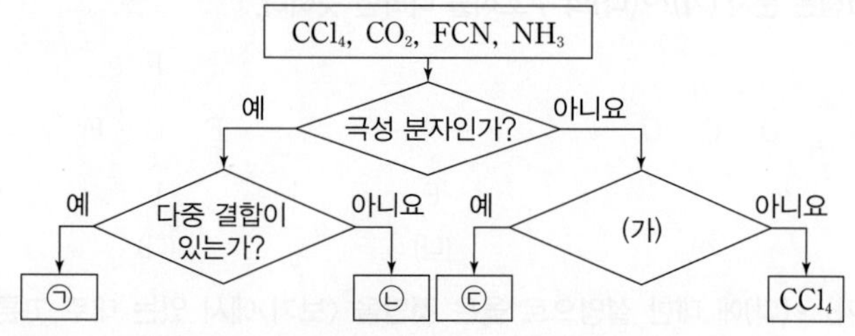

이에 대한 설명으로 옳은 것만을 〈보기〉에서 있는 대로 고른 것은?

보기

ㄱ. '분자 모양은 직선형인가?'는 (가)로 적절하다.
ㄴ. ㉠은 FCN이다.
ㄷ. 결합각은 ㉡>㉢이다.

① ㄱ ② ㄷ ③ ㄱ, ㄴ
④ ㄴ, ㄷ ⑤ ㄱ, ㄴ, ㄷ

105 ▸24117-0340 2020학년도 9월 모의평가 9번 상중하

다음은 3가지 분자 Ⅰ ~ Ⅲ에 대한 자료이다.

○ 분자식

Ⅰ	Ⅱ	Ⅲ
CH_4	NH_3	HCN

○ Ⅰ ~ Ⅲ의 특성을 나타낸 벤 다이어그램

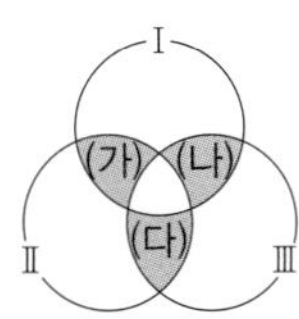

(가): Ⅰ과 Ⅱ만의 공통된 특성
(나): Ⅰ과 Ⅲ만의 공통된 특성
(다): Ⅱ와 Ⅲ만의 공통된 특성

이에 대한 설명으로 옳지 않은 것은?

① '단일 결합만 존재한다.'는 (가)에 속한다.
② '입체 구조이다.'는 (나)에 속한다.
③ '공유 전자쌍 수가 4이다.'는 (나)에 속한다.
④ '극성 분자이다.'는 (다)에 속한다.
⑤ '비공유 전자쌍 수가 1이다.'는 (다)에 속한다.

106 ▸24117-0341 2020학년도 6월 모의평가 6번 상중하

그림은 분자 (가)와 (나)의 루이스 전자점식을 나타낸 것이다.

```
    H             H   H
  H:C:H         H:C::C:H
    H
   (가)            (나)
```

이에 대한 설명으로 옳은 것만을 〈보기〉에서 있는 대로 고른 것은?

보기

ㄱ. (가)의 분자 모양은 정사면체형이다.
ㄴ. (나)에는 무극성 공유 결합이 있다.
ㄷ. 결합각 ∠HCH는 (나)>(가)이다.

① ㄱ ② ㄷ ③ ㄱ, ㄴ
④ ㄴ, ㄷ ⑤ ㄱ, ㄴ, ㄷ

107 ▸24117-0342 2019학년도 10월 학력평가 7번 상중하

그림은 1, 2주기 원소 W ~ Z로 이루어진 분자 (가)와 (나)의 루이스 전자점식을 나타낸 것이다.

```
W:X:::Y:        W:Z:W
   (가)          (나)
```

이에 대한 옳은 설명만을 〈보기〉에서 있는 대로 고른 것은? (단, W ~ Z는 임의의 원소 기호이다.)

보기

ㄱ. 결합각은 (가)가 (나)보다 크다.
ㄴ. 공유 전자쌍 수는 Y_2가 Z_2보다 크다.
ㄷ. YW_3에서 Y는 옥텟 규칙을 만족한다.

① ㄱ ② ㄴ ③ ㄱ, ㄷ
④ ㄴ, ㄷ ⑤ ㄱ, ㄴ, ㄷ

108 ▸24117-0343 2019학년도 3월 학력평가 3번 상중하

표는 분자 (가), (나)에 대한 자료이다. X ~ Z는 각각 H, C, O 중 하나이다.

분자	구성 원소	구성 원자 수	공유 전자쌍 수
(가)	X, Y	3	2
(나)	X, Z	3	4

이에 대한 옳은 설명만을 〈보기〉에서 있는 대로 고른 것은?

보기

ㄱ. X는 O이다.
ㄴ. (가)의 비공유 전자쌍 수는 2이다.
ㄷ. (나)의 분자 모양은 직선형이다.

① ㄱ ② ㄷ ③ ㄱ, ㄴ
④ ㄴ, ㄷ ⑤ ㄱ, ㄴ, ㄷ

기출 & 플러스

01 화학 결합

■ 빈칸에 알맞은 말을 써 넣으시오.

01 (　　) 결합은 양이온과 음이온 사이의 정전기적 인력에 의해 형성되는 결합이다.

02 NaF에서 Na^+과 F^-의 전자 배치는 모두 (　　)과 같다.

03 이온 결합 물질은 고체 상태에서 전기 전도성이 (　　)고, 액체 상태에서 전기 전도성이 (　　)다.

04 이온 결합 물질에 힘을 가하면 같은 전하를 띤 이온 사이의 (　　)이 작용하여 쉽게 부서진다.

05 물을 전기 분해하면 (−)극에서 (　　) 기체가, (+)극에서 (　　) 기체가 발생한다.

06 물의 전기 분해를 통해 화학 결합이 형성될 때 (　　)가 관여한다는 것을 알 수 있다.

07 H_2O에서 O 원자 1개는 H 원자 2개와 각각 전자쌍 (　　) 개를 공유하여 결합을 형성한다.

08 CO_2에서 구성 원자는 모두 (　　) 규칙을 만족하여 (　　)과 전자 배치가 같다.

09 금속 결합은 금속 양이온과 (　　) 사이의 정전기적 인력에 의해 형성된다.

■ 다음 내용이 옳으면 ○표, 틀리면 ×표 하시오.

10 Na^+과 F^-이 이온 결합을 형성할 때 이온 결합이 형성되는 지점에서 이온 사이의 인력과 반발력이 균형을 이룬다. (　　)

11 물의 전기 분해에서 생성되는 기체의 양(mol)의 비는 (−)극 : (+)극=1 : 2이다. (　　)

[12~14] 그림은 화합물 AB와 CD_3를 화학 결합 모형으로 나타낸 것이다. (단, A~D는 임의의 원소 기호이다.)

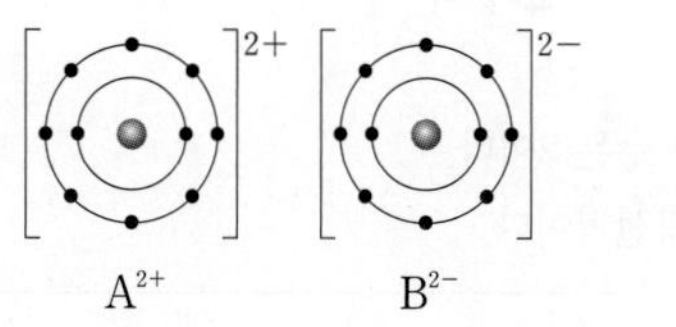
A^{2+}　　B^{2-}　　CD_3

12 AB(l)는 전기 전도성이 있다. (　　)

13 A(s)는 외부에서 힘을 가하면 넓게 펴지는 성질이 있다. (　　)

14 원자가 전자 수는 B>C>A>D이다. (　　)

15 공유 전자쌍 수는 O_2가 H_2의 2배이다. (　　)

16 OF_2와 O_2에는 모두 2중 결합이 있다. (　　)

02 결합의 극성과 루이스 전자점식

■ 빈칸에 알맞은 말을 써 넣으시오.

17 (　　)은 원소 기호 주위에 원자가 전자를 점으로 표시하여 나타낸 것이다.

18 NH_3에서 공유 전자쌍 수는 (　　), 비공유 전자쌍 수는 (　　)이다.

19 (　　)는 결합을 형성한 원자가 공유 전자쌍을 끌어당기는 능력을 상대적인 수치로 나타낸 값이다.

20 H−O−O−H 분자에서 H−O의 결합은 (　　) 공유 결합이고, O−O의 결합은 (　　) 공유 결합이다.

21 전기 음성도는 F>O이므로 O−F 결합에서 F은 부분적인 (　　)를 띤다.

■ 다음 내용이 옳으면 ○표, 틀리면 ×표 하시오.

[22~25] 그림은 1, 2주기 원소 A~C로 이루어진 이온 (가)와 분자 (나)의 루이스 전자점식을 나타낸 것이다. (단, A~C는 임의의 원소 기호이다.)

$[:\ddot{\underset{..}{A}}:B]^-$　　$B:\ddot{\underset{..}{C}}:$

(가)　　(나)

22 1 mol에 들어 있는 전자 수는 (가)와 (나)가 같다. (　　)

23 (나)에서 C는 부분적인 양전하(δ^+)를 띤다. (　　)

24 전기 음성도는 A가 C보다 크다. (　　)

25 AC_2에서 비공유 전자쌍 수는 공유 전자쌍 수의 4배이다. (　　)

03 분자의 구조와 성질

■ 빈칸에 알맞은 말을 써 넣으시오.

26 전자쌍들은 음전하를 띠고 있으므로 서로 반발하여 가능한 한 멀리 떨어져 있으려는 경향이 있다는 것을 (   ) 반발 이론이라고 한다.

27 AB_3에서 중심 원자가 공유 전자쌍만 갖는 경우 분자 구조는 (   )이다.

28 OF_2의 분자 구조는 (   )이다.

[29~32] 그림은 분자 (가)~(다)의 구조식을 나타낸 것이다.

(가) $H-C\equiv N$

(나) F－B－F (B 아래에 F)

(다) F－C－F (C 위와 아래에 F)

29 (나)의 분자 구조는 (   )이다.

30 (나)와 (다)에서 결합각의 크기는 (나) (   ) (다)이다.

31 극성 공유 결합이 있는 분자는 (   )가지이다.

32 분자의 쌍극자 모멘트가 0인 분자는 (   )가지이다.

33 (   ) 분자는 분자 내 모든 극성 공유 결합의 쌍극자 모멘트 합이 0이 아닌 분자이다.

34 NH_3는 (   ) 분자이므로 물에 잘 용해되지만, CO_2는 (   ) 분자이므로 물에 잘 용해되지 않는다.

35 H_2O에 (+) 대전체를 가까이하면 부분적인 음전하(δ^-)를 띠는 (   ) 원자 쪽이 대전체에 끌린다.

■ 다음 내용이 옳으면 ○표, 틀리면 ×표 하시오.

36 중심 원자 주위의 서로 다른 위치에 배열한 4개의 전자쌍은 각각 반발력을 최소로 하면서 사면체형으로 배열된다. (   )

[37~39] 표는 서로 다른 2주기 원소의 수소 화합물 (가)~(다)에서 중심 원자에 존재하는 전자쌍의 수에 대한 자료이다.

수소 화합물	(가)	(나)	(다)
공유 전자쌍 수	4	3	2
비공유 전자쌍 수	0	1	2

37 (다)의 분자 구조는 직선형이다. (   )

38 분자의 쌍극자 모멘트는 (다)가 (가)보다 크다. (   )

39 결합각은 (나)가 (가)보다 크다. (   )

40 BF_3와 CF_4는 모두 무극성 분자이다. (   )

41 BF_3와 CF_4 중 결합각은 BF_3가 크다. (   )

42 H_2O, CO_2, HCN 중 분자 모양이 직선형인 분자는 1가지이다. (   )

43 H_2O, CO_2, HCN 중 분자의 쌍극자 모멘트가 0이 아닌 분자는 2가지이다. (   )

44 사염화 탄소(CCl_4)와 물(H_2O)을 시험관에 넣고 흔들었을 때 2개의 층으로 분리된다. (   )

Ⅲ 화학 결합과 분자의 세계

정답 01 이온 02 Ne 03 없, 있 04 반발력 05 수소(H_2), 산소(O_2) 06 전자 07 1 08 옥텟, Ne 09 자유 전자 10 ○ 11 × 12 ○ 13 ○ 14 ○ 15 ○ 16 × 17 루이스 전자점식 18 3, 1 19 전기 음성도 20 극성, 무극성 21 음전하(δ^-) 22 ○ 23 × 24 × 25 ○ 26 전자쌍 27 평면 삼각형 28 굽은 형 29 평면 삼각형 30 > 31 3 32 2 33 극성 34 극성, 무극성 35 산소(O) 36 ○ 37 × 38 ○ 39 × 40 ○ 41 ○ 42 × 43 ○ 44 ○

함정 탈출 TIP 체크

03 이온 결합 물질은 고체 상태에서 이온들이 매우 단단히 결합하고 있어서 움직일 수 없으므로 전기 전도성이 없다. 11 물을 전기 분해하면 (−)극에서 $H_2(g)$, (+)극에서 $O_2(g)$가 발생하며, 생성되는 기체의 양(mol)의 비는 (−)극 : (+)극=2 : 1이다. 14 AB에서 A 이온의 전하는 +2, B 이온의 전하는 −2이므로 A는 2족, B는 16족 원소이다. CD_3에서 C는 공유 전자쌍 수가 3, 비공유 전자쌍 수가 1이므로 15족 원소이고 D는 1족 원소이다. 따라서 원자가 전자 수는 B>C>A>D이다.

역동적인 화학 반응

기출 문제 분석 팁

- 〈동적 평형〉 단원에서는 상평형과 용해 평형에서 주로 출제되며, 동적 평형 상태 전과 후 정반응 속도와 역반응 속도 관계, 물질의 양(mol)을 묻는 유형 등으로 출제된다. 관련 개념이 단순하므로 동적 평형의 개념을 잘 이해하고 있으면 쉽게 해결할 수 있다.
- 〈물의 자동 이온화와 pH〉 단원에서는 물의 이온화 상수를 이용하여 각 수용액의 $[H_3O^+]$, 또는 $[OH^-]$를 구하거나 pH와 pOH의 관계를 파악하는 문제가 주로 출제된다. 따라서 pH, pOH 관계를 잘 이해하고 있어야 한다. 최근에는 $[H_3O^+]$, $[OH^-]$와 H_3O^+, OH^-의 양(mol)의 계산이 포함되는 경우도 종종 있으므로 몰 농도(M)와 물질의 양(mol) 관계를 알아두어야 한다.
- 〈산 염기 중화 반응〉 단원에서는 중화 적정 실험 과정과 중화 반응의 양적 관계를 분석하는 두 가지 유형으로 출제된다. 중화 적정 실험에서는 식초를 수산화 나트륨 수용액으로 적정하여 식초 속 아세트산의 질량을 구하는 실험으로 출제된다. 중화 반응의 양적 관계에서는 몇 가지 산과 염기 수용액의 반응 자료를 분석하는 문제로, 최근 들어 2가 산이나 염기가 포함된 자료들이 제시되어 까다로운 계산 문제로 출제되기도 한다. 따라서 이와 관련된 유사한 문제들을 많이 풀어보면서 풀이 과정에 익숙해지도록 하고, 더불어 풀이 시간을 줄여나가는 훈련도 필요하다.
- 〈산화 환원 반응〉 단원에서는 화학 반응식으로부터 산화수 변화를 묻거나 산화 또는 환원된 물질을 찾고, 산화제와 환원제를 구분하는 문제가 주로 출제되었다. 하지만 앞으로는 금속 이온과 금속의 산화 환원 반응에서 양적 관계를 분석해야 하는 비교적 까다로운 문제도 출제될 확률이 높으므로 이에 잘 대비하도록 한다.
- 〈화학 반응에서 출입하는 열〉 단원에서는 발열 반응과 흡열 반응으로 구분하는 문제나 화학 반응에서 출입하는 열을 측정하는 실험 문제가 주로 출제되었고, 비교적 난이도는 낮은 편이었다. 하지만 최근에는 〈우리 생활 속의 화학〉 단원의 문제에 일부 내용이 통합되어 출제되므로 이 문제는 틀리지 않도록 잘 대비하도록 한다.

한눈에 보는 출제 빈도

시험 \ 내용		01 동적 평형 • 가역 반응 • 상평형 • 용해 평형	02 물의 자동 이온화와 pH • 물의 이온화 상수 • pH	03 산 염기 중화 반응 • 산 염기 정의 • 중화 반응 • 중화 적정	04 산화 환원 반응 • 산화 반응 • 환원 반응 • 산화수	05 화학 반응에서 출입하는 열 • 발열 반응 • 흡열 반응 • 간이 열량계
2024 학년도	수능	1	1	2	2	
	9월 모의평가	1	1	2	2	
	6월 모의평가	1	1	2	2	
2023 학년도	수능	1	1	2	2	
	9월 모의평가	1	1	2	2	
	6월 모의평가	1	1	2	2	
2022 학년도	수능	1	1	2	1	1
	9월 모의평가	1	1	2	1	1
	6월 모의평가	1	1	2	1	1
2021 학년도	수능	1	1	2	1	1
	9월 모의평가	1	1	2	1	1
	6월 모의평가	1	1	1	1	1
2020 학년도	수능			1	2	
	9월 모의평가			1	1	
	6월 모의평가			1	2	

기출 문제로 유형 확인하기

01 동적 평형

01

▸24117-0344
2024학년도 수능 4번
상중하

다음은 학생 A가 수행한 탐구 활동이다.

[학습 내용]
- 이산화 탄소(CO_2)의 상변화에 따른 동적 평형: $CO_2(s) \rightleftarrows CO_2(g)$

[가설]
- 밀폐된 용기에서 드라이아이스($CO_2(s)$)와 $CO_2(g)$가 동적 평형 상태에 도달하면 [㉠]

[탐구 과정]
- $-70\,°C$에서 밀폐된 진공 용기에 $CO_2(s)$를 넣고, 온도를 $-70\,°C$로 유지하며 시간에 따른 $CO_2(s)$의 질량을 측정한다.

[탐구 결과]
- t_2일 때 동적 평형 상태에 도달하였고, 시간에 따른 $CO_2(s)$의 질량은 그림과 같았다.

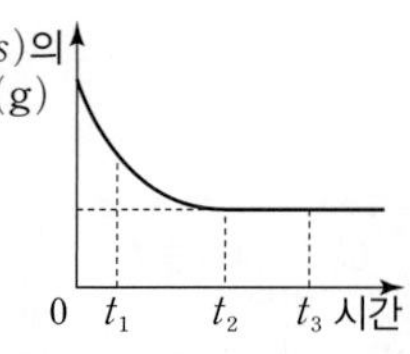

[결론]
- 가설은 옳다.

학생 A의 결론이 타당할 때, 이에 대한 설명으로 옳은 것만을 <보기>에서 있는 대로 고른 것은?

보기

ㄱ. '$CO_2(s)$의 질량이 변하지 않는다.'는 ㉠으로 적절하다.

ㄴ. t_1일 때 $\dfrac{CO_2(g)\text{가 } CO_2(s)\text{로 승화되는 속도}}{CO_2(s)\text{가 } CO_2(g)\text{로 승화되는 속도}} < 1$이다.

ㄷ. t_3일 때 $CO_2(s)$가 $CO_2(g)$로 승화되는 반응은 일어나지 않는다.

① ㄱ ② ㄴ ③ ㄷ ④ ㄱ, ㄴ ⑤ ㄱ, ㄷ

02

▸24117-0345
2024학년도 9월 모의평가 5번
상중하

그림 (가)는 $-70\,°C$에서 밀폐된 진공 용기에 드라이아이스($CO_2(s)$)를 넣은 후 시간에 따른 용기 속 ㉠의 양(mol)을, (나)는 t_3일 때 용기 속 상태를 나타낸 것이다. ㉠은 $CO_2(s)$와 $CO_2(g)$ 중 하나이고, t_2일 때 $CO_2(s)$와 $CO_2(g)$는 동적 평형 상태에 도달하였다.

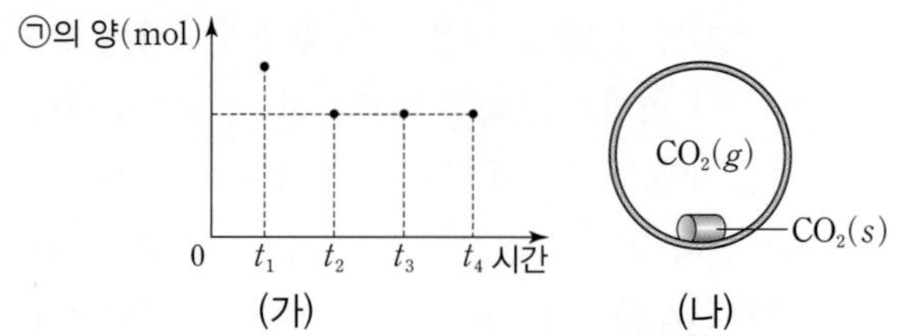

(가) (나)

이에 대한 설명으로 옳은 것만을 <보기>에서 있는 대로 고른 것은? (단, 온도는 일정하다.)

보기

ㄱ. ㉠은 $CO_2(s)$이다.

ㄴ. t_1일 때 $\dfrac{CO_2(g)\text{가 } CO_2(s)\text{로 승화되는 속도}}{CO_2(s)\text{가 } CO_2(g)\text{로 승화되는 속도}} > 1$이다.

ㄷ. $CO_2(g)$의 양(mol)은 t_3일 때와 t_4일 때가 같다.

① ㄱ ② ㄴ ③ ㄱ, ㄷ ④ ㄴ, ㄷ ⑤ ㄱ, ㄴ, ㄷ

03
▸24117-0346
2024학년도 6월 모의평가 5번
상 중 하

표는 25 ℃에서 밀폐된 진공 용기에 $I_2(s)$을 넣은 후 시간에 따른 $I_2(g)$의 양(mol)에 대한 자료이다. $2t$일 때 $I_2(s)$과 $I_2(g)$은 동적 평형 상태에 도달하였고, $b>a>0$이다. 그림은 $2t$일 때 용기 안의 상태를 나타낸 것이다.

시간	t	$2t$	$3t$
$I_2(g)$의 양(mol)	a	b	x

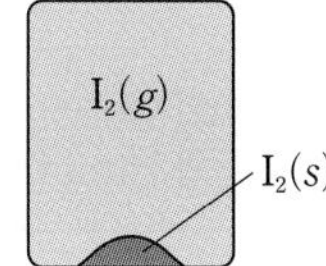

이에 대한 설명으로 옳은 것만을 〈보기〉에서 있는 대로 고른 것은? (단, 온도는 25 ℃로 일정하다.)

보기

ㄱ. $x>a$이다.
ㄴ. t일 때 $I_2(g)$이 $I_2(s)$으로 승화되는 반응은 일어나지 않는다.
ㄷ. $2t$일 때 $\dfrac{I_2(s)\text{이 } I_2(g)\text{으로 승화되는 속도}}{I_2(g)\text{이 } I_2(s)\text{으로 승화되는 속도}}=1$이다.

① ㄱ ② ㄴ ③ ㄱ, ㄷ
④ ㄴ, ㄷ ⑤ ㄱ, ㄴ, ㄷ

04
▸24117-0347
2023학년도 10월 학력평가 6번
상 중 하

표는 25 ℃에서 밀폐된 진공 용기에 $X(l)$를 넣은 후, $X(l)$와 $X(g)$의 질량을 시간 순서 없이 나타낸 것이다. 시간이 $2t$일 때 $X(l)$와 $X(g)$는 동적 평형 상태에 도달하였고, ㉠과 ㉡은 각각 t, $3t$ 중 하나이다.

시간	$2t$	㉠	㉡
$X(l)$의 질량(g)	a	a	b
$X(g)$의 질량(g)	c		d

이에 대한 옳은 설명만을 〈보기〉에서 있는 대로 고른 것은? (단, 온도는 25 ℃로 일정하다.)

보기

ㄱ. ㉠은 $3t$이다.
ㄴ. $d>c$이다.
ㄷ. 시간이 ㉡일 때 $\dfrac{X(g)\text{의 응축 속도}}{X(l)\text{의 증발 속도}}=1$이다.

① ㄱ ② ㄷ ③ ㄱ, ㄴ
④ ㄴ, ㄷ ⑤ ㄱ, ㄴ, ㄷ

05
▸24117-0348
2023학년도 3월 학력평가 4번
상 중 하

표는 밀폐된 진공 용기에 $H_2O(l)$을 넣은 후 시간에 따른 $\dfrac{H_2O(g)\text{의 양(mol)}}{H_2O(l)\text{의 양(mol)}}$을 나타낸 것이다. $0<t_1<t_2<t_3$이고, t_2일 때 $H_2O(l)$과 $H_2O(g)$는 동적 평형에 도달하였다.

시간	t_1	t_2	t_3
$\dfrac{H_2O(g)\text{의 양(mol)}}{H_2O(l)\text{의 양(mol)}}$	a	b	c

이에 대한 옳은 설명만을 〈보기〉에서 있는 대로 고른 것은? (단, 온도는 일정하다.)

보기

ㄱ. $c>b$이다.
ㄴ. $H_2O(g)$의 양(mol)은 t_2일 때가 t_1일 때보다 많다.
ㄷ. $\dfrac{H_2O(g)\text{의 응축 속도}}{H_2O(l)\text{의 증발 속도}}$는 t_1일 때가 t_3일 때보다 크다.

① ㄱ ② ㄴ ③ ㄱ, ㄷ
④ ㄴ, ㄷ ⑤ ㄱ, ㄴ, ㄷ

06
▸24117-0349
2023학년도 수능 7번
상 중 하

그림은 온도가 다른 두 밀폐된 진공 용기 (가)와 (나)에 각각 같은 양(mol)의 $H_2O(l)$을 넣은 후 시간에 따른 $\dfrac{H_2O(l)\text{의 양(mol)}}{H_2O(g)\text{의 양(mol)}}$을 나타낸 것이다. (가)에서는 t_2일 때, (나)에서는 t_3일 때 $H_2O(l)$과 $H_2O(g)$는 동적 평형 상태에 도달하였다. $0<t_1<t_2<t_3$이다.

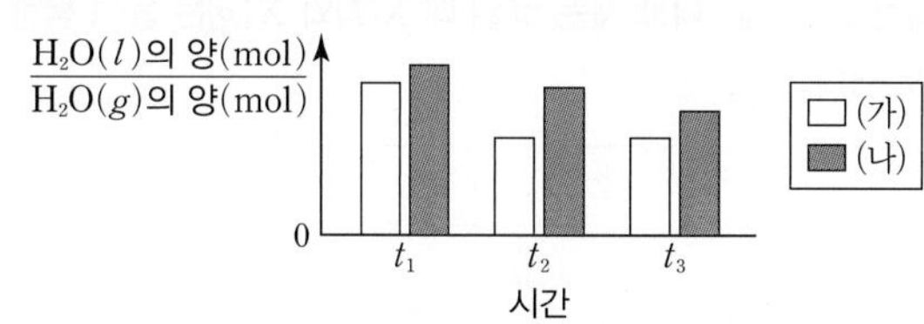

이에 대한 설명으로 옳은 것만을 〈보기〉에서 있는 대로 고른 것은? (단, 두 용기의 온도는 각각 일정하다.)

보기

ㄱ. (가)에서 $H_2O(g)$의 양(mol)은 t_2일 때가 t_1일 때보다 많다.
ㄴ. (나)에서 t_3일 때 $H_2O(g)$가 $H_2O(l)$로 되는 반응은 일어나지 않는다.
ㄷ. t_2일 때 H_2O의 $\dfrac{\text{증발 속도}}{\text{응축 속도}}$는 (가)에서가 (나)에서보다 크다.

① ㄱ ② ㄴ ③ ㄷ
④ ㄱ, ㄴ ⑤ ㄱ, ㄷ

07

▸24117-0350

2023학년도 9월 모의평가 7번

상중하

표는 밀폐된 진공 용기에 $H_2O(l)$을 넣은 후 시간에 따른 $\frac{B}{A}$를 나타낸 것이다. A와 B는 각각 H_2O의 증발 속도와 응축 속도 중 하나이고, t_2일 때 $H_2O(l)$과 $H_2O(g)$는 동적 평형 상태에 도달하였다. $x>y$이고, $0<t_1<t_2<t_3$이다.

시간	t_1	t_2	t_3
$\frac{B}{A}$	x	y	z

이에 대한 설명으로 옳은 것만을 〈보기〉에서 있는 대로 고른 것은? (단, 온도는 일정하다.)

보기

ㄱ. $x>1$이다.
ㄴ. B는 H_2O의 응축 속도이다.
ㄷ. $y=z$이다.

① ㄱ ② ㄴ ③ ㄱ, ㄷ
④ ㄴ, ㄷ ⑤ ㄱ, ㄴ, ㄷ

08

▸24117-0351

2023학년도 6월 모의평가 6번

상중하

표는 크기가 다른 두 밀폐된 진공 용기 (가)와 (나)에 각각 $X(l)$를 넣은 후 시간에 따른 $\frac{X(l)\text{의 양(mol)}}{X(g)\text{의 양(mol)}}$을 나타낸 것이다. (가)에서는 $2t$일 때, (나)에서는 $3t$일 때 $X(l)$와 $X(g)$는 동적 평형 상태에 도달하였다.

시간		t	$2t$	$3t$	$4t$
$\frac{X(l)\text{의 양(mol)}}{X(g)\text{의 양(mol)}}$(상댓값)	(가)	a		1	
	(나)			b	c

이에 대한 설명으로 옳은 것만을 〈보기〉에서 있는 대로 고른 것은? (단, 온도는 일정하다.)

보기

ㄱ. $a>1$이다.
ㄴ. $b>c$이다.
ㄷ. $2t$일 때, X의 $\frac{\text{응축 속도}}{\text{증발 속도}}$는 (나)에서가 (가)에서보다 크다.

① ㄱ ② ㄴ ③ ㄷ
④ ㄱ, ㄷ ⑤ ㄴ, ㄷ

09

▸24117-0352

2022학년도 10월 학력평가 6번

상중하

표는 부피가 다른 밀폐된 진공 용기 (가)와 (나)에 각각 같은 양(mol)의 $X(l)$를 넣은 후 시간에 따른 $\frac{X(g)\text{의 양(mol)}}{X(l)\text{의 양(mol)}}$을 나타낸 것이다. $c>b>a$이다.

시간		t	$2t$	$3t$	$4t$
$\frac{X(g)\text{의 양(mol)}}{X(l)\text{의 양(mol)}}$(상댓값)	(가)	a	b	b	
	(나)		b	c	c

이에 대한 옳은 설명만을 〈보기〉에서 있는 대로 고른 것은? (단, 온도는 일정하다.)

보기

ㄱ. (가)에서 $X(g)$의 양(mol)은 $2t$일 때가 t일 때보다 크다.
ㄴ. $X(l)$와 $X(g)$가 동적 평형에 도달하는 데 걸린 시간은 (나)>(가)이다.
ㄷ. (가)에서 $4t$일 때 $\frac{X(g)\text{의 응축 속도}}{X(l)\text{의 증발 속도}}>1$이다.

① ㄱ ② ㄷ ③ ㄱ, ㄴ
④ ㄴ, ㄷ ⑤ ㄱ, ㄴ, ㄷ

10

▸24117-0353

2022학년도 3월 학력평가 2번

상중하

표는 밀폐된 진공 용기에 $C_2H_5OH(l)$을 넣은 후 시간에 따른 $C_2H_5OH(g)$의 양(mol)을 나타낸 것이다. t_2일 때 동적 평형 상태에 도달하였고, 이때 $\frac{C_2H_5OH(g)\text{의 양(mol)}}{C_2H_5OH(l)\text{의 양(mol)}}=x$이다.

시간	t_1	t_2	t_3
$C_2H_5OH(g)$의 양(mol)	a	b	b

이에 대한 옳은 설명만을 〈보기〉에서 있는 대로 고른 것은? (단, 온도는 일정하고, $0<t_1<t_2<t_3$이다.)

보기

ㄱ. $b>a$이다.
ㄴ. t_1일 때 $\frac{C_2H_5OH(g)\text{의 응축 속도}}{C_2H_5OH(l)\text{의 증발 속도}}<1$이다.
ㄷ. t_3일 때 $\frac{C_2H_5OH(g)\text{의 양(mol)}}{C_2H_5OH(l)\text{의 양(mol)}}>x$이다.

① ㄱ ② ㄷ ③ ㄱ, ㄴ
④ ㄴ, ㄷ ⑤ ㄱ, ㄴ, ㄷ

11

▸24117-0354
2022학년도 수능 6번
상중하

표는 밀폐된 진공 용기 안에 $H_2O(l)$을 넣은 후 시간에 따른 $H_2O(g)$의 양(mol)을 나타낸 것이다. $0<t_1<t_2<t_3$이고, t_2일 때 $H_2O(l)$과 $H_2O(g)$는 동적 평형 상태에 도달하였다.

시간	t_1	t_2	t_3
$H_2O(g)$의 양(mol)	a	b	

이에 대한 설명으로 옳은 것만을 〈보기〉에서 있는 대로 고른 것은? (단, 온도는 일정하다.)

보기

ㄱ. $b>a$이다.

ㄴ. $\frac{\text{응축 속도}}{\text{증발 속도}}$는 t_2일 때가 t_1일 때보다 크다.

ㄷ. 용기 내 $H_2O(l)$의 양(mol)은 t_2일 때와 t_3일 때가 같다.

① ㄱ ② ㄷ ③ ㄱ, ㄴ ④ ㄴ, ㄷ ⑤ ㄱ, ㄴ, ㄷ

12

▸24117-0355
2022학년도 9월 모의평가 5번
상중하

그림은 밀폐된 진공 용기 안에 $H_2O(l)$을 넣은 후 시간에 따른 $\frac{H_2O(l)\text{의 양(mol)}}{H_2O(g)\text{의 양(mol)}}$을 나타낸 것이다. 시간이 t_2일 때 $H_2O(l)$과 $H_2O(g)$는 동적 평형 상태에 도달하였다.

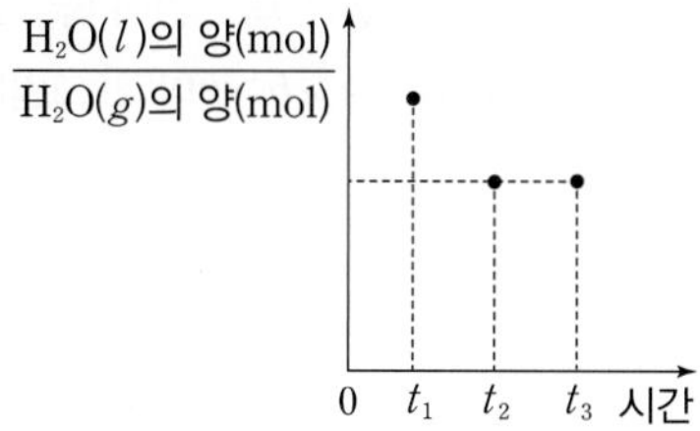

이에 대한 설명으로 옳은 것만을 〈보기〉에서 있는 대로 고른 것은? (단, 온도는 일정하다.)

보기

ㄱ. H_2O의 상변화는 가역 반응이다.

ㄴ. t_1일 때 $\frac{H_2O(l)\text{의 증발 속도}}{H_2O(g)\text{의 응축 속도}}=1$이다.

ㄷ. $\frac{t_3\text{일 때 }H_2O(g)\text{의 양(mol)}}{t_2\text{일 때 }H_2O(g)\text{의 양(mol)}}<1$이다.

① ㄱ ② ㄴ ③ ㄱ, ㄷ ④ ㄴ, ㄷ ⑤ ㄱ, ㄴ, ㄷ

13

▸24117-0356
2022학년도 6월 모의평가 5번
상중하

표는 밀폐된 진공 용기 안에 $H_2O(l)$을 넣은 후 시간에 따른 $H_2O(l)$과 $H_2O(g)$의 양에 대한 자료이다. $0<t_1<t_2<t_3$이고, t_2일 때 $H_2O(l)$과 $H_2O(g)$는 동적 평형 상태에 도달하였다.

시간	t_1	t_2	t_3
$H_2O(l)$의 양(mol)	a	b	b
$H_2O(g)$의 양(mol)	c	d	

이에 대한 설명으로 옳은 것만을 〈보기〉에서 있는 대로 고른 것은? (단, 온도는 일정하다.)

보기

ㄱ. t_1일 때 $\frac{\text{응축 속도}}{\text{증발 속도}}<1$이다.

ㄴ. t_3일 때 $H_2O(l)$이 $H_2O(g)$가 되는 반응은 일어나지 않는다.

ㄷ. $\frac{a}{c}=\frac{b}{d}$이다.

① ㄱ ② ㄴ ③ ㄱ, ㄷ ④ ㄴ, ㄷ ⑤ ㄱ, ㄴ, ㄷ

14

▸24117-0357
2021학년도 10월 학력평가 7번
상중하

그림은 물에 $X(s)$ w g을 넣었을 때, 시간에 따른 용해된 X의 질량을 나타낸 것이다. $w>a$이다.

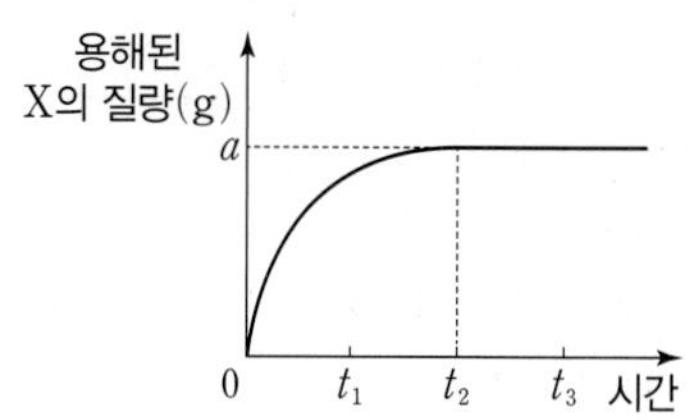

이에 대한 옳은 설명만을 〈보기〉에서 있는 대로 고른 것은? (단, 온도는 일정하고, X의 용해에 따른 수용액의 부피 변화와 물의 증발은 무시한다.)

보기

ㄱ. X의 석출 속도는 t_1일 때와 t_2일 때가 같다.

ㄴ. $X(aq)$의 몰 농도는 t_3일 때가 t_1일 때보다 크다.

ㄷ. 녹지 않고 남아 있는 $X(s)$의 질량은 t_2일 때가 t_3일 때보다 크다.

① ㄴ ② ㄷ ③ ㄱ, ㄴ ④ ㄱ, ㄷ ⑤ ㄴ, ㄷ

15 ▸24117-0358
2021학년도 3월 학력평가 5번 상중하

그림은 밀폐된 진공 용기에 $X(l)$를 넣은 후 $X(g)$의 응축 속도를 시간에 따라 나타낸 것이다. 온도는 일정하고, t_2에서 $X(l)$와 $X(g)$는 동적 평형을 이루고 있다.

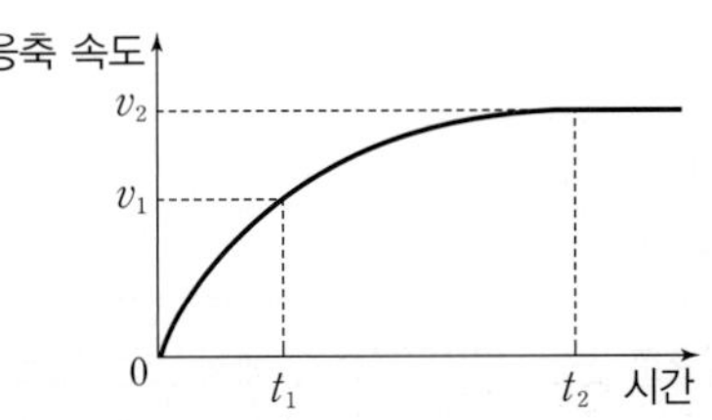

이에 대한 옳은 설명만을 〈보기〉에서 있는 대로 고른 것은?

보기

ㄱ. t_1에서 $X(l)$의 증발 속도는 v_1보다 크다.
ㄴ. t_2에서 $X(l)$의 증발이 일어나지 않는다.
ㄷ. $X(g)$의 양(mol)은 t_2에서가 t_1에서보다 크다.

① ㄱ ② ㄷ ③ ㄱ, ㄴ
④ ㄱ, ㄷ ⑤ ㄴ, ㄷ

16 ▸24117-0359
2021학년도 수능 8번 상중하

표는 밀폐된 진공 용기 안에 $X(l)$를 넣은 후 시간에 따른 X의 $\frac{\text{응축 속도}}{\text{증발 속도}}$와 $\frac{X(g)\text{의 양(mol)}}{X(l)\text{의 양(mol)}}$에 대한 자료이다. $0<t_1<t_2<t_3$이고, $c>1$이다.

시간	t_1	t_2	t_3
$\frac{\text{응축 속도}}{\text{증발 속도}}$	a	b	1
$\frac{X(g)\text{의 양(mol)}}{X(l)\text{의 양(mol)}}$		1	c

이에 대한 설명으로 옳은 것만을 〈보기〉에서 있는 대로 고른 것은? (단, 온도는 일정하다.)

보기

ㄱ. $a<1$이다.
ㄴ. $b=1$이다.
ㄷ. t_2일 때, $X(l)$와 $X(g)$는 동적 평형을 이루고 있다.

① ㄱ ② ㄴ ③ ㄱ, ㄷ
④ ㄴ, ㄷ ⑤ ㄱ, ㄴ, ㄷ

17 ▸24117-0360
2021학년도 9월 모의평가 11번 상중하

다음은 설탕의 용해에 대한 실험이다.

[실험 과정]
(가) 25 ℃의 물이 담긴 비커에 충분한 양의 설탕을 넣고 유리 막대로 저어 준다.
(나) 시간에 따른 비커 속 고체 설탕의 양을 관찰하고 설탕 수용액의 몰 농도(M)를 측정한다.

[실험 결과]

시간	t	$4t$	$8t$
관찰 결과			
설탕 수용액의 몰 농도(M)	$\frac{2}{3}a$	a	

○ $4t$일 때 설탕 수용액은 용해 평형에 도달하였다.

이에 대한 설명으로 옳은 것만을 〈보기〉에서 있는 대로 고른 것은? (단, 온도는 25 ℃로 일정하고, 물의 증발은 무시한다.)

보기

ㄱ. t일 때 설탕의 석출 속도는 0이다.
ㄴ. $4t$일 때 설탕의 용해 속도는 석출 속도보다 크다.
ㄷ. 녹지 않고 남아 있는 설탕의 질량은 $4t$일 때와 $8t$일 때가 같다.

① ㄴ ② ㄷ ③ ㄱ, ㄴ
④ ㄱ, ㄷ ⑤ ㄴ, ㄷ

18 ▸24117-0361
2021학년도 6월 모의평가 16번 상중하

표는 밀폐된 용기 안에 $H_2O(l)$을 넣은 후 시간에 따른 H_2O의 증발 속도와 응축 속도에 대한 자료이고, $a>b>0$이다. 그림은 시간이 $2t$일 때 용기 안의 상태를 나타낸 것이다.

시간	t	$2t$	$4t$
증발 속도	a	a	a
응축 속도	b	a	x

$H_2O(g)$
$H_2O(l)$

이에 대한 설명으로 옳은 것만을 〈보기〉에서 있는 대로 고른 것은? (단, 온도는 일정하다.)

보기

ㄱ. H_2O의 상변화는 가역 반응이다.
ㄴ. 용기 내 $H_2O(l)$의 양(mol)은 t에서와 $2t$에서가 같다.
ㄷ. $x=2a$이다.

① ㄱ ② ㄴ ③ ㄷ
④ ㄱ, ㄴ ⑤ ㄱ, ㄷ

02 물의 자동 이온화와 pH

19
▸24117-0362
2024학년도 수능 17번
상중하

다음은 25 ℃에서 수용액 (가)~(다)에 대한 자료이다.

- (가)~(다)의 액성은 모두 다르며, 각각 산성, 중성, 염기성 중 하나이다.
- |pH−pOH|은 (가)가 (나)보다 4만큼 크다.

수용액	(가)	(나)	(다)
$\frac{pH}{pOH}$	$\frac{3}{25}$	x	y
부피(L)	0.2	0.4	0.5
OH^-의 양(mol)	a	b	c

이에 대한 설명으로 옳은 것만을 〈보기〉에서 있는 대로 고른 것은? (단, 25 ℃에서 물의 이온화 상수(K_w)는 1×10^{-14}이다.)

보기

ㄱ. (나)의 액성은 중성이다.
ㄴ. $x+y=4$이다.
ㄷ. $\frac{b\times c}{a}=100$이다.

① ㄱ ② ㄴ ③ ㄷ
④ ㄱ, ㄴ ⑤ ㄴ, ㄷ

20
▸24117-0363
2024학년도 9월 모의평가 17번
상중하

표는 25 ℃에서 수용액 (가)와 (나)에 대한 자료이다.

수용액	$\frac{[H_3O^+]}{[OH^-]}$	pOH−pH	부피
(가)	$100a$	$2b$	V
(나)	a	b	$10V$

이에 대한 설명으로 옳은 것만을 〈보기〉에서 있는 대로 고른 것은? (단, 25 ℃에서 물의 이온화 상수(K_w)는 1×10^{-14}이다.)

보기

ㄱ. $\frac{a}{b}=50$이다.
ㄴ. (가)의 pH=4이다.
ㄷ. $\frac{\text{(나)에서 } H_3O^+\text{의 양(mol)}}{\text{(가)에서 } H_3O^+\text{의 양(mol)}}=1$이다.

① ㄱ ② ㄷ ③ ㄱ, ㄴ
④ ㄱ, ㄷ ⑤ ㄴ, ㄷ

21
▸24117-0364
2024학년도 6월 모의평가 17번
상중하

그림은 25 ℃에서 수용액 (가)와 (나)의 부피와 OH^-의 양(mol)을 나타낸 것이다. pH는 (가) : (나)=7 : 3이다.

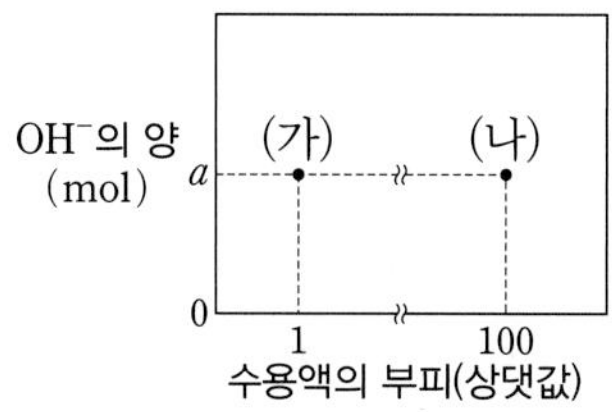

이에 대한 설명으로 옳은 것만을 〈보기〉에서 있는 대로 고른 것은? (단, 25 ℃에서 물의 이온화 상수(K_w)는 1×10^{-14}이다.)

보기

ㄱ. (가)의 액성은 산성이다.
ㄴ. (나)의 pOH는 11.5이다.
ㄷ. $\frac{\text{(가)에서 } H_3O^+\text{의 양(mol)}}{\text{(나)에서 } OH^-\text{의 양(mol)}}=1\times10^7$이다.

① ㄱ ② ㄴ ③ ㄱ, ㄷ
④ ㄴ, ㄷ ⑤ ㄱ, ㄴ, ㄷ

22
▸24117-0365

2023학년도 10월 학력평가 8번
상중하

다음은 25 ℃ 수용액 (가)~(다)에 대한 자료이다.

- (가)에서 pOH−pH=8.0이다.
- $\frac{\text{(가)의 } [H_3O^+]}{\text{(나)의 } [OH^-]}=10$이다.
- pOH는 (다)가 (나)의 3배이다.

이에 대한 옳은 설명만을 〈보기〉에서 있는 대로 고른 것은? (단, 25 ℃에서 물의 이온화 상수(K_w)는 1×10^{-14}이다.)

보기

ㄱ. (가)는 염기성이다.
ㄴ. (나)의 pOH는 3.0이다.
ㄷ. (다)의 $[H_3O^+]$는 1×10^{-2} M이다.

① ㄱ ② ㄷ ③ ㄱ, ㄴ
④ ㄱ, ㄷ ⑤ ㄴ, ㄷ

23

▸24117-0366
2023학년도 3월 학력평가 16번

상중하

표는 25 ℃ 수용액 (가)와 (나)에 대한 자료이다.

수용액	pOH−pH	부피(mL)	H_3O^+의 양(mol)
(가)	x	$20V$	n
(나)	$2x$	V	$50n$

이에 대한 옳은 설명만을 〈보기〉에서 있는 대로 고른 것은? (단, 25 ℃에서 물의 이온화 상수(K_w)는 1×10^{-14}이다.)

보기

ㄱ. pH는 (가)>(나)이다.

ㄴ. (가)와 (나)는 모두 산성이다.

ㄷ. $x=3$이다.

① ㄱ ② ㄷ ③ ㄱ, ㄴ
④ ㄴ, ㄷ ⑤ ㄱ, ㄴ, ㄷ

24

▸24117-0367
2023학년도 수능 16번

상중하

표는 25 ℃의 물질 (가)~(다)에 대한 자료이다. (가)~(다)는 $HCl(aq)$, $H_2O(l)$, $NaOH(aq)$을 순서 없이 나타낸 것이고, H_3O^+의 양(mol)은 (가)가 (나)의 200배이다.

물질	(가)	(나)	(다)
$\frac{[H_3O^+]}{[OH^-]}$(상댓값)	10^8	1	10^{14}
부피(mL)	10	x	

이에 대한 설명으로 옳은 것만을 〈보기〉에서 있는 대로 고른 것은? (단, 25 ℃에서 물의 이온화 상수(K_w)는 1×10^{-14}이다.)

보기

ㄱ. (가)는 $HCl(aq)$이다.

ㄴ. $x=500$이다.

ㄷ. $\frac{\text{(나)의 pOH}}{\text{(다)의 pH}}>1$이다.

① ㄱ ② ㄴ ③ ㄷ
④ ㄱ, ㄴ ⑤ ㄴ, ㄷ

25

▸24117-0368
2023학년도 9월 모의평가 16번

상중하

표는 25 ℃의 수용액 (가)와 (나)에 대한 자료이다.

수용액	pH	pOH	H_3O^+의 양(mol) (상댓값)	부피(mL)
(가)	x		50	100
(나)		$2x$	1	200

이에 대한 설명으로 옳은 것만을 〈보기〉에서 있는 대로 고른 것은? (단, 25 ℃에서 물의 이온화 상수(K_W)는 1×10^{-14}이다.)

보기

ㄱ. $x=5$이다.

ㄴ. (가)와 (나)의 액성은 모두 산성이다.

ㄷ. $\frac{\text{(가)에서 }OH^-\text{의 양(mol)}}{\text{(나)에서 }H_3O^+\text{의 양(mol)}}<1\times10^{-5}$이다.

① ㄱ ② ㄴ ③ ㄷ
④ ㄱ, ㄴ ⑤ ㄴ, ㄷ

26

▸24117-0369
2023학년도 6월 모의평가 16번

상중하

표는 25 ℃의 물질 (가)~(다)에 대한 자료이다. (가)~(다)는 각각 $HCl(aq)$, $H_2O(l)$, $NaOH(aq)$ 중 하나이고, $pH=-\log[H_3O^+]$, $pOH=-\log[OH^-]$이다.

물질	(가)	(나)	(다)
$\frac{pH}{pOH}$	1	$\frac{1}{6}$	$\frac{5}{2}$
부피(mL)	100	200	400

이에 대한 설명으로 옳은 것만을 〈보기〉에서 있는 대로 고른 것은? (단, 온도는 25 ℃로 일정하고, 25 ℃에서 물의 이온화 상수(K_W)는 1×10^{-14}이며, 혼합 용액의 부피는 혼합 전 물 또는 용액의 부피의 합과 같다.)

보기

ㄱ. (가)는 $HCl(aq)$이다.

ㄴ. $\frac{\text{(나)에서 }H_3O^+\text{의 양(mol)}}{\text{(다)에서 }OH^-\text{의 양(mol)}}=50$이다.

ㄷ. (가)와 (다)를 모두 혼합한 수용액에서 pH<10이다.

① ㄱ ② ㄴ ③ ㄷ
④ ㄱ, ㄴ ⑤ ㄴ, ㄷ

27

▸24117-0370
2022학년도 10월 학력평가 10번

상중하

표는 25 ℃ 수용액 (가)와 (나)에 대한 자료이다. (가), (나)는 각각 $HCl(aq)$, $NaOH(aq)$ 중 하나이다.

수용액	(가)	(나)
pH−pOH	−8	10
부피(mL)	100	50

이에 대한 옳은 설명만을 〈보기〉에서 있는 대로 고른 것은? (단, 25 ℃에서 물의 이온화 상수(K_w)는 1×10^{-14}이다.)

보기

ㄱ. (가)는 $HCl(aq)$이다.

ㄴ. (나)에서 $\dfrac{[OH^-]}{[H_3O^+]}=10^{10}$이다.

ㄷ. $\dfrac{\text{(나)에서 } OH^- \text{의 양(mol)}}{\text{(가)에서 } H_3O^+ \text{의 양(mol)}}=5$이다.

① ㄱ ② ㄴ ③ ㄱ, ㄷ
④ ㄴ, ㄷ ⑤ ㄱ, ㄴ, ㄷ

28

▸24117-0371
2022학년도 3월 학력평가 10번

그림 (가)와 (나)는 각각 $HCl(aq)$, $NaOH(aq)$을 나타낸 것이다.

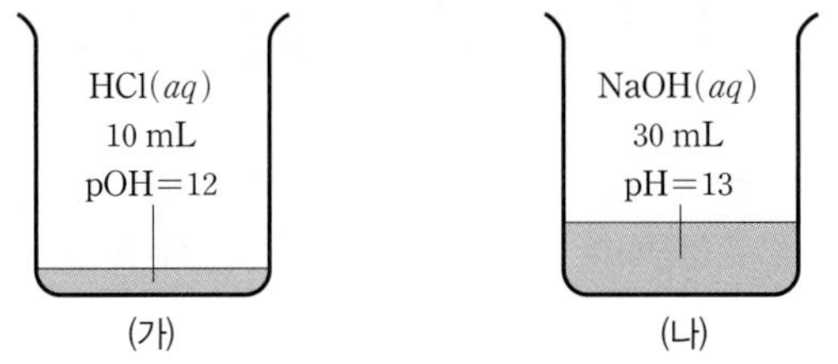

이에 대한 옳은 설명만을 〈보기〉에서 있는 대로 고른 것은? (단, 온도는 25 ℃로 일정하고, 25 ℃에서 물의 이온화 상수(K_w)는 1×10^{-14}이다.)

보기

ㄱ. (가)의 $[H_3O^+]=0.01$ M이다.

ㄴ. (나)에 들어 있는 OH^-의 양은 0.003 mol이다.

ㄷ. (가)에 물을 넣어 100 mL로 만든 $HCl(aq)$의 pH=4이다.

① ㄱ ② ㄷ ③ ㄱ, ㄴ
④ ㄴ, ㄷ ⑤ ㄱ, ㄴ, ㄷ

29

▸24117-0372
2022학년도 수능 12번

상중하

표는 수용액 (가)와 (나)에 대한 자료이다. (가)와 (나)는 각각 $NaOH(aq)$과 $HCl(aq)$ 중 하나이다.

수용액	(가)	(나)
몰 농도(M)	a	$\frac{1}{10}a$
pH	$2x$	x

이에 대한 설명으로 옳은 것만을 〈보기〉에서 있는 대로 고른 것은? (단, 온도는 25 ℃로 일정하며, 25 ℃에서 물의 이온화 상수(K_w)는 1×10^{-14}이다.)

보기

ㄱ. (나)는 $HCl(aq)$이다.

ㄴ. $x=4.0$이다.

ㄷ. $10a$ M $NaOH(aq)$에서 $\dfrac{[Na^+]}{[H_3O^+]}=1\times10^8$이다.

① ㄱ ② ㄴ ③ ㄷ
④ ㄱ, ㄷ ⑤ ㄴ, ㄷ

30

▸24117-0373
2022학년도 9월 모의평가 13번

상중하

표는 25 ℃에서 수용액 (가)~(다)에 대한 자료이다.

수용액	(가)	(나)	(다)
$\frac{[H_3O^+]}{[OH^-]}$	$\frac{1}{10}$	100	1
부피		V	$100V$

이에 대한 설명으로 옳은 것만을 〈보기〉에서 있는 대로 고른 것은? (단, 25 ℃에서 물의 이온화 상수(K_w)는 1×10^{-14}이다.)

보기

ㄱ. (나)에서 $[OH^-]<1\times10^{-7}$ M이다.

ㄴ. $\dfrac{\text{(가)에서 } [H_3O^+]}{\text{(나)에서 } [H_3O^+]}=\dfrac{1}{1000}$이다.

ㄷ. $\dfrac{\text{(나)에서 } H_3O^+ \text{의 양(mol)}}{\text{(다)에서 } H_3O^+ \text{의 양(mol)}}=\dfrac{1}{10}$이다.

① ㄱ ② ㄷ ③ ㄱ, ㄴ
④ ㄱ, ㄷ ⑤ ㄴ, ㄷ

31

▸24117-0374
2022학년도 6월 모의평가 13번

상중하

표는 25 ℃에서 수용액 (가)~(다)에 대한 자료이다.

수용액	pH	$[H_3O^+]$ (M)	$[OH^-]$ (M)
(가)	x	$100a$	
(나)	$3x$		a
(다)		b	b

이에 대한 설명으로 옳은 것만을 ⟨보기⟩에서 있는 대로 고른 것은? (단, 온도는 25 ℃로 일정하고, 25 ℃에서 물의 이온화 상수(K_w)는 1×10^{-14}이다.)

보기

ㄱ. x는 4이다.

ㄴ. $\frac{a}{b}=100$이다.

ㄷ. pH는 (다)>(나)이다.

① ㄱ　② ㄴ　③ ㄷ
④ ㄱ, ㄴ　⑤ ㄴ, ㄷ

32

▸24117-0375
2021학년도 10월 학력평가 16번

상중하

표는 25 ℃에서 수용액 (가)와 (나)에 대한 자료이다. (가)와 (나)는 각각 $HCl(aq)$, $NaOH(aq)$ 중 하나이다.

수용액	몰 농도(M)	pOH	부피(mL)
(가)	a	x	V
(나)	$100a$	$3x$	$2V$

이에 대한 옳은 설명만을 ⟨보기⟩에서 있는 대로 고른 것은? (단, 25 ℃에서 물의 이온화 상수(K_w)는 1×10^{-14}이다.)

보기

ㄱ. (가)는 $HCl(aq)$이다.

ㄴ. pH는 (가)가 (나)의 5배이다.

ㄷ. $\frac{\text{(나)에서 } OH^- \text{의 양(mol)}}{\text{(가)에서 } H_3O^+ \text{의 양(mol)}}=\frac{1}{200}$이다.

① ㄱ　② ㄴ　③ ㄱ, ㄷ
④ ㄴ, ㄷ　⑤ ㄱ, ㄴ, ㄷ

33

▸24117-0376
2021학년도 3월 학력평가 16번

상중하

표는 25 ℃ 수용액 (가)~(다)에 대한 자료이다.

수용액	(가)	(나)	(다)
pH	$x-2$	x	
pOH		$x+2$	$x-1$
부피(mL)	100	200	200

(가)~(다)에 대한 옳은 설명만을 ⟨보기⟩에서 있는 대로 고른 것은? (단, 25 ℃에서 물의 이온화 상수(K_w)는 1×10^{-14}이다.)

보기

ㄱ. $[H_3O^+]>[OH^-]$인 수용액은 2가지이다.

ㄴ. (다)에서 $[OH^-]=1\times10^{-5}$ M이다.

ㄷ. H_3O^+의 양(mol)은 (가)가 (나)의 50배이다.

① ㄱ　② ㄴ　③ ㄱ, ㄷ
④ ㄴ, ㄷ　⑤ ㄱ, ㄴ, ㄷ

34

▸24117-0377
2021학년도 수능 15번

상중하

그림 (가)와 (나)는 수산화 나트륨 수용액($NaOH(aq)$)과 염산($HCl(aq)$)을 각각 나타낸 것이다. (가)에서 $\frac{[OH^-]}{[H_3O^+]}=1\times10^{12}$이다.

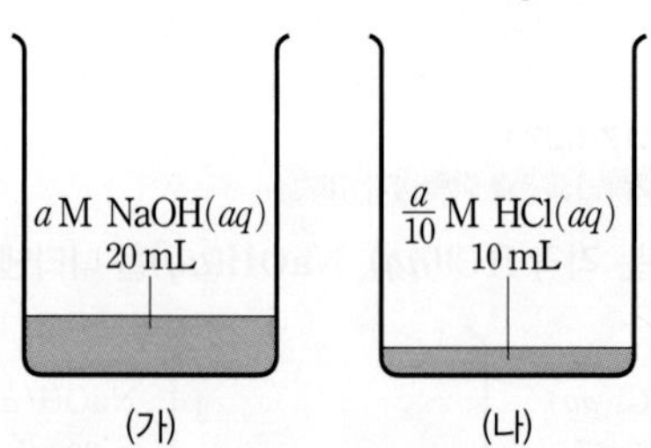

이에 대한 설명으로 옳은 것만을 ⟨보기⟩에서 있는 대로 고른 것은? (단, 온도는 25 ℃로 일정하며, 25 ℃에서 물의 이온화 상수(K_w)는 1×10^{-14}이다.)

보기

ㄱ. $a=0.2$이다.

ㄴ. $\frac{\text{(가)의 pH}}{\text{(나)의 pH}}>6$이다.

ㄷ. (나)에 물을 넣어 100 mL로 만든 $HCl(aq)$에서 $\frac{[Cl^-]}{[OH^-]}=1\times10^{10}$이다.

① ㄱ　② ㄴ　③ ㄷ
④ ㄱ, ㄴ　⑤ ㄴ, ㄷ

35

▶24117-0378
2021학년도 9월 모의평가 14번

상중하

표는 25 ℃에서 3가지 수용액 (가)~(다)에 대한 자료이다.

수용액	(가)	(나)	(다)
$[H_3O^+]:[OH^-]$	$1:10^2$	$1:1$	$10^2:1$

이에 대한 설명으로 옳은 것만을 <보기>에서 있는 대로 고른 것은? (단, 온도는 25 ℃로 일정하고, 25 ℃에서 물의 이온화 상수(K_w)는 1×10^{-14}이다.)

보기

ㄱ. (나)는 중성이다.
ㄴ. (다)의 pH는 5.0이다.
ㄷ. $[OH^-]$는 (가) : (다)$=10^4:1$이다.

① ㄱ ② ㄴ ③ ㄱ, ㄷ
④ ㄴ, ㄷ ⑤ ㄱ, ㄴ, ㄷ

36

▶24117-0379
2021학년도 6월 모의평가 14번

상중하

그림 (가)~(다)는 물($H_2O(l)$), 수산화 나트륨 수용액($NaOH(aq)$), 염산($HCl(aq)$)을 각각 나타낸 것이다.

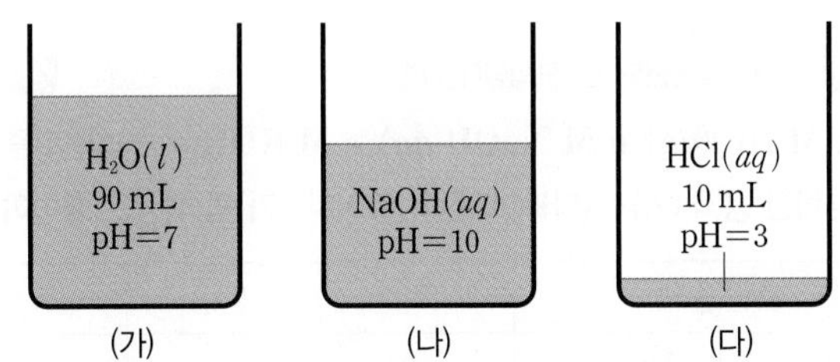

이에 대한 설명으로 옳은 것만을 <보기>에서 있는 대로 고른 것은? (단, 혼합 용액의 부피는 혼합 전 물 또는 용액의 부피의 합과 같고, 물과 용액의 온도는 25 ℃로 일정하며, 25 ℃에서 물의 이온화 상수(K_w)는 1×10^{-14}이다.)

보기

ㄱ. (가)에서 $[H_3O^+]=[OH^-]$이다.
ㄴ. (나)에서 $[OH^-]=1\times10^{-4}$ M이다.
ㄷ. (가)와 (다)를 모두 혼합한 수용액의 pH=5이다.

① ㄱ ② ㄷ ③ ㄱ, ㄴ
④ ㄴ, ㄷ ⑤ ㄱ, ㄴ, ㄷ

03 산 염기 중화 반응

37

▶24117-0380
2024학년도 수능 16번

상중하

다음은 25 ℃에서 식초에 들어 있는 아세트산(CH_3COOH)의 질량을 알아보기 위한 중화 적정 실험이다.

[자료]
○ 25 ℃에서 식초 A, B의 밀도(g/mL)는 각각 d_A, d_B이다.

[실험 과정]
(가) 식초 A, B를 준비한다.
(나) A 20 mL에 물을 넣어 수용액 Ⅰ 100 mL를 만든다.
(다) 50 mL의 Ⅰ에 페놀프탈레인 용액을 2~3방울 넣고 a M $NaOH(aq)$으로 적정하였을 때, 수용액 전체가 붉게 변하는 순간까지 넣어 준 $NaOH(aq)$의 부피(V)를 측정한다.
(라) B 20 mL에 물을 넣어 수용액 Ⅱ 100 g을 만든다.
(마) 50 mL의 Ⅰ 대신 50 g의 Ⅱ를 이용하여 (다)를 반복한다.

[실험 결과]
○ (다)에서 V: 10 mL
○ (라)에서 V: 25 mL
○ 식초 A, B 각 1 g에 들어 있는 CH_3COOH의 질량

식초	A	B
CH_3COOH의 질량(g)	0.02	x

x는? (단, 온도는 25 ℃로 일정하고, 중화 적정 과정에서 식초 A, B에 포함된 물질 중 CH_3COOH만 NaOH과 반응한다.)

① $\frac{d_A}{20d_B}$ ② $\frac{d_A}{10d_B}$ ③ $\frac{d_B}{50d_A}$
④ $\frac{d_B}{20d_A}$ ⑤ $\frac{d_B}{10d_A}$

Ⅳ 역동적인 화학 반응

38

▸24117-0381
2024학년도 수능 18번
상중하

다음은 중화 반응 실험이다.

[자료]
- 수용액에서 H_2A는 H^+과 A^{2-}으로 모두 이온화된다.

[실험 과정]
(가) x M $H_2A(aq)$과 y M $NaOH(aq)$을 준비한다.
(나) 3개의 비커에 (가)의 2가지 수용액의 부피를 달리하여 혼합한 용액 Ⅰ~Ⅲ을 만든다.

[실험 결과]
- Ⅰ~Ⅲ의 액성은 모두 다르며, 각각 산성, 중성, 염기성 중 하나이다.
- 혼합 용액 Ⅰ~Ⅲ에 대한 자료

혼합 용액	혼합 전 수용액의 부피(mL)		모든 양이온의 몰 농도(M) 합
	x M $H_2A(aq)$	y M $NaOH(aq)$	
Ⅰ	V	10	2
Ⅱ	V	20	2
Ⅲ	$3V$	40	㉠

㉠$\times \frac{x}{y}$는? (단, 혼합 용액의 부피는 혼합 전 각 용액의 부피의 합과 같고, 물의 자동 이온화는 무시한다.)

① $\frac{4}{7}$ ② $\frac{8}{7}$ ③ $\frac{12}{7}$ ④ $\frac{15}{7}$ ⑤ $\frac{18}{7}$

39

▸24117-0382
2024학년도 9월 모의평가 15번
상중하

다음은 25 ℃에서 식초 1 g에 들어 있는 아세트산(CH_3COOH)의 질량을 알아보기 위한 중화 적정 실험이다.

[실험 과정]
(가) 식초 10 g을 준비한다.
(나) (가)의 식초에 물을 넣어 25 ℃에서 밀도가 d g/mL인 수용액 50 g을 만든다.
(다) (나)에서 만든 수용액 20 mL에 페놀프탈레인 용액을 2~3방울 넣고 x M $NaOH(aq)$으로 적정한다.
(라) (다)의 수용액 전체가 붉게 변하는 순간까지 넣어 준 $NaOH(aq)$의 부피(V)를 측정한다.

[실험 결과]
- V: 50 mL
- (가)에서 식초 1 g에 들어 있는 CH_3COOH의 질량: a g

x는? (단, CH_3COOH의 분자량은 60이고, 온도는 25 ℃로 일정하며, 중화 적정 과정에서 식초에 포함된 물질 중 CH_3COOH만 $NaOH$과 반응한다.)

① $\frac{ad}{3}$ ② $\frac{2ad}{3}$ ③ ad ④ $\frac{4ad}{3}$ ⑤ $\frac{5ad}{3}$

40

▸24117-0383
2024학년도 9월 모의평가 19번
상중하

표는 a M $HCl(aq)$, b M $NaOH(aq)$, c M $KOH(aq)$의 부피를 달리하여 혼합한 용액 (가)~(다)에 대한 자료이다. (가)의 액성은 중성이다.

혼합 용액		(가)	(나)	(다)
혼합 전 용액의 부피(mL)	$HCl(aq)$	10	x	x
	$NaOH(aq)$	10	20	
	$KOH(aq)$	10	30	y
혼합 용액에 존재하는 양이온 수의 비율		$\frac{2}{3}$, $\frac{1}{3}$	$\frac{1}{2}$, $\frac{1}{6}$, $\frac{1}{3}$	$\frac{1}{3}$, $\frac{1}{3}$, $\frac{1}{3}$

$\frac{x}{y}$는? (단, 물의 자동 이온화는 무시한다.)

① 2 ② $\frac{3}{2}$ ③ 1 ④ $\frac{1}{2}$ ⑤ $\frac{1}{3}$

41

▸24117-0384
2024학년도 6월 모의평가 16번 상중하

다음은 25 ℃에서 식초 A, B 각 1 g에 들어 있는 아세트산(CH_3COOH)의 질량을 알아보기 위한 중화 적정 실험이다.

[자료]
- CH_3COOH의 분자량은 60이다.
- 25 ℃에서 식초 A, B의 밀도(g/mL)는 각각 d_A, d_B이다.

[실험 과정]
(가) 식초 A, B를 준비한다.
(나) (가)의 A, B 각 10 mL에 물을 넣어 각각 50 mL 수용액 Ⅰ, Ⅱ를 만든다.
(다) x mL의 Ⅰ에 페놀프탈레인 용액을 2~3방울 넣고 0.1 M NaOH(aq)으로 적정하였을 때, 수용액 전체가 붉게 변하는 순간까지 넣어 준 NaOH(aq)의 부피(V)를 측정한다.
(라) x mL의 Ⅰ 대신 y mL의 Ⅱ를 이용하여 (다)를 반복한다.

[실험 결과]
- (다)에서 V: $4a$ mL
- (라)에서 V: $5a$ mL
- (가)에서 식초 1 g에 들어 있는 CH_3COOH의 질량

식초	A	B
CH_3COOH의 질량(g)	$16w$	$15w$

$\frac{x}{y}$는? (단, 온도는 25 ℃로 일정하고, 중화 적정 과정에서 식초 A, B에 포함된 물질 중 CH_3COOH만 NaOH과 반응한다.)

① $\frac{4d_B}{3d_A}$ ② $\frac{6d_B}{5d_A}$ ③ $\frac{5d_B}{6d_A}$
④ $\frac{3d_B}{4d_A}$ ⑤ $\frac{d_B}{2d_A}$

42

▸24117-0385
2024학년도 6월 모의평가 19번 상중하

다음은 x M NaOH(aq), y M H_2A(aq), z M HCl(aq)의 부피를 달리하여 혼합한 수용액 (가)~(다)에 대한 자료이다.

- 수용액에서 H_2A는 H^+과 A^{2-}으로 모두 이온화된다.

혼합 수용액		(가)	(나)	(다)
혼합 전 수용액의 부피(mL)	x M NaOH(aq)	a	a	a
	y M H_2A(aq)	20	20	20
	z M HCl(aq)	0	20	40
모든 음이온의 몰 농도(M) 합			$\frac{2}{7}$	b

- (가)~(다)의 액성은 모두 다르며, 각각 산성, 중성, 염기성 중 하나이다.
- (가)에 존재하는 모든 음이온의 양은 0.02 mol이다.
- (나)에 존재하는 모든 양이온의 양은 0.03 mol이다.

$a \times b$는? (단, 혼합 수용액의 부피는 혼합 전 각 수용액의 부피의 합과 같고, 물의 자동 이온화는 무시한다.)

① 10 ② 20 ③ 30
④ 40 ⑤ 50

43

▸24117-0386

2023학년도 10월 학력평가 12번 상중하

다음은 아세트산(CH_3COOH) 수용액의 농도를 알아보기 위한 중화 적정 실험이다.

[실험 과정]

(가) a M $CH_3COOH(aq)$ V_1 mL에 물을 넣어 100 mL 수용액을 만든다.

(나) (가)에서 만든 수용액 20 mL를 삼각 플라스크에 넣고 페놀프탈레인 용액 2~3방울을 넣는다.

(다) (나)의 삼각 플라스크 속 수용액 전체가 붉은색으로 변하는 순간까지 b M $NaOH(aq)$을 가하고, 적정에 사용된 $NaOH(aq)$의 부피를 구한다.

[실험 결과]

○ 적정에 사용된 $NaOH(aq)$의 부피: V_2 mL

a는? (단, 온도는 25 ℃로 일정하다.)

① $\frac{bV_2}{5V_1}$ ② $\frac{bV_2}{V_1}$ ③ $\frac{5bV_2}{V_1}$ ④ $\frac{V_1}{bV_2}$ ⑤ $\frac{5V_1}{bV_2}$

44

▸24117-0387

2023학년도 10월 학력평가 19번 상중하

표는 a M $H_2X(aq)$, b M $HCl(aq)$, $2b$ M $NaOH(aq)$의 부피를 달리하여 혼합한 수용액 (가)~(다)에 대한 자료이다. 수용액에서 H_2X는 H^+과 X^{2-}으로 모두 이온화된다.

혼합 수용액		(가)	(나)	(다)
혼합 전 수용액의 부피(mL)	a M $H_2X(aq)$	10	20	20
	b M $HCl(aq)$	20	10	20
	$2b$ M $NaOH(aq)$	10	10	40
모든 양이온의 몰 농도(M) 합 (상댓값)		3	3	㉠

$\frac{a}{b}$ × ㉠은? (단, 혼합 수용액의 부피는 혼합 전 각 수용액의 부피의 합과 같고, 물의 자동 이온화는 무시한다.)

① $\frac{4}{3}$ ② $\frac{3}{2}$ ③ 2 ④ $\frac{5}{2}$ ⑤ 4

45

▸24117-0388

2023학년도 3월 학력평가 14번 상중하

다음은 $CH_3COOH(aq)$에 대한 중화 적정 실험이다.

[실험 과정]

(가) 밀도가 d g/mL인 $CH_3COOH(aq)$을 준비한다.

(나) (가)의 $CH_3COOH(aq)$ 20 mL를 취하여 삼각 플라스크에 넣고 페놀프탈레인 용액을 2~3방울 떨어뜨린다.

(다) (나)의 삼각 플라스크 속 용액 전체가 붉은색으로 변하는 순간까지 a M $NaOH(aq)$을 가하고, 적정에 사용된 $NaOH(aq)$의 부피를 구한다.

[실험 결과]

○ 적정에 사용된 $NaOH(aq)$의 부피: V mL

(가)의 $CH_3COOH(aq)$ 100 g에 포함된 CH_3COOH의 질량(g)은? (단, CH_3COOH의 분자량은 60이고, 온도는 일정하다.)

① $\frac{aV}{5d}$ ② $\frac{3aV}{10d}$ ③ $\frac{5aV}{3d}$ ④ $\frac{5d}{3aV}$ ⑤ $\frac{60d}{aV}$

46

▸24117-0389

2023학년도 3월 학력평가 20번 상중하

다음은 0.1 M $HA(aq)$, a M $XOH(aq)$, $3a$ M $Y(OH)_2(aq)$을 혼합한 용액 (가)와 (나)에 대한 자료이다.

○ 수용액에서 HA는 H^+과 A^-으로, XOH는 X^+과 OH^-으로, $Y(OH)_2$는 Y^{2+}과 OH^-으로 모두 이온화된다.

혼합 용액		(가)	(나)
혼합 전 수용액의 부피(mL)	0.1 M $HA(aq)$	50	50
	㉠	20	V
	㉡	30	20
$\frac{[X^+]+[Y^{2+}]}{[A^-]}$(상댓값)		18	7

○ ㉠과 ㉡은 각각 a M $XOH(aq)$, $3a$ M $Y(OH)_2(aq)$ 중 하나이다.

○ (나)는 중성이다.

$\frac{V}{a}$는? (단, 혼합 용액의 부피는 혼합 전 각 수용액의 부피의 합과 같고, X^+, Y^{2+}, A^-은 반응하지 않는다.)

① 30 ② 40 ③ 50 ④ 100 ⑤ 300

47

▸24117-0390
2023학년도 수능 17번
상중하

다음은 25 ℃에서 식초 A 1 g에 들어 있는 아세트산(CH_3COOH)의 질량을 알아보기 위한 중화 적정 실험이다.

[자료]

- 25 ℃에서 식초 A의 밀도: d g/mL
- CH_3COOH의 분자량: 60

[실험 과정 및 결과]

(가) 식초 A 10 mL에 물을 넣어 수용액 50 mL를 만들었다.
(나) (가)의 수용액 20 mL에 페놀프탈레인 용액을 2~3방울 넣고 a M KOH(aq)으로 적정하였을 때, 수용액 전체가 붉게 변하는 순간까지 넣어 준 KOH(aq)의 부피는 30 mL이었다.
(다) (나)의 적정 결과로부터 구한 식초 A 1 g에 들어 있는 CH_3COOH의 질량은 0.05 g이었다.

a는? (단, 온도는 25 ℃로 일정하고, 중화 적정 과정에서 식초 A에 포함된 물질 중 CH_3COOH만 KOH과 반응한다.)

① $\frac{d}{9}$　② $\frac{d}{6}$　③ $\frac{5d}{18}$　④ $\frac{d}{3}$　⑤ $\frac{5d}{9}$

48

▸24117-0391
2023학년도 수능 19번
상중하

다음은 a M HA(aq), b M H_2B(aq), $\frac{5}{2}a$ M NaOH(aq)의 부피를 달리하여 혼합한 수용액 (가)~(다)에 대한 자료이다.

- 수용액에서 HA는 H^+과 A^-으로, H_2B는 H^+과 B^{2-}으로 모두 이온화된다.

혼합 수용액	혼합 전 수용액의 부피(mL)			모든 양이온의 몰 농도(M) 합 (상댓값)
	HA(aq)	H_2B(aq)	NaOH(aq)	
(가)	$3V$	V	$2V$	5
(나)	V	xV	$2xV$	9
(다)	xV	xV	$3V$	y

- (가)는 중성이다.

$\frac{y}{x}$는? (단, 혼합 수용액의 부피는 혼합 전 각 수용액의 부피의 합과 같고, 물의 자동 이온화는 무시한다.)

① 1　② 2　③ 3　④ 4　⑤ 5

49

▸24117-0392
2023학년도 9월 모의평가 17번
상중하

다음은 중화 적정을 이용하여 식초 1 g에 들어 있는 아세트산(CH_3COOH)의 질량을 알아보기 위한 실험이다.

[실험 과정]

(가) 25 ℃에서 밀도가 d g/mL인 식초를 준비한다.
(나) (가)의 식초 10 mL에 물을 넣어 100 mL 수용액을 만든다.
(다) (나)에서 만든 수용액 20 mL를 삼각 플라스크에 넣고 페놀프탈레인 용액을 2~3방울 떨어뜨린다.
(라) (다)의 삼각 플라스크에 0.25 M NaOH(aq)을 한 방울씩 떨어뜨리면서 삼각 플라스크를 흔들어 준다.
(마) (라)의 삼각 플라스크 속 수용액 전체가 붉은색으로 변하는 순간 적정을 멈추고 적정에 사용된 NaOH(aq)의 부피(V)를 측정한다.

[실험 결과]

- V: a mL
- (가)에서 식초 1 g에 들어 있는 CH_3COOH의 질량: x g

x는? (단, CH_3COOH의 분자량은 60이고, 온도는 25 ℃로 일정하며, 중화 적정 과정에서 식초에 포함된 물질 중 CH_3COOH만 NaOH과 반응한다.)

① $\frac{3a}{40d}$　② $\frac{3a}{80d}$　③ $\frac{3a}{200d}$　④ $\frac{3a}{400d}$　⑤ $\frac{3a}{2000d}$

50

▸24117-0393
2023학년도 9월 모의평가 19번
상중하

다음은 a M HCl(aq), b M NaOH(aq), c M A(aq)의 부피를 달리하여 혼합한 용액 (가)~(다)에 대한 자료이다. A는 HBr 또는 KOH 중 하나이다.

- 수용액에서 HBr은 H^+과 Br^-으로, KOH은 K^+과 OH^-으로 모두 이온화된다.

혼합 용액	혼합 전 용액의 부피(mL)			혼합 용액에 존재하는 모든 이온의 몰 농도(M) 비
	HCl(aq)	NaOH(aq)	A(aq)	
(가)	10	10	0	1 : 1 : 2
(나)	10	5	10	1 : 1 : 4 : 4
(다)	15	10	5	1 : 1 : 1 : 3

- (가)는 산성이다.

(나) 5 mL와 (다) 5 mL를 혼합한 용액의 $\frac{H^+\text{의 몰 농도(M)}}{Na^+\text{의 몰 농도(M)}}$는? (단, 혼합 용액의 부피는 혼합 전 각 용액의 부피의 합과 같고, 물의 자동 이온화는 무시한다.)

① $\frac{1}{8}$　② $\frac{1}{4}$　③ $\frac{2}{7}$　④ $\frac{1}{3}$　⑤ $\frac{5}{8}$

51
▶24117-0394
2023학년도 6월 모의평가 15번
상중하

다음은 $CH_3COOH(aq)$에 대한 실험이다.

[실험 목적]
㉠ 실험으로 $CH_3COOH(aq)$의 몰 농도를 구한다.

[실험 과정]
(가) $CH_3COOH(aq)$을 준비한다.
(나) (가)의 수용액 10 mL에 물을 넣어 100 mL 수용액을 만든다.
(다) (나)에서 만든 수용액 20 mL를 삼각 플라스크에 넣고 페놀프탈레인 용액을 2~3방울 떨어뜨린다.
(라) (다)의 삼각 플라스크 속 수용액 전체가 붉게 변하는 순간까지 0.2 M $KOH(aq)$을 넣는다.
(마) (라)의 삼각 플라스크에 넣어 준 $KOH(aq)$의 부피(V)를 측정한다.

[실험 결과]
○ V: x mL
○ (가)에서 $CH_3COOH(aq)$의 몰 농도: a M

다음 중 ㉠과 a로 가장 적절한 것은? (단, 온도는 일정하다.)

	㉠	a
①	중화 적정	x
②	산화 환원	$\frac{x}{10}$
③	중화 적정	$\frac{x}{10}$
④	산화 환원	$\frac{x}{100}$
⑤	중화 적정	$\frac{x}{100}$

52
▶24117-0395
2023학년도 6월 모의평가 19번
상중하

표는 x M $H_2A(aq)$과 y M $NaOH(aq)$의 부피를 달리하여 혼합한 용액 (가)~(라)에 대한 자료이다.

혼합 용액		(가)	(나)	(다)	(라)
혼합 전 용액의 부피(mL)	$H_2A(aq)$	10	10	20	$2V$
	$NaOH(aq)$	30	40	V	30
모든 음이온의 몰 농도(M) 합 (상댓값)		3	4	8	

(라)에 존재하는 이온 수의 비율로 가장 적절한 것은? (단, 혼합 용액의 부피는 혼합 전 각 용액의 부피의 합과 같고, H_2A는 수용액에서 H^+과 A^{2-}으로 모두 이온화되며, 물의 자동 이온화는 무시한다.)

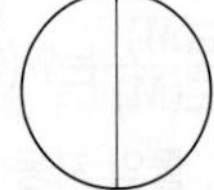
② 
③ 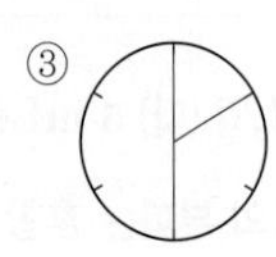
④ 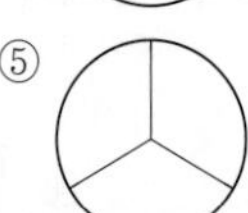
⑤

53
▶24117-0396
2022학년도 10월 학력평가 11번
상중하

다음은 중화 적정 실험이다. NaOH의 화학식량은 40이다.

[실험 과정]
(가) $NaOH(s)$ w g을 모두 물에 녹여 $NaOH(aq)$ 500 mL를 만든다.
(나) (가)에서 만든 $NaOH(aq)$을 뷰렛에 넣은 다음, 꼭지를 잠시 열었다 닫고 처음 눈금을 읽는다.
(다) 삼각 플라스크에 a M $CH_3COOH(aq)$ 20 mL를 넣고, 페놀프탈레인 용액을 2~3방울 떨어뜨린다.
(라) 뷰렛의 꼭지를 열어 (다)의 삼각 플라스크에 $NaOH(aq)$을 조금씩 가하면서 삼각 플라스크를 잘 흔들어 준다.
(마) (라)의 삼각 플라스크 속 수용액 전체가 붉게 변하는 순간 뷰렛의 꼭지를 닫고 나중 눈금을 읽는다.

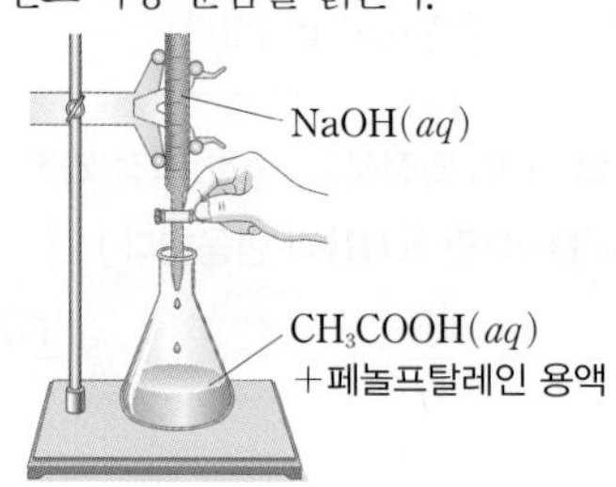

[실험 결과]
○ (나)에서 뷰렛의 처음 눈금: 2.5 mL
○ (마)에서 뷰렛의 나중 눈금: 17.5 mL

a는? (단, 온도는 일정하다.)

① $\frac{3}{80}w$　② $\frac{1}{15}w$　③ $\frac{3}{40}w$　④ $\frac{4}{3}w$　⑤ $6w$

54
▶24117-0397
2022학년도 10월 학력평가 20번
상중하

표는 a M $X(OH)_2(aq)$, b M $HY(aq)$, c M $H_2Z(aq)$의 부피를 달리하여 혼합한 용액 Ⅰ~Ⅲ에 대한 자료이다. ㉠, ㉡은 각각 b M $HY(aq)$, c M $H_2Z(aq)$ 중 하나이고, 수용액에서 $X(OH)_2$는 X^{2+}과 OH^-으로, HY는 H^+과 Y^-으로, H_2Z는 H^+과 Z^{2-}으로 모두 이온화된다.

혼합 용액		Ⅰ	Ⅱ	Ⅲ
혼합 전 수용액의 부피(mL)	a M $X(OH)_2(aq)$	V	V	V
	㉠	10	0	10
	㉡	0	20	20
$\frac{\text{음이온의 양(mol)}}{\text{양이온의 양(mol)}}$		$\frac{5}{4}$		$\frac{7}{6}$
Y^-과 Z^{2-}의 몰 농도(M)의 합(상댓값)			5	7

$V \times \frac{b+c}{a}$는? (단, 혼합 용액의 부피는 혼합 전 각 용액의 부피의 합과 같고, 물의 자동 이온화는 무시하며, X^{2+}, Y^-, Z^{2-}은 반응하지 않는다.)

① $\frac{20}{3}$　② 10　③ $\frac{40}{3}$　④ 50　⑤ 80

55

▶24117-0398
2022학년도 3월 학력평가 16번

상중하

다음은 $CH_3COOH(aq)$의 몰 농도를 구하기 위한 실험이다.

[실험 과정]

(가) 0.1 M $NaOH(aq)$을 뷰렛에 넣은 다음, 꼭지를 잠시 열었다 닫고 처음 눈금을 읽는다.

(나) 피펫을 이용해 $CH_3COOH(aq)$ 10 mL를 삼각 플라스크에 넣고 페놀프탈레인 용액을 몇 방울 떨어뜨린다.

(다) 뷰렛의 꼭지를 열어 (나)의 삼각 플라스크에 $NaOH(aq)$을 조금씩 가하면서 삼각 플라스크를 잘 흔들어 주고, 혼합 용액 전체가 붉은색으로 변하는 순간 뷰렛의 꼭지를 닫고 나중 눈금을 읽는다.

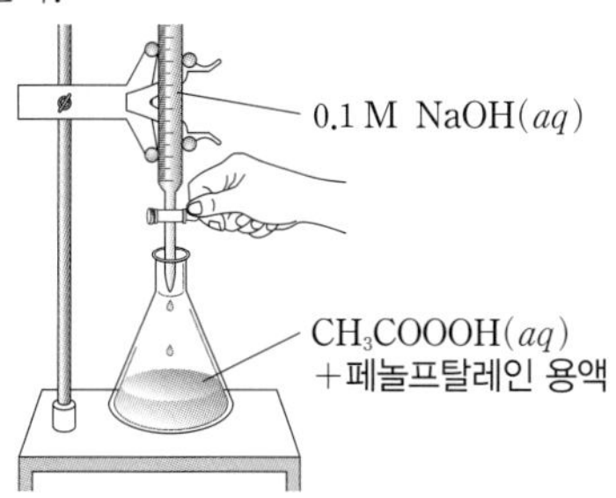

[실험 결과]

○ (가)에서 뷰렛의 처음 눈금: 8.3 mL

○ (다)에서 뷰렛의 나중 눈금: 28.3 mL

○ $CH_3COOH(aq)$의 몰 농도: a M

이에 대한 옳은 설명만을 〈보기〉에서 있는 대로 고른 것은? (단, 온도는 25 ℃로 일정하고, 물의 자동 이온화는 무시한다.)

보기

ㄱ. (다)에서 삼각 플라스크 속 용액의 pH는 증가한다.

ㄴ. $a=0.05$이다.

ㄷ. (다)에서 생성된 H_2O의 양은 0.002 mol이다.

① ㄱ ② ㄴ ③ ㄱ, ㄷ

④ ㄴ, ㄷ ⑤ ㄱ, ㄴ, ㄷ

56

▶24117-0399
2022학년도 3월 학력평가 20번

상중하

표는 0.8 M $HX(aq)$, 0.1 M $YOH(aq)$, a M $Z(OH)_2(aq)$을 부피를 달리하여 혼합한 용액 Ⅰ~Ⅲ에 대한 자료이다. 수용액에서 HX는 H^+과 X^-으로, YOH는 Y^+과 OH^-으로, $Z(OH)_2$는 Z^{2+}과 OH^-으로 모두 이온화된다.

혼합 용액		Ⅰ	Ⅱ	Ⅲ
혼합 전 수용액의 부피(mL)	0.8 M $HX(aq)$	5	1	4
	0.1 M $YOH(aq)$	0	4	6
	a M $Z(OH)_2(aq)$	5	5	6
모든 음이온의 몰 농도(M) 합(상댓값)		5	3	x

$a\times x$는? (단, 혼합 용액의 부피는 혼합 전 각 용액의 부피의 합과 같고, 물의 자동 이온화는 무시하며, X^-, Y^+, Z^{2+}은 반응하지 않는다.)

① $\frac{1}{3}$ ② $\frac{1}{2}$ ③ 1

④ $\frac{3}{2}$ ⑤ $\frac{5}{2}$

57

▶24117-0400
2022학년도 수능 13번

상중하

다음은 중화 적정 실험이다.

[실험 과정]

(가) a M $CH_3COOH(aq)$ 10 mL와 0.5 M $CH_3COOH(aq)$ 15 mL를 혼합한 후, 물을 넣어 50 mL 수용액을 만든다.

(나) 삼각 플라스크에 (가)에서 만든 수용액 20 mL를 넣고 페놀프탈레인 용액을 2~3방울 떨어뜨린다.

(다) 0.1 M $NaOH(aq)$을 뷰렛에 넣고 (나)의 삼각 플라스크에 한 방울씩 떨어뜨리면서 삼각 플라스크를 흔들어 준다.

(라) (다)의 삼각 플라스크 속 수용액 전체가 붉은색으로 변하는 순간 적정을 멈추고 적정에 사용된 $NaOH(aq)$의 부피를 측정한다.

[실험 결과]

○ 적정에 사용된 $NaOH(aq)$의 부피: 38 mL

a는? (단, 온도는 25 ℃로 일정하다.)

① $\frac{1}{10}$ ② $\frac{1}{5}$ ③ $\frac{3}{10}$

④ $\frac{2}{5}$ ⑤ $\frac{1}{2}$

Ⅳ 역동적인 화학 반응

58
▸24117-0401
2022학년도 수능 20번
상중하

다음은 x M $H_2X(aq)$, 0.2 M $YOH(aq)$, 0.3 M $Z(OH)_2(aq)$의 부피를 달리하여 혼합한 용액 Ⅰ~Ⅲ에 대한 자료이다.

- 수용액에서 H_2X는 H^+과 X^{2-}으로, YOH는 Y^+과 OH^-으로, $Z(OH)_2$는 Z^{2+}과 OH^-으로 모두 이온화된다.

혼합 용액	혼합 전 수용액의 부피(mL)			모든 음이온의 몰 농도(M) 합(상댓값)
	x M $H_2X(aq)$	0.2 M $YOH(aq)$	0.3 M $Z(OH)_2(aq)$	
Ⅰ	V	20	0	5
Ⅱ	$2V$	$4a$	$2a$	4
Ⅲ	$2V$	a	$5a$	b

- Ⅰ은 산성이다.
- Ⅱ에서 $\frac{\text{모든 양이온의 양(mol)}}{\text{모든 음이온의 양(mol)}}=\frac{3}{2}$이다.
- Ⅱ와 Ⅲ의 부피는 각각 100 mL이다.

$x\times b$는? (단, 혼합 용액의 부피는 혼합 전 각 용액의 부피의 합과 같고, 물의 자동 이온화는 무시하며, X^{2-}, Y^+, Z^{2+}은 반응하지 않는다.)

① 1 ② 2 ③ 3 ④ 4 ⑤ 5

59
▸24117-0402
2022학년도 9월 모의평가 8번
상중하

다음은 중화 적정 실험이다.

[실험 과정]
(가) x M $CH_3COOH(aq)$ 25 mL에 물을 넣어 100 mL 수용액을 만든다.
(나) 삼각 플라스크에 (가)에서 만든 수용액 40 mL를 넣고, 페놀프탈레인 용액을 2~3방울 떨어뜨린다.
(다) 0.2 M $NaOH(aq)$을 뷰렛에 넣고 (나)의 삼각 플라스크에 한 방울씩 떨어뜨리면서 삼각 플라스크를 흔들어 준다.
(라) (다)의 삼각 플라스크 속 수용액 전체가 붉게 변하는 순간 적정을 멈추고, 적정에 사용된 $NaOH(aq)$의 부피(V_1)를 측정한다.
(마) 0.2 M $NaOH(aq)$ 대신 y M $NaOH(aq)$을 사용해서 과정 (나)~(라)를 반복하여 적정에 사용된 $NaOH(aq)$의 부피(V_2)를 측정한다.

[실험 결과]
- V_1: 40 mL
- V_2: 16 mL

$x+y$는? (단, 온도는 25 ℃로 일정하다.)

① $\frac{7}{10}$ ② $\frac{9}{10}$ ③ $\frac{11}{10}$ ④ $\frac{13}{10}$ ⑤ $\frac{3}{2}$

60
▸24117-0403
2022학년도 9월 모의평가 19번
상중하

다음은 중화 반응에 대한 실험이다.

[자료]
- 수용액 A와 B는 각각 0.25 M $HY(aq)$과 0.75 M $H_2Z(aq)$ 중 하나이다.
- 수용액에서 $X(OH)_2$는 X^{2+}과 OH^-으로, HY는 H^+과 Y^-으로, H_2Z는 H^+과 Z^{2-}으로 모두 이온화된다.

[실험 과정]
(가) a M $X(OH)_2(aq)$ 10 mL에 수용액 A V mL를 첨가하여 혼합 용액 Ⅰ을 만든다.
(나) Ⅰ에 수용액 B $4V$ mL를 첨가하여 혼합 용액 Ⅱ를 만든다.
(다) a M $X(OH)_2(aq)$ 10 mL에 수용액 A $4V$ mL와 수용액 B V mL를 첨가하여 혼합 용액 Ⅲ을 만든다.

[실험 결과]
- Ⅱ에 존재하는 모든 이온의 몰비는 3 : 4 : 5이다.
- $\frac{\text{Ⅰ에 존재하는 모든 양이온의 몰 농도의 합}}{\text{Ⅲ에 존재하는 모든 양이온의 몰 농도의 합}}=\frac{15}{28}$이다.

$a+V$는? (단, 혼합 용액의 부피는 혼합 전 각 용액의 부피의 합과 같고, 물의 자동 이온화는 무시하며, X^{2+}, Y^-, Z^{2-}은 반응하지 않는다.)

① $\frac{9}{2}$ ② $\frac{45}{8}$ ③ $\frac{27}{4}$
④ $\frac{63}{8}$ ⑤ 9

61
▸24117-0404
2022학년도 6월 모의평가 10번
상중하

다음은 산 염기 반응 (가)~(다)의 화학 반응식이다.

(가) $HCl(g)+H_2O(l) \longrightarrow Cl^-(aq)+H_3O^+(aq)$
(나) $HCO_3^-(aq)+H_2O(l) \longrightarrow H_2CO_3(aq)+$ ㉠ (aq)
(다) $HCO_3^-(aq)+HCl(aq) \longrightarrow H_2CO_3(aq)+Cl^-(aq)$

이에 대한 설명으로 옳은 것만을 <보기>에서 있는 대로 고른 것은?

보기
ㄱ. (가)에서 HCl는 수소 이온(H^+)을 내어놓는다.
ㄴ. ㉠은 OH^-이다.
ㄷ. (나)와 (다)에서 HCO_3^-은 모두 브뢴스테드·로리 염기이다.

① ㄱ ② ㄷ ③ ㄱ, ㄴ
④ ㄴ, ㄷ ⑤ ㄱ, ㄴ, ㄷ

62 ▶24117-0405 2022학년도 6월 모의평가 20번 상중하

다음은 중화 반응에 대한 실험이다.

[자료]

○ 수용액 A와 B는 각각 0.4 M $YOH(aq)$과 a M $Z(OH)_2(aq)$ 중 하나이다.

○ 수용액에서 H_2X는 H^+과 X^{2-}으로, YOH는 Y^+과 OH^-으로, $Z(OH)_2$는 Z^{2+}과 OH^-으로 모두 이온화된다.

[실험 과정]

(가) 0.3 M $H_2X(aq)$ V mL가 담긴 비커에 수용액 A 5 mL를 첨가하여 혼합 용액 Ⅰ을 만든다.

(나) Ⅰ에 수용액 B 15 mL를 첨가하여 혼합 용액 Ⅱ를 만든다.

(다) Ⅱ에 수용액 B x mL를 첨가하여 혼합 용액 Ⅲ을 만든다.

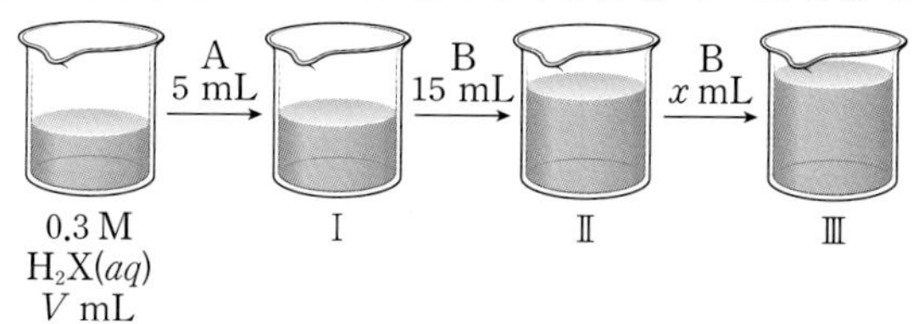

[실험 결과]

○ Ⅲ은 중성이다.

○ Ⅰ과 Ⅱ에 대한 자료

혼합 용액	Ⅰ	Ⅱ
혼합 용액에 존재하는 모든 이온의 몰 농도의 합(상댓값)	8	5
혼합 용액에서 $\frac{\text{음이온 수}}{\text{양이온 수}}$	$\frac{3}{5}$	$\frac{3}{5}$

$\frac{x}{V} \times a$는? (단, 혼합 용액의 부피는 혼합 전 각 용액의 부피의 합과 같고, 물의 자동 이온화는 무시하며, X^{2-}, Y^+, Z^{2+}은 반응하지 않는다.)

① $\frac{1}{4}$ ② $\frac{1}{5}$ ③ $\frac{3}{20}$ ④ $\frac{1}{10}$ ⑤ $\frac{1}{20}$

63 ▶24117-0406 2021학년도 10월 학력평가 4번 상중하

다음은 산 염기 반응 (가)~(다)의 화학 반응식이다.

(가) $HCl(g)+H_2O(l) \longrightarrow Cl^-(aq)+$ ㉠ (aq)
(나) $NH_3(g)+H_2O(l) \longrightarrow NH_4^+(aq)+OH^-(aq)$
(다) $NH_4^+(aq)+H_2O(l) \longrightarrow NH_3(aq)+H_3O^+(aq)$

이에 대한 옳은 설명만을 <보기>에서 있는 대로 고른 것은?

보기

ㄱ. ㉠은 H_3O^+이다.
ㄴ. $NH_3(g)$를 물에 녹인 수용액은 염기성이다.
ㄷ. (다)에서 H_2O은 브뢴스테드·로리 염기이다.

① ㄱ ② ㄴ ③ ㄱ, ㄷ ④ ㄴ, ㄷ ⑤ ㄱ, ㄴ, ㄷ

64 ▶24117-0407 2021학년도 10월 학력평가 19번 상중하

다음은 중화 반응 실험이다.

[자료]

○ 수용액에서 $X(OH)_2$는 X^{2+}과 OH^-으로 모두 이온화된다.

[실험 과정]

(가) a M $X(OH)_2(aq)$ V mL와 b M $HCl(aq)$ 50 mL를 혼합하여 용액 Ⅰ을 만든다.

(나) 용액 Ⅰ에 c M $NaOH(aq)$ 20 mL를 혼합하여 용액 Ⅱ를 만든다.

[실험 결과]

○ 용액 Ⅰ과 Ⅱ에 대한 자료

용액	Ⅰ	Ⅱ
$\frac{\text{음이온의 양(mol)}}{\text{양이온의 양(mol)}}$	$\frac{5}{3}$	$\frac{3}{2}$
모든 이온의 몰 농도의 합(상댓값)	1	1

$\frac{c}{a+b}$는? (단, X는 임의의 원소 기호이고, 혼합 용액의 부피는 혼합 전 각 용액의 부피의 합과 같으며, 물의 자동 이온화는 무시한다.)

① $\frac{3}{7}$ ② $\frac{3}{5}$ ③ $\frac{2}{3}$ ④ $\frac{5}{7}$ ⑤ $\frac{4}{5}$

65

▸24117-0408
2021학년도 3월 학력평가 19번

상 중 하

다음은 중화 반응과 관련된 실험이다.

[실험 과정]

(가) a M HCl(aq), b M NaOH(aq), c M KOH(aq)을 준비한다.

(나) HCl(aq) 20 mL, NaOH(aq) 30 mL, KOH(aq) 10 mL를 혼합하여 용액 Ⅰ을 만든다.

(다) 용액 Ⅰ에 KOH(aq) V mL를 첨가하여 용액 Ⅱ를 만든다.

[실험 결과]

○ 용액 Ⅰ에서 H_3O^+의 몰 농도는 $\frac{1}{12}a$ M이다.

○ 용액 Ⅰ과 Ⅱ에 들어 있는 이온의 몰비

용액	Ⅰ	Ⅱ
이온의 몰비	$\frac{1}{4}$, $\frac{1}{8}$, $\frac{1}{8}$, $\frac{1}{2}$	$\frac{1}{3}$, $\frac{1}{3}$, $\frac{1}{6}$, $\frac{1}{6}$

$V\times\frac{b}{c}$는? (단, 온도는 일정하고, 혼합한 용액의 부피는 혼합 전 각 용액의 부피의 합과 같으며, 물의 자동 이온화는 무시한다.)

① 10 ② 20 ③ 30 ④ 40 ⑤ 60

66

▸24117-0409
2021학년도 수능 11번

상 중 하

다음은 아세트산 수용액($CH_3COOH(aq)$)의 중화 적정 실험이다.

[실험 과정]

(가) $CH_3COOH(aq)$을 준비한다.

(나) (가)의 수용액 x mL에 물을 넣어 50 mL 수용액을 만든다.

(다) (나)에서 만든 수용액 30 mL를 삼각 플라스크에 넣고 페놀프탈레인 용액을 2~3방울 떨어뜨린다.

(라) (다)의 삼각 플라스크에 0.1 M NaOH(aq)을 한 방울씩 떨어뜨리면서 삼각 플라스크를 흔들어 준다.

(마) (라)의 삼각 플라스크 속 수용액 전체가 붉은색으로 변하는 순간 적정을 멈추고 적정에 사용된 NaOH(aq)의 부피(V)를 측정한다.

[실험 결과]

○ V: y mL

○ (가)에서 $CH_3COOH(aq)$의 몰 농도: a M

a는? (단, 온도는 25 ℃로 일정하다.)

① $\frac{y}{8x}$ ② $\frac{y}{6x}$ ③ $\frac{2y}{3x}$ ④ $\frac{y}{x}$ ⑤ $\frac{5y}{3x}$

67

▸24117-0410
2021학년도 수능 19번

상 중 하

다음은 중화 반응에 대한 실험이다.

[자료]

○ 수용액에서 H_2A는 H^+과 A^{2-}으로, HB는 H^+과 B^-으로 모두 이온화된다.

[실험 과정]

(가) x M NaOH(aq), y M H_2A(aq), y M HB(aq)을 각각 준비한다.

(나) 3개의 비커에 각각 NaOH(aq) 20 mL를 넣는다.

(다) (나)의 3개의 비커에 각각 H_2A(aq) V mL, HB(aq) V mL, HB(aq) 30 mL를 첨가하여 혼합 용액 Ⅰ~Ⅲ을 만든다.

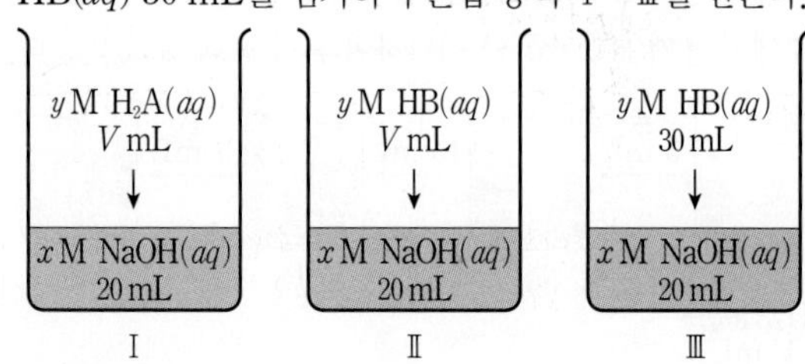

[실험 결과]

○ 혼합 용액 Ⅰ~Ⅲ에 존재하는 이온의 종류와 이온의 몰 농도(M)

이온의 종류		W	X	Y	Z
이온의 몰 농도(M)	Ⅰ	$2a$	0	$2a$	$2a$
	Ⅱ	$2a$	$2a$	0	0
	Ⅲ	a	b	0	0.2

$\frac{b}{a}\times(x+y)$는? (단, 혼합 용액의 부피는 혼합 전 각 용액의 부피의 합과 같고, 물의 자동 이온화는 무시한다.)

① 2 ② 3 ③ 4 ④ 5 ⑤ 6

68
▸24117-0411
2021학년도 9월 모의평가 9번 상중하

다음은 아세트산(CH_3COOH) 수용액의 몰 농도(M)를 알아보기 위한 중화 적정 실험이다.

[실험 과정]

(가) $CH_3COOH(aq)$을 준비한다.

(나) (가)의 수용액 10 mL에 물을 넣어 100 mL 수용액을 만든다.

(다) (나)에서 만든 수용액 [㉠] mL를 삼각 플라스크에 넣고 페놀프탈레인 용액을 몇 방울 떨어뜨린다.

(라) 그림과 같이 [㉡]에 들어 있는 0.2 M NaOH(aq)을 (다)의 삼각 플라스크에 한 방울씩 떨어뜨리면서 삼각 플라스크를 흔들어 준다.

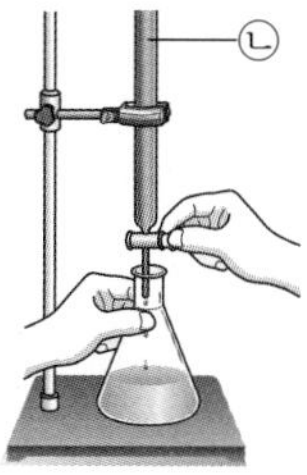

(마) (라)의 삼각 플라스크 속 수용액 전체가 붉은색으로 변하는 순간 적정을 멈추고 적정에 사용된 NaOH(aq)의 부피(V)를 측정한다.

[실험 결과]

○ V: 10 mL

○ (가)에서 $CH_3COOH(aq)$의 몰 농도: 1.0 M

다음 중 ㉠과 ㉡으로 가장 적절한 것은? (단, 온도는 25 ℃로 일정하다.)

	㉠	㉡		㉠	㉡
①	2	뷰렛	②	2	피펫
③	20	뷰렛	④	20	피펫
⑤	40	뷰렛			

69
▸24117-0412
2021학년도 9월 모의평가 20번 상중하

다음은 중화 반응에 대한 실험이다.

[자료]

○ ㉠과 ㉡은 각각 HA(aq)과 $H_2B(aq)$ 중 하나이다.

○ 수용액에서 HA는 H^+과 A^-으로, H_2B는 H^+과 B^{2-}으로 모두 이온화된다.

[실험 과정]

(가) NaOH(aq), HA(aq), $H_2B(aq)$을 각각 준비한다.

(나) NaOH(aq) 10 mL에 x M ㉠을 조금씩 첨가한다.

(다) NaOH(aq) 10 mL에 x M ㉡을 조금씩 첨가한다.

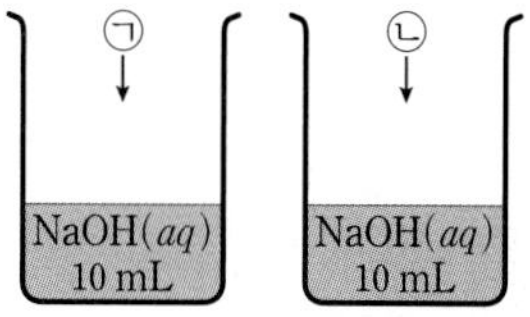

[실험 결과]

○ (나)와 (다)에서 첨가한 산 수용액의 부피에 따른 혼합 용액에 대한 자료

첨가한 산 수용액의 부피(mL)		0	V	$2V$	$3V$
혼합 용액에 존재하는 모든 이온의 몰 농도(M)의 합	(나)	1	$\frac{1}{2}$		$\frac{1}{2}$
	(다)	1	$\frac{3}{5}$	a	y

○ $a<\frac{3}{5}$이다.

y는? (단, 혼합 용액의 부피는 혼합 전 용액의 부피의 합과 같고, 물의 자동 이온화는 무시한다.)

① $\frac{1}{6}$　② $\frac{1}{5}$　③ $\frac{1}{4}$　④ $\frac{1}{3}$　⑤ $\frac{1}{2}$

70 ▸24117-0413 2021학년도 6월 모의평가 20번 상중하

표는 0.2 M $H_2A(aq)$ x mL와 y M 수산화 나트륨 수용액($NaOH(aq)$)의 부피를 달리하여 혼합한 용액 (가)~(다)에 대한 자료이다.

용액	(가)	(나)	(다)
$H_2A(aq)$의 부피(mL)	x	x	x
$NaOH(aq)$의 부피(mL)	20	30	60
pH		1	
용액에 존재하는 모든 이온의 몰 농도(M) 비	(원그래프)		(원그래프, ㉠)

(다)에서 ㉠에 해당하는 이온의 몰 농도(M)는? (단, 혼합 용액의 부피는 혼합 전 각 용액의 부피의 합과 같고, 혼합 전과 후의 온도 변화는 없다. H_2A는 수용액에서 H^+과 A^{2-}으로 모두 이온화되고, 물의 자동 이온화는 무시한다.)

① $\frac{1}{35}$ ② $\frac{1}{30}$ ③ $\frac{1}{25}$
④ $\frac{1}{20}$ ⑤ $\frac{1}{15}$

71 ▸24117-0414 2020학년도 10월 학력평가 18번 상중하

표는 혼합 용액 (가)~(다)에 대한 자료이다.

혼합 용액		(가)	(나)	(다)
혼합 전 수용액의 부피(mL)	$HCl(aq)$	30	0	10
	$HBr(aq)$	0	15	10
	$NaOH(aq)$	20	10	x
혼합 용액의 액성		중성	산성	염기성
$[Na^+]+[H^+]$(상댓값)		3	6	5

이에 대한 옳은 설명만을 〈보기〉에서 있는 대로 고른 것은? (단, 온도는 일정하고, 혼합 용액의 부피는 혼합 전 각 용액의 부피의 합과 같으며, 물의 자동 이온화는 무시한다.)

보기

ㄱ. 몰 농도 비는 $HBr(aq)$: $NaOH(aq)$=4 : 3이다.
ㄴ. x=40이다.
ㄷ. 생성된 물의 양(mol)은 (가)와 (다)에서 같다.

① ㄱ ② ㄷ ③ ㄱ, ㄴ
④ ㄴ, ㄷ ⑤ ㄱ, ㄴ, ㄷ

72 ▸24117-0415 2020학년도 수능 18번 상중하

다음은 중화 반응 실험이다.

[실험 과정]
(가) $HCl(aq)$, $NaOH(aq)$, $KOH(aq)$을 준비한다.
(나) $HCl(aq)$ 10 mL를 비커에 넣는다.
(다) (나)의 비커에 $NaOH(aq)$ 5 mL를 조금씩 넣는다.
(라) (다)의 비커에 $KOH(aq)$ 10 mL를 조금씩 넣는다.

[실험 결과]
○ (다)와 (라) 과정에서 첨가한 용액의 부피에 따른 혼합 용액의 단위 부피당 전체 이온 수

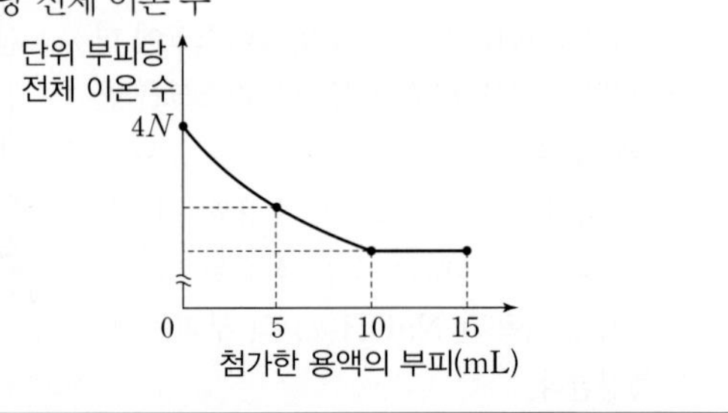

(다) 과정 후 혼합 용액의 단위 부피당 H^+ 수는? (단, 혼합 용액의 부피는 혼합 전 각 용액의 부피의 합과 같다.)

① $\frac{1}{3}N$ ② $\frac{1}{2}N$ ③ $\frac{2}{3}N$ ④ N ⑤ $\frac{4}{3}N$

73 ▸24117-0416 2020학년도 9월 모의평가 18번 상중하

다음은 중화 반응 실험이다.

[실험 과정]
(가) $HCl(aq)$, $NaOH(aq)$, $KOH(aq)$을 준비한다.
(나) $HCl(aq)$ V mL가 담긴 비커에 $NaOH(aq)$ V mL를 넣는다.
(다) (나)의 비커에 $NaOH(aq)$ V mL를 넣는다.
(라) (다)의 비커에 $KOH(aq)$ $2V$ mL를 넣는다.

[실험 결과]
○ (라) 과정 후 혼합 용액에 존재하는 양이온의 종류는 2가지이다.
○ (다)와 (라) 과정 후 혼합 용액에 존재하는 양이온 수 비

과정	(다)	(라)
양이온 수 비	1 : 1	1 : 2

이에 대한 설명으로 옳은 것만을 〈보기〉에서 있는 대로 고른 것은? (단, 혼합 용액의 부피는 혼합 전 각 용액의 부피의 합과 같다.)

보기

ㄱ. (나) 과정 후 Na^+ 수와 H^+ 수 비는 1 : 3이다.
ㄴ. (라) 과정 후 용액은 중성이다.
ㄷ. 혼합 용액의 단위 부피당 전체 이온 수 비는 (나) 과정 후와 (다) 과정 후가 3 : 2이다.

① ㄱ ② ㄴ ③ ㄱ, ㄷ ④ ㄴ, ㄷ ⑤ ㄱ, ㄴ, ㄷ

04 산화 환원 반응

74 ▸24117-0417
2024학년도 수능 9번 상중하

다음은 금속 A～C의 산화 환원 반응 실험이다.

[실험 과정]
(가) $A^{+}(aq)$ $15N$ mol이 들어 있는 수용액 V mL를 준비한다.
(나) (가)의 비커에 $B(s)$를 넣어 반응시킨다.
(다) (나)의 비커에 $C(s)$를 넣어 반응시킨다.

[실험 결과 및 자료]
○ (나) 과정 후 B는 모두 B^{2+}이 되었고, (다) 과정에서 B^{2+}은 C와 반응하지 않으며, (다) 과정 후 C는 C^{m+}이 되었다.
○ 각 과정 후 수용액 속에 들어 있는 양이온의 종류와 수

과정	(나)	(다)
양이온의 종류	A^{+}, B^{2+}	B^{2+}, C^{m+}
전체 양이온 수(mol)	$12N$	$6N$

이에 대한 설명으로 옳은 것만을 〈보기〉에서 있는 대로 고른 것은? (단, A～C는 임의의 원소 기호이고 물과 반응하지 않으며, 음이온은 반응에 참여하지 않는다.)

보기
ㄱ. $m=3$이다.
ㄴ. (나)와 (다)에서 A^{+}은 산화제로 작용한다.
ㄷ. (다) 과정 후 양이온 수 비는 $B^{2+} : C^{m+}=1 : 1$이다.

① ㄱ ② ㄷ ③ ㄱ, ㄴ
④ ㄴ, ㄷ ⑤ ㄱ, ㄴ, ㄷ

75 ▸24117-0418
2024학년도 수능 12번 상중하

다음은 2가지 산화 환원 반응에 대한 자료이다. 원소 X와 Y의 산화물에서 산소(O)의 산화수는 -2이다.

○ 화학 반응식
(가) $3XO_3^{3-}+BrO_3^{-} \longrightarrow 3XO_4^{3-}+Br^{-}$
(나) $aX_2O_3+4YO_4^{-}+bH^{+} \longrightarrow aX_2O_m+4Y^{n+}+cH_2O$
(a～c는 반응 계수)
○ $\dfrac{\text{생성물에서 X의 산화수}}{\text{반응물에서 X의 산화수}}$는 (가)에서와 (나)에서가 같다.
○ a는 (가)에서 각 원자의 산화수 중 가장 큰 값과 같다.

$\dfrac{m \times n}{b}$은? (단, X와 Y는 임의의 원소 기호이다.)

① $\dfrac{2}{3}$ ② $\dfrac{5}{6}$ ③ 1
④ 2 ⑤ $\dfrac{5}{2}$

76 ▸24117-0419
2024학년도 9월 모의평가 9번 상중하

다음은 금속 A～C의 산화 환원 반응 실험이다.

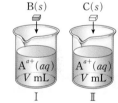

[실험 과정 및 결과]
(가) A^{a+} $3N$ mol이 들어 있는 수용액 V mL를 비커 Ⅰ, Ⅱ에 각각 넣는다.
(나) Ⅰ과 Ⅱ에 $B(s)$와 $C(s)$를 각각 조금씩 넣어 반응시킨다.
(다) (나) 과정 후 A^{a+}은 모두 A가 되었고, A^{a+}과 반응한 B와 C는 각각 B^{b+}과 C^{c+}이 되었다.
(라) (나)에서 넣어 준 금속의 양(mol)에 따른 수용액 속 전체 양이온의 양(mol)은 그림과 같았다.

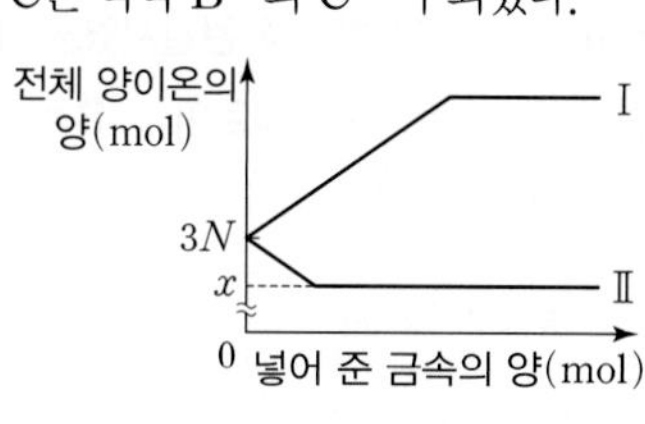

이에 대한 설명으로 옳은 것만을 〈보기〉에서 있는 대로 고른 것은? (단, A～C는 임의의 원소 기호이고 물과 반응하지 않으며, 음이온은 반응에 참여하지 않는다. a～c는 3 이하의 자연수이다.)

보기
ㄱ. (나)에서 A^{a+}은 산화제로 작용한다.
ㄴ. $x=2N$이다.
ㄷ. $c>b$이다.

① ㄱ ② ㄷ ③ ㄱ, ㄴ
④ ㄴ, ㄷ ⑤ ㄱ, ㄴ, ㄷ

77

▸24117-0420

2024학년도 9월 모의평가 14번

상중하

다음은 금속 M과 관련된 산화 환원 반응에 대한 자료이다. M의 산화물에서 산소(O)의 산화수는 -2이다.

- 화학 반응식
  - (가) $MO_2 + 4HCl \longrightarrow MCl_2 + 2H_2O + Cl_2$
  - (나) $2MO_2 + aI_2 + bOH^- \longrightarrow 2MO_x^- + cH_2O + dI^-$
  - (a~d는 반응 계수)
- $\dfrac{\text{반응물에서 M의 산화수}}{\text{생성물에서 M의 산화수}}$는 (가) : (나)=7 : 2이다.

$\dfrac{b+d}{x}$는? (단, M은 임의의 원소 기호이다.)

① 4 ② $\frac{7}{2}$ ③ $\frac{9}{4}$ ④ $\frac{3}{2}$ ⑤ 1

78

▸24117-0421

2024학년도 6월 모의평가 7번

상중하

표는 금속 양이온 A^{3+} $5N$ mol이 들어 있는 수용액에 금속 B $3N$ mol을 넣고 반응을 완결시켰을 때, 석출된 금속 또는 수용액에 존재하는 양이온에 대한 자료이다. B는 모두 B^{n+}이 되었고, ㉠과 ㉡은 각각 A와 B^{n+} 중 하나이다.

금속 또는 양이온	A^{3+}	㉠	㉡
양(mol)(상댓값)	3	3	2

이에 대한 설명으로 옳은 것만을 〈보기〉에서 있는 대로 고른 것은? (단, A와 B는 임의의 원소 기호이고, A와 B는 물과 반응하지 않으며, 음이온은 반응에 참여하지 않는다.)

보기

ㄱ. A^{3+}은 환원제로 작용한다.

ㄴ. ㉠은 B^{n+}이다.

ㄷ. $n=3$이다.

① ㄱ ② ㄴ ③ ㄷ ④ ㄱ, ㄷ ⑤ ㄴ, ㄷ

79

▸24117-0422

2024학년도 6월 모의평가 14번

상중하

다음은 금속 M과 관련된 산화 환원 반응의 화학 반응식이다. M의 산화물에서 산소(O)의 산화수는 -2이다.

$$aM^{3+} + bClO_4^- + cH_2O \longrightarrow dCl^- + eMO^{2+} + fH^+$$

(a~f는 반응 계수)

$\dfrac{d+f}{a+c}$는? (단, M은 임의의 원소 기호이다.)

① $\frac{5}{8}$ ② $\frac{3}{4}$ ③ $\frac{8}{9}$ ④ $\frac{9}{8}$ ⑤ $\frac{4}{3}$

80

▸24117-0423

2023학년도 10월 학력평가 5번

상중하

다음은 산화 환원 반응의 화학 반응식이다. YO_4^-에서 O의 산화수는 -2이다.

$$aX^{2+} + bYO_4^- + cH^+ \longrightarrow aX^{4+} + bY^{2+} + dH_2O$$

(a~d는 반응 계수)

$\dfrac{b+d}{a+c}$는? (단, X, Y는 임의의 원소 기호이다.)

① $\frac{1}{3}$ ② $\frac{2}{5}$ ③ $\frac{10}{23}$ ④ $\frac{10}{21}$ ⑤ $\frac{1}{2}$

81
▸24117-0424
2023학년도 10월 학력평가 9번
상중하

다음은 금속 A～C의 산화 환원 반응 실험이다.

[자료]
(가) 비커에 A^+ n mol과 B^{b+} n mol이 들어 있는 수용액을 넣는다.
(나) (가)의 비커에 C(s) w g을 넣어 반응을 완결시킨다.
(다) (나)의 비커에 C(s) $2w$ g을 넣어 반응을 완결시킨다.

[실험 과정]
○ 각 과정 후 비커에 들어 있는 금속 양이온과 금속의 종류

과정	(나)	(다)
금속 양이온의 종류	B^{b+}, C^{2+}	C^{2+}
금속의 종류	A	A, B

이에 대한 옳은 설명만을 〈보기〉에서 있는 대로 고른 것은? (단, A～C는 임의의 원소 기호이고, A～C는 물과 반응하지 않으며, 음이온은 반응에 참여하지 않는다.)

보기
ㄱ. (나)에서 C(s)는 환원제로 작용한다.
ㄴ. $b=2$이다.
ㄷ. (다) 과정 후 수용액 속 C^{2+}의 양은 $\frac{3}{2}n$ mol이다.

① ㄱ ② ㄷ ③ ㄱ, ㄴ
④ ㄴ, ㄷ ⑤ ㄱ, ㄴ, ㄷ

82
▸24117-0425
2023학년도 3월 학력평가 3번
상중하

다음은 $ANO_3(aq)$에 금속 B(s)를 넣었을 때 일어나는 반응의 화학 반응식이다. 금속 A의 원자량은 a이다.

$$2A^+(aq)+B(s) \longrightarrow 2A(s)+B^{m+}(aq)$$

이 반응에 대한 옳은 설명만을 〈보기〉에서 있는 대로 고른 것은? (단, A, B는 임의의 원소 기호이다.)

보기
ㄱ. $m=2$이다.
ㄴ. B(s)는 산화제이다.
ㄷ. B(s) 1 mol이 모두 반응하였을 때 생성되는 A(s)의 질량은 $\frac{1}{2}a$ g이다.

① ㄱ ② ㄷ ③ ㄱ, ㄴ
④ ㄴ, ㄷ ⑤ ㄱ, ㄴ, ㄷ

83
▸24117-0426
2023학년도 3월 학력평가 13번
상중하

다음은 산화 환원 반응의 화학 반응식이다.

$$a\text{Cu}+b\text{NO}_3^-+c\text{H}^+ \longrightarrow a\text{Cu}^{2+}+b\text{NO}+d\text{H}_2\text{O}$$
(a～d는 반응 계수)

$\frac{b+d}{a+c}$는?

① $\frac{6}{11}$ ② $\frac{8}{13}$ ③ $\frac{10}{7}$
④ $\frac{13}{6}$ ⑤ $\frac{9}{4}$

84
▸24117-0427
2023학년도 수능 5번
상중하

다음은 금속 A～C의 산화 환원 반응 실험이다.

[실험 과정 및 결과]
(가) A^{2+} $3N$ mol이 들어 있는 수용액을 준비한다.
(나) (가)의 수용액에 충분한 양의 B(s)를 넣어 반응을 완결시켰더니 B^{m+} $2N$ mol이 생성되었다.
(다) (나)의 수용액에 충분한 양의 C(s)를 넣어 반응을 완결시켰더니 C^{2+} xN mol이 생성되었다.

이에 대한 설명으로 옳은 것만을 〈보기〉에서 있는 대로 고른 것은? (단, A～C는 임의의 원소 기호이고, A～C는 물과 반응하지 않으며, 음이온은 반응에 참여하지 않는다.)

보기
ㄱ. $m=1$이다.
ㄴ. $x=3$이다.
ㄷ. (다)에서 C(s)는 산화제이다.

① ㄱ ② ㄴ ③ ㄷ
④ ㄱ, ㄴ ⑤ ㄴ, ㄷ

Ⅳ 역동적인 화학 반응

85
▸24117-0428
2023학년도 수능 14번
상중하

다음은 금속 X, Y와 관련된 산화 환원 반응에 대한 자료이다. X의 산화물에서 산소(O)의 산화수는 -2이다.

- 화학 반응식:
$$aX_2O_m^{2-} + bY^{(n-1)+} + cH^+ \longrightarrow dX^{n+} + bY^{n+} + eH_2O$$
(a~e는 반응 계수)
- $Y^{(n-1)+}$ 3 mol이 반응할 때 생성된 X^{n+}은 1 mol이다.
- 반응물에서 $\dfrac{\text{X의 산화수}}{\text{Y의 산화수}} = 3$이다.

$m+n$은? (단, X와 Y는 임의의 원소 기호이다.)

① 6 ② 8 ③ 10
④ 12 ⑤ 14

86
▸24117-0429
2023학년도 9월 모의평가 9번
상중하

그림 (가)와 (나)는 2가지 금속 이온 $X^{2+}(aq)$과 $Y^{m+}(aq)$이 각각 들어 있는 비커에 금속 Z(s)를 넣어 반응을 완결시켰을 때, 반응 전과 후 수용액에 존재하는 양이온의 종류와 양을 나타낸 것이다.

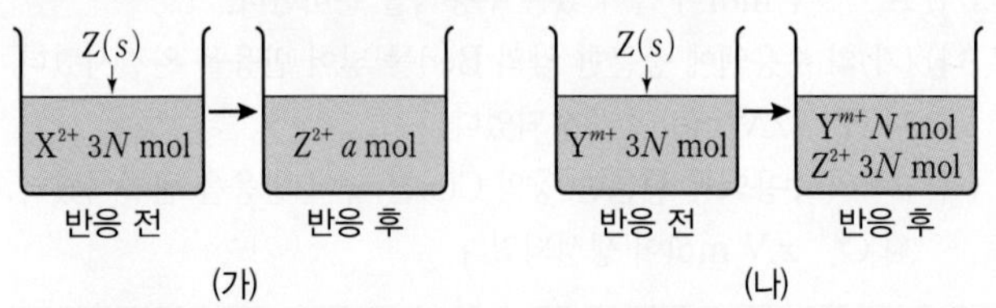

이에 대한 설명으로 옳은 것만을 〈보기〉에서 있는 대로 고른 것은? (단, X~Z는 임의의 원소 기호이고, X~Z는 물과 반응하지 않으며, 음이온은 반응에 참여하지 않는다.)

보기

ㄱ. $a=3N$이다.
ㄴ. $m=1$이다.
ㄷ. (가)와 (나)에서 모두 Z(s)는 산화제로 작용한다.

① ㄱ ② ㄴ ③ ㄱ, ㄷ
④ ㄴ, ㄷ ⑤ ㄱ, ㄴ, ㄷ

87
▸24117-0430
2023학년도 9월 모의평가 13번
상중하

다음은 금속 M과 관련된 산화 환원 반응에 대한 자료이다.

- 화학 반응식:
$$\underset{㉠}{aM} + \underset{㉡}{bNO_3^-} + \underset{㉢}{cH^+} \longrightarrow aM^{x+} + bNO_2 + dH_2O$$
(a~d는 반응 계수)
- ㉠~㉢ 중 산화제와 환원제는 2 : 1의 몰비로 반응한다.
- NO_3^- 1 mol이 반응할 때 생성된 H_2O의 양은 y mol이다.

$x+y$는? (단, M은 임의의 원소 기호이다.)

① $\dfrac{3}{2}$ ② 2 ③ $\dfrac{5}{2}$
④ 3 ⑤ $\dfrac{7}{2}$

88
▸24117-0431
2023학년도 6월 모의평가 8번
상중하

다음은 금속 X와 Y의 산화 환원 반응 실험이다.

[화학 반응식]
$aX^{m+}(aq) + bY(s) \longrightarrow aX(s) + bY^+(aq)$ (a, b는 반응 계수)

[실험 과정 및 결과]
X^{m+} N mol이 들어 있는 수용액에 충분한 양의 Y(s)를 넣어 반응을 완결시켰을 때, Y^+ $2N$ mol이 생성되었다.

이에 대한 설명으로 옳은 것만을 〈보기〉에서 있는 대로 고른 것은? (단, X와 Y는 임의의 원소 기호이고, X와 Y는 물과 반응하지 않으며, 음이온은 반응에 참여하지 않는다.)

보기

ㄱ. X의 산화수는 증가한다.
ㄴ. Y(s)는 환원제이다.
ㄷ. $m=2$이다.

① ㄱ ② ㄴ ③ ㄱ, ㄷ
④ ㄴ, ㄷ ⑤ ㄱ, ㄴ, ㄷ

89

▸24117-0432
2023학년도 6월 모의평가 13번

상중하

다음은 금속 M과 관련된 산화 환원 반응의 화학 반응식과 이에 대한 자료이다.

○ 화학 반응식:

$2MO_4^- + aH_2C_2O_4 + bH^+ \longrightarrow 2M^{n+} + cCO_2 + dH_2O$

(a~d는 반응 계수)

○ MO_4^- 1 mol이 반응할 때 생성된 H_2O의 양은 $2n$ mol이다.

$a+b$는? (단, M은 임의의 원소 기호이다.)

① 11 ② 12 ③ 13
④ 14 ⑤ 15

90

▸24117-0433
2022학년도 10월 학력평가 15번

상중하

다음은 산화 환원 반응 (가)와 (나)의 화학 반응식이다.

(가) $Cr_2O_3 + 3Cl_2 + 3C \longrightarrow 2Cr^{n+} + 6Cl^- + 3CO$

(나) $aCr_2O_7^{2-} + bFe^{2+} + cH^+ \longrightarrow dCr^{n+} + bFe^{3+} + eH_2O$

(a~e는 반응 계수)

이에 대한 옳은 설명만을 <보기>에서 있는 대로 고른 것은?

보기

ㄱ. (가)에서 Cl_2는 산화제이다.

ㄴ. $n=3$이다.

ㄷ. $\frac{d+e}{a+b+c} = \frac{9}{20}$이다.

① ㄱ ② ㄷ ③ ㄱ, ㄴ
④ ㄴ, ㄷ ⑤ ㄱ, ㄴ, ㄷ

91

▸24117-0434
2022학년도 3월 학력평가 7번

상중하

다음은 산화 환원 반응 (가)와 (나)의 화학 반응식이다.

(가) $2CH_3OH + 3O_2 \longrightarrow 2CO_2 + 4H_2O$

(나) $aSn^{2+} + bMnO_4^- + 16H^+ \longrightarrow aSn^{4+} + bMn^{2+} + 8H_2O$

(a, b는 반응 계수)

이에 대한 옳은 설명만을 <보기>에서 있는 대로 고른 것은?

보기

ㄱ. (가)에서 O_2는 환원제이다.

ㄴ. (나)에서 Mn의 산화수는 감소한다.

ㄷ. $a+b=3$이다.

① ㄴ ② ㄷ ③ ㄱ, ㄴ
④ ㄱ, ㄷ ⑤ ㄴ, ㄷ

92

▸24117-0435
2022학년도 수능 16번

상중하

다음은 산화 환원 반응 (가)~(다)의 화학 반응식이다.

(가) $CO + 2H_2 \longrightarrow CH_3OH$

(나) $CO + H_2O \longrightarrow CO_2 + H_2$

(다) $aMnO_4^- + bSO_3^{2-} + H_2O \longrightarrow aMnO_2 + bSO_4^{2-} + cOH^-$

(a~c는 반응 계수)

이에 대한 설명으로 옳은 것만을 <보기>에서 있는 대로 고른 것은?

보기

ㄱ. (가)에서 CO는 환원된다.

ㄴ. (나)에서 CO는 산화제이다.

ㄷ. (다)에서 $a+b+c=4$이다.

① ㄱ ② ㄴ ③ ㄱ, ㄷ
④ ㄴ, ㄷ ⑤ ㄱ, ㄴ, ㄷ

93
▸24117-0436
2022학년도 9월 모의평가 10번
상중하

다음은 산화 환원 반응 (가)~(다)의 화학 반응식이다.

(가) $2H_2 + O_2 \longrightarrow \underset{㉠}{\underline{2H_2O}}$

(나) $\underset{㉡}{\underline{O_2}} + F_2 \longrightarrow \underset{㉢}{\underline{O_2F_2}}$

(다) $\underset{㉣}{\underline{5H_2O_2}} + 2MnO_4^- + 6H^+ \longrightarrow 2Mn^{2+} + 5O_2 + 8H_2O$

이에 대한 설명으로 옳은 것만을 <보기>에서 있는 대로 고른 것은?

보기

ㄱ. (가)에서 O_2는 산화제이다.
ㄴ. (다)에서 Mn의 산화수는 감소한다.
ㄷ. ㉠~㉣에서 O의 산화수 중 가장 큰 값은 +1이다.

① ㄱ ② ㄷ ③ ㄱ, ㄴ ④ ㄴ, ㄷ ⑤ ㄱ, ㄴ, ㄷ

94
▸24117-0437
2022학년도 6월 모의평가 15번
상중하

다음은 산화 환원 반응 (가)~(다)의 화학 반응식이다.

(가) $SO_2 + 2H_2O + Cl_2 \longrightarrow H_2SO_4 + 2HCl$
(나) $2F_2 + 2H_2O \longrightarrow O_2 + 4HF$
(다) $aMnO_4^- + bH^+ + cFe^{2+} \longrightarrow Mn^{2+} + cFe^{3+} + dH_2O$
(a~d는 반응 계수)

이에 대한 설명으로 옳은 것만을 <보기>에서 있는 대로 고른 것은?

보기

ㄱ. (가)에서 S의 산화수는 증가한다.
ㄴ. (나)에서 H_2O은 환원제이다.
ㄷ. $\frac{b}{a+c+d} < 1$이다.

① ㄱ ② ㄴ ③ ㄱ, ㄷ ④ ㄴ, ㄷ ⑤ ㄱ, ㄴ, ㄷ

95
▸24117-0438
2021학년도 10월 학력평가 11번
상중하

다음은 산화 환원 반응 (가)~(다)의 화학 반응식이다.

(가) $2Na + 2H_2O \longrightarrow 2NaOH + H_2$
(나) $Fe_2O_3 + 3CO \longrightarrow 2Fe + 3CO_2$
(다) $aSn^{2+} + 2MnO_4^- + bH^+ \longrightarrow cSn^{4+} + 2Mn^{2+} + dH_2O$
(a~d는 반응 계수)

이에 대한 옳은 설명만을 <보기>에서 있는 대로 고른 것은?

보기

ㄱ. (가)에서 Na의 산화수는 증가한다.
ㄴ. (나)에서 CO는 산화제이다.
ㄷ. (다)에서 $\frac{c+d}{a+b} > \frac{2}{3}$이다.

① ㄱ ② ㄴ ③ ㄱ, ㄷ ④ ㄴ, ㄷ ⑤ ㄱ, ㄴ, ㄷ

96
▸24117-0439
2021학년도 3월 학력평가 15번
상중하

다음은 2가지 산화 환원 반응의 화학 반응식이다.

(가) $Cu + 2Ag^+ \longrightarrow Cu^{2+} + 2Ag$
(나) $aH_2O_2 + bI^- + cH^+ \longrightarrow dI_2 + eH_2O$ (a~e는 반응 계수)

이에 대한 옳은 설명만을 <보기>에서 있는 대로 고른 것은?

보기

ㄱ. (가)에서 Cu는 산화된다.
ㄴ. (나)에서 H_2O_2는 환원제이다.
ㄷ. (나)에서 $\frac{d+e}{a+b+c} = \frac{4}{7}$이다.

① ㄱ ② ㄷ ③ ㄱ, ㄴ ④ ㄱ, ㄷ ⑤ ㄴ, ㄷ

97

▶24117-0440
2021학년도 수능 16번
상중하

다음은 산화 환원 반응 (가)와 (나)의 화학 반응식이다.

(가) $O_2+2F_2 \longrightarrow 2OF_2$
(나) $BrO_3^-+aI^-+bH^+ \longrightarrow Br^-+cI_2+dH_2O$
(a~d는 반응 계수)

이에 대한 설명으로 옳은 것만을 〈보기〉에서 있는 대로 고른 것은?

보기

ㄱ. (가)에서 O의 산화수는 증가한다.
ㄴ. (나)에서 I^-은 산화제로 작용한다.
ㄷ. $a+b+c+d=12$이다.

① ㄱ ② ㄴ ③ ㄱ, ㄷ
④ ㄴ, ㄷ ⑤ ㄱ, ㄴ, ㄷ

98

▶24117-0441
2021학년도 9월 모의평가 15번
상중하

다음은 산화 환원 반응의 화학 반응식이다.

$aCuS+bNO_3^-+cH^+ \longrightarrow 3Cu^{2+}+aSO_4^{2-}+bNO+dH_2O$
(a~d는 반응 계수)

이에 대한 설명으로 옳은 것만을 〈보기〉에서 있는 대로 고른 것은?

보기

ㄱ. CuS는 환원제이다.
ㄴ. $c+d>a+b$이다.
ㄷ. NO_3^- 2 mol이 반응하면 SO_4^{2-} 1 mol이 생성된다.

① ㄱ ② ㄷ ③ ㄱ, ㄴ
④ ㄴ, ㄷ ⑤ ㄱ, ㄴ, ㄷ

99

▶24117-0442
2021학년도 6월 모의평가 11번
상중하

다음은 산화 환원 반응 (가)~(다)의 화학 반응식이다.

(가) $Fe_2O_3+2Al \longrightarrow 2Fe+Al_2O_3$
(나) $Mg+2HCl \longrightarrow MgCl_2+H_2$
(다) $Cu+aNO_3^-+bH_3O^+ \longrightarrow Cu^{2+}+cNO_2+dH_2O$
(a~d는 반응 계수)

이에 대한 설명으로 옳은 것만을 〈보기〉에서 있는 대로 고른 것은?

보기

ㄱ. (가)에서 Al은 산화된다.
ㄴ. (나)에서 Mg은 산화제이다.
ㄷ. (다)에서 $a+b+c+d=7$이다.

① ㄱ ② ㄴ ③ ㄷ
④ ㄱ, ㄴ ⑤ ㄱ, ㄷ

100

▶24117-0443
2020학년도 10월 학력평가 9번
상중하

다음은 산화 환원 반응의 화학 반응식이다.

$aFe^{2+}+bH_2O_2+cH^+ \longrightarrow aFe^{3+}+dH_2O$
(a~d는 반응 계수)

이 반응에 대한 옳은 설명만을 〈보기〉에서 있는 대로 고른 것은?

보기

ㄱ. H의 산화수는 변하지 않는다.
ㄴ. H_2O_2는 환원제이다.
ㄷ. $\frac{b+c}{a+d}=\frac{3}{4}$이다.

① ㄴ ② ㄷ ③ ㄱ, ㄴ
④ ㄱ, ㄷ ⑤ ㄱ, ㄴ, ㄷ

101 ▸24117-0444

2020학년도 3월 학력평가 13번 상중하

다음은 황(S)을 다이크로뮴산 칼륨($K_2Cr_2O_7$) 수용액에 넣었을 때 일어나는 산화 환원 반응의 화학 반응식이다.

$$aK_2Cr_2O_7 + bH_2O + 3S \longrightarrow cKOH + dCr_2O_3 + 3SO_2$$

(a~d는 반응 계수)

이에 대한 옳은 설명만을 〈보기〉에서 있는 대로 고른 것은?

보기

ㄱ. S의 산화수는 0에서 +4로 증가한다.
ㄴ. $a+b+c+d=16$이다.
ㄷ. $K_2Cr_2O_7$은 환원제로 작용한다.

① ㄱ ② ㄷ ③ ㄱ, ㄴ
④ ㄱ, ㄷ ⑤ ㄴ, ㄷ

102 ▸24117-0445

2020학년도 수능 8번 상중하

다음은 산화 환원 반응 (가)~(다)의 화학 반응식이다.

(가) $CuO + H_2 \longrightarrow Cu + H_2O$
(나) $Fe_2O_3 + 3CO \longrightarrow 2Fe + 3CO_2$
(다) $MnO_2 + 4HCl \longrightarrow MnCl_2 + 2H_2O + Cl_2$

이에 대한 설명으로 옳은 것만을 〈보기〉에서 있는 대로 고른 것은?

보기

ㄱ. (가)에서 H_2는 산화된다.
ㄴ. (나)에서 CO는 산화제이다.
ㄷ. (다)에서 Mn의 산화수는 증가한다.

① ㄱ ② ㄴ ③ ㄱ, ㄷ
④ ㄴ, ㄷ ⑤ ㄱ, ㄴ, ㄷ

103 ▸24117-0446

2020학년도 수능 9번 상중하

그림은 원소 X~Z로 이루어진 분자 (가)와 (나)의 구조식을 나타낸 것이다. (가)에서 X의 산화수는 −1이다.

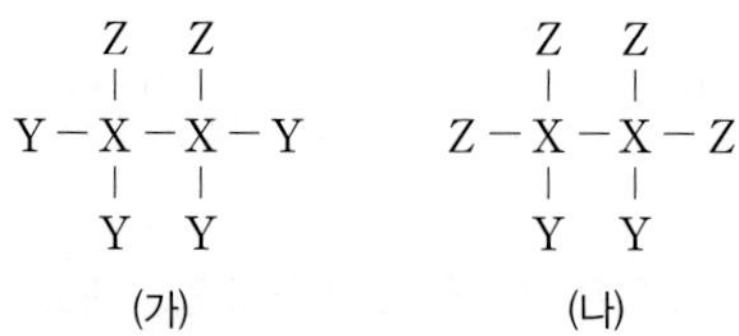

(나)에서 X의 산화수는? (단, X~Y는 임의의 1, 2주기 원소 기호이다.)

① −3 ② −1 ③ 0
④ +1 ⑤ +3

104 ▸24117-0447

2020학년도 9월 모의평가 13번 상중하

다음은 3가지 화학 반응식이다.

(가) $2Ca(s) + O_2(g) \longrightarrow 2CaO(s)$
(나) $CaCO_3(s) \longrightarrow CaO(s) + CO_2(g)$
(다) $Mg(s) + H_2O(l) \longrightarrow MgO(s) + H_2(g)$

(가)~(다)에 대한 설명으로 옳은 것만을 〈보기〉에서 있는 대로 고른 것은?

보기

ㄱ. (가)에서 Ca은 산화된다.
ㄴ. (나)에서 $CaCO_3$은 산화된다.
ㄷ. (다)에서 H_2O은 환원제이다.

① ㄱ ② ㄴ ③ ㄱ, ㄷ
④ ㄴ, ㄷ ⑤ ㄱ, ㄴ, ㄷ

05 화학 반응에서 출입하는 열

105
▸24117-0448
2022학년도 10월 학력평가 2번
상 중 하

다음은 반응의 열 출입을 이용하는 사례에 대한 설명이다.

- ㉠산화 칼슘(CaO)과 물(H_2O)의 반응을 이용하여 음식을 데울 수 있다.
- ㉡철(Fe)의 산화 반응을 이용하여 손난로를 만들 수 있다.
- ㉢질산 암모늄(NH_4NO_3)의 용해 반응을 이용하여 냉각 팩을 만들 수 있다.

㉠~㉢ 중 흡열 반응만을 있는 대로 고른 것은?

① ㉠ ② ㉢ ③ ㉠, ㉡
④ ㉠, ㉢ ⑤ ㉡, ㉢

106
▸24117-0449
2022학년도 3월 학력평가 3번
상 중 하

다음은 요소수와 관련된 설명이다.

경유를 연료로 사용하는 디젤 엔진에서는 대기 오염 물질인 질소 산화물이 생성된다. 디젤 엔진에 요소($(NH_2)_2CO$)와 물이 혼합된 요소수를 넣어 주면, ㉠연료의 연소 반응이 일어날 때 발생하는 열을 흡수하여 ㉡요소가 분해되면서 암모니아가 생성되는 반응이 일어난다. 이 과정에서 생성된 암모니아가 질소 산화물을 질소 기체로 변화시킨다.

이에 대한 옳은 설명만을 <보기>에서 있는 대로 고른 것은?

보기

ㄱ. ㉠은 발열 반응이다.
ㄴ. ㉡은 흡열 반응이다.
ㄷ. 디젤 엔진에 요소수를 넣어 주면 대기 오염을 줄일 수 있다.

① ㄱ ② ㄴ ③ ㄱ, ㄷ
④ ㄴ, ㄷ ⑤ ㄱ, ㄴ, ㄷ

107
▸24117-0450
2022학년도 수능 1번
상 중 하

다음은 열의 출입과 관련된 현상에 대한 설명이다.

숯이 연소될 때 열이 발생하는 것처럼, 화학 반응이 일어날 때 주위로 열을 방출하는 반응을 (가) 반응이라 한다.

(가)로 가장 적절한 것은?

① 가역 ② 발열 ③ 분해
④ 환원 ⑤ 흡열

108
▸24117-0451
2022학년도 9월 모의평가 1번
상 중 하

다음은 열 출입 현상과 이에 대한 학생들의 대화이다.

- ㉠염화 암모늄을 물에 용해시켰더니 수용액의 온도가 낮아졌다.
- ㉡뷰테인을 연소시켰더니 열이 발생하였다.

제시한 내용이 옳은 학생만을 있는 대로 고른 것은?

① B ② C ③ A, B
④ A, C ⑤ B, C

109 ▸24117-0452
2022학년도 6월 모의평가 3번 상중하

다음은 학생 A가 가설을 세우고 수행한 탐구 활동이다.

[가설]
- ㉠

[탐구 과정 및 결과]
- 25 ℃의 물 100 g이 담긴 열량계에 25 ℃의 수산화 나트륨(NaOH(s)) 4 g을 넣어 녹인 후 수용액의 최고 온도를 측정하였다.
- 수용액의 최고 온도: 35 ℃

[결론]
- 가설은 옳다.

학생 A의 결론이 타당할 때, 다음 중 ㉠으로 가장 적절한 것은? (단, 열량계의 외부 온도는 25 ℃로 일정하다.)

① 수산화 나트륨(NaOH)이 물에 녹는 반응은 가역 반응이다.
② 수산화 나트륨(NaOH)이 물에 녹는 반응은 발열 반응이다.
③ 수산화 나트륨(NaOH)을 물에 녹인 수용액은 산성을 띤다.
④ 수산화 나트륨(NaOH)이 물에 녹는 반응은 산화 환원 반응이다.
⑤ 수산화 나트륨(NaOH)을 물에 녹인 수용액은 전기 전도성이 있다.

110 ▸24117-0453
2021학년도 10월 학력평가 2번 상중하

다음은 화학 반응에서 출입하는 열을 이용하는 생활 속의 사례이다.

(가) 휴대용 냉각 팩에 들어 있는 질산 암모늄이 물에 용해되면서 팩이 차가워진다.
(나) 겨울철 도로에 쌓인 눈에 염화 칼슘을 뿌리면 염화 칼슘이 용해되면서 눈이 녹는다.
(다) 아이스크림 상자에 드라이아이스를 넣으면 드라이아이스가 승화되면서 상자 안의 온도가 낮아진다.

이에 대한 옳은 설명만을 <보기>에서 있는 대로 고른 것은?

보기
ㄱ. (가)에서 질산 암모늄의 용해 반응은 흡열 반응이다.
ㄴ. (나)에서 염화 칼슘이 용해될 때 열을 방출한다.
ㄷ. (다)에서 드라이아이스의 승화는 발열 반응이다.

① ㄱ ② ㄷ ③ ㄱ, ㄴ
④ ㄴ, ㄷ ⑤ ㄱ, ㄴ, ㄷ

111 ▸24117-0454
2021학년도 3월 학력평가 2번 상중하

다음은 2가지 반응에서 열의 출입을 알아보기 위한 실험이다.

실험	실험 과정 및 결과
(가)	물이 담긴 비커에 수산화 나트륨(NaOH)을 넣고 녹였더니 수용액의 온도가 올라갔다.
(나)	물이 담긴 비커에 질산 암모늄(NH_4NO_3)을 넣고 녹였더니 수용액의 온도가 내려갔다.

이에 대한 옳은 설명만을 <보기>에서 있는 대로 고른 것은?

보기
ㄱ. (가)에서 반응이 일어날 때 열이 방출된다.
ㄴ. (나)에서 일어나는 반응은 흡열 반응이다.
ㄷ. (나)에서 일어나는 반응을 이용하여 냉찜질 팩을 만들 수 있다.

① ㄱ ② ㄷ ③ ㄱ, ㄴ
④ ㄴ, ㄷ ⑤ ㄱ, ㄴ, ㄷ

112 ▸24117-0455
2021학년도 수능 2번 상중하

다음은 화학 반응에서 열의 출입에 대한 학생들의 대화이다.

제시한 내용이 옳은 학생만을 있는 대로 고른 것은?

① A ② B ③ A, C
④ B, C ⑤ A, B, C

113 ▸24117-0456

2021학년도 9월 모의평가 3번

다음은 염화 칼슘($CaCl_2$)이 물에 용해되는 반응에 대한 실험과 이에 대한 세 학생의 대화이다.

[실험 과정]

(가) 그림과 같이 25 ℃의 물 100 g이 담긴 열량계를 준비한다.

(나) (가)의 열량계에 25 ℃의 $CaCl_2(s)$ w g을 넣어 녹인 후 수용액의 최고 온도를 측정한다.

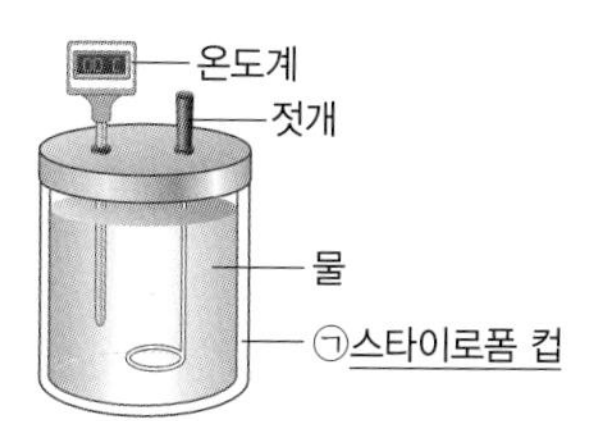

[실험 결과]

○ 수용액의 최고 온도: 30 ℃

학생 A: 열량계 내부의 온도 변화로 반응에서의 열의 출입을 알 수 있어.

학생 B: $CaCl_2(s)$이 물에 용해되는 반응은 발열 반응이야.

학생 C: ㉠은 열량계 내부와 외부 사이의 열 출입을 막기 위해 사용해.

제시한 내용이 옳은 학생만을 있는 대로 고른 것은? (단, 열량계의 외부 온도는 25 ℃로 일정하다.)

① A ② B ③ A, C
④ B, C ⑤ A, B, C

114 ▸24117-0457

2021학년도 6월 모의평가 5번 상중하

다음은 반응 ㉠~㉢과 관련된 현상을 나타낸 것이다.

온도계 / 질산 암모늄 / 물 / 진한 황산 / 물

㉠뷰테인을 연소시켜 물을 끓였다.

㉡질산 암모늄을 물에 용해시켰더니 용액의 온도가 낮아졌다.

㉢진한 황산을 물에 용해시켰더니 용액의 온도가 높아졌다.

㉠~㉢ 중 발열 반응만을 있는 대로 고른 것은?

① ㉠ ② ㉡ ③ ㉠, ㉡
④ ㉠, ㉢ ⑤ ㉡, ㉢

115 ▸24117-0458

2020학년도 10월 학력평가 5번 상중하

다음은 질산 암모늄(NH_4NO_3)과 관련된 실험이다.

[실험 과정]

(가) 열량계에 20 ℃ 물 100 g을 넣는다.

(나) (가)의 열량계에 NH_4NO_3 w g을 넣고 모두 용해시킨다.

(다) 수용액의 최저 온도를 측정한다.

(라) 20 ℃ 물 200 g을 이용하여 (가)~(다)를 수행한다.

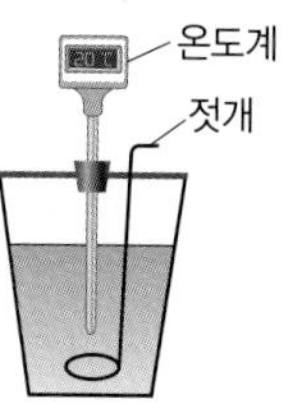

[실험 결과]

○ (다)에서 측정한 수용액의 최저 온도: 18 ℃

○ (라)에서 측정한 수용액의 최저 온도: t ℃

이에 대한 옳은 설명만을 〈보기〉에서 있는 대로 고른 것은?

보기

ㄱ. NH_4NO_3의 용해 반응은 흡열 반응이다.

ㄴ. $t > 18$이다.

ㄷ. NH_4NO_3의 용해 반응은 냉각 팩에 이용될 수 있다.

① ㄱ ② ㄷ ③ ㄱ, ㄴ
④ ㄴ, ㄷ ⑤ ㄱ, ㄴ, ㄷ

116 ▸24117-0459

2020학년도 3월 학력평가 1번 상중하

다음은 3가지 반응이다.

(가) 화석 연료의 연소 반응

(나) 냉각 팩에서의 질산 암모늄의 용해 반응

(다) 묽은 황산과 수산화 칼륨 수용액의 중화 반응

(가)~(다) 중 발열 반응만을 있는 대로 고른 것은?

① (가) ② (나) ③ (다)
④ (가), (다) ⑤ (나), (다)

기출 & 플러스

01 동적 평형

■ 빈칸에 알맞은 말을 써 넣으시오.

01 (　　)은 반응 조건에 따라 정반응과 역반응이 모두 일어날 수 있는 반응이다.

02 가역 반응에서 반응이 정지된 것처럼 보이나, 실제로는 정반응과 역반응이 같은 속도로 일어나고 있는 상태를 (　　)이라고 한다.

03 밀폐 용기 속에 물을 넣은 후 물과 수증기가 동적 평형에 도달하기까지 (　　) 속도는 증가하고, (　　) 속도는 일정하게 유지된다.

04 물에 과량의 설탕을 넣은 후 충분한 시간이 지나 평형 상태에 도달했을 때 일부의 설탕이 녹지 않고 남았다면 (　　) 속도와 (　　) 속도는 같다.

■ 다음 내용이 옳으면 ○표, 틀리면 ×표 하시오.

[05~07] 표는 밀폐 용기 안에 $H_2O(l)$을 넣은 후 시간에 따른 H_2O의 증발 속도와 응축 속도에 대한 자료이다. $a>b>0$이다.

시간	t	$2t$	$4t$
증발 속도	a	a	a
응축 속도	b	a	x

05 $x=a$이다. (　　)

06 용기 내 $H_2O(l)$의 양(mol)은 t에서가 $2t$에서보다 크다. (　　)

07 $4t$에서 증발하는 분자 수와 응축하는 분자 수는 같다. (　　)

02 물의 자동 이온화와 pH

■ 빈칸에 알맞은 말을 써 넣으시오.

08 25 ℃에서 $[H_3O^+]:[OH^-]=10^2:1$인 수용액의 pH는 (　　)이다. (단, 25 ℃에서 물의 이온화 상수(K_w)는 1×10^{-14}이다.)

09 25 ℃에서 0.1 M $HCl(aq)$의 $[H_3O^+]$는 (　　) M이고 $[OH^-]$는 (　　) M이다.

[10~12] 그림은 25 ℃에서 $H_2O(l)$, $NaOH(aq)$, $HCl(aq)$을 각각 나타낸 것이다. 25 ℃에서 물의 이온화 상수(K_w)는 1×10^{-14}이다.

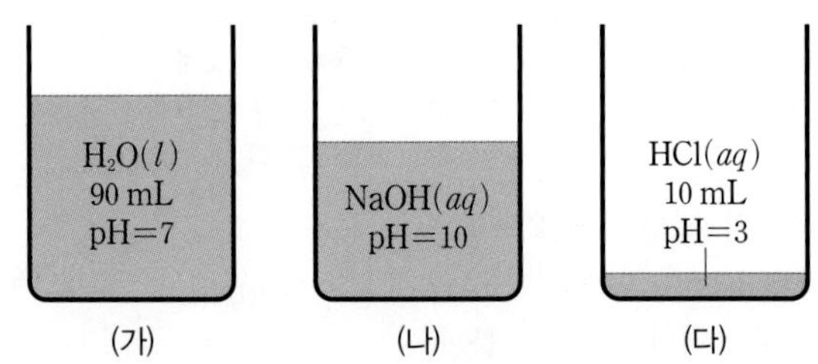

10 (가)에서 $[H_3O^+]$는 (　　) M이다.

11 (나)에서 $[OH^-]$는 (　　) M이다.

12 (가)와 (다)를 모두 혼합한 수용액 100 mL의 pH는 (　　)이다.

03 산 염기 중화 반응

■ 빈칸에 알맞은 말을 써 넣으시오.

13 염화 수소(HCl)와 물(H_2O)의 반응에서 HCl는 브뢴스테드·로리 (　　)이고, H_2O은 브뢴스테드·로리 (　　)이다.

14 (　　)은 중화점까지 표준 용액을 가하고 그 부피를 정확하게 측정할 때 사용하는 실험 기구이다.

15 0.1 M $H_2SO_4(aq)$ 100 mL를 모두 중화시키기 위해 필요한 0.05 M $NaOH(aq)$의 부피는 (　　) mL이다.

■ 다음 내용이 옳으면 ○표, 틀리면 ×표 하시오.

[16~18] 표는 x M $HCl(aq)$과 y M $NaOH(aq)$의 부피를 달리하여 만든 혼합 용액 (가), (나)에 대한 자료이다.

혼합 용액	혼합 전 수용액의 부피(mL)		혼합 용액의 양이온 수
	HCl(aq)	NaOH(aq)	
(가)	100	20	N
(나)	40	60	$2N$

16 (가)에서 $[H_3O^+]>[OH^-]$이다. (　　)

17 $x:y=1:4$이다. (　　)

18 (나)를 모두 중화시키기 위해서는 $HCl(aq)$ 160 mL가 더 필요하다. (　　)

04 산화 환원 반응

■ **빈칸에 알맞은 말을 써 넣으시오.**

19 (   )는 물질 중 원자가 산화 또는 환원된 정도를 나타내는 수이다.

20 SO_2에서 S의 산화수는 (   ), O의 산화수는 (   )이다.

[21~23] 다음은 산화 환원 반응의 화학 반응식이다.

$$a\mathrm{CuS}+b\mathrm{NO_3^-}+c\mathrm{H^+} \longrightarrow 3\mathrm{Cu^{2+}}+a\mathrm{SO_4^{2-}}+b\mathrm{NO}+d\mathrm{H_2O}$$

(a~d는 반응 계수)

21 화학 반응식의 계수를 맞추어 완성하면 (   )이다.

22 이 반응에서 환원제는 (   )이다.

23 이 반응에서 NO_3^- 2 mol이 반응하면 SO_4^{2-} (   ) mol이 생성된다.

■ **다음 내용이 옳으면 ○표, 틀리면 ×표 하시오.**

[24~25] 다음은 다이크로뮴산 나트륨($Na_2Cr_2O_7$)과 탄소(C)가 반응하는 산화 환원 반응의 화학 반응식이다.

$$\mathrm{Na_2Cr_2O_7}+2\underset{㉠}{\underline{\mathrm{C}}} \longrightarrow \mathrm{Cr_2O_3}+\mathrm{Na_2}\underset{㉡}{\underline{\mathrm{CO_3}}}+\underset{㉢}{\underline{\mathrm{CO}}}$$

24 ㉠은 산화제이다. (   )

25 산화수는 ㉡이 ㉢보다 크다. (   )

05 화학 반응에서 출입하는 열

■ **빈칸에 알맞은 말을 써 넣으시오.**

26 (   ) 반응은 반응이 일어날 때 열을 주위로 방출하는 반응이다.

27 광합성, 질산 암모늄의 용해는 반응이 일어날 때 주위의 열을 흡수하므로 (   ) 반응이다.

28 (   ) 내부의 온도 변화를 이용하여 반응에서의 열의 출입을 알 수 있다.

29 (   )은 물질 1 g의 온도를 1 ℃ 높이는 데 필요한 열량이다.

■ **다음 내용이 옳으면 ○표, 틀리면 ×표 하시오.**

30 뷰테인(C_4H_{10})의 연소 반응은 발열 반응이다. (   )

31 염화 칼슘($CaCl_2$)을 물에 녹였더니 수용액의 온도가 낮아졌다. 따라서 $CaCl_2$의 용해 반응은 발열 반응이다. (   )

32 열량계 내부의 온도 변화로 반응에서의 열의 출입을 알 수 있다. (   )

33 간이 열량계에서 스타이로폼 컵은 열량계 내부와 외부 사이의 열 출입을 막기 위해 사용한다. (   )

IV 역동적인 화학 반응

정답 01 가역 반응 02 동적 평형 03 응축, 증발 04 석출(용해), 용해(석출) 05 ○ 06 ○ 07 ○ 08 6 09 0.1, 1×10^{-13} 10 1×10^{-7} 11 1×10^{-4} 12 4 13 산, 염기 14 뷰렛 15 400 16 ○ 17 × 18 ○ 19 산화수 20 +4, −2 21 $3\mathrm{CuS}+8\mathrm{NO_3^-}+8\mathrm{H^+} \longrightarrow 3\mathrm{Cu^{2+}}+3\mathrm{SO_4^{2-}}+8\mathrm{NO}+4\mathrm{H_2O}$ 22 CuS 23 0.75 24 × 25 ○ 26 발열 27 흡열 28 열량계 29 비열 30 ○ 31 × 32 ○ 33 ○

함정 탈출 TIP 체크

07 $2t$일 때 동적 평형 상태이므로 $4t$일 때에도 동적 평형 상태이다. 따라서 H_2O의 증발 속도와 응축 속도가 같으므로 $x=a$이다. 08 25 ℃에서 $K_w=[H_3O^+][OH^-]=1\times10^{-14}$이므로 $[H_3O^+]:[OH^-]=10^2:1$일 때 $[H_3O^+]=1\times10^{-6}$ M이므로 수용액의 pH는 6이다. 12 pH는 용액의 부피가 10배 증가할 때 1 감소한다. (가)와 (다)의 혼합 용액의 부피는 (다)의 10배이므로 혼합 용액의 pH는 4이다. 15 필요한 0.05 M NaOH(aq)의 부피를 V라고 할 때 $2\times0.1\times100=0.05\times V$, $V=400$이다. 17 (가)는 산성, (나)는 염기성이므로 HCl(aq) 100 mL에 들어 있는 양이온 수는 N, NaOH(aq) 60 mL에 들어 있는 양이온 수는 $2N$이다. 따라서 $x:y=\frac{N}{100}:\frac{2N}{60}=3:10$이다. 21 $a\mathrm{CuS}+b\mathrm{NO_3^-}+c\mathrm{H^+} \longrightarrow 3\mathrm{Cu^{2+}}+a\mathrm{SO_4^{2-}}+b\mathrm{NO}+d\mathrm{H_2O}$ 반응에서 $a=3$이고 S의 산화수는 −2에서 +6으로 8 증가하고 N의 산화수는 +5에서 +2로 3 감소한다. 증가한 총 산화수와 감소한 총 산화수는 같으므로 $b=8$이고 H와 O 원자 수를 맞추면 $c=8$, $d=4$이다.

MEMO

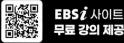

EBS*i* 사이트
무료 강의 제공

2025학년도 수능 대비

수능 기출의 미래

All New

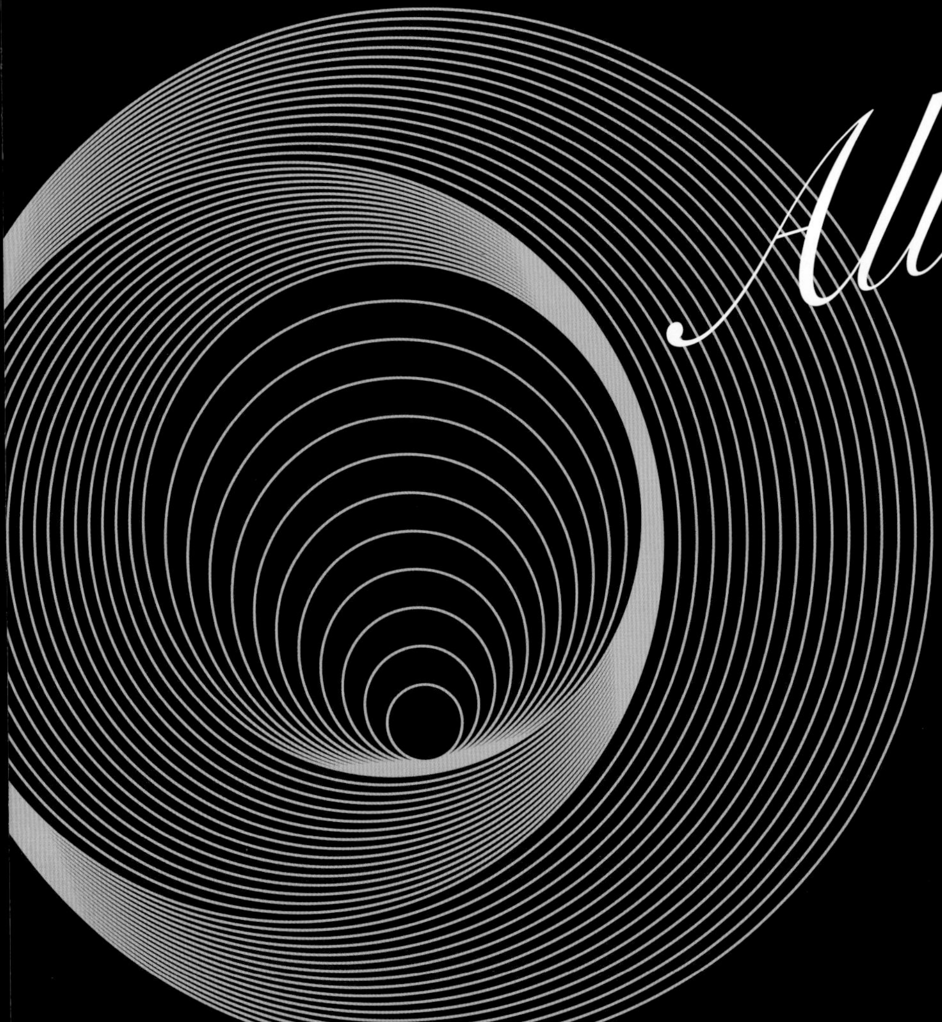

정답과 해설

과학탐구영역 | 화학 I

2025학년도 수능 대비

수능 기출의 미래

과학탐구영역 | 화학 I

All New

정답과 해설

정답과 해설

I 화학의 첫걸음

본문 8~13쪽

01 우리 생활 속의 화학

01 ③	02 ①	03 ③	04 ④	05 ③	06 ③
07 ⑤	08 ⑤	09 ⑤	10 ④	11 ③	12 ③
13 ③	14 ②	15 ③	16 ④	17 ③	18 ④
19 ③	20 ③	21 ③			

01 탄소 화합물의 유용성, 발열 반응과 흡열 반응

자료 분석

탄소 화합물은 탄소(C)를 기본 골격으로 수소(H), 산소(O), 질소(N) 등이 공유 결합하여 이루어진 화합물이다. 화학 반응이 일어날 때 열을 방출하는 반응은 발열 반응, 열을 흡수하는 반응은 흡열 반응이다.

선택지 분석

✓ㄱ. 에탄올(C_2H_5OH)에는 탄소가 포함되어 있으므로 ㉠은 탄소 화합물이다.

ㄴ. ㉠(에탄올)이 증발하면서 손이 시원해지는 이유는 에탄올이 증발할 때 주위로부터 열을 흡수하기 때문이다.

✓ㄷ. 철가루가 산화될 때는 열을 방출하므로 손난로로 사용할 수 있다. 따라서 ㉡이 산화되는 반응은 발열 반응이다. 답 ③

02 탄소 화합물의 유용성, 발열 반응과 흡열 반응

자료 분석

탄소 화합물은 탄소(C)를 기본 골격으로 수소(H), 산소(O), 질소(N) 등이 공유 결합하여 이루어진 화합물이다. 화학 반응이 일어날 때 열을 방출하는 반응은 발열 반응, 열을 흡수하는 반응은 흡열 반응이다.

선택지 분석

✓학생 A. 메테인(CH_4)은 탄소(C)와 수소(H)로 이루어진 화합물이므로 ㉠(메테인)은 탄소 화합물이다.

학생 B. 메테인(CH_4)이 연소할 때 열이 발생하므로 난방을 하거나 음식을 익힐 수 있다. 따라서 ㉠(메테인)의 연소는 발열 반응이다.

학생 C. 질산 암모늄(NH_4NO_3)이 물에 용해될 때 주위의 온도가 내려가므로 냉찜질 주머니를 차갑게 만들 수 있다. 따라서 ㉡(질산 암모늄이 물에 용해되는 반응)이 일어날 때 주위의 열을 흡수한다. 답 ①

03 탄소 화합물의 유용성, 발열 반응과 흡열 반응

자료 분석

탄소 화합물은 탄소(C)를 기본 골격으로 수소(H), 산소(O), 질소(N) 등이 공유 결합하여 이루어진 화합물이다.

선택지 분석

✓ㄱ. ㉠(에텐)은 탄소를 포함하므로 탄소 화합물이다.

ㄴ. 아세트산(CH_3COOH)은 물에 녹아 수소 이온(H^+)을 내놓는 산이다. 따라서 ㉡(아세트산)을 물에 녹이면 산성 수용액이 된다.

✓ㄷ. 에탄올을 묻힌 솜으로 피부를 닦으면 에탄올이 기화되면서 피부가 시원해지므로 ㉢(에탄올)이 기화되는 반응은 흡열 반응이다. 답 ③

04 탄소 화합물의 유용성, 발열 반응과 흡열 반응

자료 분석

의료용 소독제로 이용되는 ㉠은 에탄올(C_2H_5OH)이고, 질소 비료의 원료로 이용되는 ㉡은 암모니아(NH_3)이며, 액화 천연가스(LNG)의 주성분인 ㉢은 메테인(CH_4)이다.

선택지 분석

✓ㄱ. ㉠은 에탄올이다.

ㄴ. 탄소 화합물은 탄소(C)를 기본 골격으로 수소(H), 산소(O), 질소(N) 등이 공유 결합하여 이루어진 화합물이다. 따라서 ㉡(암모니아)은 탄소 화합물이 아니다.

✓ㄷ. 메테인이 연소하면 열을 방출하므로 ㉢(메테인)의 연소 반응은 발열 반응이다. 답 ④

05 탄소 화합물의 유용성, 발열 반응과 흡열 반응

자료 분석

천연가스의 주성분인 ㉡은 메테인(CH_4)이고, 식초의 성분인 ㉢은 아세트산(CH_3COOH)이다.

선택지 분석

✓ㄱ. 흡열 반응이 일어나면 온도가 낮아진다. 따라서 ㉠(질산 암모늄)이 물에 용해되는 반응은 흡열 반응이다.

ㄴ. ㉠(질산 암모늄)은 탄소 화합물이 아니고, ㉡(메테인)은 탄소 화합물이다.

✓ㄷ. 아세트산은 물에 녹아 수소 이온(H^+)을 내놓는 산이다. 따라서 ㉢(아세트산)의 수용액은 산성이다. 답 ③

06 화학의 유용성

빈출 문항 자료 분석

다음은 일상생활에서 이용되고 있는 3가지 물질에 대한 자료이다.

→ 탄소를 포함한다.

- 에탄올(C_2H_5OH)은 [㉠]
- 제설제로 이용되는 ㉡염화 칼슘($CaCl_2$)을 물에 용해시키면 열이 발생한다. → 염화 칼슘의 용해 반응은 발열 반응이다.
- ㉢메테인(CH_4)은 액화 천연가스(LNG)의 주성분이다. → 탄소를 포함한다.

이에 대한 설명으로 옳은 것만을 〈보기〉에서 있는 대로 고른 것은?

보기

ㄱ. '의료용 소독제로 이용된다.'는 ㉠으로 적절하다. O
ㄴ. ㉡이 물에 용해되는 반응은 발열 반응이다. O
ㄷ. ㉡과 ㉢은 모두 탄소 화합물이다. X ㉢만 탄소 화합물

해결 전략 탄소 화합물은 탄소(C)를 기본 골격으로 수소(H), 산소(O), 질소(N) 등이 공유 결합한 화합물임을 알아야 한다.

선택지 분석

✓ㄱ. 에탄올(C_2H_5OH)은 살균 효과가 있으므로 의료용 소독제로 이용된다. 따라서 '의료용 소독제로 이용된다.'는 ㉠으로 적절하다.
✓ㄴ. $CaCl_2$을 물에 용해시키면 열이 발생하므로 $CaCl_2$이 물에 용해되는 반응은 발열 반응이다.
ㄷ. ㉡($CaCl_2$)은 탄소(C)를 포함하지 않으므로 탄소 화합물이 아니고, ㉢(CH_4)은 탄소(C)를 포함하므로 탄소 화합물이다. 답 ③

07 탄소 화합물의 유용성

자료 분석

탄소 화합물은 탄소(C)를 기본 골격으로 수소(H), 산소(O), 질소(N) 등이 공유 결합하여 이루어진 화합물이다.

선택지 분석

✓ㄱ. 메테인(CH_4)은 액화 천연가스(LNG)의 주성분이다. 따라서 '액화 천연가스(LNG)'는 ㉠으로 적절하다.
✓ㄴ. 뷰테인(C_4H_{10})은 탄소(C)를 기본 골격으로 수소(H)가 공유 결합하여 이루어진 화합물이다. 따라서 ㉡은 탄소 화합물이다.
✓ㄷ. 뷰테인(C_4H_{10})은 액화 석유 가스(LPG)의 주성분이며, 뷰테인(C_4H_{10})을 연소시켜 물을 끓이므로 ㉢의 연소 반응은 발열 반응이다. 답 ⑤

08 화학의 유용성

자료 분석

탄소 화합물은 탄소(C)를 기본 골격으로 수소(H), 산소(O), 질소(N) 등이 공유 결합하여 이루어진 화합물이다.

선택지 분석

✓ㄱ. 에탄올(C_2H_5OH)은 탄소(C) 원자를 중심으로 수소(H) 원자와 산소(O) 원자가 공유 결합하여 이루어진 화합물이므로 탄소 화합물이다.
✓ㄴ. 아세트산(CH_3COOH)을 물에 녹이면 수소 이온(H^+)을 내놓으므로 산성 수용액이 된다.
✓ㄷ. 암모니아(NH_3)는 질소 비료의 원료로 사용되므로 '질소 비료의 원료'는 ㉢으로 적절하다. 답 ⑤

09 화학의 유용성

자료 분석

(가)~(다)는 각각 암모니아(NH_3), 메테인(CH_4), 아세트산(CH_3COOH)이다.

선택지 분석

✓ㄱ. (가)(암모니아)는 질소 비료의 원료이다.
✓ㄴ. (나)(메테인)는 액화 천연가스(LNG)의 주성분이다.
✓ㄷ. (다)(아세트산)는 물에 녹아 수소 이온(H^+)을 내놓으므로 (다)의 수용액은 산성이다. 답 ⑤

10 탄소 화합물

자료 분석

탄소 화합물은 탄소(C)를 기본 골격으로 수소(H), 산소(O), 질소(N) 등이 공유 결합하여 이루어진 화합물이다.

선택지 분석

① 메테인(CH_4)은 탄소 화합물이지만, 구성 원소가 C, H 2가지이다.
② 암모니아(NH_3)는 질소(N)와 수소(H)로 이루어진 화합물이므로 탄소 화합물이 아니다.
③ 염화 나트륨(NaCl)은 Na^+과 Cl^-으로 이루어진 화합물이므로 탄소 화합물이 아니다.
✓❹ 아세트산(CH_3COOH)은 탄소 화합물이면서 구성 원소가 C, H, O 3가지이며, 물에 녹으면 수소 이온(H^+)을 내놓으므로 수용액은 산성이다.
⑤ 설탕($C_{12}H_{22}O_{11}$)은 탄소 화합물이면서 구성 원소가 C, H, O 3가지이지만, 수용액은 산성이 아니다. 답 ④

11 화학의 유용성

빈출 문항 자료 분석

표는 일상생활에서 이용되고 있는 물질에 대한 자료이다.

→ 물에 녹이면 CH_3COO^-과 H^+으로 나누어진다.

물질	이용 사례
아세트산(CH_3COOH)	식초의 성분이다.
암모니아(NH_3)	질소 비료의 원료로 이용된다.
에탄올(C_2H_5OH)	㉠

→ C 원자가 없다.

이에 대한 설명으로 옳은 것만을 〈보기〉에서 있는 대로 고른 것은?

• 보기 •

ㄱ. CH_3COOH을 물에 녹이면 산성 수용액이 된다.
ㄴ. NH_3는 탄소 화합물이다.
ㄷ. '의료용 소독제로 이용된다.'는 ㉠으로 적절하다.

해결 전략 아세트산(CH_3COOH), 암모니아(NH_3), 에탄올(C_2H_5OH)의 화학식과 물질의 특성, 이용 사례 등을 알고 있어야 한다.

선택지 분석

✓ㄱ. CH_3COOH을 물에 녹이면 수소 이온(H^+)을 내놓으므로 산성 수용액이 된다.
ㄴ. NH_3는 C 원자를 포함하지 않으므로 탄소 화합물이 아니다.
✓ㄷ. 에탄올은 살균 효과가 있으므로 의료용 소독제로 이용할 수 있다.

답 ③

12 화학의 유용성

빈출 문항 자료 분석

그림은 물질 (가)와 (나)의 구조식을 나타낸 것이다.

(가) 암모니아(NH_3) (나) 아세트산(CH_3COOH)

이에 대한 설명으로 옳은 것만을 〈보기〉에서 있는 대로 고른 것은?

• 보기 •

ㄱ. (가)는 질소 비료의 원료로 사용된다.
ㄴ. (나)를 물에 녹이면 산성 수용액이 된다.
ㄷ. (가)와 (나)는 모두 탄소 화합물이다. (나)만

해결 전략 탄소 화합물은 탄소(C)를 기본 골격으로 수소(H), 산소(O) 등이 공유 결합한 화합물임을 알아야 한다.

선택지 분석

✓ㄱ. 암모니아는 질소 비료의 원료로 사용된다.
✓ㄴ. 아세트산을 물에 녹이면 수소 이온(H^+)을 내놓으므로 아세트산 수용액은 산성이다.
ㄷ. (가)는 질소(N)와 수소(H)의 화합물이므로 탄소 화합물이 아니고, (나)는 탄소(C), 산소(O), 수소(H)의 화합물이므로 탄소 화합물이다.

답 ③

13 탄소 화합물의 유용성

자료 분석

탄소 화합물은 탄소(C)를 기본 골격으로 수소(H), 산소(O), 질소(N) 등이 공유 결합하여 이루어진 화합물이다.

선택지 분석

✓❸ (가)는 C, H, O로 이루어져 있으므로 탄소 화합물이다. (나)는 Na^+과 Cl^-으로 이루어져 있고 C가 없으므로 탄소 화합물이 아니다. (다)는 C, H, O로 이루어져 있으므로 탄소 화합물이다. 따라서 탄소 화합물은 (가)와 (다)이다.

답 ③

14 탄소 화합물의 유용성

자료 분석

천연가스의 주성분은 메테인(CH_4)이다. 아세트산(CH_3COOH) 수용액은 산성이다. 손 소독제를 만드는 데 사용하는 것은 에탄올(C_2H_5OH)이다. 에탄올(C_2H_5OH) 수용액은 중성이다.

선택지 분석

✓❷ (가)~(다)는 각각 메테인, 아세트산, 에탄올이다.

답 ②

15 탄소 화합물의 유용성

자료 분석

메테인(CH_4), 에탄올(C_2H_5OH), 아세트산(CH_3COOH)은 모두 탄소 화합물이다.

선택지 분석

✓학생 A. 천연가스의 주성분인 메테인(CH_4)은 가스 연료로 사용된다.
✓학생 B. 에탄올(C_2H_5OH)의 구성 원소는 C, H, O 3가지이다.
학생 C. 아세트산(CH_3COOH)은 물에 녹아 수소 이온(H^+)을 내놓으므로 아세트산 수용액은 산성이다.

답 ③

16 탄소 화합물

자료 분석

탄소 화합물은 탄소(C)를 기본 골격으로 다른 원자들이 결합하여 만들어진 화합물이므로 탄소(C)가 반드시 포함되어야 한다.

선택지 분석

① 산화 칼슘(CaO)은 칼슘 이온(Ca^{2+})과 산화 이온(O^{2-})으로 이루어진 물질로, 탄소(C)를 포함하고 있지 않으므로 탄소 화합물이 아니다.
② 염화 칼륨(KCl)은 칼륨 이온(K^+)과 염화 이온(Cl^-)으로 이루어진 물질로, 탄소(C)를 포함하고 있지 않으므로 탄소 화합물이 아니다.
③ 암모니아(NH_3)는 질소(N)와 수소(H)로 이루어진 물질로, 탄소(C)를 포함하고 있지 않으므로 탄소 화합물이 아니다.
✓❹ 에탄올(C_2H_5OH)은 탄소(C), 수소(H), 산소(O)로 이루어진 물질로, 탄소 화합물이다.
⑤ 물(H_2O)은 수소(H)와 산소(O)로 이루어진 물질로, 탄소(C)를 포함하고 있지 않으므로 탄소 화합물이 아니다.

답 ④

17 화학의 유용성

자료 분석

하버와 보슈는 질소 기체를 수소 기체와 반응시켜 암모니아를 대량으로 합성하는 제조 공정을 개발하였다.

$N_2 + 3H_2 \longrightarrow 2NH_3$

선택지 분석

✓ㄱ. ㉠인 나일론은 합성 섬유이다.
ㄴ. ㉡은 수소 기체이다.
✓ㄷ. ㉢은 비료의 대량 생산을 가능하게 하여 인류의 식량 부족 문제를 개선하는 데 기여하였다.

답 ③

18 탄소 화합물의 유용성

자료 분석

(가)는 메테인, (나)는 아세트산, (다)는 에탄올이다.

선택지 분석

✓ ㄱ. (가) 메테인은 천연가스의 주성분으로 가정용 연료로 사용된다.

ㄴ. (나) 아세트산은 물에 녹아 수소 이온(H^+)을 내놓으므로 (나)를 물에 녹이면 산성 수용액이 된다.

✓ ㄷ. (다) 에탄올은 소독용 알코올로 사용되므로 손 소독제를 만드는 데 사용된다.

답 ④

19 화학의 유용성

자료 분석

하버는 공기 중의 질소 기체를 수소 기체와 반응시켜 암모니아를 대량 합성하는 방법을 개발하였고, 캐러더스는 최초의 합성 섬유인 나일론을 개발하였다. 따라서 ㉠은 질소(N_2), ㉡은 암모니아(NH_3), ㉢은 나일론이다.

선택지 분석

✓ ㄱ. ㉠은 질소이다.

✓ ㄴ. ㉢은 합성 섬유인 나일론으로 천연 섬유에 비해 대량 생산이 쉽다.

ㄷ. 분자를 구성하는 원자 수는 ㉠이 2, ㉡이 4로 ㉡이 ㉠의 2배이다.

답 ③

20 탄소 화합물의 성질

자료 분석

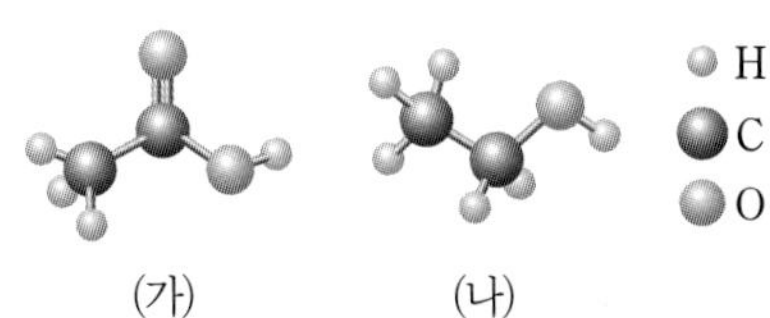

(가)는 아세트산(CH_3COOH)이고, (나)는 에탄올(C_2H_5OH)이다.

선택지 분석

✓ ㄱ. (가)는 물에 녹아 수소 이온(H^+)을 내놓으므로 (가)의 수용액은 산성이다.

ㄴ. (가)와 (나)는 모두 C, H, O로 이루어진 물질로 완전 연소 생성물은 CO_2와 H_2O로 같다.

✓ ㄷ. $\frac{\text{H 원자 수}}{\text{O 원자 수}}$는 (가)가 $\frac{4}{2}=2$, (나)가 $\frac{6}{1}=6$으로 (나)가 (가)의 3배이다.

답 ③

21 탄소 화합물의 성질

자료 분석

(가)~(다)는 각각 메테인(CH_4), 에탄올(C_2H_5OH), 아세트산(CH_3COOH)이다.

선택지 분석

✓ ㄱ. (가) 메테인(CH_4)은 액화 천연가스(LNG)의 주성분이다.

✓ ㄴ. (다) 아세트산(CH_3COOH)은 물에 녹아 수소 이온(H^+)을 내놓으므로 (다)의 수용액은 산성이다.

ㄷ. $\frac{\text{H 원자 수}}{\text{C 원자 수}}$는 (가)가 $\frac{4}{1}=4$, (나)가 $\frac{6}{2}=3$, (다)가 $\frac{4}{2}=2$로 (가)가 가장 크다.

답 ③

02 화학식량과 몰

22 ③	23 ⑤	24 ⑤	25 ④	26 ④	27 ④
28 ⑤	29 ①	30 ②	31 ⑤	32 ⑤	33 ②
34 ③	35 ④	36 ④	37 ⑤	38 ④	39 ④
40 ⑤	41 ①	42 ③	43 ④	44 ②	45 ⑤
46 ②	47 ①	48 ②	49 ①	50 ④	

기체의 양(mol)과 부피

도전 1등급 문항 분석 ▸▸ 정답률 27.1%

표는 같은 온도와 압력에서 실린더 (가)~(다)에 들어 있는 기체에 대한 자료이다.

→ $m+n=1.5m+0.5n$ ➡ $m=n$

→ $(bm+cm):(1.5bm+0.5cm)=6:5$ ➡ $2b=c$

실린더		(가)	(나)	(다)
기체의 질량(g)	$X_aY_b(g)$	$15w$ m mol	$22.5w$ $1.5m$ mol	
	$X_aY_c(g)$	$16w$ n mol	$8w$ $0.5n$ mol	
Y 원자 수(상댓값)		6	5	9
전체 원자 수		$10N$	$9N$	xN
기체의 부피(L)		$4V$	$4V$	$5V$

→ $(2am+3bm):(2am+2.5bm)=10:9$ ➡ $a=b$

이에 대한 설명으로 옳은 것만을 <보기>에서 있는 대로 고른 것은? (단, X와 Y는 임의의 원소 기호이다.)

보기

ㄱ. $a=b$이다. O

ㄴ. $\frac{\text{X의 원자량}}{\text{Y의 원자량}}=\frac{7}{8}$ (14)이다. X

ㄷ. $x=14$이다. O

해결 전략 (가)와 (나)의 질량 비와 기체의 부피 비를 이용하여 (가)와 (나)를 이루는 각 기체의 몰비를 구한다. 이 몰비와 Y 원자 수 비, 전체 원자 수 비를 이용하여 식을 세운 후 풀어 나간다.

선택지 분석

(가)에서 X_aY_b와 X_aY_c의 양(mol)을 각각 m, n이라고 두면 (나)에서 X_aY_b와 X_aY_c의 양은 각각 $1.5m$ mol, $0.5n$ mol이다.

같은 온도와 압력에서 기체의 부피는 기체의 양(mol)에 비례하므로 (가)와 (나)의 전체 기체의 양(mol)은 같고 $m+n=1.5m+0.5n$에서 $m=n$이다. (가)와 (나)에서 Y 원자 수 비가 6 : 5이므로 $(bm+cm):(1.5bm+0.5cm)=6:5$에서 $2b=c$이다. 따라서 X_aY_c는 X_aY_{2b}이다. 또 (가)와 (나)의 전체 원자 수 비가 10 : 9이므로 $(2am+3bm):(2am+2.5bm)=10:9$에서 $a=b$이다. 따라서 X_aY_b는 X_bY_b, X_aY_c는 X_bY_{2b}이다.

✓ ㄱ. $a=b$이다.

ㄴ. X, Y의 원자량을 각각 M_X, M_Y라고 두면 (가)에서 같은 양(mol)의 X_bY_b와 X_bY_{2b}의 질량 비가 15 : 16이므로 $\frac{M_X+M_Y}{M_X+2M_Y}=\frac{15}{16}$에서 $\frac{\text{X의 분자량}}{\text{Y의 분자량}}=14$이다.

✓ ㄷ. (가)에서 전체 기체의 부피가 $4V$ L일 때 기체의 전체 양은 $2m$ mol이므로 (다)의 전체 기체의 부피가 $5V$ L일 때는 기체의 전체 양이 $2.5m$ mol이다. 따라서 (다)에서 X_bY_b의 양을 w mol, X_bY_{2b}의 양을 z mol이라고 두면 $w+z=2.5m$(㉠)이다. (가)와 (다)에서 Y 원자 수 비가 2 : 3이므로 $3bm : (bw+2bz)=2 : 3$에서 $2w+4z=9m$(㉡)이고, ㉠와 ㉡을 연립하여 풀면 $w=0.5m$, $z=2m$이다. (가)와 (다)에서 전체 원자 수 비가 10 : x이므로 $5bm : 10=7bm : x$에서 $x=14$이다. 답 ③

몰과 화학식량

도전 1등급 문항 분석 ▸▸ 정답률 19.8%

다음은 t ℃, 1 기압에서 실린더 (가)와 (나)에 들어 있는 기체에 대한 자료이다.

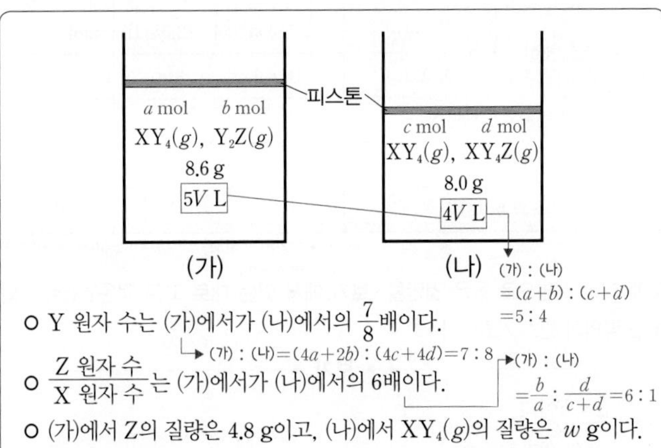

○ Y 원자 수는 (가)에서가 (나)에서의 $\frac{7}{8}$배이다.

○ $\frac{\text{Z 원자 수}}{\text{X 원자 수}}$는 (가)에서가 (나)에서의 6배이다.

○ (가)에서 Z의 질량은 4.8 g이고, (나)에서 $XY_4(g)$의 질량은 w g이다.

$w\times\frac{\text{X의 원자량}}{\text{Z의 원자량}}$은? (단, X～Z는 임의의 원소 기호이다.)

해결 전략 전체 원자 수는 '분자 수×분자당 구성 원자 수'로 구할 수 있음을 알고 자료를 해석해야 한다. 각 화합물의 양(mol)을 미지수로 두고, 제시된 자료를 이용하여 식을 만들어 풀면 각 화합물의 몰비를 구할 수 있다. 마지막으로 질량에 관한 자료를 이용하여 각 원자의 원자량 비를 계산해 나간다.

선택지 분석

✓❺ (가)에 들어 있는 $XY_4(g)$와 $Y_2Z(g)$의 양(mol)을 각각 a, b라 하고, (나)에 들어 있는 $XY_4(g)$와 $XY_4Z(g)$의 양(mol)을 각각 c, d라 하면, 실린더 속 기체의 부피 비는 (가) : (나)$=(a+b) : (c+d)=5 : 4$이므로 $c+d=\frac{4}{5}\times(a+b)$(㉠)이다.

Y 원자 수는 (가)에서가 (나)에서의 $\frac{7}{8}$배이므로 (가) : (나)$=(4a+2b)$: $(4c+4d)=7 : 8$에서 $32a+16b=28c+28d$(㉡)이고, 식 ㉡에 식 ㉠을 대입하면 $3a=2b$(㉢)이다. 식 ㉢을 식 ㉠에 대입하면 $c+d=2a$(㉣)이다.

$\frac{\text{Z 원자 수}}{\text{X 원자 수}}$는 (가)에서가 (나)에서의 6배이므로 (가) : (나)$=\frac{b}{a} : \frac{d}{c+d}$ $=\frac{b}{a} : \frac{d}{2a}=6 : 1$에서 $b=3d$(㉤)이다. ㉢～㉤을 연립하여 풀면 $a=2d$, $b=3d$, $c=3d$이므로 $a : b : c : d=2d : 3d : 3d : d=2 : 3 : 3 : 1$이다. a, b, c, d를 각각 $2n$, $3n$, $3n$, n이라고 하면, (가)에서 Z $3n$ mol의 질량이 4.8 g이므로 (나)에서 Z n mol의 질량은 1.6 g이다. (나)에서 기체 전체의 양이 8.0 g이므로 X와 Y의 질량의 합은 8.0 g－1.6 g=6.4 g이고, 이는 '$XY_4(g)$ $3n$ mol에 포함된 X와 Y의 질량+$XY_4Z(g)$ n mol에 포함된 X와 Y의 질량'이다. 그런데 $XY_4(g)$ $3n$ mol에 포함된 X와 Y의 질량은 $XY_4(g)$ $3n$ mol의 질량을 의미하므로 w g=4.8 g이 된다.

X～Z의 원자량을 각각 x～z라고 하면, Z를 제외한 실린더 속 기체의 질량 비는 (가) : (나)$=(2nx+8ny+6ny) : (3nx+12ny+nx+4ny)=3.8$ $(=8.6-4.8) : 6.4(=8.0-1.6)$에서 $x=12y$이다. x와 y를 각각 $12k$, k라고 두면 (가)에서 $2nx+8ny+6ny=38kn=3.8$이고, $3nz=4.8$이므로 $z=16k$이다.

따라서 $w\times\frac{\text{X의 원자량}}{\text{Z의 원자량}}=4.8\times\frac{12k}{16k}=3.6$이다. 답 ⑤

몰과 화학식량

도전 1등급 문항 분석 ▸▸ 정답률 26.2%

표는 용기 (가)와 (나)에 들어 있는 화합물에 대한 자료이다.

용기		(가)	(나)
화합물의 질량(g)	X_aY_b	$38w$ 원자 수 $10N$	$19w$ 원자 수 $5N$
	X_aY_c	0	$23w$ 원자 수 $6N$
원자 수 비율		$6N$ $\frac{3}{5}$, $\frac{2}{5}$ $4N$	$7N$ $\frac{7}{11}$, $\frac{4}{11}$ $4N$
$\frac{\text{Y의 전체 질량}}{\text{X의 전체 질량}}$(상댓값) → $\frac{\text{Y 원자 수}}{\text{X 원자 수}}$ 비=		6 $6\left(\frac{6N}{4N}\right)$	: 7 $7\left(\frac{7N}{4N}\right)$
전체 원자 수		$10N$	$11N$

$\frac{c}{a}\times\frac{\text{Y의 원자량}}{\text{X의 원자량}}$은? (단, X와 Y는 임의의 원소 기호이다.)

해결 전략 (가)에 들어 있는 화합물은 X_aY_b뿐이므로 X_aY_b $38w$ g의 원자 수는 $10N$임을 알고 이를 (나)에 적용할 수 있어야 한다. 또 (가)와 (나)에서 $\frac{\text{Y의 전체 질량}}{\text{X의 전체 질량}}$은 $\frac{\text{Y 원자 수}\times\text{Y의 원자량}}{\text{X 원자 수}\times\text{X의 원자량}}$을 의미하므로 $\frac{\text{Y의 전체 질량}}{\text{X의 전체 질량}}$의 비는 결국 $\frac{\text{Y 원자 수}}{\text{X 원자 수}}$의 비와 같음을 이용하여 X 원자 수와 Y 원자 수를 유추해 낼 수 있다.

선택지 분석

✓❺ (나)에 들어 있는 X_aY_b의 질량이 (가)에 들어 있는 X_aY_b의 질량의 절반이므로 (나)에 들어 있는 전체 원자 수는 X_aY_b로 인하여 $5N$, X_aY_c로 인하여 $6N$임을 알 수 있다.

(가)에서 원자 수 비가 2 : 3이므로, 만약 $a=2$, $b=3$이라 하면 (가)에 들어 있는 X_aY_b는 $2N$ mol이고, (나)에 들어 있는 X_aY_b는 N mol이다.

한편, 성분 원소의 질량 비는 구성 원자 수 비와 같으므로 $\frac{\text{Y의 전체 질량}}{\text{X의 전체 질량}}$의 비는 $\frac{\text{Y 원자 수}}{\text{X 원자 수}}$의 비와 같다.

따라서 $\frac{\text{Y 원자 수}}{\text{X 원자 수}}$ 비는 (가) : (나)=6 : 7이고, (가)에서 $\frac{\text{Y 원자 수}}{\text{X 원자 수}}=\frac{6N}{4N}$이므로 (나)에서 $\frac{\text{Y 원자 수}}{\text{X 원자 수}}=\frac{7N}{4N}$이다.
(나)에 들어 있는 X_aY_b는 N mol이므로 $\frac{\text{Y 원자 수}}{\text{X 원자 수}}=\frac{7N}{4N}$이 되려면, (나)에 들어 있는 X_aY_c도 N mol이고 $c=4$이다.
X, Y의 원자량을 각각 x, y라고 하면, (가), (나)에 들어 있는 화합물의 질량에서 $4x+6y=38w$이고 $4x+7y=42w$이므로 $x=3.5w$, $y=4w$이다.
따라서 $\frac{c}{a}\times\frac{\text{Y의 원자량}}{\text{X의 원자량}}=\frac{4}{2}\times\frac{4w}{3.5w}=\frac{16}{7}$이다. 답 ⑤

25 몰과 화학식량

자료 분석

전체 원자 수=분자 수×분자당 구성 원자 수이며, 일정한 온도와 압력에서 기체의 부피는 기체의 분자 수에 비례한다.

선택지 분석

ㄱ. 전체 원자 수 비가 $AB:AB_2=N:\frac{3}{4}N=4:3$이므로 분자 수 비는 $AB:AB_2=2:1$이고, 기체의 부피 비도 $AB:AB_2=2:1$이다. 따라서 $x=\frac{1}{2}$이다.

✓ ㄴ. 분자 수 비가 $AB:AB_2=2:1$일 때 질량 비는 $14w:11w=14:11$이므로 분자량 비는 $AB:AB_2=\frac{14}{2}:\frac{11}{1}=7:11$이다. 따라서 원자량 비는 A : B=3 : 4이므로 원자량은 B>A이다.

✓ ㄷ. 분자량 비가 $AB:AB_2=7:11$이므로 1 g에 들어 있는 A 원자 수 비는 $AB:AB_2=\frac{1}{7}:\frac{1}{11}=11:7$이다. 따라서 1 g에 들어 있는 A 원자 수는 $AB>AB_2$이다. 답 ④

도전 1등급 26 몰과 화학식량

도전 1등급 문항 분석 ▸▸ 정답률 38.3%

$\frac{a}{X_aY_{2a}\text{의 분자량}}:\frac{b}{X_bY_{2a}\text{의 분자량}}=22:21$

그림은 $X_aY_{2a}(g)$ N mol이 들어 있는 실린더에 $X_bY_{2a}(g)$를 조금씩 넣었을 때 $X_bY_{2a}(g)$의 양(mol)에 따른 혼합 기체의 밀도를 나타낸 것이다. $\frac{X_bY_{2a}\text{ 1 g에 들어 있는 X 원자 수}}{X_aY_{2a}\text{ 1 g에 들어 있는 X 원자 수}}=\frac{21}{22}$이다.

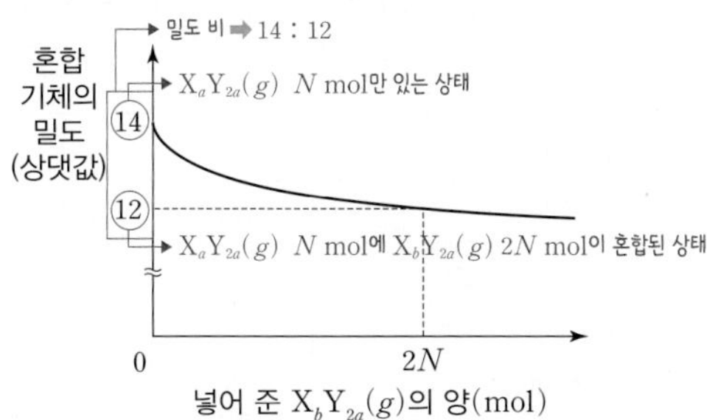

$\frac{b}{a}\times\frac{\text{X의 원자량}}{\text{Y의 원자량}}$은? (단, X, Y는 임의의 원소 기호이고, 두 기체는 반응하지 않으며, 실린더 속 기체의 온도와 압력은 일정하다.)

해결 전략 혼합 기체의 밀도 비로부터 X_aY_{2a}와 X_bY_{2a}의 분자량 비를 구하고, $\frac{X_bY_{2a}\text{ 1 g에 들어 있는 X 원자 수}}{X_aY_{2a}\text{ 1 g에 들어 있는 X 원자 수}}$ 값으로부터 $a:b$를 구한다. 여기서 구한 두 가지의 자료를 이용하면 X와 Y의 원자량 비를 구할 수 있다.

선택지 분석

✓ ❹ X_bY_{2a}를 넣기 전과 X_bY_{2a} $2N$ mol을 넣었을 때 기체의 밀도 비가 14 : 12이고, 기체의 밀도는 분자량에 비례하므로 X_aY_{2a}, X_bY_{2a}의 분자량을 각각 $14k$, mk라고 하면 $\frac{14k\times N+mk\times 2N}{N+2N}=12k$에서 $m=11$이다. 1 g에 들어 있는 X 원자 수의 비는 $X_aY_{2a}:X_bY_{2a}=\frac{a}{14k}:\frac{b}{11k}=22:21$이므로 $a:b=4:3$이다.
X_aY_{2a}, X_bY_{2a}의 분자량은 각각 $14k$, $11k$이므로 X와 Y의 원자량을 각각 x, y라고 하면 $4x+8y=14k$, $3x+8y=11k$이고, 이를 풀면 $x=3k$, $y=\frac{1}{4}k$이다. 따라서 원자량 비는 X : Y$=3k:\frac{1}{4}k=12:1$이고, $\frac{b}{a}\times\frac{\text{X의 원자량}}{\text{Y의 원자량}}=\frac{3}{4}\times\frac{12}{1}=9$이다. 답 ④

도전 1등급 27 기체의 양

도전 1등급 문항 분석 ▸▸ 정답률 22.0%

(가)와 (나)의 부피가 같다고 가정할 때 질량 비는 (가) : (나)=9 : 8이다.

표는 t ℃, 1기압에서 실린더 (가)와 (나)에 들어 있는 기체에 대한 자료이다.

실린더	기체의 질량비	전체 기체의 밀도 (상댓값)	$\frac{\text{X 원자 수}}{\text{Y 원자 수}}$
(가)	$X_aY_{2b}:X_bY_c=1:2$ $3w:6w$	9 $9w$ g	$\frac{13}{24}$
(나)	$X_aY_{2b}:X_bY_c=3:1$ $6w:2w$	8 $8w$ g	$\frac{11}{28}$

$\frac{X_bY_c\text{의 분자량}}{X_aY_{2b}\text{의 분자량}}\times\frac{c}{a}$는? (단, X와 Y는 임의의 원소 기호이다.)

해결 전략 일정한 온도와 압력에서 기체의 부피는 기체의 양(mol)에 비례함을 알고 있어야 하며, 혼합 기체의 부피가 같다고 가정하고 혼합 기체의 밀도는 혼합 기체의 질량에 비례함을 이용한다.

선택지 분석

✓ ❹ 전체 기체의 밀도 비는 (가) : (나)=9 : 8이므로 (가)와 (나)의 부피가 같다고 가정했을 때 (가)에 들어 있는 전체 기체의 질량이 $9w$ g이라면 (나)에 들어 있는 전체 기체의 질량은 $8w$ g이다.
(가)에서 기체의 질량 비는 $X_aY_{2b}:X_bY_c=1:2$이므로 X_aY_{2b}의 질량은 $3w$ g, X_bY_c의 질량은 $6w$ g이고, (나)에서 기체의 질량 비는 $X_aY_{2b}:X_bY_c=3:1$이므로 X_aY_{2b}의 질량은 $6w$ g, X_bY_c의 질량은 $2w$ g이다.

(가)에 들어 있는 X_aY_{2b}와 X_bY_c의 양이 각각 m mol, $3n$ mol이라면 (나)에 들어 있는 X_aY_{2b}와 X_bY_c의 양은 각각 $2m$ mol, n mol이고, (가)와 (나)에 들어 있는 전체 기체의 부피는 같다고 가정했으므로 $m+3n=2m+n$에서 $m=2n$이다. 따라서 X_aY_{2b}와 X_bY_c의 분자량을 각각 M_1, M_2라고 하면 $\frac{3w}{M_1} : \frac{6w}{M_2}=m : 3n=2 : 3$이므로 $\frac{M_2}{M_1}=\frac{4}{3}$이다.

(가)에서 X_aY_{2b}와 X_bY_c의 양은 각각 $2n$ mol, $3n$ mol이므로 (가)에 들어 있는 X 원자의 양은 $(2a+3b)n$ mol이고 Y 원자의 양은 $(4b+3c)n$ mol이며, 따라서 $\frac{\text{X 원자 수}}{\text{Y 원자 수}}=\frac{2a+3b}{4b+3c}=\frac{13}{24}$(㉠)이다. (나)에서 X_aY_{2b}와 X_bY_c의 양은 각각 $4n$ mol, n mol이므로 (나)에 들어 있는 X 원자의 양은 $(4a+b)n$ mol이고 Y 원자의 양은 $(8b+c)n$ mol이며, 따라서 $\frac{\text{X 원자 수}}{\text{Y 원자 수}}=\frac{4a+b}{8b+c}=\frac{11}{28}$(㉡)이다. ㉠ 식과 ㉡ 식을 풀면 $\frac{c}{a}=2$이다. $\frac{M_2}{M_1}=\frac{4}{3}$, $\frac{c}{a}=2$이므로 $\frac{X_bY_c\text{의 분자량}}{X_aY_{2b}\text{의 분자량}}\times\frac{c}{a}=\frac{4}{3}\times 2=\frac{8}{3}$이다.

답 ④

28 몰과 화학식량

도전 1등급 문항 분석 ▸▸ 정답률 15.9%

표는 실린더 (가)와 (나)에 들어 있는 기체에 대한 자료이다. 분자당 구성 원자 수 비는 X : Y=5 : 3이다.

→ 부피는 기체의 양(mol)에 비례

실린더	기체의 질량(g)		단위 부피당 전체 원자 수(상댓값)	전체 기체의 밀도(g/L)
	X(g)	Y(g)		
(가)	$3w$ $3m$ mol	0	5	d_1
(나)	w m mol	$4w$ n mol	4	d_2

$5 : 4=\frac{3m\times5}{3m} : \frac{5m+3n}{m+n}$ $d_1 : d_2=\frac{3w}{3m} : \frac{5w}{m+n}$

$\frac{\text{Y의 분자량}}{\text{X의 분자량}}\times\frac{d_2}{d_1}$는? (단, 실린더 속 기체의 온도와 압력은 일정하며, X(g)와 Y(g)는 반응하지 않는다.)

해결 전략 단위 부피당 전체 원자 수와 전체 기체의 밀도 비를 각각 기체의 양(mol)에 관한 비례식으로 세워 기체의 양(mol) 비를 구한다. 이때 일정한 온도와 압력에서 기체의 부피는 기체의 양(mol)에 비례함을 적용할 수 있어야 한다.

선택지 분석

✓⑤ X(g) w g을 m mol, Y(g) $4w$ g을 n mol이라고 두면, 실린더에 들어 있는 기체의 총 양은 (가)가 $3m$ mol, (나)가 $(m+n)$ mol이다. 분자당 구성 원자 수 비가 X : Y=5 : 3이고, 일정한 온도와 압력에서 기체의 부피는 기체의 양(mol)에 비례하므로 단위 부피당 전체 원자 수 비는 (가) : (나)=5 : 4=$\frac{3m\times5}{3m} : \frac{5m+3n}{m+n}$이고, $m=n$이다. X(g) w g과 Y(g) $4w$ g의 양(mol)이 같으므로 X의 분자량 : Y의 분자량=1 : 4이다. 따라서 $\frac{\text{Y의 분자량}}{\text{X의 분자량}}=4$이다. (가)와 (나)의 밀도 비는 $d_1 : d_2=\frac{3w}{3m} : \frac{5w}{2m}=2 : 5$이다. 따라서 $\frac{\text{Y의 분자량}}{\text{X의 분자량}}\times\frac{d_2}{d_1}=10$이다.

답 ⑤

29 몰과 화학식량

도전 1등급 문항 분석 ▸▸ 정답률 28.5%

표는 기체 (가)와 (나)에 대한 자료이다. (가)의 분자당 구성 원자 수는 7이다.

→ ($\frac{1}{\text{분자량}}$ × 분자 1개에 들어 있는 원자 수)와 같다.

기체	분자식	1 g에 들어 있는 전체 원자 수(상댓값)	분자량(상댓값)	구성 원소의 질량비
(가)	X_mY_{2n}	21	4 $4M$	X : Y=9 : 1
(나)	Z_nY_n	16	3 $3M$	

→ (가) : (나)=$\frac{1}{4M}\times(m+2n) : \frac{1}{3M}\times2n=21 : 16$ ⇒ $2m=3n$, $m+2n=7$이므로 $m=3$, $n=2$이다. ⇒ (가)는 X_3Y_4, (나)는 Z_2Y_2이다.

$\frac{m}{n}\times\frac{\text{Z의 원자량}}{\text{X의 원자량}}$은? (단, X~Z는 임의의 원소 기호이다.)

해결 전략 (가)와 (나)의 분자량 비와 1 g에 들어 있는 전체 원자 수 비를 이용하여 (가)와 (나)의 분자식을 알아낼 수 있어야 한다.

선택지 분석

✓① 기체 (가)와 (나)의 분자량을 각각 $4M$, $3M$이라고 할 때 (가)와 (나) 1 g의 양은 각각 $\frac{1}{4M}$ mol, $\frac{1}{3M}$ mol이다. 따라서 1 g에 들어 있는 전체 원자 수 비는 (가) : (나)=$\frac{1}{4M}\times(m+2n) : \frac{1}{3M}\times2n=21 : 16$이므로 $2m=3n$이다. (가)의 분자당 구성 원자 수는 7이므로 $m+2n=7$에서 $m=3$, $n=2$이고, (가)와 (나)의 분자식은 각각 X_3Y_4, Z_2Y_2이다. X~Z의 원자량을 각각 x~z라고 할 때, (가)의 구성 원소의 질량 비는 X : Y=$3x : 4y$=9 : 1이므로 $x : y$=12 : 1이고, (가)와 (나)의 분자량 비는 (가) : (나)=$(3x+4y) : (2z+2y)$=4 : 3이므로 $x : y : z$=12 : 1 : 14이다. 따라서 $\frac{m}{n}\times\frac{\text{Z의 원자량}}{\text{X의 원자량}}=\frac{3}{2}\times\frac{14}{12}=\frac{7}{4}$이다.

답 ①

30 몰과 화학식량

도전 1등급 문항 분석 ▸▸ 정답률 25.6%

표는 기체 (가)~(다)에 대한 자료이다. 1 g에 들어 있는 Y 원자 수 비는 (가) : (다)=5 : 4이다.

→ 분자량을 a~c라 하면, → (가) : (다)=$\frac{1}{a} : \frac{n}{c}$=5 : 4

기체	(가)	(나)	(다)
분자식	XY	ZX_n	Z_2Y_n
1 g에 들어 있는 전체 원자 수(상댓값)	40 $\frac{2}{a}$	125 $\frac{1+n}{b}$	24 $\frac{2+n}{c}$
질량(g)	5	8	

이에 대한 옳은 설명만을 〈보기〉에서 있는 대로 고른 것은? (단, X～Z는 임의의 원소 기호이다.)

보기

ㄱ. $n=2$이다. $n=4$

ㄴ. 기체의 양(mol)은 (나)가 (가)의 2배이다.

ㄷ. $\frac{\text{Z의 원자량}}{\text{X의 원자량+Y의 원자량}}=\frac{4}{5}$이다. $\frac{3}{5}$

해결 전략 (가)와 (다) 1 g에 들어 있는 Y 원자 수 비와 전체 원자 수 비를 이용하여 n을 구한 후, (가)～(다)의 분자량 비를 구할 수 있어야 한다.

선택지 분석

(가)～(다)의 분자량을 각각 a, b, c라고 하면 1 g에 들어 있는 Y 원자 수 비는 (가) : (다)$=\frac{1}{a}:\frac{n}{c}=5:4$이고, 1 g에 들어 있는 전체 원자 수 비는 (가) : (다)$=\frac{2}{a}:\frac{2+n}{c}=40:24$이다. 이 두 식을 풀면 $n=4$이다.

1 g에 들어 있는 전체 원자 수 비는 (가) : (나) : (다)$=\frac{2}{a}:\frac{5}{b}:\frac{6}{c}=40:125:24$이므로 이를 풀면 분자량 비는 $a:b:c=5:4:25$이다.

ㄱ. $n=4$이다.

✓ ㄴ. (가)와 (나)의 질량 비는 5 : 8이고 분자량 비는 $a:b=5:4$이므로 몰비는 (가) : (나)$=\frac{5}{5}:\frac{8}{4}=1:2$이다. 따라서 기체의 양(mol)은 (나)가 (가)의 2배이다.

ㄷ. X～Z의 원자량을 각각 x, y, z라고 하면 분자량 비는 $(x+y):(4x+z):(4y+2z)=5:4:25$이므로 이를 풀면 원자량 비는 $x:y:z=1:19:12$이다. 따라서 $\frac{\text{Z의 원자량}}{\text{X의 원자량+Y의 원자량}}=\frac{12}{1+19}=\frac{3}{5}$이다.

답 ②

보기

ㄱ. (가)에서 기체 분자 수는 AB와 A_2B가 같다.

ㄴ. $\frac{\text{(가)에서 }A_2B\text{의 양(mol)}}{\text{(나)에서 }CB_2\text{의 양(mol)}}=\frac{1}{2}$이다.

ㄷ. $\frac{\text{C의 원자량}}{\text{B의 원자량}}=\frac{3}{4}$이다.

해결 전략 A 원자 수와 B 원자 수의 비, 그리고 AB의 양(mol)으로부터 나머지 다른 기체의 양(mol)을 구한 후, A와 B의 원자량 비로부터 기체의 분자량 비를 구한다.

선택지 분석

(가)에서 A_2B의 양(mol)을 x라고 하면, $\frac{\text{B 원자 수}}{\text{A 원자 수}}=\frac{5n+x}{5n+2x}=\frac{2}{3}$이므로 $x=5n$이다. (나)에서 CB_2의 양(mol)을 y라고 하면 $\frac{\text{B 원자 수}}{\text{A 원자 수}}=\frac{4n+2y}{4n}=6$이므로 $y=10n$이다.

✓ ㄱ. (가)에서 기체 분자 수는 AB와 A_2B가 각각 $5n$ mol로 같다.

✓ ㄴ. $\frac{\text{(가)에서 }A_2B\text{의 양(mol)}}{\text{(나)에서 }CB_2\text{의 양(mol)}}=\frac{5n}{10n}=\frac{1}{2}$이다.

✓ ㄷ. $\frac{\text{B의 원자량}}{\text{A의 원자량}}=\frac{8}{7}$이므로 분자량 비는 AB : A_2B=15 : 22이다. 따라서 (가)에서 AB와 A_2B의 질량(g)은 각각 $15w$, $22w$이다. (가)와 (나)에서 AB의 양(mol)이 각각 $5n$, $4n$이고, (가)에서 AB의 질량(g)이 $15w$이므로 (나)에서 AB의 질량(g)은 $12w$이며, 따라서 (나)에서 CB_2의 질량(g)은 $44w$이다. 분자량 비는 AB : $CB_2=\frac{12w}{4n}:\frac{44w}{10n}=15:22$인데, A의 원자량 : B의 원자량=7 : 8이므로 B의 원자량 : C의 원자량=4 : 3이다. 따라서 $\frac{\text{C의 원자량}}{\text{B의 원자량}}=\frac{3}{4}$이다.

답 ⑤

31 몰과 화학식량

도전 1등급 문항 분석 ▸▸ 정답률 38.1%

표는 용기 (가)와 (나)에 들어 있는 기체에 대한 자료이다. $\frac{\text{B의 원자량}}{\text{A의 원자량}}=\frac{8}{7}$이다.

A_2B의 양(mol)을 x라고 하면, $\frac{\text{B 원자 수}}{\text{A 원자 수}}=\frac{5n+x}{5n+2x}=\frac{2}{3}$ ➡ $x=5n$

용기	기체	기체의 질량(g)	$\frac{\text{B 원자 수}}{\text{A 원자 수}}$	AB의 양(mol)
(가)	AB, A_2B	$37w$	$\frac{2}{3}$	$5n$
(나)	AB, CB_2	$56w$	6	$4n$

CB_2의 양(mol)을 y라고 하면, $\frac{\text{B 원자 수}}{\text{A 원자 수}}=\frac{4n+2y}{4n}=6$ ➡ $y=10n$

이에 대한 옳은 설명만을 〈보기〉에서 있는 대로 고른 것은? (단, A～C는 임의의 원소 기호이고, 모든 기체는 반응하지 않는다.)

32 몰과 화학식량

도전 1등급 문항 분석 ▸▸ 정답률 29.4%

표는 용기 (가)와 (나)에 들어 있는 기체에 대한 자료이다. (나)에서 $\frac{\text{X의 질량}}{\text{Y의 질량}}=\frac{15}{16}$이다.

X~Z의 원자량을 x~z라고 하면 $\frac{\text{X의 질량}}{\text{Y의 질량}}=\frac{15}{16}$이므로 $\frac{5x}{2y}=\frac{15}{16}$, $x:y=3:8$이다.

용기	기체	기체의 질량(g)	$\frac{\text{X 원자 수}}{\text{Z 원자 수}}$	단위 질량당 Y 원자 수(상댓값)
(가)	XY_2, YZ_4	$55w$	$\frac{3}{16}$	23
(나)	XY_2, X_2Z_4	$23w$	$\frac{5}{8}$	11

(가) XY_2: $3n$ mol, YZ_4: $4n$ mol
(나) XY_2: m mol, X_2Z_4: $2m$ mol

$\frac{10n}{55w}:23=\frac{2m}{23w}:11$ ➡ $n=m$

이에 대한 설명으로 옳은 것만을 〈보기〉에서 있는 대로 고른 것은? (단, X～Z는 임의의 원소 기호이고, 모든 기체는 반응하지 않는다.)

보기

ㄱ. (가)에서 $\frac{\text{X의 질량}}{\text{Y의 질량}}=\frac{1}{2}$이다. $\frac{9}{80}$

ㄴ. $\frac{\text{(나)에 들어 있는 전체 분자 수}}{\text{(가)에 들어 있는 전체 분자 수}}=\frac{3}{7}$이다.

ㄷ. $\frac{\text{X의 원자량}}{\text{Y의 원자량+Z의 원자량}}=\frac{4}{17}$이다.

해결 전략 주어진 조건을 이용하여 X～Z의 원자량을 구할 수 있어야 한다.

선택지 분석

ㄱ. (가)에서 $\frac{\text{X의 질량}}{\text{Y의 질량}}=\frac{3x}{10y}=\frac{9}{80}$이다.

✓ㄴ. $\frac{\text{(나)에 들어 있는 전체 분자 수}}{\text{(가)에 들어 있는 전체 분자 수}}=\frac{m+2m}{3n+4n}=\frac{3m}{7n}$이고, $n=m$이므로 $\frac{\text{(나)에 들어 있는 전체 분자 수}}{\text{(가)에 들어 있는 전체 분자 수}}=\frac{3}{7}$이다.

✓ㄷ. 기체의 질량 비는 (가) : (나)$=(3x+6y+4y+16z):(x+2y+4x+8z)$$=55:23$이고 $x:y=3:8$이므로 $x=3k$, $y=8k$라 하면 $z=\frac{19}{4}k$이다.

따라서 $\frac{\text{X의 원자량}}{\text{Y의 원자량+Z의 원자량}}=\frac{4}{17}$이다. 답 ⑤

33 몰과 화학식량

도전 1등급 문항 분석 ▸▸ 정답률 37.7%

표는 원소 X와 Y로 이루어진 분자 (가)～(다)에서 구성 원소의 질량비를 나타낸 것이다. **t ℃, 1 atm에서 기체 1 g의 부피비는 (가) : (나)=15 : 22이고,** (가)～(다)의 분자당 구성 원자 수는 각각 5 이하이다. 원자량은 Y가 X보다 크다.

→ 분자량 비 (가) : (나)=22 : 15

분자	(가)	(나)	(다)
$\frac{\text{Y의 질량}}{\text{X의 질량}}$(상댓값)	1	2	3

→ (가)～(다)의 분자식은 각각 XY, XY_2, XY_3이거나 각각 X_2Y, XY, X_2Y_3이다. 만약 (가)의 분자식이 XY라면 분자량 비를 만족하지 못하므로 (가)의 분자식은 X_2Y이다.

이에 대한 설명으로 옳은 것만을 〈보기〉에서 있는 대로 고른 것은? (단, X와 Y는 임의의 원소 기호이다.)

보기

ㄱ. $\frac{\text{Y의 원자량}}{\text{X의 원자량}}=\frac{4}{3}$이다. $\frac{8}{7}$

ㄴ. (나)의 분자식은 XY이다.

ㄷ. $\frac{\text{(다)의 분자량}}{\text{(가)의 분자량}}=\frac{38}{11}$이다. $\frac{19}{11}$

해결 전략 $\frac{\text{Y의 질량}}{\text{X의 질량}}$을 비교하여 (가)～(다)의 분자식을 찾을 수 있어야 한다.

선택지 분석

ㄱ. (가)와 (나)의 분자식은 각각 X_2Y, XY이므로 X, Y의 원자량을 각각 x, y라고 하면 $(2x+y):(x+y)=22:15$에서 $x:y=7:8$이다. 따라서 $\frac{\text{Y의 원자량}}{\text{X의 원자량}}=\frac{8}{7}$이다.

✓ㄴ. (나)의 분자식은 XY이다.

ㄷ. $\frac{\text{(다)의 분자량}}{\text{(가)의 분자량}}=\frac{2x+3y}{2x+y}=\frac{38}{22}=\frac{19}{11}$이다. 답 ②

34 몰과 화학식량

도전 1등급 문항 분석 ▸▸ 정답률 30.4%

다음은 A(g)～C(g)에 대한 자료이다.

→ 단위 질량당 전체 원자수(상댓값)는 분자당 구성 원자 수 분자 수의 비와 같다. ➡A(g) : B(g) : C(g)=11 : 8 : 4

○ A(g)～C(g)의 질량은 각각 x g이다.
○ B(g) 1 g에 들어 있는 X 원자 수와 C(g) 1 g에 들어 있는 Z 원자 수는 같다.

기체	구성 원소	분자당 구성 원자 수	단위 질량당 전체 원자 수 (상댓값)	기체에 들어 있는 Y의 질량(g)
A(g) (X_2)	X	2	11	
B(g) (X_2Y 또는 XY_2)	X, Y	3	12	$2y$
C(g)	Y, Z	5	10	y

이에 대한 설명으로 옳은 것만을 〈보기〉에서 있는 대로 고른 것은? (단, X～Z는 임의의 2주기 원소 기호이다.)

보기

ㄱ. $\frac{\text{B}(g)\text{의 양(mol)}}{\text{A}(g)\text{의 양(mol)}}=\frac{8}{11}$이다.

ㄴ. C(g) 1 mol에 들어 있는 Y 원자의 양은 1 mol이다.

ㄷ. $\frac{x}{y}=\frac{11}{3}$이다. $\frac{22}{3}$

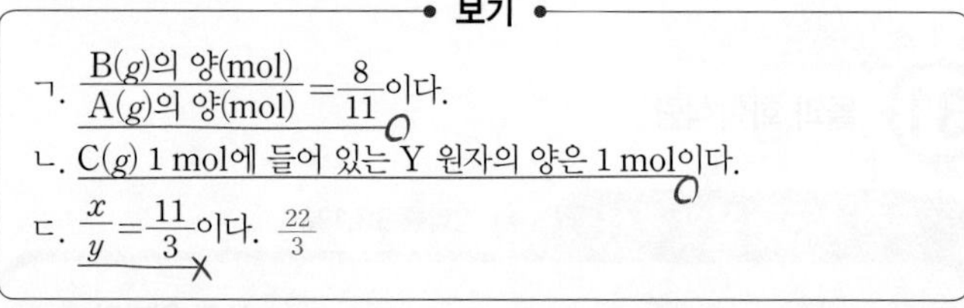

해결 전략 A(g)～C(g)의 질량이 같으므로 단위 질량당 전체 원자 수(상댓값)를 분자당 구성 원자 수로 나누면 분자 수의 비와 같음을 알 수 있다.

선택지 분석

✓ㄱ. 분자 수 비는 A : B=11 : 8이므로 $\frac{\text{B}(g)\text{의 양(mol)}}{\text{A}(g)\text{의 양(mol)}}=\frac{8}{11}$이다.

✓ㄴ. 분자 수 비는 B : C=2 : 1이고, 기체에 들어 있는 Y의 질량 비가 B : C=2 : 1이므로 분자당 Y 원자 수가 같음을 알 수 있다. 따라서 B와 C에서 Y의 수는 1 또는 2 중 하나이다.

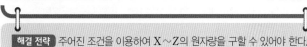

만약 B가 X_2Y라면 C는 YZ_4이고, 분자 수 비가 B : C=2 : 1에서 B 1 g에 들어 있는 X 원자 수와 C 1 g에 들어 있는 Z 원자 수가 같다. 만약 B가 XY_2라면 C는 Y_2Z_3이고 분자 수 비가 B : C=2 : 1에서 B 1 g에 들어 있는 X 원자 수 : C 1 g에 들어 있는 Z 원자 수=2 : 3이 되어 주어진 조건에 맞지 않다. 따라서 C(g)의 분자식은 YZ_4이므로 C(g) 1 mol에 들어 있는 Y 원자의 양은 1 mol이다.

ㄷ. 분자 수 비가 A : B : C=11 : 8 : 4이므로 같은 질량일 때 분자량 비는 A : B : C=$\frac{1}{11}$: $\frac{1}{8}$: $\frac{1}{4}$=8 : 11 : 22이다. A는 X_2이고, B는 X_2Y이므로 A의 분자량이 $8M$일 때, B의 분자량은 $11M$이고 X의 원자량은 $4M$, Y의 원자량은 $3M$이다. $\frac{\text{A}(g)\text{에서 } x}{\text{B}(g)\text{에서 } 2y}=\frac{11\times 8M}{8\times 3M}$이고, 따라서 $\frac{x}{y}=\frac{22}{3}$이다.

답 ③

35 몰과 화학식량

자료 분석

1 g당 부피(상댓값)는 $\frac{\text{부피}}{\text{질량}}$로 $\frac{1}{\text{밀도}}$과 같으므로 $\frac{1}{\text{분자량}}$과 같다. 따라서 분자량 비는 (가) : (나) : (다)=$\frac{1}{11}$: $\frac{1}{7}$: $\frac{1}{7}$=7 : 11 : 11이다. 분자당 구성 원자 수 비는 $\frac{\text{1 g당 전체 원자 수}}{\text{1 g당 부피}}$ 비와 같으므로 (가) : (나) : (다)= $\frac{22N}{11}$: $\frac{21N}{7}$: $\frac{21N}{7}$=2 : 3 : 3이다. 따라서 (가)의 분자식은 XY이고 Y의 원자량이 X의 원자량보다 크므로 (나)의 분자식은 XY_2이다. (다)는 분자량이 (나)와 같고 분자당 구성 원자 수도 (나)와 같으므로 YZ_2이다. 따라서 원자량 비는 X : Y : Z=6 : 8 : 7이다.

선택지 분석

ㄱ. (가)의 분자식은 XY이다.

✓ ㄴ. 원자량 비는 X : Z=6 : 7이다.

✓ ㄷ. 1 g당 전체 원자 수는 (나)와 (다)가 같은데 (나)의 분자식은 XY_2이고, (다)의 분자식은 YZ_2이므로 1 g당 Y 원자 수는 (나)가 (다)의 2배이다.

답 ④

36 몰과 화학식량

자료 분석

전체 원자 수=분자 수×구성 원자 수이므로 분자 수=$\frac{\text{전체 원자 수}}{\text{구성 원자 수}}$이다.

X_2의 전체 원자 수가 N_A(=1 mol)이므로 X_2의 양은 $\frac{1}{2}$ mol이고, X_2Y의 전체 원자 수가 $6N_A$(=6 mol)이므로 X_2Y의 양은 2 mol이다.

선택지 분석

ㄱ. X_2의 양은 $\frac{1}{2}$ mol이다.

✓ ㄴ. X_2Y 2 mol의 질량이 88 g이므로 X_2Y의 분자량은 $\frac{88}{2}$=44이다.

✓ ㄷ. X_2 $\frac{1}{2}$ mol의 질량이 14 g이므로 X_2의 분자량은 14×2=28이다. X의 원자량은 14이고, Y의 원자량은 16이므로 원자량은 Y>X이다.

답 ④

37 아보가드로 법칙

자료 분석

(가)와 (나)의 부피비가 1 : $\frac{5}{4}$이므로 X(g) 40 g의 양을 N mol이라고 하면, Y_2(g) 8 g의 양은 $\frac{1}{4}N$ mol이다.

(나)의 전체 원자 수는 $N+\frac{1}{2}N=\frac{3}{2}N$(mol)이고, (나)와 (다)의 전체 원자 수 비는 3 : 7이므로 (다)의 전체 원자 수는 $\frac{7}{2}N$ mol이다. ZY_3(g) 40 g의 양은 $\frac{1}{2}N$ mol이고, (다)에서 전체 분자 수는 $N+\frac{1}{4}N+\frac{1}{2}N=\frac{7}{4}N$(mol)이다.

선택지 분석

✓ ㄱ. (다)에서 전체 분자 수는 $\frac{7}{4}N$(mol)이고, N mol일 때 부피가 V(L)이므로 $\frac{7}{4}N$ mol일 때 부피는 $\frac{7}{4}V$(L)이다. 따라서 $a=\frac{7}{4}$이다.

✓ ㄴ. X의 원자량을 40이라고 할 때 Y의 원자량은 8×4÷2=16이고, Z의 원자량은 40×2−(16×3)=32이다. 따라서 원자량 비는 X : Z=5 : 4이다.

✓ ㄷ. Y_2의 분자량은 32이고, ZY_3의 분자량은 80이다. 1 g에 들어 있는 전체 원자 수 비는 Y_2 : ZY_3=$\frac{2}{32}$: $\frac{4}{80}$=5 : 4이므로 1 g에 들어 있는 전체 원자 수는 Y_2가 ZY_3보다 크다.

답 ⑤

도전 1등급 38 기체의 양

도전 1등급 문항 분석 ▸▸ 정답률 45.4%

그림 (가)는 강철 용기에 메테인($CH_4(g)$) 14.4 g과 에탄올($C_2H_5OH(g)$) 23 g이 들어 있는 것을, (나)는 (가)의 용기에 메탄올($CH_3OH(g)$) x g이 첨가된 것을 나타낸 것이다. 용기 속 기체의 $\frac{\text{산소(O) 원자 수}}{\text{전체 원자 수}}$는 (나)가 (가)의 2배이다.

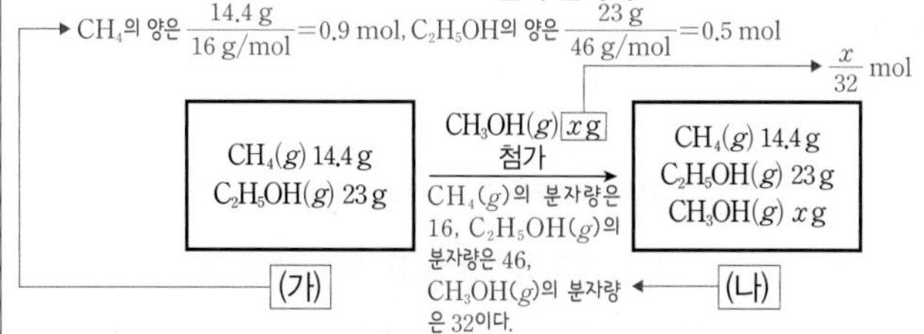

x는? (단, H, C, O의 원자량은 각각 1, 12, 16이다.)

해결 전략 원자량을 이용하여 CH_4, C_2H_5OH, CH_3OH의 분자량을 알아내면 (가)와 (나)에서 각 물질의 양(mol)을 구할 수 있다.

선택지 분석

✓❹ (가)에 들어 있는 CH_4의 양은 $\frac{14.4\ g}{16\ g/mol}=0.9$ mol이고 C_2H_5OH의 양은 $\frac{23\ g}{46\ g/mol}=0.5$ mol이다. 또한 (가)에 첨가한 CH_3OH의 양은 $\frac{x}{32}$ mol이다.

(가)에서 산소(O) 원자 수는 0.5 mol이고 전체 원자 수는 $5\times0.9+9\times0.5=9$(mol)이므로 $\frac{\text{산소(O) 원자 수}}{\text{전체 원자 수}}=\frac{0.5}{9}$이다.

(나)에서 산소(O) 원자 수는 $\left(0.5+\frac{x}{32}\right)$ mol이고 전체 원자 수는 $\left(9+\frac{6x}{32}\right)$ mol이므로 $\frac{\text{산소(O) 원자 수}}{\text{전체 원자 수}}=\frac{0.5+\frac{x}{32}}{9+\frac{6x}{32}}=\frac{16+x}{9\times32+6x}$이다. 용기 속 기체의 $\frac{\text{산소(O) 원자 수}}{\text{전체 원자 수}}$는 (나)가 (가)의 2배이므로

$\frac{16+x}{9\times32+6x}=2\times\frac{0.5}{9}$에서 $x=48$이다. 답 ④

39 기체의 양

자료 분석

온도와 압력이 일정할 때 기체의 양(mol)은 기체의 부피에 비례한다. (가) V L에 들어 있는 A_2B_4의 양을 n mol이라고 하면 (가)에 첨가한 $AB(g)$의 부피는 $\frac{4}{3}V$ L에 해당되므로 (나)에 들어 있는 AB의 양은 $\frac{4}{3}n$ mol이다. 또한 (나)에 첨가한 $A_2B(g)$의 부피는 $2V$ L에 해당하므로 (다)에 들어 있는 A_2B의 양은 $2n$ mol이다. A_2B_4 n mol의 질량은 23 g, AB $\frac{4}{3}n$ mol의 질량은 10 g이므로 분자량 비는 A_2B_4 : AB=46 : 15이다. A_2B_4 1 mol의 질량을 $46x$ g이라고 하면 AB 1 mol의 질량은 $15x$ g이므로 A_2B_4 1 mol의 질량에서 AB 2 mol의 질량을 빼면 B 원자 2 mol의 질량은 $16x$ g임을 알 수 있다. 따라서 B 원자 1 mol의 질량은 $8x$ g이므로 A 원자 1 mol의 질량은 $7x$ g이다.

선택지 분석

ㄱ. A 원자 1 mol의 질량은 $7x$ g, B 원자 1 mol의 질량은 $8x$ g이므로 원자량은 B>A이다.

✓ㄴ. (가)에서 A_2B_4 n mol의 질량은 23 g이고 A_2B_4 1 mol의 질량은 $46x$ g이므로 $x=\frac{1}{2n}$이다. (다)에 첨가한 A_2B $2n$ mol의 질량은 w g이고 A_2B 1 mol의 질량은 $22x$ g이므로 $w=22$이다.

✓ㄷ. (다)에는 A_2B_4 n mol, AB $\frac{4}{3}n$ mol, A_2B $2n$ mol이 들어 있으므로 A 원자의 양(mol)은 $2n+\frac{4}{3}n+4n=\frac{22}{3}n$이고, B 원자의 양(mol)은 $4n+\frac{4}{3}n+2n=\frac{22}{3}n$이다. 따라서 $\frac{\text{A 원자 수}}{\text{전체 원자 수}}=\frac{1}{2}$이다. 답 ④

기체의 양

도전 1등급 문항 분석 ▸▸ 정답률 35.9%

표는 t ℃, 1기압에서 기체 (가)~(다)에 대한 자료이다.

t ℃, 1기압에서 기체 1 mol의 부피는 24 L이고, (가)의 부피는 8 L이므로 (가)의 양은 $\frac{1}{3}$ mol이다.

기체	분자식	질량(g)	분자량	부피(L)	전체 원자 수(상댓값)
(가)	XY_2	18		8	1
(나)	ZX_2	23		a	1.5
(다)	Z_2Y_4	26	104		b

→ (다)의 양은 $\frac{26}{104}=\frac{1}{4}$(mol)이다.

이에 대한 설명으로 옳은 것만을 〈보기〉에서 있는 대로 고른 것은? (단, X~Z는 임의의 원소 기호이고, t ℃, 1 기압에서 기체 1 mol의 부피는 24 L이다.)

보기

ㄱ. $a\times b=18$이다.
ㄴ. 1 g에 들어 있는 전체 원자 수는 (나)>(다)이다.
ㄷ. t ℃, 1 기압에서 $X_2(g)$ 6 L의 질량은 8 g이다.

해결 전략 (가), (나), (다)의 양(mol)과 전체 원자의 양(mol)을 구할 수 있어야 한다.

선택지 분석

✓ㄱ. (가)의 전체 원자의 양은 $\frac{1}{3}\times3=1$(mol)이므로 (나)의 전체 원자의 양은 1.5 mol이다. ZX_2는 분자당 원자 수가 3이므로 (나)의 양은 $\frac{1.5}{3}=0.5$(mol)이다. 따라서 (나)의 부피는 12 L이므로 $a=12$이다.
(다)의 양은 $\frac{26}{104}=\frac{1}{4}$(mol)이고 Z_2Y_4는 분자당 원자 수가 6이므로 전체 원자의 양은 $\frac{3}{2}$ mol이다. 따라서 (다)의 전체 원자 수(상댓값)는 1.5이므로 $b=1.5$이다. 그러므로 $a\times b=12\times1.5=18$이다.

✓ㄴ. (나) 0.5 mol의 질량은 23 g이므로 (나) 1 mol의 질량은 46 g이고, (나)의 분자량은 46이다. 따라서 1 g에 들어 있는 전체 원자 수는 (나)가 $\frac{1}{46}\times3$, (다)가 $\frac{1}{104}\times6$이므로 (나)>(다)이다.

✓ㄷ. (가) $\frac{1}{3}$ mol의 질량은 18 g이므로 (가) 1 mol의 질량은 54 g이며 분자량은 54이다. X~Z의 원자량을 각각 x~z라고 할 때 분자량은 구성 원자의 원자량의 합과 같으므로 다음과 같은 식이 성립한다.
$x+2y=54$, $2x+z=46$, $4y+2z=104$
이 식을 연립하여 풀면 $x=16$, $y=19$, $z=14$이다. 따라서 t ℃, 1기압에서 $X_2(g)$ 6 L는 $\frac{1}{4}$ mol이므로 질량은 $\frac{1}{4}\times32=8$(g)이다. 답 ⑤

41 원자량과 몰

자료 분석

X 원자 3개와 Y 원자 1개의 질량이 같으므로 원자량 비는 X : Y=1 : 3이다. Y 원자 4개와 Z 원자 3개의 질량이 같으므로 원자량 비는 Y : Z=3 : 4이다. 따라서 X~Z의 원자량 비는 X : Y : Z=1 : 3 : 4이다.

선택지 분석

✓ ㄱ. 원자량 비가 X : Y=1 : 3이므로 원자 1개의 질량은 Y>X이다.

ㄴ. 원자 1 mol의 질량은 원자량 비와 같다. 따라서 Z가 X의 4배이다.

ㄷ. YZ_2에서 구성 원소의 질량 비는 Y : Z=3 : 2×4=3 : 8이다. 답 ①

42 아보가드로수와 몰

자료 분석

(나)에서 분자식이 AB_2인데 $\frac{\text{B의 질량}}{\text{A의 질량}}=\frac{8}{3}$이므로 원자량 비는 A : B= 3 : 4이다.

선택지 분석

✓ ㄱ. 원자량 비가 A : B=3 : 4이므로 $x=\frac{4}{3}$이다.

ㄴ. 기체 1 g의 부피는 분자량에 반비례하므로 $V_1 : V_2=w_2 : w_1$에서 $\frac{V_2}{V_1}=\frac{w_1}{w_2}$이다.

✓ ㄷ. t ℃, 1기압에서 기체 1몰의 부피는 분자 1개의 질량(g)×아보가드로수×1 g의 부피(L/g)$=w_1N_AV_1$ L이다. 답 ③

43 기체의 양

빈출 문항 자료 분석

그림 (가)는 실린더에 $A_4B_8(g)$이 들어 있는 것을, (나)는 (가)의 실린더에 $A_nB_{2n}(g)$이 첨가된 것을 나타낸 것이다. (가)와 (나)에서 실린더 속 기체의 단위 부피당 전체 원자 수는 각각 x와 y이다. 두 기체는 반응하지 않는다.

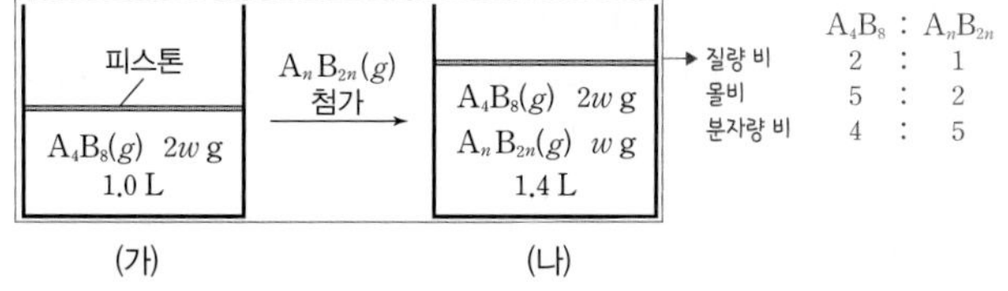

$n\times\frac{x}{y}$는? (단, A와 B는 임의의 원소 기호이며, 기체의 온도와 압력은 일정하다.)

해결 전략 기체의 부피와 양(mol)은 비례한다는 것을 이용하여 (나)에서 A_nB_{2n}의 분자 수를 구할 수 있어야 한다.

선택지 분석

✓ ④ (가)와 (나)의 단위 부피당 전체 원자 수가 각각 x, y이므로 전체 원자 수는 각각 x, $1.4y$이라고 할 수 있다. (가)에서 A_4B_8의 분자 수는 $\frac{x}{12}$이므로 (나)에서 전체 분자 수는 $\frac{x}{12}\times1.4=\frac{7x}{60}$이다. 따라서 (나)에서 A_nB_{2n}의 분자 수는 $\frac{2x}{60}$이다.

A_4B_8의 분자량을 a, A_nB_{2n}의 분자량을 b라고 할 때, A_4B_8와 A_nB_{2n}의 분자 수 비는 $A_4B_8 : A_nB_{2n}=\frac{2w}{a} : \frac{w}{b}=5 : 2$이므로 분자량 비는 $a : b=4 : 5$이다. A_4B_8와 A_nB_{2n}에서 분자량 비는 분자당 A 원자 수에 비례하므로 $4 : n=4 : 5$에서 $n=5$이다.

(나)에서 A_4B_8의 분자 수는 $\frac{x}{12}$, A_5B_{10}의 분자 수는 $\frac{2x}{60}$이므로 전체 원자 수는 $\frac{x}{12}\times12+\frac{2x}{60}\times15=\frac{3}{2}x=1.4y$이므로 $\frac{x}{y}=\frac{14}{15}$이다.

따라서 $n\times\frac{x}{y}=5\times\frac{14}{15}=\frac{14}{3}$이다. 답 ④

44 기체의 양

자료 분석

t ℃, 1기압에서 기체 (가)의 양(mol)을 n, (나)의 양(mol)을 m이라고 할 때 전체 원자 수 비는 (가) : (나)$=n\times3 : m\times4=1 : 2$이므로 $m=\frac{3}{2}n$이다. 따라서 $6 : x=n : \frac{3}{2}n$이므로 $x=9$이다.

선택지 분석

ㄱ. 전체 원자 수 비는 (가) : (다)=6×3 : 12×3=1 : y이므로 $y=2$이다. 따라서 $x=9$, $y=2$이므로 $x+y=11$이다.

✓ ㄴ. t ℃, 1기압에서 기체 (가)~(다)의 부피가 모두 36 L라고 가정하면 (가)~(다)의 질량은 각각 96 g, 120 g, 69 g이다.
기체의 온도, 압력, 부피가 같을 때 분자량 비는 기체의 질량 비와 같으므로 A~C의 원자량을 각각 a~c라고 할 때 분자량 비는 (가) : (나) : (다) $=(a+2b) : (a+3b) : (c+2b)=96 : 120 : 69$이므로 원자량 비는 $a : b : c=48 : 24 : 21=16 : 8 : 7$이다. 따라서 원자량은 B>C이다.

ㄷ. (나), (다)의 분자량 비는 (나) : (다)=120 : 69이므로 1 g에 들어 있는 B 원자 수 비는 (나) : (다)$=\frac{1}{120}\times3 : \frac{1}{69}\times2$이다. 따라서 1 g에 들어 있는 B 원자 수는 (다)>(나)이다. 답 ②

45 기체의 양

빈출 문항 자료 분석

표는 $AB_2(g)$에 대한 자료이다. AB_2의 분자량은 M이다.

질량	부피	1 g에 들어 있는 전체 원자 수
1 g	2 L	N

→ 1 g에 들어 있는 B 원자 수: $\frac{2}{3}N$
1 g에 들어 있는 A 원자 수: $\frac{1}{3}N$

$AB_2(g)$에 대한 설명으로 옳은 것만을 <보기>에서 있는 대로 고른 것은? (단, A와 B는 임의의 원소 기호이며, 온도와 압력은 일정하다.)

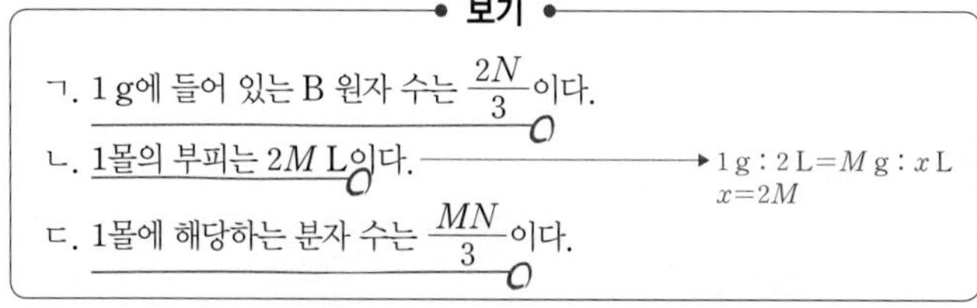

해결 전략 온도와 압력이 일정할 때 기체의 분자량, 질량, 부피 등을 이용하여 1몰을 나타낼 수 있다.

선택지 분석

✓ ㄱ. AB_2에서 분자당 원자 수는 3이고, 1 g에 들어 있는 전체 원자 수는 N이므로 $AB_2(g)$ 1 g에 들어 있는 B 원자 수는 $\frac{2N}{3}$이다.

✓ ㄴ. $AB_2(g)$ 1 g은 $\frac{1}{M}$몰이고 $AB_2(g)$ $\frac{1}{M}$몰의 부피는 2 L이므로 $AB_2(g)$ 1몰의 부피는 $2M$ L이다.

✓ ㄷ. $AB_2(g)$ $\frac{1}{M}$몰에 들어 있는 전체 원자 수는 N이므로 분자 수는 $\frac{N}{3}$이다. 따라서 $AB_2(g)$ 1몰에 해당하는 분자 수는 $\frac{MN}{3}$이다. 답 ⑤

46 몰과 화학식량

자료 분석

(가)에 들어 있는 기체는 전체 원자 수가 $3N$이다. 분자식이 AB_2로 1분자에 3개의 원자가 들어 있으므로 분자 수는 N이다. (나)에 들어 있는 기체는 전체 원자 수가 $8N$인데 분자식이 AB_3로 1분자에 4개의 원자가 들어 있으므로 분자 수는 $2N$이다.

선택지 분석

✓❷ (가), (나)에 들어 있는 분자 수가 각각 N, $2N$이므로 분자량 비는 $AB_2 : AB_3 = 4 : 5$이고, 원자량 비는 A : B = 2 : 1이다.

따라서 $\frac{\text{B의 원자량}}{\text{A의 원자량}} = \frac{1}{2}$이다. 답 ②

47 몰과 화학식량

자료 분석

(가)의 분자량은 $2\times$H의 원자량$+$C의 원자량$+$O의 원자량$=2\times1+12+16=30$이다. (나)의 분자량은 $4\times$H의 원자량$+2\times$C의 원자량$+2\times$O의 원자량$=4\times1+2\times12+2\times16=60$이다.

선택지 분석

ㄱ. (가)의 분자량은 30이고, (나)의 분자량은 60이다.

✓ ㄴ. (가)와 (나)는 실험식이 모두 CH_2O이므로 1 g에 들어 있는 전체 원자 수가 같다.

ㄷ. 1몰에 들어 있는 H 원자 수는 (나)가 (가)의 2배이다. 답 ①

48 몰과 아보가드로수

자료 분석

(가)의 전체 원자 수가 $2N_A$이므로 (가)는 1몰이고, (가)와 (나)에서 A의 질량 비가 1 : 2이므로 (나)도 1몰이다.

선택지 분석

ㄱ. (가)와 (나) 모두 1몰로 질량은 분자량과 같은데 (가)와 (나)는 분자량이 같으므로 $x=28$이다.

✓ ㄴ. A_2C_4 1분자에는 6개의 원자가 존재하는데 (나)는 1몰이므로 $y=6N_A$이다.

ㄷ. (가)의 분자량이 28이고 A의 원자량은 12이므로 B의 원자량은 $28-12=16$이다. 따라서 원자량은 B>A이다. 답 ②

49 기체의 양

빈출 문항 자료 분석

표는 같은 온도와 압력에서 질량이 같은 기체 (가)~(다)에 대한 자료이다.

기체	분자식	부피(L)
(가)	XY_4	22
(나)	Z_2	11
(다)	XZ_2	8

→ 같은 온도, 압력에서 기체의 부피비는 기체의 몰비와 같다. (가) : (나) : (다) = 22 : 11 : 8

이에 대한 설명으로 옳은 것만을 〈보기〉에서 있는 대로 고른 것은? (단, X~Z는 임의의 원소 기호이다.)

보기

ㄱ. 분자량은 $XZ_2 > XY_4$이다. O

ㄴ. 1 g에 들어 있는 원자 수는 (가)가 (나)의 2.5배이다. X

ㄷ. 원자량은 X>Z이다. X

→ 질량이 같은 (가)와 (나)의 몰비(분자 수 비)는 (가) : (나) = 22 : 11 = 2 : 1이다.

해결 전략 기체의 온도와 압력이 같을 때 기체의 몰수는 기체의 부피에 비례한다는 사실을 알고 있어야 한다.

선택지 분석

✓ ㄱ. 분자량은 같은 몰수의 질량에 비례한다. (가)와 (다)에서 질량은 같으나 기체의 몰수는 (가)가 (다)보다 크므로 같은 몰수일 때 기체의 질량은 (다)가 (가)보다 크다. 따라서 분자량은 $XZ_2 > XY_4$이다.

ㄴ. 질량이 같은 (가)와 (나)에서 기체의 분자 수는 (가)가 (나)의 2배이므로 1 g에 들어 있는 분자 수는 (가)가 (나)의 2배이다. 1분자당 원자 수는 (가)가 5, (나)가 2이므로 1 g에 들어 있는 원자 수는 (가)가 (나)의 5배이다.

ㄷ. 분자량 비는 $Z_2 : XZ_2 = \frac{1}{11} : \frac{1}{8} = 8 : 11$이므로 원자량 비는 X : Z = 3 : 4이다. 따라서 원자량은 Z>X이다. 답 ①

50 몰과 아보가드로수

자료 분석

기체의 몰수는 $\frac{\text{질량(g)}}{\text{1몰의 질량(g/몰)}} = \frac{\text{기체의 부피(L)}}{\text{기체 1몰의 부피(L/몰)}}$이고, 전체 원자 수는 (분자 수)×(1분자당 원자 수)와 같다.

선택지 분석

✓❹ (가) AB $1.5N_A$와 (다) AB_x $0.5N_A$에서 전체 원자 수 비는 (가) : (다) $=1.5\times2 : 0.5\times(1+x) = 4 : 2$이므로 $x=2$이다.

(나) 7 L는 0.25몰이고 (나)의 질량은 11 g이므로 분자량은 44이다. (다) $0.5N_A$는 0.5몰이므로 분자량은 46이다.

A의 원자량을 a, B의 원자량을 b라고 가정하면 (나)의 분자량은 $2a+b=44$이며, (다)의 분자량은 $a+2b=46$이다. 이를 연립하여 풀면 $a=14$, $b=16$이므로 (가) AB의 분자량은 30이고 $\frac{y}{30}=1.5$(몰)이 되어 $y=45$이다.

(나)는 0.25몰이므로 전체 원자 수 비는 (가) : (나) $=1.5\times2 : 0.25\times3 = 4 : z$에서 $z=1$이다.

따라서 $x=2$, $y=45$, $z=1$이므로 $\frac{y}{x+z}=\frac{45}{2+1}=15$이다. 답 ④

본문 21~33쪽

03 화학 반응식

51 ④	52 ④	53 ②	54 ②	55 ④	56 ③
57 ③	58 ②	59 ④	60 ②	61 ②	62 ①
63 ②	64 ③	65 ①	66 ②	67 ④	68 ①
69 ④	70 ④	71 ①	72 ④	73 ④	74 ④
75 ①	76 ⑤	77 ②	78 ③	79 ③	80 ③
81 ①	82 ①	83 ②	84 ②	85 ②	86 ③
87 ④	88 ②	89 ②	90 ②	91 ①	92 ①
93 ⑤	94 ⑤	95 ②	96 ④	97 ③	

51 화학 반응식

자료 분석

주어진 반응을 화학 반응식으로 나타내면 다음과 같다.

$6HF(g)+2Al(s) \longrightarrow 2AlF_3(s)+3H_2(g)$

선택지 분석

✓❹ 화학 반응식에서 계수 비는 반응 몰비와 같으므로 $Al(s)$과 $H_2(g)$의 반응 몰비는 2 : 3이다. 반응 후에 반응물이 모두 소모되었으므로 반응 전 넣어 준 $Al(s)$과 반응 후 생성된 $H_2(g)$의 몰비는 $\frac{x}{27} : \frac{y}{2} = 2 : 3$이다. 따라서 $\frac{x}{y}=9$이다. 답 ④

52 화학 반응의 양적 관계

도전 1등급 문항 분석 ▸▸ 정답률 27.2%

다음은 A(g)와 B(g)가 반응하여 C(g)와 D(g)를 생성하는 반응의 화학 반응식이다.

$2A(g)+3B(g) \longrightarrow 2C(g)+2D(g)$
반응 몰비 ➡ 2 : 3 : 2 : 2

표는 실린더에 A(g)와 B(g)를 넣고 반응을 완결시킨 실험 Ⅰ과 Ⅱ에 대한 자료이다. Ⅰ과 Ⅱ에서 남은 반응물의 종류는 서로 다르고, Ⅱ에서 반응 후 생성된 D(g)의 질량은 $\frac{45}{8}$ g이다.

$\frac{4n+\frac{2}{3}m}{\frac{2}{3}m}=3$ ➡ $m=3n$

실험	반응 전		반응 후	
	A(g)의 부피(L)	B(g)의 질량(g)	A(g) 또는 B(g)의 질량(g)	$\frac{\text{전체 기체의 양(mol)}}{\text{C(g)의 양(mol)}}$
Ⅰ	$4V$ $4n$ mol	6 m mol	$17w$ ➡ A, $4n-\frac{2}{3}m$	3
Ⅱ	$5V$ $5n$ mol	25 $12.5n$ mol	$40w$ ➡ B, $5n$	x

$x \times \frac{\text{C의 분자량}}{\text{B의 분자량}}$은? (단, 실린더 속 기체의 온도와 압력은 일정하다.)

해결 전략 Ⅰ과 Ⅱ에서 A(g)와 B(g)의 부피와 질량을 비교하여 Ⅰ과 Ⅱ에서 모두 반응한 반응물을 파악해야 한다. 그리고 화학 반응의 양적 관계와 주어진 자료를 이용하여 각 물질의 양(mol)과 질량(g) 관계를 구해야 한다.

선택지 분석

✓❹ 실험 Ⅰ과 Ⅱ에서 남은 반응물의 종류가 다르다. Ⅱ에서 반응 전 A(g)의 질량은 Ⅰ에 비해 1.25배 증가하였지만, B(g)는 약 4.2배가 증가하였다. 따라서 Ⅰ에서는 B(g)가, Ⅱ에서는 A(g)가 모두 반응하였다.

Ⅰ에서 A(g) $4V$ L의 양을 $4n$ mol, B(g) 6 g의 양을 m mol이라고 하면 양적 관계는 다음과 같다.

	$2A(g)$	+ $3B(g)$ ⟶	$2C(g)$	+ $2D(g)$
반응 전(mol)	$4n$	m	0	0
반응(mol)	$-\frac{2}{3}m$	$-m$	$+\frac{2}{3}m$	$+\frac{2}{3}m$
반응 후(mol)	$4n-\frac{2}{3}m$	0	$\frac{2}{3}m$	$\frac{2}{3}m$

반응 후 $\frac{\text{전체 기체의 양(mol)}}{\text{C(g)의 양(mol)}}=3$이므로 $\frac{4n+\frac{2}{3}m}{\frac{2}{3}m}=3$에서 $m=3n$이고, B(g) 6 g은 $3n$ mol이다.

Ⅱ에서 반응 전 A(g)와 B(g)의 양은 각각 $5n$ mol, $12.5n$ mol이므로 양적 관계는 다음과 같다.

	$2A(g)$	+ $3B(g)$ ⟶	$2C(g)$	+ $2D(g)$
반응 전(mol)	$5n$	$12.5n$	0	0
반응(mol)	$-5n$	$-7.5n$	$+5n$	$+5n$
반응 후(mol)	0	$5n$	$+5n$	$+5n$

반응 후 $\frac{\text{전체 기체의 양(mol)}}{\text{C(g)의 양(mol)}}=\frac{5n+5n+5n}{5n}=3$이므로 $x=3$이다. Ⅱ에서 반응 후 남은 B(g) $5n$ mol(=10 g)의 질량이 $40w$ g이므로 $w=\frac{1}{4}$이고, B(g) n mol의 질량은 2 g이다. 또한 반응 후 생성된 D(g) $5n$ mol의 질량이 $\frac{45}{8}$ g이므로 D(g) n mol의 질량은 $\frac{9}{8}$ g이다. Ⅰ에서 남은 A(g) $2n$ mol의 질량이 $\frac{17}{4}$ g이므로 A(g) n mol의 질량은 $\frac{17}{8}$ g이다.

즉, A(g), B(g), D(g) n mol의 질량을 각각 구하면, $\frac{17}{8}$ g, 2 g, $\frac{9}{8}$ g이므로, 주어진 화학 반응식의 반응 계수와 질량 보존 법칙을 이용하여 C(g) n mol의 질량을 구하면 4 g이다. 따라서 $\frac{\text{C의 분자량}}{\text{B의 분자량}}=\frac{4}{2}=2$이고, $x \times \frac{\text{C의 분자량}}{\text{B의 분자량}}=3\times2=6$이다. 답 ④

53 화학 반응식

자료 분석

$AB_3(g)$와 $C_2(g)$가 반응하여 $A_2C_3(s)$와 $B_2(g)$가 생성되는 반응의 화학 반응식은 다음과 같다.

$4AB_3(g)+3C_2(g) \longrightarrow 2A_2C_3(s)+6B_2(g)$

선택지 분석

✓❷ 화학 반응식에 의해 AB_3 4 mol과 C_2 3 mol이 모두 반응하면 A_2C_3 2 mol과 B_2 6 mol이 생성된다. 실린더 속 기체의 온도와 압력은 일정하고, 실린더 속 기체의 부피 비는 실린더 속 기체의 몰비와 같다. 이때 A_2C_3는 고체이므로 부피 계산에 포함시키지 않는다. 따라서 $\frac{V_2}{V_1}=\frac{6}{4+3}=\frac{6}{7}$이다. 답 ②

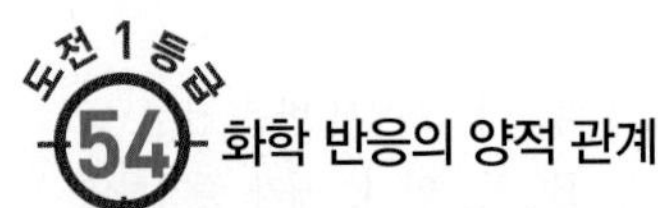

화학 반응의 양적 관계

도전 1등급 문항 분석 ▸▸ 정답률 31.3%

다음은 A(g)와 B(g)가 반응하여 C(s)와 D(g)를 생성하는 반응의 화학 반응식이다.

반응 몰비 1 : 3 : 1 : 3

$$A(g)+3B(g) \longrightarrow C(s)+3D(g)$$

표는 실린더에 A(g)와 B(g)를 넣고 반응을 완결시킨 실험 Ⅰ~Ⅲ에 대한 자료이다. Ⅰ~Ⅲ에서 A(g)는 모두 반응하였고, Ⅰ에서 반응 후 생성된 D(g)의 질량은 $27w$ g이며, $\frac{\text{A의 화학식량}}{\text{C의 화학식량}}=\frac{2}{5}$이다.

반응한 B(g)의 질량 $=(35w+27w-14w)$ g $=48w$ g

A(g) $2n$ mol의 질량$=14w$ g ➡ C(g) $2n$ mol의 질량$=35w$ g

실험	반응 전 A(g)의 질량(g) (반응한 양(mol))	반응 전 B(g)의 질량(g) (반응한 양(mol))	반응 후 $\frac{\text{B}(g)\text{의 양(mol)}}{\text{D}(g)\text{의 양(mol)}}$	생성된 양(mol) C(g)	생성된 양(mol) D(g)
Ⅰ	$14w$ ($2n$)	($12n$) $96w$ ($6n$(48 g))		$2n$	$6n$
Ⅱ	$7w$ (n)	xw ($3n$(24 g))	2	n	$3n$
Ⅲ	$7w$ (n)	($\frac{9}{2}n$) $36w$ ($3n$(24 g))	y	n	$3n$

반응 후 B(g)의 양(mol)$=6n$ ➡ 반응 전 B(g)의 양(mol) $=6n+3n=9n$

$\frac{\frac{3}{2}n}{3n}=\frac{1}{2}$

***x*×*y*는?**

해결 전략 반응 몰비와 A와 C의 화학식량 비를 이용하여 생성된 C(g)의 질량을 구한 후, 생성된 D(g)의 질량을 이용하면 질량 보존 법칙에 의해 반응한 B(g)의 질량을 구할 수 있다. 실험 Ⅱ와 Ⅲ에서도 A(g)가 모두 반응했으므로 반응 몰비를 이용하면 x와 y를 구할 수 있다.

선택지 분석

✓❷ 실험 Ⅰ에서 A(g) $14w$ g의 양을 $2n$ mol이라고 하면 반응 몰비는 A(g) : C(s)$=1:1$이므로 생성된 C(s)의 양은 $2n$ mol이고, 화학식량 비는 A : C$=2:5$이므로 생성된 C(s)의 질량은 $35w$ g이다.

Ⅰ에서 생성된 D(g)의 질량은 $27w$ g이고 반응 전과 후 전체 질량은 보존되어야 하므로, 반응한 B(g)의 질량은 $35w$ g$+27w$ g$-14w$ g$=48w$ g이다. 반응 질량 비는 A(g) : B(g) : C(s) : D(g)$=14:48:35:27$이고, 반응 몰비는 A(g) : B(g) : C(s) : D(g)$=1:3:1:3$이므로 화학식량의 비는 A : B : C : D$=14:16:35:9$이다.

실험 Ⅰ에서 B(g) $96w$ g의 양을 kn mol이라고 하면, 몰비는 A(g) : B(g)$=\frac{14w}{14}:\frac{96w}{16}=2n:kn$에서 $k=12$이다.

실험 Ⅱ에서 B(g) xw g의 양을 $k'n$ mol이라 하면 A(g) n mol($=7w$ g)과 B(g) $3n$ mol이 반응하여 C(s) n mol과 D(g) $3n$ mol이 생성되므로 반응 후 $\frac{\text{B}(g)\text{의 양(mol)}}{\text{D}(g)\text{의 양(mol)}}=\frac{k'n-3n}{3n}=2$에서 $k'=9$이고, $x=72$이다.

실험 Ⅲ에서 B(g) $36w$ g의 양은 $\frac{9}{2}n$ mol이므로 반응 후 남은 B(g)의 양은 $\frac{3}{2}n(=\frac{9}{2}n-3n)$ mol이고, 생성된 D(g)의 양은 $3n$ mol이므로 반응 후 $\frac{\text{B}(g)\text{의 양(mol)}}{\text{D}(g)\text{의 양(mol)}}=\frac{\frac{3}{2}n}{3n}=\frac{1}{2}$이다. 따라서 $x\times y=72\times\frac{1}{2}=36$이다.

답 ②

55 화학 반응 모형

자료 분석

반응 전에는 XY 2분자, Y_2 3분자가 있고, 반응 후에는 Y_2 2분자, XY_2 2분자가 있으므로 반응한 분자는 XY 2분자, Y_2 1분자이고, 생성된 분자는 XY_2 2분자임을 알 수 있다. 따라서 화학 반응식은 $2XY+Y_2 \longrightarrow 2XY_2$이다.

선택지 분석

ㄱ. 전체 분자 수는 반응 전 5에서 반응 후 4로 감소한다.

✓ㄴ. 생성물의 종류는 XY_2 1가지이다.

✓ㄷ. 반응한 Y_2와 생성된 XY_2의 몰비는 $1:2$이므로 4 mol의 XY_2가 생성되었을 때 반응한 Y_2의 양은 2 mol이다.

답 ④

도전 1등급 56

화학 반응의 양적 관계

도전 1등급 문항 분석 ▸▸ 정답률 22.7%

다음은 A(g)와 B(g)가 반응하여 C(g)와 D(s)를 생성하는 반응의 화학 반응식이다.

$$A(g)+2B(g) \longrightarrow 2C(g)+3D(s)$$

반응 몰비 ➡ 1 : 2 : 2 : 3

그림 (가)는 실린더에 전체 기체의 질량이 w g이 되도록 A(g)와 B(g)를 넣은 것을, (나)는 (가)의 실린더에서 일부가 반응한 것을, (다)는 (나)의 실린더에서 반응을 완결시킨 것을 나타낸 것이다. 실린더 속 전체 기체의 부피비는 (나) : (다)$=11:10$이고, $\frac{\text{A의 분자량}}{\text{B의 분자량}}=\frac{32}{17}$이다.

5.5n : 5n

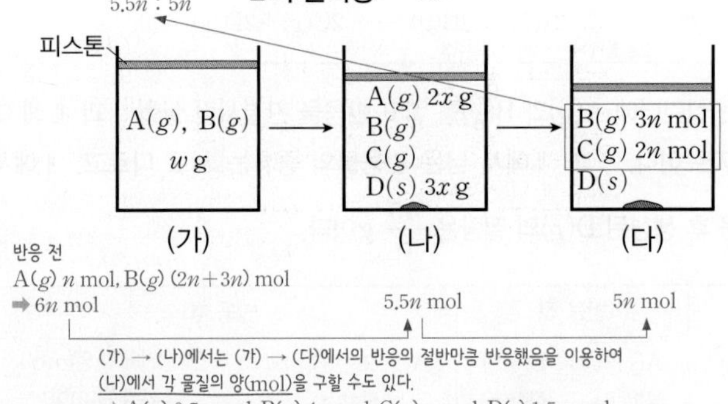

$x\times\frac{\text{C의 분자량}}{\text{A의 분자량}}$은? (단, 실린더 속 기체의 온도와 압력은 일정하다.)

해결 전략 기체의 부피 비는 분자 수 비에 비례한다는 아보가드로 법칙을 이용하여 각 기체의 양(mol)을 계산할 수 있다. 이때 D는 고체이므로 기체의 부피에 포함시키지 않아야 함을 명심해야 한다. 또 (다)를 통해 반응 결과 A(g)는 모두 반응하였고 C(g) $2n$ mol이 생성되었음을 알 수 있으므로, 화학 반응식의 계수 비를 이용하여 반응 전 물질과 반응 후 생성된 물질의 양(mol)을 파악한다.

선택지 분석

✓❸ (다)에서 D는 고체 상태이므로 기체의 부피에 영향이 없다. 전체 기체의 부피 비가 (나) : (다)=11 : 10이므로 전체 기체의 양(mol)은 (나) : (다) $=5.5n : 5n$이다.

(다)에서 생성된 $C(g)$의 양이 $2n$ mol이므로 (가)에서 반응 전 A의 양은 n mol이다. 반응 후에 $B(g)$가 $3n$ mol 남아 있으므로 반응 전 B의 양은 $5n$ mol이다.

(나)에서 전체 기체의 양이 $5.5n$ mol이므로 (가) → (나)에서 반응한 A의 양을 m mol이라고 하면 다음과 같은 양적 관계가 성립한다.

	$A(g)$	+	$2B(g)$	⟶	$2C(g)$	+	$3D(s)$
반응 전(mol)	n		$5n$		0		0
반응(mol)	$-m$		$-2m$		$+2m$		$+3m$
반응 후(mol)	$n-m$		$5n-2m$		$2m$		$3m$

(나)에서 전체 기체의 양(mol)은 $(n-m)+(5n-2m)+2m=5.5n$에서 $m=0.5n$이다. 따라서 (나)에서 $A(g)$ $0.5n$ mol의 질량은 $2x$ g이고, $D(s)$ $1.5n$ mol의 질량은 $3x$ g이다. $\frac{\text{A의 분자량}}{\text{B의 분자량}}=\frac{32}{17}$이므로 $B(g)$ n mol의 질량은 $\frac{17}{8}x$ g이다. 또, $C(g)$ n mol의 질량을 c g이라고 하면, 질량 보존 법칙에 의해 (가) → (다)까지 반응한 A와 B의 질량 합=생성된 C와 D의 질량 합이므로 $4x+\frac{17}{4}x=2c+6x$에서 $c=\frac{9}{8}x$이다.

(가)에서 A, B의 질량은 각각 $4x$ g, $\frac{85}{8}x$ g이므로 $4x+\frac{85}{8}x=w$에서 $x=\frac{8}{117}w$이다.

A n mol의 질량은 $4x$ g, C n mol의 질량은 $\frac{9}{8}x$ g이므로

$x\times\frac{\text{C의 분자량}}{\text{A의 분자량}}=\frac{8}{117}w\times\frac{\frac{9}{8}x}{4x}=\frac{1}{52}w$이다. 답 ③

57 화학 반응 모형

자료 분석

단위 부피당 분자 모형에서 반응물은 $XY(g)$와 $ZY(g)$이고, 생성물은 $X_aY_b(g)$와 $Z_2(g)$임을 알 수 있다. 이때 질량 보존 법칙에 의해 반응 전과 후 원자의 종류와 수가 같다는 것을 이용하여 화학 반응식을 나타낼 수 있다.

선택지 분석

✓❸ 단위 부피당 분자 모형에서 반응 전 기체의 몰비는 $XY(g) : ZY(g)=1 : 1$이고, 반응 후 기체의 몰비는 $X_aY_b(g) : Z_2(g)=2 : 1$이다. 반응 전과 후 원자의 종류와 수는 같아야 하므로 Z 원자 수를 같게 하려면 반응 전 기체의 분자 수에 2배를 해주면 된다.

$2XY(g)+2ZY(g) \longrightarrow 2X_aY_b(g)+Z_2(g)$

이때 반응 전후 X와 Y의 원자 수를 각각 같게 맞추어 화학 반응식을 완성하면 다음과 같다.

$2XY(g)+2ZY(g) \longrightarrow 2XY_2(g)+Z_2(g)$

따라서 $a=1$, $b=2$이므로 $b-a=1$이다. 답 ③

58 화학 반응의 양적 관계

빈출 문항 자료 분석

다음은 $A(g)$와 $B(g)$가 반응하여 $C(g)$를 생성하는 반응의 화학 반응식이다.

$A(g)+bB(g) \longrightarrow 2C(g)$ (b는 반응 계수)

그림 (가)는 실린더에 $A(g)$ $4w$ g을 넣은 것을, (나)는 (가)의 실린더에 $B(g)$ 4.8 g을 넣고 반응을 완결시킨 것을, (다)는 (나)의 실린더에 $A(g)$ w g을 넣고 반응을 완결시킨 것을 나타낸 것이다.

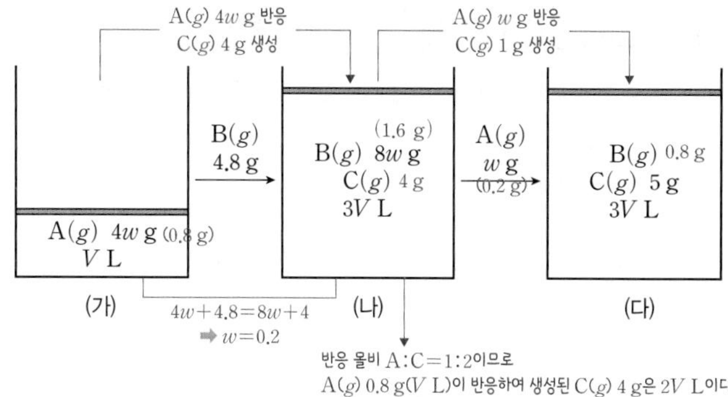

$\frac{w}{b}\times\frac{\text{B의 분자량}}{\text{A의 분자량}}$은? (단, 실린더 속 기체의 온도와 압력은 일정하다.)

해결 전략 (가) → (나) → (다)에서의 질량 변화와 부피 변화를 이용하여 반응 계수 b를 구하고, 또 계산 과정에서 얻은 질량과 부피 값을 이용하여 A, B, C의 분자량 비를 구한다.

선택지 분석

✓❷ (가) → (나)에서 반응한 $A(g)$의 질량은 $4w$ g이고, (나) → (다)에서 반응한 $A(g)$의 질량은 w g이므로 (가) → (다)에서 반응한 $A(g)$의 질량은 $5w$ g이다. 이때 (가) → (다)에서 생성된 $C(g)$의 질량은 5 g이므로 (가) → (나)에서 생성된 $C(g)$의 질량은 4 g이다. (가)와 (나)에서 전체 질량은 일정하므로 $4w+4.8=8w+4$에서 $w=0.2$이다.

반응 계수 비는 A : C=1 : 2인데 $A(g)$ $4w$ g(=0.8 g)의 부피는 V L이므로 $C(g)$ 4 g의 부피는 $2V$ L이다. 따라서 (나)에서 남은 $B(g)$ $8w$ g (=1.6 g)의 부피는 V L이다. (가) → (나)에서 반응한 $B(g)$ 3.2 g(=4.8 g −1.6 g)의 부피는 $2V$ L이므로 $b=2$이다.

$A(g)$ 0.8 g의 부피는 V L, $B(g)$ 3.2 g의 부피는 $2V$ L, $C(g)$ 4 g의 부피는 $2V$ L이며, 일정한 온도와 압력에서 기체의 부피는 분자 수에 비례하므로 분자량 비는 $A : B : C=\frac{0.8}{V} : \frac{3.2}{2V} : \frac{4}{2V}=2 : 4 : 5$이다.

따라서 $\frac{w}{b}\times\frac{\text{B의 분자량}}{\text{A의 분자량}}=\frac{0.2}{2}\times\frac{4}{2}=\frac{1}{5}$이다. 답 ②

59 화학 반응의 양적 관계

자료 분석

금속 M과 $HCl(aq)$의 반응 결과 생성된 $H_2(g)$의 부피가 480 mL이므로 생성된 $H_2(g)$의 양은 $\frac{0.48\ \text{L}}{24\ \text{L/mol}}=0.02$ mol이다.

선택지 분석

✓❹ 반응한 금속 M과 생성된 H_2의 반응 몰비는 1 : 1이다. 생성된 $H_2(g)$의 양이 0.02 mol이므로 반응한 M(s)의 양도 0.02 mol이다. 따라서 M의 원자량은 $\frac{w(\mathrm{g})}{0.02(\mathrm{mol})}=50w$이다. 답 ④

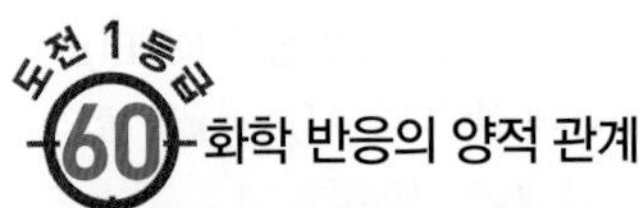

60 화학 반응의 양적 관계

도전 1등급 문항 분석 ▸▸ 정답률 28.3%

다음은 기체 A와 B가 반응하여 기체 C를 생성하는 반응의 화학 반응식이다.

$$A(g)+bB(g) \longrightarrow 2C(g)\ (b\text{는 반응 계수})$$

표는 실린더에 A(g)와 B(g)를 넣고 반응을 완결시킨 실험 Ⅰ, Ⅱ에 대한 자료이다. $\frac{\text{Ⅱ에서 반응 후 전체 기체의 부피}}{\text{Ⅰ에서 반응 전 전체 기체의 부피}}=\frac{3}{11}$이다.

→ Ⅰ, Ⅱ에서 모두 반응한 물질이 A(g)로 같다면, 반응한 B(g)의 질량(g)이 Ⅰ : Ⅱ = 1:2가 되어 반응 후 남은 반응물의 질량(g)은 Ⅰ이 더 많아야 한다. ➡ 자료와 맞지 않는다.

실험	반응 전 기체의 질량(g)		반응 후 남은 반응물의 질량(g)
	A(g)	B(g)	
Ⅰ	$2w$	20	w
Ⅱ	$4w$	6	$2w$

→ Ⅰ, Ⅱ에서 모두 반응한 물질이 B(g)로 같다면, 반응한 A(g)의 질량(g)이 Ⅰ : Ⅱ = 10:3이 되어 반응 후 남은 반응물의 질량 비가 1:2가 되지 않는다. ➡ 자료와 맞지 않는다.

$\frac{w}{b}\times\frac{\text{B의 분자량}}{\text{A의 분자량}}$은? (단, 실린더 속 기체의 온도와 압력은 일정하다.)

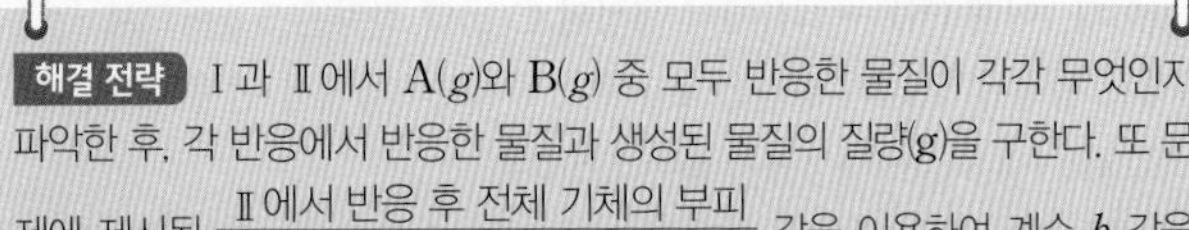

해결 전략 Ⅰ과 Ⅱ에서 A(g)와 B(g) 중 모두 반응한 물질이 각각 무엇인지 파악한 후, 각 반응에서 반응한 물질과 생성된 물질의 질량(g)을 구한다. 또 문제에 제시된 $\frac{\text{Ⅱ에서 반응 후 전체 기체의 부피}}{\text{Ⅰ에서 반응 전 전체 기체의 부피}}$ 값을 이용하여 계수 b 값을 구한다.

선택지 분석

✓❷ Ⅰ과 Ⅱ에서 모두 반응한 물질이 서로 같다면 반응 후 남은 반응물의 질량(g)이 자료와 맞지 않는다. 따라서 Ⅰ과 Ⅱ에서 모두 반응한 물질은 서로 다르며, Ⅰ에서는 A(g)가, Ⅱ에서는 B(g)가 모두 반응했음을 알 수 있다.

Ⅱ에서 남은 A(g)의 질량이 $2w$ g이므로 반응한 A(g)의 질량은 $2w$ g이다. 즉, Ⅰ, Ⅱ에서 모두 A(g) $2w$ g, B(g) 6 g이 반응하였고 Ⅰ에서 남은 반응물인 B(g)의 질량(w)이 14 g이므로 $w=14$이다. 따라서 생성된 C(g)의 질량은 34 g이다.

A(g) 28 g, B(g) 6 g, C(g) 34 g의 양(mol)을 각각 n, bn, $2n$이라고 하면, $\frac{\text{Ⅱ에서 반응 후 전체 기체의 부피}}{\text{Ⅰ에서 반응 전 전체 기체의 부피}}=\frac{n+2n}{n+\frac{20}{6}bn}=\frac{3}{11}$이므로 $b=3$이다.

분자량 비는 A : B$=\frac{28}{1}:\frac{6}{3}=14:1$이고, $\frac{w}{b}\times\frac{\text{B의 분자량}}{\text{A의 분자량}}=\frac{14}{3}\times\frac{1}{14}=\frac{1}{3}$이다. 답 ②

61 화학 반응의 양적 관계

빈출 문항 자료 분석

다음은 XYZ_3의 반응을 이용하여 Y의 원자량을 구하는 실험이다.

[자료]
- 화학 반응식: $XYZ_3(s) \longrightarrow XZ(s)+YZ_2(g)$
- 원자량의 비는 X : Z = 5 : 2이다.

[실험 과정]

(가) $XYZ_3(s)$ w g을 반응 용기에 넣고 모두 반응시킨다.

(나) 생성된 XZ(s)의 질량과 $YZ_2(g)$의 부피를 측정한다.

[실험 결과]
- XZ(s)의 질량: $0.56w$ g → $YZ_2(g)$의 질량$=w$ g$-0.56w$ g$=0.44w$ g
- t ℃, 1기압에서 $YZ_2(g)$의 부피: 120 mL
- Y의 원자량: a → $YZ_2(g)$의 양$=\frac{120\times10^{-3}\ \mathrm{L}}{24\ \mathrm{L/mol}}=5\times10^{-3}$ mol

a는? (단, X~Z는 임의의 원소 기호이고, t ℃, 1기압에서 기체 1 mol의 부피는 24 L이다.)

해결 전략 화학 반응 전과 후 총 질량은 같다는 것을 이용하여 화학 반응에서의 양적 관계를 계산한다.

선택지 분석

✓❷ t ℃, 1기압에서 기체 1 mol의 부피는 24 L이고, 생성된 $YZ_2(g)$의 부피가 120 mL이므로 생성된 $YZ_2(g)$의 양은 $\frac{120\times10^{-3}\ \mathrm{L}}{24\ \mathrm{L/mol}}=5\times10^{-3}$ mol이다. 생성된 $YZ_2(g)$의 질량은 w g$-0.56w$ g$=0.44w$ g이므로 YZ_2의 화학식량은 $88w\left(=\frac{0.44w}{5\times10^{-3}}\right)$이다.

원자량의 비는 X : Z = 5 : 2이므로 X, Z의 원자량을 각각 $5k$, $2k$라 두면, Y의 원자량이 a이므로 YZ_2의 화학식량은 $a+4k=88w$(㉠)이다.

생성된 XZ(s)의 질량이 $0.56w$ g이고, 반응 몰비는 XZ(s) : $YZ_2(g)$ = 1 : 1이므로 XZ의 화학식량은 $112w\left(=\frac{0.56w}{5\times10^{-3}}\right)$이다. XZ의 화학식량은 $7k=112w$(㉡)이다.

따라서 ㉠과 ㉡에서 $a=88w-4k=24w$이다. 답 ②

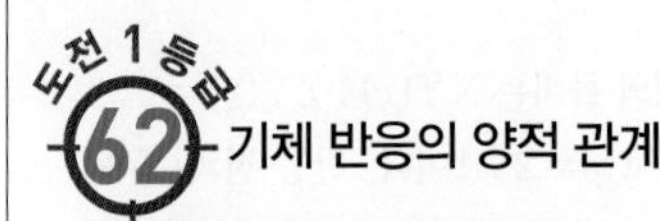

62 기체 반응의 양적 관계

도전 1등급 문항 분석 ▸▸ 정답률 16.0%

다음은 A(g)와 B(g)가 반응하여 C(g)와 D(g)를 생성하는 반응의 화학 반응식이다.

$$A(g)+4B(g) \longrightarrow 3C(g)+2D(g)$$

표는 실린더에 $A(g)$와 $B(g)$를 넣고 반응을 완결시킨 실험 Ⅰ～Ⅲ에 대한 자료이다. Ⅰ과 Ⅱ에서 $B(g)$는 모두 반응하였고, Ⅰ에서 반응 후 생성물의 전체 질량은 $21w$ g이다.

(A(g) 5w g, B(g) 16w g 반응)

실험	반응 전 A(g)의 질량(g)	반응 전 B(g)의 질량(g)	반응 후 $\frac{생성물의 전체 양(mol)}{남아 있는 반응물의 양(mol)}$(상댓값)
Ⅰ	$15w$ (3a mol)	$16w$ (4a mol)	3 ($\frac{5a}{2a}=\frac{5}{2}$)
Ⅱ	$10w$ (2a mol)	xw (b mol)	2 ($\frac{5}{3}$)
Ⅲ	$10w$	$48w$	y

(생성된 C+D / 남은 A 또는 B)

($\frac{\frac{5}{4}b}{2a-\frac{1}{4}b}=\frac{5}{3}$)

$x+y$는?

해결 전략 실험 Ⅰ과 Ⅱ에서 $B(g)$가 모두 반응했다는 것과 Ⅰ에서 반응 후 생성물의 전체 질량을 이용하여 화학 반응의 양적 관계를 구한다.

선택지 분석

✓❶ 실험 Ⅰ에서 $B(g)$는 모두 반응하였고 반응 후 생성물의 전체 질량은 $21w$ g이므로 반응한 $A(g)$와 $B(g)$의 질량은 각각 $5w$ g, $16w$ g이고, 반응 후 남아 있는 $A(g)$의 질량은 $10w$ g이다. $A(g)$ $15w$ g의 양을 $3a$ mol이라 할 때 반응한 $A(g)$ $5w$ g의 양은 a mol이므로 반응한 $B(g)$ $16w$ g의 양은 $4a$ mol이고 반응 후 남은 $A(g)$의 양은 $2a$ mol, 생성물의 전체 양은 $5a$ mol이다. 따라서 실험 Ⅰ에서 $\frac{생성물의 전체 양(mol)}{남아 있는 반응물의 양(mol)}=\frac{5}{2}$이다.

$\frac{생성물의 전체 양(mol)}{남아 있는 반응물의 양(mol)}$의 비는 Ⅰ : Ⅱ＝3 : 2이므로 실험 Ⅱ에서는 $\frac{5}{3}$이다. 따라서 실험 Ⅱ에서 반응한 $B(g)$의 양을 b mol이라고 할 때 양적 관계를 나타내면 다음과 같다.

	$A(g)$	+	$4B(g)$	⟶	$3C(g)$	+	$2D(g)$
반응 전(mol)	$2a$		b		0		0
반응(mol)	$-\frac{1}{4}b$		$-b$		$+\frac{3}{4}b$		$+\frac{2}{4}b$
반응 후(mol)	$2a-\frac{1}{4}b$		0		$\frac{3}{4}b$		$\frac{2}{4}b$

$\frac{생성물의 전체 양(mol)}{남아 있는 반응물의 양(mol)}=\frac{\frac{5}{4}b}{2a-\frac{1}{4}b}=\frac{5}{3}$이므로 $b=2a$이다. 실험 Ⅰ에서 반응한 $B(g)$ $16w$ g의 양은 $4a$ mol이고, 실험 Ⅱ에서 $B(g)$ xw g의 양은 $2a$ mol이므로 $x=8$이다.

실험 Ⅲ에서 $A(g)$ $10w$ g의 양은 $2a$ mol, $B(g)$ $48w$ g의 양은 $12a$ mol이므로 반응 후 남아 있는 $B(g)$의 양은 $4a$ mol, 생성물의 전체 양은 $10a$ $(=6a+4a)$ mol이다.

실험 Ⅲ에서 $\frac{생성물의 전체 양(mol)}{남아 있는 반응물의 양(mol)}=\frac{10a}{4a}=\frac{5}{2}$이므로 $y=3$이다.

따라서 $x=8$, $y=3$이므로 $x+y=11$이다. 답 ①

63 화학 반응식

자료 분석

$AB(g)$와 $B_2(g)$가 반응하여 $AB_2(g)$를 생성하는 반응의 화학 반응식은 다음과 같다.

$2AB(g)+B_2(g) \longrightarrow 2AB_2(g)$

선택지 분석

✓❷ 반응 후 $AB(g)$와 $B_2(g)$가 모두 소모되었으므로 반응 전 기체의 몰비는 $AB(g)$: $B_2(g)=2:1$이다. $AB(g)$의 양을 $2k$ mol이라고 두면, 반응 전 기체의 총 양은 $3k$ mol, 반응 후 기체의 양은 $2k$ mol이다.

일정한 온도와 압력에서 기체의 부피는 기체의 양(mol)에 비례하므로 반응 전과 후 기체의 부피 비는 3 : 2이다.

반응 전 전체 기체의 질량을 w g이라고 두면, 반응 전후 질량이 보존되므로 반응 후 기체의 질량도 w g이다. 따라서 $\frac{d_2}{d_1}=\frac{3}{2}$이다. 답 ②

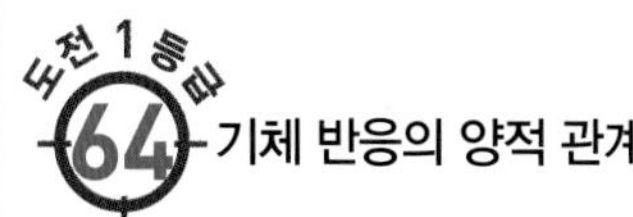

64 기체 반응의 양적 관계

도전 1등급 문항 분석 ▸▸ 정답률 21.1%

다음은 $A(g)$와 $B(g)$가 반응하여 $C(g)$를 생성하는 반응의 화학 반응식이다.

$$A(g)+2B(g) \longrightarrow 2C(g)$$

(반응 계수 비 A : B : C＝1 : 2 : 2 ➡ 반응이 완결되기 전 감소하는 전체 기체의 양(mol)은 반응한 A의 양(mol)과 같다.)

표는 실린더에 $A(g)$와 $B(g)$를 넣고 반응시켰을 때, 반응이 진행되는 동안 시간에 따른 실린더 속 기체에 대한 자료이다. $t_1<t_2<t_3<t_4$이고, t_4에서 반응이 완결되었다.

시간	0	t_1	t_2	t_3	t_4
$\frac{B(g)의 질량}{A(g)의 질량}$	1	$\frac{7}{8}$	$\frac{7}{9}$	$\frac{1}{2}$	
전체 기체의 양(mol) (상댓값)	x	7 (7a)	6.7 (6.7a)	6.1 (6.1a)	y

(반응한 양(mol) ➡ A 0.3a, B 0.6a / A 0.6a, B 1.2a)

$\frac{A의 분자량}{C의 분자량}\times\frac{y}{x}$는? (단, 실린더 속 기체의 온도와 압력은 일정하다.)

해결 전략 화학 반응식의 계수 비가 반응 몰비임을 알고 있어야 한다. 또한 t_1～t_2와 t_2～t_3 동안 각각 반응한 A와 B의 양(mol)을 구한 뒤, t_2와 t_3에서 $\frac{B(g)의 질량}{A(g)의 질량}$ 값에 대입하여 식을 세워 해결해 나간다.

선택지 분석

✓❸ t_1에서 전체 기체의 양을 $7a$ mol이라고 하면, t_1～t_2 동안 반응한 A와 B의 양은 각각 $0.3a$ mol, $0.6a$ mol, t_2～t_3 동안 반응한 A와 B의 양은 각각 $0.6a$ mol, $1.2a$ mol이다. t_1에서 A와 B의 질량을 각각 $8w$ g, $7w$ g이라고 두고, A와 B의 분자량을 각각 M_A, M_B라고 둔다.

t_1～t_2에서 반응한 A와 B의 양은 각각 $0.3a$ mol, $0.6a$ mol이므로 t_2에서 $\frac{7w-0.6aM_B}{8w-0.3aM_A}=\frac{7}{9}$ … ㉠이고, t_2～t_3 동안 반응한 A와 B의 양은 각각 $0.6a$ mol, $1.2a$ mol이므로 t_3에서 $\frac{7w-1.8aM_B}{8w-0.9aM_A}=\frac{1}{2}$ … ㉡이다.

㉡을 정리하면 $0.6aM_B=w+0.15aM_A$ … ㉢이다. ㉢을 ㉠의 분자에 넣어 w를 구한 후 다시 ㉢에 넣어 정리하면 $M_B=\frac{7}{8}M_A$가 나온다. $M_A=8k$라고 두면 $M_B=7k$이다. 화학 반응식의 반응 계수 비가 A : B : C=1 : 2 : 2이므로 C의 분자량 $M_C=11k$이다. 따라서 $\frac{\text{A의 분자량}}{\text{C의 분자량}}=\frac{8}{11}$이다. $t=0$에서 A와 B의 질량을 각각 w' g이라고 두고, A, B의 분자량을 각각 8, 7이라고 두면, $x=\frac{w'}{8}+\frac{w'}{7}$이다. t_4에서 B가 모두 반응하였으므로 양적 관계는 다음과 같다.

	$A(g)$	+	$2B(g)$	⟶	$2C(g)$
반응 전(mol)	$\frac{w'}{8}$		$\frac{w'}{7}$		0
반응(mol)	$-\frac{w'}{14}$		$-\frac{w'}{7}$		$+\frac{w'}{7}$
반응 후(mol)	$\frac{w'}{8}-\frac{w'}{14}$		0		$\frac{w'}{7}$

$y=\frac{w'}{8}+\frac{w'}{14}$이므로 $\frac{y}{x}=\frac{11}{15}$이다.

따라서 $\frac{\text{A의 분자량}}{\text{C의 분자량}}\times\frac{y}{x}=\frac{8}{11}\times\frac{11}{15}=\frac{8}{15}$이다. 답 ③

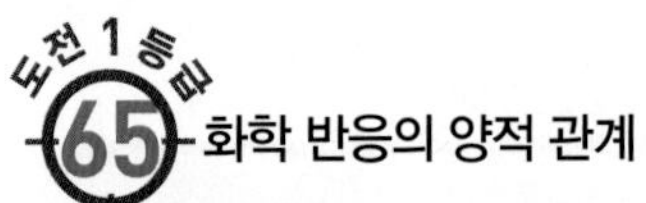

65 화학 반응의 양적 관계

도전 1등급 문항 분석 ▸▸ 정답률 29.3%

다음은 금속과 산의 반응에 대한 실험이다.

[화학 반응식]

- $2A(s)+6HCl(aq) \longrightarrow 2ACl_3(aq)+3H_2(g)$ ➡ 반응 몰비 A : H_2=2 : 3
- $B(s)+2HCl(aq) \longrightarrow BCl_2(aq)+H_2(g)$ ➡ B : H_2=1 : 1

[실험 과정] $\frac{1(g)}{\text{A의 원자량}(g/mol)}$=A의 양(mol)

(가) 금속 A(s) 1 g을 충분한 양의 HCl(aq)과 반응시켜 발생한 $H_2(g)$의 부피를 측정한다.

(나) A(s) 대신 금속 B(s)를 이용하여 (가)를 반복한다.

(다) (가)와 (나)에서 측정한 $H_2(g)$의 부피를 비교한다. → 발생한 H_2의 양(mol) 비교

이 실험으로부터 B의 원자량을 구하기 위해 반드시 이용해야 할 자료만을 〈보기〉에서 있는 대로 고른 것은? (단, A와 B는 임의의 원소 기호이고, 온도와 압력은 일정하다.)

보기

ㄱ. A의 원자량 ○

ㄴ. H_2의 분자량 ×

ㄷ. 사용한 HCl(aq)의 몰 농도(M) ×

해결 전략 화학 반응식에서 계수 비는 반응물과 생성물의 몰비와 같다는 것을 이용하여 금속의 원자량을 구하는 원리를 이해하고 있어야 한다.

선택지 분석

✓ㄱ. (가)에서 1 g의 금속 A(s)의 원자량을 통해 반응하는 A(s)의 양(mol)과 이때 생성된 $H_2(g)$의 양(mol)에 해당하는 $H_2(g)$의 부피를 알 수 있다.

ㄴ. 실험에서 $H_2(g)$의 부피를 측정하므로 H_2의 분자량은 필요하지 않다.

ㄷ. (가)와 (나)에서 온도와 압력은 일정하므로 (나)에서 A(s) 대신 금속 B(s)를 이용하여 (가)를 반복한 후 생성된 $H_2(g)$의 부피를 통해 반응한 B(s)의 양(mol)을 알 수 있다. 따라서 반응한 B(s)의 질량이 1 g이므로 (가)와 (나)에서 측정한 $H_2(g)$의 부피를 비교함으로써 B의 원자량을 구할 수 있다. 사용한 HCl(aq)의 몰 농도(M)는 필요하지 않다. 답 ①

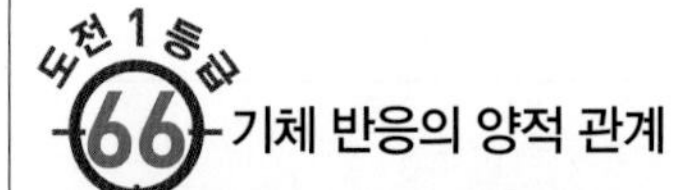

66 기체 반응의 양적 관계

도전 1등급 문항 분석 ▸▸ 정답률 29.1%

다음은 A(g)와 B(g)가 반응하여 C(g)를 생성하는 반응의 화학 반응식이다.

$$aA(g)+B(g) \longrightarrow 2C(g)\ (a\text{는 반응 계수})$$

표는 실린더에 A(g)와 B(g)를 넣고 반응을 완결시킨 실험 Ⅰ, Ⅱ에 대한 자료이다.

Ⅰ과 Ⅱ에서 모두 A(g)가 남았으므로 B(g)는 모두 반응했다.

실험	반응 전		반응 후		
	전체 기체의 질량(g)	전체 기체의 밀도(g/L)	A의 질량(상댓값)	전체 기체의 부피(상댓값)	전체 기체의 밀도(g/L)
Ⅰ	$3w$	$5d_1$	1	5 $5V$	$7d_1$
Ⅱ	$5w$	$9d_2$	5	9 $9V$	$11d_2$

실험	반응 전		반응 후	
	전체 기체의 부피	전체 기체의 양(mol)	전체 기체의 부피	전체 기체의 양(mol)
Ⅰ	$7V$	$7N$	$5V$	$5N$
Ⅱ	$11V$	$11N$	$9V$	$9N$

Ⅰ과 Ⅱ에서 전체 기체의 부피가 모두 $2V$씩 감소했으므로 생성된 C(g)의 양(mol)은 같다.

$a\times\frac{\text{B의 분자량}}{\text{C의 분자량}}$은? (단, 실린더 속 기체의 온도와 압력은 일정하다.)

해결 전략 Ⅰ과 Ⅱ의 반응 후 전체 기체의 부피 비와 밀도 비를 이용하여 반응 전후 기체의 부피와 양(mol)을 구할 수 있어야 한다. 또한 Ⅰ과 Ⅱ에서 남은 A의 질량을 비교하여 반응한 양을 유추하며 기체 반응의 양적 관계를 해결해 나갈 수 있어야 한다.

선택지 분석

✓❷ 실험 Ⅰ과 Ⅱ에서 전체 기체의 부피가 $7V \rightarrow 5V$, $11V \rightarrow 9V$로 모두 $2V$씩 감소했으므로 생성된 C(g)의 양(mol)은 같다.

반응 전 전체 기체의 질량은 Ⅰ에서 $3w$ g, Ⅱ에서 $5w$ g이므로 반응 후 남은 A(g)의 질량은 Ⅱ에서가 Ⅰ에서보다 $2w$ g만큼 크고, 전체 기체의 부피가 $4V$만큼 크므로 A(g) $2w$ g의 부피는 $4V$이고, 양(mol)은 $4N$이다. 또한 반응 후 A(g)의 질량은 Ⅱ에서가 Ⅰ에서의 5배이므로 반응 후 A(g)의 질량과 양(mol)은 Ⅰ에서 $0.5w$ g과 N, Ⅱ에서 $2.5w$ g과 $5N$이고 생성된 C(g)의 양(mol)은 $4N$이다. 따라서 실험 Ⅰ과 Ⅱ에서 반응한 B(g)의 양(mol)은 $2N$이다.

한편 실험 Ⅰ에서 반응 전 전체 기체의 양(mol)은 $7N$인데 이 중 B(g)의 양(mol)은 $2N$이고, 반응 후 남은 A(g) $0.5w$ g의 양(mol)은 N이므로 반응한 A(g)의 양(mol)은 $4N$이고 질량은 $2w$ g이다. 따라서 반응 몰비는 A(g) : B(g) : C(g)=2 : 1 : 2이므로 $a=2$이다.

또한 실험 Ⅰ에서 반응한 B(g) $2N$ mol의 질량은 $0.5w$ g이고, 생성된 C(g) $4N$ mol의 질량은 $2.5w$ g이므로 B의 분자량 : C의 분자량 $=\frac{0.5w}{2N}:\frac{2.5w}{4N}$에서 $\frac{\text{B의 분자량}}{\text{C의 분자량}}=\frac{2}{5}$이다.

따라서 $a\times\frac{\text{B의 분자량}}{\text{C의 분자량}}=2\times\frac{2}{5}=\frac{4}{5}$이다. 답 ②

67 화학 반응의 양적 관계

자료 분석

화학 반응식에서 계수 비는 반응 몰비와 같다. 따라서 금속 A와 HCl(aq)의 반응에서 반응 몰비는 A : $H_2(g)$=1 : 1이고, 금속 B와 HCl(aq)의 반응에서 반응 몰비는 B : $H_2(g)$=2 : 3이다.

선택지 분석

✓❹ A, B의 원자량은 각각 24, 27이므로 혼합물에 들어 있는 금속 A와 B의 양(mol)을 각각 a, b라고 하면, 혼합물의 질량(g)은 $24a+27b=12.6$ … (ⅰ)이다. 또 혼합물을 HCl(aq)과 반응시켰을 때 발생한 H_2의 양(mol)은 $a+\frac{3}{2}b=\frac{15}{25}$ … (ⅱ)이다. (ⅰ)과 (ⅱ)를 풀면 $a=0.3$, $b=0.2$이다. 따라서 ㉠에 들어 있는 B의 양(mol)은 0.2이다. 답 ④

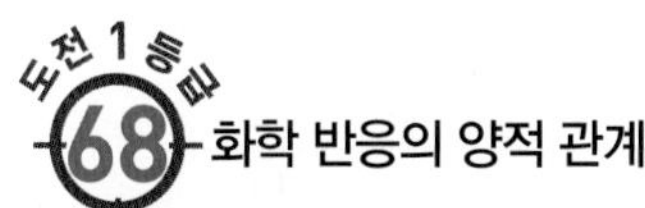
68 화학 반응의 양적 관계

도전 1등급 문항 분석 ▸▸ 정답률 19.0%

다음은 A와 B가 반응하여 C를 생성하는 반응 (가)와 C와 B가 반응하여 D를 생성하는 반응 (나)에 대한 실험이다. c, d는 반응 계수이다.

[화학 반응식]

(가) A+B ⟶ cC

(나) 2C+B ⟶ dD

[실험 Ⅰ]

○ A $8w$ g이 들어 있는 용기 Ⅰ에 B를 조금씩 넣어가면서 반응 (가)를 완결시켰을 때, 넣어 준 B의 총 질량에 따른 $\frac{\text{C의 양(mol)}}{\text{전체 물질의 양(mol)}}$은 다음과 같았다.

넣어 준 B의 총 질량(g)	$3w$	$6w$	$16w$
$\frac{\text{C의 양(mol)}}{\text{전체 물질의 양(mol)}}$	$\frac{3}{8}$	$\frac{3}{4}$	$\frac{1}{2}$

B를 더 넣을 때 값이 증가하므로 B가 모두 반응하고 A가 남았다.

B를 넣을 때 값이 감소하므로 A가 모두 반응하고 B가 남았다.

[실험 Ⅱ]

○ 용기 Ⅱ에 C $8w$ g과 B $3w$ g을 넣고 반응 (나)를 완결시켰을 때 $\frac{\text{D의 양(mol)}}{\text{전체 물질의 양(mol)}}=\frac{4}{5}$이었다.

$\frac{\text{D의 분자량}}{\text{C의 분자량}}$은?

해결 전략 먼저 실험 Ⅰ에서 각각의 한계 반응물을 찾아 반응의 양적 관계를 계산하여 계수 c와 A, B, C의 분자량 비를 구할 수 있어야 한다. 이를 이용하여 실험 Ⅱ에서 양적 관계를 계산하여 계수 d를 구한다.

선택지 분석

✓❶ 실험 Ⅰ에서 넣어 준 B의 총 질량이 $3w$ g, $6w$ g일 때 B가 모두 반응하고, $16w$ g일 때 A가 모두 반응한다고 가정하고 문제를 해결해 본다. 반응 전 A $8w$ g을 n mol, B $3w$ g을 $3x$ mol이라고 하면 반응의 양적 관계는 다음과 같다.

넣어 준 B의 총 질량(g)	남은 반응물	$\frac{\text{C의 양(mol)}}{\text{전체 물질의 양(mol)}}$
$3w$	A	$\frac{3cx}{(n-3x)+3cx}=\frac{3}{8}$
$6w$	A	$\frac{6cx}{(n-6x)+6cx}=\frac{3}{4}$
$16w$	B	$\frac{cn}{(16x-n)+cn}=\frac{1}{2}$

위의 세 식을 풀면 $c=1$이고, $n=8x$이다.

A $8w$ g이 $8x$ mol, B $3w$ g이 $3x$ mol이므로 분자량 비는 A : B$=\frac{8w}{8x}:\frac{3w}{3x}=1:1$이고 $c=1$이므로 분자량 비는 A : B : C=1 : 1 : 2이다.

실험 Ⅱ에서 C $8w$ g은 $4x$ mol이고, B $3w$ g은 $3x$ mol이므로 반응을 완결시켰을 때 양적 관계는 다음과 같다.

	2C	+	B	⟶	dD
반응 전(mol)	$4x$		$3x$		0
반응(mol)	$-4x$		$-2x$		$+2dx$
반응 후(mol)	0		x		$2dx$

$\frac{\text{D의 양(mol)}}{\text{전체 물질의 양(mol)}}=\frac{2dx}{x+2dx}=\frac{4}{5}$에서 $d=2$이다. 따라서 분자량 비는 C : D=4 : 5이다. 따라서 $\frac{\text{D의 분자량}}{\text{C의 분자량}}=\frac{5}{4}$이다. 답 ①

69 화학 반응식과 화학 반응의 양적 관계

자료 분석

반응 전후에 원자의 종류와 수는 변하지 않으므로 주어진 화학 반응식을 완성하면 다음과 같다.

$$M(s)+NaHCO_3(s)+H_2O(l) \longrightarrow MCO_3(s)+Na^+(aq)+OH^-(aq)+H_2(g)$$

선택지 분석

ㄱ. ㉠은 H_2이다.

✓ㄴ. 반응 후 용액에는 OH^-이 존재하므로 용액은 염기성이다.

✓ㄷ. 화학 반응식에서 계수 비는 반응 몰비와 같으므로 반응 몰비는 M : ㉠(H_2)=1 : 1이다. M의 원자량은 a, 질량은 w g이므로 M의 양(mol)은 $\frac{w}{a}$ mol이다. t ℃, 1 atm에서 기체 1 mol의 부피는 24 L이고 같은 조건에서 ㉠의 부피는 V L이므로 ㉠의 양(mol)은 $\frac{V}{24}$ mol이다. 따라서 $\frac{w}{a}=\frac{V}{24}$에서 $a=\frac{24w}{V}$이다. 답 ④

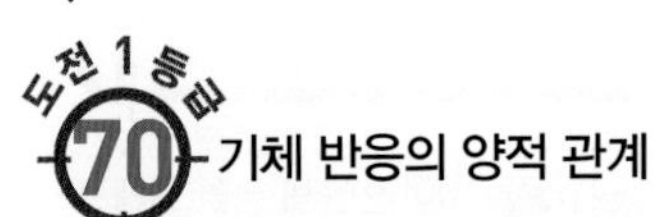

70 기체 반응의 양적 관계

도전 1등급 문항 분석 ▸▸ 정답률 37.2%

다음은 A(g)와 B(g)가 반응하여 C(g)를 생성하는 반응의 화학 반응식이다.

aA(g)+B(g) ⟶ 2C(g) (a는 반응 계수)

표는 실린더에 A(g)와 B(g)를 질량을 달리하여 넣고 반응을 완결시킨 실험 Ⅰ과 Ⅱ에 대한 자료이다.

A 6 g 중 4 g이 반응하고 2 g이 남으며, B는 모두 반응한다. 따라서 반응 질량 비는 A : B : C=4 : 1 : 5이다.

실험	반응 전			반응 후	
	A의 질량(g)	B의 질량(g)	전체 기체의 밀도	남은 반응물의 질량(g)	전체 기체의 밀도
Ⅰ	6	1	xd	2	$7d$
Ⅱ	8	4	yd	2	$6d$

온도와 압력이 일정할 때 기체의 부피 비는 몰비와 같다. ➡ 몰비(부피 비) Ⅰ : Ⅱ $=\frac{7}{xd}:\frac{12}{yd}$ 몰비(부피 비) Ⅰ : Ⅱ $=\frac{7}{7d}:\frac{12}{6d}$

$a\times\frac{x}{y}$는? (단, 온도와 압력은 일정하다.)

해결 전략 Ⅰ에서 남은 반응물의 질량을 이용하여 반응 질량 비를 구하고, Ⅰ과 Ⅱ에서 전체 기체의 밀도와 질량으로부터 몰비(부피 비)를 구한 후, 화학 반응의 양적 관계로 구한 몰비와 비교한다.

선택지 분석

✓❹ 실험 Ⅰ에서 남은 반응물의 질량이 2 g이므로 B가 모두 반응하고, 반응 질량 비는 A : B : C=4 : 1 : 5이다. 따라서 실험 Ⅱ에서는 A가 모두 반응하고, B가 2 g 남는다. 반응 몰비는 A : B : C=a : 1 : 2이므로 A 4 g, B 1 g, C 5 g을 각각 an mol, n mol, $2n$ mol이라고 하면, 반응 후 전체 기체의 몰비는 Ⅰ : Ⅱ $=\left(\frac{a}{2}n+2n\right):\left(2n+4n\right)=\frac{7}{7d}:\frac{12}{6d}$에서 $a=2$이다. 반응 전 전체 기체의 몰비는 Ⅰ : Ⅱ $=(3n+n):(4n+4n)=\frac{7}{xd}:\frac{12}{yd}$이므로 $\frac{x}{y}=\frac{7}{6}$이다.

따라서 $a\times\frac{x}{y}=2\times\frac{7}{6}=\frac{7}{3}$이다. 답 ④

71 화학 반응식

자료 분석

화학 반응이 일어날 때 반응 전후 원자의 종류와 수는 일정하다. (가)와 (나)의 화학 반응식을 완성하면 다음과 같다.

(가) $HNO_2+NH_3 \longrightarrow N_2+2H_2O$

(나) $3N_2O+2NH_3 \longrightarrow 4N_2+3H_2O$

선택지 분석

✓ㄱ. ㉠은 N_2이다.

ㄴ. $a=3$, $b=2$이므로 $a+b=5$이다.

ㄷ. (가)와 (나)에서 각각 NH_3 1 mol이 모두 반응할 때 생성되는 H_2O의 양(mol)의 비는 (가) : (나)=4 : 3이므로 (가)와 (나)에서 각각 NH_3 1 g이 모두 반응할 때 생성되는 H_2O의 질량은 (가)>(나)이다. 답 ①

72 화학 반응의 양적 관계

자료 분석

Ⅱ에서 반응 후 남은 B(g)의 질량은 Ⅲ에서 반응 후 남은 A(g)의 질량의 $\frac{1}{4}$배라고 했으므로, Ⅰ과 Ⅱ에서는 A가 모두 반응하고 Ⅲ과 Ⅳ에서는 B가 모두 반응했음을 알 수 있다.

선택지 분석

✓❹ 실험 Ⅰ, Ⅱ에서 A(g) w g의 양을 n mol, B(g) x g의 양을 m mol이라 하고, 생성물의 몰비를 Ⅰ : Ⅱ=4 : 8이라고 하면 양적 관계는 다음과 같다.

[실험 Ⅰ]

	aA(g)	+	B(g)	⟶	2C(g)
반응 전(mol)	n		m		0
반응(mol)	$-n$		-2		$+4$
반응 후(mol)	0		$m-2$		4

[실험 Ⅱ]

	aA(g)	+	B(g)	⟶	2C(g)
반응 전(mol)	$2n$		m		0
반응(mol)	$-2n$		-4		$+8$
반응 후(mol)	0		$m-4$		8

기체 반응에서 부피 비는 몰비와 같으므로 $(m-2+4):(m-4+8)=7:9$이다. 따라서 $m=5$이다.

실험 Ⅳ에서는 B가 모두 소모되므로 양적 관계는 다음과 같다.

[실험 Ⅳ]

	aA(g)	+	B(g)	⟶	2C(g)
반응 전(mol)	$4n$		5		0
반응(mol)	$-2.5n$		-5		$+10$
반응 후(mol)	$1.5n$		0		10

$1.5n+10=16$이다. 따라서 $n=4$, $a=2$이고, 실험 Ⅲ에서의 양적 관계는 다음과 같다.

[실험 Ⅲ]

	2A(g)	+	B(g)	⟶	2C(g)
반응 전(mol)	12		5		0
반응(mol)	-10		-5		$+10$
반응 후(mol)	2		0		10

실험 Ⅱ에서 남은 B(g)의 양은 1 mol이므로 질량은 $\frac{1}{5}x$ g이다. A(g) 4 mol의 질량은 w g이고, 실험 Ⅲ에서 남은 A(g)의 양은 2 mol이므로 질량은 $\frac{1}{2}w$ g이다. 따라서 $\frac{1}{5}x=\frac{1}{2}w\times\frac{1}{4}$이므로 $x=\frac{5}{8}w$이다. 따라서

$a\times x=2\times\frac{5}{8}w=\frac{5}{4}w$이다. 답 ④

73 화학 반응식

자료 분석

반응 전후 O 원자의 수는 같으므로 $2a=8+2$, $a=5$이다.

$2C_2H_2+5O_2 \longrightarrow 4CO_2+2H_2O$

선택지 분석

✓❹ 반응 몰비는 반응 계수 비와 같다. C_2H_2 1 mol이 반응하면 CO_2 2 mol이 생성되므로 $x=2$이다. 따라서 $a+x=7$이다. 답 ④

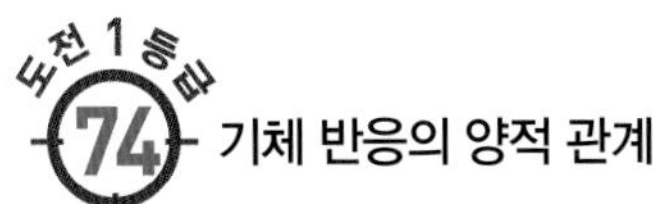

74 기체 반응의 양적 관계

도전 1등급 문항 분석 ▸▸ 정답률 29.2%

다음은 $A(g)$와 $B(g)$가 반응하여 $C(g)$를 생성하는 반응의 화학 반응식이다.

$$aA(g)+B(g) \longrightarrow cC(g)\ (a,\ c\text{는 반응 계수})$$

표는 실린더에 $A(g)$와 $B(g)$의 질량을 달리하여 넣고 반응을 완결시킨 실험 Ⅰ ~ Ⅲ에 대한 자료이다.

→ A의 질량이 Ⅱ에서가 Ⅰ에서의 3배이므로 Ⅰ에서는 A가, Ⅱ에서는 B가 모두 반응한다.

실험	반응 전		반응 후		
	A의 질량(g)	B의 질량(g)	A 또는 B의 질량(g)	C의 밀도(상댓값)	전체 기체의 부피(상댓값)
Ⅰ	1	w	$\frac{4}{5}$	17	6
Ⅱ	3	w	1	17	12
Ⅲ	4	$w+2$		x	17

→ 생성된 C의 양은 Ⅱ에서가 Ⅰ에서의 2배이다.

$\frac{x}{c} \times \frac{\text{C의 분자량}}{\text{B의 분자량}}$은? (단, 온도와 압력은 일정하다.)

해결 전략 실험 자료를 이용하여 실험 Ⅰ과 실험 Ⅱ에서 모두 반응하는 물질이 무엇인지 찾을 수 있어야 한다.

선택지 분석

✓❹ Ⅰ에서 반응 후 남는 반응물은 B 0.8 g, Ⅱ에서 반응 후 남는 반응물은 A 1 g이다. Ⅰ에서 반응한 B의 질량을 b g이라고 하면 양적 관계는 다음과 같다.

[실험 Ⅰ]

	$aA(g)$	+	$B(g)$	⟶	$cC(g)$
반응 전(g)	1		w		0
반응(g)	-1		$-b$		$1+b$
반응 후(g)	0		$w-b$		$1+b$

[실험 Ⅱ]

	$aA(g)$	+	$B(g)$	⟶	$cC(g)$
반응 전(g)	3		w		0
반응(g)	-2		$-w$		$2+w$
반응 후(g)	1		0		$2+w$

$w-b=0.8$이고, $2(1+b)=2+w$이므로 $b=0.8$이고, $w=1.6$이다. 따라서 반응 질량 비는 A : B : C=1 : 0.8 : 1.8이므로 실험 Ⅲ에서의 양적 관계는 다음과 같다.

[실험 Ⅲ]

	$aA(g)$	+	$B(g)$	⟶	$cC(g)$
반응 전(g)	4		3.6		0
반응(g)	-4		-3.2		$+7.2$
반응 후(g)	0		0.4		7.2

A~C의 분자량을 각각 M_A, M_B, M_C라고 하면 반응 후 전체 기체의 부피 비는

$$\text{Ⅰ} : \text{Ⅱ}=\left(\frac{0.8}{M_B}+\frac{1.8}{M_C}\right) : \left(\frac{1}{M_A}+\frac{3.6}{M_C}\right)=1 : 2\text{이고,}$$

$$\text{Ⅰ} : \text{Ⅲ}=\left(\frac{0.8}{M_B}+\frac{1.8}{M_C}\right) : \left(\frac{0.4}{M_B}+\frac{7.2}{M_C}\right)=6 : 17\text{이다.}$$

따라서 $M_A : M_B : M_C=5 : 8 : 9$이다.

반응 질량 비는 A : B : C=1 : 0.8 : 1.8=5 : 4 : 9이고, 분자량 비는 A : B : C=5 : 8 : 9이므로 $a=2$, $c=2$이다.

반응 후 C의 밀도는 Ⅰ : Ⅲ$=\frac{1.8}{6} : \frac{7.2}{17}=17 : x$이므로 $x=24$이다.

따라서 $\frac{x}{c} \times \frac{\text{C의 분자량}}{\text{B의 분자량}}=\frac{24}{2} \times \frac{9}{8}=\frac{27}{2}$이다. 답 ④

75 화학 반응의 양적 관계

자료 분석

C_2H_5OH과 O_2가 반응하여 CO_2와 H_2O을 생성하는 반응의 화학 반응식은 다음과 같다.

$C_2H_5OH+3O_2 \longrightarrow 2CO_2+3H_2O$

선택지 분석

✓❶ 반응 몰비는 화학 반응식의 계수 비와 같고, C_2H_5OH 1 mol을 넣고 반응시켰을 때 CO_2 2 mol과 H_2O 3 mol이 생성되었으므로 반응 전 O_2의 양은 3 mol이다. 따라서 $x=3$이다. 답 ①

도전 1등급 76 기체 반응의 양적 관계

도전 1등급 문항 분석 ▸▸ 정답률 21.7%

다음은 $A(g)$와 $B(g)$가 반응하여 $C(g)$와 $D(g)$를 생성하는 반응의 화학 반응식이다.

$$2A(g)+bB(g) \longrightarrow cC(g)+6D(g)\ (b,\ c\text{는 반응 계수})$$

그림 (가)는 실린더에 $A(g)$, $B(g)$, $D(g)$를 넣은 것을, (나)는 (가)의 실린더에서 반응을 완결시킨 것을 나타낸 것이다. (가)와 (나)에서 $\frac{\text{D의 양(mol)}}{\text{전체 기체의 양(mol)}}$은 각각 $\frac{2}{5}$, $\frac{3}{4}$이고, $\frac{\text{A의 분자량}}{\text{B의 분자량}}$은 $\frac{7}{4}$이다.

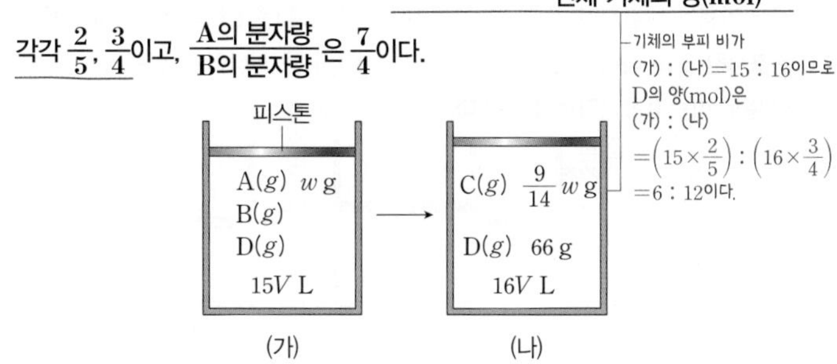

$\frac{b \times c}{w}$는? (단, 실린더 속 기체의 온도와 압력은 일정하다.)

해결 전략 (가)와 (나)를 파악하여 화학 반응식의 반응 계수를 찾을 수 있어야 한다.

선택지 분석

✓❺ $D(g)$의 양(mol)은 (가) : (나)=6 : 12이므로 반응이 진행하면서 $D(g)$의 양은 $6n$ mol이 증가한 것이라고 할 수 있다. 화학 반응식에서 $D(g)$의 계수가 6이므로 반응한 $A(g)$의 양을 $2n$ mol이라고 할 수 있고, 반응 전 기체의 양을 $15n$ mol이라고 가정하면 $B(g)$의 양은 $7n$ mol이 된다.

반응 후 (나)에서 전체 기체의 양을 $16n$ mol이라고 하면 C(g)의 양은 $4n$ mol이라고 할 수 있으므로 반응 계수 $b=7$, $c=4$이다. 반응 계수 비는 A : B=2 : 7이고, 분자량 비는 A : B=7 : 4이므로 반응 질량 비는 A : B=1 : 2이다. 따라서 (가)에서 B의 질량은 $2w$ g이다. D의 양(mol)은 (가)에서가 (나)에서의 $\frac{1}{2}$배이므로 (가)에서 D(g)의 질량은 33 g이다. 질량 보존 법칙에 따라 $3w+33=\frac{9}{14}w+66$이므로 $w=14$이고, $\frac{b\times c}{w}=\frac{7\times 4}{14}=2$이다. 답 ⑤

77 화학 반응식

자료 분석

첫 번째 화학 반응식을 보면 Na_2CO_3과 CO_2가 생성되어 반응 물질에서 H 2개와 O 1개가 남으므로 ㉠은 H_2O이다.

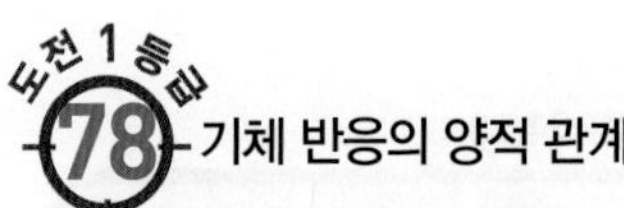
$2NaHCO_3 \longrightarrow Na_2CO_3+H_2O+CO_2$
$MnO_2+4HCl \longrightarrow MnCl_2+2H_2O+Cl_2$

선택지 분석

✓❷ a는 4, b는 2이므로 $\frac{b}{a}=\frac{2}{4}=\frac{1}{2}$이다. 답 ②

도전 1등급 78 기체 반응의 양적 관계

도전 1등급 문항 분석 ▸▸ 정답률 29.0%

다음은 기체 A와 B가 반응하여 기체 C가 생성되는 반응의 화학 반응식이다.

$A(g)+bB(g) \longrightarrow 2C(g)$ (b는 반응 계수)

그림 (가)는 실린더에 A(g) x g과 B(g) y g을 넣은 것을, (나)는 (가)의 실린더에서 반응을 완결시킨 것을, (다)는 (나)의 실린더에 ㉠ 1 L를 추가하여 반응을 완결시킨 것을 나타낸 것이다. ㉠은 A(g), B(g) 중 하나이고, 실린더 속 기체의 밀도 비는 (나) : (다)=1 : 2이다.

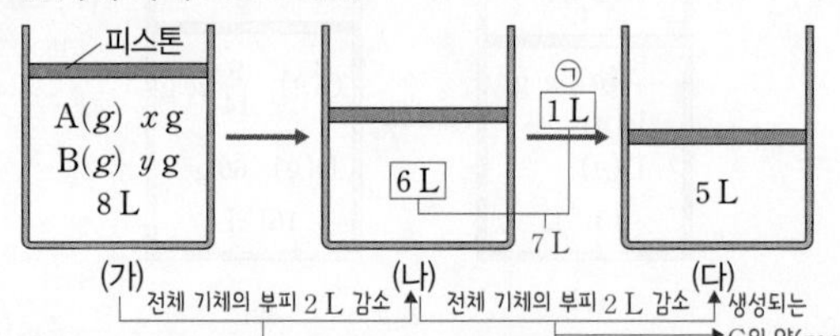

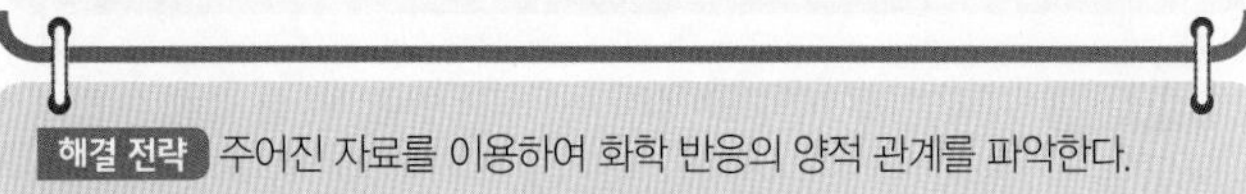

$b\times\frac{y}{x}$는? (단, 온도와 압력은 t ℃, 1 atm으로 일정하고, 피스톤의 질량과 마찰은 무시한다.)

해결 전략 주어진 자료를 이용하여 화학 반응의 양적 관계를 파악한다.

선택지 분석

✓❸ (가) → (나)와 (나) → (다)에서 생성되는 C의 양(mol)은 같고, 반응 계수 비가 A : C=1 : 2이므로 (나)에는 B(g)가 남아 있고, ㉠은 A(g)이다. t ℃, 1 atm에서 기체 1 L의 양을 n mol이라고 하면, 추가한 A(g)의 양이 n mol이므로 (가)~(다)에서 기체에 대한 자료는 다음과 같다.

		(가)	(나)	(다)
기체의 양 (mol)	A	n	0	0
	B	$7n$	$4n$	n
	C	0	$2n$	$4n$

A n mol과 B $3n$ mol이 반응하므로 $b=3$이다. (나)에서 전체 기체의 질량을 $6w$ g이라고 하면, 기체의 밀도 비는 (나) : (다)=1 : 2이므로 $\frac{6w}{6}$: $\frac{\text{(다)의 질량}}{5}$=1 : 2이고, (다)에서 전체 기체의 질량은 $10w$ g이다. (나) → (다)에서 추가한 A의 질량은 $4w$ g이다. (가)에서 전체 기체의 질량은 $6w$ g이고, A의 질량은 $4w$ g이므로 x와 y는 각각 $4w$, $2w$이다. 따라서 $b\times\frac{y}{x}=3\times\frac{2w}{4w}=\frac{3}{2}$이다. 답 ③

도전 1등급 79 기체 반응의 양적 관계

도전 1등급 문항 분석 ▸▸ 정답률 32.0%

다음은 A(g)와 B(g)가 반응하여 C(g)를 생성하는 반응의 화학 반응식이다.

$A(g)+bB(g) \longrightarrow cC(g)$ (b, c는 반응 계수)

표는 실린더에 A(g)와 B(g)의 질량을 달리하여 넣고 반응을 완결시킨 실험 Ⅰ, Ⅱ에 대한 자료이다.

실험	반응 전			반응 후	
	A(g)의 질량(g)	B(g)의 질량(g)	전체 기체의 밀도	C(g)의 질량(g)	전체 기체의 밀도
Ⅰ	8	28	$72d$	22	xd
Ⅱ	24	y	$75d$	33	$100d$

$\frac{x}{y}$는? (단, 실린더 속 기체의 온도와 압력은 일정하다.)

실험 Ⅰ에서 반응 전 B의 질량이 생성된 C의 질량보다 크므로 모두 반응한 물질은 A이다. 생성된 C의 질량이 22 g이므로 반응한 B의 질량은 22−8=14(g)이다. 실험 Ⅰ과 Ⅱ에서 생성된 C의 질량 비가 2 : 3이므로 반응 전과 후 기체에 대한 자료는 다음과 같고, $y=21$이다.

실험	반응 전		반응 후	
	A	B	C	남은 반응물
Ⅰ	8 g	28 g	22 g	B 14 g
Ⅱ	24 g	21 g	33 g	A 12 g

해결 전략 주어진 자료를 이용하여 남은 반응물을 찾고, 화학 반응의 양적 관계를 파악한다.

선택지 분석

✓❸ A 8 g, B 7 g, C 11 g의 양(mol)을 각각 l, m, n이라 하면, 실험 Ⅰ과 Ⅱ에서 반응 전의 밀도 비는 $\frac{36}{l+4m}$: $\frac{45}{3l+3m}=72d : 75d$이므로 $l=m$이다. 실험 Ⅱ에서 반응 전과 후의 밀도 비는 $\frac{45}{3l+3m}$: $\frac{45}{\frac{3}{2}l+3n}=75d : 100d$이므로 $m=n$이다. 따라서 실험 Ⅰ에서 반응 전과 후의 밀도 비는 $72d : xd=\frac{36}{l+4m}$: $\frac{36}{2m+2n}=4 : 5$이고, $x=90$이다. $x=90$, $y=21$이므로 $\frac{x}{y}=\frac{90}{21}=\frac{30}{7}$이다. 답 ③

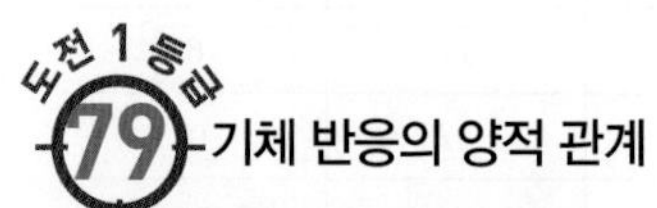

80 화학 반응식

자료 분석

반응 전과 후에 원자의 종류와 수는 같아야 하므로 이를 이용하여 화학 반응식을 완성하면 다음과 같다.

○ $Zn(s)+2HCl(aq) \longrightarrow ZnCl_2(aq)+H_2(g)$

○ $2Al(s)+6HCl(aq) \longrightarrow 2AlCl_3(aq)+3H_2(g)$

선택지 분석

✓ ㄱ. ㉠은 $ZnCl_2$이다.

✓ ㄴ. 두 번째 화학 반응식에서 반응 후 Cl 원자 수는 6이므로 $a=6$이고, 반응 전 H 원자의 수는 6이므로 $b=3$이다. 따라서 $a+b=6+3=9$이다.

ㄷ. $Zn(s)$ 1 mol을 반응시켰을 때 생성되는 H_2의 양(mol)은 1 mol이고, $Al(s)$ 1 mol을 반응시켰을 때 생성되는 H_2의 양(mol)은 1.5 mol이므로 같은 양(mol)의 Zn과 Al을 각각 충분한 양의 $HCl(aq)$에 넣어 반응을 완결시켰을 때 생성되는 H_2의 몰비는 2 : 3이다. 답 ③

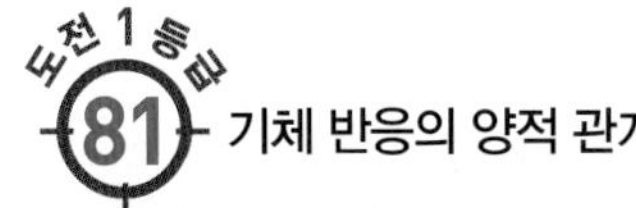

81 기체 반응의 양적 관계

도전 1등급 문항 분석 ▸▸ 정답률 18.2%

다음은 A(g)와 B(g)가 반응하여 C(g)와 D(g)를 생성하는 반응의 화학 반응식이다.

$$A(g)+xB(g) \longrightarrow C(g)+yD(g)\ (x,\ y\text{는 반응 계수})$$

그림 (가)는 실린더에 A(g)와 B(g)가 각각 $9w$ g, w g이 들어 있는 것을, (나)는 (가)의 실린더에서 반응을 완결시킨 것을, (다)는 (나)의 실린더에 B(g) $2w$ g을 추가하여 반응을 완결시킨 것을 나타낸 것이다. (가), (나), (다) 실린더 속 기체의 밀도가 각각 d_1, d_2, d_3일 때, $\frac{d_2}{d_1}=\frac{5}{7}$, $\frac{d_3}{d_2}=\frac{14}{25}$이다. (다)의 실린더 속 C(g)와 D(g)의 질량비는 4 : 5이다.

▸ 반응 전후 질량 보존
• (가) → (다)까지 반응한 A의 질량은 $9w$ g, 반응한 B의 질량은 $3w$ g이다.
• (다)에 들어 있는 C와 D의 질량 합은 $12w$ g이고 C와 D의 질량 비는 4 : 5이므로 C의 질량 $=12w\times\frac{4}{9}=\frac{16}{3}w$(g), D의 질량 $=12w\times\frac{5}{9}=\frac{20}{3}w$(g)이다.

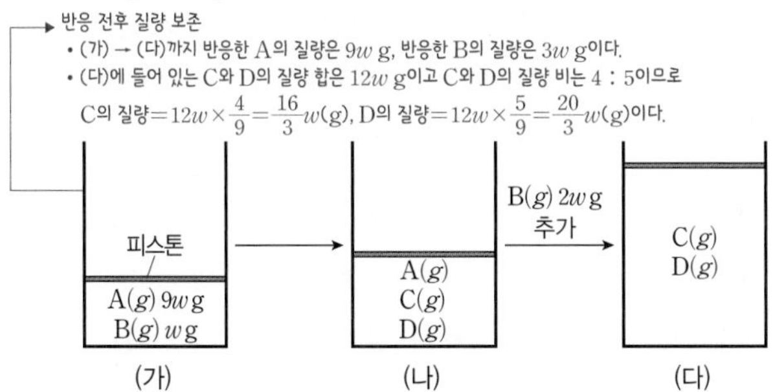

$\frac{\text{D의 분자량}}{\text{A의 분자량}}\times\frac{x}{y}$는? (단, 실린더 속 기체의 온도와 압력은 일정하다.)

해결 전략 화학 반응식에서 반응 계수 비와 반응 몰비 관계를 이용하여 양적 관계를 계산할 수 있어야 한다.

선택지 분석

✓ ❶ (가)~(다)에서 반응한 B의 총 양을 xn mol이라고 할 때 반응한 A의 총 양과 생성된 C의 총 양은 모두 n mol이고 생성된 D의 양은 yn mol이다.

따라서 (가)에 들어 있는 A와 B의 양은 각각 n mol, $\frac{1}{3}xn$ mol,

(나)에 들어 있는 A, C, D의 양은 각각 $\frac{2}{3}n$ mol, $\frac{1}{3}n$ mol, $\frac{1}{3}yn$ mol,

(다)에 들어 있는 C, D의 양은 각각 n mol, yn mol이다.

(가)와 (나)의 실린더 속 기체의 밀도 비가 $\frac{d_2}{d_1}=\frac{5}{7}$이고 밀도는 기체의 부피에 반비례하므로 (가)의 부피를 $5V_1$이라고 가정하면 (나)의 부피는 $7V_1$이다.

(나)와 (다)에서 실린더 속 기체의 밀도 비는 $\frac{d_3}{d_2}=\frac{14}{25}$이므로 (다)의 부피를 V_2라고 할 때 (나) : (다) $=\frac{10w}{7V_1}:\frac{12w}{V_2}=25:14$이므로 (다)의 부피 $V_2=15V_1$이다.

따라서 기체의 부피 비는 (가) : (나) : (다) $=5V_1:7V_1:15V_1=5:7:15$이다.

기체의 부피는 기체의 양(mol)에 비례하므로 이를 이용하여 x, y를 구하면 다음과 같다.

$\left(n+\frac{1}{3}xn\right):\left(\frac{2}{3}n+\frac{1}{3}n+\frac{1}{3}yn\right):\left(n+yn\right)=5:7:15$에서 $x=2$, $y=4$이다.

또한 반응 몰비는 A : D $=1:4$이고 질량 비는 A : D $=9w:\frac{20w}{3}=27:20$이므로 $\frac{27}{\text{A의 분자량}}:\frac{20}{\text{D의 분자량}}=1:4$에서 $\frac{\text{D의 분자량}}{\text{A의 분자량}}=\frac{5}{27}$이다.

따라서 $\frac{\text{D의 분자량}}{\text{A의 분자량}}\times\frac{x}{y}=\frac{5}{27}\times\frac{2}{4}=\frac{5}{54}$이다. 답 ①

82 화학 반응식

자료 분석

아세트알데하이드의 연소 반응을 완성하면 다음과 같다.

$2C_2H_4O+5O_2 \longrightarrow 4CO_2+4H_2O$

선택지 분석

✓ ❶ 이 반응에서 1 mol의 CO_2가 생성되었으면 반응한 O_2의 양은 $\frac{5}{4}$배이므로 $\frac{5}{4}$ mol이다. 답 ①

도전 1등급

83 기체 반응의 양적 관계

도전 1등급 문항 분석 ▸▸ 정답률 34.5%

다음은 A(g)와 B(g)가 반응하여 C(g)를 생성하는 반응의 화학 반응식이다.

$$2A(g)+B(g) \longrightarrow cC(g)\ (c\text{는 반응 계수})$$

표는 실린더에 A(g)와 B(g)의 질량을 달리하여 넣고 반응을 완결시킨 실험 Ⅰ, Ⅱ에 대한 자료이다. $\frac{\text{A의 분자량}}{\text{C의 분자량}}=\frac{4}{5}$이고, 실험 Ⅱ에서 B는 모두 반응하였다.

▸ B는 한계 반응물

실험	반응 전		반응 후	
	A의 질량(g)	B의 질량(g)	$\frac{\text{C의 양(mol)}}{\text{전체 기체의 양(mol)}}$	전체 기체의 부피 (L)
I	$4w$	$6w$		V_1
II	$9w$	$2w$	$\frac{8}{9}$	V_2

→ 모두 반응 (B의 질량 $2w$)
→ 전체 기체의 양(mol)에는 남은 A와 생성된 C만 포함되어 있다. ($\frac{8}{9}$)

$c\times\frac{V_2}{V_1}$는? (단, 온도와 압력은 일정하다.)

해결 전략 실험 자료를 이용하여 반응 계수와 전체 기체의 부피를 구할 수 있어야 한다.

선택지 분석

✓❷ 실험 II에서 반응한 A의 질량을 x g이라고 할 때 양적 관계를 나타내면 다음과 같다.

	$2A(g)$	+	$B(g)$	⟶	$cC(g)$
반응 전(g)	$9w$		$2w$		0
반응(g)	$-x$		$-2w$		$+(x+2w)$
반응 후(g)	$9w-x$		0		$x+2w$

$\frac{\text{A의 분자량}}{\text{C의 분자량}}=\frac{4}{5}$이므로 A의 분자량이 $4M$이라면 C의 분자량은 $5M$이고 B의 분자량은 yM이라고 가정할 수 있다.

$\frac{\text{C의 양(mol)}}{\text{전체 기체의 양(mol)}}=\frac{8}{9}$이므로 $\frac{\frac{x+2w}{5M}}{\frac{9w-x}{4M}+\frac{x+2w}{5M}}=\frac{8}{9}$에서 $x=8w$이다.

A~C의 반응 질량 비는 A : B : C=8 : 2 : 10이고 분자량 비는 A : B : C=4 : y : 5이므로 반응 몰비는 A : B : C$=\frac{8}{4}:\frac{2}{y}:\frac{10}{5}=2:1:c$에서 $y=2$, $c=2$이다.

실험 I에서 기체의 양적 관계를 나타내면 다음과 같다.

	$2A(g)$	+	$B(g)$	⟶	$2C(g)$
반응 전(g)	$4w$		$6w$		0
반응(g)	$-4w$		$-w$		$+5w$
반응 후(g)	0		$5w$		$5w$

온도와 압력이 일정할 때 기체의 부피는 기체의 양(mol)에 비례하므로

$\frac{V_2}{V_1}=\frac{\frac{w}{4M}+\frac{10w}{5M}}{\frac{5w}{2M}+\frac{5w}{5M}}=\frac{9}{14}$이다.

따라서 $c=2$, $\frac{V_2}{V_1}=\frac{9}{14}$이므로 $c\times\frac{V_2}{V_1}=\frac{9}{7}$이다. 답 ②

84 화학 반응식과 화학 반응의 양적 관계

자료 분석

과산화 수소(H_2O_2) 분해 반응의 화학 반응식을 완성하면 $2H_2O_2 \longrightarrow 2H_2O+O_2$이다.

선택지 분석

ㄱ. ㉠은 O_2이다.

✓ㄴ. 반응 몰비는 화학 반응식의 계수비와 같다. H_2O_2와 H_2O의 몰비는 1 : 1이므로 H_2O_2 1 mol이 분해되면 H_2O 1 mol이 생성된다.

ㄷ. 질량 보존 법칙에 따라 반응이 일어날 때 반응 전후 전체 질량은 변하지 않는다. 따라서 H_2O_2 0.5 mol의 질량은 $0.5\times34=17(g)$이므로 H_2O_2 0.5 mol이 분해될 때 생성되는 전체 생성물의 질량은 17 g이다. 답 ②

85 기체 반응의 양적 관계

자료 분석

화학 반응식에서 A와 C의 반응 계수가 같으므로 반응한 A의 양(mol)만큼 C가 생성된다. 따라서 $A(g)$ V L가 들어 있는 실린더에 $B(g)$를 넣어 반응시킬 때 반응이 완결되는 지점까지 전체 기체의 부피는 V L로 일정하다. A가 모두 반응할 때까지 전체 기체의 부피는 일정하지만 전체 기체의 질량은 증가하므로 전체 기체의 밀도는 증가하며 A가 모두 반응한 후 전체 기체의 밀도는 감소하므로 전체 기체의 밀도(상댓값)가 x일 때 A는 모두 반응하였음을 알 수 있다.

선택지 분석

✓❷ 반응 전 $A(g)$ V L의 질량을 y g이라고 할 때, 반응 전과 P에서의 전체 기체의 밀도 비$=\frac{y}{V}:\frac{w+y}{2.5V}=1:0.8$이므로 $y=w$이다.

분자량은 A가 B의 2배이므로 A의 분자량을 $2M$, B의 분자량을 M이라고 할 때 $A(g)$ w g과 $B(g)$ w g의 양은 각각 $\frac{w}{2M}$ mol, $\frac{w}{M}$ mol이다.

$A(g)$ $\frac{w}{2M}$ mol을 n mol이라고 가정하면 $B(g)$ $\frac{w}{M}$ mol은 $2n$ mol이므로, $B(g)$ w g을 넣었을 때까지의 반응의 양적 관계는 다음과 같다.

	$aA(g)$	+	$B(g)$	⟶	$aC(g)$
반응 전(mol)	n		$2n$		0
반응(mol)	$-n$		$-\frac{n}{a}$		$+n$
반응 후(mol)	0		$2n-\frac{n}{a}$		n

기체의 온도와 압력이 일정할 때 기체의 부피는 기체의 양(mol)에 비례하므로 넣어 준 $B(g)$의 질량이 0일 때와 w g일 때(반응 전후)의 몰비는 $n:\left(2n-\frac{n}{a}+n\right)=V:2.5V$에서 $a=2$이다.

또한 전체 기체의 밀도(상댓값)가 x일 때(그림에서 반응물이 남김 없이 모두 반응한 지점) 반응한 $B(g)$의 양은 $\frac{n}{2}$ mol이므로 반응한 A와 B의 질량은 각각 w g, $\frac{w}{4}$ g 이고 생성된 C의 질량은 $\frac{5w}{4}$ g이다.

따라서 반응이 완결될 때까지 기체의 부피는 일정하므로 밀도 비는 전체 기체의 질량 비와 같고 $w:\frac{5w}{4}=1:x$이므로 $x=\frac{5}{4}$이다. 따라서 $a=2$, $x=\frac{5}{4}$이므로 $a\times x=\frac{5}{2}$이다. 답 ②

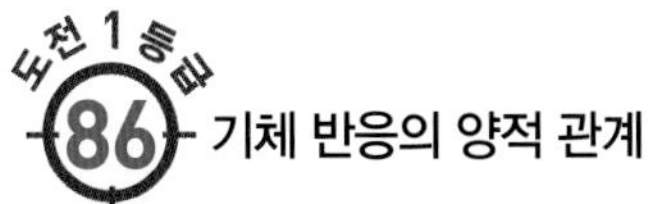

86 기체 반응의 양적 관계

도전 1등급 문항 분석 ▸▸ 정답률 26.3%

다음은 A(g)와 B(g)가 반응하여 C(g)를 생성하는 반응의 화학 반응식이다.

aA(g)+B(g) ⟶ aC(g) (a는 반응 계수)

표는 실린더에 A(g)와 B(g)를 넣고 반응을 완결시킨 실험 Ⅰ~Ⅲ에 대한 자료이다.

실험	반응 전			반응 후
	A(g)의 질량(g)	B(g)의 질량(g)	전체 기체의 밀도(상댓값)	전체 기체의 부피(상댓값)
Ⅰ	4	3	4	4
Ⅱ	4	4		5
Ⅲ	12	2	5	x

→ Ⅰ과 Ⅲ에서 반응 전 전체 기체의 질량이 각각 7 g, 14 g이고, 밀도의 상댓값이 각각 4, 5이므로 전체 기체의 몰비는 Ⅰ : Ⅲ$=\frac{7}{4}:\frac{14}{5}=5:8$이다.

$\frac{x}{a}$는? (단, 기체의 온도와 압력은 일정하다.)

해결 전략 실험 Ⅰ과 Ⅲ에서 반응 전 전체 기체의 질량과 전체 기체의 밀도(상댓값)를 알고 있으므로 전체 기체의 부피 비를 구할 수 있고, 전체 기체의 부피는 전체 기체의 양(mol)과 비례함을 알아야 한다.

선택지 분석

✓❸ Ⅰ과 Ⅲ에서 전체 기체의 양을 각각 $5n$ mol, $8n$ mol이라고 하면, A 2 g과 B 1 g의 양은 각각 n mol이다.

Ⅰ과 Ⅱ에서 기체의 양(mol)이 모두 B>A이고, B의 반응 계수가 1이므로 Ⅰ과 Ⅱ에서 A가 모두 반응한다.

Ⅰ에서 반응 후 B와 C의 양은 각각 $\left(3n-\frac{2n}{a}\right)$ mol, $2n$ mol이고,

Ⅱ에서 반응 후 B와 C의 양은 각각 $\left(4n-\frac{2n}{a}\right)$ mol, $2n$ mol이다.

반응 후 전체 기체의 부피 비가 Ⅰ : Ⅱ$=\left(5n-\frac{2n}{a}\right):\left(6n-\frac{2n}{a}\right)=4:5$

이므로 $a=2$이고, 반응 후 전체 기체의 양은 각각 $4n$ mol, $5n$ mol이다.

Ⅲ에서는 B가 모두 반응하므로 반응 후 전체 기체의 양은 $6n$ mol이고, $x=6$이다.

따라서 $\frac{x}{a}=\frac{6}{2}=3$이다. 답 ③

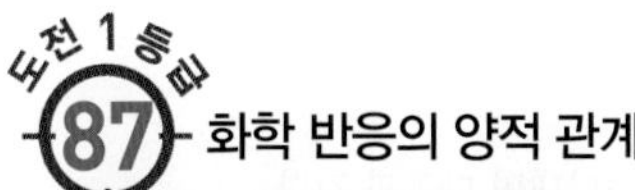

87 화학 반응의 양적 관계

도전 1등급 문항 분석 ▸▸ 정답률 37.7%

다음은 A(g)와 B(s)가 반응하여 C(s)를 생성하는 화학 반응식이다.

A(g)+2B(s) ⟶ cC(s) (c는 반응 계수)

그림은 V L의 A(g)가 들어 있는 실린더에 B(s)를 넣어 반응을 완결시켰을 때, 넣어 준 B(s)의 양(mol)에 따른 반응 후 남은 A(g)의 부피(L)와 생성된 C(s)의 양(mol)의 곱을 나타낸 것이다.

→ n mol이라고 가정하고 문제를 푼다.

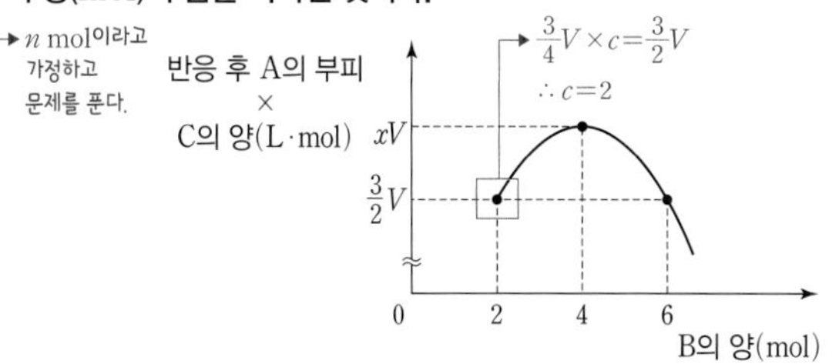

$c\times x$는? (단, 온도와 압력은 일정하다.)

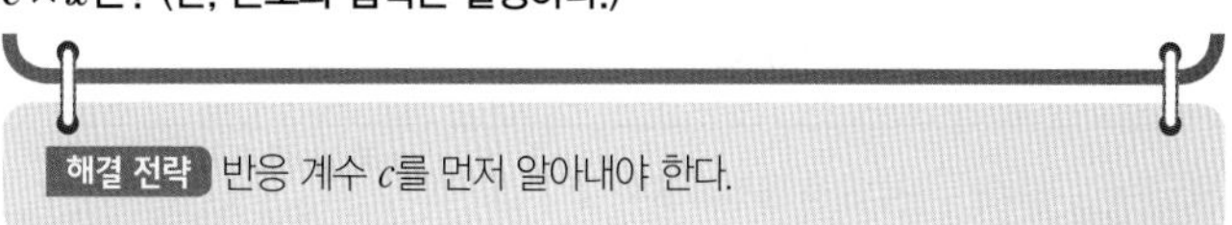

해결 전략 반응 계수 c를 먼저 알아내야 한다.

선택지 분석

✓❹ V L의 A의 양(mol)을 n mol이라고 하면, B가 2 mol일 때 반응 전과 후 양적 관계는 다음과 같다.

	A(g)	+	2B(s)	⟶	cC(s)
반응 전(mol)	n		2		0
반응(mol)	-1		-2		$+c$
반응 후(mol)	$n-1$		0		c

B가 6 mol일 때 반응 후 A는 $(n-3)$ mol, C는 $3c$ mol이므로 $(n-1)\times c=(n-3)\times 3c$이고, $n=4$이다. A 4 mol이 V L이므로

A 3 mol은 $\frac{3}{4}V$ L이고, $\frac{3}{4}V\times c=\frac{3}{2}V$이다. 따라서 $c=2$이다.

B가 4 mol일 때 반응 전과 후 양적 관계는 다음과 같다.

	A(g)	+	2B(s)	⟶	2C(s)
반응 전(mol)	4		4		0
반응(mol)	-2		-4		$+4$
반응 후(mol)	2		0		4

A 2 mol은 $\frac{1}{2}V$ L이고 $xV=\frac{1}{2}V\times 4=2V$이므로 $x=2$이다.

따라서 $c\times x=2\times 2=4$이다. 답 ④

88 화학 반응식의 계수 맞추기

자료 분석

화학 반응 전후 원자의 종류와 수는 같아야 하므로 이를 이용하여 화학 반응식의 계수 a~c를 구한다.

N의 수를 같게 하면 $a=c+1$이고, O의 수를 같게 하면 $2a+b=3c+1$이며, H의 수를 같게 하면 $2b=c$이다. 이 세 식을 풀면 $a=3$, $b=1$, $c=2$이며, 화학 반응식을 완성하면 다음과 같다.

$3NO_2+H_2O \longrightarrow 2HNO_3+NO$

선택지 분석

✓❷ $a=3$, $b=1$, $c=2$이므로 $a+b+c=6$이다. 답 ②

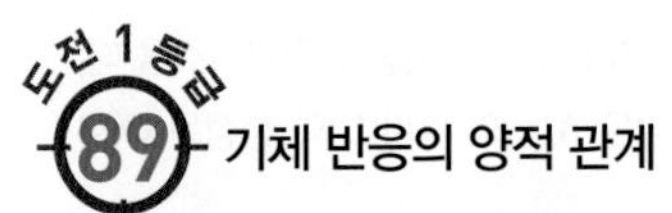

89 기체 반응의 양적 관계

도전 1등급 문항 분석 ▸▸ 정답률 22.2%

다음은 A(*s*)와 B(*g*)가 반응하여 C(*g*)를 생성하는 반응의 화학 반응식이다.

$$\mathrm{A}(s)+b\mathrm{B}(g) \longrightarrow \mathrm{C}(g)\ (b\text{: 반응 계수})$$

표는 실린더에 A(*s*)와 B(*g*)의 몰수를 달리하여 넣고 반응을 완결시킨 실험 Ⅰ, Ⅱ에 대한 자료이다. $\frac{\text{B의 분자량}}{\text{C의 분자량}}=\frac{1}{16}$이다.

→ 일정한 온도와 압력에서 기체의 몰수 비는 기체의 밀도 비에 반비례한다.

실험	넣어 준 물질의 몰수(몰)		실린더 속 기체의 밀도 (상댓값)	
	A(*s*)	B(*g*)	반응 전	반응 후
Ⅰ	2	7	1	7
Ⅱ	3	8	1	*x*

→ $\mathrm{A}(s)+2\mathrm{B}(g) \longrightarrow \mathrm{C}(g)$ 반응에서 반응 후 실린더 속 기체의 몰수는 B(*g*)가 2몰, C(*g*)가 3몰이다.

$b\times x$는? (단, 기체의 온도와 압력은 일정하다.)

해결 전략 반응 계수 b의 값을 가정하여 실험 값에 대입하여 제시된 자료에 부합하는지 확인한 후 반응 계수 b를 구한다.

선택지 분석

✓❷ B와 C의 분자량 비가 1 : 16이므로 B의 분자량을 M이라고 하면 C의 분자량은 $16M$이며, 반응 전후 질량은 보존되므로 A의 분자량$+(b\times$B의 분자량$)=$C의 분자량이다.

실험 Ⅰ에서 $b=1$인 경우 반응 몰수 비는 A : B : C$=1:1:1$이므로 반응 후 실린더 속 기체의 몰수는 B(*g*)가 5몰, C(*g*)가 2몰이다. 반응 전 B(*g*)의 질량(g)은 $7M$, 반응 후 B의 질량(g)은 $5M$, C의 질량(g)은 $2\times16M=32M$이므로 반응 전후 밀도 비는 $\frac{7M}{7}:\frac{(5M+32M)}{7}=7:37$이므로 제시된 자료에 맞지 않는다.

$b=2$인 경우 반응 몰수 비는 A : B : C$=1:2:1$이므로 반응 후 실린더 속 기체의 몰수는 B(*g*)가 3몰, C(*g*)가 2몰이다. 반응 전 B(*g*)의 질량(g)은 $7M$, 반응 후 B의 질량(g)은 $3M$, C의 질량(g)은 $2\times16M=32M$이므로 반응 전후 밀도 비는 $\frac{7M}{7}:\frac{(3M+32M)}{5}=1:7$로 제시된 자료에 부합한다. 따라서 $b=2$이다.

실험 Ⅱ에서 반응 후 실린더 속 기체의 몰수는 B(*g*)가 2몰, C(*g*)가 3몰이다. 반응 전 B(*g*)의 질량(g)은 $8M$, 반응 후 B의 질량(g)은 $2M$, C의 질량(g)은 $3\times16M=48M$이므로 반응 전후 밀도 비는 $\frac{8M}{8}:\frac{(2M+48M)}{5}=1:10$이므로 $x=10$이다.

따라서 $b\times x=20$이다. 답 ②

90 화학 반응식의 계수 맞추기

자료 분석

화학 반응식에서 각 물질의 관계를 파악하여 계수를 구해야 한다.

선택지 분석

✓❷ 반응 전후 질량은 보존되므로 반응 전후 원자의 종류와 수는 같다.

제시된 화학 반응식의 계수를 맞추어 완성하면 $\mathrm{Fe_2O_3}(s)+3\mathrm{CO}(g) \longrightarrow 2\mathrm{Fe}(s)+3\mathrm{CO_2}(g)$이므로 $a=3$, $b=2$, $c=3$이다. 따라서 $a+b+c=8$이다. 답 ②

91 기체 반응의 양적 관계

빈출 문항 자료 분석

다음은 A와 B가 반응하여 C를 생성하는 화학 반응식이다.

$$\mathrm{A}+b\mathrm{B} \longrightarrow c\mathrm{C}\ (b,\ c\text{는 반응 계수})$$

그림은 m몰의 B가 들어 있는 용기에 A를 넣어 반응을 완결시켰을 때, 넣어 준 A의 몰수에 따른 반응 후 $\frac{\text{전체 물질의 몰수}}{\text{C의 몰수}}$를 나타낸 것이다.

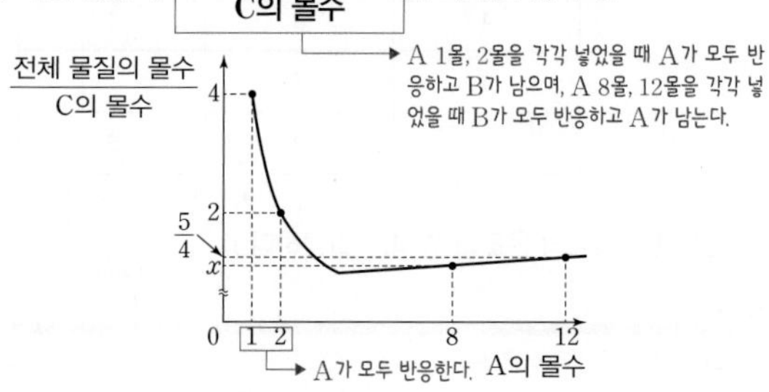

A 1몰, 2몰을 각각 넣었을 때 A가 모두 반응하고 B가 남으며, A 8몰, 12몰을 각각 넣었을 때 B가 모두 반응하고 A가 남는다.
전체 물질의 몰수
C의 몰수
4
2
5/4
x
0
1
2
8
12
A가 모두 반응한다.
A의 몰수

$m\times x$는?

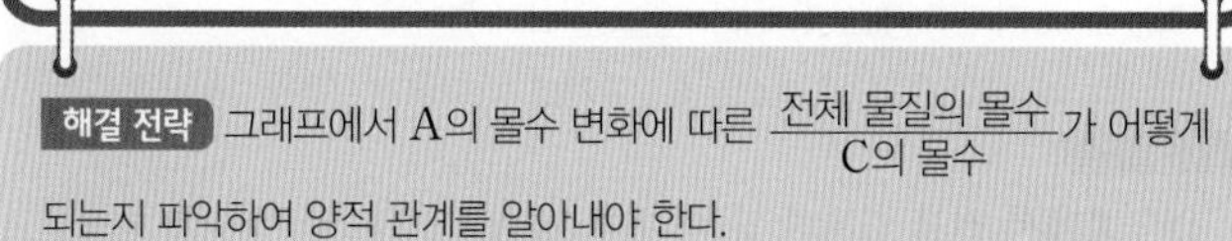

해결 전략 그래프에서 A의 몰수 변화에 따른 $\frac{\text{전체 물질의 몰수}}{\text{C의 몰수}}$가 어떻게 되는지 파악하여 양적 관계를 알아내야 한다.

선택지 분석

✓❶ 제시된 자료에서 $\frac{\text{전체 물질의 몰수}}{\text{C의 몰수}}$가 감소하다가 증가하였으므로 A 1몰, 2몰을 각각 넣었을 때에는 A가 모두 반응하고, A 8몰, 12몰을 각각 넣었을 때에는 B가 모두 반응한다.

A 1몰, 2몰을 넣었을 때의 양적 관계를 나타내면 다음과 같다.

[A 1몰일 때]	A	+	bB	⟶	cC
반응 전(몰)	1		m		0
반응(몰)	-1		$-b$		$+c$
반응 후(몰)	0		$m-b$		c

[A 2몰일 때]	A	+	bB	⟶	cC
반응 전(몰)	2		m		0
반응(몰)	-2		$-2b$		$+2c$
반응 후(몰)	0		$m-2b$		$2c$

A 1몰일 때 $\frac{m-b+c}{c}=4$이고, A 2몰일 때 $\frac{m-2b+2c}{2c}=2$이므로 $b=\frac{m}{4}$, $c=\frac{m}{4}$이다.

A 8몰, 12몰을 넣었을 때의 양적 관계를 나타내면 다음과 같다.

[A 8몰일 때]	A	+	bB	⟶	cC
반응 전(몰)	8		m		0
반응(몰)	$-\frac{m}{b}$		$-m$		$+\frac{cm}{b}$
반응 후(몰)	$8-\frac{m}{b}$		0		$\frac{cm}{b}$

[A 12몰일 때]

	A	+	bB	⟶	cC
반응 전(몰)	12		m		0
반응(몰)	$-\frac{m}{b}$		$-m$		$+\frac{cm}{b}$
반응 후(몰)	$12-\frac{m}{b}$		0		$\frac{cm}{b}$

A 12몰일 때 $\dfrac{12-\frac{m}{b}+\frac{cm}{b}}{\frac{cm}{b}}=\frac{5}{4}$이므로 여기에 $b=\frac{m}{4}$, $c=\frac{m}{4}$을 대입하여 풀면 $m=32$, $b=8$, $c=8$이다. A 8몰일 때 $\dfrac{8-\frac{m}{b}+\frac{cm}{b}}{\frac{cm}{b}}=x$이므로 $x=\frac{9}{8}$이다.

따라서 $m=32$, $x=\frac{9}{8}$이므로 $m\times x=32\times\frac{9}{8}=36$이다. 답 ①

92 화학 반응식

빈출 문항 자료 분석

다음은 암모니아의 생성 반응을 화학 반응식으로 나타내는 과정이다.

○ 반응: 수소와 질소가 반응하여 암모니아가 생성된다.

[과정]

(가) 반응물과 생성물을 화학식으로 나타내고, 화살표를 기준으로 반응물을 왼쪽에, 생성물을 오른쪽에 쓴다.

N_2+H_2 ⟶ ㉠ → ㉠은 생성물이므로 암모니아이다.

(나) 화살표 양쪽의 원자의 종류와 개수가 같아지도록 계수를 맞춰 화학 반응식을 완성한다.

N_2+aH_2 ⟶ b ㉠ → $N_2+3H_2 \longrightarrow 2NH_3$

이에 대한 설명으로 옳은 것만을 〈보기〉에서 있는 대로 고른 것은?

보기

ㄱ. ㉠은 NH_3이다. (O)

ㄴ. $a=2$이다. (X) $a=3$

ㄷ. 반응한 분자 수는 생성된 분자 수보다 작다. (X) 크다

해결 전략 반응물과 생성물을 알고 있으므로 암모니아 생성 반응의 화학 반응식을 완성할 수 있다.

선택지 분석

✓ ㄱ. 생성물은 암모니아이므로 ㉠은 NH_3이다.

ㄴ. 반응 전후 원자의 종류와 수가 같으므로 완성된 화학 반응식은 $N_2+3H_2 \longrightarrow 2NH_3$이다. 따라서 $a=3$이다.

ㄷ. 화학 반응식에서 계수 비는 반응 몰수 비와 같다. 따라서 반응한 분자 수가 4몰일 때 생성된 분자 수는 2몰이므로 반응한 분자 수는 생성된 분자 수보다 크다. 답 ①

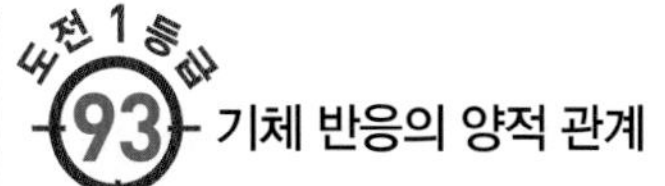

기체 반응의 양적 관계

도전 1등급 문항 분석 ▸▸ 정답률 30.0%

다음은 A(g)와 B(g)의 양을 달리하여 반응을 완결시킨 실험 Ⅰ~Ⅲ에 대한 자료이다.

○ 화학 반응식: A(g)+bB(g) ⟶ cC(g) (b, c는 반응 계수)

실험	반응 전 물질의 양		전체 기체의 부피	
	A(g)	B(g)	반응 전	반응 후
Ⅰ	$2n$몰	n몰	$3V$	$\frac{5}{2}V$
Ⅱ	n몰	$3n$몰	$4V$	$3V$
Ⅲ	x g	x g		$\frac{45}{8}V$

→ 실험 Ⅰ에서 반응 전 물질의 양이 A가 B보다 많으므로 B가 모두 반응한다고 가정하고, 실험 Ⅱ에서는 반응 전 물질의 양이 B가 A보다 많으므로 A가 모두 반응한다고 가정한다.

○ 실험 Ⅲ에서 반응 후 A(g)는 $\frac{3}{4}x$ g이 남았다.

이에 대한 설명으로 옳은 것만을 〈보기〉에서 있는 대로 고른 것은? (단, 반응 전과 후의 온도와 압력은 모두 같다.)

보기

ㄱ. $b=4$이다. (X) 2

ㄴ. 분자량은 C가 A의 2.5배이다. (O) → 분자량 비는 A : B : C=2 : 4 : 5이다.

ㄷ. 반응 후 생성된 C의 몰수 비는 Ⅱ : Ⅲ=8 : 9이다. (O)

해결 전략 실험에서 1가지 반응물은 모두 반응한다는 사실을 알고 어떤 물질이 남을지 가정하여 양적 관계를 알아낸다.

선택지 분석

ㄱ. 실험 Ⅰ에서 반응 후 A(g)가 남고, 실험 Ⅱ에서는 반응 후 B(g)가 남는다고 가정하여 각각 양적 관계를 나타내면 다음과 같다.

[실험 Ⅰ]

	A(g)	+	bB(g)	⟶	cC(g)
반응 전(몰)	$2n$		n		0
반응(몰)	$-\frac{n}{b}$		$-n$		$+\frac{c}{b}n$
반응 후(몰)	$2n-\frac{n}{b}$		0		$\frac{c}{b}n$

[실험 Ⅱ]

	A(g)	+	bB(g)	⟶	cC(g)
반응 전(몰)	n		$3n$		0
반응(몰)	$-n$		$-bn$		$+cn$
반응 후(몰)	0		$3n-bn$		cn

일정한 온도와 압력에서 기체의 부피 비는 몰수 비와 같으므로

$3n:\left(2n-\frac{n}{b}+\frac{c}{b}n\right)=3V:\frac{5}{2}V$, $4n:(3n-bn+cn)=4V:3V$이며, $b=c=2$이다.

$b=3$일 때는 실험 Ⅱ에서 양적 관계가 맞지 않고, $b\geq4$일 때는 실험 Ⅰ과 Ⅱ에서 모두 A(g)가 남으며, 양적 관계를 나타내면 제시된 조건을 만족하지 않는다.

✓ ㄴ. 실험 Ⅲ에서 반응 후 $A(g)$ $\frac{3}{4}x$ g이 남았으므로 반응 질량 비는 A : B : C$=\frac{1}{4}x : x : \frac{5}{4}x=1:4:5$이다. 또한 반응 몰수 비는 A : B : C$=1:2:2$이므로 분자량 비는 A : B : C$=2:4:5$이다. 따라서 분자량은 C가 A의 2.5배이다.

✓ ㄷ. 실험 Ⅱ에서 반응 후 남은 B의 몰수는 n몰, 생성된 C의 몰수는 $2n$몰이다. 실험 Ⅲ에서 A x g의 몰수를 a몰이라 할 때 반응 후 남은 A의 몰수는 $\frac{3}{4}a$몰이고 생성된 C의 몰수는 $\frac{1}{2}a$몰이다. 실험 Ⅱ와 Ⅲ에서 반응 후 전체 기체의 몰수 비는 $3n : \left(\frac{3}{4}a+\frac{1}{2}a\right)=3V : \frac{45}{8}V$이므로 $a=\frac{9}{2}n$이고, 실험 Ⅲ에서 생성된 C의 몰수는 $\frac{9}{4}n$몰이다. 따라서 반응 후 생성된 C의 몰수 비는 Ⅱ : Ⅲ$=2n : \frac{9}{4}n=8:9$이다. 답 ⑤

94 화학 반응식

자료 분석

화학 반응식을 완성하면 다음과 같다.

- $CaO+H_2O \longrightarrow Ca(OH)_2$
- $H_2+Cl_2 \longrightarrow 2HCl$
- $Fe_2O_3+3CO \longrightarrow 2Fe+3CO_2$

선택지 분석

✓ ㄱ. 생성물의 화학식이 $Ca(OH)_2$이므로 반응물에서 H_2O를 제외하면 ㉠은 Ca과 O로 이루어져 있다. 따라서 ㉠은 CaO이다.

✓ ㄴ. ㉡은 HCl이므로 2원자 분자이다.

✓ ㄷ. $a \sim d$는 각각 1, 3, 2, 3이므로 $c+d>a+b$이다. 답 ⑤

95 화학 반응의 양적 관계

자료 분석

C_xH_y의 연소 반응은 $C_xH_y+\left(x+\frac{y}{4}\right)O_2 \longrightarrow xCO_2+\frac{y}{2}H_2O$이다. (나)의 자료에 $\frac{1}{3}$을 곱하면, 반응 전 C_xH_y, O_2의 몰수는 각각 n, 4이고, 반응 후 전체 생성물의 몰수는 m이며, 부피는 $\frac{5}{3}V$ L이다. (가)의 자료에서 C_xH_y n몰과 O_2 5몰이 반응하였을 때 전체 생성물은 m몰이고 남은 반응물은 n몰이므로 남은 반응물은 O_2 1몰임을 알 수 있다. 따라서 $n=1$이다. m몰일 때 부피가 $\frac{5}{3}V$이면 $2V$일 때 $\frac{6m}{5}$몰이 된다. $m+1=\frac{6}{5}m$이므로 $m=5$이다. 따라서 C_xH_y 1몰과 O_2 4몰이 반응하였을 때 생성되는 CO_2와 H_2O의 몰수의 합이 5이므로 $x+\frac{y}{4}=4$, $x+\frac{y}{2}=5$이고, $x=3$, $y=4$이다.

선택지 분석

✓ ❷ (가), (나)에서 연소시킨 C_3H_4의 몰수가 각각 1, 3이므로 (가)에서 생성된 CO_2의 몰수와 (나)에서 생성된 H_2O의 몰수는 각각 3, 6이다. 따라서 $\frac{\text{(가)에서 생성된 } CO_2\text{의 몰수}}{\text{(나)에서 생성된 } H_2O\text{의 몰수}}=\frac{1}{2}$이다. 답 ②

96 화학 반응의 양적 관계

빈출 문항 자료 분석

다음은 기체 A와 B가 반응하여 기체 C를 생성하는 반응의 화학 반응식이다.

$aA(g)+bB(g) \longrightarrow aC(g)$ (a, b는 반응 계수)

표는 실린더 (가), (나)에 A, B를 넣고 각각 반응을 완결시켰을 때, 반응 전과 후 기체에 대한 자료이다.

실린더	반응 전	반응 후
(가)	몰수 비 A : B$=1:1$	몰수 비 B : C$=1:2$
(나)	질량 비 A : B$=1:1$	질량 비 B : C$=3:11$

→ 반응 후 몰수 비가 B : C$=1:2$이므로 $\left(1-\frac{b}{a}\right)n : n=1:2$
$a=2b$이므로 a가 2라면 $b=1$이다.

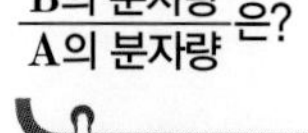

$\frac{\text{B의 분자량}}{\text{A의 분자량}}$은?

해결 전략 주어진 자료를 이용하여 화학 반응의 양적 관계를 파악한다.

선택지 분석

✓ ❹ (가)에서 반응 전 A, B의 몰수를 각각 n, n이라고 하면 반응에서 양적 관계는 다음과 같다.

	aA	+	bB	⟶	aC
반응 전(몰)	n		n		0
반응(몰)	$-n$		$-\frac{b}{a}n$		$+n$
반응 후(몰)	0		$\left(1-\frac{b}{a}\right)n$		n

몰수 비는 B : C$=1:2$이므로 $a=2$, $b=1$이다.

(나)에서 반응 후 B, C의 질량을 각각 $3w$, $11w$라고 하면 반응에서 양적 관계는 다음과 같다.

	2A	+	B	⟶	2C
반응 전 질량	$7w$		$7w$		0
반응 질량	$-7w$		$-4w$		$+11w$
반응 후 질량	0		$3w$		$11w$

반응 몰수 비는 A : B$=2:1$이고, 반응 질량 비는 A : B$=7:4$이므로 $\frac{\text{B의 분자량}}{\text{A의 분자량}}=\frac{4}{3.5}=\frac{8}{7}$이다. 답 ④

97 기체 반응의 양적 관계

자료 분석

생성물인 ㉡이 3원자 분자임을 이용하여 ㉡의 분자식을 구한다.

선택지 분석

✓ ❸ ㉡은 X를 포함하는 3원자 분자이므로 XY_2 또는 X_2Y이다. ㉡이 XY_2일 때 화학 반응식은 $2XY+Y_2 \longrightarrow 2XY_2$이지만, ㉡이 X_2Y일 때 $aXY+bY_2 \longrightarrow cX_2Y$($a \sim c$는 반응 계수)에서 계수를 만족하는 화학 반응식이 성립되지 않는다. 따라서 ㉡은 XY_2이다. 또한 반응 몰수 비는 $XY : Y_2=2:1$이므로 반응 후 남아 있는 기체는 Y_2이며 ㉠은 Y_2이다. 답 ③

본문 33~37쪽

04 용액의 농도

98 ①	99 ①	100 ①	101 ③	102 ①	103 ③
104 ③	105 ②	106 ④	107 ①	108 ③	109 ⑤
110 ③	111 ④	112 ②	113 ④	114 ④	115 ①

98 용액의 몰 농도

빈출 문항 자료 분석

표는 t ℃에서 X(aq) (가)~(다)에 대한 자료이다.

수용액	(가)	(나)	(다)
부피(L)	V_1	V_2	V_2
몰 농도(M)	0.4	0.3	0.2
용질의 질량(g)	w	$3w$	
→ 용질의 양(mol)	$0.4\times V_1$	$0.3\times V_2$	$0.4V_1 : 0.3V_2=1:3$ ➡ $V_2=4V_1$

(가)와 (다)를 혼합한 용액의 몰 농도(M)는? (단, 혼합 용액의 부피는 혼합 전 각 용액의 부피의 합과 같다.)

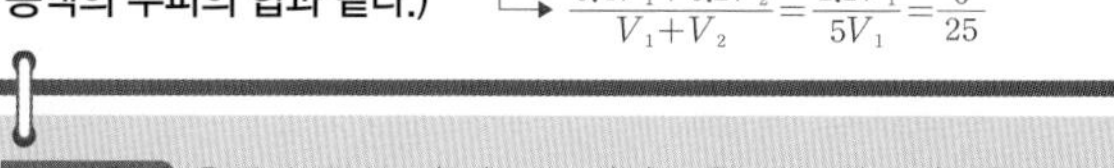

$\frac{0.4V_1+0.2V_2}{V_1+V_2}=\frac{1.2V_1}{5V_1}=\frac{6}{25}$

해결 전략 용액의 몰 농도(M)×부피(L)=용질의 양(mol)임을 알고, 같은 용질일 경우 용질의 몰비와 용질의 질량 비가 같음을 이용하여 V_1과 V_2의 관계를 구할 수 있어야 한다.

선택지 분석

✓❶ 용액의 몰 농도(M)×부피(L)=용질의 양(mol)이고, 용질의 양(mol)×용질의 화학식량=용질의 질량(g)이다.

따라서 용질의 몰비는 (가) : (나)$=0.4V_1 : 0.3V_2$이므로 용질의 질량 비는 (가) : (나)$=0.4V_1 : 0.3V_2=1:3$에서 $V_2=4V_1$이다.

따라서 (가)와 (다)를 혼합한 용액의 몰 농도(M)는 $\frac{0.4\times V_1+0.2\times 4V_1}{5V_1}$ $=\frac{6}{25}$이다. 답 ①

99 용액의 몰 농도

도전 1등급 문항 분석 ▸▸ 정답률 28.4%

그림은 0.4 M A(aq) x mL와 0.2 M B(aq) 300 mL에 각각 물을 넣을 때, 넣어 준 물의 부피에 따른 각 용액의 몰 농도를 나타낸 것이다. A와 B의 화학식량은 각각 $3a$와 a이다.

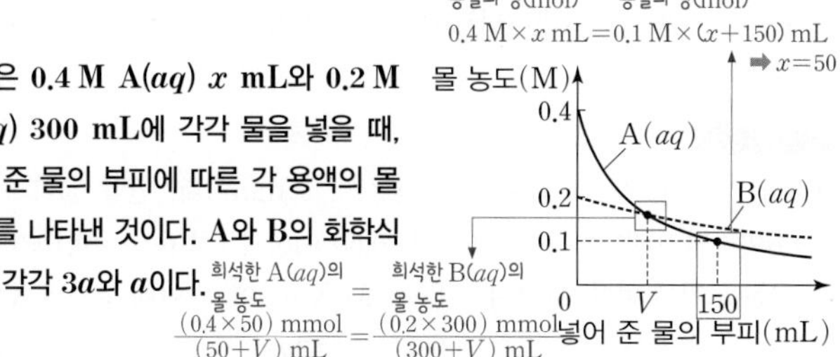

이에 대한 설명으로 옳은 것만을 <보기>에서 있는 대로 고른 것은? (단, 온도는 일정하고, 혼합 용액의 부피는 혼합 전 용액과 넣어 준 물의 부피의 합과 같다.)

보기

ㄱ. $x=50$이다.

ㄴ. $V=80$이다. 75

ㄷ. 용질의 질량은 B(aq)에서가 A(aq)에서보다 크다. 같다

해결 전략 어떤 용액에 물을 가하여 용액을 희석했을 때 용액의 부피와 몰 농도는 달라지지만, 그 속에 녹아 있는 용질의 양(mol)은 변하지 않음을 이용해야 한다. 또한 몰 농도(M)와 부피(L)의 곱으로 용질의 양(mol)을 구하고, 용질의 양(mol)에 용질의 화학식량을 곱하여 용질의 질량을 구할 수 있다.

선택지 분석

✓ㄱ. 0.4 M A(aq) x mL에 물 150 mL를 추가했을 때 수용액의 몰 농도가 0.1 M이므로 $0.4\times x=0.1\times(x+150)$에서 $x=50$이다.

ㄴ. 0.4 M A(aq) 50 mL에 물 V mL를 추가했을 때와 0.2 M B(aq) 300 mL에 물 V mL를 추가했을 때 수용액의 몰 농도가 같으므로 $\frac{0.4\times 50}{50+V}=\frac{0.2\times 300}{300+V}$에서 $V=75$이다.

ㄷ. 0.4 M A(aq) 50 mL에 들어 있는 용질 A의 양은 0.4 M×0.05 L=0.02 mol이고, 0.2 M B(aq) 300 mL에 들어 있는 용질 B의 양은 0.2 M×0.3 L=0.06 mol이다. A와 B의 화학식량은 각각 $3a$와 a이므로 A(aq)에서 A의 질량은 0.02 mol×$3a$ g/mol=$0.06a$ g, B(aq)에서 B의 질량은 0.06 mol×a g/mol=$0.06a$ g이다. 따라서 용질의 질량은 A(aq)과 B(aq)에서 같다. 답 ①

100 용액의 몰 농도

자료 분석

용질의 양(mol)은 $\frac{\text{용질의 질량(g)}}{\text{용질의 화학식량(g/mol)}}$이고, 용액의 부피(L)는 $\frac{\text{용액의 질량(g)}}{\text{용액의 밀도(g/mL)}}\times\frac{1}{1000}$이며, 용액의 몰 농도(M)는 $\frac{\text{용질의 양(mol)}}{\text{용액의 부피(L)}}$이다. 따라서 A($aq$)과 B($aq$)에서 용질의 양(mol)과 용액의 부피(L), 몰 농도(M)는 다음과 같다.

수용액	용질의 양(mol)	용액의 부피(L)	몰 농도(M)
A(aq)	$\frac{w_1}{3a}$	$\frac{2w_2}{1000d_A}$	$\frac{1000d_Aw_1}{6aw_2}$
B(aq)	$\frac{2w_1}{a}$	$\frac{w_2}{1000d_B}$	$\frac{2000d_Bw_1}{aw_2}$

선택지 분석

✓❶ $\frac{x}{y}=\frac{\frac{1000d_Aw_1}{6aw_2}}{\frac{2000d_Bw_1}{aw_2}}=\frac{d_A}{12d_B}$이다. 답 ①

101 용액의 몰 농도

자료 분석

용질의 양(mol)$=\frac{\text{용질의 질량(g)}}{\text{용질의 화학식량(g/mol)}}$이고,

용액의 몰 농도(M)$=\frac{\text{용질의 양(mol)}}{\text{용액의 부피(L)}}$이며,

용질의 양(mol)=용액의 몰 농도(M)×용액의 부피(L)이다.

선택지 분석

✓❸ 용질의 질량 비가 (가) : (나)=1 : 3이므로 용질의 몰비도 (가) : (나)=1 : 3이다.

용액의 몰 농도 비는 (가) : (나)$=\frac{1}{0.25}:\frac{3}{0.5}=2:3$이다. 따라서 $1:a=2:3$에서 $a=\frac{3}{2}$이다. 답 ③

102 용액의 몰 농도

자료 분석

(다)에서 만든 0.1 M A(*aq*) 200 mL에 들어 있는 A의 양은 0.1 M×0.2 L =0.02 mol이다. 이것은 y M A(*aq*) 50 mL와 0.3 M A(*aq*) 50 mL를 혼합하고 물을 넣은 용액이므로 y M×0.05 L+0.3 M×0.05 L=0.02 mol에서 $y=0.1$이다.

(나)에서 만든 A(*aq*)의 몰 농도가 0.1 M이므로 x M×0.02 L=0.1 M×0.1 L에서 $x=0.5$이다.

선택지 분석

✓❶ (가)에서 만든 A(*aq*)의 몰 농도가 0.5 M이므로 0.5 M×0.1 L$=\frac{w\text{ g}}{40\text{ g/mol}}$에서 $w=2$이다. 답 ①

103 용액의 몰 농도

도전 1등급 문항 분석 ▸▸ 정답률 35.0%

다음은 A(l)를 이용한 실험이다.

[실험 과정]

(가) 25 ℃에서 밀도가 d_1 g/mL인 A(l)를 준비한다. → A(l)의 질량$=d_1$ g/mL×10 mL$=10d_1$ g

(나) (가)의 A(l) 10 mL를 취하여 부피 플라스크에 넣고 물과 혼합하여 수용액 Ⅰ 100 mL를 만든다.

(다) (가)의 A(l) 10 mL를 취하여 비커에 넣고 물과 혼합하여 수용액 Ⅱ 100 g을 만든 후 밀도를 측정한다. → 수용액 Ⅱ의 부피$=\frac{100\text{ g}}{d_2\text{ g/mL}}=\frac{100}{d_2}$ mL

[실험 결과]

○ Ⅰ의 몰 농도: x M

○ Ⅱ의 밀도 및 몰 농도: d_2 g/mL, y M

$\frac{y}{x}$는? (단, A의 분자량은 a이고, 온도는 25 ℃로 일정하다.)

해결 전략 밀도(g/mL)$=\frac{\text{질량(g)}}{\text{부피(mL)}}$이므로 A($l$)의 질량은 '밀도×부피'로 구하고, 수용액 Ⅱ의 부피는 '$\frac{\text{질량}}{\text{밀도}}$'으로 구한다. 또한 용액에 물만 추가할 경우 용질의 양(mol)은 변하지 않음을 이용하여 용액의 몰 농도를 구한다.

선택지 분석

✓❸ A의 분자량은 a, A(l)의 밀도는 d_1 g/mL이므로 A(l) 10 mL의 양은 $\frac{10d_1}{a}$ mol이고, (나)에서 만든 수용액 Ⅰ의 몰 농도는 $\frac{\frac{10d_1}{a}\text{ mol}}{100\times10^{-3}\text{ L}}=\frac{100d_1}{a}$ M이다. 따라서 $x=\frac{100d_1}{a}$이다.

(다)에서 만든 수용액 Ⅱ의 밀도는 d_2 g/mL이므로 수용액 Ⅱ 100 g의 부피는 $\frac{100}{d_2}$ mL이고, 몰 농도는 $\frac{\frac{10d_1}{a}\text{ mol}}{\frac{100}{d_2}\times10^{-3}\text{ L}}=\frac{100d_1d_2}{a}$ M이다. 따라서 $y=\frac{100d_1d_2}{a}$이다.

그러므로 $\frac{y}{x}=\frac{\frac{100d_1d_2}{a}}{\frac{100d_1}{a}}=d_2$이다. 답 ③

104 용액의 몰 농도

자료 분석

(가)의 부피는 200 mL이므로 (가)에 들어 있는 X의 양은 b M×0.2 L $=0.2b$ mol이고, (나)의 부피는 300 mL이므로 (나)에 들어 있는 X의 양은 $\frac{2}{3}b$ M×0.3 L$=0.2b$ mol이다.

(가)와 (나)에서 X의 양(mol)의 변화가 없으므로 ㉡은 H_2O(l)이다. 수용액에 포함된 X의 질량 비는 (나) : (다)=2 : 3이므로 (다)에 들어 있는 X의 양은 $0.3b$ mol이다.

선택지 분석

✓❸ (나) → (다)에서 추가된 X의 양은 $0.1b$ mol이다. 만약 ㉢이 $5a$ M X(*aq*)이라면 이때 추가된 X의 양은 $0.5a$ mol이므로 $0.5a=0.1b$가 되는데, 이는 보기에 없다. 따라서 ㉢은 $3a$ M X(*aq*)이고, 이때 추가된 X의 양은 $0.3a$ mol이므로 $0.3a=0.1b$가 되어 $b=3a$이다. 답 ③

105 용액의 몰 농도

빈출 문항 자료 분석

다음은 $A(aq)$을 만드는 실험이다.

> [자료]
> ○ t ℃에서 a M $A(aq)$의 밀도: d g/mL
>
> [실험 과정]
> (가) $A(s)$ 1 mol이 녹아 있는 100 g의 a M $A(aq)$을 준비한다.
> (나) (가)의 $A(aq)$ x mL와 물을 혼합하여 0.1 M $A(aq)$ 500 mL를 만든다.
> (A의 양: 0.1 M×0.5 L=0.05 mol → a M $A(aq)$ x mL의 질량은 5 g이다.)
> (다) (나)에서 만든 $A(aq)$ 250 mL와 (가)의 $A(aq)$ y mL를 혼합하고 물을 넣어 0.2 M $A(aq)$ 500 mL를 만든다.

A의 양: 0.1 M×0.25 L = 0.025 mol / A의 양: 0.2 M×0.5 L = 0.1 mol / A의 양: (0.1−0.025) mol =0.075 mol

$x+y$는? (단, 용액의 온도는 t ℃로 일정하다.)

해결 전략 (나)에서는 용액과 물을 혼합하면 용액 속에 들어 있는 용질의 양(mol)은 변하지 않는다는 것을 알아야 하고, (다)에서는 두 용액을 혼합한 용액에 들어 있는 용질의 양(mol)은 두 용액에 각각 들어 있던 용질의 양(mol)의 합과 같다는 것을 알아야 한다.

선택지 분석

✓❷ (가)에서 a M $A(aq)$ 100 g에 들어 있는 A의 양은 1 mol이고, (나)에서 0.1 M $A(aq)$ 500 mL에 들어 있는 A의 양은 0.1 M×0.5 L=0.05 mol이다. (나)에서 a M $A(aq)$ x mL에 물만 혼합했으므로 a M $A(aq)$ x mL에 들어 있는 A의 양은 0.05 mol이다.

(가)에서 a M $A(aq)$ x mL의 질량을 w g이라고 두면 100 g : 1 mol= w g : 0.05 mol에서 $w=5$이고, t ℃에서 a M $A(aq)$의 밀도가 d g/mL이므로 (가)의 $A(aq)$ x mL$=\frac{5}{d}$ mL이다.

(나)에서 만든 0.1 M $A(aq)$ 250 mL에 들어 있는 A의 양은 0.025 mol이고, 0.2 M $A(aq)$ 500 mL에 들어 있는 A의 양은 0.2 M×0.5 L=0.1 mol이므로 (가)의 $A(aq)$ y mL에 들어 있는 A의 양은 0.075 mol이다. (가)의 $A(aq)$ y mL의 질량을 w' g이라고 두면 100 g : 1 mol= w' g : 0.075 mol에서 $w'=7.5$이고, t ℃에서 a M $A(aq)$의 밀도가 d g/mL이므로 (가)의 $A(aq)$ y mL$=\frac{7.5}{d}$ mL이다.

따라서 $x+y=\frac{5}{d}+\frac{7.5}{d}=\frac{12.5}{d}=\frac{25}{2d}$이다. 답 ②

106 용액의 몰 농도

자료 분석

(가)에서 A 36 g은 $\frac{36\ \text{g}}{180\ \text{g/mol}}=0.2$ mol이므로 $a=1$이다.

(나)에서 0.2 M $A(aq)$ 50 mL에 들어 있는 A의 양은 0.2 M×0.05 L =0.01 mol이고, 이 양은 (가)의 $A(aq)$ x mL에 들어 있는 양이므로 1 M ×0.001x L=0.01 mol에서 $x=10$이다.

(다)에서 A 18 g은 0.1 mol이고, a M(=1 M) $A(aq)$ 200 mL에 들어 있는 A의 양은 0.2 mol이므로 (가)의 $A(aq)$ y mL에 들어 있는 A의 양은 0.1 mol이다. 따라서 1 M×0.001y L=0.1 mol에서 $y=100$이다.

선택지 분석

✓❹ x는 10이고, y는 100이므로 $\frac{y}{x}=10$이다. 답 ④

107 용액의 몰 농도

자료 분석

(가)에서 x M $A(aq)$ 100 mL에 들어 있는 A의 양은 $\frac{4\ \text{g}}{40\ \text{g/mol}}=$ 0.1 mol이므로 $x=1$이다.

x M $A(aq)$ 25 mL에 들어 있는 A의 양은 0.025 mol이므로 (나)에서 만든 용액의 농도는 $\frac{0.025\ \text{mol}}{0.2\ \text{L}}=0.125$ M이고, 따라서 $y=0.125$이다.

(다)에서 혼합 용액에 들어 있는 A의 양은 1 M×0.05 L+0.125 M $\times\frac{V}{1000}$ L=0.3 M×0.2 L이므로 $V=80$이다.

선택지 분석

✓❶ $\frac{y}{x}\times V=\frac{0.125}{1}\times 80=10$이다. 답 ①

108 용액의 몰 농도

빈출 문항 자료 분석

그림은 $A(s)$ x g을 모두 물에 녹여 10 mL로 만든 0.3 M $A(aq)$에 a M $A(aq)$을 넣었을 때, 넣어 준 a M $A(aq)$의 부피에 따른 혼합된 $A(aq)$의 몰 농도(M)를 나타낸 것이다. A의 화학식량은 180이다.

(10 mL로 만든 0.3 M $A(aq)$ → A의 양 0.003 mol)

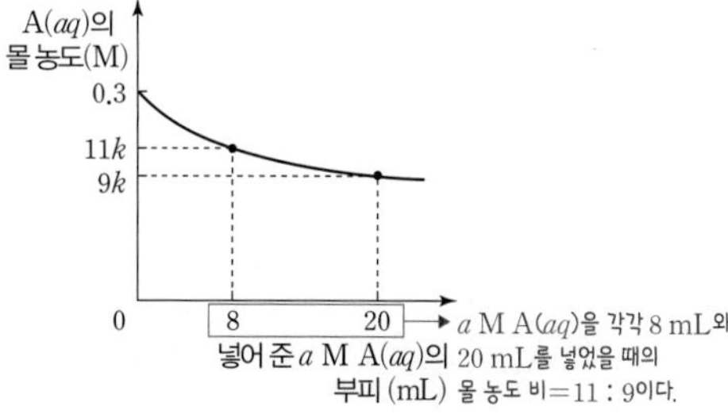

$\frac{x}{a}$는? (단, 온도는 일정하며, 혼합 용액의 부피는 혼합 전 각 용액의 부피의 합과 같다.)

해결 전략 몰 농도와 화학식량을 이용하여 x를 구할 수 있어야 한다.

선택지 분석

✓❸ A(s) x g을 녹여 10 mL의 0.3 M A(aq)을 만들었으므로 $\frac{x}{180}=0.003$에서 $x=0.54$이다. a M A(aq)을 각각 8 mL, 20 mL 넣었을 때 몰 농도비는 $\frac{0.003+0.008a}{0.018}$: $\frac{0.003+0.02a}{0.03}=11:9$이므로 $a=0.12$이다. 따라서 $\frac{x}{a}=\frac{9}{2}$이다. 답 ③

109 용액의 몰 농도

자료 분석

(가)에서 A(s) x g을 물에 모두 녹여 A(aq) 500 mL를 만들었으므로 (나)에서 (가)에서 만든 A(aq) 100 mL에 들어 있는 A의 질량은 $\frac{x}{5}$ g이고, A(s) $\frac{x}{2}$ g을 더 녹였으므로 (나)에서 만든 A(aq) 500 mL에 들어 있는 A의 질량은 $\frac{7}{10}x$ g이다. (다)에서 (가)에서 만든 A(aq) 50 mL에 들어 있는 A의 질량은 $\frac{x}{10}$ g이고, (나)에서 만든 A(aq) 200 mL에 들어 있는 A의 질량은 $\frac{7}{10}x\times\frac{2}{5}=\frac{7}{25}x$(g)이므로 (다)에서 만든 0.2 M A($aq$) 500 mL에 들어 있는 A의 질량은 $\frac{x}{10}+\frac{7}{25}x=\frac{19}{50}x$(g)이다.

선택지 분석

✓❺ (다)에서 A(aq)의 몰 농도는 0.2 M이고, 부피는 500 mL이므로 들어 있는 A의 양은 0.2 M×0.5 L=0.1 mol이다. A의 화학식량이 a이므로 $0.1a=\frac{19}{50}x$에서 $x=\frac{5}{19}a$이다. 답 ⑤

110 용액의 몰 농도

빈출 문항 자료 분석

다음은 A(aq)에 관한 실험이다.

[실험 과정]

(가) 1 M A(aq)을 준비한다.

(나) (가)의 A(aq) x mL를 취하여 100 mL 부피 플라스크에 모두 넣는다. (0.001x mol의 A가 들어 있다.)

(다) (나)의 부피 플라스크에 표시된 눈금선까지 물을 넣고 섞어 수용액 Ⅰ을 만든다. (몰 농도$=\frac{0.001x}{0.1}=0.01x$(M))

(라) (가)의 A(aq) y mL를 취하여 250 mL 부피 플라스크에 모두 넣는다. (0.001y mol의 A가 들어 있다.)

(마) (라)의 부피 플라스크에 표시된 눈금선까지 물을 넣고 섞어 수용액 Ⅱ를 만든다. (몰 농도$=\frac{0.001y}{0.25}$(M))

[실험 결과 및 자료]

○ $x+y=70$이다.

○ Ⅰ과 Ⅱ의 몰 농도는 모두 a M이다. (a M$=0.01x$ M$=\frac{0.001y}{0.25}$ M)

이에 대한 설명으로 옳은 것만을 〈보기〉에서 있는 대로 고른 것은? (단, 온도는 25 ℃로 일정하다.)

보기

ㄱ. $x=20$이다. (O)

ㄴ. $a=0.1$이다. (X, $a=0.2$)

ㄷ. Ⅰ과 Ⅱ를 모두 혼합한 수용액에 포함된 A의 양은 0.07 mol이다. (O)

해결 전략 수용액 Ⅰ과 Ⅱ의 몰 농도가 같으므로 이를 이용하여 x와 y를 구할 수 있다.

선택지 분석

✓ㄱ. Ⅰ과 Ⅱ의 몰 농도가 같다고 하였으므로 $0.01x=\frac{0.001y}{0.25}$에서 $y=2.5x$이고 $x+y=70$이므로 이를 이용하여 x를 구하면 $x=20$이다.

ㄴ. $a=0.01x=0.2$이다.

✓ㄷ. $x=20$, $y=50$이므로 Ⅰ에서 A의 양은 0.02 mol, Ⅱ에서 A의 양은 0.05 mol이 되어 Ⅰ과 Ⅱ를 혼합한 수용액에 들어 있는 A의 양은 0.07 mol이다. 답 ③

111 용액의 몰 농도

자료 분석

NaOH 수용액의 부피는 $\frac{V}{1000}$ L이고, NaOH의 화학식량이 40이므로 NaOH의 양은 $\frac{w}{40}$ mol이다.

선택지 분석

✓❹ NaOH(aq)의 몰 농도 $a=\frac{\frac{w}{40}}{\frac{V}{1000}}$에서 $V=\frac{25w}{a}$이다. 답 ④

112 용액의 몰 농도

자료 분석

단위 부피당 포도당 분자 수는 몰 농도에 비례한다. 단위 부피당 포도당 분자 수×부피=포도당의 전체 분자 수이다.

선택지 분석

✓❷ 단위 부피를 1 mL라고 한다면 (가)에 들어 있는 포도당의 분자 수는 1×2=20이고, (나)에 들어 있는 포도당의 분자 수는 6×30=180이다. 전체 용액의 부피가 100 mL이므로 혼합한 용액의 단위 부피당 포도당 분자 수는 $\frac{200}{100}=2$이다. 답 ②

113 용액의 몰 농도

빈출 문항 자료 분석

다음은 수산화 나트륨 수용액($NaOH(aq)$)에 관한 실험이다.

(가) 2 M $NaOH(aq)$ 300 mL에 물을 넣어 1.5 M $NaOH(aq)$ x mL를 만든다. → $2\times300=1.5\times x$, $x=400$

(나) 2 M $NaOH(aq)$ 200 mL에 $NaOH(s)$ y g과 물을 넣어 2.5 M $NaOH(aq)$ 400 mL를 만든다.

(다) (가)에서 만든 수용액과 (나)에서 만든 수용액을 모두 혼합하여 z M $NaOH(aq)$을 만든다. → (가)와 (나)에 들어 있는 NaOH의 양과 용액의 부피를 알 수 있으므로 혼합 용액의 몰 농도를 구할 수 있다.

$\frac{y\times z}{x}$는? (단, NaOH의 화학식량은 40이고, 온도는 일정하며, 혼합 용액의 부피는 혼합 전 각 용액의 부피의 합과 같다.)

해결 전략 용액을 묽힐 때 묽히기 전후 용질의 양(mol)은 같다는 사실을 알아야 한다.

선택지 분석

✓ ❹ (가)에서 2 M $NaOH(aq)$ 300 mL의 몰 농도를 1.5 M로 묽혔으므로 $2\times300=1.5\times x$에서 $x=400$이다.
(나)에서 2 M $NaOH(aq)$ 200 mL에 들어 있는 NaOH의 양(mol)과 $NaOH(s)$ y g의 양(mol)의 합은 2.5 M $NaOH(aq)$ 400 mL에 들어 있는 NaOH의 양(mol)과 같으므로 $2\text{ M}\times0.2\text{ L}+\frac{y}{40}\text{ mol}=2.5\text{ M}\times0.4\text{ L}$에서 $y=24$이다.
(가)에서 만든 수용액과 (나)에서 만든 수용액을 모두 혼합하면 NaOH의 양은 $2\text{ M}\times0.3\text{ L}+2.5\text{ M}\times0.4\text{ L}=1.6\text{ mol}$이고, 용액의 부피는 400 mL+400 mL=800 mL이므로 이 혼합 용액의 몰 농도(M) $z=\frac{1.6}{0.8}=2$이다.
따라서 $x=400$, $y=24$, $z=2$이므로 $\frac{y\times z}{x}=\frac{24\times2}{400}=\frac{3}{25}$이다. 답 ④

114 용액의 몰 농도

자료 분석

용액의 몰 농도(M)$=\frac{\text{용질의 양(mol)}}{\text{용액의 부피(L)}}$,
용질의 양(mol)=용액의 몰 농도(M)×용액의 부피(L)이고,
용질의 질량(g)=용질의 양(mol)×1 mol의 질량(g/mol)이다.

선택지 분석

✓ ❹ (나)에서 만든 $A(aq)$ 250 mL에는 A x g이 들어 있고, (다)에서 (나)의 수용액 50 mL를 취하였으므로 이 용액 속에 들어 있는 A의 질량은 $\frac{x}{5}$ g이다. (라)에서 만든 A 수용액의 몰 농도와 부피는 0.3 M, 500 mL이므로 이 용액에 들어 있는 A의 양은 $0.3\times0.5=0.15$(mol)이다. 따라서 (라)에서 만든 $A(aq)$에 들어 있는 A의 질량은 $0.15\text{ mol}\times60\text{ g/mol}=\frac{x}{5}$ g이므로 $x=45$이다. 답 ④

115 몰 농도 용액 만들기

빈출 문항 자료 분석

다음은 0.1 M 포도당($C_6H_{12}O_6$) 수용액을 만드는 실험 과정이다.

[실험 과정] → 250 mL 부피 플라스크는 용액 250 mL를 만드는 데 사용되는 실험 기구이다.
(가) 전자 저울을 이용하여 $C_6H_{12}O_6$ x g을 준비한다.
(나) 준비한 $C_6H_{12}O_6$ x g을 비커에 넣고 소량의 물을 부어 모두 녹인다.
(다) 250 mL [㉠]에 (나)의 용액을 모두 넣는다.
(라) 물로 (나)의 비커에 묻어 있는 용액을 몇 번 씻어 (다)의 [㉠]에 모두 넣고 섞는다.
(마) (라)의 [㉠]에 표시된 눈금선까지 물을 넣고 섞는다.

이에 대한 설명으로 옳은 것만을 〈보기〉에서 있는 대로 고른 것은? (단, $C_6H_{12}O_6$의 분자량은 180이다.)

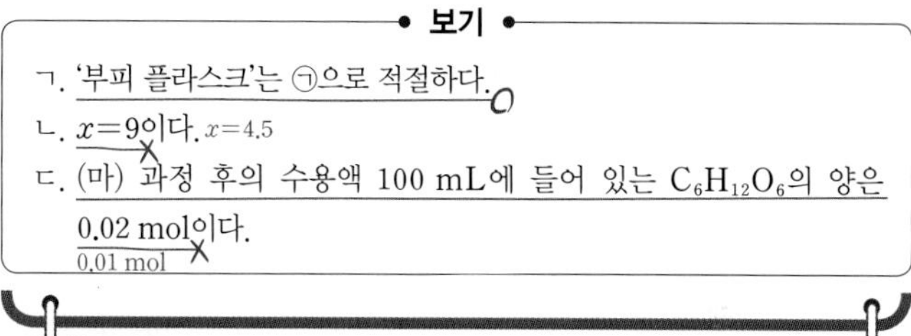

보기
ㄱ. '부피 플라스크'는 ㉠으로 적절하다.
ㄴ. $x=9$이다. $x=4.5$
ㄷ. (마) 과정 후의 수용액 100 mL에 들어 있는 $C_6H_{12}O_6$의 양은 0.02 mol이다.
0.01 mol

해결 전략 정확한 몰 농도의 용액을 만드는 실험 과정을 이해하고 있어야 한다.

선택지 분석

✓ ㄱ. 정확한 몰 농도의 용액을 만드는 데 사용되는 실험 기구는 부피 플라스크이다. 따라서 ㉠은 부피 플라스크이다.

ㄴ. 0.1 M 포도당 수용액 250 mL에 들어 있는 포도당의 양은 $0.1\text{ M}\times0.25\text{ L}=0.025\text{ mol}$이므로 포도당의 질량은 $0.025\text{ mol}\times180\text{ g/mol}=4.5\text{ g}$이다.

ㄷ. (마) 과정에서 만든 0.1 M 포도당 수용액 250 mL에 들어 있는 포도당의 양은 0.025 mol이므로 포도당 수용액 100 mL에 들어 있는 포도당의 양은 0.01 mol이다. 답 ①

Ⅱ 원자의 세계

본문 42~48쪽

01 원자의 구조

01 ⑤	02 ③	03 ③	04 ①	05 ②	06 ⑤
07 ②	08 ④	09 ②	10 ⑤	11 ⑤	12 ③
13 ②	14 ⑤	15 ③	16 ⑤	17 ②	18 ⑤
19 ③	20 ④	21 ⑤	22 ④	23 ⑤	24 ④

동위 원소

도전 1등급 문항 분석 ▸▸ 정답률 31.3%

표는 원자 A~D에 대한 자료이다. A~D는 원소 X와 Y의 동위 원소이고, A~D의 중성자수 합은 76이다. 원자 번호는 X > Y이다.

원자	중성자수−원자 번호	질량수
A	x 0 x	$m-1$ $2x$
B	$y+1$ 1 y	$m-2$ $2y+1$
C	$x+2$ 2 x	$m+1$ $2x+2$
D	$y+3$ 3 y	m $2y+3$

(→ 양성자 수+중성자 수, → 양성자 수, → $x+y=35$, → $x-y=1$)

이에 대한 설명으로 옳은 것만을 〈보기〉에서 있는 대로 고른 것은? (단, X와 Y는 임의의 원소 기호이고, A, B, C, D의 원자량은 각각 $m-1$, $m-2$, $m+1$, m이다.)

보기

ㄱ. B와 D는 Y의 동위 원소이다. ○

ㄴ. $\dfrac{1\text{ g의 C에 들어 있는 중성자수}}{1\text{ g의 A에 들어 있는 중성자수}}=\dfrac{20}{19}$이다. ○

ㄷ. $\dfrac{1\text{ mol의 D에 들어 있는 양성자수}}{1\text{ mol의 A에 들어 있는 양성자수}}<1$이다. ○

해결 전략 원자 번호=양성자 수이고 양성자 수+중성자 수=질량수이며, 동위 원소는 원자 번호(양성자 수)는 같고 중성자 수가 달라 질량수가 다른 원소임을 알고 식을 세워 해결해 나간다.

선택지 분석

원자 A의 원자 번호를 x라고 하고, 만약 B가 A의 동위 원소라면 B의 중성자 수는 $x+1$이 되어 질량수가 A>B의 조건에 맞지 않으므로 B는 A의 동위 원소가 아니다. 따라서 B의 원자 번호를 y라고 할 수 있다. 만약 C가 B의 동위 원소라면 C의 질량수는 $2y+2$, B의 질량수는 $2y+1$이므로 조건에 맞지 않게 된다. 따라서 C는 A의 동위 원소, D는 B의 동위 원소이다.

질량수는 A와 B가 각각 $2x$, $2y+1$이고, 질량수 차는 A−B=1이므로 $2x-2y-1=1$이다. 따라서 $x-y=1$이고, $x>y$이다. 원자 번호는 X>Y이므로 원자 번호가 x인 A와 C는 X의 동위 원소이고, 원자 번호가 y인 B와 D는 Y의 동위 원소이다. A~D를 정리하면 다음과 같다.

원자	원소 기호 표시	원자 번호	중성자 수	질량수
A	${}^{2x}_{x}\text{X}$	x	x	$2x(=m-1)$
B	${}^{2y+1}_{y}\text{Y}$	y	$y+1$	$2y+1(=m-2)$
C	${}^{2x+2}_{x}\text{X}$	x	$x+2$	$2x+2(=m+1)$
D	${}^{2y+3}_{y}\text{Y}$	y	$y+3$	$2y+3(=m)$

✓ㄱ. B와 D는 원자 번호가 y인 Y의 동위 원소이다.

✓ㄴ. A~D의 중성자 수의 합은 $2x+2y+6=76$이므로 $x+y=35$이고, $x-y=1$이므로 $x=18$, $y=17$이다. A와 C의 원자량은 각각 36, 38이므로 $\dfrac{1\text{ g의 C에 들어 있는 중성자 수}}{1\text{ g의 A에 들어 있는 중성자 수}}=\dfrac{\frac{1}{38}\times 20}{\frac{1}{36}\times 18}=\dfrac{20}{19}$이다.

✓ㄷ. 양성자 수는 A와 D가 각각 18, 17이므로 $\dfrac{1\text{ mol의 D에 들어 있는 양성자 수}}{1\text{ mol의 A에 들어 있는 양성자 수}}=\dfrac{17}{18}<1$이다.

답 ⑤

02 동위 원소

자료 분석

원소 X에서 ^{79}X와 ^{81}X의 자연계에 존재하는 비율(%)은 각각 a, b이고, $a+b=100$이다. 원소 X의 평균 원자량이 80이므로

$\dfrac{79\times a+81\times(100-a)}{100}=80$에서 $a=50$이고, $b=50$이다.

원소 Y에서 ^{m}Y와 $^{m+2}$Y의 자연계에 존재하는 비율(%)은 각각 c, d이고, $c+d=100$이다.

XY 중 분자량이 $m+81$인 분자는 $^{79}\text{X}^{m+2}\text{Y}$와 $^{81}\text{X}^{m}\text{Y}$이고, Y_2 중 분자량이 $2m+4$인 분자는 $^{m+2}\text{Y}^{m+2}\text{Y}$이다.

따라서 $\dfrac{\text{XY 중 분자량이 } m+81\text{인 XY의 존재 비율(\%)}}{\text{Y}_2\text{ 중 분자량이 } 2m+4\text{인 Y}_2\text{의 존재 비율(\%)}}=$

$\dfrac{\frac{50}{100}\times\frac{d}{100}+\frac{50}{100}\times\frac{c}{100}}{\frac{d}{100}\times\frac{d}{100}}=8$에서 $d=25$이다. 따라서 $c=75$이다.

선택지 분석

✓ㄱ. 자연계에 존재하는 XY의 분자량은 $79+m$($^{79}\text{X}^{m}\text{Y}$), $81+m$($^{79}\text{X}^{m+2}\text{Y}$, $^{81}\text{X}^{m}\text{Y}$), $83+m$($^{81}\text{X}^{m+2}\text{Y}$)이므로 분자량이 서로 다른 XY는 3가지이다.

ㄴ. 원소 Y의 평균 원자량은 $\dfrac{m\times 75+(m+2)\times 25}{100}=m+\dfrac{1}{2}$이다.

✓ㄷ. 원소 X와 Y의 양성자 수를 각각 x, y라고 하면, ^{79}X와 ^{81}X의 중성자 수는 각각 $79-x$, $81-x$이고 ^{m}Y와 $^{m+2}$Y의 중성자 수는 각각 $m-y$, $m+2-y$이다. 따라서 자연계에서 1 mol의 XY 중

$\dfrac{^{81}\text{X}^{m}\text{Y의 전체 중성자 수}}{^{79}\text{X}^{m+2}\text{Y의 전체 중성자 수}}=\dfrac{\frac{50}{100}\times\frac{75}{100}\times(81-x+m-y)}{\frac{50}{100}\times\frac{25}{100}\times(79-x+m+2-y)}$

$=\dfrac{\frac{3}{8}\times(81-x+m-y)}{\frac{1}{8}\times(81-x+m-y)}=3$이다.

답 ③

03 동위 원소

자료 분석

X의 평균 원자량은 $\frac{m\times a+(m+2)\times b}{100}=\frac{am+bm+2b}{100}$이므로 $\frac{(a+b)m+2b}{100}=m+\frac{1}{2}$에서 $b=25$이고, 따라서 $a=75$이다.

선택지 분석

✓ ㄱ. $a=75$, $b=25$이므로 $a>b$이다.

✓ ㄴ. 원자 1개에 들어 있는 양성자 수는 ^{m}X와 ^{m+2}X가 같으므로 1 g의 X에 들어 있는 양성자 수는 1 g의 X에 들어 있는 원자 수에 비례한다. 원자량은 ^{m+2}X가 ^{m}X보다 크므로 $\frac{1\text{ g의 }^{m}X\text{에 들어 있는 양성자 수}}{1\text{ g의 }^{m+2}X\text{에 들어 있는 양성자 수}}=\frac{m+2}{m}>1$이다.

ㄷ. 1 mol에 들어 있는 양성자 수는 ^{m}X와 ^{m+2}X가 같으므로 전자 수도 같다. 따라서 $\frac{1\text{ mol의 }^{m}X\text{에 들어 있는 전자 수}}{1\text{ mol의 }^{m+2}X\text{에 들어 있는 전자 수}}=1$이다. 답 ③

04 동위 원소

자료 분석

동위 원소는 원자 번호는 같지만 질량수가 다른 원소이며, 동위 원소의 평균 원자량은 각 동위 원소의 원자량과 존재 비율을 곱한 값의 합으로 구한다. 자연계에서 존재하는 동위 원소의 존재 비율의 합은 100이 되어야 한다.

선택지 분석

✓ ㄱ. 자연계에서 동위 원소의 존재 비율의 합이 100이 되어야 하므로 $x+(x-40)=100$에서 $x=70$이다.

ㄴ. X의 평균 원자량은 $a\times0.7+(a+b)\times0.3=a+0.3b$이고, Y의 평균 원자량은 $(a+3b)\times0.6+(a+4b)\times0.4=a+3.4b$이다. X와 Y의 평균 원자량의 차는 6.2이며 Y가 X보다 평균 원자량이 크므로 $(a+3.4b)-(a+0.3b)=6.2$에서 $b=2$이다.

ㄷ. 원자 번호는 Y가 X보다 2만큼 크므로 X와 Y의 원자 번호, 즉 양성자수를 각각 m, $m+2$라고 할 수 있다. ^{a}X의 중성자 수는 $a-m$이고 ^{a+3b}Y(^{a+6}Y)의 중성자 수는 $(a+6)-(m+2)=a-m+4$이다. 따라서 ^{a}X와 ^{a+3b}Y의 중성자 수의 차는 4이다. 답 ①

05 동위 원소

자료 분석

동위 원소는 원자의 원자 번호(양성자 수)는 같지만, 원자의 중성자 수가 달라 질량수가 다른 원소이다. 원자의 평균 원자량은 동위 원소의 존재 비율을 고려하여 평균값으로 나타낸 것이다.

선택지 분석

ㄱ. ^{65}X의 양성자 수는 29, 중성자 수는 36이고, ^{79}Y의 양성자 수는 35, 중성자 수는 44이다. 따라서 $\frac{\text{양성자 수}}{\text{중성자 수}}$는 $\frac{29}{36}>\frac{35}{44}$로 $^{65}X>^{79}Y$이다.

ㄴ. X의 평균 원자량은 63.6으로 ^{63}X에 더 가까우므로 ^{63}X의 존재 비율이 더 크다. 따라서 $a>50$이다.

✓ ㄷ. Y의 평균 원자량(y)$=79\times\frac{50}{100}+81\times\frac{50}{100}=80$이다. 답 ②

06 동위 원소

빈출 문항 자료 분석

$\frac{35\times a+37\times(100-a)}{100}=35.5$ ➡ $a=75$, $b=25$

표는 원소 X와 Y에 대한 자료이고, $a+b=c+d=100$이다.

원소	원자 번호	동위 원소	자연계에 존재하는 비율(%)	평균 원자량
X	17	^{35}X	a	35.5
		^{37}X	b	
Y	31	^{69}Y	c	69.8
		^{71}Y	d	

이에 대한 설명으로 옳은 것만을 〈보기〉에서 있는 대로 고른 것은? (단, X와 Y는 임의의 원소 기호이고, ^{35}X, ^{37}X, ^{69}Y, ^{71}Y의 원자량은 각각 35.0, 37.0, 69.0, 71.0이다.)

$\frac{69\times c+71\times(100-c)}{100}=69.8$ ➡ $c=60$, $d=40$

보기

ㄱ. $\frac{d}{c}=\frac{2}{3}$이다. O

ㄴ. $\frac{1\text{ g의 }^{69}Y\text{에 들어 있는 양성자수}}{1\text{ g의 }^{71}Y\text{에 들어 있는 양성자수}}>1$이다. O

ㄷ. X_2 1 mol에 들어 있는 ^{35}X와 ^{37}X의 존재 비율(%)이 각각 a, b일 때, 중성자의 양은 37 mol이다. O

해결 전략 평균 원자량을 이용하여 ^{35}X, ^{37}X, ^{69}Y, ^{71}Y의 존재 비율을 구한 후 선택지를 해결해 나간다. 이때 중성자 수=질량수−양성자 수(원자 번호)임을 알고 있어야 한다.

선택지 분석

원소 X에서 ^{35}X와 ^{37}X의 자연계에 존재하는 비율(%)은 각각 a, $b(=100-a)$이고, 평균 원자량이 35.5이므로 $\frac{35\times a+37\times(100-a)}{100}=35.5$에서 $a=75$이고 $b=25$이다.

원소 Y에서 ^{69}Y와 ^{71}Y의 자연계에 존재하는 비율(%)은 각각 c, $d(=100-c)$이고, 평균 원자량이 69.8이므로 $\frac{69\times c+71\times(100-c)}{100}=69.8$에서 $c=60$이고 $d=40$이다.

✓ ㄱ. $\frac{d}{c}=\frac{40}{60}=\frac{2}{3}$이다.

✓ ㄴ. 1 g의 Y에 들어 있는 양성자 수는 원자량에 반비례한다. ^{69}Y와 ^{71}Y의 양성자 수는 같고, 원자량은 $^{71}Y>^{69}Y$이므로 $\frac{1\text{ g의 }^{69}Y\text{에 들어 있는 양성자 수}}{1\text{ g의 }^{71}Y\text{에 들어 있는 양성자 수}}>1$이다.

✓ ㄷ. 자연계에 존재하는 X_2의 존재 비율은 $^{35}X^{35}X$: $^{35}X^{37}X$: $^{37}X^{37}X$= 9 : 6 : 1이고, ^{35}X와 ^{37}X에 들어 있는 중성자 수는 각각 18, 20이므로 $^{35}X^{35}X$, $^{35}X^{37}X$, $^{37}X^{37}X$에 들어 있는 중성자 수는 각각 36, 38, 40이다. 따라서 X_2 1 mol에 들어 있는 중성자의 양(mol)은 $\frac{9}{16}\times36+\frac{6}{16}\times38+\frac{1}{16}\times40=37$이다. 답 ⑤

07 동위 원소

자료 분석

t ℃, 1기압에서 기체 1 mol의 부피는 22.6 L이므로 실린더에 들어 있는 $BF_3(g)$ 11.3 L의 양은 0.5 mol이고, 밀도는 3 g/L이므로 질량은 $3\times11.3=33.9$(g)이다. $^{10}B^{19}F_3$, $^{11}B^{19}F_3$의 분자량은 각각 67, 68이고, $^{10}B^{19}F_3$의 양을 x mol이라고 하면 $^{11}B^{19}F_3$의 양은 $(0.5-x)$ mol이므로 질량(g)은 $67x+68(0.5-x)=33.9$에서 $x=0.1$이다. 따라서 자연계에서 분자의 존재 비는 $^{10}B^{19}F_3$: $^{11}B^{19}F_3$=1 : 4이다.

선택지 분석

ㄱ. F은 자연계에서 ^{19}F으로만 존재하므로 자연계에서 동위 원소의 존재 비는 ^{10}B : ^{11}B=1 : 4이다. 따라서 자연계에서 $\frac{^{11}B\text{의 존재 비율}}{^{10}B\text{의 존재 비율}}=4$이다.

✓ ㄴ. 동위 원소의 평균 원자량은 (동위 원소의 원자량×동위 원소의 존재 비율)의 합으로 구한다. 자연계 존재 비는 ^{10}B : ^{11}B=1 : 4이므로 평균 원자량$=10\times\frac{1}{5}+11\times\frac{4}{5}=10.8$이다.

ㄷ. $^{10}B^{19}F_3$의 중성자 수는 $5+(3\times10)=35$이고, $^{11}B^{19}F_3$의 중성자 수는 $6+(3\times10)=36$이다. (가)에 들어 있는 전체 BF_3의 양은 0.5 mol이고 존재 비는 $^{10}B^{19}F_3$: $^{11}B^{19}F_3$=1 : 4이므로 $^{10}B^{19}F_3$, $^{11}B^{19}F_3$의 양은 각각 0.1 mol, 0.4 mol이다. 따라서 (가)에 들어 있는 중성자의 양은 $35\times\frac{1}{10}+36\times\frac{4}{10}=17.9$(mol)이다. 답 ②

08 동위 원소

자료 분석

^aX의 양성자 수와 중성자 수를 각각 x와 y, ^bY의 중성자 수를 z라고 할 때, 원자 ^aX, ^bY, ^{b+2}Y를 구성하는 입자에 대한 자료는 다음과 같다.

원자	^aX	^bY	^{b+2}Y
양성자 수	x	$x+2$	$x+2$
전자 수	x	$x+2$	$x+2$
중성자 수	y	z	$z+2$

$\frac{\text{전자 수}}{\text{중성자 수}}$ 비는 ^bY : $^{b+2}Y=\frac{x+2}{z}$: $\frac{x+2}{z+2}=5$: 4이므로 $z=8$이다.

또한 $\frac{^aX^bY\text{ 1 mol에 들어 있는 전체 중성자 수}}{^aX^{b+2}Y\text{ 1 mol에 들어 있는 전체 중성자 수}}=\frac{y+z}{y+z+2}=\frac{7}{8}$이므로 $y=6$이고, $\frac{\text{전자 수}}{\text{중성자 수}}$ 비는 ^aX : $^bY=\frac{x}{y}$: $\frac{x+2}{z}=1$: 1이므로 $x=6$이다.

선택지 분석

✓ ④ ^aX의 양성자 수는 6, ^{b+2}Y의 중성자 수는 10이므로 $\frac{^{b+2}Y\text{의 중성자 수}}{^aX\text{의 양성자 수}}=\frac{10}{6}=\frac{5}{3}$이다. 답 ④

09 동위 원소

도전 1등급 문항 분석 ▸▸ 정답률 38.2%

다음은 용기에 들어 있는 기체 XY에 대한 자료이다.

- XY를 구성하는 원자는 ^aX, ^{a+2}X, ^bY, ^{b+2}Y이다.
- ^aX, ^{a+2}X, ^bY, ^{b+2}Y의 원자량은 각각 a, $a+2$, b, $b+2$이다.
- 양성자수는 ^bY가 ^aX보다 2만큼 크다. → 원자 번호와 같으므로 ^aX와 ^{a+2}X의 양성자 수는 같고, ^bY와 ^{b+2}Y의 양성자 수는 같다.
- 중성자수는 ^{a+2}X와 ^bY가 같다. → (질량수 − 양성자 수)와 같다.
- 질량수 비는 ^aX : ^{b+2}Y=2 : 3이다. → a : $b+2$=2 : 3이다.

이에 대한 옳은 설명만을 〈보기〉에서 있는 대로 고른 것은? (단, X와 Y는 임의의 원소 기호이다.)

보기

ㄱ. $b=a+2$이다. ✗ $b=a+4$
ㄴ. 질량수 비는 ^{a+2}X : ^bY=7 : 8이다. ○
ㄷ. 분자량이 다른 XY는 4가지이다. ✗ 3가지

해결 전략 양성자 수, 중성자 수, 질량수의 개념을 이해하고, 주어진 조건에 맞게 비례식을 세워 a, b를 찾은 후 문제를 해결해 나가야 한다.

선택지 분석

ㄱ. X의 양성자 수를 n이라고 하면 Y의 양성자 수는 $n+2$이고, 중성자 수=질량수−양성자 수이므로 ^{a+2}X의 중성자 수는 $(a+2)-n$, ^bY의 중성자 수는 $b-(n+2)$이다. ^{a+2}X와 ^bY의 중성자 수는 같으므로 $(a+2)-n=b-(n+2)$이고, $b=a+4$이다.

✓ ㄴ. ^aX와 ^{b+2}Y의 질량수 비는 a : $(b+2)$=2 : 3이므로 $a=12$, $b=16$이다. 따라서 ^{a+2}X와 ^bY의 질량수 비는 ^{a+2}X : $^bY=(a+2)$: b=7 : 8이다.

ㄷ. 분자량이 다른 XY는 $^{12}X^{16}Y$가 28, $^{14}X^{16}Y$와 $^{12}X^{18}Y$가 30, $^{14}X^{18}Y$가 32로 3가지이다. 답 ②

10 동위 원소

자료 분석

동위 원소는 원자 번호는 같지만 질량수가 다른 원소이며, 동위 원소의 평균 원자량은 각 동위 원소의 원자량과 존재 비율을 곱한 값의 합으로 구한다.

선택지 분석

✓ ㄱ. 자연계에 원자량이 10인 $^{10}_{5}B$와 11인 $^{11}_{5}B$가 존재하고, F은 한 가지만 존재하므로 분자량이 다른 BF_3는 $^{10}B^{19}F_3$, $^{11}B^{19}F_3$ 2가지이다.

✓ ㄴ. B의 평균 원자량은 $10\times0.2+11\times0.8=10.8$이다.

✓ ㄷ. 원자량은 $^{11}_{5}B>^{10}_{5}B$이므로 1 g에 들어 있는 양성자 수는 $^{10}_{5}B>^{11}_{5}B$이다. 따라서 $\dfrac{^{10}_{5}B\ 1\,g에\ 들어\ 있는\ 양성자\ 수}{^{11}_{5}B\ 1\,g에\ 들어\ 있는\ 양성자\ 수}>1$이다. 답 ⑤

11 동위 원소

빈출 문항 자료 분석

다음은 용기 (가)와 (나)에 각각 들어 있는 O_2와 H_2O에 대한 자료이다.

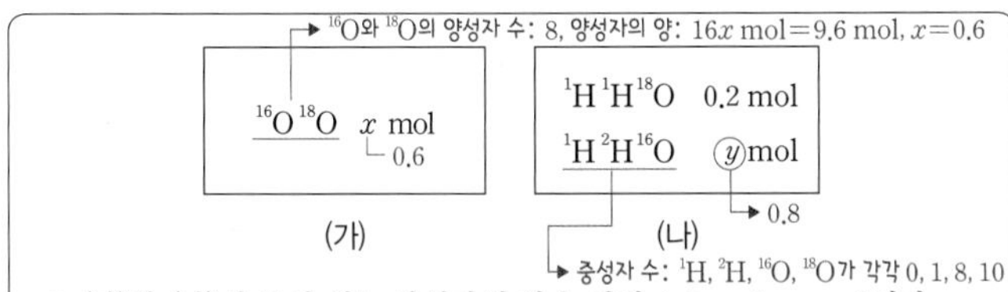

○ (가)와 (나)에 들어 있는 양성자의 양은 각각 9.6 mol, z mol이다.

○ (가)와 (나)에 들어 있는 중성자의 양의 합은 20 mol이다.

→ $(18\times0.6)+(10\times0.2)+(9\times y)=20$, $y=0.8$

이에 대한 설명으로 옳은 것만을 〈보기〉에서 있는 대로 고른 것은? (단, H, O의 원자 번호는 각각 1, 8이고, ^{1}H, ^{2}H, ^{16}O, ^{18}O의 원자량은 각각 1, 2, 16, 18이다.)

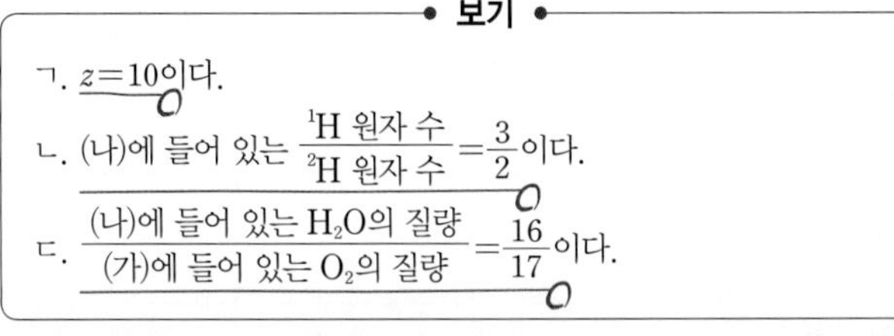

보기

ㄱ. $z=10$이다. ○

ㄴ. (나)에 들어 있는 $\dfrac{^{1}H\ 원자\ 수}{^{2}H\ 원자\ 수}=\dfrac{3}{2}$이다. ○

ㄷ. $\dfrac{(나)에\ 들어\ 있는\ H_2O의\ 질량}{(가)에\ 들어\ 있는\ O_2의\ 질량}=\dfrac{16}{17}$이다. ○

해결 전략 각각의 원자에 들어 있는 양성자 수와 중성자 수를 알고, 이를 이용하여 각 원자 수를 파악할 수 있어야 한다.

선택지 분석

✓ ㄱ. (가)에 들어 있는 중성자의 양은 (^{16}O의 중성자의 양+^{18}O의 중성자의 양)$=(8+10)\times0.6$(mol)이고, (나)에 들어 있는 중성자의 양은 (^{18}O의 중성자의 양+^{2}H의 중성자의 양+^{16}O의 중성자의 양)$=(10\times0.2)+(9\times y)$(mol)이다. 이들의 합이 20이므로 $y=0.8$이다.

따라서 (나)에 들어 있는 양성자의 양은 $z=(10\times0.2)+(10\times0.8)=10$이다.

✓ ㄴ. (나)에 들어 있는 $\dfrac{^{1}H\ 원자\ 수}{^{2}H\ 원자\ 수}=\dfrac{0.4+0.8}{0.8}=\dfrac{3}{2}$이다.

✓ ㄷ. $\dfrac{(나)에\ 들어\ 있는\ H_2O의\ 질량}{(가)에\ 들어\ 있는\ O_2의\ 질량}=\dfrac{(20\times0.2)+(19\times0.8)}{34\times0.6}=\dfrac{16}{17}$이다.

답 ⑤

12 원자의 구조

도전 1등급 문항 분석

▸▸ 정답률 33.3%

다음은 용기 속에 들어 있는 X_2Y에 대한 자료이다.

○ 용기 속 X_2Y를 구성하는 원자 X와 Y에 대한 자료 (→ 동위 원소: ^{a}X, ^{b}X)

원자	^{a}X	^{b}X	^{c}Y
양성자 수	n	n	$n+1$
중성자 수	$n+1$	n	$n+3$
$\dfrac{중성자\ 수}{전자\ 수}$ (상댓값) (전자 수 → 양성자 수)		$4\dfrac{n}{n}$	$5\dfrac{n+3}{n+1}$

○ 용기 속에는 $^{a}X^{a}X^{c}Y$, $^{a}X^{b}X^{c}Y$, $^{b}X^{b}X^{c}Y$만 들어 있다.

○ $\dfrac{용기\ 속에\ 들어\ 있는\ ^{a}X\ 원자\ 수}{용기\ 속에\ 들어\ 있는\ ^{b}X\ 원자\ 수}=\dfrac{2}{3}$이다.

용기 속 $\dfrac{전체\ 중성자\ 수}{전체\ 양성자\ 수}$는? (단, X와 Y는 임의의 원소 기호이다.)

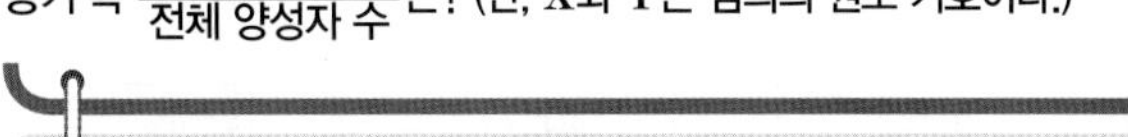

해결 전략 원자에서 양성자 수와 전자 수가 같음을 알고 있어야 한다.

선택지 분석

✓③ ^{a}X와 ^{b}X는 동위 원소이므로 ^{b}X의 양성자 수는 n이고, $\dfrac{중성자\ 수}{전자\ 수}$는 $^{b}X:{}^{c}Y=1:\dfrac{n+3}{n+1}=4:5$이므로 $n=7$임을 알 수 있다.

용기 속에 들어 있는 원자 수 비는 $^{a}X:{}^{b}X=2:3$이므로 분자 수 비는 $^{a}X^{a}X^{c}Y:{}^{a}X^{b}X^{c}Y:{}^{b}X^{b}X^{c}Y=\left(\dfrac{2}{5}\right)^2:2\times\dfrac{2}{5}\times\dfrac{3}{5}:\left(\dfrac{3}{5}\right)^2=4:12:9$이다.

$^{a}X^{a}X^{c}Y$, $^{a}X^{b}X^{c}Y$, $^{b}X^{b}X^{c}Y$의 양성자 수는 $n+n+(n+1)=3n+1=22$로 모두 같고, 중성자 수는 각각 26, 25, 24이므로 용기 속 전체 양성자 수는 $22\times25N$이고, 전체 중성자 수는 $(26\times4N)+(25\times12N)+(24\times9N)=620N$이다. 따라서 $\dfrac{전체\ 중성자\ 수}{전체\ 양성자\ 수}=\dfrac{620}{22\times25}=\dfrac{62}{55}$이다. 답 ③

13 원자의 구성 입자

자료 분석

(가)와 (나)에 들어 있는 기체의 총 양은 각각 1 mol이므로 (가)에 들어 있는 $^{35}Cl_2$의 양을 a mol이라고 하면 ^{35}Cl 원자의 양은 $2a$ mol이고, (나)에서 ^{35}Cl 원자의 양은 1 mol이므로 $\dfrac{2a}{1}=\dfrac{3}{2}$에서 $a=\dfrac{3}{4}$이다.

선택지 분석

ㄱ. (가)에서 $^{35}Cl_2$의 양이 $\dfrac{3}{4}$ mol이므로 $^{37}Cl_2$의 양은 $\dfrac{1}{4}$ mol이고, $\dfrac{^{35}Cl_2\ 분자\ 수}{^{37}Cl_2\ 분자\ 수}=\dfrac{\frac{3}{4}}{\frac{1}{4}}=3$이다.

✓ ㄴ. (가)에서 $^{37}Cl_2$의 양이 $\frac{1}{4}$ mol이므로 ^{37}Cl 원자 수는 $\frac{1}{2}$ mol이다. (나)에서 ^{37}Cl 원자 수는 1 mol이므로 ^{37}Cl 원자 수는 (나)에서가 (가)에서의 2배이다.

ㄷ. Cl의 원자 번호는 17로 양성자 수는 17이다. 중성자 수는 ^{35}Cl, ^{37}Cl에서 각각 18, 20이므로 중성자의 양은 (가)에서 $\left(2\times18\times\frac{3}{4}\right)+\left(2\times20\times\frac{1}{4}\right)=37$(mol)이고, (나)에서 $18+20=38$(mol)이다. 따라서 중성자의 양은 (나)에서가 (가)에서보다 1 mol만큼 많다. 답 ②

14 동위 원소와 평균 원자량

빈출 문항 자료 분석

다음은 자연계에 존재하는 분자 XCl_3와 관련된 자료이다.

○ X와 Cl의 동위 원소의 존재 비율과 원자량

동위 원소		존재 비율(%)	원자량
X의 동위 원소	^{m}X	a	m
	^{m+1}X	$100-a$	$m+1$
Cl의 동위 원소	^{35}Cl	$75=\frac{3}{4}$	35
	^{37}Cl	$25=\frac{1}{4}$	37

○ $\dfrac{\text{분자량이 가장 큰 } XCl_3\text{의 존재 비율}}{\text{분자량이 가장 작은 } XCl_3\text{의 존재 비율}}=\dfrac{4}{27}$ → $\dfrac{\frac{(100-a)}{100}\times\frac{1}{4}\times\frac{1}{4}\times\frac{1}{4}}{\frac{a}{100}\times\frac{3}{4}\times\frac{3}{4}\times\frac{3}{4}}=\dfrac{(100-a)}{27a}=\dfrac{4}{27}$

X의 평균 원자량은? (단, X는 임의의 원소 기호이다.)

해결 전략 $\dfrac{\text{분자량이 가장 큰 } XCl_3\text{의 존재 비율}}{\text{분자량이 가장 작은 } XCl_3\text{의 존재 비율}}$을 알고 있으므로 a를 구할 수 있다.

선택지 분석

✓ ⑤ XCl_3는 X 원자 1개와 Cl 원자 3개로 구성되므로 $\dfrac{(100-a)}{27a}=\dfrac{4}{27}$에서 a가 20이다. 따라서 X의 평균 원자량을 구하면 $m\times\frac{20}{100}+(m+1)\times\frac{80}{100}=m+\frac{4}{5}$이다. 답 ⑤

15 동위 원소와 평균 원자량

자료 분석

$^{23}Na^{35}Cl$의 화학식량은 58, $^{23}Na^{37}Cl$의 화학식량은 60이다. 따라서 (가)는 $^{23}Na^{35}Cl$, (나)는 $^{23}Na^{37}Cl$이고 x는 60이다.

선택지 분석

✓ ㄱ. (가)와 (나)에서 ^{23}Na의 중성자 수는 12로 같고 Cl는 양성자 수가 17이므로 ^{35}Cl의 중성자 수는 18이고, ^{37}Cl의 중성자 수는 20이다. 따라서 $\dfrac{\text{(나) 1 mol에 들어 있는 중성자 수}}{\text{(가) 1 mol에 들어 있는 중성자 수}}=\dfrac{32}{30}>1$이다.

✓ ㄴ. x는 60이다.

ㄷ. Cl의 평균 원자량이 35.5로 37보다 35에 가까우므로 존재 비율은 ^{35}Cl가 ^{37}Cl보다 크고, $a>b$이다. 답 ③

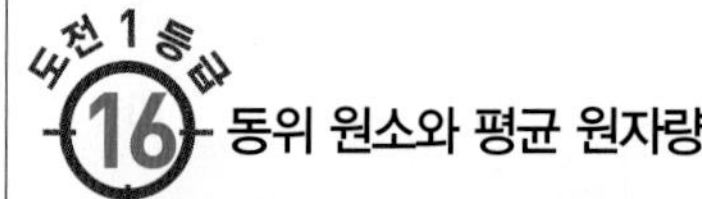

16 동위 원소와 평균 원자량

도전 1등급 문항 분석 ▸▸ 정답률 28.9%

다음은 자연계에 존재하는 수소(H)와 플루오린(F)에 대한 자료이다.

○ $^{1}_{1}H$, $^{2}_{1}H$, $^{3}_{1}H$의 존재 비율(%)은 각각 a, b, c이다.
○ $a+b+c=100$이고, $a>b>c$이다.
○ F은 $^{19}_{9}F$으로만 존재한다.
○ $^{1}_{1}H$, $^{2}_{1}H$, $^{3}_{1}H$, $^{19}_{9}F$의 원자량은 각각 1, 2, 3, 19이다.

이에 대한 설명으로 옳은 것만을 <보기>에서 있는 대로 고른 것은?

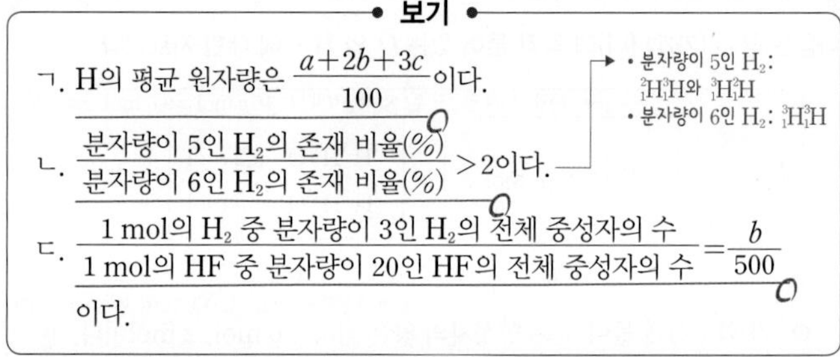

보기

ㄱ. H의 평균 원자량은 $\dfrac{a+2b+3c}{100}$이다.

ㄴ. $\dfrac{\text{분자량이 5인 } H_2\text{의 존재 비율(\%)}}{\text{분자량이 6인 } H_2\text{의 존재 비율(\%)}}>2$이다.

ㄷ. $\dfrac{\text{1 mol의 } H_2 \text{ 중 분자량이 3인 } H_2\text{의 전체 중성자의 수}}{\text{1 mol의 HF 중 분자량이 20인 HF의 전체 중성자의 수}}=\dfrac{b}{500}$이다.

해결 전략 평균 원자량을 구하는 방법을 알고 있어야 한다.

선택지 분석

✓ ㄱ. 평균 원자량은 (동위 원소의 원자량×동위 원소의 존재 비율)의 합으로 계산한다. 자연계에 존재하는 H 동위 원소의 원자량과 존재 비율(%)은 다음과 같다.

동위 원소	$^{1}_{1}H$	$^{2}_{1}H$	$^{3}_{1}H$
원자량	1	2	3
존재 비율(%)	a	b	c

따라서 H의 평균 원자량은 $\dfrac{a+2b+3c}{100}$이다.

✓ ㄴ. 분자량이 5인 H_2의 존재 비율(%)은 $2\times bc$에 비례하고 분자량이 6인 H_2의 존재 비율(%)은 c^2에 비례하므로 $\dfrac{\text{분자량이 5인 } H_2\text{의 존재 비율(\%)}}{\text{분자량이 6인 } H_2\text{의 존재 비율(\%)}}=\dfrac{2bc}{c^2}=\dfrac{2b}{c}$이고, $b>c$이므로 $\dfrac{2b}{c}>2$이다.

✓ ㄷ. 분자량이 3인 H_2의 존재 비율은 $\dfrac{2ab}{100^2}$이므로 1 mol의 H_2 중 분자량이 3인 H_2의 전체 중성자의 수는 $1\times\dfrac{2ab}{100^2}$에 비례한다. 분자량이 20인 HF의 존재 비율은 $\dfrac{a}{100}$이므로 1 mol의 HF 중 분자량이 20인 HF의 전체 중성자의 수는 $10\times\dfrac{a}{100}$에 비례한다. 따라서 $\dfrac{\frac{2ab}{100^2}}{10\times\frac{a}{100}}=\dfrac{b}{500}$이다. 답 ⑤

17 동위 원소와 평균 원자량

빈출 문항 자료 분석

다음은 자연계에 존재하는 모든 X_2에 대한 자료이다.

> ○ X_2는 분자량이 서로 다른 (가), (나), (다)로 존재한다. (→ X의 동위 원소는 2가지이다.)
> ○ X_2의 분자량: (가)>(나)>(다)
> ○ 자연계에서 $\frac{\text{(다)의 존재 비율(\%)}}{\text{(나)의 존재 비율(\%)}}=1.5$이다.
>
> → X의 동위 원소를 ㉠, ㉡, 존재 비율(%)을 각각 a, b라고 할 때 원자량이 ㉠>㉡이라면 3가지 분자 (가)~(다)의 존재 비율(%)은 각각 a^2, $2ab$, b^2이다.
> $\frac{b^2}{2ab}=1.5$, $a+b=100$
> $\therefore a=25$, $b=75$

이에 대한 설명으로 옳은 것만을 〈보기〉에서 있는 대로 고른 것은? (단, X는 임의의 원소 기호이다.)

보기

ㄱ. X의 동위 원소는 3가지이다. (X, 2가지)
ㄴ. X의 평균 원자량은 $\frac{\text{(나)의 분자량}}{2}$보다 작다. (O)
ㄷ. 자연계에서 $\frac{\text{(나)의 존재 비율(\%)}}{\text{(가)의 존재 비율(\%)}}=2$이다. (X, 6)

해결 전략 X_2는 분자량이 서로 다른 3가지 분자로 존재하므로 X의 동위 원소는 2가지라는 사실을 파악해야 한다.

선택지 분석

ㄱ. X의 동위 원소는 2가지이다.
✓ ㄴ. 원자량이 ㉠>㉡일 때 존재 비율(%)이 ㉠ : ㉡=1 : 3이므로 X의 평균 원자량은 $\frac{\text{(나)의 분자량}}{2}$보다 작다.
ㄷ. (가)와 (나)의 존재 비율(%)은 a^2, $2ab$이므로 $\frac{\text{(나)의 존재 비율(\%)}}{\text{(가)의 존재 비율(\%)}}=\frac{2ab}{a^2}=6$이다.

답 ②

18 동위 원소

자료 분석

원자의 평균 원자량은 동위 원소의 존재 비율을 고려하여 나타낸다.

선택지 분석

✓ ㄱ. 원자 X의 평균 원자량은 $w=(0.199\times \text{A})+(0.801\times \text{B})$이다.
ㄴ. 질량수는 양성자 수와 중성자 수를 합한 값이다. ^aX와 ^bX에서 양성자 수는 같지만 질량수는 $b>a$이므로 중성자 수는 $^b\text{X}>^a\text{X}$이다.
✓ ㄷ. 동위 원소에서 원자량은 질량수가 클수록 크다. 따라서 원자량은 B>A이다.

1 g의 ^aX에 들어 있는 전체 양성자 수는 $\frac{1}{\text{A}}$에 비례하고 1 g의 ^bX에 들어 있는 전체 양성자 수는 $\frac{1}{\text{B}}$에 비례하므로 $\frac{\text{1 g의 } ^a\text{X에 들어 있는 전체 양성자 수}}{\text{1 g의 } ^b\text{X에 들어 있는 전체 양성자 수}}=\frac{\text{B}}{\text{A}}>1$이다.

답 ⑤

19 동위 원소와 평균 원자량

자료 분석

동위 원소에서 양성자 수는 같으므로 질량수가 클수록 중성자 수가 크다.

선택지 분석

✓ ㄱ. 동위 원소에서 중성자 수는 질량수가 큰 원소가 크므로 $^{65}\text{Cu}>^{63}\text{Cu}$이다.
ㄴ. Cu의 평균 원자량은 63.5이므로 자연계 존재 비율은 $^{63}\text{Cu}>^{65}\text{Cu}$이다.
✓ ㄷ. 원자량이 클수록 1 g에 들어 있는 원자 수가 작다. ^{63}Cu 1 g에 들어 있는 원자 수는 ^{65}Cu 1 g에 들어 있는 원자 수보다 크므로 $\frac{^{63}\text{Cu 1 g에 들어 있는 원자 수}}{^{65}\text{Cu 1 g에 들어 있는 원자 수}}>1$이다.

답 ③

20 동위 원소

빈출 문항 자료 분석

그림은 분자 X_2가 자연계에 존재하는 비율을 나타낸 것이다. ^aX, ^{a+2}X의 원자량은 각각 a, $a+2$이다.

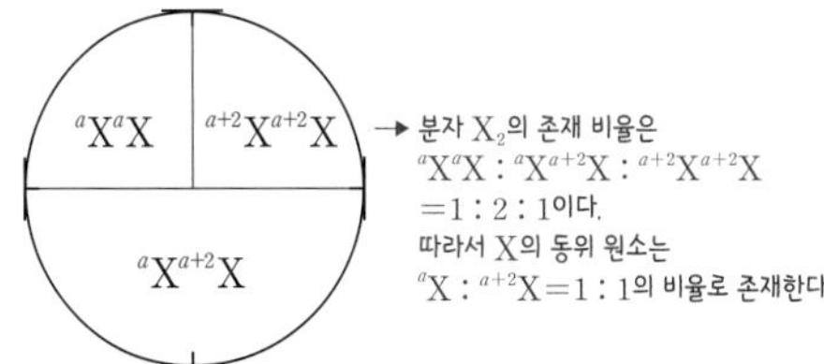

^{a}X^{a}X
$^{a+2}$X^{a+2}X
^{a}X^{a+2}X
분자 X$_2$의 존재 비율은
^{a}X^{a}X : ^{a}X^{a+2}X : $^{a+2}$X^{a+2}X
=1 : 2 : 1이다.
따라서 X의 동위 원소는
^{a}X : $^{a+2}$X=1 : 1의 비율로 존재한다.

이에 대한 옳은 설명만을 〈보기〉에서 있는 대로 고른 것은? (단, X는 임의의 원소 기호이다.)

보기

ㄱ. 전자 수는 $^{a+2}\text{X}>^a\text{X}$이다. (X, $^{a+2}\text{X}=^a\text{X}$)
ㄴ. 중성자 수는 $^{a+2}\text{X}>^a\text{X}$이다. (O)
ㄷ. X의 평균 원자량은 $a+1$이다. (O)

해결 전략 X_2 분자의 존재 비율이 1 : 2 : 1이면 X의 동위 원소는 1 : 1의 비율로 존재한다는 사실을 알고 있어야 한다.

선택지 분석

ㄱ. 동위 원소에서 전자 수는 같다.
✓ ㄴ. 중성자 수는 질량수가 큰 ^{a+2}X가 ^aX보다 크다.
✓ ㄷ. X의 평균 원자량은 $a\times 0.5+(a+2)\times 0.5=a+1$이다.

답 ④

21 원자의 구성 입자

자료 분석

원자에서 '질량수=양성자 수+중성자 수'이다.

선택지 분석

✓ ㄱ. 원자는 전기적으로 중성이므로 전자 수와 양성자 수가 같다. X는 전자 수가 6이므로 양성자 수가 6이다. X의 질량수 ㉠은 중성자 수와 양성자 수의 합이므로 12이다.

✓ ㄴ. Y는 질량수가 13, 중성자 수가 7이므로 양성자 수는 6이다. 따라서 X와 Y는 양성자 수가 6으로 같고 질량수는 다르므로 동위 원소이다.

✓ ㄷ. Z는 질량수가 17, 중성자 수가 9이므로 양성자 수는 8이다. Z^{2-}은 전자 수가 양성자 수보다 2만큼 크므로 Z^{2-}의 전자 수는 10이다. 답 ⑤

22 동위 원소와 평균 원자량

빈출 문항 자료 분석

→ 탄소의 평균 원자량 $12.000 \times \frac{98.93}{100} + 13.003 \times \frac{1.07}{100} ≒ 12.01$

다음은 원자량에 대한 학생과 선생님의 대화이다.

학　생: ^{12}C의 원자량은 12.00인데 주기율표에는 왜 C의 원자량이 12.01인가요?

선생님: 아래 표의 ^{13}C와 같이, ^{12}C와 원자 번호는 같지만 질량수가 다른 동위 원소가 존재합니다. 따라서 주기율표에 제시된 원자량은 동위 원소가 자연계에 존재하는 비율을 고려하여 평균값으로 나타낸 것입니다.

(6 / C / 탄소 / 12.01 — 원자 번호 / 원소 기호 / 원소 이름 / 원자량)

→ 질량수 = 양성자 수 + 중성자 수

동위 원소	^{12}C	^{13}C
양성자 수 (원자 번호)	a 6	b 6
중성자 수	c 6	d 7

이에 대한 설명으로 옳은 것만을 〈보기〉에서 있는 대로 고른 것은? (단, C의 동위 원소는 ^{12}C와 ^{13}C만 존재한다고 가정한다.)

• 보기 •

ㄱ. $b>a$이다. 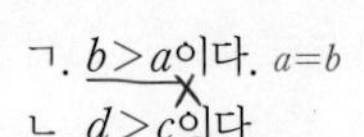

ㄴ. $d>c$이다.

ㄷ. 자연계에서 ^{12}C의 존재 비율은 ^{13}C보다 크다.

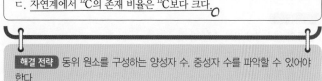

해결 전략 동위 원소를 구성하는 양성자 수, 중성자 수를 파악할 수 있어야 한다.

선택지 분석

ㄱ. ^{12}C와 ^{13}C의 양성자 수는 6으로 같으므로 $a=b$이다.

✓ ㄴ. 질량수는 양성자 수와 중성자 수를 더한 값이다. ^{12}C와 ^{13}C의 양성자 수는 같지만, 질량수는 $^{13}C>^{12}C$이므로 중성자 수는 $^{13}C>^{12}C$이다. 따라서 $d>c$이다.

✓ ㄷ. C의 평균 원자량=(^{12}C의 원자량×^{12}C의 존재 비율)+(^{13}C의 원자량×^{13}C의 존재 비율)=12.01이므로 자연계에서 존재하는 비율은 ^{12}C가 ^{13}C보다 크다. 답 ④

23 원자의 구성 입자

자료 분석

(가)~(다)에서 모두 같은 수를 갖는 ㉠은 양성자이다. 원자는 양성자와 전자의 수가 같으므로 (가)와 (다)에서 ㉠(양성자)과 그 수가 같은 ㉡은 전자이고, (가)와 (다)는 각각 ^{16}O, ^{18}O이다. 즉, ㉠~㉢은 각각 양성자, 전자, 중성자이고, (가)~(다)는 각각 ^{16}O, $^{n}O^{2-}$, ^{18}O이다.

선택지 분석

✓ ㄱ. ㉠은 양성자이다.

✓ ㄴ. a는 8, b는 10이므로 $b>a$이다.

✓ ㄷ. (나)는 $^{n}O^{2-}$인데 양성자 수는 8, 중성자 수는 10이므로 $n=8+10=18$이다. 답 ⑤

24 원자의 구성 입자

빈출 문항 자료 분석

그림은 부피가 동일한 용기 (가)와 (나)에 기체가 각각 들어 있는 것을 나타낸 것이다. 두 용기 속 기체의 온도와 압력은 같고, 두 용기 속 기체의 질량 비는 (가) : (나)=45 : 46이다.

→ 용기에 들어 있는 기체의 분자 수: (가)=(나)

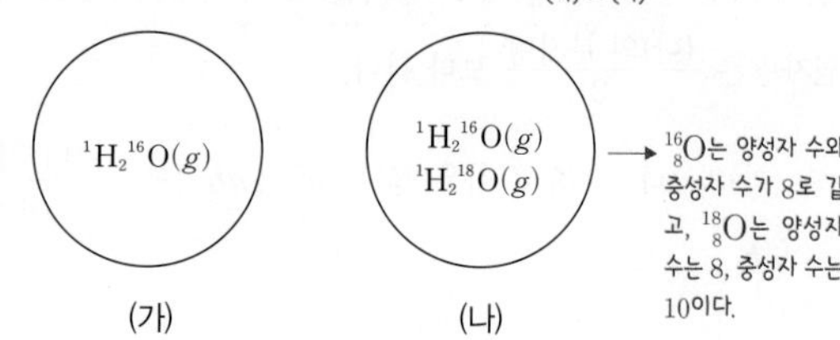

→ $^{16}_{8}O$는 양성자 수와 중성자 수가 8로 같고, $^{18}_{8}O$는 양성자 수는 8, 중성자 수는 10이다.

(나)에 들어 있는 기체의 $\frac{\text{전체 중성자 수}}{\text{전체 양성자 수}}$는? (단, H, O의 원자 번호는 각각 1, 8이고, ^{1}H, ^{16}O, ^{18}O의 원자량은 각각 1, 16, 18이다.)

해결 전략 질량 비를 이용해 동위 원소의 존재 비율을 알아내고, 양성자 수와 중성자 수를 파악할 수 있어야 한다.

선택지 분석

✓ ❹ 질량수는 양성자 수와 중성자 수를 합한 값과 같으므로 ^{1}H에는 중성자가 없고, ^{16}O에는 8개의 중성자가, ^{18}O에는 10개의 중성자가 있다. 또한 기체의 질량은 (분자 수)×(분자량)에 비례한다.

$^{1}H_2{}^{16}O$의 분자량은 18, $^{1}H_2{}^{18}O$의 분자량은 20이다. (가)와 (나)에 들어 있는 기체의 온도와 압력이 같으므로 용기 속 기체의 분자 수는 같다. (가)에 들어 있는 기체의 분자 수를 x, (나)에 들어 있는 $^{1}H_2{}^{16}O(g)$의 수를 y, $^{1}H_2{}^{18}O(g)$의 수를 $(x-y)$라고 할 때 질량 비는

(가) : (나)=$18x : 18y+20(x-y)=45 : 46$이므로 $y=0.8x$이다.

따라서 (나)에 들어 있는 기체의 전체 양성자 수는 $10x$, 전체 중성자 수는 $0.8x \times 8 + 0.2x \times 10 = 8.4x$이므로 $\frac{\text{전체 중성자 수}}{\text{전체 양성자 수}} = \frac{8.4x}{10x} = \frac{21}{25}$이다.

답 ④

본문 48~60쪽

02 현대적 원자 모형과 전자 배치

25 ①	26 ③	27 ②	28 ①	29 ①	30 ③
31 ①	32 ④	33 ⑤	34 ③	35 ⑤	36 ⑤
37 ⑤	38 ⑤	39 ③	40 ④	41 ③	42 ②
43 ②	44 ①	45 ③	46 ③	47 ③	48 ①
49 ③	50 ④	51 ③	52 ③	53 ①	54 ⑤
55 ④	56 ⑤	57 ①	58 ④	59 ①	60 ①
61 ②	62 ②	63 ③	64 ④	65 ④	66 ②
67 ②	68 ⑤	69 ④	70 ①	71 ③	

25 원자의 전자 배치

빈출 문항 자료 분석

다음은 2, 3주기 15~17족 바닥상태 원자 W~Z에 대한 자료이다. (N, O, F, P, S, Cl)

- W와 Y는 다른 주기 원소이다.
- W와 Y의 $\frac{p\text{ 오비탈에 들어 있는 전자 수}}{\text{홀전자 수}}$는 같다. → W와 Y는 각각 F과 S 중 하나
- X~Z의 전자 배치에 대한 자료

원자	X N	Y S	Z Cl
$\frac{\text{홀전자 수}}{s\text{ 오비탈에 들어 있는 전자 수}}$(상댓값)	9 $\frac{3}{4}$	4 $\frac{1}{3}$	2 $\frac{1}{6}$

W~Z에 대한 설명으로 옳은 것만을 〈보기〉에서 있는 대로 고른 것은? (단, W~Z는 임의의 원소 기호이다.)

보기

ㄱ. 3주기 원소는 2가지이다. ○

ㄴ. 원자가 전자 수는 W>Z이다. × W=Z

ㄷ. 전자가 들어 있는 오비탈 수는 X>Y이다. × Y>X

해결 전략 2, 3주기 15~17족 바닥상태 원자의 전자 배치로부터 $\frac{p\text{ 오비탈에 들어 있는 전자 수}}{\text{홀전자 수}}$와 $\frac{\text{홀전자 수}}{s\text{ 오비탈에 들어 있는 전자 수}}$를 정리해 놓고 자료를 분석해 나간다.

선택지 분석

2, 3주기 15~17족 바닥상태 원자의 $\frac{p\text{ 오비탈에 들어 있는 전자 수}}{\text{홀전자 수}}$(㉠)와 $\frac{\text{홀전자 수}}{s\text{ 오비탈에 들어 있는 전자 수}}$(㉡)는 다음과 같다.

원자	N	O	F	P	S	Cl
㉠	$1(=\frac{3}{3})$	$2(=\frac{4}{2})$	$5(=\frac{5}{1})$	$3(=\frac{9}{3})$	$5(=\frac{10}{2})$	$11(=\frac{11}{1})$
㉡	$\frac{3}{4}$	$\frac{1}{2}(=\frac{2}{4})$	$\frac{1}{4}$	$\frac{1}{2}(=\frac{3}{6})$	$\frac{1}{3}(=\frac{2}{6})$	$\frac{1}{6}$

$\frac{p\text{ 오비탈에 들어 있는 전자 수}}{\text{홀전자 수}}$가 같은 것은 F, S이고, $\frac{\text{홀전자 수}}{s\text{ 오비탈에 들어 있는 전자 수}}$(상댓값)이 9 : 4 : 2인 것은 N, S, Cl이다.

따라서 W~Z는 각각 F, N, S, Cl이다.

✓ ㄱ. 3주기 원소는 Y(S), Z(Cl)의 2가지이다.

ㄴ. 원자가 전자 수는 W(F)와 Z(Cl)가 7로 같다.

ㄷ. X(N)는 2주기, Y(S)는 3주기 원소이므로 전자가 들어 있는 오비탈 수는 Y(S)>X(N)이다.

답 ①

26 양자수와 오비탈

자료 분석

바닥상태 탄소(C) 원자의 전자 배치는 $1s^22s^22p^2$이므로 전자가 들어 있는 오비탈로 가능한 n, l, m_l은 다음과 같다.

오비탈	1s	2s	2p		
n	1	2	2	2	2
l	0	0	1	1	1
m_l	0	0	+1	0	−1
$n-l$	1	2	1	1	1
$l-m_l$	0	0	0	1	2
$\frac{n+l+m_l}{n}$	1	1	2	$\frac{3}{2}$	1

$n-l$는 (가)>(나)이므로 (가)는 $n-l=2$인 $2s$ 오비탈이다. $l-m_l$는 (다)>(나)=(라)이므로 (다)는 $m_l=0$인 $2p$ 오비탈과 $m_l=-1$인 $2p$ 오비탈 중 하나인데, $\frac{n+l+m_l}{n}$가 (라)>(나)=(다)를 만족하는 (다)는 $m_l=-1$인 $2p$ 오비탈이고, (나)는 $1s$ 오비탈, (라)는 $m_l=+1$인 $2p$ 오비탈이다.

선택지 분석

✓ ㄱ. (나)는 $n=1$, $l=m_l=0$인 $1s$이다.

ㄴ. 탄소의 전자 배치는 $1s^22s^22p^2$이므로 (다)($2p$ 오비탈)에 들어 있는 전자 수는 0 또는 1이다.

✓ ㄷ. (가)는 $2s$ 오비탈이고, (라)는 $2p$ 오비탈이므로 에너지 준위는 (라)>(가)이다.

답 ③

27 원자의 구성 입자

자료 분석

Mg의 바닥상태 전자 배치는 $1s^22s^22p^63s^2$이므로 (가)~(라)는 각각 $1s$, $2s$, $2p$, $3s$ 중 하나이다.

$1s$, $2s$, $2p$, $3s$의 $n+l$는 각각 1, 2, 3, 3인데 $n+l$는 (가)>(나)>(다)이므로 (가)는 $2p$ 중 하나이거나 $3s$이고, (나)는 $2s$, (다)는 $1s$이다. m_l는 (나)=(라)>(가)인데 $2s$인 (나)의 $m_l=0$이므로 (가)는 $m_l=-1$인 $2p$이고, (라)는 $3s$ 또는 $m_l=0$인 $2p$이다. (가)~(라) 중 $l+m_l$는 (라)가 가장 크므로 (라)는 $2p$이다. 따라서 (가)~(라)를 정리하면 다음과 같다.

오비탈	(가)	(나)	(다)	(라)
	$2p$	$2s$	$1s$	$2p$
m_l	−1	0	0	0
$n+l$	3	2	1	3
$l+m_l$	0	0	0	1

선택지 분석

ㄱ. 다전자 원자에서 오비탈의 에너지 준위는 $2p>2s$이다. 따라서 에너지 준위는 (가)($2p$)>(나)($2s$)이다.

✓ ㄴ. (가)의 $l=1$, $m_l=-1$이므로 $l+m_l=0$이다.

ㄷ. (라)는 $2p$이다.

답 ②

28 원자의 전자 배치

자료 분석

2, 3주기 14~16족 바닥상태 원자에 대한 자료는 다음과 같다.

원자	C	N	O	Si	P	S
홀전자 수	2	3	2	2	3	2
p 오비탈에 들어 있는 전자 수	2	3	4	8	9	10
$\frac{p \text{ 오비탈에 들어 있는 전자 수}}{\text{홀전자 수}}$	1	1	2	4	3	5

따라서 X~Z는 각각 O, P, Si이다.

선택지 분석

✓ ㄱ. X~Z 중 3주기 원소는 Y(P)와 Z(Si) 2가지이다.

ㄴ. 홀전자 수는 Y(P)>X(O)이다.

ㄷ. X와 Z의 바닥상태 전자 배치는 다음과 같다.

X(O): $1s^2 2s^2 2p^4$, Z(Si): $1s^2 2s^2 2p^6 3s^2 3p^2$

전자가 들어 있는 오비탈 수는 X가 5, Z가 8이므로 전자가 들어 있는 오비탈 수는 Z가 X의 2배보다 작다.

답 ①

29 원자의 전자 배치

자료 분석

㉠, ㉡이 각각 p 오비탈, s 오비탈이면 X, Y에서 $\frac{p \text{ 오비탈에 들어 있는 전자 수}}{s \text{ 오비탈에 들어 있는 전자 수}}$가 $\frac{2}{3}$ 또는 $\frac{4}{6}$ 또는 $\frac{6}{9}$인데, 이를 만족하는 원자가 없다. 따라서 ㉠, ㉡은 각각 s 오비탈, p 오비탈이다.

$\frac{s \text{ 오비탈에 들어 있는 전자 수}}{p \text{ 오비탈에 들어 있는 전자 수}}$가 $\frac{2}{3}$인 원자는 Ne($\frac{4}{6}$), P($\frac{6}{9}$)이다.

원자 번호가 Y>X이므로 X는 Ne, Y는 P이다.

$\frac{s \text{ 오비탈에 들어 있는 전자 수}}{p \text{ 오비탈에 들어 있는 전자 수}}$가 $\frac{3}{5}$인 원자는 S($\frac{6}{10}$)이므로 Z는 S이다.

선택지 분석

✓ ㄱ. X~Z 중 2주기 원소는 X(Ne) 1가지이다.

ㄴ. X(Ne)에는 홀전자가 존재하지 않는다.

ㄷ. Y(P)와 Z(S)의 원자가 전자 수는 각각 5, 6이다. 따라서 원자가 전자 수는 Z>Y이다.

답 ①

양자수

도전 1등급 문항 분석 ▸▸ 정답률 34.6%

다음은 수소 원자의 오비탈 (가)~(라)에 대한 자료이다. n은 주 양자수, l은 방위(부) 양자수, m_l은 자기 양자수이다.

(→ 1s, 2s, 2p, 3s)

- $n+l$는 (가)~(라)에서 각각 3 이하이고, (가)>(나)이다.
- n는 (나)>(다)이고, 에너지 준위는 (나)=(라)이다.
- m_l는 (라)>(나)이고, (가)~(라)의 m_l 합은 0이다.

	1s	2s	2p	3s
n	1	2	2	3
$n+l$	1	2	3	3
m_l	0	0	+1, 0, −1	0

이에 대한 설명으로 옳은 것만을 〈보기〉에서 있는 대로 고른 것은?

보기

ㄱ. (다)는 1s이다. (O)

ㄴ. m_l는 (나)>(가)이다. (O)

ㄷ. 에너지 준위는 (가)>(라)이다. ((가)=(라) X)

해결 전략 $n+l$가 3 이하인 오비탈이 무엇인지를 먼저 파악한 후, 각 오비탈의 방위(부) 양자수와 자기 양자수를 파악하여 주어진 조건에 맞는 오비탈을 찾아낸다. 이때 p 오비탈은 자기 양자수(m_l)가 +1, 0, −1로 세 가지가 있음을 주의한다.

선택지 분석

오비탈 (가)~(라)의 $n+l$가 모두 3 이하이므로 (가)~(라)는 $1s$, $2s$, $2p$, $3s$가 가능하다. $n+l$가 (가)>(나)이므로 (가)가 $2s$라고 가정할 때 (나)는 $1s$로 (나)의 n가 가장 작다. 그런데 이는 n가 (나)>(다)라는 조건에 위배된다. 따라서 (가)는 $2p$ 중 하나이거나 $3s$이다.

(가)가 $3s$인 경우, $n+l$가 (가)>(나)가 되려면 (나)는 $2s$ 또는 $1s$인데, n는 (나)>(다)이므로 (나)는 $2s$, (다)는 $1s$가 된다. 이때 (가)~(라)의 m_l 합이 0이 되려면 (라)는 $m_l=0$인 $2p$가 되는데, 이 경우 m_l가 (라)>(나)라는 조건에 위배된다. 따라서 (가)는 $2p$ 중 하나이다.

$n+l$가 (가)>(나)이고 n가 (나)>(다)이므로 (나)는 $2s$이고 (다)는 $1s$이다. m_l가 (라)>(나)이고 (가)~(라)의 m_l 합은 0이므로 (라)는 $m_l=+1$인 $2p$이고, (가)는 $m_l=-1$인 $2p$이다.

✓ ㄱ. (다)는 $1s$이다.

✓ ㄴ. m_l는 (가)가 −1, (나)가 0으로 (나)>(가)이다.

ㄷ. (가)와 (라)는 모두 $2p$이므로 에너지 준위가 같다.

답 ③

31 원자의 전자 배치

자료 분석

쌓음 원리는 전자는 에너지 준위가 낮은 오비탈부터 순서대로 채워진다는 것이다. 파울리 배타 원리는 1개의 오비탈에는 전자가 최대 2개까지 채워지며, 이 두 전자는 서로 다른 스핀 방향을 갖는다는 것이다. 훈트 규칙은 에너지 준위가 같은 오비탈이 여러 개 있을 때 홀전자 수가 최대가 되도록 전자가 배치된다는 것이다.

선택지 분석

✓ ㄱ. X의 전자 배치는 에너지 준위가 낮은 오비탈부터 전자가 채워져 있으므로 쌓음 원리를 만족한다.

ㄴ. Y의 전자 배치는 에너지 준위가 같은 $2p$ 오비탈에 홀전자 수가 최대가 되도록 배치되어 있지 않으므로 훈트 규칙을 만족하지 않는다.

ㄷ. 바닥상태 원자의 홀전자 수는 Y(N)가 3, Z(O)가 2로 Y>Z이다.

답 ①

32 수소 원자의 오비탈

빈출 문항 자료 분석

표는 수소 원자의 오비탈 (가)~(다)에 대한 자료이다. n은 주 양자수, l은 방위(부) 양자수, m_l은 자기 양자수이다.

오비탈	$n+l$	$n+m_l$	$l+m_l$
(가)	a		0 → s 오비탈
(나)	$a<4$ ← 4−a		2
(다)	$5-a$	2	

$a=3$이면 $1s$ ➡ $l+m_l\neq2$
$a=2$이면 $2s$ ➡ $l+m_l\neq2$
➡ $a=1$이다.

이에 대한 옳은 설명만을 〈보기〉에서 있는 대로 고른 것은?

보기

ㄱ. $a=2$이다. $a=1$
ㄴ. (가)의 모양은 구형이다.
ㄷ. 에너지 준위는 (다)>(나)이다.

해결 전략 s 오비탈은 방위(부) 양자수, 자기 양자수가 모두 0임을 알면 $l+m_l$로부터 s 오비탈을 찾을 수 있다. 또 s 오비탈은 구형이고, p 오비탈은 아령형임을 알고 있어야 한다.

선택지 분석

ㄱ. $l+m_l=0$인 오비탈은 s 오비탈이다. $4-a>0$이어야 하므로 $a<4$이다. $a=2$ 또는 3이면 (나)는 $2s$ 또는 $1s$인데, (나)의 $l+m_l=2$라는 조건에 위배된다. 따라서 $a=1$이다.

✓ ㄴ. $a=1$이므로 (가)는 $1s$이다. 따라서 (가)의 모양은 구형이다.

✓ ㄷ. (나)는 $n+l=3$이므로 $2p$이며, (다)는 $n+l=4$이므로 $3p$, $4s$ 중 하나인데 $n+m_l=2$이므로 $3p$이다. 따라서 에너지 준위는 (다)>(나)이다.

답 ④

33 원자의 전자 배치

자료 분석

N, O, Na, Mg의 바닥상태 전자 배치에 대한 자료는 다음과 같다.

원자	N	O	Na	Mg
$\frac{\text{전자가 들어 있는 } p \text{ 오비탈 수}}{\text{전자가 들어 있는 } s \text{ 오비탈 수}}$	$\frac{3}{2}$	$\frac{3}{2}$	$\frac{3}{3}$	$\frac{3}{3}$
$\frac{p \text{ 오비탈에 들어 있는 전자 수}}{s \text{ 오비탈에 들어 있는 전자 수}}$	$\frac{3}{4}$	$\frac{4}{4}$	$\frac{6}{5}$	$\frac{6}{6}$

따라서 W~Z는 각각 Na, Mg, O, N이다.

선택지 분석

✓ ㄱ. 홀전자 수는 W(Na)가 1, X(Mg)가 0이므로 W>X이다.

✓ ㄴ. 전자가 들어 있는 오비탈 수는 X(Mg)가 6, Y(O)가 5이므로 X>Y이다.

✓ ㄷ. 원자가 전자가 느끼는 유효 핵전하는 같은 주기에서 원자 번호가 클수록 커지므로 Y(O)>Z(N)이다.

답 ⑤

34 원자의 전자 배치

자료 분석

2주기 바닥상태 원자의 전자가 2개 들어 있는 오비탈 수와 $\frac{\text{홀전자 수}}{\text{원자가 전자 수}}$를 나타내면 다음과 같다.

2주기	Li	Be	B	C	N	O	F
전자가 2개 들어 있는 오비탈 수	1	2	2	2	2	3	4
$\frac{\text{홀전자 수}}{\text{원자가 전자 수}}$	1	0	$\frac{1}{3}$	$\frac{1}{2}$	$\frac{3}{5}$	$\frac{1}{3}$	$\frac{1}{7}$

따라서 W~Z는 각각 Li, C, B, O이다.

선택지 분석

✓ ㄱ. $a=1$이다.

ㄴ. X(C), Y(B)의 전자가 들어 있는 오비탈 수는 각각 4, 3이므로 X>Y이다.

✓ ㄷ. X(C), Z(O)의 p 오비탈에 들어 있는 전자 수는 각각 2, 4이므로 Z가 X의 2배이다.

답 ③

35 원자의 전자 배치

자료 분석

2, 3주기 바닥상태 원자의 전자 중 $n+l=2$인 전자는 $2s$ 오비탈, $n+l=3$인 전자는 $2p$, $3s$ 오비탈, $n+l=4$인 전자는 $3p$ 오비탈에 있는 전자이다.

X는 $2p$ 또는 $3s$ 오비탈에 전자가 들어 있으므로 $2s$ 오비탈에 전자가 모두 채워져 있다. 따라서 $a=2$이다.

Y는 $3p$ 오비탈에 전자가 들어 있으므로 $2p$, $3s$ 오비탈에 전자가 모두 채워져 있다. 따라서 $b=4$이다.

이를 토대로 분석하면 X~Z는 각각 O, Si, S이다.

선택지 분석

✓ ㄱ. $a=2$, $b=4$이므로 $b=2a$이다.

✓ ㄴ. X(O)와 Z(S)의 원자가 전자 수는 6으로 같다.

✓ ㄷ. $n-l=2$인 전자는 $2s$, $3p$ 오비탈에 들어 있는 전자이다. 따라서 $n-l=2$인 전자 수는 Y(Si)가 4, Z(S)가 6으로 Z가 Y의 $\frac{3}{2}$배이다.

답 ⑤

36 원자의 전자 배치

자료 분석

2, 3주기 13~15족 바닥상태 원자에 대한 자료는 다음과 같다.

원자	B	C	N	Al	Si	P
원자가 전자 수	3	4	5	3	4	5
$\frac{\text{홀전자 수}}{\text{전자가 들어 있는 오비탈 수}}$	$\frac{1}{3}$	$\frac{1}{2}$	$\frac{3}{5}$	$\frac{1}{7}$	$\frac{1}{4}$	$\frac{1}{3}$
$\frac{s\text{ 오비탈에 들어 있는 전자 수}}{\text{홀전자 수}}$	4	2	$\frac{4}{3}$	6	3	2

W와 X의 $\frac{\text{홀전자 수}}{\text{전자가 들어 있는 오비탈 수}}$는 같으므로 W와 X는 각각 B와 P 중 하나이다.

$\frac{s\text{ 오비탈에 들어 있는 전자 수}}{\text{홀전자 수}}$의 비는 X : Y : Z=1 : 1 : 3이므로 X와 Y는 각각 C와 P 중 하나이고, Z는 Al이다. 따라서 X는 P, Y는 C이므로 W는 B이다.

선택지 분석

ㄱ. Y(C)는 2주기 원소이다.

✓ㄴ. 홀전자 수는 W(B)와 Z(Al)가 모두 1로 같다.

✓ㄷ. s 오비탈에 들어 있는 전자 수의 비는 X(P) : Y(C)=6 : 4=3 : 2이다.

답 ⑤

37 수소 원자 오비탈의 양자수

자료 분석

수소 원자의 오비탈에서 $n+l$가 2인 오비탈은 $2s$ 오비탈, 3인 오비탈은 $2p$, $3s$ 오비탈, 4인 오비탈은 $3p$, $4s$ 오비탈이므로 (가)는 $2s$이다.

$2s$ 오비탈의 $\frac{n+l+m_l}{n}=\frac{2+0+0}{2}=1$이므로 (나)~(라)의 $\frac{n+l+m_l}{n}$는 각각 2, $\frac{3}{2}$, $\frac{4}{3}$이다.

$3s$, $4s$ 오비탈의 $\frac{n+l+m_l}{n}$는 모두 1이고, $2p$, $3p$ 오비탈의 m_l는 −1, 0, +1 중 하나이므로 $\frac{n+l+m_l}{n}$는 $2p$ 오비탈이 $\frac{2+1+(-1)}{2}=1$, $\frac{2+1+0}{2}=\frac{3}{2}$, $\frac{2+1+(+1)}{2}=2$ 중 하나이고, $3p$ 오비탈이 $\frac{3+1+(-1)}{3}=1$, $\frac{3+1+0}{3}=\frac{4}{3}$, $\frac{3+1+(+1)}{3}=\frac{5}{3}$ 중 하나이다.

따라서 (나)는 $m_l=+1$인 $2p$, (다)는 $m_l=0$인 $2p$, (라)는 $m_l=0$인 $3p$이다.

선택지 분석

ㄱ. (나)는 $2p$이다.

✓ㄴ. (가)와 (다)는 각각 $2s$, $2p$이므로 에너지 준위는 (가)와 (다)가 같다.

✓ㄷ. (가)와 (라)는 각각 $2s$, $m_l=0$인 $3p$이므로 m_l는 (가)와 (라)가 0으로 같다.

답 ⑤

38 오비탈의 양자수

도전 1등급 문항 분석 ▸▸ 정답률 39.2%

다음은 ㉠과 ㉡에 대한 설명과 2주기 바닥상태 원자 X~Z에 대한 자료이다. n은 주 양자수이고, l은 방위(부) 양자수이다.

(n=2인 오비탈)

○ ㉠: 각 원자의 바닥상태 전자 배치에서 전자가 들어 있는 오비탈 중 n가 가장 큰 오비탈

○ ㉡: 각 원자의 바닥상태 전자 배치에서 전자가 들어 있는 오비탈 중 $n+l$가 가장 큰 오비탈 (2s 또는 2p 오비탈)

(Z의 ㉠에 들어 있는 전자 수를 8이라고 하면,)

원자	X	Y	Z
㉠에 들어 있는 전자 수(상댓값)	1 (2)	2 (4)	4 (8)
㉡에 들어 있는 전자 수(상댓값)	1 (2)	1 (2)	3 (6)

이에 대한 설명으로 옳은 것만을 〈보기〉에서 있는 대로 고른 것은? (단, X~Z는 임의의 원소 기호이다.)

• 보기 •

ㄱ. Z는 18족 원소이다. (O)

ㄴ. 홀전자 수는 X와 Z가 같다. (O)

ㄷ. 전자가 들어 있는 오비탈 수 비는 X : Y=1 : 2이다. (O)

해결 전략 ㉠과 ㉡이 어떤 오비탈을 의미하는지 먼저 파악한 후, ㉠에 들어 있는 전자 수가 가장 많은 Z의 전자 배치를 특정 원자로 가정한 후, 다른 전자 수도 예측하여 자료와 부합한 원자 X, Y를 찾아내야 한다.

선택지 분석

2주기 바닥상태 원자는 $1s$, $2s$, $2p$ 오비탈에 전자가 배치될 수 있다. 따라서 ㉠은 $n=2$인 오비탈을 의미하고, ㉡은 $2s$ 또는 $2p$ 오비탈을 의미한다. ㉠에 들어 있는 전자 수는 ㉡에 들어 있는 전자 수보다 크거나 같을 것이다. $n=2$인 오비탈에 들어 있는 전자 수는 최대 8이므로 Z의 ㉠($2s$ 오비탈+$2p$ 오비탈)에 들어 있는 전자 수를 8이라고 하면, Z의 전자 배치는 $1s^22s^22p^6$이고, ㉡($2p$ 오비탈)에 들어 있는 전자 수는 6이 된다. 따라서 Y의 전자 배치는 $1s^22s^22p^2$가 되어 ㉠($2s$ 오비탈+$2p$ 오비탈)에 들어 있는 전자 수는 4, ㉡($2p$ 오비탈)에 들어 있는 전자 수는 2이다. 또한 X의 전자 배치는 $1s^22s^2$가 되어 ㉠($2s$ 오비탈)에 들어 있는 전자 수는 2, ㉡($2s$ 오비탈)에 들어 있는 전자 수는 2이다. 이는 자료에 부합한다.

✓ㄱ. Z의 전자 배치는 $1s^22s^22p^6$이므로 18족 원소이다.

✓ㄴ. X의 전자 배치는 $1s^22s^2$, Z의 전자 배치는 $1s^22s^22p^6$이므로 홀전자 수는 X와 Z가 모두 0이다.

✓ㄷ. X의 전자 배치는 $1s^22s^2$, Y의 전자 배치는 $1s^22s^22p^2$이므로 전자가 들어 있는 오비탈 수 비는 X : Y=2 : 4=1 : 2이다.

답 ⑤

39 원자의 전자 배치

자료 분석

A~C는 2, 3주기 바닥상태 원자이므로 $n-l=1$인 오비탈은 $1s$, $2p$ 오비탈이고, $n-l=2$인 오비탈은 $2s$, $3p$ 오비탈이다.

A는 $n-l=1$인 $1s$ 오비탈과 $2p$ 오비탈에 들어 있는 전자 수 합이 6이므로 $1s$ 오비탈에 전자가 2개, $2p$ 오비탈에 전자가 4개 들어 있고, A의 전자 배치는 $1s^2 2s^2 2p^4$이며, 따라서 $n-l=2$인 $2s$ 오비탈에 들어 있는 전자 수 $x=2$이다.

B는 $n-l=1$인 오비탈에 들어 있는 전자 수 합이 2이므로 $1s$ 오비탈에만 전자가 2개 들어 있고, $n-l=2$인 오비탈에 들어 있는 전자 수가 2이므로 $2s$ 오비탈에만 전자가 2개 들어 있다. 따라서 B의 전자 배치는 $1s^2 2s^2$이다.

C는 $n-l=1$인 $1s$ 오비탈과 $2p$ 오비탈에 들어 있는 전자 수 합이 8이므로 $1s$ 오비탈에 전자가 2개, $2p$ 오비탈에 전자가 6개 들어 있고, $n-l=2$인 $2s$ 오비탈과 $3p$ 오비탈에 들어 있는 전자 수 합이 4이므로 $2s$ 오비탈에 전자가 2개, $3p$ 오비탈에 전자가 2개 들어 있다. 따라서 C의 전자 배치는 $1s^2 2s^2 2p^6 3s^2 3p^2$이다.

선택지 분석

✓ ㄱ. A의 전자 배치는 $1s^2 2s^2 2p^4$이며, $n-l=2$인 $2s$ 오비탈에 들어 있는 전자 수가 2이므로 $x=2$이다.

✓ ㄴ. A에서 전자가 들어 있는 오비탈은 $1s$, $2s$, $2p$ 오비탈이며, 그 중 $l+m_l=1+0=1$인 오비탈은 $2p$ 오비탈 중 하나이다. A는 $2p$ 오비탈에 전자가 4개 들어 있으므로 3개의 $2p$ 오비탈에 전자가 모두 들어 있다.

ㄷ. B($1s^2 2s^2$)와 C($1s^2 2s^2 2p^6 3s^2 3p^2$)의 원자가 전자 수는 각각 2($2s^2$), 4($3s^2 3p^2$)로 서로 다르다. 답 ③

40 오비탈의 양자수

자료 분석

$2s$, $2p$, $3s$, $3p$ 오비탈의 $n+l$와 $2l+1$은 다음과 같다.

오비탈	$2s$	$2p$	$3s$	$3p$
주 양자수(n)	2	2	3	3
방위(부) 양자수(l)	0	1	0	1
$n+l$	2	3	3	4
$2l+1$	1	3	1	3

$2p$와 $3s$ 오비탈의 $n+l$는 모두 3이므로 (나)와 (다)는 각각 $2p$와 $3s$ 중 하나이다. $2s$와 $3s$ 오비탈의 $2l+1$은 모두 1이므로 (가)와 (나)는 각각 $2s$와 $3s$ 중 하나이다. 따라서 (가)는 $2s$, (나)는 $3s$, (다)는 $2p$, (라)는 $3p$이다.

선택지 분석

ㄱ. (라)는 $3p$이다.

✓ ㄴ. (가)는 $2s$이므로 $n+l=2$이고, (라)는 $3p$이므로 $2l+1=3$이다. 따라서 $a=2$, $b=3$이므로 $a+b=5$이다.

✓ ㄷ. 수소 원자에서 주 양자수(n)가 클수록 오비탈의 에너지 준위가 크다. 따라서 오비탈의 에너지 준위는 (나)($3s$) > (다)($2p$)이다. 답 ④

41 원자의 전자 배치

자료 분석

원자 번호 8~15의 s 오비탈에 들어 있는 전자 수를 ㉠, p 오비탈에 들어 있는 전자 수를 ㉡, $\frac{p \text{ 오비탈에 들어 있는 전자 수}}{s \text{ 오비탈에 들어 있는 전자 수}}$를 ㉢이라고 하면, 각각의 자료는 다음과 같다.

원자	$_8O$	$_9F$	$_{10}Ne$	$_{11}Na$	$_{12}Mg$	$_{13}Al$	$_{14}Si$	$_{15}P$
㉠	4	4	4	5	6	6	6	6
㉡	4	5	6	6	6	7	8	9
㉢	1	$\frac{5}{4}$	$\frac{3}{2}$	$\frac{6}{5}$	1	$\frac{7}{6}$	$\frac{4}{3}$	$\frac{3}{2}$

$\frac{p \text{ 오비탈에 들어 있는 전자 수}}{s \text{ 오비탈에 들어 있는 전자 수}}$는 O와 Mg이 1이므로 X는 O와 Mg 중 하나이고, $\frac{p \text{ 오비탈에 들어 있는 전자 수}}{s \text{ 오비탈에 들어 있는 전자 수}}$는 Ne과 P이 $\frac{3}{2}$으로 같으므로 Y와 Z는 각각 Ne과 P 중 하나이다. 만약 X가 O라면 $a=4$이고, Ne과 P의 s 오비탈에 들어 있는 전자 수가 각각 4, 6이므로 Z는 Ne이고, Y는 P이어야 한다. 하지만 P의 p 오비탈에 들어 있는 전자 수는 9이므로 Y의 p 오비탈에 들어 있는 전자 수(a)에 맞지 않는다. 따라서 X는 Mg이고, $a=6$, $b=\frac{3}{2}$이므로 Y는 Ne, Z는 P이다.

선택지 분석

✓ ㄱ. $b=\frac{3}{2}$이다.

ㄴ. Y(Ne)는 2주기 원소, Z(P)는 3주기 원소이므로 서로 다른 주기 원소이다.

✓ ㄷ. 전자가 들어 있는 p 오비탈 수는 X(Mg)가 3, Z(P)가 6이므로 Z가 X의 2배이다. 답 ③

42 오비탈의 양자수

자료 분석

수소 원자의 경우 오비탈의 에너지 준위는 오비탈의 종류에 관계없이 주 양자수가 클수록 크므로 오비탈의 에너지 준위는 $3s=3p>2p$이다. 에너지 준위가 (가)>(나)라고 했으므로 (나)는 $2p$ 오비탈이다.

$2p$, $3s$, $3p$ 오비탈의 $n+l$는 각각 3, 3, 4이다. (나)와 (다)의 $n+l$가 같다고 했으므로 (나)와 (다)는 각각 $2p$, $3s$ 오비탈 중 하나이다.

따라서 (다)는 $3s$ 오비탈이고, (가)는 $3p$ 오비탈이다.

선택지 분석

ㄱ. (가)는 $3p$ 오비탈이므로 모양은 아령 모양이다.

ㄴ. 에너지 준위는 (가)($3p$ 오비탈)=(다)($3s$ 오비탈)이다.

✓ ㄷ. 방위(부) 양자수 l은 (나)($2p$ 오비탈)가 1, (다)($3s$ 오비탈)가 0으로 (나)>(다)이다. 답 ②

43 원자의 전자 배치

자료 분석

홀전자 수가 2인 2, 3주기 원소는 C, O, Si, S이며, 이 중 $\frac{\text{전자가 2개 들어 있는 오비탈 수}}{p \text{ 오비탈에 들어 있는 전자 수}}$가 1인 원자는 C뿐이므로 Z는 C이다.

$\frac{\text{전자가 2개 들어 있는 오비탈 수}}{p \text{ 오비탈에 들어 있는 전자 수}}$가 $\frac{5}{6}$인 원자는 Ne과 Na이며, 이 중 홀전자 수가 1인 원자는 Na이므로 Y는 Na이다.

$\frac{\text{전자가 2개 들어 있는 오비탈 수}}{p \text{ 오비탈에 들어 있는 전자 수}}$가 $\frac{7}{10}$인 원자는 S이므로 X는 S이다.

선택지 분석

ㄱ. S의 홀전자 수는 2이므로 $a=2$이다.

ㄴ. X~Z 중 3주기 원소는 X(S)와 Y(Na) 2가지이다.

ㄷ. s 오비탈에 들어 있는 전자 수는 Y(Na)가 5, Z(C)가 4로 Y>Z이다.

답 ②

44 원자의 전자 배치

자료 분석

(가)는 쌓음 원리, 파울리 배타 원리, 훈트 규칙을 모두 만족하므로 바닥상태의 전자 배치이다. (나)는 $3s$ 오비탈에 전자가 모두 채워지지 않고 $3p$ 오비탈에 전자가 들어 있으므로 쌓음 원리에 위배된다. 따라서 (나)는 들뜬상태의 전자 배치이다.

선택지 분석

ㄱ. X의 바닥상태의 전자 배치인 (가)에서 가장 바깥 전자 껍질에 들어 있는 전자 수가 4($3s^23p^2$)이므로 X의 원자가 전자 수는 4이다. 따라서 X는 14족 원소이다.

ㄴ. (가)는 바닥상태, (나)는 들뜬상태의 전자 배치이다.

ㄷ. X의 바닥상태 전자 배치인 (가)에서 $n+l=4$인 전자는 $n=3$, $l=1$인 $3p$ 오비탈에 들어 있는 전자이다. 따라서 $n+l=4$인 전자 수는 2이다.

답 ①

45 원자의 전자 배치

자료 분석

X에서 전자가 들어 있는 s 오비탈 수 : p 오비탈 수=2 : 1이므로 X의 전자 배치는 $1s^22s^22p^1$이다. X~Z의 홀전자 수의 합이 6이고, Y, Z에서 전자가 들어 있는 s 오비탈 수 : p 오비탈 수는 각각 1 : 1, 1 : 2이므로 Y의 전자 배치는 $1s^22s^22p^2$, Z의 전자 배치는 $1s^22s^22p^63s^23p^3$이다.

선택지 분석

ㄱ. 2주기 원소는 X와 Y 2가지이다.

ㄴ. 원자가 전자 수는 Y(4)>X(3)이다.

ㄷ. 홀전자 수는 Z(3)>Y(2)이다.

답 ③

46 오비탈의 양자수

빈출 문항 자료 분석

다음은 수소 원자의 오비탈 (가)~(다)에 대한 자료이다. n은 주 양자수이고, l은 방위(부) 양자수이다.

→ 수소 원자에서 오비탈의 에너지 준위: $3s>2s=2p$

○ (가)~(다)는 각각 $2s$, $2p$, $3s$ 중 하나이다.

○ 에너지 준위는 (가)>(나)이다. → $3s$

○ $n+l$는 (나)>(다)이다.

→ $2s$의 $(n+l)=2$, $2p$의 $(n+l)=3$

이에 대한 설명으로 옳은 것만을 〈보기〉에서 있는 대로 고른 것은?

보기

ㄱ. (가)의 자기 양자수(m_l)는 0이다.

ㄴ. (나)의 $n+l=2$이다.

ㄷ. (다)의 모양은 구형이다.

해결 전략 수소 원자에서 $2s$, $2p$, $3s$ 오비탈의 에너지 준위를 비교할 수 있어야 한다.

선택지 분석

ㄱ. (가)는 $3s$이므로 자기 양자수(m_l)는 0이다.

ㄴ. (나)는 $2p$이므로 $n+l=3$이다.

ㄷ. (다)는 $2s$이므로 오비탈의 모양은 구형이다.

답 ③

47 전자 배치

자료 분석

2주기 바닥상태 원자의 전자가 2개 들어 있는 오비탈 수와 p 오비탈에 들어 있는 홀전자 수는 다음과 같다.

원자	Li	Be	B	C	N	O	F	Ne
전자가 2개 들어 있는 오비탈 수	1	2	2	2	2	3	4	5
p 오비탈에 들어 있는 홀전자 수	0	0	1	2	3	2	1	0

따라서 X~Z는 각각 C, O, F이다.

X(C), Y(O), Z(F)의 바닥상태 전자 배치는 다음과 같다.

• X(C): $1s^22s^22p^2$ • Y(O): $1s^22s^22p^4$ • Z(F): $1s^22s^22p^5$

선택지 분석

ㄱ. $a=2$, $b=1$이므로 $a+b=3$이다.

ㄴ. X의 원자가 전자 수는 4이다.

ㄷ. 전자가 들어 있는 오비탈 수는 Y, Z가 각각 5로 같다.

답 ③

48 양자수와 오비탈의 에너지 준위

자료 분석

자료의 탐구 결과를 확인하면 수소 원자에서 오비탈의 에너지 준위는 $1s<2s=2p<3s=3p=3d$이다.

선택지 분석

❶ 오비탈의 방위(부) 양자수(l)와 관계없이 오비탈의 주 양자수(n)가 커질수록 오비탈의 에너지가 높아짐을 알 수 있다. 따라서 ㉠은 주 양자수(n)이다. 또한 주 양자수(n)가 2인 오비탈에는 $2s$ 오비탈과 $2p$ 오비탈이 있으므로 ㉡은 s이다.

답 ①

49 전자 배치와 오비탈

자료 분석

원자 번호 20 이하인 원자 중에서 $\frac{p \text{ 오비탈에 들어 있는 전자 수}}{s \text{ 오비탈에 들어 있는 전자 수}} = \frac{3}{2}$인 원자는 $Ne(\frac{6}{4})$, $P(\frac{9}{6})$, $Ca(\frac{12}{8})$이다. 이 중 원자 번호는 X > Y > Z이므로 X ~ Z는 각각 Ca, P, Ne이다.

선택지 분석

✓ ㄱ. X(Ca)는 4주기 2족 원소이므로 원자가 전자 수는 2이다.

ㄴ. Y(P)는 3주기 15족 원소로 전자 배치는 $1s^2 2s^2 2p^6 3s^2 3p^3$이므로 홀전자 수는 3이다.

✓ ㄷ. Z(Ne)의 전자 배치는 $1s^2 2s^2 2p^6$이므로 전자가 들어 있는 오비탈 수는 5이다.

답 ③

50 오비탈의 양자수

자료 분석

제시된 4가지 오비탈의 $n-l$를 구하면 다음과 같다.

오비탈	$2s$	$2p$	$3s$	$3p$
주 양자수(n)	2	2	3	3
방위(부) 양자수(l)	0	1	0	1
$n-l$	2	1	3	2

$n-l$는 (다) > (나) > (가)이므로 (가)는 $2p$, (다)는 $3s$이고, (나)의 모양은 구형이므로 $2s$이다.

선택지 분석

✓ ❹ 수소 원자에서 오비탈의 에너지 준위는 방위(부) 양자수(l)와 관계없이 주 양자수(n)가 클수록 크고, n가 같으면 같다. 따라서 오비탈의 에너지 준위는 (다) > (가) = (나)이다.

답 ④

51 바닥상태 원자의 전자 배치

빈출 문항 자료 분석

다음은 2주기 바닥상태 원자 X와 Y에 대한 자료이다.

- X의 홀전자 수는 0이다. (→ Be 또는 Ne뿐이다.)
- 전자가 2개 들어 있는 오비탈 수는 Y가 X의 2배이다. (X는 2, Y는 4)

→ X는 Be이고, Y는 전자가 2개 들어 있는 오비탈 수가 4가 되어 $1s^2 2s^2 2p^5$의 F이다.

이에 대한 설명으로 옳은 것만을 〈보기〉에서 있는 대로 고른 것은? (단, X와 Y는 임의의 원소 기호이다.)

보기

ㄱ. X는 베릴륨(Be)이다. (O)

ㄴ. Y의 원자가 전자 수는 7이다. (O)

ㄷ. s 오비탈에 들어 있는 전자 수는 Y > X이다. (X) X = Y

해결 전략 Be의 바닥상태 전자 배치는 $1s^2 2s^2$, F의 바닥상태 전자 배치는 $1s^2 2s^2 2p^5$이므로 전자가 2개 들어 있는 오비탈 수를 알 수 있어야 한다.

선택지 분석

✓ ㄱ. X의 바닥상태 전자 배치는 $1s^2 2s^2$이므로 X는 Be이다.

✓ ㄴ. Y(F)는 주 양자수(n)가 2인 오비탈에 전자가 7개 있으므로 원자가 전자 수는 7이다.

ㄷ. s 오비탈에 들어 있는 전자 수는 X(Be)가 4, Y(F)가 4로 서로 같다.

답 ③

52 원자의 현대적 모형

빈출 문항 자료 분석

오비탈	$1s$	$2s$	$2p$	$3s$	$3p$
$(n+l)$	1	2	③	③	4
$(n-l)$	①	2	①	3	2

다음은 3주기 바닥상태 원자 X의 전자가 들어 있는 오비탈 (가)~(다)에 대한 자료이다. n, l은 각각 주 양자수, 방위(부) 양자수이다.

- n은 (가)~(다)가 모두 다르다.
- $(n+l)$은 (가)와 (나)가 같다.
- $(n-l)$은 (나)와 (다)가 같다.
- 오비탈에 들어 있는 전자 수는 (다) > (가)이다.

→ (가)는 $3s$, (나)는 $2p$, (다)는 $1s$이며, 전자 수는 (다) $1s^2$ > (가) $3s^1$이다. 원자 X는 바닥상태 전자 배치가 $1s^2 2s^2 2p^6 3s^1$이므로 Na이다.

이에 대한 옳은 설명만을 〈보기〉에서 있는 대로 고른 것은? (단, X는 임의의 원소 기호이다.)

보기

ㄱ. l은 (나) > (가)이다. (O)

ㄴ. 에너지 준위는 (다) > (가)이다. (X) (가) > (다)

ㄷ. X의 홀전자 수는 1이다. (O)

해결 전략 X가 3주기 바닥상태 원자임을 알고, 전자가 들어 있는 오비탈로 가능한 것이 $1s$, $2s$, $2p$, $3s$, $3p$임을 알고 있어야 한다.

선택지 분석

✓ ㄱ. (나)는 $2p$ 오비탈, (가)는 $3s$ 오비탈이므로 l은 (나)가 1, (가)가 0이다.

ㄴ. (가)는 $3s$ 오비탈, (다)는 $1s$ 오비탈이므로 에너지 준위는 (가) > (다)이다.

✓ ㄷ. X는 Na으로 바닥상태 전자 배치는 $1s^2 2s^2 2p^6 3s^1$이므로 홀전자 수는 1이다.

답 ③

53 원자의 전자 배치

자료 분석

2주기 바닥상태 원자의 홀전자 수와 전자가 들어 있는 오비탈 수는 다음과 같다.

원자	Li	Be	B	C	N	O	F	Ne
홀전자 수	1	0	1	2	3	2	1	0
전자가 들어 있는 오비탈 수	2	2	3	4	5	5	5	5

$\frac{\text{홀전자 수}}{\text{전자가 들어 있는 오비탈 수}}$가 $\frac{2}{5}$인 Z는 O이다.

$\frac{\text{홀전자 수}}{\text{전자가 들어 있는 오비탈 수}}$가 $\frac{1}{2}$인 원자는 Li과 C인데, Li은 p 오비탈에 전자가 없으므로 X는 C이다.

Ⅱ 원자의 세계

C의 $\frac{p\text{ 오비탈의 전자 수}}{s\text{ 오비탈의 전자 수}}$는 $\frac{1}{2}$인데 $\frac{p\text{ 오비탈의 전자 수}}{s\text{ 오비탈의 전자 수}}$(상댓값)가 2이므로 Y의 $\frac{p\text{ 오비탈의 전자 수}}{s\text{ 오비탈의 전자 수}}$는 $\frac{1}{4}$이고, 이는 B이다.

따라서 X～Z는 각각 C, B, O이고, $a=\frac{1}{3}$, $b=4$이다.

선택지 분석

✓ ㄱ. $a=\frac{1}{3}$, $b=4$이므로 $ab=\frac{4}{3}$이다.

ㄴ. 원자 번호는 X(C) > Y(B)이다.

ㄷ. 전자가 2개 들어 있는 오비탈 수는 Y(B)가 2, Z(O)가 3이다. 답 ①

54 전자 배치

빈출 문항 자료 분석

그림은 원자 X～Z의 전자 배치를 나타낸 것이다.

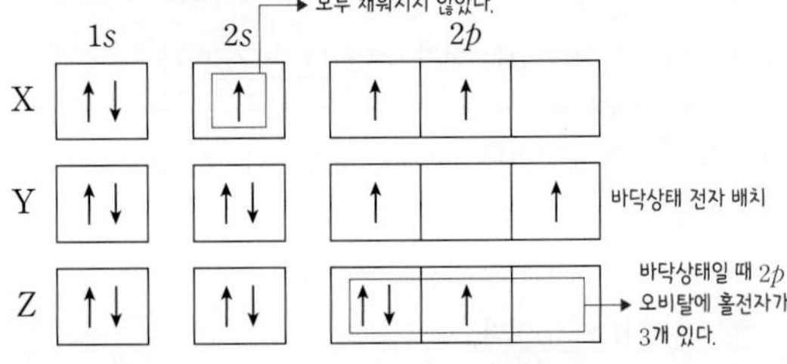

이에 대한 옳은 설명만을 〈보기〉에서 있는 대로 고른 것은? (단, X～Z는 임의의 원소 기호이다.)

보기

ㄱ. X는 들뜬상태이다. O

ㄴ. Y는 훈트 규칙을 만족한다. O

ㄷ. Z는 바닥상태일 때 홀전자 수가 3이다. O

해결 전략 쌓음 원리, 파울리 배타 원리, 훈트 규칙을 모두 만족하는 전자 배치가 바닥상태 전자 배치임을 알고 있어야 한다.

선택지 분석

✓ ㄱ. X는 $2s$ 오비탈에 전자가 모두 채워지지 않은 상태에서 $2p$ 오비탈에 전자가 채워졌으므로 들뜬상태이다.

✓ ㄴ. 훈트 규칙에 따르면 에너지 준위가 같은 오비탈에 전자가 채워질 경우 홀전자 수가 크도록 전자가 채워진다. Y는 $2p$ 오비탈에 들어 있는 전자가 홀전자로 존재하므로 훈트 규칙을 만족한다.

✓ ㄷ. Z는 $2p$ 오비탈에 들어 있는 전자가 3개로 바닥상태일 때 훈트 규칙을 만족하므로 홀전자 수가 3이다. 답 ⑤

55 양자수

자료 분석

모든 전자의 주 양자수(n)의 합은 원자 번호가 1씩 증가할 때 2주기에서 2씩 증가하고, 3주기에서 3씩 증가한다.

Y는 X보다 모든 전자의 주 양자수(n)의 합이 4 크므로 원자 번호는 2 크다. Z는 Y보다 모든 전자의 주 양자수(n)의 합이 5 크므로 원자 번호는 2 큰데 2주기에서 1 증가하고, 3주기에서 1 증가한 것이다. 따라서 X～Z는 각각 N, F, Na이다.

• X(N): $1s^2 2s^2 2p^3$ • Y(F): $1s^2 2s^2 2p^5$ • Z(Na): $1s^2 2s^2 2p^6 3s^1$

선택지 분석

✓ ㄱ. 3주기 원소는 Z(Na) 1가지이다.

ㄴ. 전자가 들어 있는 오비탈 수는 X(N)와 Y(F)가 5로 같다.

✓ ㄷ. s 오비탈과 p 오비탈의 방위(부) 양자수(l)는 각각 0, 1이므로 모든 전자의 방위(부) 양자수(l)의 합은 p 오비탈에 들어 있는 전자 수와 같다. p 오비탈에 들어 있는 전자 수는 X(N)가 3, Z(Na)가 6이므로 모든 전자의 방위(부) 양자수(l)의 합은 Z가 X의 2배이다. 답 ④

56 산소(O) 원자의 전자 배치

자료 분석

바닥상태 전자 배치는 쌓음 원리, 파울리 배타 원리, 훈트 규칙을 모두 만족한다.

선택지 분석

✓ ㄱ. (가)와 (나)는 모두 전자 배치 원리를 만족하고 있으므로 바닥상태의 전자 배치이다.

✓ ㄴ. (다)는 $2p$ 오비탈에 쌍을 이룬 전자의 스핀 방향이 같으므로 파울리 배타 원리에 어긋난다.

✓ ㄷ. (라)는 $2p$ 오비탈에 전자가 모두 채워지지 않고 $3s$ 오비탈에 전자가 1개 있으므로 들뜬상태의 전자 배치이다. 답 ⑤

57 오비탈의 양자수

빈출 문항 자료 분석

표는 수소 원자의 오비탈 (가)～(다)에 대한 자료이다. n, l, m_l는 각각 주 양자수, 방위(부) 양자수, 자기 양자수이다.

	$n+l$	$l+m_l$	
(가) 1s	1	0	$n=1$, $l=0$, $m_l=0$
(나) 2s	2	0	$n=2$, $l=0$, $m_l=0$
(다) 2p	3	1	$n=2$, $l=1$, $m_l=0$

이에 대한 설명으로 옳은 것만을 〈보기〉에서 있는 대로 고른 것은?

보기

ㄱ. 방위(부) 양자수(l)는 (가)=(나)이다. O

ㄴ. 에너지 준위는 (가) > (나)이다. X (나) > (가)

ㄷ. (다)의 모양은 구형이다. X 아령 모양

해결 전략 주 양자수(n), 방위(부) 양자수(l), 자기 양자수(m_l)의 정의를 알고 수소 원자의 오비탈에 적용할 수 있어야 한다.

선택지 분석

✓ ㄱ. 방위(부) 양자수(l)는 (가)=(나)=0이다.
ㄴ. 오비탈의 에너지 준위는 $2s > 1s$이므로 (나)>(가)이다.
ㄷ. (다)는 $2p$ 오비탈이므로 아령 모양이다. 답 ①

58 전자 배치 원리

빈출 문항 자료 분석

그림은 학생들이 그린 원자 $_6C$의 전자 배치 (가)~(다)를 나타낸 것이다.

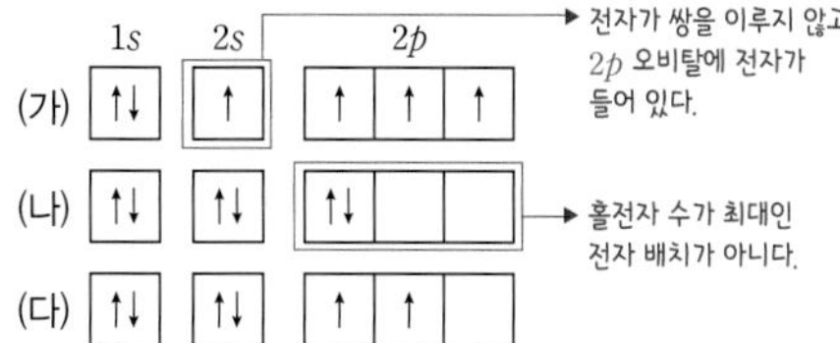

1s
2s
2p
(가)
(나)
(다)
전자가 쌍을 이루지 않고 2p 오비탈에 전자가 들어 있다.
홀전자 수가 최대인 전자 배치가 아니다.

이에 대한 설명으로 옳은 것만을 〈보기〉에서 있는 대로 고른 것은?

보기

ㄱ. (가)는 쌓음 원리를 만족한다. X
ㄴ. (다)는 바닥상태 전자 배치이다. O
ㄷ. (가)~(다)는 모두 파울리 배타 원리를 만족한다. O

해결 전략 쌓음 원리, 파울리 배타 원리, 훈트 규칙에 대하여 알고 있어야 하며, 전자 배치를 보고 바닥상태인지 들뜬상태인지 파악할 수 있어야 한다.

선택지 분석

ㄱ. (가)는 $2s$ 오비탈에 전자가 모두 채워지지 않았으므로 쌓음 원리를 만족하지 않는다.
✓ ㄴ. (다)는 쌓음 원리, 훈트 규칙, 파울리 배타 원리를 만족하는 바닥상태 전자 배치이다.
✓ ㄷ. (가)~(다)는 모두 한 오비탈에 들어 있는 2개의 전자의 스핀 방향이 반대이므로 파울리 배타 원리를 만족한다. 답 ④

59 오비탈과 양자수

자료 분석

(가)는 s 오비탈, (나)는 p_z 오비탈이다. A는 주 양자수(n)가 1로 p 오비탈이 될 수 없으므로 A는 (가), B는 (나)이다. 따라서 $a=0$, $b=1$이다.

선택지 분석

✓ ㄱ. (가)는 s 오비탈이므로 A이다.
ㄴ. (가)는 $1s$ 오비탈이므로 $n=1$, $l=0$이다. (나)는 $2p_z$ 오비탈이므로 $n=2$, $l=1$이다. 따라서 $a+b=0+1=1$이다.
ㄷ. (나)의 자기 양자수(m_l)는 -1, 0, $+1$ 중 하나이다. 답 ①

60 원자의 전자 배치

자료 분석

전자가 들어 있는 전자 껍질 수는 원자가 전자가 들어 있는 오비탈의 주 양자수(n)와 같다.

선택지 분석

✓ ㄱ. 전자가 들어 있는 전자 껍질 수는 X가 2, Y가 3이므로 Y>X이다.
ㄴ. 원자가 전자 수는 Y가 2, Z가 3이므로 Z>Y이다.
ㄷ. 홀전자 수는 X와 Z가 모두 1이다. 답 ①

61 오비탈의 양자수

자료 분석

s 오비탈은 공 모양으로 주 양자수(n)가 클수록 크기가 크다. 따라서 (가)는 $2s$ 오비탈, (나)는 $2p_z$ 오비탈, (다)는 $1s$ 오비탈이다.

선택지 분석

ㄱ. (가)와 (나)의 주 양자수(n)는 모두 2이다.
✓ ㄴ. (가)와 (다)는 모두 s 오비탈이므로 방위(부) 양자수(l)는 모두 0이다.
ㄷ. 수소 원자에서 $2s$ 오비탈과 $2p$ 오비탈의 에너지 준위는 같다. 답 ②

62 전자 배치 원리

자료 분석

X는 전자 수가 6인 원자로 $1s$ 오비탈이 채워지지 않았으므로 들뜬상태 전자 배치이다.
Y는 전자 수가 7인 원자로 바닥상태 전자 배치이다.
Z는 전자 수가 8인 원자로 $2p$ 오비탈이 채워질 때 홀전자 수가 최대가 되도록 채워지지 않았으므로 들뜬상태 전자 배치이다.

선택지 분석

ㄱ. X는 전자 수가 6인 C로 14족 원소이다.
✓ ㄴ. Y의 전자 배치에서 홀전자 수가 최대가 되도록 전자가 배치되었으므로 Y의 전자 배치는 훈트 규칙을 만족한다.
ㄷ. 바닥상태에서 홀전자 수는 X와 Z가 2로 같다. 답 ②

63 오비탈과 양자수

빈출 문항 자료 분석

→ $1s$, $2s$, $2p_x$, $2p_y$, $2p_z$, $3s$ 오비탈이 있다.

그림은 바닥상태 나트륨($_{11}Na$) 원자에서 전자가 들어 있는 오비탈 중 (가)~(다)를 모형으로 나타낸 것이다. (가)~(다) 중 에너지 준위는 (가)가 가장 높다.

→ (가)는 s 오비탈, (나)와 (다)는 p 오비탈이다. → $3s$ 오비탈

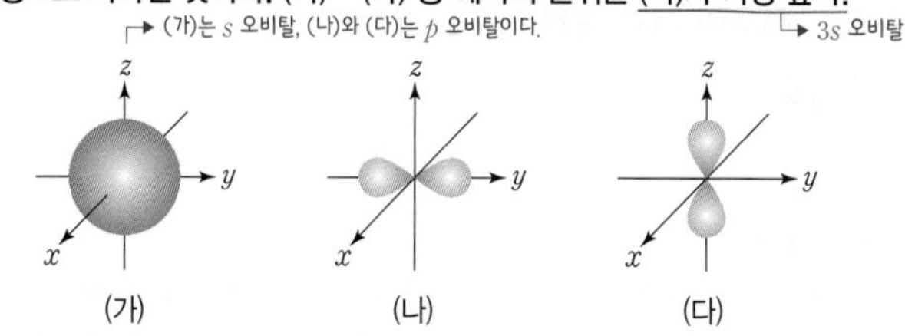

z
y
x
(가)
(나)
(다)

이에 대한 옳은 설명만을 〈보기〉에서 있는 대로 고른 것은?

보기

ㄱ. 주 양자수(n)는 (가)>(나)이다. O
ㄴ. (나)에 들어 있는 전자 수는 1이다. X 2
ㄷ. 에너지 준위는 (나)와 (다)가 같다. O

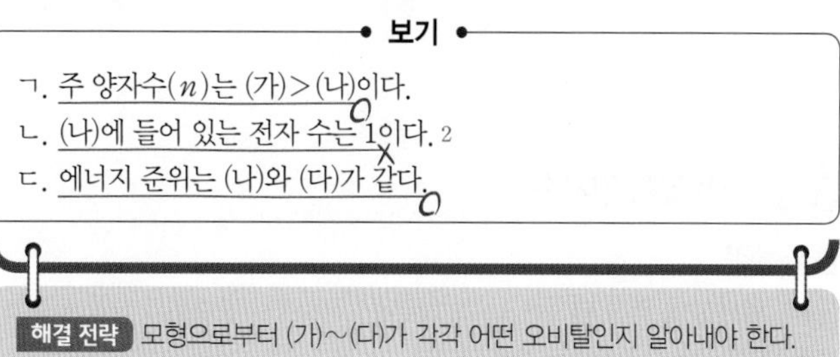

해결 전략 모형으로부터 (가)~(다)가 각각 어떤 오비탈인지 알아내야 한다.

선택지 분석

✓ㄱ. (가)는 $3s$ 오비탈, (나)는 $2p_y$ 오비탈이므로 주 양자수는 (가)>(나)이다.

ㄴ. (나)인 $2p_y$ 오비탈에 들어 있는 전자 수는 2이다.

✓ㄷ. (나)와 (다)는 $2p$ 오비탈이므로 에너지 준위가 같다. 답 ③

64 전자 배치

빈출 문항 자료 분석

표는 2, 3주기 바닥상태 원자 A～C의 전자 배치에 대한 자료이다. n은 주 양자수, l은 방위(부) 양자수이다.

원자	A P	B Ne	C S
$\frac{p\text{ 오비탈의 전자 수}}{s\text{ 오비탈의 전자 수}}$	$\frac{3}{2}$ $\frac{9}{6}$	㉠ $\frac{6}{4}$	$\frac{5}{3}$ $\frac{10}{6}$
$n+l=3$인 전자 수	㉡ =8	6	㉢ =8

→ $2p$ 오비탈과 $3s$ 오비탈

이에 대한 옳은 설명만을 〈보기〉에서 있는 대로 고른 것은? (단, A～C는 임의의 원소 기호이다.)

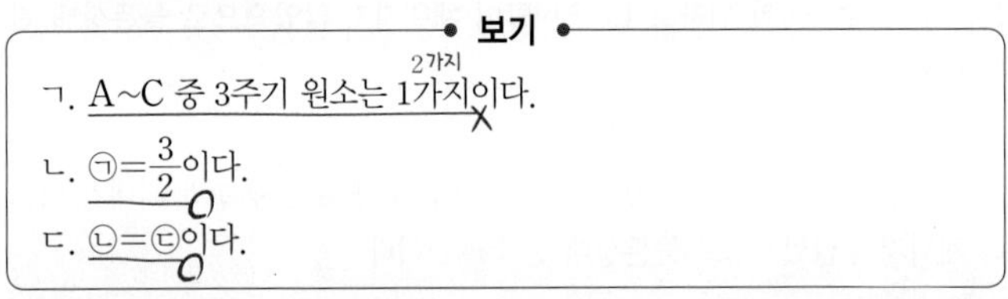
보기

ㄱ. A~C 중 3주기 원소는 1가지이다. (2가지) X

ㄴ. ㉠$=\frac{3}{2}$이다. O

ㄷ. ㉡=㉢이다. O

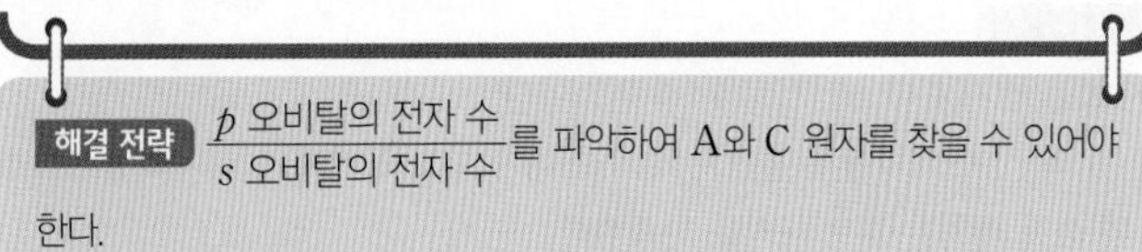
해결 전략 $\frac{p\text{ 오비탈의 전자 수}}{s\text{ 오비탈의 전자 수}}$를 파악하여 A와 C 원자를 찾을 수 있어야 한다.

선택지 분석

ㄱ. A～C 중 3주기 원소는 A(P)와 C(S) 2가지이다.

✓ㄴ. B(Ne)의 ㉠$=\frac{3}{2}$이다.

✓ㄷ. ㉡과 ㉢은 모두 $8(=2p^6 3s^2)$로 같다. 답 ④

65 원자의 전자 배치

자료 분석

바닥상태 2주기 원자 중 홀전자 수가 2인 것은 C와 O이다.

선택지 분석

✓❹ 전자가 들어 있는 오비탈 수는 C가 4, O가 5이므로 X는 C, Y는 O이다. Y(O)는 전자가 8개이므로 바닥상태 전자 배치는 $1s^2 2s^2 2p^4$이다.

답 ④

66 오비탈과 양자수

자료 분석

Na의 바닥상태 전자 배치는 $1s^2 2s^2 2p^6 3s^1$이고, 에너지 준위가 (가)>(나)이므로 (가)는 $3s$, (나)는 $2p_y$ 오비탈이다.

선택지 분석

ㄱ. 전자의 주 양자수(n)는 (가)가 3, (나)가 2로 서로 다르다.

✓ㄴ. 오비탈에 들어 있는 전자 수는 (가)가 1, (나)가 2로 (나)가 (가)의 2배이다.

ㄷ. s 오비탈에 들어 있는 전자의 부 양자수(l)는 0이다. 답 ②

67 원자의 전자 배치

자료 분석

2주기 바닥상태 원자 X와 Y의 홀전자 수의 합이 5이므로 X와 Y는 C, N, O 중 하나이다. C, N, O의 바닥상태 전자 배치는 각각 $1s^2 2s^2 2p^2$, $1s^2 2s^2 2p^3$, $1s^2 2s^2 2p^4$이므로 전자가 들어 있는 p 오비탈 수는 C<N=O이다. 따라서 전자가 들어 있는 p 오비탈 수는 Y>X이므로 X는 C, Y는 N이다.

선택지 분석

✓❷ X는 2주기 14족 원소인 탄소(C)이므로 전자 수가 6이다. 따라서 바닥상태 원자 C의 전자 배치는 $1s^2 2s^2 2p^2$이므로 다음과 같이 나타낼 수 있다.

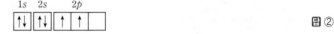

답 ②

68 원자의 전자 배치

빈출 문항 자료 분석

그림은 학생이 그린 원자 C, N와 이온 Al^{3+}의 전자 배치 (가)~(다)를 나타낸 것이다.

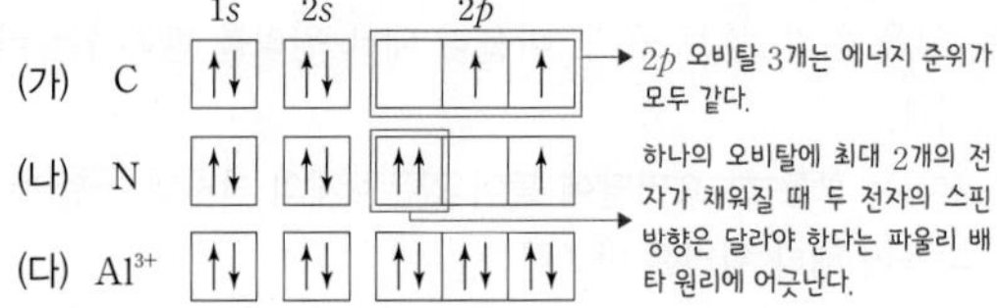

이에 대한 설명으로 옳은 것만을 〈보기〉에서 있는 대로 고른 것은? (단, C, N, Al의 원자 번호는 각각 6, 7, 13이다.)

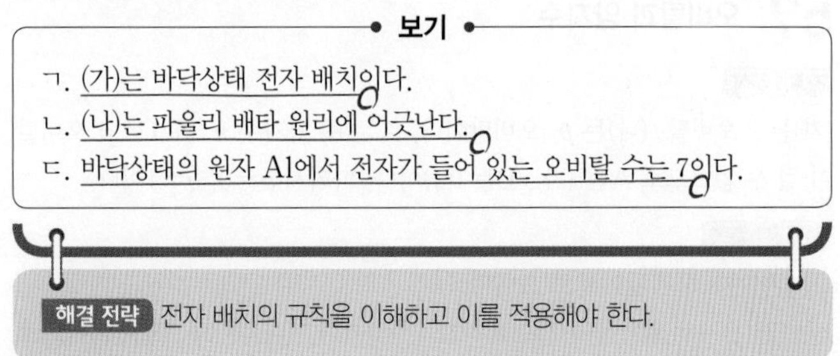
보기

ㄱ. (가)는 바닥상태 전자 배치이다. O

ㄴ. (나)는 파울리 배타 원리에 어긋난다. O

ㄷ. 바닥상태의 원자 Al에서 전자가 들어 있는 오비탈 수는 7이다. O

해결 전략 전자 배치의 규칙을 이해하고 이를 적용해야 한다.

선택지 분석

✓ㄱ. (가)는 전자 배치의 3가지 규칙인 쌓음 원리, 파울리 배타 원리, 훈트 규칙을 모두 만족하므로 바닥상태 전자 배치이다.

✓ㄴ. (나)에서 1개의 $2p$ 오비탈에 스핀 방향이 같은 전자가 있으므로 파울리 배타 원리에 어긋난다.

✓ㄷ. Al^{3+}은 양성자 수가 전자 수보다 3만큼 크므로 Al의 전자 수는 13이다. Al의 바닥상태 전자 배치는 $1s^2 2s^2 2p^6 3s^2 3p^1$이므로 전자가 들어 있는 오비탈 수는 7이다. 답 ⑤

69 원자의 전자 배치

자료 분석

쌓음 원리, 파울리 배타 원리, 훈트 규칙에 대하여 알고 있어야 한다.

선택지 분석

① (가)는 쌓음 원리에 위배되고, (다)는 훈트 규칙에 위배되므로 모두 들뜬 상태 전자 배치이고, (나)는 바닥상태 전자 배치이다.

② 전자가 들어 있는 오비탈 수는 (가)가 3, (나)와 (다)가 4이다.

③ (가)에서 에너지 준위가 낮은 $2s$ 오비탈에 전자 1개가 배치되어 있는데, 다른 전자 1개는 에너지 준위가 높은 $2p$ 오비탈에 배치되었으므로 쌓음 원리에 위배된다.

✓❹ $2p$ 오비탈에 있는 3개의 오비탈은 에너지 준위가 같으므로 (나)에서 p 오비탈에 있는 두 전자의 에너지는 같다.

⑤ 에너지 준위가 같은 3개의 $2p$ 오비탈에 전자가 1개씩 배치될 때 홀전자가 가장 많으므로 (다)는 훈트 규칙에 위배된다. 답 ④

70 원자의 전자 배치

자료 분석

전자 배치를 보면 X는 바닥상태, Y, Z는 들뜬상태임을 알 수 있다.

선택지 분석

✓ㄱ. X는 전자 배치의 규칙을 모두 만족하므로 바닥상태이다.

ㄴ. Y는 $2p$ 오비탈 1개는 비어 있고 오비탈 2개에 전자가 쌍을 이루고 있으므로 훈트 규칙에 위배된다.

ㄷ. Z는 총 전자 수가 9인 원소이므로 2주기 원소이다. 답 ①

71 원자의 전자 배치

자료 분석

2, 3주기 원자에서 전자가 들어 있는 s 오비탈 수, 전자가 들어 있는 p 오비탈 수, 홀전자 수를 나타내면 다음과 같다.

2주기	Li	Be	B	C	N	O	F	Ne
전자가 들어 있는 s 오비탈 수	2	2	2	2	2	2	2	2
전자가 들어 있는 p 오비탈 수	0	0	1	2	3	3	3	3
홀전자 수	1	0	1	2	3	2	1	0
3주기	Na	Mg	Al	Si	P	S	Cl	Ar
전자가 들어 있는 s 오비탈 수	3	3	3	3	3	3	3	3
전자가 들어 있는 p 오비탈 수	3	3	4	5	6	6	6	6
홀전자 수	1	0	1	2	3	2	1	0

X로 가능한 것은 Na이고, Y로 가능한 것은 N이다. 따라서 원자 X, Y의 바닥상태 전자 배치는 각각 $1s^2 2s^2 2p^6 3s^1$, $1s^2 2s^2 2p^3$이다.

선택지 분석

✓ㄱ. 원자 번호는 X(Na)가 Y(N)보다 크다.

ㄴ. 원자가 전자 수는 X(Na)가 1, Y(N)가 5이다.

✓ㄷ. 제2 이온화 에너지는 X(Na)가 Y(N)보다 크다. 답 ③

03 원소의 주기적 성질

72 ②	73 ④	74 ③	75 ⑤	76 ②	77 ⑤
78 ④	79 ②	80 ④	81 ④	82 ①	83 ⑤
84 ③	85 ②	86 ③	87 ④	88 ②	89 ③
90 ①	91 ①	92 ⑤	93 ④	94 ③	95 ①
96 ⑤	97 ③	98 ①	99 ①	100 ⑤	101 ③
102 ②	103 ④	104 ⑤	105 ④	106 ①	107 ②
108 ①	109 ①	110 ④	111 ⑤	112 ③	113 ⑤
114 ⑤	115 ③	116 ①	117 ③	118 ④	119 ③
120 ②					

72 원소의 주기적 성질

빈출 문항 자료 분석

그림은 이온 X^+, Y^{2-}, Z^{2-}의 전자 배치를 모형으로 나타낸 것이다.

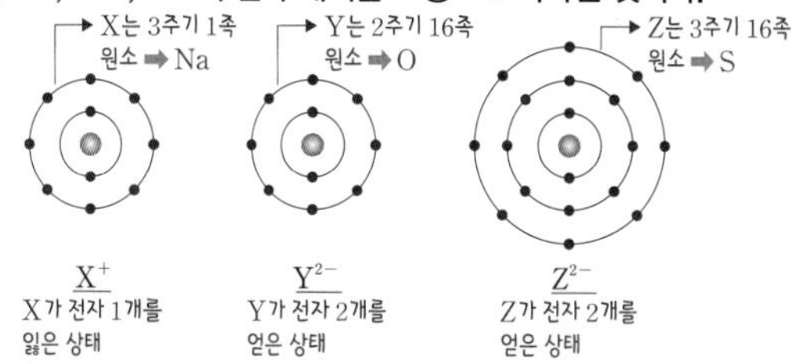

이에 대한 설명으로 옳은 것만을 <보기>에서 있는 대로 고른 것은? (단, X ~ Z는 임의의 원소 기호이다.)

보기

ㄱ. X와 Y는 같은 주기 원소이다. X

ㄴ. 전기 음성도는 Y > Z이다. O

ㄷ. 원자가 전자가 느끼는 유효 핵전하는 X > Z이다. X (Z>X)

해결 전략 주어진 이온의 전자 배치 모형으로부터 원자의 전자 배치를 파악하여 각 원자가 무엇인지를 알아낸다. 그리고 각 원자의 주기적 성질을 비교한다.

선택지 분석

전자 배치 모형으로 보아 X는 3주기 1족 원소인 Na, Y는 2주기 16족 원소인 O, Z는 3주기 16족 원소인 S이다.

ㄱ. X(Na)는 3주기, Y(O)는 2주기 원소이다.

✓ㄴ. Y(O)와 Z(S)는 같은 족 원소이며, 같은 족 원소는 주기가 작을수록 전기 음성도가 크다. 따라서 전기 음성도는 Y > Z이다.

ㄷ. X(Na)와 Z(S)는 같은 주기 원소이며, 원자가 전자가 느끼는 유효 핵전하는 같은 주기에서 원자 번호가 클수록 커진다. 따라서 Z(S) > X(Na)이다.

답 ②

73 원소의 주기적 성질

빈출 문항 자료 분석

그림 (가)는 원자 A~D의 제2 이온화 에너지(E_2)와 ㉠을, (나)는 원자 C~E의 전기 음성도를 나타낸 것이다. A~E는 O, F, Na, Mg, Al을 순서 없이 나타낸 것이고, A~E의 이온은 모두 Ne의 전자 배치를 갖는다. ㉠은 원자 반지름과 이온 반지름 중 하나이다.

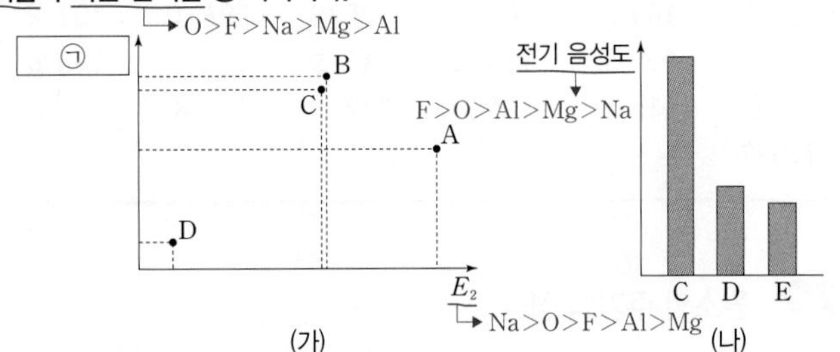

이에 대한 설명으로 옳은 것만을 <보기>에서 있는 대로 고른 것은?

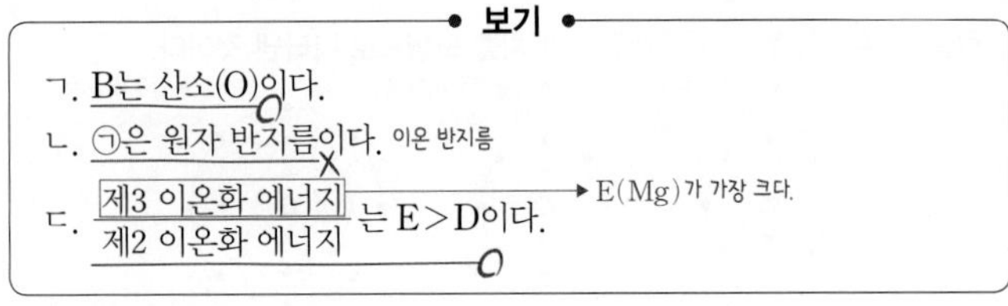

보기
ㄱ. B는 산소(O)이다.
ㄴ. ㉠은 원자 반지름이다. 이온 반지름
ㄷ. 제3 이온화 에너지 / 제2 이온화 에너지 는 E>D이다.
E(Mg)가 가장 크다.

해결 전략 이온화 에너지, 전기 음성도, 원자 반지름, 이온 반지름의 주기성을 파악하고 있어야 한다. 먼저 주어진 원자 중 제2 이온화 에너지가 가장 큰 원자는 Na임을 알고, 이를 A로 둘 때 ㉠은 원자 반지름이 될 수 없음을 유추해 내야 한다.

선택지 분석

O, F, Na, Mg, Al의 제2 이온화 에너지(E_2)는 Na>O>F>Al>Mg이므로 제2 이온화 에너지(E_2)가 가장 큰 원자는 Na이다. 따라서 (가)에서 A를 Na이라고 하면 D는 Mg 또는 Al이다. E_2는 O>F이므로 B와 C는 각각 O, F이라고 할 수 있고, ㉠은 O와 F이 Mg 또는 Al보다 큰 값을 나타내므로 이온 반지름이다. 전기 음성도는 Al>Mg이므로 (나)에서 D는 Al, E는 Mg이다. 따라서 A~E는 각각 Na, O, F, Al, Mg이다.

✓ ㄱ. B는 이온 반지름이 가장 큰 원자이므로 산소(O)이다.

ㄴ. ㉠은 이온 반지름이다.

✓ ㄷ. 제2 이온화 에너지는 D(Al)>E(Mg)이고, E(Mg)의 원자가 전자 수가 2이므로 A~E 중 E의 제3 이온화 에너지가 가장 크다. 따라서 $\frac{\text{제3 이온화 에너지}}{\text{제2 이온화 에너지}}$는 E>D이다. 답 ④

74 원소의 주기적 성질

자료 분석

Li, Be, B, C의 제1 이온화 에너지는 C>Be>B>Li이고, 제2 이온화 에너지는 Li>B>C>Be이므로 $\frac{\text{제1 이온화 에너지}(E_1)}{\text{제2 이온화 에너지}(E_2)}$는 Li이 가장 작다. 따라서 W는 Li이다. B는 제1 이온화 에너지가 Be과 C보다 작고, 제2 이온화 에너지가 Be과 C보다 크므로 $\frac{\text{제1 이온화 에너지}(E_1)}{\text{제2 이온화 에너지}(E_2)}$는 두 번째로 작다. 따라서 X는 B이다. 또한 제1 이온화 에너지는 Y>Z이므로 Y는 C, Z는 Be이다.

선택지 분석

✓ ㄱ. W는 Li이다.

✓ ㄴ. 같은 주기에서 원자가 전자가 느끼는 유효 핵전하는 원자 번호가 클수록 크다. 원자 번호는 Y(C)가 X(B)보다 크므로 원자가 전자가 느끼는 유효 핵전하는 Y>X이다.

ㄷ. 같은 주기에서 원자 반지름은 원자 번호가 작을수록 크다. 원자 번호는 Y(C)>X(B)>Z(Be)>W(Li)이므로 원자 반지름은 W>Z>X>Y이다. 따라서 원자 반지름은 Y가 가장 작다. 답 ③

75 원소의 주기적 성질

자료 분석

2, 3주기 바닥상태 원자의 $\frac{\text{홀전자 수}}{\text{원자가 전자 수}}$는 다음과 같고, 같은 족 원자의 $\frac{\text{홀전자 수}}{\text{원자가 전자 수}}$는 같다.

원자	Li	Be	B	C	N	O	F
$\frac{\text{홀전자 수}}{\text{원자가 전자 수}}$	1	0	$\frac{1}{3}$	$\frac{1}{2}$	$\frac{3}{5}$	$\frac{1}{3}$	$\frac{1}{7}$
원자	Na	Mg	Al	Si	P	S	Cl
$\frac{\text{홀전자 수}}{\text{원자가 전자 수}}$	1	0	$\frac{1}{3}$	$\frac{1}{2}$	$\frac{3}{5}$	$\frac{1}{3}$	$\frac{1}{7}$

Y와 Z의 원자 번호 차는 3이고, $\frac{\text{홀전자 수}}{\text{원자가 전자 수}}$는 Y가 Z의 2배이므로 Y, Z는 각각 Li, C이거나 Na, Si이다. 그런데 Y, Z가 각각 Li, C이면 X의 원자 번호는 0이 되므로 모순이다. 따라서 Y, Z는 각각 Na, Si이고, X는 O이다.

선택지 분석

ㄱ. X(O)의 $\frac{\text{홀전자 수}}{\text{원자가 전자 수}}$는 $\frac{1}{3}$이므로 X, Y를 비교하면 $\frac{1}{3}$: 1=㉠ : 6에서 ㉠은 2이다.

✓ ㄴ. 홀전자 수는 X(O)와 Z(Si)가 모두 2로 같다.

✓ ㄷ. 제1 이온화 에너지는 X(O)>Z(Si)>Y(Na)이다. 답 ⑤

76 양자수

자료 분석

W~Z는 2주기 바닥상태 원자이므로 ㉠은 원자에 따라서 $2s$ 오비탈 또는 $2p$ 오비탈이 될 수 있다. W와 X는 ㉠에 들어 있는 전자 수가 각각 1이므로 W와 X의 바닥상태 전자 배치는 각각 $1s^22s^1$, $1s^22s^22p^1$ 중 하나인데, Z^*가 W>X이므로 원자 번호도 W>X이다. 따라서 W는 B, X는 Li이다.

Y는 ㉠에 들어 있는 전자 수가 2이므로 Y의 바닥상태 전자 배치는 $1s^22s^2$ 또는 $1s^22s^22p^2$인데, Z^*가 W(B)>Y이므로 Y는 Be이다.

Z는 ㉠에 들어 있는 전자 수가 3이므로 Z의 바닥상태 전자 배치는 $1s^22s^22p^3$이다. 따라서 Z는 N이다.

선택지 분석

ㄱ. Y는 베릴륨(Be)이다.

✓ ㄴ. 원자 반지름은 같은 주기에서 원자 번호가 클수록 작아지므로 X(Li)>Z(N)이다.

ㄷ. 전기 음성도는 같은 주기에서 원자 번호가 클수록 커지므로 W(B)>Y(Be)이다. 답 ②

77 이온 반지름과 순차 이온화 에너지

빈출 문항 자료 분석

다음은 원자 W～Z에 대한 자료이다.

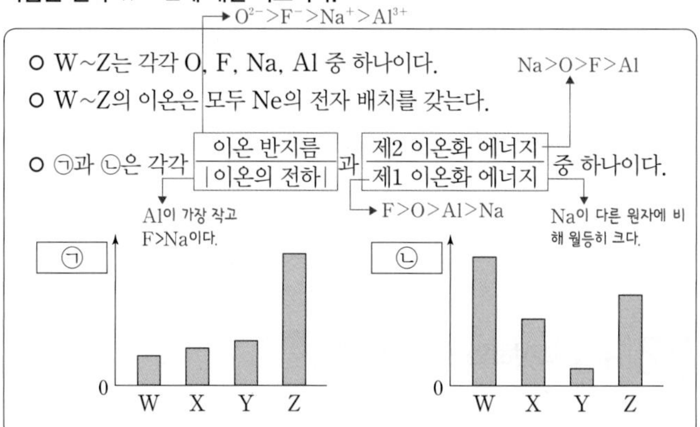

$O^{2-}>F^->Na^+>Al^{3+}$
○ W~Z는 각각 O, F, Na, Al 중 하나이다.
Na>O>F>Al
○ W~Z의 이온은 모두 Ne의 전자 배치를 갖는다.
○ ㉠과 ㉡은 각각 $\frac{\text{이온 반지름}}{|\text{이온의 전하}|}$과 $\frac{\text{제2 이온화 에너지}}{\text{제1 이온화 에너지}}$ 중 하나이다.
Al이 가장 작고 F>Na이다.
F>O>Al>Na
Na이 다른 원자에 비해 월등히 크다.
㉠
㉡
0
W X Y Z

이에 대한 옳은 설명만을 〈보기〉에서 있는 대로 고른 것은?

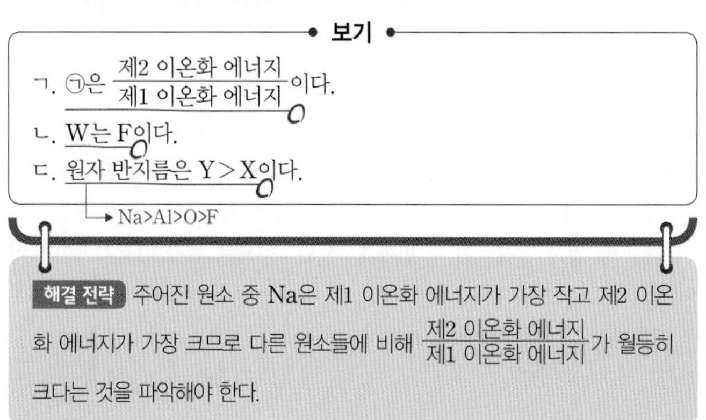

해결 전략 주어진 원소 중 Na은 제1 이온화 에너지가 가장 작고 제2 이온화 에너지가 가장 크므로 다른 원소들에 비해 $\frac{\text{제2 이온화 에너지}}{\text{제1 이온화 에너지}}$가 월등히 크다는 것을 파악해야 한다.

선택지 분석

✓ ㄱ. O, F, Na, Al의 제1 이온화 에너지는 F>O>Al>Na이고 제2 이온화 에너지는 Na>O>F>Al이므로 $\frac{\text{제2 이온화 에너지}}{\text{제1 이온화 에너지}}$는 Na이 가장 크고 O>F이다.

이온 반지름은 $O^{2-}>F^->Na^+>Al^{3+}$이므로 $\frac{\text{이온 반지름}}{|\text{이온의 전하}|}$은 Al이 가장 작고 F>Na이다. 따라서 ㉠은 $\frac{\text{제2 이온화 에너지}}{\text{제1 이온화 에너지}}$, ㉡은 $\frac{\text{이온 반지름}}{|\text{이온의 전하}|}$이고, W～Z는 각각 F, O, Al, Na이다.

✓ ㄴ. W는 F이다.

✓ ㄷ. X(O)는 2주기 16족 원소이고 Y(Al)는 3주기 13족 원소이므로 원자 반지름은 Y(Al)>X(O)이다. 답 ⑤

78 원소의 주기적 성질

자료 분석

원자 번호 11～17인 원자들의 홀전자 수는 다음과 같다.

Na(1), Mg(0), Al(1), Si(2), P(3), S(2), Cl(1)

같은 주기에서는 원자 번호가 클수록 전기 음성도는 대체로 증가한다.

따라서 A～E는 각각 Mg, Cl, Na, S, P이다.

선택지 분석

ㄱ. B는 Cl이므로 금속 원소가 아니다.

✓ ㄴ. A～E 중 $\frac{\text{제2 이온화 에너지}}{\text{제1 이온화 에너지}}$는 1족 원소인 C(Na)가 가장 크다.

✓ ㄷ. D(S)와 E(P)의 원자가 전자 수는 각각 6, 5이므로 원자가 전자 수는 D>E이다. 답 ④

79 원소의 주기적 성질

자료 분석

원자가 전자 수는 F>O>Mg>Na, 원자 반지름은 Na>Mg>O>F, 이온 반지름은 $O^{2-}>F^->Na^+>Mg^{2+}$이다. 원자가 전자 수에서 W로 가능한 것은 O와 F이고, Y로 가능한 것은 Na과 Mg이다.

W가 O이면 원자 반지름과 이온 반지름 자료를 만족시킬 수 없다. 따라서 W는 F이며, ㉠은 원자 반지름, ㉡은 이온 반지름이고, X～Z는 각각 O, Mg, Na이다.

선택지 분석

ㄱ. ㉠은 원자 반지름이다.

✓ ㄴ. W(F)와 X(O)는 모두 2주기 원소이다.

ㄷ. 원자가 전자가 느끼는 유효 핵전하는 같은 주기에서 원자 번호가 클수록 커지므로 Y(Mg)>Z(Na)이다. 답 ②

80 원소의 주기적 성질

빈출 문항 자료 분석

다음은 바닥상태 원자 W ~ Z에 대한 자료이다. W ~ Z의 원자 번호는 각각 8 ~ 14 중 하나이다.

→ O, F, Na, Al, Si 중 하나이다.

- W~Z에는 모두 홀전자가 존재한다.
- 전기 음성도는 W~Z 중 W가 가장 크고, X가 가장 작다.
- 전자가 2개 들어 있는 오비탈 수의 비는 X : Y : Z = 2 : 2 : 1이다.

→ X와 Y는 각각 Al, Si 중 하나이고, Z는 O이다.

→ W는 F이고, 전기 음성도는 Si > Al이므로 X는 Al이다.

이에 대한 설명으로 옳은 것만을 〈보기〉에서 있는 대로 고른 것은? (단, W ~ Z는 임의의 원소 기호이다.)

보기

ㄱ. Z는 2주기 원소이다.

ㄴ. Ne의 전자 배치를 갖는 이온의 반지름은 X > W이다. (W > X)

ㄷ. 원자가 전자가 느끼는 유효 핵전하는 Y > X이다.

해결 전략 원자 번호가 8 ~ 14인 원자 중 홀전자가 존재하는 원자를 모두 찾아낸 후, 그 원자들의 전자가 2개 들어 있는 오비탈 수의 비를 파악한다.

선택지 분석

바닥상태 원자 W ~ Z의 원자 번호가 각각 8 ~ 14 중 하나이고, 모두 홀전자가 존재하므로 W ~ Z는 각각 O(산소), F(플루오린), Na(나트륨), Al(알루미늄), Si(규소) 중 하나이다. 이들의 전자가 2개 들어 있는 오비탈 수는 다음과 같다.

원자	O	F	Na	Al	Si
전자가 2개 들어 있는 오비탈 수	3	4	5	6	6

전자가 2개 들어 있는 오비탈 수의 비는 X : Y : Z = 2 : 2 : 1에서 X와 Y는 각각 Al, Si 중 하나이고, Z는 O이다.

전기 음성도는 W가 가장 크고 X가 가장 작으므로 W는 F이고, X는 Al이다. 따라서 Y는 Si이다.

✓ ㄱ. Z(O)는 2주기 원소이다.

ㄴ. Ne의 전자 배치를 갖는 이온의 반지름은 원자 번호가 작을수록 크다. 원자 번호는 X(Al) > W(F)이므로 이온 반지름은 W(F) > X(Al)이다.

✓ ㄷ. 원자가 전자가 느끼는 유효 핵전하는 같은 주기에서 원자 번호가 클수록 크므로 Y(Si) > X(Al)이다. 답 ④

81 순차 이온화 에너지와 원자 반지름

빈출 문항 자료 분석

그림 (가)는 원자 W ~ Y의 제3 ~ 제5 이온화 에너지(E_3 ~ E_5)를, (나)는 원자 X ~ Z의 원자 반지름을 나타낸 것이다. W ~ Z는 C, O, Si, P을 순서 없이 나타낸 것이다.

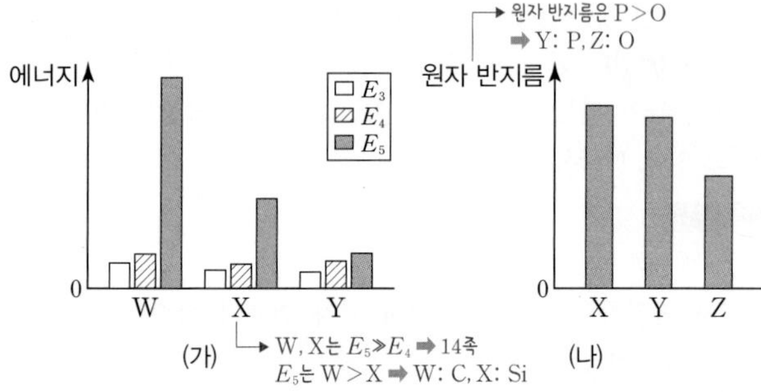

이에 대한 설명으로 옳은 것만을 〈보기〉에서 있는 대로 고른 것은?

보기

ㄱ. X는 Si이다.

ㄴ. W와 Y는 같은 주기 원소이다.

ㄷ. 제2 이온화 에너지는 Z > Y이다.

해결 전략 순차 이온화 에너지가 급격히 증가하기 직전까지 떼어 낸 전자 수는 원자가 전자 수와 같음을 알고 W와 X의 원자가 전자 수를 파악하여 어떤 족인지 알아낸다.

선택지 분석

W와 X의 $E_5 \gg E_4$이므로 W와 X는 14족 원소이다. E_5는 W > X이므로 W는 C, X는 Si이다.

(나)에서 Y와 Z는 각각 O와 P 중 하나이고, 원자 반지름은 P > O이므로 Y는 P, Z는 O이다.

✓ ㄱ. X는 Si이다.

ㄴ. W(C)와 Y(P)는 각각 2, 3주기 원소로, 서로 다른 주기 원소이다.

✓ ㄷ. 제2 이온화 에너지는 N > P이고 O > N이므로 Z(O) > Y(P)이다. 답 ④

82 유효 핵전하와 원자 반지름

자료 분석

같은 주기에서는 원자 번호가 증가할수록 원자가 전자가 느끼는 유효 핵전하가 증가하며, 유효 핵전하가 커질수록 원자핵과 원자가 전자 사이의 인력이 증가하므로 원자 반지름이 작아진다.

선택지 분석

✓ ① 원자 번호가 5 ~ 9인 원자는 B, C, N, O, F으로 모두 2주기 원소이다. 자료에서 이 원자들의 원자가 전자가 느끼는 유효 핵전하가 커질수록 원자 반지름이 작아진다. 따라서 ㉠으로 '작아진다'는 적절하다. 또한 X는 5가지 원소 중 원자 반지름이 두 번째로 큰 원소이므로 원자 번호가 6인 C이다. 답 ①

83 원소의 주기적 성질

자료 분석

2, 3주기 바닥상태 원자의 홀전자 수와 s 오비탈에 들어 있는 전자 수는 다음과 같다.

원자	Li	Be	B	C	N	O	F	Ne
홀전자 수	1	0	1	2	3	2	1	0
s 오비탈에 들어 있는 전자 수	3	4	4	4	4	4	4	4
원자	Na	Mg	Al	Si	P	S	Cl	Ar
홀전자 수	1	0	1	2	3	2	1	0
s 오비탈에 들어 있는 전자 수	5	6	6	6	6	6	6	6

$\frac{\text{홀전자 수}}{s\text{ 오비탈에 들어 있는 전자 수}}=\frac{1}{6}$인 W와 X는 각각 Al과 Cl 중 하나인데, 전기 음성도는 W>Y>X이므로 W는 Cl이고, X는 Al이며, $\frac{\text{홀전자 수}}{s\text{ 오비탈에 들어 있는 전자 수}}=\frac{1}{4}$이면서 전기 음성도가 W보다 작은 Y는 B이다. Y와 Z는 같은 주기 원소이므로 Z는 Li이다.

선택지 분석

✓ ㄱ. W는 Cl이다.

✓ ㄴ. X(Al)와 Y(B)는 모두 13족 원소이다.

✓ ㄷ. $\frac{\text{제2 이온화 에너지}}{\text{제1 이온화 에너지}}$는 1족 원소인 Z가 가장 크므로 Z(Li)>Y(B)이다. 답 ⑤

84 순차 이온화 에너지

자료 분석

X는 E_2에서 E_3가 될 때, Y는 E_3에서 E_4가 될 때, Z는 E_2에서 E_3가 될 때 이온화 에너지가 크게 증가한다. 따라서 X와 Z는 2족 원소, Y는 13족 원소이다. 같은 족에서 이온화 에너지는 원자 번호가 작을수록 크므로 X는 3주기 2족 원소, Z는 2주기 2족 원소이다. 또한 같은 주기에서 2족 원소의 제1 이온화 에너지는 13족 원소의 제1 이온화 에너지보다 크고, 제1 이온화 에너지는 Z(2주기 2족 원소)>Y(13족 원소)>X(3주기 2족 원소)이므로 Y는 2주기 13족 원소이다. 따라서 X~Z는 각각 Mg, B, Be이다.

선택지 분석

ㄱ. Y는 2주기 13족 원소인 B이다.

ㄴ. Z(Be)는 2주기 원소이다.

✓ ㄷ. 원자가 전자 수는 X(Mg)가 2, Y(B)가 3이므로 Y>X이다. 답 ③

85 원소의 주기적 성질

자료 분석

원자 번호 7~13에서 홀전자 수와 원자가 전자 수는 다음과 같다.

원자	$_7$N	$_8$O	$_9$F	$_{10}$Ne	$_{11}$Na	$_{12}$Mg	$_{13}$Al
홀전자 수	3	2	1	0	1	0	1
원자가 전자 수	5	6	7	0	1	2	3

W는 홀전자 수와 원자가 전자 수가 같으므로 W는 Na이고, $a=1$이다. X의 홀전자 수는 a로 1이므로 F 또는 Al이다. X가 Al이면 Al보다 제1 이온화 에너지가 작은 원자는 Na 1가지이므로 제1 이온화 에너지 X>Y>W의 자료에 부합하지 않는다. 따라서 X는 F이다. Ne의 전자 배치를 갖는 이온의 반지름이 F^-보다 큰 이온은 O^{2-}, N^{3-}인데, Z의 홀전자 수 $a+b$는 3을 초과할 수 없으므로 Y는 N일 수 없다. 따라서 Y는 O이고 $b=2$이며, Z의 홀전자 수는 $a+b=1+2=3$이므로 Z는 N이다.

선택지 분석

ㄱ. Z는 N이므로 15족 원소이다.

✓ ㄴ. 제2 이온화 에너지는 1족 원소인 W(Na)가 가장 크다.

ㄷ. 원자 반지름은 같은 주기에서 원자 번호가 작을수록 크므로 원자 반지름은 Z(N)>Y(O)이다. 답 ②

86 원소의 주기적 성질

빈출 문항 자료 분석

다음은 원자 W~Z에 대한 자료이다. W~Z는 각각 O, F, Mg, Al 중 하나이다.

Mg>Al>O>F

- 원자 반지름은 W>X>Y이다.
- Ne의 전자 배치를 갖는 이온의 반지름은 Y>Z>X이다.

등전자 이온의 반지름은 원자 번호가 클수록 작다. ➡ O>F>Mg>Al

이에 대한 옳은 설명만을 〈보기〉에서 있는 대로 고른 것은?

보기

ㄱ. Y는 O이다. O

ㄴ. 제1 이온화 에너지는 W>X이다. O

ㄷ. 원자가 전자가 느끼는 유효 핵전하는 Y>Z이다. X Z>Y

해결 전략 2, 3주기 원소의 원자 반지름의 주기성, 등전자 이온의 반지름 경향성을 파악하여 W~Z 원소를 알아낸 후, 제1 이온화 에너지와 원자가 전자가 느끼는 유효 핵전하 크기를 적용한다.

선택지 분석

✓ ㄱ. 원자 반지름은 Mg>Al>O>F이고, Ne의 전자 배치를 갖는 이온의 반지름은 O>F>Mg>Al이다. 따라서 W~Z는 각각 Mg, Al, O, F이다.

✓ ㄴ. 같은 주기에서 원자 번호가 클수록 제1 이온화 에너지가 대체로 커지지만, 예외로 2족 원소가 13족 원소보다, 15족 원소가 16족 원소보다 크다. 따라서 제1 이온화 에너지는 W(Mg)>X(Al)이다.

ㄷ. 같은 주기에서 원자가 전자가 느끼는 유효 핵전하는 원자 번호가 클수록 커진다. 따라서 원자가 전자가 느끼는 유효 핵전하는 Z(F)>Y(O)이다. 답 ③

87 원소의 주기적 성질

자료 분석

원자 반지름은 같은 주기에서 원자 번호가 클수록 작아지고, 같은 족에서 원자 번호가 클수록 커진다. 따라서 N, O, F, Na, Mg의 원자 반지름은 Na>Mg>N>O>F이며, A~E는 각각 F, O, N, Mg, Na이다.

선택지 분석

ㄱ. 원자 번호는 A(F)>B(O)이다.

✓ ㄴ. 원자가 전자가 느끼는 유효 핵전하는 같은 주기에서 원자 번호가 클수록 커지므로 D(Mg)>E(Na)이다.

✓ ㄷ. 같은 주기에서 제1 이온화 에너지는 15족>16족이지만, 제2 이온화 에너지는 16족>15족이다. 따라서 제2 이온화 에너지는 B(O)>C(N)이다. 답 ④

88 원소의 주기적 성질

빈출 문항 자료 분석

다음은 바닥상태 원자 W～Z에 대한 자료이다. W～Z는 각각 O, F, P, S 중 하나이다.

F(7)>O(6)=S(6)>P(5)

- 원자가 전자 수는 W>X이다.

P>S>O>F

- 원자 반지름은 W>Y이다.
- 제1 이온화 에너지는 Z>Y>W이다.

F>O>P>S

이에 대한 설명으로 옳은 것만을 〈보기〉에서 있는 대로 고른 것은? (단, W～Z는 임의의 원소 기호이다.)

보기

ㄱ. Y는 P이다. Y: O

ㄴ. W와 X는 같은 주기 원소이다.

ㄷ. 원자가 전자가 느끼는 유효 핵전하는 Y>Z이다. Z>Y

해결 전략 제1 이온화 에너지로부터 Y와 Z를 찾고, 원자가 전자 수로부터 W와 X를 찾아 주기적 성질을 비교할 수 있어야 한다.

선택지 분석

ㄱ. 원자가 전자 수는 W>X이다. 따라서 만약 W가 F이라면 원자 반지름이 가장 작으므로 주어진 조건에 맞지 않고, 만약 W가 O라면 제1 이온화 에너지의 조건에 맞지 않다. 따라서 W는 S이고, X는 P이다. 제1 이온화 에너지가 Z>Y>W(S)이므로 Y는 O이고, Z는 F이다.

✓ ㄴ. W, X는 각각 S, P이므로 모두 3주기 원소이다.

ㄷ. 원자 번호는 Z>Y이므로 원자가 전자가 느끼는 유효 핵전하는 Z>Y이다. 답 ②

89 원소의 주기적 성질

자료 분석

홀전자 수는 O가 2, F이 1, Na이 1, Mg이 0이므로 O>F=Na>Mg이고 원자 반지름은 Na>Mg>O>F이다. 따라서 W는 O, X는 Mg이며, Y는 Na 또는 F 중 하나이다. 원자 반지름은 Y가 가장 크므로 Y는 Na이고, Z는 F이다.

선택지 분석

✓ ㄱ. 원자 번호는 X(Mg)>Y(Na)이므로 원자가 전자가 느끼는 유효 핵전하는 X>Y이다.

ㄴ. 이온 반지름은 O^{2-}>Mg^{2+}이므로 W>X이다.

✓ ㄷ. W～Z 중 $\frac{\text{제2 이온화 에너지}}{\text{제1 이온화 에너지}}$는 1족 원소인 Y(Na)가 가장 크다. 또한 제1 이온화 에너지는 Z(F)>W(O)이고, 제2 이온화 에너지는 W(O)>Z(F)이므로 $\frac{\text{제2 이온화 에너지}}{\text{제1 이온화 에너지}}$는 Y>W>Z이다. 답 ③

90 원소의 주기적 성질

빈출 문항 자료 분석

다음은 바닥상태 원자 W～Z에 대한 자료이다.

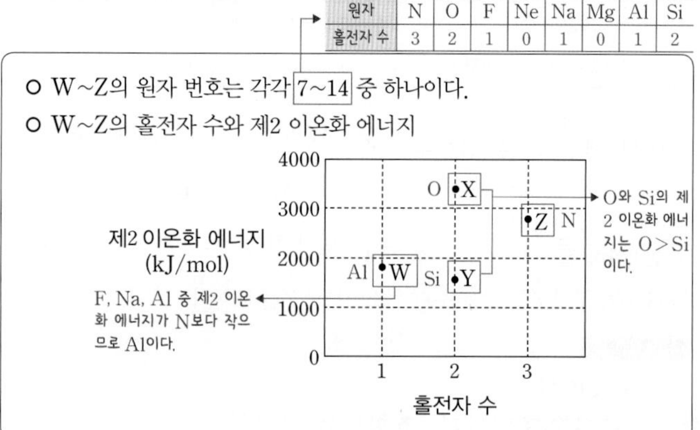

원자 | N | O | F | Ne | Na | Mg | Al | Si
홀전자 수 | 3 | 2 | 1 | 0 | 1 | 0 | 1 | 2
○ W～Z의 원자 번호는 각각 7～14 중 하나이다.
○ W～Z의 홀전자 수와 제2 이온화 에너지
4000
3000
2000
1000
0
제2 이온화 에너지 (kJ/mol)
F, Na, Al 중 제2 이온화 에너지가 N보다 작으므로 Al이다.
O X
Z N
Al W
Si Y
O와 Si의 제2 이온화 에너지는 O>Si이다.
1
2
3
홀전자 수

이에 대한 설명으로 옳은 것만을 〈보기〉에서 있는 대로 고른 것은? (단, W～Z는 임의의 원소 기호이다.)

보기

ㄱ. W는 13족 원소이다.

ㄴ. 원자 반지름은 X>Y이다. Y>X

ㄷ. $\frac{\text{제2 이온화 에너지}}{\text{제1 이온화 에너지}}$는 Z>X이다. X>Z

해결 전략 홀전자 수와 제2 이온화 에너지를 비교하여 X～Z 원자를 찾을 수 있어야 한다.

선택지 분석

✓ ㄱ. W는 Al이므로 13족 원소이다.

ㄴ. 3주기 14족 원소인 Y(Si)가 2주기 16족 원소인 X(O)보다 원자 반지름이 크다.

ㄷ. 제1 이온화 에너지는 Z(N)>X(O)이고, 제2 이온화 에너지는 X(O)>Z(N)이므로 $\frac{\text{제2 이온화 에너지}}{\text{제1 이온화 에너지}}$는 X(O)>Z(N)이다. 답 ①

91 원소의 주기적 성질

자료 분석

제2 이온화 에너지가 급격히 증가한 W는 1족 원소이다. 원자가 전자 수는 W가 1이므로 X는 2, Y는 3, Z는 4이다.

원자 번호는 W>X라고 했으므로 W는 3주기 1족 원소인 Na이고, X는 2주기 2족 원소인 Be이다. 13족 원소인 Y와 14족 원소인 Z가 2족 원소인 X보다 원자 반지름이 크므로 Y, Z는 각각 3주기 원소인 Al, Si이다. 따라서 W～Z는 각각 Na, Be, Al, Si이다.

선택지 분석

✓ ㄱ. W는 1족 원소이므로 원자가 전자 수가 1이다. 따라서 a=1이다.

ㄴ. 3주기 원소는 W(Na), Y(Al), Z(Si)로 3가지이다.

ㄷ. 제1 이온화 에너지는 Z(Si)>Y(Al)이다. 답 ①

92 원소의 주기적 성질

빈출 문항 자료 분석

다음은 원소 A~C에 대한 자료이다.

- A~C는 각각 Cl, K, Ca 중 하나이다. → 금속 원소는 1보다 작고, 비금속 원소는 1보다 크다.
- A~C의 이온은 모두 Ar의 전자 배치를 갖는다.
- $\frac{\text{이온 반지름}}{\text{원자 반지름}}$은 B가 가장 크다. → B는 비금속 원소인 Cl이다.
- 바닥상태 원자에서 $\frac{p\text{ 오비탈의 전자 수}}{s\text{ 오비탈의 전자 수}}$는 A>C이다. → K은 $\frac{12}{7}$, Ca은 $\frac{12}{8}$이다.

A~C에 대한 옳은 설명만을 〈보기〉에서 있는 대로 고른 것은?

보기

ㄱ. 원자가 전자 수는 B가 가장 크다. O
ㄴ. 원자 반지름은 A가 가장 크다. O
ㄷ. 원자가 전자가 느끼는 유효 핵전하는 C>A이다. O

해결 전략 금속 원소는 원자 반지름이 이온 반지름보다 크고, 비금속 원소는 원자 반지름이 이온 반지름보다 작다는 사실을 알고 있어야 한다.

선택지 분석

✓ ㄱ. 원자가 전자 수는 A(K)가 1, B(Cl)가 7, C(Ca)가 2이다.
✓ ㄴ. 원자 반지름은 4주기 1족 원소인 A(K)가 가장 크다.
✓ ㄷ. 원자가 전자가 느끼는 유효 핵전하는 원자 번호가 커질수록 크다. 따라서 원자가 전자가 느끼는 유효 핵전하는 C(Ca)>A(K)이다. 답 ⑤

93 이온화 에너지

자료 분석

2주기에서 제1 이온화 에너지는 Li<B<Be<C<O<N<F<Ne이고, 제2 이온화 에너지는 Li이 가장 크므로 X~Z는 각각 B, Be, O이다.

선택지 분석

ㄱ. X는 B이다.
✓ ㄴ. Y(Be)의 원자 번호는 4, Z(O)의 원자 번호는 8로 Y와 Z의 원자 번호의 차는 4이다.
✓ ㄷ. $\frac{\text{제2 이온화 에너지}}{\text{제1 이온화 에너지}}$는 X(B)가 Y(Be)보다 크다. 답 ④

94 원소의 주기적 성질

자료 분석

A~D는 각각 N, O, Mg, Al 중 하나이다. 원자 반지름은 A가 가장 크므로 A는 Mg이다. 이온 반지름은 B가 가장 작으므로 B는 Al이다. 제2 이온화 에너지는 D가 가장 크므로 D는 O이고, 따라서 C는 N이다.

선택지 분석

✓ ㄱ. Ne의 전자 배치를 갖는 이온은 전자 수가 같으므로 원자 번호가 작을수록 이온 반지름이 크다. 따라서 이온 반지름은 C(N)가 가장 크다.
ㄴ. 제1 이온화 에너지는 A(Mg)>B(Al)이지만 3주기 원소 중 제2 이온화 에너지는 Mg이 가장 작으므로 제2 이온화 에너지는 B(Al)>A(Mg)이다.
✓ ㄷ. 같은 주기에서 원자가 전자가 느끼는 유효 핵전하는 원자 번호가 클수록 크다. 따라서 원자가 전자가 느끼는 유효 핵전하는 D>C이다. 답 ③

도전 1등급 95 원소의 주기적 성질

도전 1등급 문항 분석 ▸▸ 정답률 33.0%

다음은 원자 W~Z에 대한 자료이다. → 원자 반지름: Na>Mg>N>O, 이온 반지름: N>O>Na>Mg, 제1 이온화 에너지: N>O>Mg>Na

- W~Z는 각각 N, O, Na, Mg 중 하나이다.
- 각 원자의 이온은 모두 Ne의 전자 배치를 갖는다.
- ㉠, ㉡은 각각 이온 반지름, 제1 이온화 에너지 중 하나이다.

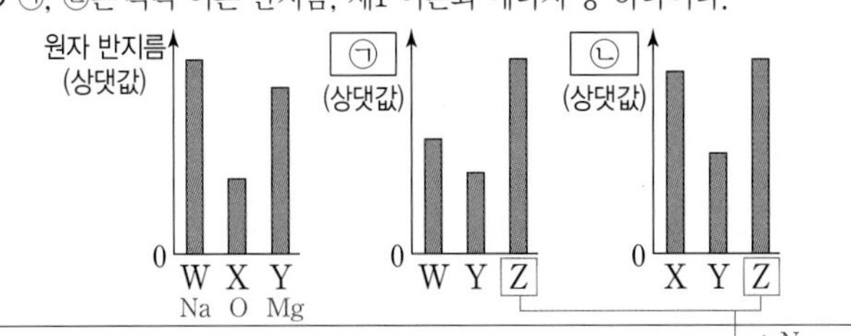

이에 대한 설명으로 옳은 것만을 〈보기〉에서 있는 대로 고른 것은?

보기

ㄱ. ㉠은 이온 반지름이다. O
ㄴ. 제2 이온화 에너지는 Y>W이다. X (W>Y)
ㄷ. 원자가 전자가 느끼는 유효 핵전하는 Z>X이다. X (X>Z)

해결 전략 원자 반지름, 이온 반지름, 제1 이온화 에너지의 주기성을 알고 W~Z를 찾을 수 있어야 한다.

선택지 분석

✓ ㄱ. W(Na)는 Y(Mg)보다 이온 반지름이 크므로 ㉠은 이온 반지름이다.
ㄴ. 제시된 4가지 원소 중 제2 이온화 에너지는 W(Na)가 가장 크므로 제2 이온화 에너지는 W(Na)>Y(Mg)이다.
ㄷ. 원자가 전자가 느끼는 유효 핵전하는 같은 주기에서 원자 번호가 클수록 증가하므로 X(O)가 Z(N)보다 크다. 답 ①

96 주기율표

자료 분석

주기율표는 원자들을 원자 번호 순으로 배열하여 화학적 성질이 비슷한 원소가 같은 세로줄에 오도록 배열한 표이다.

선택지 분석

✓ 학생 A. 멘델레예프는 당시에 알려진 63종의 원소들을 원자량이 증가하는 순서로 배열하면 성질이 비슷한 원소들이 주기적으로 나타나는 것을 발견하여 주기율표를 만들었다.
✓ 학생 B. 현대 주기율표는 원소들을 원자의 양성자 수인 원자 번호 순서대로 배열하여 나타낸다.
✓ 학생 C. 현대 주기율표에서는 화학적 성질이 비슷한 원소가 같은 세로줄에 오도록 배치하였으며, 세로줄을 족, 가로줄을 주기라고 한다. 답 ⑤

97 순차 이온화 에너지

빈출 문항 자료 분석

다음은 원자 번호가 연속인 2주기 원자 W~Z의 이온화 에너지에 대한 자료이다. 원자 번호는 W<X<Y<Z이다. → 원자 번호가 연속인 2주기 원자이다.

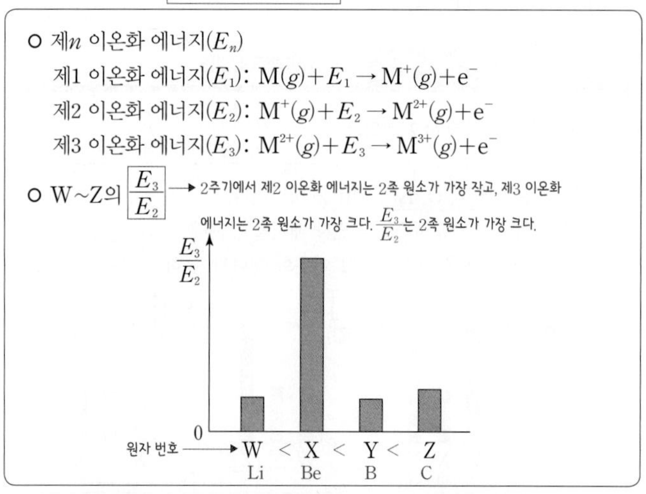

○ 제n 이온화 에너지(E_n)
제1 이온화 에너지(E_1): $M(g)+E_1 \rightarrow M^+(g)+e^-$
제2 이온화 에너지(E_2): $M^+(g)+E_2 \rightarrow M^{2+}(g)+e^-$
제3 이온화 에너지(E_3): $M^{2+}(g)+E_3 \rightarrow M^{3+}(g)+e^-$
○ W~Z의 $\frac{E_3}{E_2}$
→ 2주기에서 제2 이온화 에너지는 2족 원소가 가장 작고, 제3 이온화 에너지는 2족 원소가 가장 크다. $\frac{E_3}{E_2}$는 2족 원소가 가장 크다.
$\frac{E_3}{E_2}$
0
원자 번호
W < X < Y < Z
Li Be B C

이에 대한 설명으로 옳은 것만을 〈보기〉에서 있는 대로 고른 것은? (단, W~Z는 임의의 원소 기호이다.)

보기

ㄱ. 원자 반지름은 W>X이다. O
ㄴ. E_2는 Y>Z이다. O
ㄷ. $\frac{E_2}{E_1}$는 Z>W이다. W>Z ✗

해결 전략 이온화 에너지의 주기성을 이해하고, $\frac{E_3}{E_2}$가 가장 큰 원자가 무엇일지 예측할 수 있어야 한다.

선택지 분석

✓ ㄱ. 2주기에서 원자 반지름은 원자 번호가 작을수록 크다. 따라서 원자 반지름은 W(Li)>X(Be)이다.

✓ ㄴ. 2주기 13족 원소와 14족 원소에 제1 이온화 에너지를 가해 전자를 떼어 낸 후의 바닥상태 전자 배치는 각각 $Y^+(B^+)$: $1s^22s^2$, $Z^+(C^+)$: $1s^22s^22p^1$이다. 제2 이온화 에너지를 가하여 두 번째 전자를 떼어 낼 때 Z^+에서 에너지 준위가 높은 $2p$ 오비탈의 전자를 떼어 내므로 $Y^+(B^+)$에서 전자를 떼어 낼 때보다 에너지가 적게 필요하다. 따라서 E_2는 Y(B)>Z(C)이다.

ㄷ. 2주기에서 제1 이온화 에너지는 1족 원소가 가장 작고, 제2 이온화 에너지는 1족 원소가 가장 크므로 2주기 원소에서 $\frac{E_2}{E_1}$는 1족 원소가 가장 크다. 따라서 $\frac{E_2}{E_1}$는 W(Li)>Z(C)이다. 답 ③

98 원소의 주기적 성질

자료 분석

홀전자 수가 0인 A는 Mg, 홀전자 수가 2인 D는 O이다. Na과 Al은 홀전자 수가 1인데 원자 반지름이 B>C이므로 B는 Na, C는 Al이다.

선택지 분석

✓ ㄱ. 원자 번호는 C(Al)>B(Na)이다.

ㄴ. 같은 주기에서 이온화 에너지는 2족 원자가 13족 원자보다 크므로 A(Mg)>C(Al)이다.

ㄷ. Ne의 전자 배치를 갖는 이온의 반지름은 원자 번호가 작을수록 크므로 $O^{2-}>Na^+$이다. 따라서 이온 반지름은 D(O)>B(Na)이다. 답 ①

99 이온 반지름

자료 분석

양이온의 반지름은 원자 반지름보다 작고, 음이온의 반지름은 원자 반지름보다 크다.

선택지 분석

✓ 학생 A. 나트륨 이온(Na^+)의 반지름은 Na의 원자 반지름보다 작다.
학생 B. 플루오린화 이온(F^-)의 반지름은 F의 원자 반지름보다 크다.
학생 C. 전자 수가 같은 이온의 반지름은 양성자 수가 클수록 작다. 따라서 이온 반지름은 Na^+이 F^-보다 작다. 답 ①

100 원소의 주기적 성질

빈출 문항 자료 분석

다음은 원자 A~C에 대한 자료이다. A~C는 각각 Na, Mg, Al 중 하나이다.

○ $\frac{\text{제2 이온화 에너지}}{\text{제1 이온화 에너지}}$는 A가 가장 크다. → Na, Mg, Al 중 $\frac{\text{제2 이온화 에너지}}{\text{제1 이온화 에너지}}$가 가장 큰 것은 Na이다.

○ 원자가 전자가 느끼는 유효 핵전하는 B>C이다. → Mg과 Al 중 원자가 전자가 느끼는 유효 핵전하는 Al>Mg이다.

A~C에 대한 옳은 설명만을 〈보기〉에서 있는 대로 고른 것은?

보기

ㄱ. 원자가 전자 수는 B가 가장 크다. O
ㄴ. 원자 반지름은 A>C이다. O
ㄷ. 제1 이온화 에너지는 C>B이다. O

해결 전략 $\frac{\text{제2 이온화 에너지}}{\text{제1 이온화 에너지}}$가 가장 큰 값을 갖는 원자를 찾을 수 있어야 한다.

선택지 분석

✓ ㄱ. 원자가 전자 수는 A(Na)가 1, B(Al)가 3, C(Mg)가 2이다. 따라서 원자가 전자 수는 B가 가장 크다.

✓ ㄴ. 원자 반지름은 같은 주기에서 원자 번호가 클수록 작다. 따라서 원자 반지름은 A>C이다.

✓ ㄷ. 제1 이온화 에너지는 2족 원소가 13족 원소보다 크다. 따라서 제1 이온화 에너지는 C>B이다. 답 ⑤

101 이온화 에너지

자료 분석

같은 족에서 주기가 클수록 이온화 에너지가 작아짐을 알 수 있다.

선택지 분석

①, ② 2주기와 3주기에서는 제1 이온화 에너지가 17족 원소>15족 원소>16족 원소로 원자량이나 원자 번호가 클수록 제1 이온화 에너지가 큰 것은 아니므로 가설이 옳지 않다.

✓❸ 15~17족 원소들은 모두 같은 족에서 원자 번호가 커질수록 제1 이온화 에너지가 작아지므로 '같은 족에서 원자 번호가 커질수록 제1 이온화 에너지가 작아진다.'를 가설로 활동을 했다면 가설은 옳다는 결론이 나온다.

④, ⑤ 같은 주기에서 유효 핵전하와 원자가 전자 수는 원자 번호가 클수록 크다(18족 제외). 2주기와 3주기에서 유효 핵전하와 원자가 전자 수는 16족 원소가 15족 원소보다 크지만, 제1 이온화 에너지는 15족 원소가 16족 원소보다 크므로 가설이 옳지 않다. 답 ③

102 원소의 주기적 성질

빈출 문항 자료 분석

다음은 바닥상태 원자 W~Z에 대한 자료이다.

- W~Z의 원자 번호는 각각 8~13 중 하나이다. → W~Z는 O, F, Ne, Na, Mg, Al 중 하나이다.
- W, X, Y의 홀전자 수는 모두 같다.
- 각 원자의 이온은 모두 Ne의 전자 배치를 갖는다. → O, F, Na, Mg, Al의 이온은 Ne과 같은 전자 배치를 하는 등전자 이온이다.
- ㉠과 ㉡은 각각 전기 음성도와 이온 반지름 중 하나이다.

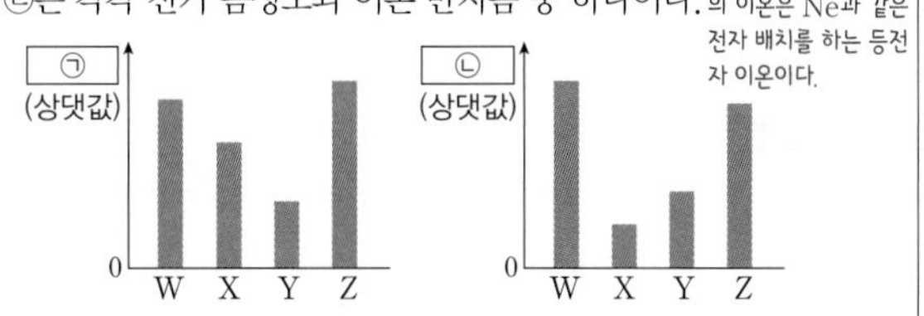

이에 대한 설명으로 옳은 것만을 〈보기〉에서 있는 대로 고른 것은? (단, W~Z는 임의의 원소 기호이다.)

보기

ㄱ. ㉠은 전기 음성도이다. ✗ (이온 반지름)

ㄴ. 제2 이온화 에너지는 Z>W이다. O

ㄷ. 원자가 전자가 느끼는 유효 핵전하는 X>Y이다. ✗ → X는 Na, Y는 Al이다. 유효 핵전하는 원자 번호가 큰 Y가 X보다 크다.

해결 전략 홀전자 수가 같은 W, X, Y를 비교하여 ㉠과 ㉡이 무엇인지 파악한다.

선택지 분석

ㄱ. 원자 번호가 8~13인 원소는 O, F, Ne, Na, Mg, Al이고, 이 중 홀전자 수가 같은 원소는 F, Na, Al이므로 W, X, Y는 각각 F, Na, Al 중 하나이다. F, Na, Al의 전기 음성도는 F>Al>Na이고, F은 W~Z 중 전기 음성도가 가장 크므로 ㉡이 전기 음성도이고, W는 F, X는 Na, Y는 Al이며, Z의 전기 음성도는 W보다 작고 X, Y보다 크므로 Z는 O이다. W, X, Y, Z의 이온 반지름은 Z>W>X>Y이므로 ㉠은 이온 반지름이다.

✓ㄴ. 제1 이온화 에너지로 원자의 첫 번째 전자를 떼어 내면 O^+의 전자 배치는 N와 같은 $1s^22s^22p^3$가 되고, F^+의 전자 배치는 O와 같은 $1s^22s^22p^4$가 되므로 F^+이 O^+보다 두 번째 전자를 떼어 내기가 더 쉽다. 따라서 제2 이온화 에너지는 Z(O)>W(F)이다.

ㄷ. 원자가 전자가 느끼는 유효 핵전하는 원자 번호가 큰 Y(Al)가 X(Na)보다 크다. 답 ②

103 원소의 주기적 성질

자료 분석

원자 번호가 15, 16, 19, 20인 원자는 P, S, K, Ca이고 이온 반지름은 $P^{3-}>S^{2-}>K^+>Ca^{2+}$이다. 따라서 A는 K, B는 P, C는 S, D는 Ca이다.

선택지 분석

✓ㄱ. 주기율표에서 전기 음성도는 오른쪽 위로 갈수록 대체로 증가하므로 (단, 18족 원소 제외) B(P)>C(S)>D(Ca)>A(K)이다. 따라서 A~D의 전기 음성도가 제시된 자료에 부합하므로 전기 음성도는 (가)로 적절하다.

ㄴ. 같은 주기에서 원자가 전자가 느끼는 유효 핵전하는 원자 번호가 클수록 증가하므로 D(Ca)>A(K)이다.

✓ㄷ. 주기율표에서 원자 반지름은 왼쪽 아래로 갈수록 증가하므로 D(Ca)>C(S)이다. 답 ④

104 원소의 주기적 성질

빈출 문항 자료 분석

그림 (가)는 원자 A~D의 제1 이온화 에너지를, (나)는 주기율표에 원소 ㉠~㉣을 나타낸 것이다. A~D는 각각 ㉠~㉣ 중 하나이다.

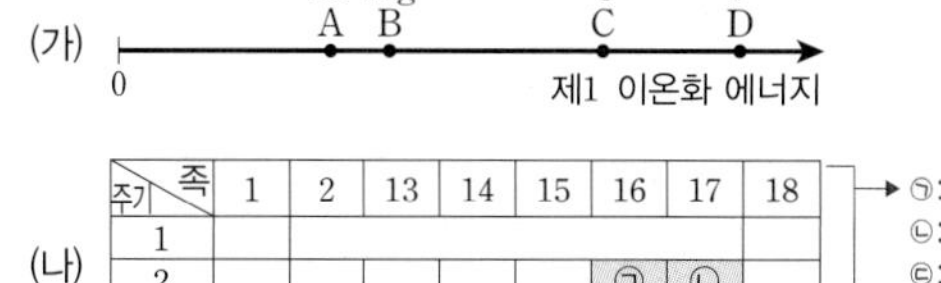

(나)

주기＼족	1	2	13	14	15	16	17	18
1								
2						㉠	㉡	
3		㉢	㉣					

→ ㉠: O, ㉡: F, ㉢: Mg, ㉣: Al

이에 대한 설명으로 옳은 것만을 〈보기〉에서 있는 대로 고른 것은? (단, A~D는 임의의 원소 기호이다.)

보기

ㄱ. D는 ㉡이다. O

ㄴ. C와 D는 같은 주기 원소이다. O

ㄷ. $\frac{\text{제3 이온화 에너지}}{\text{제2 이온화 에너지}}$는 B>A이다. O → 같은 주기에서 제3 이온화 에너지는 2족 원소가 가장 크고 제2 이온화 에너지는 2족 원소가 가장 작다.

해결 전략 제1 이온화 에너지의 경향성을 파악하여 A~D가 어떤 원소인지 알아내야 한다.

선택지 분석

✓ㄱ. 원소 ㉠~㉣의 제1 이온화 에너지는 ㉡>㉠>㉢>㉣이다. 따라서 A는 ㉣, B는 ㉢, C는 ㉠, D는 ㉡이다.

✓ㄴ. C는 2주기 16족 원소인 ㉠, D는 2주기 17족 원소인 ㉡이므로 C와 D는 같은 주기 원소이다.

✓ㄷ. A는 3주기 13족 원소, B는 3주기 2족 원소인데, 3주기 원소 중 제2 이온화 에너지는 2족 원소가 가장 작고 제3 이온화 에너지는 2족 원소가 가장 크다. 따라서 $\frac{\text{제3 이온화 에너지}}{\text{제2 이온화 에너지}}$는 2족 원소인 B가 13족 원소인 A보다 크다. 답 ⑤

105 원소의 주기적 성질

자료 분석

A ~ C는 18족 원소가 아니므로 원자가 전자 수는 1 ~ 7 중 하나이다. 따라서 $x=5$ 또는 $x=6$이다. $x=5$일 때 A는 O, B는 Na, C는 P이고 홀전자 수는 각각 2, 1, 3이므로 원자가 전자 수와 홀전자 수가 같은 원자는 Na 1가지로 제시된 자료에 부합한다. $x=6$일 때 A는 F, B는 Mg, C는 S이므로 원자가 전자 수와 홀전자 수가 같은 원자는 없다. 따라서 A는 O, B는 Na, C는 P이다.

선택지 분석

✓ ㄱ. 주기율표에서 왼쪽 아래로 갈수록 원자 반지름이 커지므로 원자 반지름은 B(Na) > A(O)이다.

ㄴ. 주기율표에서 전기 음성도는 오른쪽 위로 갈수록 대체로 커지므로 A(O) > C(P)이다.

✓ ㄷ. 같은 주기에서 원자가 전자가 느끼는 유효 핵전하는 원자 번호가 클수록 크다. 따라서 원자가 전자가 느끼는 유효 핵전하는 C(P) > B(Na)이다.

답 ④

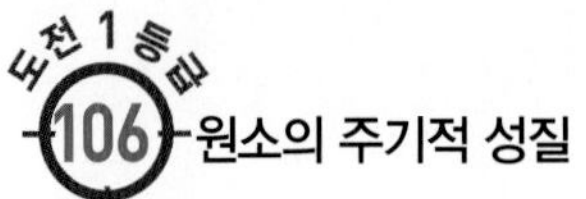

106 원소의 주기적 성질

도전 1등급 문항 분석 ▸▸ 정답률 36.9%

그림은 원자 A ~ E의 제1 이온화 에너지와 제2 이온화 에너지를 나타낸 것이다. A ~ E의 원자 번호는 각각 3, 4, 11, 12, 13 중 하나이다.

원자 번호가 3, 4, 11, 12, 13인 원자는 각각 Li, Be, Na, Mg, Al이다. 제1 이온화 에너지는 Be > Li이고 Mg > Al > Na이며 Be > Mg이므로, E는 제1 이온화 에너지가 가장 큰 Be이다. 또한 제2 이온화 에너지는 Li이 가장 크고 Na이 두 번째로 크므로 A는 Li, B는 Na이다.

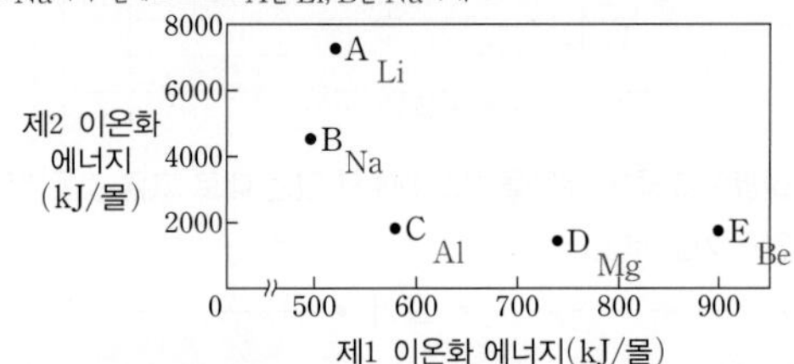

이에 대한 설명으로 옳은 것만을 〈보기〉에서 있는 대로 고른 것은? (단, A ~ E는 임의의 원소 기호이다.)

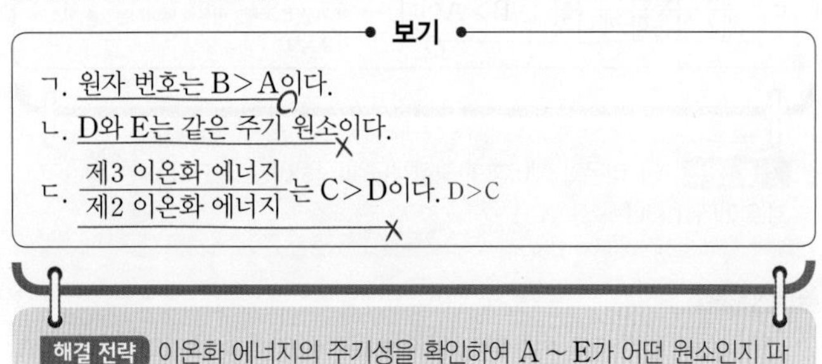

보기

ㄱ. 원자 번호는 B > A이다. (O)

ㄴ. D와 E는 같은 주기 원소이다. (X)

ㄷ. $\frac{\text{제3 이온화 에너지}}{\text{제2 이온화 에너지}}$는 C > D이다. D > C (X)

해결 전략 이온화 에너지의 주기성을 확인하여 A ~ E가 어떤 원소인지 파악한다.

선택지 분석

✓ ㄱ. 원자 번호는 B(Na)가 A(Li)보다 크다.

ㄴ. D(Mg)는 3주기 원소, E(Be)는 2주기 원소이다.

ㄷ. 제2 이온화 에너지는 Al > Mg이고, 제3 이온화 에너지는 Mg > Al이므로 $\frac{\text{제3 이온화 에너지}}{\text{제2 이온화 에너지}}$는 C(Al)가 D(Mg)보다 작다.

답 ①

107 원소의 주기적 성질

자료 분석

이온 반지름은 $O^{2-} > F^- > Na^+ > Al^{3+}$이고, 이온의 전하는 O가 −2, F이 −1, Na이 +1, Al이 +3이므로 $\frac{\text{이온 반지름}}{|\text{이온의 전하}|}$은 Al이 가장 작고, F이 가장 크다. 따라서 B는 Al, D는 F이다. $\frac{\text{전기 음성도}}{\text{바닥상태 원자의 홀전자 수}}$는 Al > Na이므로 A는 Na이고, 따라서 C는 O이다.

선택지 분석

ㄱ. 바닥상태 원자의 홀전자 수는 A가 1, B가 1, C가 2, D가 1이므로 C가 가장 크다.

✓ ㄴ. 원자 반지름은 B(Al)가 C(O)보다 크다.

ㄷ. 원자가 전자가 느끼는 유효 핵전하는 D(F)가 C(O)보다 크다.

답 ②

108 원소의 주기적 성질

자료 분석

2주기 원소의 홀전자 수는 다음과 같다.

Li	Be	B	C	N	O	F	Ne
1	0	1	2	3	2	1	0

선택지 분석

✓ ❶ 2주기 원소 중 홀전자 수가 같은 원소는 홀전자 수가 1인 Li, B, F이다. 이 중 제1 이온화 에너지는 F이, 제2 이온화 에너지는 Li이 가장 크다. 즉, X는 F, Y는 B, Z는 Li이다. 따라서 전기 음성도를 비교하면 X > Y > Z이다.

답 ①

109 원소의 주기적 성질

빈출 문항 자료 분석

그림은 2, 3주기 원소 A ~ D의 이온 반지름을 나타낸 것이다. A^{2+}, B^{3+}, C^{2-}, D^-은 18족 원소의 전자 배치를 갖는다.

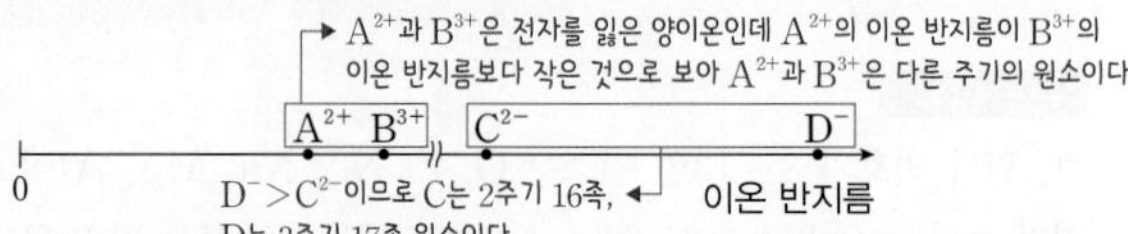

A ~ D에 대한 옳은 설명만을 〈보기〉에서 있는 대로 고른 것은? (단, A ~ D는 임의의 원소 기호이다.)

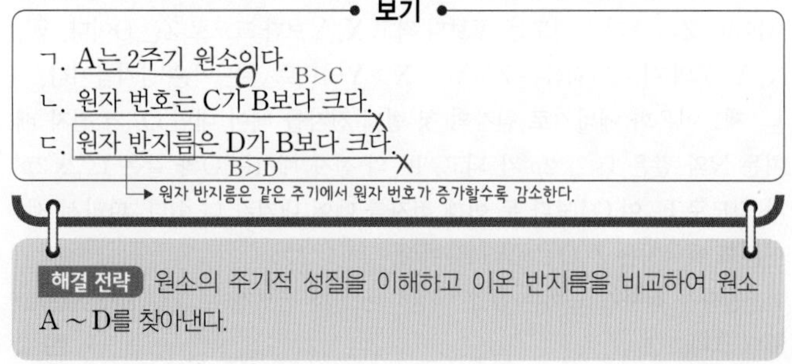

보기

ㄱ. A는 2주기 원소이다. (O)

ㄴ. 원자 번호는 C가 B보다 크다. B > C (X)

ㄷ. 원자 반지름은 D가 B보다 크다. B > D (X)

→ 원자 반지름은 같은 주기에서 원자 번호가 증가할수록 감소한다.

해결 전략 원소의 주기적 성질을 이해하고 이온 반지름을 비교하여 원소 A ~ D를 찾아낸다.

선택지 분석

✓ ㄱ. A는 2주기 2족 원소이다.

ㄴ. C는 2주기 16족, B는 3주기 13족 원소이므로 원자 번호는 B가 C보다 크다.

ㄷ. D는 3주기 17족, B는 3주기 13족 원소이므로 원자 반지름은 B가 D보다 크다. 답 ①

110 원자 반지름과 이온 반지름

자료 분석

원자 번호 15, 16, 17은 3주기 원소, 원자 번호 19, 20은 4주기 원소이다. 제시된 자료에서 A, B는 반지름이 (나)>(가)이고, C, D, E는 반지름이 (가)>(나)이므로 A~E는 각각 Ca, K, P, S, Cl이다.

선택지 분석

ㄱ. A, B의 반지름은 (나)가 (가)보다 크므로 (가)는 이온 반지름이다.

✓ ㄴ. A는 Ca이므로 A의 이온은 A^{2+}(Ca^{2+})이다.

✓ ㄷ. 3, 4주기 원소 중 전기 음성도가 가장 큰 것은 Cl이므로 A~E 중 전기 음성도가 가장 큰 것은 E(Cl)이다. 답 ④

111 제2 이온화 에너지

빈출 문항 자료 분석

그림은 원자 V~Z의 제2 이온화 에너지를 나타낸 것이다. V~Z는 각각 원자 번호 9~13의 원소 중 하나이다.

→ $M^+(g)+E_2 \longrightarrow M^{2+}(g)+e^-$

→ 원자 번호 9~13인 원소는 F, Ne, Na, Mg, Al이다.

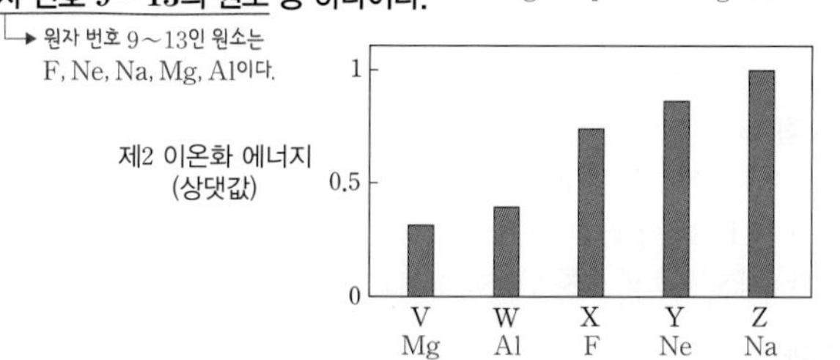

이에 대한 설명으로 옳은 것만을 〈보기〉에서 있는 대로 고른 것은? (단, V~Z는 임의의 원소 기호이다.)

보기

ㄱ. Z는 1족 원소이다.

ㄴ. X와 Y는 같은 주기 원소이다.

ㄷ. 원자가 전자가 느끼는 유효 핵전하는 W>V이다.

해결 전략 제2 이온화 에너지의 주기성을 알고 V~Z가 어떤 원소인지를 파악해야 한다.

선택지 분석

✓ ㄱ. Z는 Na이므로 1족 원소이다.

✓ ㄴ. X는 F, Y는 Ne이므로 모두 2주기 원소이다.

✓ ㄷ. 원자가 전자가 느끼는 유효 핵전하는 같은 주기에서 원자 번호가 클수록 크다. 따라서 Al인 W가 Mg인 V보다 크다. 답 ⑤

112 이온화 에너지

자료 분석

학생 A는 '3주기에서 원자 번호가 큰 원자일수록 항상 제1 이온화 에너지(E_1)가 크다.'로 가설을 설정하였으므로, 3주기 원소 중 원자 번호가 더 크지만 제1 이온화 에너지가 더 작은 원자가 있는지를 확인하여야 한다.

선택지 분석

✓ ❸ 제1 이온화 에너지는 같은 주기에서 원자 번호가 클수록 대체로 증가하지만, 2족과 13족, 15족과 16족 원소의 경우에는 원자 번호가 큰 원소의 제1 이온화 에너지가 더 작으므로 가설에 어긋나는 비교 결과를 알아보려면 2족과 13족 원소인 (나)와 (다), 15족과 16족 원소인 (마)와 (바)를 비교하여야 한다. 답 ③

113 원자 반지름과 이온 반지름

자료 분석

원자 반지름은 O<Al<Na이고, 이온 반지름은 Al^{3+}<Na^+<O^{2-}이므로, $\frac{\text{원자 반지름}}{\text{이온 반지름}}$은 O가 가장 작다. 또한 이온의 전하는 O가 −2, Na이 +1, Al이 +3이므로 $\frac{\text{이온 반지름}}{|\text{이온의 전하}|}$은 Al이 가장 작다. 따라서 A는 Al, B는 Na, C는 O이다.

선택지 분석

ㄱ. 같은 주기에서 원자가 전자가 느끼는 유효 핵전하는 원자 번호가 클수록 크므로, 원자 번호가 큰 A(Al)가 B(Na)보다 크다.

✓ ㄴ. 전자 수가 같은 이온의 반지름은 원자 번호가 작을수록 크므로 C 이온(O^{2-})이 A 이온(Al^{3+})보다 크다.

✓ ㄷ. 원자가 전자 수는 A(Al)가 3, B(Na)가 1, C(O)가 6이다. 따라서 원자가 전자 수는 C>B이다. 답 ⑤

114 원소의 주기적 성질

빈출 문항 자료 분석

다음은 바닥상태 원자 A~D에 대한 자료이다.

○ 원자 번호는 각각 8, 9, 11, 12 중 하나이다. → 원자 번호 8, 9, 11, 12의 원소는 각각 O, F, Na, Mg이다.

○ 전기 음성도는 B>C이다.

○ 각 원자의 이온은 모두 Ne의 전자 배치를 갖는다. → O, F, Na, Mg의 이온 반지름의 크기는 O^{2-}>F^->Na^+>Mg^{2+}이다.

○ A~D의 $\frac{\text{이온 반지름}}{|q|}$($q$는 이온의 전하)

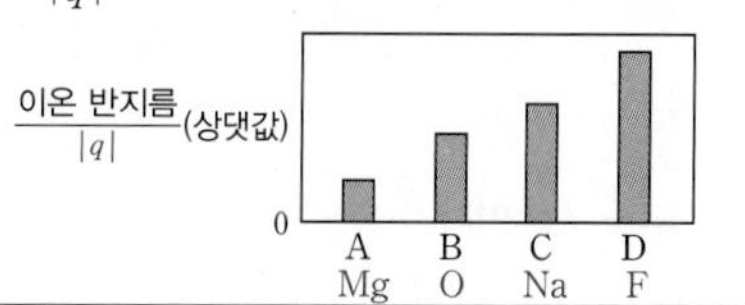

이에 대한 설명으로 옳은 것만을 〈보기〉에서 있는 대로 고른 것은? (단, A~D는 임의의 원소 기호이다.)

보기

ㄱ. B는 $\frac{\text{이온 반지름}}{\text{원자 반지름}}>1$이다.
ㄴ. 전기 음성도는 D>B이다.
ㄷ. 원자가 전자가 느끼는 유효 핵전하는 A>C이다.

해결 전략 이온이 될 때 전자 수가 같은 등전자 이온들의 이온 반지름 크기를 알고 원자 A~D가 무엇인지 찾아내야 한다.

선택지 분석

✓ ㄱ. A는 Mg, B는 O, C는 Na, D는 F이다. B는 O이므로 이온 반지름이 원자 반지름보다 크다. 따라서 $\frac{\text{이온 반지름}}{\text{원자 반지름}}>1$이다.

✓ ㄴ. B는 O, D는 F이므로 전기 음성도는 D>B이다.

✓ ㄷ. A는 Mg, C는 Na이다. 같은 주기에서 원자 번호가 증가할수록 원자가 전자가 느끼는 유효 핵전하는 크므로 A>C이다. 답 ⑤

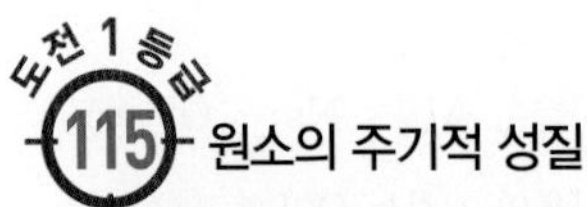

도전 1등급
115

115 원소의 주기적 성질

도전 1등급 문항 분석 ▸▸ 정답률 36.1%

다음은 탄소(C)와 2, 3주기 원자 V~Z에 대한 자료이다.

○ 모든 원자는 바닥상태이다.
○ 전자가 들어 있는 p 오비탈 수는 3 이하이다.
○ 홀전자 수와 제1 이온화 에너지

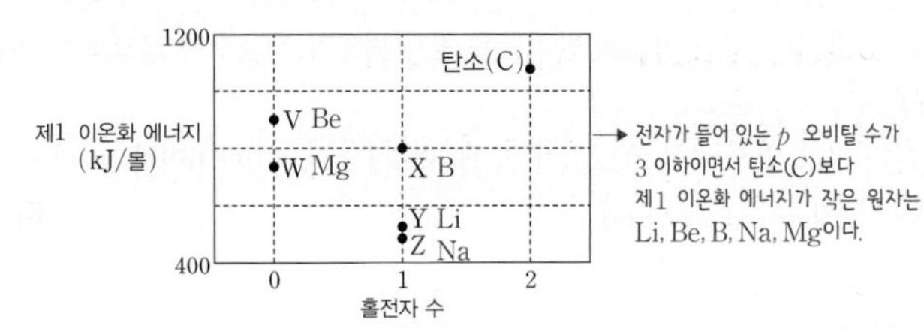

1200
400
제1 이온화 에너지 (kJ/몰)
탄소(C)
V Be
W Mg
X B
Y Li
Z Na
0
1
2
홀전자 수
전자가 들어 있는 p 오비탈 수가 3 이하이면서 탄소(C)보다 제1 이온화 에너지가 작은 원자는 Li, Be, B, Na, Mg이다.

이에 대한 설명으로 옳은 것만을 <보기>에서 있는 대로 고른 것은? (단, V~Z는 임의의 원소 기호이다.)

보기

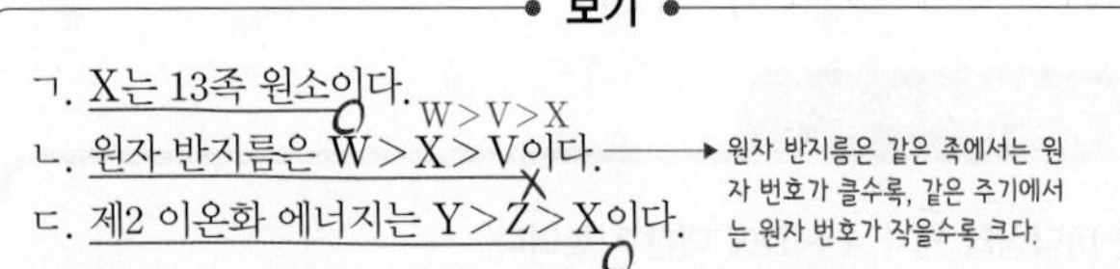

ㄱ. X는 13족 원소이다.
ㄴ. 원자 반지름은 W>X>V이다. (W>V>X)
ㄷ. 제2 이온화 에너지는 Y>Z>X이다.

원자 반지름은 같은 족에서는 원자 번호가 클수록, 같은 주기에서는 원자 번호가 작을수록 크다.

해결 전략 2, 3주기 원자 중 전자가 들어 있는 p 오비탈 수가 3 이하인 원자는 Li, Be, B, C, N, O, F, Ne, Na, Mg이고, 이 중 C보다 제1 이온화 에너지가 작은 원자는 Li, Be, B, Na, Mg이며, 이들의 홀전자 수는 각각 1, 0, 1, 1, 0이다.

선택지 분석

✓ ㄱ. X는 B이므로 13족 원소이다.

ㄴ. W는 Mg, X는 B, V는 Be인데, 원자 반지름은 같은 족에서 원자 번호가 클수록, 같은 주기에서 원자 번호가 작을수록 크므로 원자 반지름은 Mg>Be>B이다. 따라서 원자 반지름은 W>V>X이다.

✓ ㄷ. X는 B, Y는 Li, Z는 Na이다. X~Z에서 제1 이온화 에너지로 첫 번째 전자를 떼어 내면 각각 Be, He, Ne과 같은 전자 배치가 되므로 제2 이온화 에너지는 Y>Z>X이다. 답 ③

116 원자 반지름과 이온 반지름

자료 분석

Na과 Cl는 모두 3주기 원소이며, 원자 번호는 Cl가 Na보다 크므로 원자 반지름은 Na이 Cl보다 크다. Na^+은 Ne과 같은 전자 배치를 가지므로 Ar과 같은 전자 배치를 가지는 Cl^-보다 이온 반지름이 작다.

F(플루오린)은 2주기 비금속 원소이므로 3주기의 같은 족 원소인 Cl보다 원자 반지름이 작고, 3주기 금속 원소인 Na보다도 원자 반지름이 작다. F^-은 Ne과 같은 전자 배치를 가지므로 Cl^-보다 이온 반지름이 작고, 전자 수가 같은 Na^+보다 양성자 수가 작으므로 Na^+보다 이온 반지름이 크다.

선택지 분석

✓ ❶ F의 원자 반지름은 Na과 Cl보다 모두 작고, F^-의 이온 반지름은 Na^+보다 크고 Cl^-보다 작으므로 (가)에 위치한다. 답 ①

117 원자 반지름

빈출 문항 자료 분석

다음은 원자 반지름의 주기적 변화와 관련하여 학생 A가 세운 가설과 이를 검증하기 위해 수행한 탐구 활동이다.

(원자 반지름의 주기적 변화
• 같은 주기: 원자 번호가 클수록 원자 반지름이 작아진다.
• 같은 족: 원자 번호가 클수록 원자 반지름이 커진다.)

[가설]
○ ㉠

[탐구 과정]
○ 1족 원소 Li, Na, K, Rb의 원자 반지름을 조사한다.
○ 17족 원소 F, Cl, Br, I의 원자 반지름을 조사한다.
○ 조사한 8가지 원소의 원자 반지름을 비교한다.

[탐구 결과]

주기	2	3	4	5
원소	$_3Li$	$_{11}Na$	$_{19}K$	$_{37}Rb$
원자 반지름(pm)	130	160	200	215
원소	$_9F$	$_{17}Cl$	$_{35}Br$	$_{53}I$
원자 반지름(pm)	60	100	117	136

(탐구 과정에 따른 탐구 결과에서는 1족 원소들과 17족 원소들이 족별로 원자 번호가 클수록 원자 반지름이 큼을 알 수 있다. 따라서 가설은 '같은 족에서 원자 번호가 큰 원소일수록 원자 반지름이 증가한다.'이다.)

[결론]
○ 가설은 옳다.

학생 A의 결론이 타당할 때, ㉠으로 가장 적절한 것은?

해결 전략 1족 원소와 17족 원소를 주기 순으로 나열하여 각각의 원자 반지름 크기를 비교하고, 세운 가설이 옳다는 것을 참고하여 가장 적절한 가설을 고른다.

선택지 분석

✓ ❸ 학생 A는 1족 원소인 Li, Na, K, Rb의 원자 반지름을 조사하여 크기를 비교하였고, 17족 원소인 F, Cl, Br, I의 원자 반지름을 조사하여 비교하였다. 학생 A는 같은 족에서 원자 번호에 따른 원자 반지름의 크기를 비교하는 가설을 설정하였다고 추론할 수 있다. 탐구 결과로부터 학생 A가 세운 가설이 옳다는 결론이 나왔으므로, 학생 A가 세운 가설은 '같은 족에서 원자 번호가 클수록 원자 반지름은 커진다.'가 가장 적절하다. 답 ③

118 원소의 주기적 성질

빈출 문항 자료 분석

[A와 B의 확인]
• A는 원자가 전자 수와 전자 껍질 수가 n으로 같다. ➡ $n=2$일 때 A는 2주기 2족 원소인 Be, $n=3$일 때 3주기 13족 원소인 Al이다.
• A와 B가 같은 족 원소이고 이온화 에너지는 A>B이다. ➡ A는 2주기 2족 원소인 Be, B는 3주기 2족 원소인 Mg이다.

다음은 2, 3주기 바닥상태 원자 A~C에 대한 자료이다.

○ A의 원자가 전자 수와 전자가 들어 있는 전자 껍질 수는 n으로 같다.
○ A와 B는 같은 족 원소이고, 이온화 에너지는 A>B이다.
○ B와 C는 같은 주기 원소이고, 전기 음성도는 B>C이다.

[C의 확인]
• B와 C는 3주기 원소이고 전기 음성도는 B>C이다. ➡ C는 3주기 1족인 Na

이에 대한 설명으로 옳은 것만을 〈보기〉에서 있는 대로 고른 것은? (단, A~C는 임의의 원소 기호이다.)

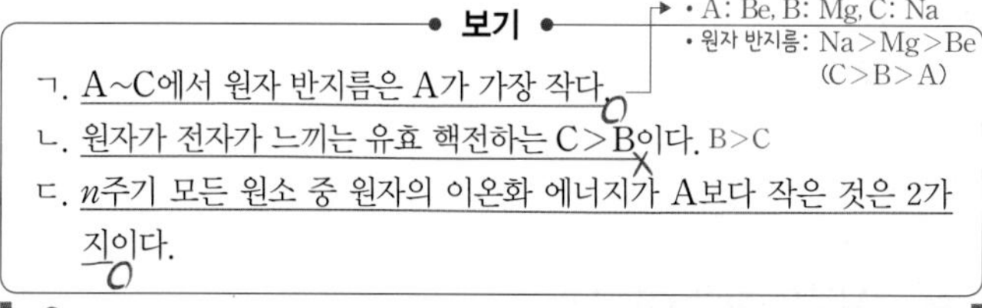
보기
ㄱ. A~C에서 원자 반지름은 A가 가장 작다. O
ㄴ. 원자가 전자가 느끼는 유효 핵전하는 C>B이다. X B>C
ㄷ. n주기 모든 원소 중 원자의 이온화 에너지가 A보다 작은 것은 2가지이다. O

해결 전략 주어진 자료로부터 A~C가 속한 족과 주기, 그리고 원소의 종류를 파악한 다음 각 문제를 해결한다.

선택지 분석

✓ ㄱ. 원자 반지름은 C(Na)>B(Mg)>A(Be)이므로 원자 반지름이 가장 작은 것은 A이다.

ㄴ. 원자가 전자가 느끼는 유효 핵전하는 같은 주기에서 원자 번호가 클수록 크다. 따라서 원자가 전자가 느끼는 유효 핵전하는 B>C이다.

✓ ㄷ. A(Be)는 2주기 원소이므로 $n=2$이며, 2주기 원소 중 이온화 에너지가 A보다 작은 것은 2주기 1족 원소인 Li(리튬)과 2주기 13족 원소인 B(붕소)이다. 따라서 A보다 이온화 에너지가 작은 것은 2가지이다. 답 ④

119 원소의 주기적 성질

자료 분석

X 위치를 기준으로 하여 원자 번호에 따른 2주기 원소의 홀전자 수와 제1 이온화 에너지를 정리하면 표와 같이 (가)~(다)를 예상해 볼 수 있다.

족	1	2	13	14	15	16	17	18
원소 기호	$_3$Li	$_4$Be	$_5$B	$_6$C	$_7$N	$_8$O	$_9$F	$_{10}$Ne
홀전자 수	1	0	1	2	3	2	1	0
제1 이온화 에너지	(가)							
	X(1)	W(b)	Z(1.5)	Y(2.1)				
		(나)						
		W(b)	X(1)	Y(2.1)	Z(1.5)			
					(다)			
					Z(1.5)	Y(2.1)	X(1)	W(b)
	(크기 순) $_3$Li<$_5$B<$_4$Be<$_6$C<$_8$O<$_7$N<$_9$F<$_{10}$Ne							

홀전자 수에 따르면 원자 번호가 연속인 4개의 원소는 표와 같이 (가)~(다) 3가지이다. (가)~(다) 중 제1 이온화 에너지의 상댓값이 맞는 조합은 (가)이다.

선택지 분석

✓ ㄱ. W~Z가 (가)에 해당하므로 Z는 붕소(B)이고 Z의 홀전자 수(a)는 1이다.

ㄴ. b는 2족인 W(Be)의 이온화 에너지이므로 13족 원소인 붕소(B)의 이온화 에너지인 1.5보다 크다.

✓ ㄷ. W, Y는 각각 Be과 C이므로 제1 이온화 에너지는 Y>W이고 제2 이온화 에너지도 Y>W이다. 답 ③

120 원자 반지름과 이온 반지름

빈출 문항 자료 분석

그림은 원자 A~C에 대한 자료이고, Z^*는 원자가 전자가 느끼는 유효 핵전하이다. A~C의 이온은 모두 Ar의 전자 배치를 가지며, 원자 번호는 각각 17, 19, 20 중 하나이다.

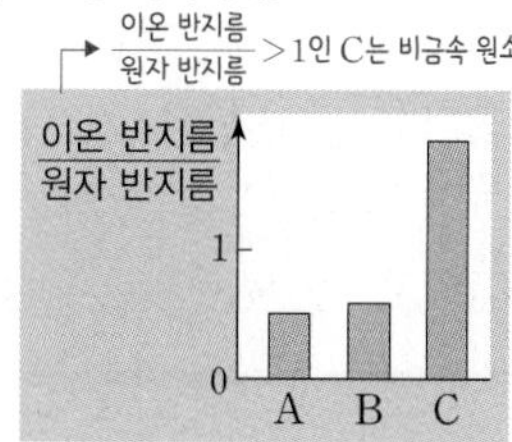

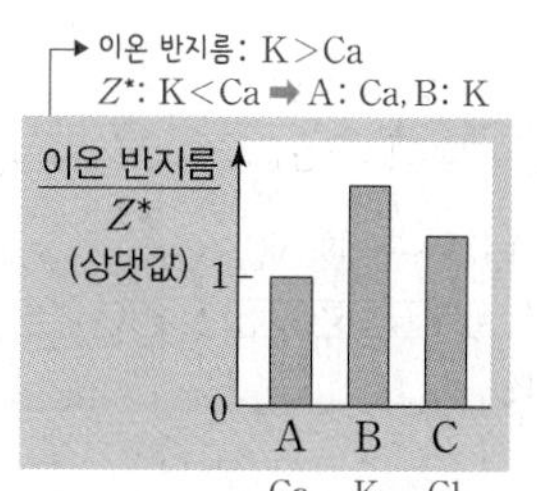

A~C에 대한 설명으로 옳은 것만을 〈보기〉에서 있는 대로 고른 것은? (단, A~C는 임의의 원소 기호이다.)

보기
ㄱ. 원자 반지름은 A가 가장 크다. X (B)
ㄴ. 원자가 전자가 느끼는 유효 핵전하는 A가 B보다 크다. O
ㄷ. B와 C는 1 : 2로 결합하여 안정한 화합물을 형성한다. X (1 : 1로 결합)

해결 전략 금속 원소와 비금속 원소가 이온이 될 때 이온 반지름이 원자 반지름보다 커지는지 작아지는지 비교할 수 있어야 한다.

선택지 분석

ㄱ. A, B는 4주기 원소이므로 원자 반지름은 1족 원소인 B가 2족 원소인 A보다 크다.

✓ ㄴ. A와 B는 각각 4주기 2족과 1족 원소인 Ca과 K이므로 원자가 전자가 느끼는 유효 핵전하는 A가 B보다 크다.

ㄷ. B는 4주기 1족인 K이고, C는 3주기 17족인 Cl이므로 B와 C는 1 : 1로 결합하여 안정한 화합물을 형성한다. 답 ②

Ⅲ 화학 결합과 분자의 세계

본문 78~88쪽

01 화학 결합

01 ⑤	02 ⑤	03 ⑤	04 ①	05 ⑤	06 ⑤
07 ⑤	08 ③	09 ⑤	10 ⑤	11 ③	12 ③
13 ②	14 ④	15 ⑤	16 ⑤	17 ④	18 ③
19 ③	20 ⑤	21 ②	22 ①	23 ⑤	24 ⑤
25 ②	26 ⑤	27 ③	28 ⑤	29 ③	30 ②
31 ④	32 ①	33 ⑤	34 ⑤	35 ③	36 ②
37 ②	38 ③	39 ④	40 ①		

01 이온 결합

빈출 문항 자료 분석

그림은 원자 X, Y로부터 Ne의 전자 배치를 갖는 이온이 형성되는 과정을 모형으로 나타낸 것이다.

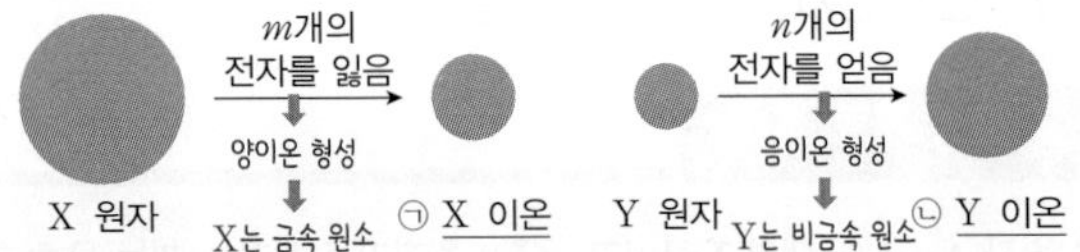

이에 대한 설명으로 옳은 것만을 〈보기〉에서 있는 대로 고른 것은? (단, X와 Y는 임의의 원소 기호이고, m과 n은 3 이하의 자연수이다.)

보기

ㄱ. X(*s*)는 전성(펴짐성)이 있다.

ㄴ. ㉡은 음이온이다. → 이온 수 비 ⇒ X^{m+} : Y^{n-}=2 : 1

ㄷ. ㉠과 ㉡으로부터 X_2Y가 형성될 때, m : n=1 : 2이다.

해결 전략 원자에서 각각 양이온과 음이온이 형성되는 그림으로부터 금속 원소와 비금속 원소로 구분할 수 있어야 한다. 또한 이온 결합 화합물이 형성될 때 화합물이 전기적으로 중성이 되는 이온 수 비로 양이온과 음이온이 결합함을 알면 m : n을 구할 수 있다.

선택지 분석

✓ ㄱ. X 원자가 m개의 전자를 잃어 Ne의 전자 배치를 갖는 X 이온이 될 때 크기가 작아졌으므로 X는 금속 원소이다. 따라서 X(*s*)는 전성(펴짐성)이 있다.

✓ ㄴ. Y 원자가 n개의 전자를 얻어 Ne의 전자 배치를 갖는 Y 이온이 될 때 크기가 커졌으므로 Y는 비금속 원소이다. 따라서 ㉡(Y 이온)은 음이온이다.

✓ ㄷ. X_2Y에서 X 이온은 X^{m+}이므로 Y 이온은 Y^{2m-}이다. Y 원자는 n개의 전자를 얻어 Y 이온이 되었으므로 Y 이온은 Y^{n-}이다. 따라서 m : n=1 : 2이다. 답 ⑤

02 물질의 화학 결합 모형

자료 분석

은(Ag)은 금속 양이온과 자유 전자 사이의 정전기적 인력으로 결합된 금속 결합 물질이다. 다이아몬드(C)는 원자 간의 인력으로 이루어진 공유 결합 물질이다.

선택지 분석

✓ ㄱ. 은(Ag)은 금속 결합 물질이므로 ㉠은 자유 전자이다.

✓ ㄴ. 은(Ag)은 금속 결합 물질이므로 Ag(*s*)은 전성(펴짐성)이 있다.

✓ ㄷ. C(*s*, 다이아몬드)를 구성하는 원자는 공유 결합을 하고 있다. 답 ⑤

03 이온 결합 물질

자료 분석

X^{a+}, Y^{b+}, Z^{c-}이 모두 Ne의 전자 배치를 가지므로 X, Y는 모두 3주기 금속 원소이고, Z는 2주기 비금속 원소이다. 화합물 (가)에서 이온 수 비는 X^{a+} : Z^{c-}=2 : 3이므로 a=3, c=2이고, (나)에서 이온 수 비는 Y^{b+} : Z^{c-}=2 : 1이므로 b=1이다.

선택지 분석

ㄱ. a=3이다.

✓ ㄴ. Z 원자는 전자 2개를 얻어 Z^{2-}이 되므로 Z는 2주기 16족 원소인 산소(O)이다.

✓ ㄷ. X는 전자 3개를 잃고 X^{3+}이 되므로 X는 3주기 13족 원소이고, Y는 전자 1개를 잃고 Y^{+}이 되므로 Y는 3주기 1족 원소이다. 따라서 원자가 전자 수는 X>Y이다. 답 ⑤

04 물질의 화학 결합 모형

자료 분석

AB는 MgO, CD는 NaF이며, A~D는 각각 Mg, O, Na, F이다.

선택지 분석

✓ ㄱ. A~D에서 2주기 원소는 B(O), D(F)이므로 2가지이다.

ㄴ. A는 Mg이므로 금속 원소이다.

ㄷ. BD_2는 OF_2로 비금속 원소가 결합하여 형성된 공유 결합 물질이다. 답 ①

05 물질의 화학 결합 모형

빈출 문항 자료 분석

그림은 화합물 AB_2와 AC를 화학 결합 모형으로 나타낸 것이다.

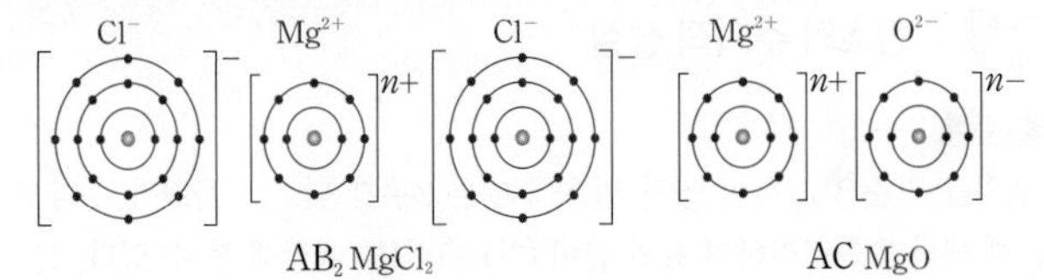

이에 대한 옳은 설명만을 〈보기〉에서 있는 대로 고른 것은? (단, A~C는 임의의 원소 기호이다.)

보기

ㄱ. $n=2$이다.
ㄴ. A(s)는 전기 전도성이 있다. — A(Mg)는 금속 결합 물질이므로
ㄷ. B와 C로 구성된 화합물은 공유 결합 물질이다. — B(Cl)와 C(O)는 모두 비금속 원소이므로

해결 전략 화합물 AB_2에서 음이온의 전하로부터 양이온의 전하를 파악해야 한다. 또 금속 결합 물질의 성질과 공유 결합 물질의 성질을 알고 있어야 한다.

선택지 분석

✓ ㄱ. 화합물 AB_2에서 음이온은 Cl^-이므로 양이온은 Mg^{2+}이고 화합물은 $MgCl_2$이다. 따라서 $n=2$이다.

✓ ㄴ. A(Mg)는 금속 결합 물질이므로 고체 상태에서 전기 전도성이 있다. 따라서 A(s)는 전기 전도성이 있다.

✓ ㄷ. 화합물 AC에서 양이온은 Mg^{2+}이므로 음이온은 O^{2-}이며 C는 O이다. B(Cl)와 C(O)는 모두 비금속 원소이므로 B와 C로 구성된 화합물은 공유 결합 물질이다. 답 ⑤

06 물질의 화학 결합 모형

자료 분석

A~D는 각각 Na, O, H, F이고, 화합물 ABC는 NaOH, 화합물 CD는 HF이다.

선택지 분석

✓ ㄱ. 금속은 고체 상태에서 전성(펴짐성)이 있다. A(Na)는 금속이므로 A(s)는 전성(펴짐성)이 있다.

✓ ㄴ. A~D 중 2주기 원소는 B(O), D(F) 2가지이다.

✓ ㄷ. A(Na)와 D(F)로 구성된 안정한 화합물은 AD(NaF)이다. 답 ⑤

07 물질의 화학 결합 모형

자료 분석

A_2B를 형성할 때 A는 전자 1개를 잃고 B는 전자 2개를 얻으므로 A는 3주기 1족 원소인 나트륨(Na), B는 2주기 16족 원소인 산소(O)이다. CBD에서 B는 C, D와 각각 단일 결합을 형성하므로 C는 1주기 1족 원소인 수소(H), D는 3주기 17족 원소인 염소(Cl)이다.

선택지 분석

✓ ㄱ. A(Na)는 금속이므로 외부 힘에 의해 변형되어도 자유 전자가 이동하여 금속 결합을 유지한다. 따라서 A(s)는 전성(펴짐성)이 있다.

✓ ㄴ. A(Na)는 원자가 전자 수가 1인 금속 원소이고 D(Cl)는 원자가 전자 수가 7인 비금속 원소이므로 A와 D는 이온 결합을 통해 AD(NaCl)의 안정한 화합물을 형성한다.

✓ ㄷ. C(H)와 B(O)는 모두 비금속 원소이므로 공유 결합을 통해 $C_2B(H_2O)$를 형성한다. 따라서 C_2B는 공유 결합 물질이다. 답 ⑤

08 전자 배치 모형과 화학 결합

자료 분석

원자가 전자 수와 전자 껍질 수를 고려할 때 W~Z는 각각 O, Na, Al, Cl이다. 금속 양이온과 비금속 음이온 사이의 정전기적 인력에 의한 결합은 이온 결합, 비금속 원자들이 전자쌍을 서로 공유하는 결합은 공유 결합이다.

선택지 분석

✓ ㄱ. X(Na)는 금속 원소, Z(Cl)는 비금속 원소이므로 XZ(NaCl)는 이온 결합 물질이다. 따라서 XZ(l)는 전기 전도성이 있다.

ㄴ. W(O)와 Z(Cl)는 모두 비금속 원소이므로 $Z_2W(Cl_2O)$는 공유 결합 물질이다.

✓ ㄷ. W(O)는 이온이 될 때 전하가 −2인 음이온이 되고, Y(Al)는 이온이 될 때 전하가 +3인 양이온이 된다. 따라서 W와 Y는 3 : 2로 결합하여 $Y_2W_3(Al_2O_3)$의 안정한 화합물을 형성한다. 답 ③

09 물의 전기 분해

자료 분석

같은 시간 동안 생성된 기체의 부피 비는 $H_2 : O_2=2 : 1$이고, t_1일 때 전극 B에서 생성된 기체의 양과 시간이 흐른 후 t_2일 때 전극 A에서 생성된 기체의 양이 N mol로 같으므로 전극 A에서 생성된 기체는 O_2, 전극 B에서 생성된 기체는 H_2이다.

선택지 분석

✓ ㄱ. 전극 A는 (+)극이고, 생성된 기체는 O_2이다.

✓ ㄴ. 전류를 흘려 H_2O을 분해할 수 있으므로 H_2O을 이루고 있는 H 원자와 O 원자 사이의 화학 결합(공유 결합)에는 전자가 관여한다.

✓ ㄷ. $x=\frac{1}{2}N$, $y=2N$이므로 $\frac{x}{y}=\frac{1}{4}$이다. 답 ⑤

10 물질의 화학 결합 모형

자료 분석

A_2B에서 B 원자 1개는 A 원자 2개와 각각 전자쌍 1개를 공유하여 결합하고 있으므로 A는 1주기 1족 원소인 H, B는 2주기 16족 원소인 O이다. CD는 C^+과 D^- 사이의 이온 결합으로 이루어져 있으므로 C는 3주기 1족 원소인 Na, D는 2주기 17족 원소인 F이다.

선택지 분석

✓ ㄱ. $A_2B(H_2O)$는 A와 B 사이의 공유 결합으로 이루어진 공유 결합 물질이다.

✓ ㄴ. C(Na)는 금속 원소이므로 C(s)는 연성(뽑힘성)이 있다.

✓ ㄷ. $C_2B(Na_2O)$는 C^+과 B^{2-} 사이의 이온 결합으로 이루어진 이온 결합 물질이다. 따라서 $C_2B(l)$는 전기 전도성이 있다. 답 ⑤

11 물질의 화학 결합 모형

자료 분석

화학 결합 모형으로 보아 X~Z는 각각 N, H, C이고, 화합물은 NH_4CN이다.

선택지 분석

✓ ㄱ. 원자가 전자 수는 X(N)가 5, Z(C)가 4이므로 X>Z이다.

ㄴ. $XY_4ZX(NH_4CN)$는 $XY_4^+(NH_4^+)$과 $ZX^-(CN^-)$이 결합한 이온 결합 물질이므로 고체 상태에서 전기 전도성이 없다.

✓ ㄷ. Z_2Y_2는 C_2H_2으로 구조식은 H−C≡C−H이므로 공유 전자쌍 수는 5이다. 답 ③

12 물질의 화학 결합 모형

자료 분석

양이온의 반지름이 $A^{n+}>C^{2+}$이므로 $n=1$이다. 따라서 A는 Na, C는 Mg이고, B는 F, D는 O이다.

선택지 분석

✓ ㄱ. CD(MgO)는 이온 결합 물질이므로 액체 상태에서 전기 전도성이 있다.

✓ ㄴ. $n=1$이다.

ㄷ. $B^{n-}(F^-)$과 $D^{2-}(O^{2-})$은 등전자 이온이고, 등전자 이온의 경우 원자 번호가 클수록 이온 반지름이 작다. 따라서 음이온의 반지름은 $D^{2-}>B^{n-}$이다. 답 ③

13 금속의 성질

자료 분석

금속은 자유 전자가 있으므로 고체 상태에서 전기 전도성이 있다.

선택지 분석

①, ③ $CO_2(s)$는 공유 결합 물질이므로 고체 상태에서 전기 전도성이 없다.

✓ ❷ 가설은 '고체 상태 금속은 전기 전도성이 있다.'이고, 탐구 결과로부터 얻은 결론이 타당하므로 ㉠과 ㉡으로 금속을 사용해야 한다. Cu와 Mg은 금속으로 자유 전자가 있어 고체 상태에서 전기 전도성이 있으므로 ㉠으로 Cu(s), ㉡으로 Mg(s)을 사용하면 제시된 탐구 결과를 얻을 수 있다.

④, ⑤ NaCl(s)은 이온 결합 물질이므로 고체 상태에서 전기 전도성이 없다. 답 ②

14 물질의 화학 결합 모형

자료 분석

AB는 이온 결합 물질이고, BC_2는 공유 결합 물질이다.

선택지 분석

ㄱ. A^{2+}의 전자 배치는 Ar과 같으므로 A는 4주기 2족 원소이다.

✓ ㄴ. AB는 양이온과 음이온 사이의 정전기적 인력에 의해 형성된 이온 결합 물질이다.

✓ ㄷ. B 원자 1개는 C 원자 2개와 각각 단일 결합을 형성하였으므로 C는 3주기 17족 원소이다. A는 전자 2개를 잃고 C는 전자 1개를 얻어 각각 Ar과 전자 배치가 같은 이온이 되므로 A와 C는 1 : 2로 결합하여 안정한 화합물을 형성한다. 답 ④

15 화학 결합의 종류에 따른 물질의 성질

빈출 문항 자료 분석

다음은 Na과 ㉠이 반응하여 ㉡과 H_2를 생성하는 반응의 화학 반응식이고, 그림 (가)와 (나)는 ㉠과 ㉡을 각각 화학 결합 모형으로 나타낸 것이다.

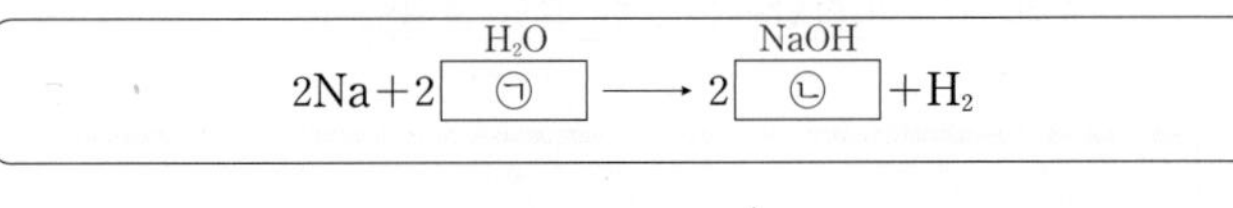

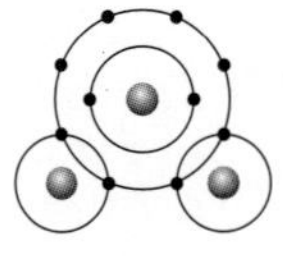

(가) H_2O

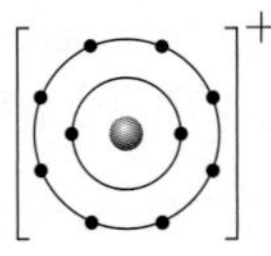

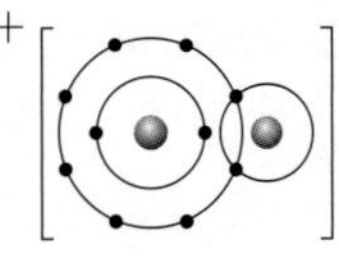

(나) NaOH

이에 대한 설명으로 옳은 것만을 〈보기〉에서 있는 대로 고른 것은?

보기

ㄱ. Na(s)은 전성(펴짐성)이 있다. O

ㄴ. ㉠은 공유 결합 물질이다. O

ㄷ. (나)에서 양이온의 총 전자 수와 음이온의 총 전자 수는 같다. O

해결 전략 (가)와 (나)의 화학 결합 모형을 통해 (가)와 (나) 화합물이 무엇인지 파악한 후 화학 반응식을 완성할 수 있어야 한다.

선택지 분석

✓ ㄱ. Na(s)은 금속 결합 물질이므로 전성(펴짐성)이 있다.

✓ ㄴ. ㉠은 H_2O이므로 공유 결합 물질이다.

✓ ㄷ. (나)에서 Na^+의 총 전자 수와 OH^-의 총 전자 수는 모두 10이다. 답 ⑤

16 이온 결합 물질

자료 분석

이온 결합 물질에서 양이온의 총 전하량과 음이온의 총 전하량은 같다. 단위 부피당 이온 모형에서 이온 수 비는 $A^{2+}:B^{n-}=1:2$이므로 $n=1$이다.

선택지 분석

ㄱ. X의 화학식은 AB_2이다.

✓ ㄴ. A와 B는 같은 주기 원소인데 이온이 되었을 때 Ne 또는 Ar과 같은 전자 배치를 가지므로 A^{2+}은 Ne과 같은 전자 배치를 갖고, B^-은 Ar과 같은 전자 배치를 갖는다. 따라서 B는 3주기 원소이다.

✓ ㄷ. A는 3주기 금속 원소, B는 3주기 비금속 원소이므로 원자 번호는 B>A이다. 답 ⑤

17 화학 결합의 종류와 화합물

자료 분석

바닥상태 원자의 전자 배치를 보면 A는 산소(O), B는 플루오린(F), C는 나트륨(Na), D는 염소(Cl)이다.

선택지 분석

ㄱ. A(O)와 B(F)는 모두 비금속 원소이므로 A와 B는 전자쌍을 공유하여 화합물을 형성한다. 따라서 $AB_2(OF_2)$는 공유 결합 물질이다.

✓ㄴ. C(Na)와 D(Cl)는 모두 3주기 원소이다.

✓ㄷ. B 원자 1개는 전자 1개를 얻어 B^-이 되고, C 원자 1개는 전자 1개를 잃어 C^+이 되므로 B와 C는 1 : 1로 결합하여 안정한 화합물을 형성한다.

답 ④

18 물질의 화학 결합 모형

빈출 문항 자료 분석

다음은 AB와 CD의 반응을 화학 반응식으로 나타낸 것이고, 그림은 AB와 CD를 결합 모형으로 나타낸 것이다.

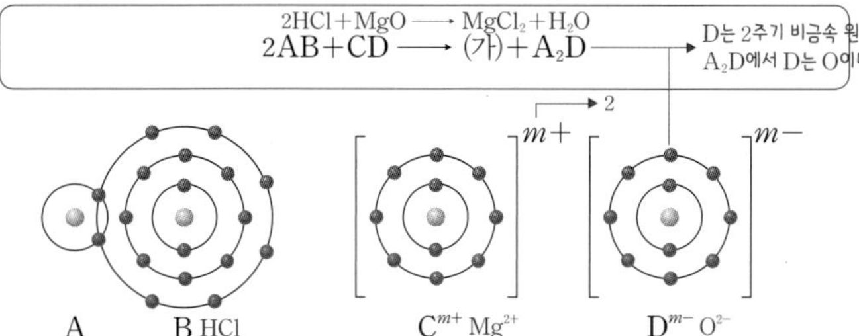

이에 대한 설명으로 옳은 것만을 〈보기〉에서 있는 대로 고른 것은? (단, A～D는 임의의 원소 기호이다.)

보기

ㄱ. $m=2$이다. O
ㄴ. (가)는 공유 결합 물질이다. X 이온 결합 물질
ㄷ. 비공유 전자쌍 수는 $B_2>D_2$이다. O

해결 전략 AB와 CD의 화학 결합 모형과 화학 반응식을 통해 A～D가 각각 어떤 원소인지 유추하여 화학 반응식을 완성해야 한다.

선택지 분석

✓ㄱ. $m=2$이다.

ㄴ. (가)는 $MgCl_2$이므로 이온 결합 물질이다.

✓ㄷ. $B_2(Cl_2)$에 있는 비공유 전자쌍 수는 6이고, $D_2(O_2)$에 있는 비공유 전자쌍 수는 4이다. 따라서 비공유 전자쌍 수는 $B_2>D_2$이다.

답 ③

19 물질의 화학 결합 모형

자료 분석

A는 3주기 1족 원소인 Na이고, B는 2주기 16족 원소인 O, C는 1주기 1족 원소인 H이다. B_2D_2에서 D는 1개의 전자쌍을 공유하므로 D는 2주기 17족 원소인 F이다. 따라서 ABC는 NaOH이고, B_2D_2는 O_2F_2이다.

선택지 분석

✓ㄱ. A(Na)와 C(H)는 1족 원소로 같은 족 원소이다.

✓ㄴ. $B_2D_2(O_2F_2)$에서 B(O) 원자 사이에 무극성 공유 결합이 있다.

ㄷ. $BD_2(OF_2)$에서 B(O)는 부분적인 양전하(δ^+)를 띤다.

답 ③

20 화학 결합과 물질의 성질

자료 분석

XY는 액체 상태에서 전기 전도성이 있고, YZ_2는 액체 상태에서 전기 전도성이 없으므로 X는 금속 원소이고, Y는 비금속 원소, Z는 비금속 원소이다. X가 금속 원소이므로 X는 3주기 원소이고, Y와 Z는 비금속 원소이므로 Y는 2주기, Z는 3주기 원소이다.

YZ_2는 OCl_2이므로 XY는 MgO이고, XZ_2는 $MgCl_2$이다.

선택지 분석

✓ㄱ. X는 Mg으로 3주기 원소이다.

✓ㄴ. XZ_2는 $MgCl_2$으로 이온 결합 물질이므로 액체 상태에서 전기 전도성이 있다. 따라서 '있음'은 ㉠으로 적절하다.

✓ㄷ. Z(Cl)의 원자가 전자 수는 7이고, Y(O)의 원자가 전자 수는 6이므로 원자가 전자 수는 Z>Y이다.

답 ⑤

21 화학 결합과 물질의 성질

빈출 문항 자료 분석

표는 원소 A～D로 이루어진 3가지 화합물에 대한 자료이다. A～D는 각각 O, F, Na, Mg 중 하나이다.

A는 금속 원소, B는 비금속 원소이므로 A는 Mg, B는 F이다. / B와 D는 비금속 원소이다.

화합물	AB_2 MgF_2	CB NaF	DB_2 OF_2
액체의 전기 전도성	있음	㉠	없음

이에 대한 옳은 설명만을 〈보기〉에서 있는 대로 고른 것은?

보기

ㄱ. ㉠은 '없음'이다. X 있음
ㄴ. A는 Na이다. X Mg
ㄷ. C_2D는 이온 결합 물질이다. O

해결 전략 이온 결합 물질은 액체 상태에서 전기 전도성이 있고, 공유 결합 물질은 액체 상태에서 전기 전도성이 없음을 통해 각 화합물을 유추할 수 있어야 한다.

선택지 분석

ㄱ. CB는 NaF으로 이온 결합 물질이므로 액체 상태에서 전기 전도성이 있다. 따라서 ㉠은 '있음'이다.

ㄴ. A는 Mg이다.

✓ㄷ. C_2D는 Na_2O이므로 이온 결합 물질이다.

답 ②

22 물질의 화학 결합 모형

자료 분석

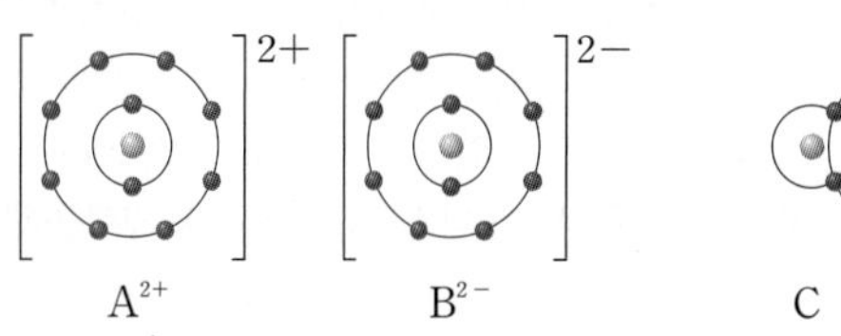

A는 3주기 2족 원소인 Mg이고, B는 2주기 16족 원소인 O이다. C는 1주기 1족 원소인 H이고, D는 2주기 17족 원소인 F이다.

선택지 분석

✓ ㄱ. A(Mg)는 금속 원소로 고체 상태에서 전기 전도성이 있다.

ㄴ. 전기 음성도는 D(F)>C(H)이므로 CD(HF)에서 C는 부분적인 양전하(δ^+)를 띤다.

ㄷ. 분자당 공유 전자쌍 수는 $B_2(O_2)$가 2, $D_2(F_2)$가 1로 B_2가 D_2보다 크다.

답 ①

23 물질의 성질

빈출 문항 자료 분석

다음은 3가지 물질이다.

구리(Cu) (→ 금속 결합 물질) 염화 나트륨(NaCl) (→ 이온 결합 물질) 다이아몬드(C) (→ 공유 결합 물질)

이에 대한 설명으로 옳은 것만을 <보기>에서 있는 대로 고른 것은?

보기

ㄱ. Cu(s)는 연성(뽑힘성)이 있다. O

ㄴ. NaCl(l)은 전기 전도성이 있다. O

ㄷ. C(s, 다이아몬드)를 구성하는 원자는 공유 결합을 하고 있다. O

해결 전략 금속 결합 물질, 이온 결합 물질, 공유 결합 물질의 특징을 알고 있어야 한다.

선택지 분석

✓ ㄱ. Cu(s)는 금속 결합을 하는 물질이므로 전성(펴짐성)과 연성(뽑힘성)이 있다.

✓ ㄴ. NaCl은 이온 결합 물질로, 액체 상태에서 양이온과 음이온이 이동할 수 있으므로 전기 전도성이 있다.

✓ ㄷ. C(s, 다이아몬드)는 C 원자 사이에 공유 결합으로 이루어진 물질이다.

답 ⑤

24 물질의 화학 결합 모형

자료 분석

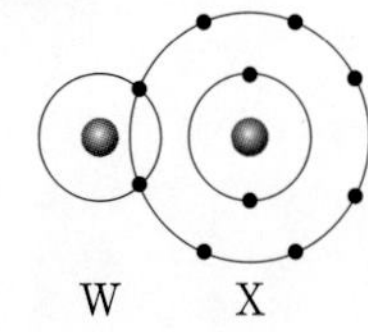

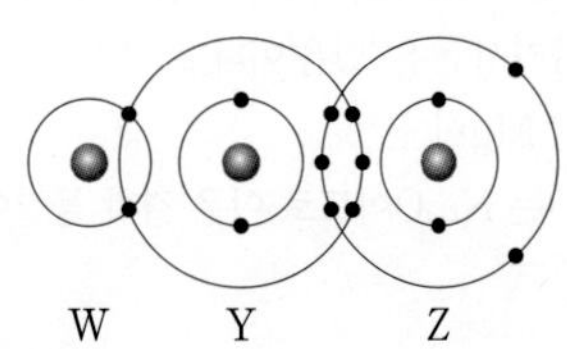

화학 결합 모형으로부터 WX는 W와 X가 공유 결합한 물질로 HF, WYZ는 W, Y, Z가 공유 결합한 물질로 HCN임을 알 수 있다.

선택지 분석

✓ ㄱ. 전기 음성도는 X(F)>W(H)이므로 WX에서 W는 부분적인 양전하(δ^+)를 띤다.

✓ ㄴ. Z는 질소(N), Y는 탄소(C)이므로 전기 음성도는 Z>Y이다.

✓ ㄷ. YW_4에서 Y와 W는 전기 음성도가 다르므로 극성 공유 결합을 한다.

답 ⑤

25 이온 결합 물질

빈출 문항 자료 분석

다음은 원자 W～Z에 대한 자료이다.

- W～Z는 각각 O, F, Na, Mg 중 하나이다.
- 각 원자의 이온은 모두 Ne의 전자 배치를 갖는다.
- Y와 Z는 2주기 원소이다. → O, F 중 하나이다.
- X와 Z는 2 : 1로 결합하여 안정한 화합물을 형성한다. → X는 Na, Z는 O이다. 따라서 Y는 F이고, W는 Mg이다.

이에 대한 설명으로 옳은 것만을 <보기>에서 있는 대로 고른 것은? (단, W～Z는 임의의 원소 기호이다.)

보기

ㄱ. W는 Na이다. X (Mg)

ㄴ. 녹는점은 WZ가 CaO보다 높다. O

ㄷ. X와 Y의 안정한 화합물은 XY_2이다. X (XY)

해결 전략 O, F, Na, Mg이 이온이 될 때 Ne의 전자 배치를 하므로 O^{2-}, F^-, Na^+, Mg^{2+}이 됨을 알아야 한다.

선택지 분석

ㄱ. W는 Mg이다.

✓ ㄴ. WZ는 MgO이다. 이온 반지름은 Ca^{2+}이 Mg^{2+}보다 크므로 화합물에서 이온 사이의 거리는 CaO이 MgO보다 크다. 이온 결합 물질에서 양이온과 음이온의 전하가 각각 같을 때 녹는점은 이온 사이의 거리가 짧을수록 높으므로 녹는점은 WZ가 CaO보다 높다.

ㄷ. X는 Na, Y는 F이므로 X와 Y의 안정한 화합물은 XY(NaF)이다.

답 ②

26 이온 결합 물질

자료 분석

이온 사이의 거리와 녹는점을 조사하여 비교한 탐구 결과를 통해 이온 사이의 거리가 가까울수록 녹는점이 높다는 사실을 알 수 있다.

선택지 분석

✓ ㄱ. NaCl을 구성하는 양이온은 Na^+, 음이온은 Cl^-으로 구성 이온 수 비는 1 : 1이다. 따라서 NaCl에서 양이온 수와 음이온 수는 같다.

✓ ㄴ. 탐구 결과 NaX는 이온 사이의 거리가 가까울수록 녹는점이 높으므로 '이온 사이의 거리가 가까울수록 녹는점이 높다.'는 ㉠으로 적절하다.

✓ ㄷ. NaX 중 이온 사이의 정전기적 인력이 클수록 녹는점이 높으므로 이온 사이의 정전기적 인력이 가장 큰 물질은 NaF이다.

답 ⑤

27 화학 결합 모형

자료 분석

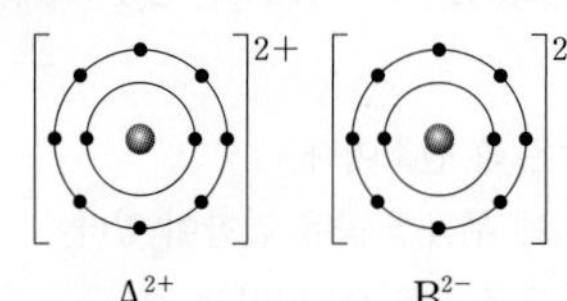

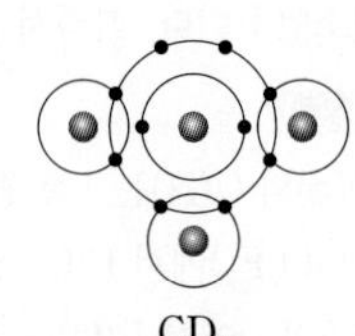

화합물 AB와 CD_3는 각각 MgO, NH_3이다.

선택지 분석

ㄱ. AB는 A^{2+}과 B^{2-}이 결합한 이온 결합 물질이다.

ㄴ. C_2는 N_2이므로 3중 결합이 있다.

ㄷ. A(s)는 Mg으로 고체 상태의 금속이므로 전기 전도성이 있다. 답 ③

28 물의 전기 분해

자료 분석

물을 전기 분해할 때 발생하는 기체의 부피 비는 $O_2(g) : H_2(g) = 1 : 2$이다. 따라서 시험관 A에는 $O_2(g)$가, B에는 $H_2(g)$가 모인다.

선택지 분석

ㄱ. A에서 모은 기체는 산소(O_2)이다.

ㄴ. 실험을 통해 물이 구성 원소로 분해됨을 알 수 있으므로, 이 실험으로 물이 화합물이라는 것을 알 수 있다.

ㄷ. 물을 전기 분해할 때 (+)극에서 전자를 잃는 반응이, (−)극에서 전자를 얻는 반응이 일어나므로 물을 구성하는 원자들의 결합을 끊을 때 전자가 관여함을 알 수 있다. 따라서 물을 이루고 있는 수소(H) 원자와 산소(O) 원자 사이의 화학 결합에는 전자가 관여함을 알 수 있다. 답 ⑤

29 물질의 화학 결합 모형

자료 분석

ABC에서 A^+은 전하가 +1인 양이온이므로 A는 전자 수가 11인 Na이고, H_2B에서 B는 2개의 전자를 공유하여 결합하였으므로 전자 수가 8인 O이다. 따라서 C는 전자 수가 17인 Cl이다.

선택지 분석

ㄱ. A(s)는 금속이며 외부에서 힘을 가하면 자유 전자의 빠른 재배열에 의해 금속 결합이 유지되므로 부스러지지 않고 넓게 펴진다.

ㄴ. B의 원자가 전자 수는 6이므로 B_2에는 2중 결합이 있고 C의 원자가 전자 수는 7이므로 C_2에는 단일 결합이 있다.

ㄷ. AC는 이온 결합 물질이므로 AC(l)에서는 A^+과 C^-이 자유롭게 움직일 수 있어 전기 전도성이 있다. 답 ③

30 물의 전기 분해

자료 분석

물의 전기 분해로 (+)극에서 생성된 기체 A는 O_2, (−)극에서 생성된 기체 B는 H_2이다.

선택지 분석

❷ 생성된 기체의 몰비는 A : B = 1 : 2이고, 기체의 분자량 비는 A : B = 16 : 1이므로 $\frac{(-)\text{극에서 생성된 기체 B의 질량}}{(+)\text{극에서 생성된 기체 A의 질량}} = \frac{1 \times 2}{16} = \frac{1}{8}$이다. 답 ②

31 물질의 화학 결합 모형

빈출 문항 자료 분석

그림은 화합물 WX와 YXZ_2를 화학 결합 모형으로 나타낸 것이다.

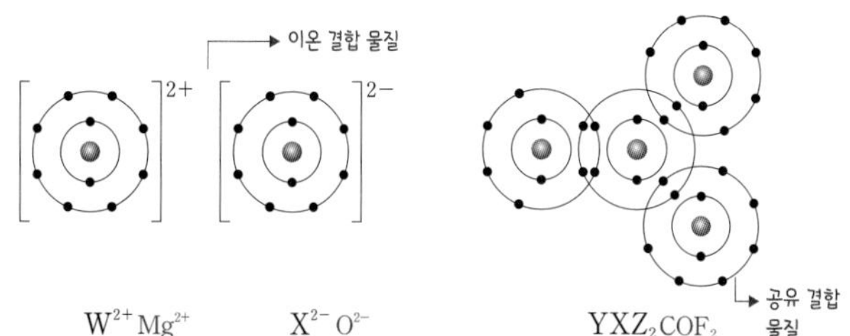

이에 대한 옳은 설명만을 〈보기〉에서 있는 대로 고른 것은? (단, W~Z는 임의의 원소 기호이다.)

보기

ㄱ. 원자가 전자 수는 X > Y이다.

ㄴ. W와 Y는 같은 주기 원소이다.

ㄷ. YXZ_2 분자에서 모든 원자는 동일 평면에 존재한다.

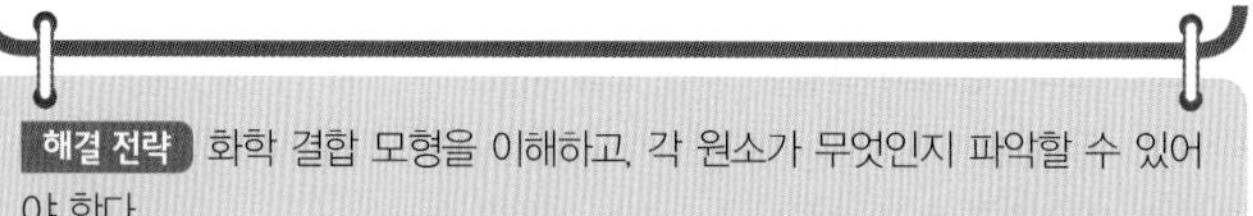

해결 전략 화학 결합 모형을 이해하고, 각 원소가 무엇인지 파악할 수 있어야 한다.

선택지 분석

ㄱ. 원자가 전자 수는 X(O)가 6, Y(C)가 4이므로 X > Y이다.

ㄴ. W(Mg)는 3주기 원소이고, Y(C)는 2주기 원소이다.

ㄷ. YXZ_2(COF_2)는 평면 구조로 모든 원자가 동일 평면에 존재한다.

답 ④

32 이온 결합의 형성

자료 분석

NaCl에서 Na^+과 Cl^-은 이온 사이의 인력과 반발력이 균형을 이루어 에너지가 가장 낮은 지점에서 이온 결합을 형성한다.

선택지 분석

ㄱ. 에너지가 가장 낮은 지점인 r에서 이온 결합이 형성되므로 NaCl에서 이온 결합을 형성할 때 이온 사이의 거리는 r이다.

ㄴ. 이온 사이의 거리가 r일 때도 Na^+과 Cl^- 사이에 반발력이 작용한다.

ㄷ. 이온 반지름은 $K^+ > Na^+$이므로 KCl에서 이온 결합을 형성할 때 이온 사이의 거리는 r보다 크다. 답 ①

33 화학 결합과 물질의 성질

자료 분석

(가)는 고체 상태와 액체 상태에서 전기 전도성이 없으므로 공유 결합 물질, (나)는 고체 상태에서 전기 전도성이 없고 액체 상태에서 전기 전도성이 있으므로 이온 결합 물질, (다)는 고체 상태와 액체 상태에서 전기 전도성이 있으므로 금속 결합 물질이다.

선택지 분석

✓ ㄱ. (가)는 공유 결합 물질이므로 설탕이다.

✓ ㄴ. (나)는 이온 결합 물질로 염화 칼슘이다. 염화 칼슘은 물에 녹아 이온화되므로 (나)는 수용액 상태에서 전기 전도성이 있다.

✓ ㄷ. (다)는 금속 결합 물질이다. 답 ⑤

34 물의 화학 결합 모형

자료 분석

수소 원자의 모형을 보면 수소 원자는 전자 1개를 가지고 있고, 산소 원자의 모형을 보면 산소 원자는 가장 바깥 전자 껍질에 전자 6개를 가지고 있다.

선택지 분석

✓ 학생 A. H_2O은 산소(O) 원자 1개가 수소(H) 원자 2개와 각각 전자쌍 1개를 공유하여 결합한 물질이다. 따라서 물 분자 1개는 수소 원자 2개와 산소 원자 1개로 이루어져 있다.

✓ 학생 B. 물 분자 내에서 산소 원자와 수소 원자는 전자쌍을 공유하여 결합하므로 수소와 산소의 결합은 공유 결합이다.

✓ 학생 C. 물 분자에서 산소 원자는 가장 바깥 전자 껍질에 8개의 전자가 있으므로 옥텟 규칙을 만족한다. 답 ⑤

35 물질의 화학 결합 모형

빈출 문항 자료 분석

그림은 화합물 AB, C_2D를 화학 결합 모형으로 나타낸 것이다.

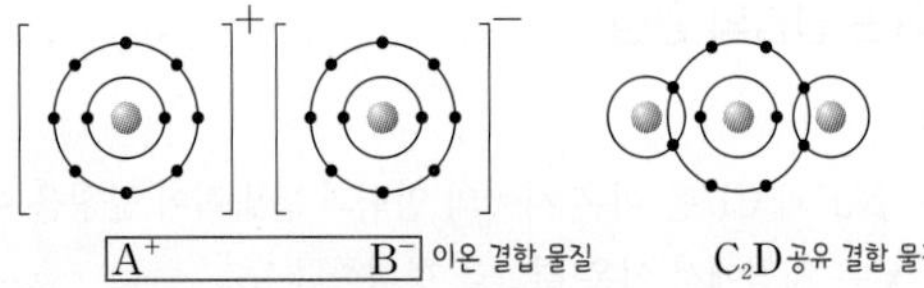

이에 대한 설명으로 옳은 것만을 〈보기〉에서 있는 대로 고른 것은? (단, A~D는 임의의 원소 기호이다.)

보기

ㄱ. C_2D의 공유 전자쌍 수는 2이다. O

ㄴ. A_2D는 이온 결합 화합물이다. O

ㄷ. B_2에는 2중 결합이 있다. X (단일 결합)

해결 전략 화학 결합 모형을 파악하여 A~D를 찾아내야 한다.

선택지 분석

✓ ㄱ. C_2D에는 단일 결합이 2개 있으므로 공유 전자쌍 수는 2이다.

✓ ㄴ. A는 금속 원소, D는 비금속 원소이므로 A_2D는 이온 결합 화합물이다.

ㄷ. B의 원자가 전자 수는 7이므로 B 원자와 B 원자는 전자쌍 1개를 공유하여 결합한다. 따라서 B_2에는 단일 결합이 있다. 답 ③

36 물질의 화학 결합 모형

자료 분석

AB에서 A^+은 전하가 +1인 양이온이므로 A는 전자 수가 3인 Li이고 B^-은 전하가 −1인 음이온이므로 B는 전자 수가 17인 Cl이다. 또한 CDB에서 C는 전자쌍 1개를 공유하였으므로 전자 수가 1인 H이고 D는 C, B와 각각 전자쌍 1개씩을 공유하였으므로 전자 수가 6인 O이다.

선택지 분석

ㄱ. A(Li)는 2주기 1족 원소이고, C(H)는 1주기 1족 원소이다.

✓ ㄴ. AB는 이온 결합 물질로 액체 상태에서 이온이 이동할 수 있으므로 전기 전도성이 있다.

ㄷ. C와 B는 전자쌍 1개를 공유하여 결합하고, D와 D는 전자쌍 2개를 공유하여 결합한다. 따라서 비공유 전자쌍 수는 CB가 3, D_2가 4로 D_2>CB이다. 답 ②

37 물질의 화학 결합 모형

빈출 문항 자료 분석

그림은 ABC와 CD의 반응을 화학 결합 모형으로 나타낸 것이다.

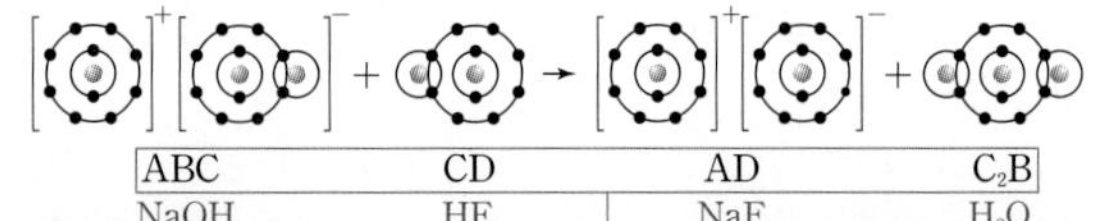

이에 대한 옳은 설명만을 〈보기〉에서 있는 대로 고른 것은? (단, A~D는 임의의 원소 기호이다.) → 화학 결합 모형을 파악하면 A는 Na, B는 O, C는 H, D는 F이다.

보기

ㄱ. A와 B는 같은 주기 원소이다. X → A는 3주기, B는 2주기 원소이다.

ㄴ. AD는 액체 상태에서 전기 전도성이 있다. O

ㄷ. C_2B에서 B는 부분적인 (+)전하를 띤다. X ((−)전하)

해결 전략 화학 결합 모형을 이해하고 각 원소가 무엇인지 파악하여 반응물과 생성물을 알아낸다.

선택지 분석

A~D는 각각 Na, O, H, F이다.

ㄱ. A는 Na, B는 O이므로 A는 3주기, B는 2주기 원소이다.

✓ ㄴ. AD는 NaF으로 이온 결합 물질이므로 액체 상태에서 전기 전도성이 있다.

ㄷ. 전기 음성도는 B(O)>C(H)이므로 $C_2B(H_2O)$에서 B(O)는 부분적인 (−)전하를 띤다. 답 ②

38 물질의 화학 결합 모형

자료 분석

A는 2주기 1족 원소인 Li, B는 2주기 16족 원소인 O, C는 1주기 1족 원소인 H, D는 3주기 2족 원소인 Mg이다.

선택지 분석

✓ ㄱ. A와 C는 각각 Li과 H로 1족 원소이다.

ㄴ. D는 Mg으로 Mg^{x+}은 전하가 +2인 양이온이다. 따라서 x=2이다.

✓ ㄷ. DB는 MgO으로 이온 결합 물질이므로 액체 상태에서 전기 전도성이 있다. 답 ③

39 물질의 화학 결합 모형

빈출 문항 자료 분석

그림은 화합물 AB_2와 CA를 화학 결합 모형으로 나타낸 것이다.

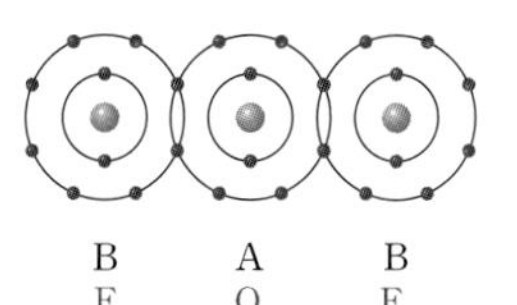

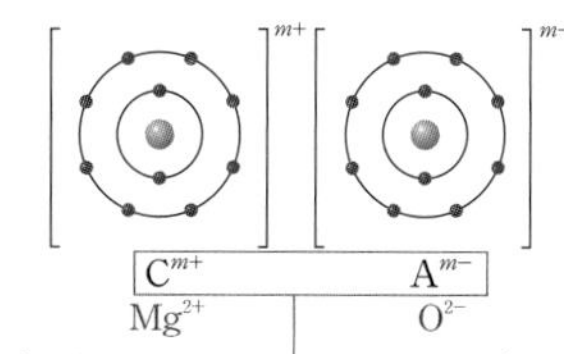

이에 대한 설명으로 옳은 것만을 〈보기〉에서 있는 대로 고른 것은? (단, A～C는 임의의 원소 기호이다.)

→ C 이온과 A 이온은 전자 수가 같은 등전자 이온이다.

보기

ㄱ. m은 1이다. (2) ✗

ㄴ. CB_2는 이온 결합 화합물이다. ○

ㄷ. 공유 전자쌍 수는 A_2가 B_2의 2배이다. ○

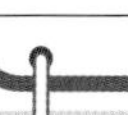

해결 전략 1개의 공유 전자쌍을 이루는 2개의 전자는 그 공유 결합을 하는 2개의 원자에서 하나씩 제공한 것이다. 이로부터 각 원소의 원자가 전자 수를 구하여 해당 원소가 무엇인지 알아낸다.

선택지 분석

ㄱ. A는 2주기 16족 원소인 O이며, CA에서 A 이온은 옥텟 규칙을 만족하므로 A와 C가 결합할 때 A는 C로부터 전자 2개를 얻는다. 따라서 A 이온은 A^{2-}이므로 $m=2$이다.

✓ ㄴ. B는 비금속 원소, C는 금속 원소이므로 $CB_2(MgF_2)$는 이온 결합으로 이루어진 이온 결합 화합물이다.

✓ ㄷ. A_2는 O_2이며 2중 결합이 있고, B_2는 F_2이며 단일 결합이 있다. 따라서 공유 전자쌍 수는 A_2가 B_2의 2배이다. 답 ④

40 물질의 화학 결합 모형

자료 분석

XY에서 X는 전하가 +1인 양이온이므로 2주기 1족 원소인 Li이고, Y는 전하가 −1인 음이온이므로 2주기 17족 원소인 F이다. Z_2Y_2에서 Z는 Y 원자 1개, Z 원자 1개와 각각 1개의 전자쌍을 공유하였으므로 Z는 2주기 16족 원소인 O이다.

선택지 분석

✓ ㄱ. XY에서 Y^-과 Z_2Y_2에서 Y는 모두 18족 원소인 Ne과 전자 배치가 같으므로 옥텟 규칙을 만족한다.

ㄴ. Z_2Y_2는 원자 간의 공유 결합으로 분자를 형성하였으므로 공유 결합 화합물이다.

ㄷ. 구성 원자가 모두 옥텟 규칙을 만족하는 Z_2 분자의 루이스 전자점식은 $\ddot{\underset{..}{Z}}::\ddot{\underset{..}{Z}}$이므로 공유 전자쌍 수는 2, 비공유 전자쌍 수는 4이다.

따라서 $\frac{\text{공유 전자쌍 수}}{\text{비공유 전자쌍 수}}=\frac{1}{2}$이다. 답 ①

02 결합의 극성과 루이스 전자점식

41 ②	42 ④	43 ⑤	44 ②	45 ⑤	46 ④
47 ④	48 ①	49 ③	50 ③	51 ④	52 ⑤
53 ⑤	54 ②	55 ①	56 ⑤	57 ②	58 ④
59 ⑤	60 ②	61 ③	62 ②	63 ④	64 ⑤
65 ①	66 ④	67 ③	68 ⑤	69 ③	70 ①
71 ③	72 ⑤	73 ④			

41 결합의 극성

빈출 문항 자료 분석

다음은 수소(H)와 2주기 원소 X, Y로 구성된 분자 (가)~(다)에 대한 자료이다. (가)~(다)에서 X와 Y는 옥텟 규칙을 만족한다.

→ X와 Y는 각각 C, N, O, F 중 하나

- (가)~(다)의 분자당 구성 원자 수는 각각 4 이하이다.
- (가)와 (나)에서 분자당 X와 Y의 원자 수는 같다.
- 각 분자 1 mol에 존재하는 원자 수 비

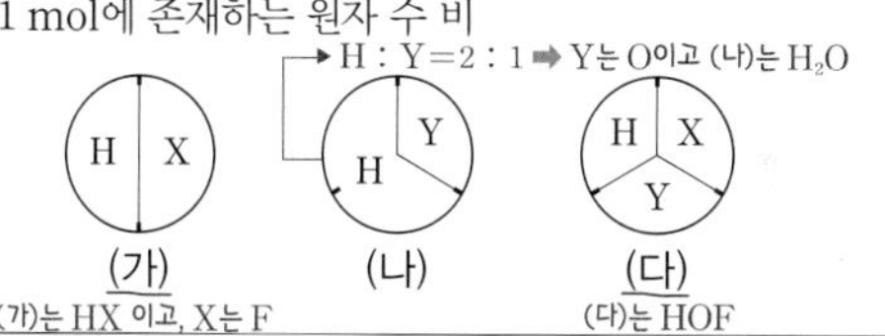

이에 대한 설명으로 옳은 것만을 〈보기〉에서 있는 대로 고른 것은? (단, X와 Y는 임의의 원소 기호이다.)

보기

ㄱ. (가)에는 2중 결합이 있다. (없다) ✗

ㄴ. (나)에는 무극성 공유 결합이 있다. (없다) ✗

ㄷ. (다)에서 X는 부분적인 음전하(δ^-)를 띤다. ○

→ 전기 음성도가 X(F) > Y(O)이므로

해결 전략 2주기 원소이면서 분자에서 옥텟을 만족하는 원자는 C, N, O, F임을 알고 X와 Y는 각각 이들 중 하나임을 알아야 한다. 또한 H는 1개의 공유 결합만 할 수 있으므로 이를 토대로 X와 Y가 어떤 원자인지 알아낼 수 있어야 한다.

선택지 분석

분자당 구성 원자 수가 4 이하이고, (가)와 (나)에서 분자당 X와 Y의 원자 수가 같으므로 (가)와 (나)에서 X와 Y의 원자 수는 각각 1이다. 각 분자 1 mol에 존재하는 원자 수 비로부터 (가)~(다)는 각각 HX, H_2Y, HXY(또는 HYX)이고, X, Y는 각각 F, O이므로 (다)의 중심 원자는 Y(O)이다.

ㄱ. (가)의 구조식은 H−X이므로 (가)에는 2중 결합이 없다.

ㄴ. (나)에는 H−Y의 극성 공유 결합만 있다.

✓ ㄷ. (다) H−Y−X에서 전기 음성도는 X(F) > Y(O)이므로 (다)에서 X는 부분적인 음전하(δ^-)를 띤다. 답 ②

42 전기 음성도와 결합의 극성

자료 분석

XH_4에서 X는 옥텟 규칙을 만족하므로 X는 C이고, YH_2에서 Y는 옥텟 규칙을 만족하므로 Y는 O이다. 따라서 XY_2는 CO_2이다.

선택지 분석

✓ㄱ. 2주기에서 원자 번호가 클수록 전기 음성도가 크므로 전기 음성도는 Y(O)>X(C)이다.

ㄴ. 전기 음성도는 Y(O)>H이므로 YH_2에서 Y는 부분적인 음전하(δ^-)를 띤다.

✓ㄷ. $XH_4(CH_4)$의 분자 모양은 정사면체형이고, $XY_2(CO_2)$의 분자 모양은 직선형이므로 결합각은 $XY_2 > XH_4$이다. 답 ④

43 결합의 극성과 분자의 극성

자료 분석

분자 ㉠과 ㉡은 모두 극성 공유 결합이 있는 분자여야 하므로 서로 다른 원자 사이의 결합이 있어야 하며, ㉠은 극성, ㉡은 무극성 분자여야 한다.

선택지 분석

①, ②, ④ 이원자 분자인 O_2는 무극성 공유 결합만 있는 분자이므로 적절하지 않다.

✓❺ 극성 분자인 ㉠으로는 HCl가, 무극성 분자인 ㉡으로는 CF_4가 적절하다. 답 ⑤

44 결합의 극성

빈출 문항 자료 분석

표는 2주기 원소 W~Z로 구성된 분자 (가)~(다)에 대한 자료이다. (가)~(다)에서 모든 원자는 옥텟 규칙을 만족한다.
C, N, O, F

분자	(가)	(나)	(다)
분자식	WX_3 (NF_3 ➡ 삼각뿔형)	YZ_2 (CO_2 ➡ 직선형)	ZX_2 (OF_2 ➡ 굽은 형)
2중 결합	없음	있음	없음

(가)~(다)에 대한 옳은 설명만을 <보기>에서 있는 대로 고른 것은? (단, W~Z는 임의의 원소 기호이다.)

보기

ㄱ. (가)에서 W는 부분적인 음전하(δ^-)를 띤다. X (양전하(δ^+))

ㄴ. 결합각은 (나)>(다)이다. O (전기 음성도: X(F)>W(N))

ㄷ. 분자의 쌍극자 모멘트가 0인 것은 2가지이다. X (=무극성 분자인 것 ➡ CO_2 1가지)

해결 전략 모든 원자가 옥텟 규칙을 만족하므로 구성 원자는 C, N, O, F이며, 분자의 2중 결합의 여부로부터 이 원자들로 구성된 분자식을 파악한다.

선택지 분석

(가)~(다)는 각각 NF_3, CO_2, OF_2이고, W~Z는 각각 N, F, C, O이다.

ㄱ. 전기 음성도는 X(F)>W(N)이므로 (가)(NF_3)에서 W는 부분적인 양전하(δ^+)를 띤다.

✓ㄴ. (나)(CO_2)는 분자 모양이 직선형이고 (다)(OF_2)는 분자 모양이 굽은 형이므로 결합각은 (나)>(다)이다.

ㄷ. 분자의 쌍극자 모멘트가 0인 것은 무극성 분자이므로 (나)(CO_2) 1가지이다. 답 ②

45 루이스 전자점식

자료 분석

루이스 전자점식으로 보아 W~Z는 각각 Li, C, O, F이다.

선택지 분석

✓ㄱ. $W_2Y(Li_2O)$는 이온 결합 물질로 액체 상태에서 전기 전도성이 있다.

✓ㄴ. $X_2Z_4(C_2F_4)$에는 2중 결합(C=C)이 있다.

✓ㄷ. $YZ_2(OF_2)$는 극성 분자이다. 답 ⑤

46 루이스 전자점식

자료 분석

(가)에서 X에는 2개의 비공유 전자쌍이 있고 Y와 2중 결합을 형성하였으므로 X의 원자가 전자 수는 6, Y의 원자가 전자 수는 4이다. (나)에서 Z에는 3개의 비공유 전자쌍이 있고 Y와 단일 결합을 형성하였으므로 Z의 원자가 전자 수는 7이다.

선택지 분석

✓ㄱ. X는 2주기 16족 원소인 산소(O)이다.

ㄴ. (나)에서 X와 Y는 2중 결합을, Y와 Z는 단일 결합을 형성하고 있으므로 (나)에서 단일 결합의 수는 2이다.

✓ㄷ. (가)에 있는 비공유 전자쌍 수는 4, (나)에 있는 비공유 전자쌍 수는 8이므로 비공유 전자쌍 수는 (나)가 (가)의 2배이다. 답 ④

47 극성 공유 결합과 부분 전하

자료 분석

두 원자가 공유 결합을 형성할 때 전기 음성도가 상대적으로 큰 원자는 부분적인 음전하(δ^-)를 띠고, 전기 음성도가 상대적으로 작은 원자는 부분적인 양전하(δ^+)를 띤다.

선택지 분석

① H의 전기 음성도는 O와 C의 전기 음성도보다 작으므로 H_2O과 CH_4에서 H는 모두 부분적인 양전하(δ^+)를 띤다.

② O의 전기 음성도는 H와 C의 전기 음성도보다 크므로 H_2O과 CO_2에서 O는 모두 부분적인 음전하(δ^-)를 띤다.

③ C의 전기 음성도는 O와 F의 전기 음성도보다 작으므로 CO_2와 CF_4에서 C는 모두 부분적인 양전하(δ^+)를 띤다.

✓❹ ㉠은 가설에 어긋나는 분자 쌍이므로 같은 원자가 띠는 부분적인 전하의 부호가 서로 다른 분자 쌍이어야 한다. N의 전기 음성도는 H의 전기 음성도보다 크고 F의 전기 음성도보다 작으므로 NH_3에서 N는 부분적인 음전하(δ^-)를, NF_3에서 N는 부분적인 양전하(δ^+)를 띤다. 따라서 NH_3와 NF_3는 가설에 어긋나는 분자 쌍이다.
⑤ F의 전기 음성도는 N와 O의 전기 음성도보다 크므로 NF_3와 OF_2에서 F은 모두 부분적인 음전하(δ^-)를 띤다. 답 ④

48 루이스 전자점식

자료 분석

(가)는 X_2로 '비공유 전자쌍 수－공유 전자쌍 수'가 2이므로 O_2이다. X(O)와 Y로 이루어진 (다)는 분자당 구성 원자 수가 3이고 '비공유 전자쌍 수－공유 전자쌍 수'가 6이므로 (다)는 OF_2이다. 따라서 Y는 F이고, (나)는 F_2이다.

선택지 분석

✓ㄱ. (나)(F_2)는 비공유 전자쌍 수가 6, 공유 전자쌍 수가 1이므로 $a=5$이다.
ㄴ. (나)(F_2)는 F와 F의 단일 결합으로 이루어져 있다.
ㄷ. (가)(O_2)의 공유 전자쌍 수와 (다)(OF_2)의 공유 전자쌍 수는 2로 같다.
답 ①

49 전기 음성도와 결합의 극성

자료 분석

같은 주기에서 원자 번호가 커질수록 전기 음성도는 대체로 커지고, 같은 족에서 원자 번호가 커질수록 전기 음성도는 대체로 작아진다.

선택지 분석

✓ㄱ. 탐구 결과에서 같은 주기의 원자들은 원자 번호가 커질수록 전기 음성도가 커지므로 '전기 음성도는 커진다.'는 ㉠으로 적절하다.
ㄴ. 전기 음성도는 O가 C보다 크므로 CO_2에서 C는 부분적인 양전하(δ^+)를 띤다.
✓ㄷ. PF_3에는 전기 음성도가 다른 P과 F이 공유 결합을 이루고 있으므로 PF_3에는 극성 공유 결합이 있다. 답 ③

50 루이스 전자점식

자료 분석

W～Z는 1, 2주기 원소이므로 WXY에서 W^+은 Li^+, XY^-은 OH^-이고, YZX에서 Z는 공유 전자쌍 3개와 비공유 전자쌍 1개를 가지므로 N이다. 따라서 W～Z는 각각 Li, O, H, N이다.

선택지 분석

✓ㄱ. W(Li)와 Y(H)는 같은 1족 원소이다.
✓ㄴ. Z_2(N_2)의 구조식은 $N\equiv N$으로, 두 N 사이에 3중 결합이 있다.
ㄷ. Y_2X_2(H_2O_2)의 루이스 전자점식은 다음과 같다.

$$H:\ddot{\underset{..}{O}}:\ddot{\underset{..}{O}}:H$$

따라서 공유 전자쌍 수는 3, 비공유 전자쌍 수는 4로 $\frac{\text{비공유 전자쌍 수}}{\text{공유 전자쌍 수}}=\frac{4}{3}$이다. 답 ③

51 전기 음성도와 결합의 극성

자료 분석

전기 음성도가 클수록 공유 전자쌍을 끌어당기는 정도가 크다. 따라서 공유 결합을 하는 두 원자 중 전기 음성도가 큰 원자는 부분적인 음전하(δ^-)를 띠고, 전기 음성도가 작은 원자는 부분적인 양전하(δ^+)를 띤다.

선택지 분석

ㄱ. HF에서 전기 음성도가 F>H이므로 H는 부분적인 양전하(δ^+)를 띤다.
✓ㄴ. H_2O_2(H－O－O－H)에서 두 O 원자 사이의 결합은 무극성 공유 결합이다.
✓ㄷ. CH_2O에서 C의 산화수는 0, H의 산화수는 ＋1, O의 산화수는 －2이다. 답 ④

52 루이스 전자점식

자료 분석

AD가 이온 결합 물질이므로 A는 2주기 1족 원소인 리튬(Li)이고, B는 1주기 1족 원소인 수소(H)이며, C는 2주기 16족 원소인 산소(O), D는 2주기 17족 원소인 플루오린(F)이다.

선택지 분석

✓ㄱ. 원자 번호는 A(Li)>B(H)이다.
✓ㄴ. CD_2(OF_2)에서 중심 원자인 O에 비공유 전자쌍 2개가 있으므로 CD_2의 분자 모양은 굽은 형이다.
✓ㄷ. $\frac{\text{비공유 전자쌍 수}}{\text{공유 전자쌍 수}}$는 C_2(O_2)가 $\frac{4}{2}=2$, D_2(F_2)가 $\frac{6}{1}=6$으로 D_2가 C_2의 3배이다. 답 ⑤

53 루이스 전자점식

자료 분석

루이스 전자점식으로 보아 A～D는 각각 리튬(Li), 질소(N), 산소(O), 플루오린(F)이다.

선택지 분석

✓ㄱ. A는 금속인 리튬(Li)이므로 A(s)는 전기 전도성이 있다.
✓ㄴ. B(N)는 D(F)보다 전기 음성도가 작으므로 BD_3에서 B는 부분적인 양전하(δ^+)를 띤다.
✓ㄷ. 분자당 공유 전자쌍 수는 B_2D_2(N_2F_2), C_2D_2(O_2F_2)가 각각 4, 3이므로 $B_2D_2>C_2D_2$이다. 답 ⑤

54 공유 전자쌍과 비공유 전자쌍

자료 분석

공유 전자쌍 수와 비공유 전자쌍 수의 비로 보아, (가)～(다)는 각각 OF_2, CO_2, COF_2이다.

선택지 분석

ㄱ. (가)는 OF_2로, O와 F의 단일 결합 2개로 이루어져 있다. 따라서 다중 결합은 없다.
✓ㄴ. (다)는 COF_2로, 공유 전자쌍 수는 4이고 비공유 전자쌍 수는 O에 2, F에 3씩 총 8이다. 따라서 $\frac{\text{공유 전자쌍 수}}{\text{비공유 전자쌍 수}}(=a)=\frac{1}{2}$이다.

Ⅲ 화학 결합과 분자의 세계

ㄷ. (가)(OF_2)의 공유 전자쌍 수는 2이고, (나)(CO_2)의 공유 전자쌍 수는 4이다. 따라서 공유 전자쌍 수는 (나)가 (가)의 2배이다. 답 ②

55 루이스 전자점식

자료 분석

(가)에서 X는 W와 3중 결합을, Y와 단일 결합을 이루고 있고, W와 Y에 있는 비공유 전자쌍 수는 각각 1, 3이므로 W는 N, X는 C, Y는 F이다. 또한 (나)에서 X는 Z와 2중 결합을 이루고 있고 Z에 있는 비공유 전자쌍 수는 2이므로 Z는 O이다.

선택지 분석

✓ ㄱ. 원자가 전자 수는 X(C)가 4, Y(F)가 7이므로 $a=4$이다.

ㄴ. Z는 O이다.

ㄷ. 비공유 전자쌍 수는 (가)가 4, (나)가 8이다. 따라서 비공유 전자쌍 수는 (나)가 (가)의 2배이다. 답 ①

56 전기 음성도와 결합의 극성

빈출 문항 자료 분석

표는 원소 A～E에 대한 자료이다.

주기 \ 족	15	16	17
2	A N	B O	F Ⓒ → 전기 음성도 가장 크다.
3	D P		E Cl

이에 대한 설명으로 옳은 것만을 〈보기〉에서 있는 대로 고른 것은? (단, A～E는 임의의 원소 기호이다.)

보기

ㄱ. 전기 음성도는 B>A>D이다. O

ㄴ. BC_2에는 극성 공유 결합이 있다. O

ㄷ. EC에서 C는 부분적인 음전하(δ^-)를 띤다. O

해결 전략 주기율표에서 전기 음성도가 어떤 주기적 성질을 띠는지 알 수 있어야 한다.

선택지 분석

✓ ㄱ. 전기 음성도는 같은 주기에서 원자 번호가 커질수록 대체로 증가하고, 같은 족에서 원자 번호가 커질수록 대체로 감소한다. 따라서 전기 음성도는 B>A>D이다.

✓ ㄴ. 전기 음성도가 서로 다른 B와 C는 극성 공유 결합을 형성한다. 따라서 BC_2에는 극성 공유 결합이 있다.

✓ ㄷ. 전기 음성도는 C>E이므로 EC에서 C는 부분적인 음전하(δ^-)를 띤다. 답 ⑤

57 공유 전자쌍과 비공유 전자쌍

자료 분석

N_2, HCl, CO_2, CH_2O의 공유 전자쌍 수와 비공유 전자쌍 수는 다음과 같다.

분자	N_2	HCl	CO_2	CH_2O
공유 전자쌍 수	3	1	4	4
비공유 전자쌍 수	2	3	4	2

따라서 (가)～(라)는 각각 HCl, N_2, CO_2, CH_2O이다.

선택지 분석

ㄱ. (라)는 CH_2O이므로 $a=4$, $b=2$이다. 따라서 $a+b=6$이다.

✓ ㄴ. (다)는 비공유 전자쌍 수가 가장 큰 CO_2이다.

ㄷ. (가)에는 단일 결합, (나)에는 3중 결합이 있다. 답 ②

58 전기 음성도

빈출 문항 자료 분석

표는 4가지 각각의 분자에서 플루오린(F)의 전기 음성도(a)와 나머지 구성 원소의 전기 음성도(b) 차($a-b$)를 나타낸 것이다. → 전기 음성도는 4.0이다.

분자	CF_4	OF_2	PF_3	ClF
전기 음성도 차($a-b$)	x	0.5	1.9	1.0

→ O의 전기 음성도는 3.5, P의 전기 음성도는 2.1, Cl의 전기 음성도는 3.0이다.

이에 대한 설명으로 옳은 것만을 〈보기〉에서 있는 대로 고른 것은?

보기

ㄱ. $x<0.5$이다. $x>0.5$ X

ㄴ. PF_3에는 극성 공유 결합이 있다. O

ㄷ. Cl_2O에서 Cl는 부분적인 양전하(δ^+)를 띤다. O

해결 전략 플루오린(F)의 전기 음성도가 4.0이라는 사실을 알고, 각 분자에서 전기 음성도 차를 이용하여 구성 원소의 전기 음성도를 알아낼 수 있다.

선택지 분석

ㄱ. 전기 음성도는 같은 주기에서 원자 번호가 커질수록 대체로 커진다. C의 전기 음성도는 O의 전기 음성도보다 작으므로 $x>0.5$이다.

✓ ㄴ. PF_3은 P과 F 사이에 극성 공유 결합이 있다.

✓ ㄷ. Cl_2O에서 전기 음성도는 O>Cl이므로 Cl는 부분적인 양전하(δ^+)를 띤다. 답 ④

59 공유 전자쌍과 비공유 전자쌍

자료 분석

분자에서 수소(H) 원자는 단일 결합을 형성하며 비공유 전자쌍이 없고, X, Y는 옥텟 규칙을 만족하는 2주기 원자이므로 각각 C, N, O, F 중 하나이다. (가)는 비공유 전자쌍이 없으므로 XH_4(CH_4)이다.

(나)는 비공유 전자쌍 수가 2이므로 H_2Y(H_2O)이다. (다)는 X 원자 1개, Y 원자 c개, H 원자 2개로 이루어져 있고 X와 Y는 옥텟 규칙을 만족하므로 X 원자 1개는 Y 원자 1개와 2중 결합을 형성한다. 따라서 (다)는 XH_2Y(CH_2O)이다.

선택지 분석

ㄱ. (가)에 있는 공유 전자쌍 수는 4이므로 $a=4$이고 (나)에 있는 공유 전자쌍 수는 2이므로 $b=2$이다. 또한 (다)를 구성하는 Y 원자 수는 1이므로 $c=1$이다. 따라서 $a>b+c$이다.

✓ ㄴ. (다)에서 X(C)와 Y(O)가 2중 결합을 형성하고 있다.

✓ ㄷ. $XY_2(CO_2)$에서 X 원자 1개는 Y 원자 2개와 각각 2중 결합을 형성하므로 공유 전자쌍 수는 4이다. 답 ⑤

60 결합의 극성

자료 분석

F과 Cl는 같은 족 원소이므로 Y와 Z는 각각 F과 Cl 중 하나이다. 만약 Y가 F이라면 Y의 전기 음성도가 가장 커야 하는데 전기 음성도는 X>Y>W이므로 Y는 Cl이고, Z는 F이며, Cl보다 전기 음성도가 큰 X는 O, W는 C이다.

선택지 분석

ㄱ. W는 탄소(C)이다.

✓ ㄴ. 전기 음성도는 X>Y이므로 $XY_2(OCl_2)$에서 X는 부분적인 음전하(δ^-)를 띤다.

ㄷ. $WZ_4(CF_4)$는 W와 Z 사이에 극성 공유 결합으로만 이루어져 있다. 답 ②

61 분자식과 분자의 극성

빈출 문항 자료 분석

표는 2주기 원소 X～Z로 이루어진 분자 (가)～(다)에 대한 자료이다. (가)～(다)에서 X～Z는 모두 옥텟 규칙을 만족한다.

→ C, O, N, F 중 하나이다.
→ 중심 원자가 가질 수 있는 최대 공유 전자쌍 수는 4이다.

분자	(가)	(나)	(다)
분자식	X_2 O_2	YX_2 CO_2	Y_2Z_4 C_2F_4
공유 전자쌍 수	a	$2a$	$2a+2$

이에 대한 옳은 설명만을 〈보기〉에서 있는 대로 고른 것은? (단, X～Z는 임의의 원소 기호이다.)

보기

ㄱ. $a=2$이다. O
ㄴ. (나)는 극성 분자이다. X 무극성 분자
ㄷ. 비공유 전자쌍 수는 (다)가 (가)의 3배이다. O

해결 전략 2주기 원소 중 옥텟 규칙을 만족하는 원소는 C, O, N, F이라는 것과, 중심 원자가 있는 경우 공유 전자쌍 수는 최대 4임을 알아야 한다.

선택지 분석

✓ ㄱ. (나) YX_2에서 최대한 가질 수 있는 공유 전자쌍 수는 4인데 이때 (나)의 공유 전자쌍 수가 4라면 a는 2이고, (가)에서 X_2는 O_2, (다)에서 Y_2Z_4는 C_2F_4로 공유 전자쌍 수는 6이 되므로 $a=2$이다.

ㄴ. (나)는 CO_2로 무극성 분자이다.

✓ ㄷ. 비공유 전자쌍 수는 (다)가 12, (가)가 4이므로 (다)가 (가)의 3배이다. 답 ③

62 분자식과 공유 전자쌍, 비공유 전자쌍

자료 분석

2주기 원소 중 옥텟 규칙을 만족하는 원소는 C, N, O, F이다.

C, N, O, F이 분자를 이룰 때 비공유 전자쌍 수는 각각 0, 1, 2, 3이다. 분자 (가)의 분자식은 X_aY_a이고 비공유 전자쌍 수는 8인데 비공유 전자쌍 수가 8이 되려면 비공유 전자쌍이 1개 있는 N 2개와 비공유 전자쌍이 3개 있는 F 2개가 결합하면 가능하다. 따라서 (가)는 N_2F_2이고, $a=2$이다. 분자 (나)는 N_2F_4이다. 분자 (다)는 N_bF_3로 F 3개와 결합하여 이루어진 분자는 NF_3이므로 $b=1$이다.

선택지 분석

ㄱ. X는 N로 15족 원소이다.

✓ ㄴ. $a+b=3$이다.

ㄷ. (가)～(다)에서 다중 결합이 있는 분자는 (가) 1가지이다. 답 ②

63 루이스 전자점식 탐구

빈출 문항 자료 분석

다음은 루이스 전자점식과 관련하여 학생 A가 세운 가설과 이를 검증하기 위해 수행한 탐구 활동이다.

[가설]
→ O=O, F−F, F−O−F이다.

○ O_2, F_2, OF_2의 루이스 전자점식에서 각 분자의 구성 원자 수(a), 분자를 구성하는 원자들의 원자가 전자 수 합(b), 공유 전자쌍 수(c) 사이에는 관계식 (가) 가 성립한다.

[탐구 과정]

○ O_2, F_2, OF_2의 a, b, c를 각각 조사한다.
○ 각 분자의 a, b, c 사이에 관계식 (가) 가 성립하는지 확인한다.

[탐구 결과]

분자	구성 원자 수(a)	원자가 전자 수 합(b)	공유 전자쌍 수(c)
O_2	2	12	2
F_2	2	14	1
OF_2	3	20	2

[결론]

○ 가설은 옳다.

학생 A의 결론이 타당할 때, 다음 중 (가)로 가장 적절한 것은?

해결 전략 각 분자의 루이스 전자점식을 그리면 구성 원자 수, 원자가 전자 수 합, 공유 전자쌍 수 사이의 관계식을 알아낼 수 있다.

선택지 분석

✓ ❹ 학생 A의 결론이 타당하므로 관계식 (가)는 $8a=b+2c$이다. 답 ④

Ⅲ 화학 결합과 분자의 세계

64 루이스 전자점식

자료 분석

(가)는 OH^-, (나)는 HF이다. 따라서 A~C는 각각 O, H, F이다.

선택지 분석

✓ ㄱ. (가)에서 A와 (나)에서 C는 모두 Ne과 전자 배치가 같으므로 1 mol에 들어 있는 전자 수는 (가)와 (나)가 10 mol로 같다.

ㄴ. A는 16족, C는 17족 원소이다.

✓ ㄷ. AC_2는 OF_2이므로 $\frac{\text{비공유 전자쌍 수}}{\text{공유 전자쌍 수}}=\frac{8}{2}=4$이다. 답 ⑤

65 전기 음성도와 결합의 극성

자료 분석

O, F, S, Cl의 전기 음성도는 F>O, Cl>S이므로 H와 S의 전기 음성도 차가 가장 작고 H와 F의 전기 음성도 차가 가장 크다. W는 S, Z는 F이고 W와 Y는 같은 주기 원소이므로 Y는 Cl이다. 따라서 X는 O이다.

선택지 분석

✓ ㄱ. 같은 족에서 원자 번호가 작을수록 전기 음성도가 크다. 따라서 전기 음성도는 X(O)>W(S)이다.

ㄴ. 원자 W~Z와 수소(H)로 이루어진 분자의 분자식은 각각 H_2S, H_2O, HCl, HF이므로 $a=2$, $b=2$, $c=1$, $d=1$이다. 따라서 $a>c$이다.

ㄷ. YZ에서 전기 음성도는 Z>Y이므로 Y는 부분적인 양전하(δ^+)를, Z는 부분적인 음전하(δ^-)를 띤다. 답 ①

66 분자의 구조식

자료 분석

원자가 전자 수는 H는 1, C는 4, O는 6이다.

선택지 분석

✓ ❹ 폼산에서 원자가 전자 수가 1인 수소(H) 원자는 1개의 공유 결합을, 원자가 전자 수가 4인 탄소(C) 원자는 4개의 공유 결합을 각각 형성하므로 H, C 원자에는 비공유 전자쌍이 없다. 원자가 전자 수가 6인 산소(O) 원자는 C 원자와 2중 결합을, 또 다른 산소(O) 원자는 C 원자 1개, H 원자 1개와 각각 단일 결합을 형성하므로 각각 비공유 전자쌍 2개가 존재한다. 따라서 폼산에서 비공유 전자쌍 수는 4이다. 답 ④

67 전기 음성도와 결합의 극성

빈출 문항 자료 분석

그림은 2, 3주기 원자 W~Z의 전기 음성도를 나타낸 것이다. W와 X는 14족, Y와 Z는 17족 원소이다.

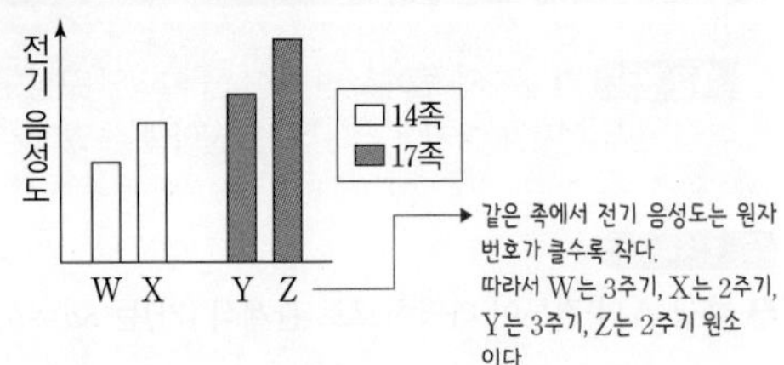

전기 음성도
□14족
■17족
W X Y Z
같은 족에서 전기 음성도는 원자 번호가 클수록 작다.
따라서 W는 3주기, X는 2주기, Y는 3주기, Z는 2주기 원소이다.

이에 대한 설명으로 옳은 것만을 〈보기〉에서 있는 대로 고른 것은? (단, W~Z는 임의의 원소 기호이다.)

보기

ㄱ. W는 3주기 원소이다. O

ㄴ. XY_4에는 극성 공유 결합이 있다. O

ㄷ. YZ에서 Z는 부분적인 양전하(δ^+)를 띤다. X (음전하(δ^-))

해결 전략 2, 3주기 원자에서 전기 음성도는 같은 주기에서 원자 번호가 클수록 크고, 같은 족에서 원자 번호가 클수록 작다.

선택지 분석

✓ ㄱ. 전기 음성도는 X가 W보다 크므로 W는 3주기 14족 원소이다.

✓ ㄴ. XY_4에서 X와 Y는 전기 음성도가 다르므로 X−Y 결합은 극성 공유 결합이다.

ㄷ. 극성 공유 결합에서 전기 음성도가 큰 원자가 공유 전자쌍을 더 세게 잡아당기므로 부분적인 음전하(δ^-)를 띠고, 전기 음성도가 작은 원자는 부분적인 양전하(δ^+)를 띤다. YZ에서 전기 음성도는 Z>Y이므로 Z는 부분적인 음전하(δ^-)를 띤다. 답 ③

68 루이스 전자점식

자료 분석

루이스 전자점식에는 원자가 전자 수가 나타나 있다. A~D는 2주기 원자이므로 각각 Li, N, O, F이다.

선택지 분석

✓ ㄱ. 고체 상태에서 금속은 전기 전도성이 있고, 이온 결합 물질은 전기 전도성이 없다. 따라서 금속인 A(Li)의 전기 전도성이 이온 결합 물질인 AD(LiF)의 전기 전도성보다 크다.

✓ ㄴ. 전기 음성도는 D>B이므로 BD_3(NF_3) 분자에서 B는 부분적인 (+)전하를 띤다.

✓ ㄷ. CD_2(OF_2) 분자에서 비공유 전자쌍은 O에 2개, F에 각각 3개 있으므로 비공유 전자쌍 수는 8이다. 답 ⑤

69 루이스 전자점식

자료 분석

루이스 전자점식으로 보아 X~Z는 각각 Mg, O, C이다.

선택지 분석

✓ ㄱ. Y는 2중 결합을 하므로 Y의 원자가 전자 수는 6이고 XY에서 전하가 −2인 음이온이 된다. 따라서 $a=2$이다.

✓ ㄴ. X는 전하가 +2인 양이온이 되며, 원자 번호가 Y와 Z보다 크므로 3주기 원소이고, Y와 Z는 X보다 원자 번호가 작으므로 2주기 비금속 원소이다. 따라서 2주기 원소는 2가지이다.

ㄷ. 원자가 전자 수는 Z가 4, Y가 6으로 Y>Z이다. 답 ③

70 루이스 전자점식

자료 분석

루이스 전자점식으로 보아 X~Z의 원자가 전자 수는 각각 5, 6, 7이다.

선택지 분석

✓ ㄱ. (가)는 무극성 공유 결합을 이루고 있는 2원자 분자이므로 분자의 쌍극자 모멘트는 0이다.

ㄴ. (가)에서 공유 전자쌍 수는 3이고 (나)에서 공유 전자쌍 수는 2이다.

ㄷ. Z의 원자가 전자 수는 7이므로 Z 원자와 Z 원자는 전자쌍 1개를 공유하여 결합한다. 따라서 Z_2에는 단일 결합만 있다. 답 ①

71 중심 원자의 전자쌍 수

빈출 문항 자료 분석

다음은 2주기 원소 X~Z로 구성된 3가지 분자 Ⅰ~Ⅲ의 루이스 구조식과 관련된 탐구 활동이다.

[탐구 과정]

(가) 중심 원자와 주변 원자들을 각각 하나의 선으로 연결한다. 하나의 선은 하나의 공유 전자쌍을 의미한다.

Y−X−Y　　　Y | Z−X−Z　　　Z−Y−Z

(나) 각 원자의 원자가 전자 수를 고려하여 모든 원자가 옥텟 규칙을 만족하도록 비공유 전자쌍과 다중 결합을 그린다.

(다) (나)에서 그린 구조로부터 중심 원자의 비공유 전자쌍 수를 조사한다.

[탐구 결과]

→ X~Z가 2주기 원소이므로 XY_2는 CO_2, XYZ_2는 COF_2, YZ_2는 OF_2이다.

분자	Ⅰ	Ⅱ	Ⅲ
분자식	XY_2	XYZ_2	YZ_2
중심 원자의 비공유 전자쌍 수	0	a	2

이에 대한 설명으로 옳은 것만을 〈보기〉에서 있는 대로 고른 것은? (단, X~Z는 임의의 원소 기호이다.)

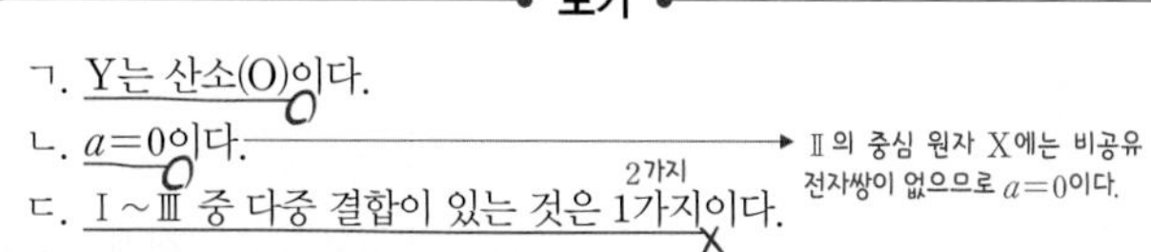

보기

ㄱ. Y는 산소(O)이다. O

ㄴ. $a=0$이다. O → Ⅱ의 중심 원자 X에는 비공유 전자쌍이 없으므로 $a=0$이다.

ㄷ. Ⅰ~Ⅲ 중 다중 결합이 있는 것은 1가지이다. X (2가지)

해결 전략 모든 원자가 옥텟 규칙을 만족하도록 분자 Ⅰ~Ⅲ에 비공유 전자쌍과 다중 결합을 그릴 수 있어야 한다.

선택지 분석

✓ ㄱ. Y는 원자가 전자 수가 6이므로 2주기 16족 원소인 산소(O)이다.

✓ ㄴ. Ⅱ의 중심 원자에는 비공유 전자쌍이 없으므로 $a=0$이다.

ㄷ. Ⅰ~Ⅲ에서 다중 결합이 있는 것은 Ⅰ과 Ⅱ의 2가지이다. 답 ③

72 분자식과 전기 음성도

자료 분석

2주기 원소 중 분자에서 옥텟 규칙을 만족할 수 있는 원자는 C, N, O, F이며 전기 음성도는 F>O>N>C이다. (나)의 분자식은 YZ_3이므로 Y는 N이고, Z는 F이다. 따라서 X는 O, W는 C이며 (가)는 CO_2, (나)는 NF_3, (다)는 OF_2이다.

선택지 분석

ㄱ. (가)에서 C와 O는 2중 결합을 이루므로 공유 전자쌍이 4개 있다.

✓ ㄴ. (가)의 분자 모양은 직선형이므로 분자의 쌍극자 모멘트는 0이다. (나)의 분자 모양은 삼각뿔형이고, (다)의 분자 모양은 굽은 형이므로 (나)와 (다) 분자의 쌍극자 모멘트는 모두 0이 아니다. 따라서 극성 분자는 (나)와 (다) 2가지이다.

✓ ㄷ. Y(N)의 원자가 전자 수는 5이므로 $Y_2(N_2)$에는 3중 결합이 있다.

답 ⑤

73 분자의 구조

도전 1등급 문항 분석 ▸▸ 정답률 35.7%

표는 2주기 원소 X~Z로 이루어진 분자 (가)~(라)에 대한 자료이다. (가)~(라)에서 X~Z는 옥텟 규칙을 만족한다. → 2주기 원소 중에서 옥텟 규칙을 만족하는 원소는 C, O, N, F뿐이다.

분자	(가) CO_2	(나) OF_2	(다) CF_4	(라) COF_2
구성 원소	X, Y	Y, Z	X, Z	X, Y, Z
분자당 원자 수	3	3	$x=5$	4
$\frac{\text{비공유 전자쌍 수}}{\text{공유 전자쌍 수}}$	1	4	3	$y=2$

$\frac{\text{비공유 전자쌍 수}}{\text{공유 전자쌍 수}}$가 1이라는 것은 분자 (가)의 공유 전자쌍 수와 비공유 전자쌍 수가 같음을 의미한다. 분자당 원자 수가 3이고 공유 전자쌍 수와 비공유 전자쌍 수가 같은 분자는 CO_2이다.

(가)~(라)에 대한 옳은 설명만을 〈보기〉에서 있는 대로 고른 것은? (단, X~Z는 임의의 원소 기호이다.)

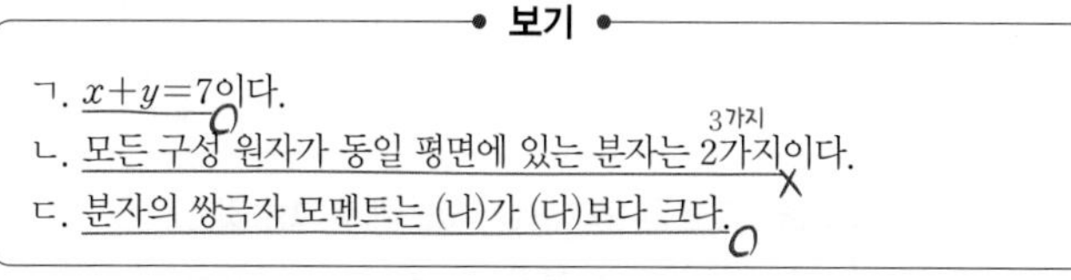

보기

ㄱ. $x+y=7$이다. O

ㄴ. 모든 구성 원자가 동일 평면에 있는 분자는 2가지이다. X (3가지)

ㄷ. 분자의 쌍극자 모멘트는 (나)가 (다)보다 크다. O

해결 전략 구성 원소와 분자당 원자 수 등 주어진 자료를 이용하여 (가)~(라)를 찾을 수 있어야 한다.

선택지 분석

✓ ㄱ. $x=5$이고, $y=2$이다.

ㄴ. 모든 구성 원자가 동일 평면에 있는 분자는 CO_2, OF_2, COF_2 3가지이다.

✓ ㄷ. (나)는 극성 분자이고, (다)는 무극성 분자이므로 분자의 쌍극자 모멘트는 (나)가 (다)보다 크다. 답 ④

본문 97~105쪽

03 분자의 구조와 성질

74 ③	75 ③	76 ④	77 ①	78 ④	79 ⑤
80 ③	81 ①	82 ⑤	83 ①	84 ①	85 ④
86 ②	87 ①	88 ①	89 ①	90 ②	91 ④
92 ③	93 ④	94 ④	95 ④	96 ①	97 ③
98 ②	99 ②	100 ⑤	101 ②	102 ②	103 ⑤
104 ③	105 ②	106 ⑤	107 ⑤	108 ⑤	

74 분자의 구조와 성질

자료 분석

(가)는 중심 원자가 C이므로 C가 X와 2중 결합으로 결합한 CO_2이다. (나)에서 C와 X의 결합은 2중 결합이므로 Y는 F이고, (나)는 COF_2이다. 따라서 (다)는 O_2F_2이다.

선택지 분석

✓ ㄱ. 다중 결합이 있는 분자는 (가)(CO_2)와 (나)(COF_2) 2가지이다.

✓ ㄴ. (가)는 CO_2이므로 무극성 분자이다.

ㄷ. 공유 전자쌍 수는 (나)(COF_2)가 4, (다)(O_2F_2)가 3이므로 (나)가 (다)보다 크다.

답 ③

75 분자의 구조와 성질

빈출 문항 자료 분석

표는 원소 W~Z로 구성된 분자 (가)~(라)에 대한 자료이다. (가)~(라)의 분자당 구성 원자 수는 각각 3 이하이고, 분자에서 모든 원자는 옥텟 규칙을 만족한다. W~Z는 각각 C, N, O, F 중 하나이다.

분자	구성 원소	중심 원자	$\frac{\text{비공유 전자쌍 수}}{\text{공유 전자쌍 수}}$
(가)	W		N_2, O_2, F_2 중 6 $\left(\frac{6}{1}\right) \Rightarrow F_2$
(나)	W, X	X	4 $\left(\frac{8}{2}\right) \Rightarrow OF_2$
(다)	W, X, Y	Y	2 $\left(\frac{6}{3}\right) \Rightarrow$ FNO
(라)	W, Y, Z	Z	1 $\left(\frac{4}{4}\right) \Rightarrow$ FCN

이에 대한 설명으로 옳은 것만을 〈보기〉에서 있는 대로 고른 것은?

보기

ㄱ. Z는 탄소(C)이다. O

ㄴ. (다)의 분자 모양은 직선형이다. X (굽은 형)

ㄷ. 결합각은 (라)>(나)이다. O

해결 전략 (가)는 한 가지 원소로만 이루어진 분자이므로 $\frac{\text{비공유 전자쌍 수}}{\text{공유 전자쌍 수}}$로부터 (가)를 먼저 알아내고, 순서대로 (나)~(라)를 유추해 나간다. 또한 중심 원자에 4개의 전자쌍이 있는 경우, 중심 원자에 비공유 전자쌍 수가 많을수록 결합각은 작다는 것을 알고 있어야 한다.

선택지 분석

분자 (가)는 $\frac{\text{비공유 전자쌍 수}}{\text{공유 전자쌍 수}}=6$이므로 F_2이다. 따라서 W는 F이다.

$\frac{\text{공유 전자쌍 수}}{\text{비공유 전자쌍 수}}$로부터 (나)는 OF_2이므로 X는 O이고, (다)는 FNO이므로 Y는 N이며, (라)는 FCN이므로 Z는 C이다.

✓ ㄱ. (라)는 FCN이므로 중심 원자인 Z는 탄소(C)이다.

ㄴ. (다)(FNO)는 중심 원자인 N에 비공유 전자쌍이 있으므로 분자 모양은 굽은 형이다.

✓ ㄷ. (나)(OF_2)는 굽은 형이고, (라)(FCN)는 직선형이므로 결합각은 (라)>(나)이다.

답 ③

76 분자의 구조와 성질

자료 분석

분자 구조가 직선형인 분자와 평면 삼각형인 분자의 경우 무극성 분자뿐 아니라 극성 분자가 존재한다. 따라서 ㉠은 분자 구조가 직선형이면서 극성 분자이고, ㉡은 분자 구조가 평면 삼각형이면서 극성 분자이다.

선택지 분석

① H_2O은 분자 구조가 굽은 형이면서 극성 분자이고, BCl_3는 분자 구조가 평면 삼각형이면서 무극성 분자이다.

② H_2O은 분자 구조가 굽은 형이면서 극성 분자이고, HCHO는 분자 구조가 평면 삼각형이면서 극성 분자이다.

③ HCN는 분자 구조가 직선형이면서 극성 분자이고, BCl_3는 분자 구조가 평면 삼각형이면서 무극성 분자이다.

✓ ❹ HCN는 분자 구조가 직선형이면서 극성 분자이고, HCHO는 분자 구조가 평면 삼각형이면서 극성 분자이다.

⑤ HCN는 분자 구조가 직선형이면서 극성 분자이고, NH_3는 분자 구조가 삼각뿔형이면서 극성 분자이다.

답 ④

77 분자의 구조와 성질

자료 분석

F은 원자가 전자 수가 7이므로 F 원자 1개는 다른 원자와 단일 결합 1개를 이룬다. 따라서 F 원자와 다른 원자 사이의 단일 결합 수는 분자에 포함된 F 원자 수와 같다.

XF_2에서 X와 F 사이의 단일 결합의 수가 2이므로 X는 O이고 XF_2는 OF_2이다. 또한 X는 O이므로 Y는 N이고 YF_3는 NF_3이다.

CXF_m에서 C와 F 사이의 단일 결합의 수는 2이므로 분자에 포함된 F 원자 수는 2이고 $m=2$이다. 따라서 CXF_m은 COF_2이다.

선택지 분석

✓ ㄱ. XF_2(OF_2)에서 중심 원자 X(O)에 비공유 전자쌍이 있으므로 (가)의 분자 구조는 굽은 형이다.

ㄴ. CXF_m는 COF_2이므로 $m=2$이다.

ㄷ. COF_2와 NF_3의 루이스 전자점식은 다음과 같다.

```
     :O:            :F:N:F:
     ::                 
  :F:C:F:             :F:
```

COF_2의 $\frac{\text{공유 전자쌍 수}}{\text{비공유 전자쌍 수}}$는 $\frac{4}{8}=\frac{1}{2}$이고, NF_3의 $\frac{\text{공유 전자쌍 수}}{\text{비공유 전자쌍 수}}$는 $\frac{3}{10}$이므로 $\frac{\text{공유 전자쌍 수}}{\text{비공유 전자쌍 수}}$는 (나)>(다)이다. 답 ①

78 분자의 구조

자료 분석

C, N, O, F의 원자가 전자 수는 각각 4, 5, 6, 7이고, 분자에서 모든 원자는 옥텟 규칙을 만족하므로 전체 구성 원자의 원자가 전자 수 합이 26인 YZ_3는 NF_3이고, 16인 YWZ는 NCF이다. 따라서 W~Z는 각각 C, O, N, F이다.

선택지 분석

ㄱ. X는 O이다.

✓ㄴ. YWZ는 NCF이므로 비공유 전자쌍 수는 4이다.

✓ㄷ. WX_2는 CO_2이므로 전체 구성 원자의 원자가 전자 수 합 ㉠은 16이다.

답 ④

79 분자의 구조와 성질

자료 분석

X~Z는 2주기 원소이고, (가)~(다)에서 모든 원자는 옥텟 규칙을 만족하므로 (가)는 CO_2, (나)는 OF_2, (다)는 COF_2이다. 따라서 X~Z는 각각 C, O, F이다.

선택지 분석

✓ㄱ. 극성 분자는 (나)(OF_2)와 (다)(COF_2) 2가지이다.

✓ㄴ. (가)(CO_2)의 분자 모양은 직선형, (나)(OF_2)의 분자 모양은 굽은 형이므로 결합각은 (가)>(나)이다.

✓ㄷ. 중심 원자에 비공유 전자쌍이 있는 분자는 (나)(OF_2) 1가지이다.

답 ⑤

80 루이스 전자점식과 분자의 구조

자료 분석

X의 원자가 전자 수는 6이므로 O이고, Y의 원자가 전자 수는 5이므로 N이며, Z의 원자가 전자 수는 7이므로 F이다. 따라서 W는 H이다.

선택지 분석

✓ㄱ. W(H), Z(F)의 원자가 전자 수는 각각 1, 7이므로 원자가 전자 수의 합은 8이다.

ㄴ. $X_2(O_2)$와 $Y_2(N_2)$의 공유 전자쌍 수는 각각 2, 3으로 $Y_2(N_2)>X_2(O_2)$이다.

✓ㄷ. $YW_3(NH_3)$의 분자 모양은 삼각뿔형이다. 답 ③

81 분자의 구조와 성질

자료 분석

공유 전자쌍 수가 4이고 비공유 전자쌍 수가 8인 (나)와 (다)는 각각 N_2F_2, COF_2이다. 원자 번호는 Y>X이므로 W~Z는 각각 C, N, O, F이고, (가)는 C_2F_2이다.

선택지 분석

✓ㄱ. (가)(C_2F_2)의 C≡C 결합과 (나)(N_2F_2)의 N=N 결합은 무극성 공유 결합이다. 따라서 무극성 공유 결합이 있는 것은 (가)와 (나) 2가지이다.

ㄴ. (나)(N_2F_2)의 구조식은 F−N=N−F이다. 따라서 (나)에는 3중 결합이 없다.

ㄷ. (가)(C_2F_2)와 (다)(COF_2)의 $\frac{\text{비공유 전자쌍 수}}{\text{공유 전자쌍 수}}$는 각각 $\frac{6}{5}$, $\frac{8}{4}$이다. 따라서 $\frac{\text{비공유 전자쌍 수}}{\text{공유 전자쌍 수}}$는 (다)>(가)이다. 답 ①

82 분자의 구조와 성질

자료 분석

구성 원자 수가 3이고 구성 원자의 원자가 전자 수의 합이 16인 분자 (가)는 FCN(F−C≡N)이다. F, C, N 중 두 종류의 원자로 구성된 분자 중 (나)와 (다)는 각각 NF_3, CF_4이다. 따라서 X~Z는 각각 F, N, C이다.

선택지 분석

✓ㄱ. (가)(FCN)의 분자 모양은 직선형이다.

✓ㄴ. 중심 원자의 비공유 전자쌍 수는 (나)(NF_3)가 1, (다)(CF_4)가 0으로 (나)>(다)이다.

✓ㄷ. (가)~(다) 중 모든 구성 원자가 동일 평면에 있는 분자는 (가)(FCN) 1가지이다. 답 ⑤

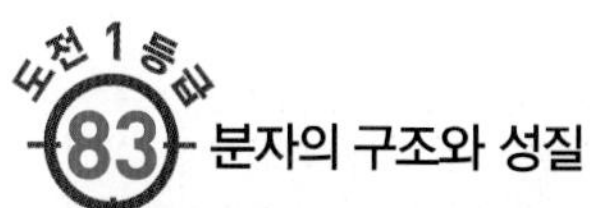

분자의 구조와 성질

도전 1등급 문항 분석 ▸▸ 정답률 36.7%

표는 2주기 원소 W~Z로 구성된 분자 (가)~(라)에 대한 자료이다. (가)~(라)에서 W~Z는 옥텟 규칙을 만족한다.

분자	(가)	(나)	(다)	(라)
분자식	W_2	X_2	YW_2	X_2Z_2
$\frac{\text{공유 전자쌍 수}}{\text{비공유 전자쌍 수}}$(상댓값)	1	3	2	1

(가)~(라)에 대한 옳은 설명만을 〈보기〉에서 있는 대로 고른 것은? (단, W~Z는 임의의 원소 기호이다.)

보기

ㄱ. (가)와 (다)는 비공유 전자쌍 수가 같다. O

ㄴ. 무극성 공유 결합이 있는 분자는 2가지이다. X 3가지

ㄷ. 다중 결합이 있는 분자는 3가지이다. X 4가지

해결 전략 2주기 원소이며 분자에서 옥텟 규칙을 만족한다는 조건으로부터 W~Z는 각각 C, N, O, F 중 하나임을 알아야 한다. 먼저 이원자 분자인 N_2, O_2, F_2의 $\frac{\text{공유 전자쌍 수}}{\text{비공유 전자쌍 수}}$를 구하여 W_2, X_2를 유추해 낸다.

선택지 분석

W_2, X_2로 가능한 분자는 N_2, O_2, F_2이며, 이들의 $\frac{\text{공유 전자쌍 수}}{\text{비공유 전자쌍 수}}$는 각각 $\frac{3}{2}$, $\frac{1}{2}$, $\frac{1}{6}$이다. 따라서 W_2, X_2는 각각 O_2, N_2이거나 각각 F_2, O_2이다. W_2가 F_2이라면 (다)에서 Y는 O가 되어야 하므로 이는 모순이다. 따라서 W_2, X_2는 각각 O_2, N_2이고, (다)는 YW_2이므로 CO_2이다. 이를 종합하면 (가)~(라)는 각각 O_2, N_2, CO_2, N_2F_2이고, W~Z는 각각 O, N, C, F이다.

✓ㄱ. (가)(O_2)와 (다)(CO_2)는 비공유 전자쌍 수가 4로 같다.

ㄴ. (가)~(라) 중 무극성 공유 결합이 있는 분자는 (가)(O_2), (나)(N_2), (라)(N_2F_2) 3가지이다.

ㄷ. (가)~(라) 모든 분자에는 다중 결합이 있다. 따라서 다중 결합이 있는 분자는 4가지이다.

답 ①

84 분자의 구조와 성질

빈출 문항 자료 분석

표는 수소(H)와 2주기 원소 X~Z로 구성된 분자 (가)~(다)에 대한 자료이다. (가)~(다)의 중심 원자는 모두 옥텟 규칙을 만족한다.

분자	(가) H_2O	(나) NH_3	(다) CH_4
분자식	XH_a	YH_b	ZH_c
공유 전자쌍 수	2	3	4
비공유 전자쌍 수	2	1	0

(가)~(다)에 대한 설명으로 옳은 것만을 〈보기〉에서 있는 대로 고른 것은? (단, X~Z는 임의의 원소 기호이다.)

보기

ㄱ. (가)의 분자 모양은 직선형이다. X 굽은 형

ㄴ. 결합각은 (다)>(나)이다. O

ㄷ. 극성 분자는 3가지이다. X 2가지

해결 전략 중심 원자에 있는 공유 전자쌍 수와 비공유 전자쌍 수를 파악하여 분자 구조를 알아내야 한다. 이때 2주기 수소 화합물에서 중심 원자에 총 4개의 전자쌍이 있는 경우 비공유 전자쌍이 많을수록 결합각은 작아짐을 알고 있어야 한다.

선택지 분석

X~Z는 2주기 원소이고, 수소 화합물에서 옥텟 규칙을 만족하므로 X~Z는 각각 C(탄소), N(질소), O(산소), F(플루오린) 중 하나이다.

(가)~(다)에서 중심 원자에 있는 공유 전자쌍 수는 각각 2, 3, 4이므로 (가)는 H_2O, (나)는 NH_3, (다)는 CH_4이고, X~Z는 각각 O, N, C이다.

ㄱ. (가)(H_2O)의 중심 원자에는 비공유 전자쌍이 2개 있으므로 (가)의 분자 모양은 굽은 형이다.

✓ㄴ. (나)(NH_3)의 분자 모양은 삼각뿔형, (다)(CH_4)의 분자 모양은 정사면체형이므로 결합각은 (다)>(나)이다.

ㄷ. (가)(H_2O)와 (나)(NH_3)는 극성 분자이고, (다)(CH_4)는 대칭 구조이므로 무극성 분자이다. 따라서 (가)~(다)에서 극성 분자는 (가)와 (나) 2가지이다.

답 ①

85 분자의 구조와 성질

자료 분석

2주기 원소로 이루어진 삼원자 분자 WX_3, XYW, YZX_2는 각각 NF_3, FCN, COF_2이고, W~Z는 각각 N, F, C, O이다.

선택지 분석

✓ㄱ. WX_3(NF_3)는 중심 원자에 비공유 전자쌍이 존재하므로 극성 분자이다.

✓ㄴ. 전기 음성도가 다른 두 원자의 공유 결합에서 전기 음성도가 큰 원자는 부분적인 음전하(δ^-)를 띠고, 전기 음성도가 작은 원자는 부분적인 양전하(δ^+)를 띤다. 전기 음성도는 X(F)가 가장 크므로 YZX_2(COF_2)에서 X는 부분적인 음전하(δ^-)를 띤다.

ㄷ. WX_3(NF_3)는 분자 모양이 삼각뿔형이고, XYW(FCN)는 분자 모양이 직선형이다. 따라서 결합각은 XYW가 WX_3보다 크다.

답 ④

86 분자의 구조와 성질

자료 분석

(가)~(다)의 모든 원자는 옥텟 규칙을 만족하므로 W~Z는 각각 N, F, O, C이다.

선택지 분석

ㄱ. (가)의 중심 원자 W(N)에는 비공유 전자쌍이 1개 있고 공유 전자쌍이 3개 있으므로 (가)의 분자 모양은 삼각뿔형이다.

✓ㄴ. (나)의 중심 원자 Y(O)에는 비공유 전자쌍이 2개 있고, (다)의 중심 원자 Z(C)에는 비공유 전자쌍이 없으므로 (나)의 분자 모양은 굽은 형, (다)의 분자 모양은 직선형이다. 따라서 결합각은 (다)>(나)이다.

ㄷ. (가)~(다)는 모두 분자의 쌍극자 모멘트가 0이 아니므로 모두 극성 분자이다.

답 ②

87 분자의 구조와 성질

자료 분석

전자쌍 반발 이론에 의하면 중심 원자 주위의 전자쌍들은 서로 반발하여 가능한 한 서로 멀리 떨어져 있으려고 한다. 이때 비공유 전자쌍 사이의 반발력이 공유 전자쌍 사이의 반발력보다 크다.

선택지 분석

ㄱ. 중심 원자의 비공유 전자쌍 수는 (가)가 0, (나)가 1, (다)가 2이므로 (다)가 가장 크다.

✓ ㄴ. (가)는 대칭 구조이므로 무극성 분자이고, 중심 원자에 비공유 전자쌍이 있는 (나)와 (다)는 극성 분자이다. 따라서 극성 분자는 2가지이다.

ㄷ. (가)는 정사면체형 구조, (나)는 삼각뿔형 구조로 입체 구조이다. 따라서 구성 원자가 모두 동일한 평면에 있는 분자는 굽은 형 구조인 (다) 1가지이다. 답 ①

88 분자의 구조와 성질

빈출 문항 자료 분석

표는 원소 W ~ Z로 구성된 분자 (가)~(다)에 대한 자료이다. W ~ Z는 각각 C, N, O, F 중 하나이고, (가)~(다)에서 중심 원자는 각각 1개이며, 모든 원자는 옥텟 규칙을 만족한다.

FCN만 가능하다. / COF_2만 가능하다.

분자	(가)	(나)	(다)
구성 원소	W, X	W, X, Y	X, Y, Z
구성 원자 수	4	3	4
공유 전자쌍 수	3	4	4

따라서 X, Y는 각각 C, F 중 하나이고, W는 N, Z는 O이다.

이에 대한 옳은 설명만을 〈보기〉에서 있는 대로 고른 것은?

• 보기 •

ㄱ. W는 N이다. (O)

ㄴ. (다)에는 3중 결합이 있다. (X) 2중 결합, 단일 결합

ㄷ. 결합각은 (가)>(나)이다. (X) (나)>(가)

해결 전략 구성 원소의 종류가 많고 구성 원자 수가 작을수록 화합물을 유추하기 쉬우므로 (나)와 (다)의 화합물을 먼저 유추하고, 이로부터 W ~ Z를 파악하여 (가)를 알아낸다.

선택지 분석

✓ ㄱ. (나)는 FCN이고, (다)는 COF_2이므로 W는 N, Z는 O이며, X, Y는 각각 C, F 중 하나이다. (가)는 W(N), X로 구성된 분자로 구성 원자 수가 4이고 공유 전자쌍 수가 3이므로 NF_3이고, X는 F, Y는 C이다.

ㄴ. (다)(COF_2)에는 C와 F 사이에 단일 결합, C와 O 사이에 2중 결합이 있고, 3중 결합은 없다.

ㄷ. (가)(NF_3)는 삼각뿔형 구조이고, (나)(FCN)는 직선형 구조이므로 결합각은 (나)>(가)이다. 답 ①

89 분자의 구조와 성질

자료 분석

X는 공유 전자쌍이 4개이므로 탄소(C), Y는 공유 전자쌍이 2개이므로 산소(O), Z는 공유 전자쌍이 1개이므로 플루오린(F)이다.

선택지 분석

✓ ㄱ. C, O, F는 같은 주기이며, 같은 주기에서 전기 음성도는 원자 번호가 클수록 대체로 크므로 전기 음성도는 Z(F)>Y(O)>X(C)이다.

ㄴ. (가)의 분자 모양은 정사면체형으로 대칭 구조이므로 분자의 쌍극자 모멘트가 0이고, (나)는 분자의 쌍극자 모멘트가 0이 아니다. 따라서 분자의 쌍극자 모멘트는 (나)>(가)이다.

ㄷ. (나)에는 전기 음성도가 다른 두 원자 사이에 이루어진 극성 공유 결합만 있다. 답 ①

90 분자의 구조와 성질

자료 분석

HCN, NH_3, CH_2O의 공유 전자쌍 수는 각각 4, 3, 4이고, 비공유 전자쌍 수는 각각 1, 1, 2이다. 따라서 (가)~(다)는 각각 NH_3, HCN, CH_2O이고, $a=3$, $b=1$이다.

선택지 분석

ㄱ. (다)는 CH_2O이다.

✓ ㄴ. $a=3$, $b=1$이므로 $a+b=4$이다.

ㄷ. (가)(NH_3)의 분자 모양은 삼각뿔형이고, (나)(HCN)의 분자 모양은 직선형이므로 결합각은 (나)>(가)이다. 답 ②

91 분자의 구조와 성질

빈출 문항 자료 분석

그림은 3가지 분자를 기준 (가)와 (나)에 따라 분류한 것이다.

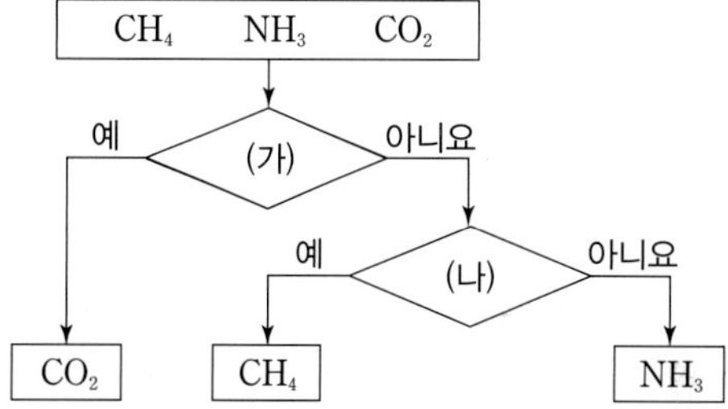

CO_2, CH_4, NH_3의 분자 모양과 성질은 표와 같이 정리할 수 있다.

분자	CO_2	CH_4	NH_3
분자 모양	직선형	정사면체형	삼각뿔형
공유 전자쌍 수	4	4	3
비공유 전자쌍 수	4	0	1
결합의 종류	2중 결합	단일 결합	단일 결합
분자의 극성	무극성	무극성	극성

다음 중 (가)와 (나)로 가장 적절한 것은?

해결 전략 CO_2, CH_4, NH_3를 분류할 수 있는 기준이 무엇일지 파악할 수 있어야 한다.

선택지 분석

✓ ④ '다중 결합이 존재하는가?'를 기준 (가)로, '분자 모양이 정사면체형인가?'를 (나)로 사용하면 제시된 자료와 같이 분류할 수 있다. 답 ④

92 분자의 구조와 성질

자료 분석

(가)는 메테인(CH_4), (나)는 물(H_2O), (다)는 사이안화 수소(HCN)의 구조식이다.

선택지 분석

✓ ㄱ. (가)의 중심 원자인 C 원자에 4개의 H 원자가 결합되어 있으므로 분자 모양은 정사면체형이다.

ㄴ. (나)의 중심 원자인 O 원자에는 비공유 전자쌍이 있으므로 (나)의 분자 모양은 굽은 형이고, (다)의 중심 원자인 C 원자에는 비공유 전자쌍이 없으므로 (다)의 분자 모양은 직선형이다. 따라서 결합각은 (다)가 (나)보다 크다.

✓ ㄷ. 분자 구조가 대칭 구조인 (가)는 분자의 쌍극자 모멘트가 0인 무극성 분자이고, (나)와 (다)는 모두 분자의 쌍극자 모멘트가 0이 아닌 극성 분자이다. 답 ③

93 분자의 모양과 결합각

자료 분석

분자의 구조식을 통해 분자 모양을 알 수 있다.

선택지 분석

✓ ❹ NH_3의 중심 원자 N에는 비공유 전자쌍이 1개 있으므로 NH_3의 분자 모양은 삼각뿔형이고 결합각 $\alpha=107°$이다. COF_2의 중심 원자 C에는 비공유 전자쌍이 없으므로 COF_2의 분자 모양은 평면 삼각형이고 결합각 β는 약 120°이다. CCl_4의 분자 모양은 정사면체형이고 결합각 $\gamma=109.5°$이다. 따라서 결합각은 $\beta>\gamma>\alpha$이다. 답 ④

94 루이스 전자점식과 분자의 구조

자료 분석

1, 2주기 원소로 이루어진 분자이므로 루이스 전자점식을 통해 (가)는 CF_4, (나)는 NH_4^+임을 알 수 있다. 따라서 W~Z는 각각 C, F, N, H이다.

선택지 분석

ㄱ. 원자가 전자 수는 X가 7, Z가 1이다.

✓ ㄴ. (가)의 분자 모양은 정사면체형이므로 결합각은 109.5°이고, YZ_3는 NH_3로 분자 모양이 삼각뿔형이므로 결합각은 107°이다. 따라서 분자의 결합각은 (가)가 YZ_3보다 크다.

✓ ㄷ. ZWY는 HCN으로 분자 모양은 직선형이다. 답 ④

95 분자의 구조와 성질

빈출 문항 자료 분석

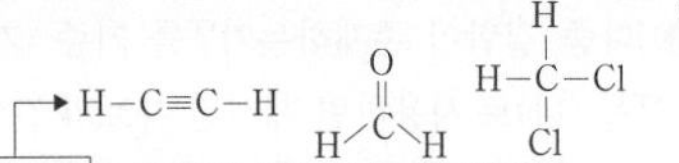

표는 3가지 분자 C_2H_2, CH_2O, CH_2Cl_2을 기준에 따라 분류한 것이다.

분자	예	아니요
(가)	CH_2O	C_2H_2, CH_2Cl_2
모든 구성 원자가 동일 평면에 있는가?	㉠ C_2H_2 CH_2O	㉡ CH_2Cl_2
극성 분자인가?	㉢ CH_2O CH_2Cl_2	㉣ C_2H_2

이에 대한 옳은 설명만을 〈보기〉에서 있는 대로 고른 것은?

보기

ㄱ. '다중 결합이 있는가?'는 (가)로 적절하다. ×

ㄴ. ㉠에 해당하는 분자는 2가지이다. ○

ㄷ. ㉡과 ㉢에 공통으로 해당하는 분자는 CH_2Cl_2이다. ○

해결 전략 C_2H_2, CH_2O, CH_2Cl_2의 분자 구조와 성질을 이해하여 분류 기준에 맞춰 분자를 분류할 수 있어야 한다.

선택지 분석

ㄱ. CH_2O에는 2중 결합, C_2H_2에는 3중 결합이 있다. 따라서 '다중 결합이 있는가?'는 (가)로 적절하지 않다.

✓ ㄴ. 모든 구성 원자가 동일 평면에 있는 분자는 C_2H_2, CH_2O 2가지이다.

✓ ㄷ. CH_2Cl_2은 분자 모양이 사면체형인 극성 분자이다. 따라서 ㉡과 ㉢에 공통으로 해당하는 분자는 CH_2Cl_2이다. 답 ④

96 분자의 구조와 성질

자료 분석

모든 구성 원자가 동일 평면에 있는 분자는 H_2O과 C_2H_4이다. 이 중 극성 분자는 H_2O이다. 따라서 (가)는 H_2O, (나)는 C_2H_4, (다)는 NH_3이다.

선택지 분석

ㄱ. (가) H_2O에서 공유 전자쌍 수는 2, 비공유 전자쌍 수는 2이므로 $\frac{\text{비공유 전자쌍 수}}{\text{공유 전자쌍 수}}=1$이다.

✓ ㄴ. (나)는 C_2H_4으로 C와 C 사이에 무극성 공유 결합이 있다.

ㄷ. (가)는 H_2O로 결합각은 104.5°, (다)는 NH_3로 결합각은 107°이다. 따라서 결합각은 (다)가 (가)보다 크다. 답 ①

97 분자의 구조와 성질

자료 분석

W~Z는 옥텟 규칙을 만족하는 2주기 원소로 C, N, O, F 중 하나이다. (가)는 2중 결합이 2개 있는 구조로 CO_2이다. 따라서 W는 C, X는 O이다. (나)는 C에 3중 결합 1개와 단일 결합 1개가 있는 구조로 FCN이다. 따라서 Y는 F, Z는 N이다.

선택지 분석

✓ ㄱ. (나)는 FCN으로 분자 모양은 직선형이다.

✓ ㄴ. (가)는 CO_2로 무극성 분자, (다)는 FNO로 극성 분자이므로 분자의 쌍극자 모멘트는 (다)가 (가)보다 크다.

ㄷ. Z는 N로 (나)에서 Z의 산화수는 −3이고, (다)에서 Z의 산화수는 +3이다. 답 ③

98 분자의 구조와 성질

자료 분석

(가) CO_2와 (다) CF_4는 무극성 분자이고, (나) NF_3는 극성 분자이다.

선택지 분석

ㄱ. (가)와 (다)는 쌍극자 모멘트가 0인 무극성 분자이고 (나)는 극성 분자이다. 따라서 극성 분자는 (나) 1가지이다.

✓ ㄴ. 결합각은 (가)가 180°이므로 가장 크다.

ㄷ. (가)와 (다)의 중심 원자(C)에는 비공유 전자쌍이 없고, (나)의 중심 원자(N)에는 비공유 전자쌍 1개가 존재한다. 따라서 중심 원자에 비공유 전자쌍이 존재하는 분자는 1가지이다. 답 ②

99 분자의 구조

빈출 문항 자료 분석

그림은 분자 (가)~(다)의 구조식을 나타낸 것이다.

H−O−H (가) O=C=O (나) H−C≡N (다)

분자	(가)	(나)	(다)
분자 모양	굽은 형	직선형	직선형
중심 원자에 비공유 전자쌍 유무	있음	없음	없음
분자의 극성 유무	극성	무극성	극성

(가)~(다)에 대한 설명으로 옳은 것만을 〈보기〉에서 있는 대로 고른 것은?

보기

ㄱ. 중심 원자에 비공유 전자쌍이 존재하는 분자는 2가지이다. (1가지 X)

ㄴ. 분자 모양이 직선형인 분자는 2가지이다. (O)

ㄷ. 극성 분자는 1가지이다. (2가지 X)

해결 전략 분자의 구조식과 옥텟 규칙으로부터 분자의 구조와 성질을 예측할 수 있어야 한다.

선택지 분석

ㄱ. 중심 원자에 비공유 전자쌍이 존재하는 것은 (가) 1가지이다.

✓ ㄴ. 분자 모양이 직선형인 것은 (나)와 (다) 2가지이다.

ㄷ. 극성 분자는 (가)와 (다) 2가지이다. 답 ②

100 분자의 구조와 성질

자료 분석

(가)~(다)의 구조식을 보고 각 분자의 모양과 성질을 알 수 있어야 한다.

선택지 분석

ㄱ. (가)에서 중심 원자 C에는 비공유 전자쌍이 없으므로 (가)의 분자 모양은 직선형이다.

✓ ㄴ. (나)에서 중심 원자 B에는 비공유 전자쌍이 없으므로 (나)의 분자 모양은 평면 삼각형이다. 따라서 (나)는 쌍극자 모멘트가 0이므로 무극성 분자이다.

✓ ㄷ. (나)의 분자 모양은 평면 삼각형이므로 결합각은 120°이다. (다)의 분자 모양은 정사면체형이므로 결합각은 109.5°이다. 따라서 결합각은 (나)>(다)이다. 답 ⑤

101 분자의 구조와 성질

자료 분석

구성 원자 수는 H_2O이 3, CO_2가 3, BF_3가 4이므로 (나)는 BF_3이다. 중심 원자의 원자 번호는 H_2O에서 O로 8, CO_2에서 C로 6이다. 따라서 (가)는 CO_2, (다)는 H_2O이다.

선택지 분석

ㄱ. (가)는 CO_2이다.

✓ ㄴ. CO_2의 결합각은 180°, H_2O의 결합각은 104.5°이므로 (가)>(다)이다.

ㄷ. 분자의 쌍극자 모멘트는 BF_3는 0이고, H_2O은 0이 아니므로 (다)>(나)이다. 답 ②

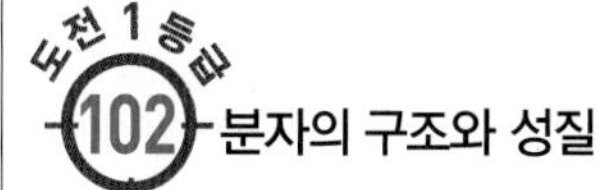

102 분자의 구조와 성질

도전 1등급 문항 분석 ▸▸ 정답률 33.7%

표는 2주기 원소 X~Z로 이루어진 분자 (가)~(다)에 대한 자료이다. (가)~(다)의 모든 원자는 옥텟 규칙을 만족한다.

분자	(가) F−C≡N	(나) F−C=C−F	(다) F−N=N−F
구성 원소	X, Y, Z	X, Y	X, Z
구성 원자 수	3	4	4
$\frac{\text{비공유 전자쌍 수}}{\text{공유 전자쌍 수}}$(상댓값)	5 $\frac{4}{4}$	6 $\frac{6}{5}$	10 $\frac{8}{4}$

(가)~(다)에 대한 옳은 설명만을 〈보기〉에서 있는 대로 고른 것은? (단, X~Z는 임의의 원소 기호이다.)

보기

ㄱ. (가)의 분자 모양은 굽은 형이다. (직선형 X)

ㄴ. 무극성 공유 결합이 있는 것은 2가지이다. (O)

ㄷ. 다중 결합이 있는 것은 2가지이다. (3가지 X)

해결 전략 주어진 자료를 이용하여 분자 (가), (나), (다)를 찾아야 한다.

선택지 분석

(가)는 FCN 또는 FNO 중 하나이며, 이들의 $\frac{\text{비공유 전자쌍 수}}{\text{공유 전자쌍 수}}$는 각각 1, 2이다. (가)가 FCN이면 (나)와 (다)는 각각 C_2F_2, N_2F_2, NF_3 중 하나이며, 이들의 $\frac{\text{비공유 전자쌍 수}}{\text{공유 전자쌍 수}}$는 각각 $\frac{6}{5}$, 2, $\frac{10}{3}$이다. 또 (가)가 FNO이면 (나)와 (다)는 각각 N_2F_2, O_2F_2, NF_3 중 하나이며, 이들의 $\frac{\text{비공유 전자쌍 수}}{\text{공유 전자쌍 수}}$는 각각 2, $\frac{10}{3}$, $\frac{10}{3}$이다. 이를 토대로 유추하면, (가)~(다)는 각각 FCN, C_2F_2, N_2F_2이다.

ㄱ. (가)는 FCN으로 분자 모양은 직선형이다.

✓ ㄴ. 무극성 공유 결합이 있는 것은 (나)와 (다) 2가지이다.

ㄷ. 다중 결합이 있는 것은 (가), (나), (다) 3가지이다. 답 ②

Ⅲ 화학 결합과 분자의 세계

103 분자의 구조와 성질

자료 분석

(나)는 H, Y로 이루어진 분자로 전체 원자 수가 4, H 원자 수가 3이므로 NH_3이다. (다)는 H, Z로 이루어진 분자로 전체 원자 수가 3, H 원자 수가 2이므로 H_2O이다. 따라서 (가)는 H, X, Y로 이루어진 분자로 전체 원자 수가 3이므로 HCN이다.

선택지 분석

✓ ㄱ. $\frac{\text{공유 전자쌍 수}}{\text{비공유 전자쌍 수}}$는 (가)~(다)가 각각 4, 3, 1이다.

✓ ㄴ. HCN와 H_2O은 구성 원자가 모두 동일 평면에 존재한다.

✓ ㄷ. (가)~(다)는 모두 극성 분자이다. 답 ⑤

104 분자의 구조와 성질

빈출 문항 자료 분석

그림은 4가지 분자를 주어진 기준에 따라 분류한 것이다. ㉠~㉢은 각각 CO_2, FCN, NH_3 중 하나이다.

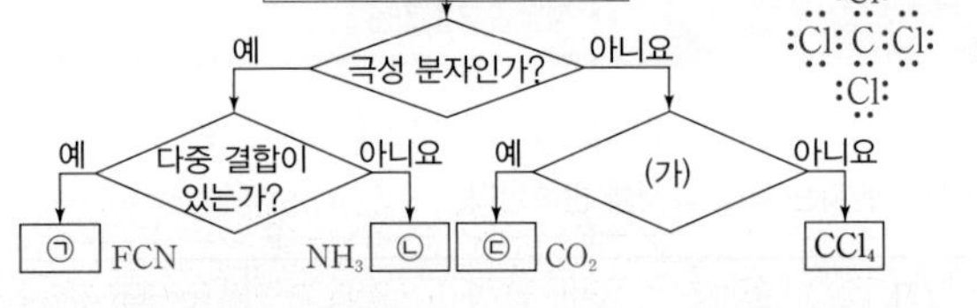

→ 4가지 분자의 루이스 전자점식을 그리면 각 분자의 성질을 예측하기 쉽다.
루이스 전자점식

이에 대한 설명으로 옳은 것만을 〈보기〉에서 있는 대로 고른 것은?

보기

ㄱ. '분자 모양은 직선형인가?'는 (가)로 적절하다. O

ㄴ. ㉠은 FCN이다. O

ㄷ. 결합각은 ㉡ > ㉢이다. X (㉢>㉡)

해결 전략 4가지 분자의 루이스 전자점식을 그려 분자의 구조와 성질을 파악한다.

선택지 분석

✓ ㄱ. CO_2의 분자 모양은 직선형, CCl_4의 분자 모양은 정사면체형이므로 (가)로 '분자 모양은 직선형인가?'를 이용하면 CO_2를 ㉢으로 분류할 수 있다.

✓ ㄴ. ㉠은 FCN이다.

ㄷ. NH_3의 분자 모양은 삼각뿔형이고, CO_2의 분자 모양은 직선형이므로 결합각은 ㉢ > ㉡이다. 답 ③

105 분자의 구조와 성질

자료 분석

CH_4, NH_3, HCN의 루이스 구조식은 다음과 같다.

$$\begin{array}{c} H \\ | \\ H-C-H \\ | \\ H \end{array} \qquad \begin{array}{c} \\ \\ H-\ddot{N}-H \\ | \\ H \end{array} \qquad H-C\equiv N:$$

선택지 분석

① Ⅰ과 Ⅱ에는 모두 단일 결합만 있으므로 '단일 결합만 존재한다.'는 (가)에 속한다.

✓ ❷ Ⅰ의 분자 모양은 정사면체형으로 입체 구조이고, Ⅲ의 분자 모양은 직선형으로 입체 구조가 아니다. 따라서 '입체 구조이다.'는 (나)에 속하지 않는다.

③ Ⅰ과 Ⅲ은 모두 공유 전자쌍 수가 4이므로 '공유 전자쌍 수가 4이다.'는 (나)에 속한다.

④ Ⅱ와 Ⅲ은 모두 분자의 쌍극자 모멘트가 0보다 크므로 '극성 분자이다.'는 (다)에 속한다.

⑤ Ⅱ와 Ⅲ은 N 원자에 모두 비공유 전자쌍이 1개 있으므로 '비공유 전자쌍 수가 1이다.'는 (다)에 속한다. 답 ②

106 분자의 구조와 성질

자료 분석

(가)에서 중심 원자인 탄소는 4개의 공유 결합을 하고 있다.

(나)에서 각 탄소 원자는 비공유 전자쌍이 없고 공유 결합한 원자 수가 3이다.

선택지 분석

✓ ㄱ. (가)에서 중심 원자 C에는 비공유 전자쌍이 없고 결합한 원자 수가 4이므로 분자 모양은 정사면체형이다.

✓ ㄴ. (나)의 C 원자와 C 원자 사이의 결합은 무극성 공유 결합이다.

✓ ㄷ. (가)의 분자 모양은 정사면체형이므로 결합각(∠HCH)은 109.5°이다. (나)에서 C를 중심으로 결합한 3개의 원자는 평면 삼각형의 꼭짓점에 배열되므로 (나)에서 결합각(∠HCH)은 약 120°이다. 따라서 결합각(∠HCH)은 (나)가 (가)보다 크다. 답 ⑤

107 루이스 전자점식과 분자의 구조

자료 분석

(가)는 1개의 원자가 전자가 있는 H와 4개의 원자가 전자가 있는 C, 5개의 원자가 전자가 있는 N가 공유 결합한 물질로 $H-C\equiv N$이다.

(나)는 H와 6개의 원자가 전자가 있는 O가 공유 결합한 $H-\ddot{\underset{..}{O}}-H$이다.

선택지 분석

✓ ㄱ. (가), (나)는 각각 HCN, H_2O이다. HCN는 분자 모양이 직선형을 이루고 H_2O은 굽은 형을 이루므로 결합각은 (가)가 (나)보다 크다.

✓ ㄴ. Y_2는 N_2, Z_2는 O_2이므로 공유 전자쌍 수는 Y_2가 3, Z_2가 2로 Y_2가 Z_2보다 크다.

✓ ㄷ. YW_3는 NH_3로 Y는 비공유 전자쌍 1개와 공유 전자쌍 3개로 구성되어 있으므로 옥텟 규칙을 만족한다. 답 ⑤

108 분자의 구조와 성질

자료 분석

(가)는 구성 원자 수가 3이고, 공유 전자쌍 수가 2이므로 1개의 결합만을 하는 H가 포함되어야 한다. 따라서 H 2개가 O 1개와 결합한 H_2O이다.

(나)는 구성 원자 수가 3이고, 공유 전자쌍 수가 4이므로 H는 포함될 수 없다. 따라서 C와 O로 이루어진 CO_2이다.

선택지 분석

✓ ㄱ. (가)와 (나)에 모두 포함된 X는 O이다.

✓ ㄴ. (가)는 H_2O로 O에 비공유 전자쌍이 2개 있다.

✓ ㄷ. (나)는 CO_2로 C와 O가 2중 결합을 이루어 분자 모양이 직선형을 이룬다. 답 ⑤

Ⅳ 역동적인 화학 반응

본문 110~114쪽

01 동적 평형

01 ④	02 ③	03 ③	04 ①	05 ②	06 ①
07 ③	08 ①	09 ③	10 ③	11 ⑤	12 ①
13 ①	14 ①	15 ④	16 ①	17 ②	18 ①

01 상평형

자료 분석

동적 평형 상태에서는 정반응과 역반응이 같은 속도로 일어나 반응이 정지된 것처럼 보이지만 실제로 반응은 계속 일어나고 있다. 즉, t_2 이후인 동적 평형 상태에서는 $CO_2(s)$가 $CO_2(g)$로 승화되는 속도와 $CO_2(g)$가 $CO_2(s)$로 승화되는 속도가 같으므로 $CO_2(s)$의 질량과 $CO_2(g)$의 질량이 일정하게 유지된다.

선택지 분석

✓ ㄱ. [탐구 결과]를 보면 동적 평형에 도달하였을 때 $CO_2(s)$의 질량이 변하지 않았고, [결론]에서 가설은 옳다고 하였으므로, '$CO_2(s)$의 질량이 변하지 않는다.'는 ㉠으로 적절하다.

✓ ㄴ. t_1은 동적 평형 상태에 도달하기 전이므로 $CO_2(s)$가 $CO_2(g)$로 승화되는 속도가 $CO_2(g)$가 $CO_2(s)$로 승화되는 속도보다 빠르다. 따라서 t_1일 때 $\frac{CO_2(g)\text{가 } CO_2(s)\text{로 승화되는 속도}}{CO_2(s)\text{가 } CO_2(g)\text{로 승화되는 속도}}<1$이다.

ㄷ. t_3은 동적 평형 상태에 도달한 이후이므로 $CO_2(s)$가 $CO_2(g)$로 승화되는 속도와 $CO_2(g)$가 $CO_2(s)$로 승화되는 속도가 같다. 답 ④

02 상평형

자료 분석

시간이 지날수록 $CO_2(s)$가 승화되어 $CO_2(g)$로 되므로 $CO_2(s)$의 양(mol)은 감소하고 $CO_2(g)$의 양(mol)은 증가하며, 동적 평형 상태에 도달한 이후에는 $CO_2(s)$와 $CO_2(g)$의 양(mol)이 일정하게 유지된다.

선택지 분석

✓ ㄱ. 동적 평형 상태에 도달할 때까지 ㉠의 양(mol)은 감소하므로 ㉠은 $CO_2(s)$이다.

ㄴ. 밀폐된 진공 용기 속 $CO_2(s)$가 $CO_2(g)$로 승화되는 속도는 일정하고, $CO_2(g)$가 $CO_2(s)$로 승화되는 속도는 증가하다가 동적 평형 상태에 도달하면 $\frac{CO_2(g)\text{가 } CO_2(s)\text{로 승화되는 속도}}{CO_2(s)\text{가 } CO_2(g)\text{로 승화되는 속도}}=1$이 된다. 따라서 동적 평형에 도달하기 전인 t_1일 때 $\frac{CO_2(g)\text{가 } CO_2(s)\text{로 승화되는 속도}}{CO_2(s)\text{가 } CO_2(g)\text{로 승화되는 속도}}<1$이다.

✓ ㄷ. t_2일 때 $CO_2(s)$와 $CO_2(g)$가 동적 평형 상태에 도달하였으므로 $CO_2(g)$의 양(mol)은 t_3일 때와 t_4일 때가 같다. 답 ③

03 상평형

자료 분석

$2t$일 때 $I_2(s)$과 $I_2(g)$은 동적 평형 상태에 도달하였으므로 t일 때는 동적 평형 상태에 도달하기 전이고 $3t$일 때는 동적 평형 상태이다.

선택지 분석

✓ ㄱ. 동적 평형 상태인 $2t$ 이후에는 $I_2(g)$의 양이 일정하게 유지된다. 따라서 $x=b$이고, $x>a$이다.

ㄴ. 동적 평형 상태에 도달하기 전인 t일 때에도 $I_2(s) \rightarrow I_2(g)$의 반응과 이 반응의 역반응인 $I_2(g) \rightarrow I_2(s)$의 반응이 모두 일어난다.

✓ ㄷ. $2t$일 때 동적 평형 상태에 도달하였으므로 $I_2(s) \rightarrow I_2(g)$으로 승화되는 속도와 $I_2(g) \rightarrow I_2(s)$으로 승화되는 속도가 같다. 답 ③

04 상평형

빈출 문항 자료 분석

표는 25 ℃에서 밀폐된 진공 용기에 $X(l)$를 넣은 후, $X(l)$와 $X(g)$의 질량을 시간 순서 없이 나타낸 것이다. 시간이 $2t$일 때 $X(l)$와 $X(g)$는 동적 평형 상태에 도달하였고, ㉠과 ㉡은 각각 t, $3t$ 중 하나이다.

→ $X(l)$의 질량(g)이 같으므로 ㉠은 동적 평형 상태에 도달한 이후이다. ➡ ㉠은 $3t$이다.

시간	$2t$	㉠	㉡
$X(l)$의 질량(g)	a	a	b
$X(g)$의 질량(g)	c		d

이에 대한 옳은 설명만을 〈보기〉에서 있는 대로 고른 것은? (단, 온도는 25 ℃로 일정하다.)

→ 동적 평형 상태에 도달할 때까지 $X(l)$의 질량(g)은 점점 감소하고 $X(g)$의 질량(g)은 점점 증가한다. ➡ $b>a$이고 $c>d$이다.

보기

ㄱ. ㉠은 $3t$이다. O

ㄴ. $d>c$이다. X $c>d$

ㄷ. 시간이 ㉡일 때 $\frac{X(g)\text{의 응축 속도}}{X(l)\text{의 증발 속도}}=1$이다. X <

해결 전략 동적 평형 상태에 도달한 이후에는 $X(l)$의 증발 속도와 $X(g)$의 응축 속도가 같으며, 따라서 $X(l)$의 질량(g)과 $X(g)$의 질량(g)이 일정하게 유지됨을 알고 있어야 한다.

선택지 분석

✓ ㄱ. $2t$일 때 동적 평형 상태에 도달하였으므로 그 이후로는 $X(l)$의 질량(g)이 $2t$일 때와 같다. 따라서 ㉠은 $3t$, ㉡은 t이다.

ㄴ. 동적 평형 상태에 도달한 때인 $2t$일 때가 동적 평형 상태에 도달하기 전인 ㉡일 때보다 $X(g)$의 질량(g)이 크다. 따라서 $c>d$이다.

ㄷ. 시간이 ㉡일 때는 동적 평형 상태에 도달하기 전이므로 $\frac{X(g)\text{의 응축 속도}}{X(l)\text{의 증발 속도}}<1$이다. 답 ①

05 상평형

자료 분석

t_2일 때 $H_2O(l)$과 $H_2O(g)$가 동적 평형 상태에 도달하였으므로 t_3일 때도 동적 평형 상태이다. 동적 평형 상태에서는 $H_2O(l)$의 증발 속도와 $H_2O(g)$의 응축 속도가 같다.

선택지 분석

ㄱ. 동적 평형 상태에서는 $H_2O(l)$의 양(mol)과 $H_2O(g)$의 양(mol)이 일정하게 유지되므로 t_2일 때와 t_3일 때 $\frac{H_2O(g)\text{의 양(mol)}}{H_2O(l)\text{의 양(mol)}}$이 같다. 따라서 $b=c$이다.

✓ ㄴ. $H_2O(g)$의 양(mol)은 시간이 지날수록 증가하다가 동적 평형 상태에 도달하면 일정해진다. 따라서 $H_2O(g)$의 양(mol)은 t_2일 때가 t_1일 때보다 많다.

ㄷ. $H_2O(g)$의 응축 속도는 시간이 지날수록 증가하다가 동적 평형 상태에 도달하면 $H_2O(l)$의 증발 속도와 같아진다. 따라서 $\frac{H_2O(g)\text{의 응축 속도}}{H_2O(l)\text{의 증발 속도}}$는 t_3일 때가 t_1일 때보다 크다. 답 ②

06 상평형

자료 분석

밀폐된 진공 용기에서 동적 평형 상태에 도달할 때까지 $H_2O(g)$의 양(mol)은 증가하고, $H_2O(l)$의 양(mol)은 감소하며, 동적 평형 상태에 도달한 이후에는 $H_2O(g)$의 양(mol)과 $H_2O(l)$의 양(mol)이 일정하게 유지된다.

선택지 분석

✓ ㄱ. (가)에서 t_2일 때 동적 평형 상태에 도달하였으므로 $H_2O(g)$의 양(mol)은 t_2일 때가 t_1일 때보다 많다.

ㄴ. (나)에서 t_3일 때 동적 평형 상태에 도달하였으므로 $H_2O(l) \rightleftarrows H_2O(g)$의 정반응과 역반응은 같은 속도로 일어난다.

ㄷ. 동적 평형 상태에 도달하기 전까지 H_2O의 증발 속도>응축 속도이고, 동적 평형 상태에 도달하였을 때 H_2O의 증발 속도=응축 속도이다. (가)에서 t_2일 때는 동적 평형 상태에 도달하였으므로 H_2O의 $\frac{\text{증발 속도}}{\text{응축 속도}}=1$이고, (나)에서 t_2일 때는 동적 평형 상태에 도달하기 전이므로 $\frac{\text{증발 속도}}{\text{응축 속도}}>1$이다. 따라서 t_2일 때 H_2O의 $\frac{\text{증발 속도}}{\text{응축 속도}}$는 (나)에서가 (가)에서보다 크다.

답 ①

07 상평형

자료 분석

t_2에서 동적 평형 상태에 도달하였으므로 H_2O의 증발 속도와 H_2O의 응축 속도가 같아 $y=1$이다.

선택지 분석

✓ ㄱ. $x>y$이므로 $x>1$이다.

ㄴ. 동적 평형 상태에 도달하기 전인 t_1일 때는 H_2O의 증발 속도가 H_2O의 응축 속도보다 크다. t_1일 때 $x>1$이므로 B는 H_2O의 증발 속도이고, A는 H_2O의 응축 속도이다.

✓ ㄷ. t_2일 때 동적 평형 상태에 도달하였으므로 t_2보다 시간이 더 흐른 t_3일 때도 동적 평형 상태이다. 따라서 $y=z=1$이다. 답 ③

08 상평형

자료 분석

동적 평형 상태에서는 $X(l)$의 증발 속도와 $X(g)$의 응축 속도가 같으므로 $\frac{X(l)\text{의 양(mol)}}{X(g)\text{의 양(mol)}}$이 일정하게 유지된다.

선택지 분석

✓ ㄱ. (가)에서 $2t$일 때 동적 평형 상태에 도달하였으므로 t일 때는 동적 평형 상태에 도달하기 전이다. 동적 평형 상태에 도달할 때까지 $X(l)$의 양(mol)은 감소하고, $X(g)$의 양(mol)은 증가하므로 $\frac{X(l)\text{의 양(mol)}}{X(g)\text{의 양(mol)}}$은 t일 때가 $2t$일 때보다 크고, $2t$일 때와 $3t$일 때가 같다. 따라서 $a>1$이다.

ㄴ. (나)에서 $3t$일 때 동적 평형 상태에 도달하였으므로 $4t$일 때도 동적 평형 상태이다. 동적 평형 상태에서 $X(l)$의 양(mol)과 $X(g)$의 양(mol)은 일정하므로 $\frac{X(l)\text{의 양(mol)}}{X(g)\text{의 양(mol)}}$은 $3t$일 때와 $4t$일 때가 같다. 따라서 $b=c$이다.

ㄷ. $2t$일 때, (가)에서는 동적 평형 상태에 도달하였으므로 $X(l)$의 증발 속도=$X(g)$의 응축 속도이고, (나)에서는 동적 평형 상태에 도달하지 않았으므로 $X(l)$의 증발 속도>$X(g)$의 응축 속도이다. 따라서 $2t$일 때 X의 $\frac{\text{응축 속도}}{\text{증발 속도}}$는 (가)에서가 (나)에서보다 크다. 답 ①

09 상평형

자료 분석

(가)는 $2t$일 때와 $3t$일 때 $\frac{X(g)\text{의 양(mol)}}{X(l)\text{의 양(mol)}}$이 같으므로 $2t$일 때와 $3t$일 때가 동적 평형 상태이고, (나)는 $3t$일 때와 $4t$일 때 $\frac{X(g)\text{의 양(mol)}}{X(l)\text{의 양(mol)}}$이 같으므로 $3t$일 때와 $4t$일 때가 동적 평형 상태이다.

선택지 분석

✓ ㄱ. (가)에서 $2t$일 때는 동적 평형 상태, t일 때는 동적 평형 상태에 도달하기 전이므로 $X(g)$의 양(mol)은 $2t$일 때가 t일 때보다 크다.

✓ ㄴ. 동적 평형 상태에 도달하는 데 걸린 시간은 (나)>(가)이다.

ㄷ. (가)에서 $4t$일 때는 동적 평형 상태이므로 $\frac{X(g)\text{의 응축 속도}}{X(l)\text{의 증발 속도}}=1$이다.

답 ③

10 상평형

자료 분석

동적 평형 상태에서는 $C_2H_5OH(l)$의 증발 속도와 $C_2H_5OH(g)$의 응축 속도가 같다. 따라서 동적 평형 상태인 t_2부터는 $C_2H_5OH(l)$의 양(mol)과 $C_2H_5OH(g)$의 양(mol)이 일정하게 유지된다.

선택지 분석

✓ ㄱ. t_2일 때 동적 평형 상태에 도달하였으므로 t_1일 때는 동적 평형 상태에 도달하기 전이다. 따라서 $C_2H_5OH(g)$의 양은 t_2일 때가 t_1일 때보다 크다. 따라서 $b>a$이다.

✓ ㄴ. t_1일 때는 동적 평형 상태에 도달하기 전이므로 $C_2H_5OH(l)$의 증발 속도가 $C_2H_5OH(g)$의 응축 속도보다 크다.

따라서 t_1일 때 $\frac{C_2H_5OH(g)\text{의 응축 속도}}{C_2H_5OH(l)\text{의 증발 속도}}<1$이다.

ㄷ. 동적 평형 상태에서는 $C_2H_5OH(l)$의 양과 $C_2H_5OH(g)$의 양이 일정하게 유지된다. 동적 평형 상태에 도달한 t_2일 때 $\frac{C_2H_5OH(g)\text{의 양(mol)}}{C_2H_5OH(l)\text{의 양(mol)}}=x$이므로 t_3일 때도 $\frac{C_2H_5OH(g)\text{의 양(mol)}}{C_2H_5OH(l)\text{의 양(mol)}}=x$이다. 답 ③

11 상평형

빈출 문항 자료 분석

표는 밀폐된 진공 용기 안에 $H_2O(l)$을 넣은 후 시간에 따른 $H_2O(g)$의 양(mol)을 나타낸 것이다. $0<t_1<t_2<t_3$이고, t_2일 때 $H_2O(l)$과 $H_2O(g)$는 동적 평형 상태에 도달하였다.

시간	t_1	t_2	t_3
$H_2O(g)$의 양(mol)	a	b	b

(t_2, t_3 → 동적 평형 상태)

이에 대한 설명으로 옳은 것만을 〈보기〉에서 있는 대로 고른 것은? (단, 온도는 일정하다.)

보기

ㄱ. $b>a$이다. O

ㄴ. $\frac{\text{응축 속도}}{\text{증발 속도}}$는 t_2일 때가 t_1일 때보다 크다. O

ㄷ. 용기 내 $H_2O(l)$의 양(mol)은 t_2일 때와 t_3일 때가 같다. O

해결 전략 동적 평형 상태일 때 $H_2O(l)$의 양은 변하지 않는다는 사실을 알고 있어야 한다.

선택지 분석

✓ ㄱ. t_2일 때 $H_2O(l)$과 $H_2O(g)$는 동적 평형 상태에 도달하였으므로 t_1일 때는 동적 평형 상태에 도달하기 전이다. 따라서 $H_2O(g)$의 양(mol)은 t_2일 때가 t_1일 때보다 크므로 $b>a$이다.

✓ ㄴ. t_1일 때 증발 속도는 응축 속도보다 크므로 $\frac{\text{응축 속도}}{\text{증발 속도}}<1$이고, t_2일 때 증발 속도와 응축 속도는 같으므로 $\frac{\text{응축 속도}}{\text{증발 속도}}=1$이다. 따라서 $\frac{\text{응축 속도}}{\text{증발 속도}}$는 t_2일 때가 t_1일 때보다 크다.

✓ ㄷ. t_3일 때 $H_2O(l)$과 $H_2O(g)$는 동적 평형 상태이므로 용기 내 $H_2O(l)$의 양(mol)은 t_2일 때와 t_3일 때가 같다. 답 ⑤

12 상평형

자료 분석

t_2일 때 $H_2O(l)$과 $H_2O(g)$가 동적 평형 상태에 도달했으므로 t_2 이후로는 $H_2O(l)$의 양(mol)과 $H_2O(g)$의 양(mol)이 일정하게 유지된다.

선택지 분석

✓ ㄱ. 밀폐된 진공 용기 안에 $H_2O(l)$을 넣었을 때 동적 평형 상태에 도달하였으므로 H_2O의 상변화는 가역 반응임을 알 수 있다.

ㄴ. t_1일 때는 동적 평형 상태에 도달하기 전이므로 $H_2O(l)$의 증발 속도가 $H_2O(g)$의 응축 속도보다 크다. 따라서 t_1일 때 $\frac{H_2O(l)\text{의 증발 속도}}{H_2O(g)\text{의 응축 속도}}>1$이다.

ㄷ. t_2일 때 동적 평형 상태에 도달하였으므로 $H_2O(g)$의 양(mol)은 t_2일 때와 t_3일 때가 같다. 따라서 $\frac{t_3\text{일 때 }H_2O(g)\text{의 양(mol)}}{t_2\text{일 때 }H_2O(g)\text{의 양(mol)}}=1$이다. 답 ①

13 상평형

빈출 문항 자료 분석

표는 밀폐된 진공 용기 안에 $H_2O(l)$을 넣은 후 시간에 따른 $H_2O(l)$과 $H_2O(g)$의 양에 대한 자료이다. $0<t_1<t_2<t_3$이고, t_2일 때 $H_2O(l)$과 $H_2O(g)$는 동적 평형 상태에 도달하였다.

시간	t_1	t_2	t_3
$H_2O(l)$의 양(mol)	a	b	b
$H_2O(g)$의 양(mol)	c	d	

(t_2 → $H_2O(l)$의 증발 속도 $=H_2O(g)$의 응축 속도; $a>b$, $c<d$)

이에 대한 설명으로 옳은 것만을 〈보기〉에서 있는 대로 고른 것은? (단, 온도는 일정하다.)

보기

ㄱ. t_1일 때 $\frac{\text{응축 속도}}{\text{증발 속도}}<1$이다. O

ㄴ. t_3일 때 $H_2O(l)$이 $H_2O(g)$가 되는 반응은 일어나지 않는다. X (일어난다.)

ㄷ. $\frac{a}{c}=\frac{b}{d}$이다. X ($\frac{a}{c}>\frac{b}{d}$)

해결 전략 동적 평형 상태에서 $H_2O(l)$의 증발 속도와 $H_2O(g)$의 응축 속도가 같다는 사실을 알고 있어야 한다.

선택지 분석

✓ ㄱ. t_1일 때는 동적 평형 상태에 도달하기 전이므로 $H_2O(l)$의 증발 속도가 $H_2O(g)$의 응축 속도보다 빠르다. 따라서 t_1일 때 $\frac{\text{응축 속도}}{\text{증발 속도}}<1$이다.

ㄴ. t_3일 때는 동적 평형 상태이며 동적 평형 상태에서도 H_2O의 증발과 응축은 같은 속도로 계속 일어난다.

ㄷ. $H_2O(l)$의 양(mol)은 t_1일 때가 t_2일 때보다 크고 $H_2O(g)$의 양은 t_2일 때가 t_1일 때보다 크므로 $a>b$, $d>c$이다. 따라서 $\frac{a}{c}>\frac{b}{d}$이다. 답 ①

14 용해 평형

자료 분석

t_2일 때 용해된 X의 질량이 더 이상 증가하지 않으므로 t_2 이후 동적 평형 상태이다.

선택지 분석

ㄱ. 물에 용해된 X의 질량이 증가할수록 석출 속도는 빨라진다. t_1일 때보다 t_2일 때는 용해된 X의 질량이 크므로 X의 석출 속도는 t_1일 때보다 t_2일 때가 크다.

✓ ㄴ. t_1일 때는 용해된 X의 질량(g)이 a보다 작고, t_3일 때는 용해된 X의 질량(g)이 a이므로 $X(aq)$의 몰 농도는 t_3일 때가 t_1일 때보다 크다.

ㄷ. t_2일 때 동적 평형 상태에 도달하였으므로 녹지 않고 남아 있는 $X(s)$의 질량은 t_2일 때와 t_3일 때가 같다. 답 ①

15 상평형

자료 분석

t_2일 때 동적 평형을 이루므로 $X(l)$의 증발 속도와 $X(g)$의 응축 속도는 같다.

선택지 분석

✓ ㄱ. t_1은 동적 평형 상태에 도달하기 전이므로 $X(l)$의 증발 속도가 $X(g)$의 응축 속도보다 크다. 따라서 $X(l)$의 증발 속도는 v_1보다 크다.

ㄴ. 동적 평형 상태에서는 $X(l)$의 증발 속도와 $X(g)$의 응축 속도가 같다. 따라서 $X(l)$의 증발은 계속 일어나고 있다.

✓ ㄷ. 밀폐된 진공 용기에 $X(l)$를 넣으면 동적 평형 상태에 도달할 때까지 $X(g)$의 양(mol)은 증가한다. 따라서 $X(g)$의 양(mol)은 t_2에서가 t_1에서보다 크다. 답 ④

16 상평형

빈출 문항 자료 분석

표는 밀폐된 진공 용기 안에 $X(l)$를 넣은 후 시간에 따른 X의 $\frac{\text{응축 속도}}{\text{증발 속도}}$와 $\frac{X(g)\text{의 양(mol)}}{X(l)\text{의 양(mol)}}$에 대한 자료이다. $0<t_1<t_2<t_3$이고, $c>1$이다.

$c>1$ 이므로 t_2 이후 $X(g)$의 양(mol) 증가 ⇒ t_2는 동적 평형 상태가 아니다.

시간	t_1	t_2	t_3
$\frac{\text{응축 속도}}{\text{증발 속도}}$	a	b	1 → 동적 평형 상태이다.
$\frac{X(g)\text{의 양(mol)}}{X(l)\text{의 양(mol)}}$		1	c

이에 대한 설명으로 옳은 것만을 ⟨보기⟩에서 있는 대로 고른 것은? (단, 온도는 일정하다.)

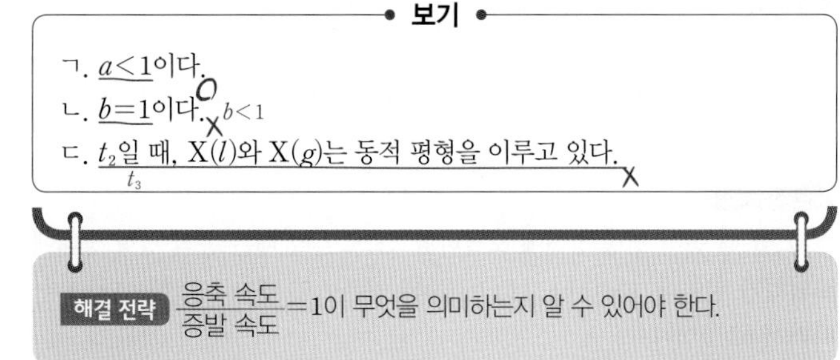
보기

ㄱ. $a<1$이다.

ㄴ. $b=1$이다.

ㄷ. t_2일 때, $X(l)$와 $X(g)$는 동적 평형을 이루고 있다.

해결 전략 $\frac{\text{응축 속도}}{\text{증발 속도}}=1$이 무엇을 의미하는지 알 수 있어야 한다.

선택지 분석

✓ ㄱ. t_1일 때는 동적 평형 상태에 도달하기 전이므로 증발 속도>응축 속도이다. 따라서 $a<1$이다.

ㄴ. t_3에서 동적 평형 상태에 도달하므로 $b<1$이다.

ㄷ. $X(l)$와 $X(g)$가 동적 평형을 이루고 있는 시간은 t_3일 때이다. 답 ①

17 용해 평형

자료 분석

$4t$일 때 설탕 수용액은 용해 평형에 도달하였으므로 $4t$일 때와 $8t$일 때 설탕 수용액의 몰 농도는 같다.

선택지 분석

ㄱ. t일 때는 용해 평형에 도달하기 전이므로 용해 속도가 석출 속도보다 크며 석출 속도는 0이 아니다.

ㄴ. $4t$일 때 용해 평형에 도달하였으므로 용해 속도와 석출 속도는 같다.

✓ ㄷ. $4t$일 때 용해 평형에 도달하였으므로 녹지 않고 남아 있는 설탕의 질량은 $4t$일 때부터 일정하다. 따라서 녹지 않고 남아 있는 설탕의 질량은 $4t$일 때와 $8t$일 때가 같다. 답 ②

18 상평형

자료 분석

$2t$에서 $H_2O(l)$의 증발 속도와 $H_2O(g)$의 응축 속도가 같으므로 동적 평형 상태이다.

선택지 분석

✓ ㄱ. H_2O은 조건에 따라 증발과 응축이 모두 일어날 수 있으므로 H_2O의 상변화는 가역 반응이다.

ㄴ. 밀폐된 용기 안에서 $H_2O(l)$이 증발할 때 시간이 t일 때는 동적 평형에 도달하기 전이고, 시간이 $2t$일 때는 증발 속도와 응축 속도가 같으므로 동적 평형 상태이다. 따라서 용기 내 $H_2O(l)$의 양(mol)은 t에서가 $2t$에서보다 크다.

ㄷ. 동적 평형 상태에서는 증발 속도와 응축 속도가 같으므로 $x=a$이다. 답 ①

본문 115~119쪽

02 물의 자동 이온화와 pH

19 ⑤	20 ④	21 ③	22 ②	23 ③	24 ②
25 ②	26 ⑤	27 ⑤	28 ③	29 ④	30 ④
31 ②	32 ②	33 ⑤	34 ②	35 ①	36 ③

19 수용액의 pH

도전 1등급 문항 분석 ▸▸ 정답률 28.9%

다음은 25 ℃에서 수용액 (가)~(다)에 대한 자료이다.

- (가)~(다)의 액성은 모두 다르며, 각각 산성, 중성, 염기성 중 하나이다.
- |pH−pOH|은 (가)(→11)가 (나)(→7)보다 4만큼 크다.

수용액	(가) 산성	(나) 염기성	(다) 중성
$\frac{pH}{pOH}$	$\frac{3}{25}\left(\frac{1.5}{12.5}\right)$	$x\left(\frac{10.5}{3.5}\right)$	$y\left(\frac{7}{7}\right)$
부피(L)	0.2	0.4	0.5
OH^-의 양(mol)	a	b	c
→ $[OH^-]\times$부피(L)	→ $0.2\times10^{-12.5}$	→ $0.4\times10^{-3.5}$	→ 0.5×10^{-7}

이에 대한 설명으로 옳은 것만을 ⟨보기⟩에서 있는 대로 고른 것은? (단, 25 ℃에서 물의 이온화 상수(K_w)는 1×10^{-14}이다.)

보기

ㄱ. (나)의 액성은 중성이다. ✗ (염기성)
ㄴ. $x+y=4$이다. O
ㄷ. $\frac{b\times c}{a}=100$이다. O

해결 전략 25 ℃에서 수용액의 pH+pOH=14라는 것과 $\frac{pH}{pOH}$ 값을 이용하여 pH와 pOH를 구하고, pH와 pOH 값으로부터 용액의 액성을 결정할 수 있어야 한다.

선택지 분석

(가)의 $\frac{pH}{pOH}=\frac{3}{25}$이고, pH+pOH=14이다. 이를 연립하여 풀면, pH=1.5, pOH=12.5이므로 (가)는 산성이다. (가)의 |pH−pOH|은 11이므로 (나)의 |pH−pOH|은 7이다. 따라서 (나)는 염기성이고 pH−pOH가 7이므로 pH=10.5, pOH=3.5이며, (다)는 중성이다.

ㄱ. (나)의 액성은 염기성이다.

✓ㄴ. (나)의 pH=10.5, pOH=3.5이므로 $x=\frac{10.5}{3.5}=3$이고, (다)의 pH=pOH=7이므로 $y=\frac{7}{7}=1$이다. 따라서 $x+y=4$이다.

✓ㄷ. 이온의 양(mol)은 몰 농도(M)와 부피(L)의 곱과 같으므로 $a=0.2\times10^{-12.5}$ mol, $b=0.4\times10^{-3.5}$ mol, $c=0.5\times10^{-7}$ mol이다.
따라서 $\frac{b\times c}{a}=100$이다. 답 ⑤

20 수용액의 pH

자료 분석

(가)의 pH를 x라고 하면 pOH는 $14-x$이고, (나)의 pH를 y라고 하면 pOH는 $14-y$이다.
(가)에서 pOH−pH$=(14-x)-x=2b$이고, (나)에서 pOH−pH$=(14-y)-y=b$이므로 $x-2y=-7$(㉠)이다.
(가)에서 $\frac{[H_3O^+]}{[OH^-]}=\frac{1\times10^{-x}}{1\times10^{-14+x}}=1\times10^{14-2x}=100a$이고, (나)에서 $\frac{[H_3O^+]}{[OH^-]}=\frac{1\times10^{-y}}{1\times10^{-14+y}}=1\times10^{14-2y}=a$이므로 $1\times10^{12-2x}=1\times10^{14-2y}$에서 $x-y=-1$(㉡)이다.
㉠과 ㉡을 연립하여 풀면 $x=5$, $y=6$이다.

선택지 분석

✓ㄱ. $a=1\times10^{14-2y}=1\times10^2$이고, $b=(14-y)-y=2$이다. 따라서 $\frac{a}{b}=\frac{100}{2}=50$이다.

ㄴ. (가)의 pH$=x=5$이다.

✓ㄷ. $\frac{\text{(나)에서 } H_3O^+\text{의 양(mol)}}{\text{(가)에서 } H_3O^+\text{의 양(mol)}}=\frac{1\times10^{-6}\times10V}{1\times10^{-5}\times V}=1$이다. 답 ④

21 수용액의 pH

도전 1등급 문항 분석 ▸▸ 정답률 38.3%

그림은 25 ℃에서 수용액 (가)와 (나)의 부피와 OH^-의 양(mol)을 나타낸 것이다. pH는 (가) : (나)=7 : 3이다.

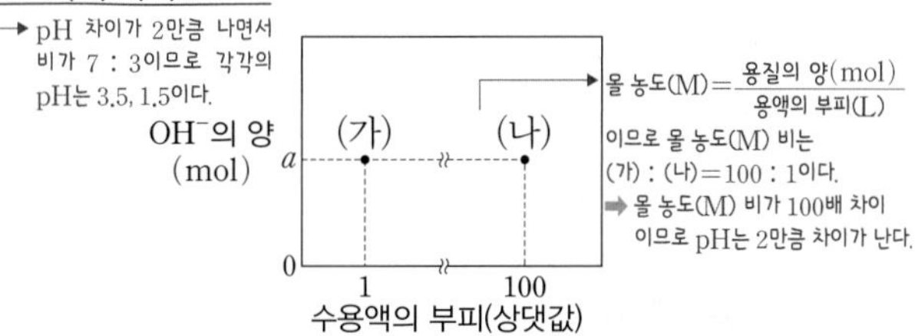

pH 차이가 2만큼 나면서 비가 7 : 3이므로 각각의 pH는 3.5, 1.5이다.
OH⁻의 양 (mol)
(가)
(나)
a
0
1
100
수용액의 부피(상댓값)
몰 농도(M)= 용질의 양(mol) / 용액의 부피(L) 이므로 몰 농도(M) 비는 (가) : (나)=100 : 1이다.
몰 농도(M) 비가 100배 차이이므로 pH는 2만큼 차이가 난다.

이에 대한 설명으로 옳은 것만을 ⟨보기⟩에서 있는 대로 고른 것은? (단, 25 ℃에서 물의 이온화 상수(K_w)는 1×10^{-14}이다.)

보기

ㄱ. (가)의 액성은 산성이다. O
ㄴ. (나)의 pOH는 11.5이다. ✗ 12.5
ㄷ. $\frac{\text{(가)에서 } H_3O^+\text{의 양(mol)}}{\text{(나)에서 } OH^-\text{의 양(mol)}}=1\times10^7$이다. O

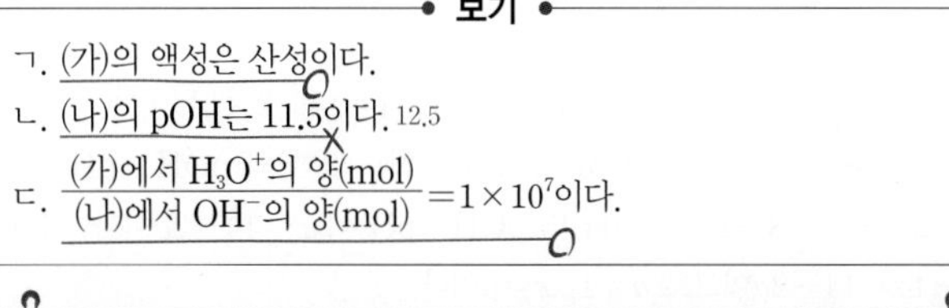

해결 전략 두 수용액에서 OH^-의 양(mol) 비와 부피 비를 이용하면 OH^-의 몰 농도(M) 비를 구할 수 있고, 두 수용액의 pH 차를 구할 수 있다. 이 자료와 pH의 비를 이용하면 각 수용액의 pH를 구할 수 있다.

선택지 분석

수용액 (가)와 (나)의 OH^-의 양(mol)은 같은데 수용액의 부피는 (나)가 (가)의 100배이므로 OH^-의 몰 농도(M)는 (가)가 (나)의 100배이다. 따라서 pOH는 (나)가 (가)보다 2 크고, pH는 (가)가 (나)보다 2 크다. pH는 (가) : (나)=7 : 3이므로 (가)의 pH=3.5, (나)의 pH=1.5이다.

✓ ㄱ. (가)는 pH<7이므로 (가)의 액성은 산성이다.

ㄴ. (나)의 pH=1.5이므로 (나)의 pOH=12.5이다.

✓ ㄷ. 수용액의 부피 비가 (가) : (나)=1 : 100이므로 (가), (나)의 부피를 각각 V L, $100V$ L라고 하면, (가)에서 H_3O^+의 양은 $1\times10^{-3.5}\times V$ mol이고 (나)에서 OH^-의 양은 $1\times10^{-12.5}\times100V$ mol이다. 따라서

$$\frac{(가)에서\ H_3O^+의\ 양(mol)}{(나)에서\ OH^-의\ 양(mol)}=\frac{1\times10^{-3.5}\times V}{1\times10^{-12.5}\times100V}=1\times10^{7}이다.$$ 답 ③

22 수용액의 pH

자료 분석

25 ℃에서 pH+pOH=14.0이고 (가)에서 pOH−pH=8.0이므로 (가)의 pH=3.0, pOH=11.0이다.

선택지 분석

ㄱ. (가)의 pH=3.0으로 7.0보다 작으므로 (가)는 산성이다.

ㄴ. (가)의 $[H_3O^+]=1\times10^{-3}$ M이고 $\frac{(가)의\ [H_3O^+]}{(나)의\ [OH^-]}=10$이므로

$\frac{1\times10^{-3}\ M}{(나)의\ [OH^-]}=10$에서 (나)의 $[OH^-]=1\times10^{-4}$ M이다. 따라서 (나)의 pOH=4.0이다.

✓ ㄷ. pOH는 (다)가 (나)의 3배이므로 (다)의 pOH는 12이고 (다)의 pH는 2이다. 따라서 (다)의 $[H_3O^+]=1\times10^{-2}$ M이다. 답 ②

23 수용액의 pH

자료 분석

$[H_3O^+]$의 비는 (가) : (나)$=\frac{n}{20V} : \frac{50n}{V}=1 : 1000$으로 (나)가 (가)의 1000배이므로 pH는 (가)가 (나)보다 3만큼 크다.

각 수용액에서 pOH−pH=(14−pH)−pH=14−2×pH이다.

(가)의 pH를 $a+3$, (나)의 pH를 a라고 하면, (가)의 pOH−pH=x=14−2(a+3)=8−2a이고 (나)의 pOH−pH=2x=14−2a이다. 따라서 16−4a=14−2a이므로 a=1, x=6이다.

선택지 분석

✓ ㄱ. pH는 (가)가 (나)보다 3만큼 크다.

✓ ㄴ. (가)와 (나)의 pH는 각각 4, 1이므로 (가)와 (나)는 모두 산성이다.

ㄷ. x=6이다. 답 ③

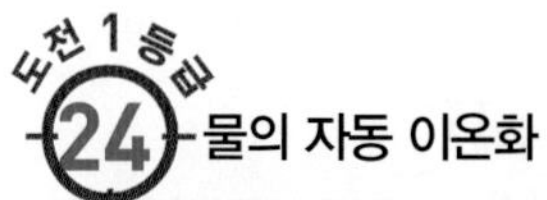

24 물의 자동 이온화

도전 1등급 문항 분석 ▸▸ 정답률 34.6%

표는 25 ℃의 물질 (가)~(다)에 대한 자료이다. (가)~(다)는 $HCl(aq)$, $H_2O(l)$, $NaOH(aq)$을 순서 없이 나타낸 것이고, H_3O^+의 양(mol)은 (가)가 (나)의 200배이다.

물질	(가)	(나)	(다)
$\frac{[H_3O^+]}{[OH^-]}$(상댓값)	10^8	1	10^{14}
부피(mL)	10	x	

이에 대한 설명으로 옳은 것만을 <보기>에서 있는 대로 고른 것은? (단, 25 ℃에서 물의 이온화 상수(K_w)는 1×10^{-14}이다.)

보기

ㄱ. (가)는 $HCl(aq)$이다.

ㄴ. x=500이다.

ㄷ. $\frac{(나)의\ pOH}{(다)의\ pH}>1$이다.

해결 전략 $\frac{[H_3O^+]}{[OH^-]}$(상댓값)으로부터 물질 (가)~(다)가 각각 무엇인지 파악한 후, 각 물질의 $[H_3O^+]$와 $[OH^-]$를 구하고 H_3O^+의 양, pH, pOH를 비교할 수 있어야 한다.

선택지 분석

ㄱ. 산성인 $HCl(aq)$은 $\frac{[H_3O^+]}{[OH^-]}>1$, 중성인 $H_2O(l)$은 $\frac{[H_3O^+]}{[OH^-]}=1$, 염기성인 $NaOH(aq)$은 $\frac{[H_3O^+]}{[OH^-]}<1$이므로 $\frac{[H_3O^+]}{[OH^-]}$(상댓값)은 $HCl(aq)>H_2O(l)>NaOH(aq)$이다. 따라서 (가)는 $H_2O(l)$, (나)는 $NaOH(aq)$, (다)는 $HCl(aq)$이다.

✓ ㄴ. (가)는 $H_2O(l)$이므로 $\frac{[H_3O^+]}{[OH^-]}=1$이고, (가)의 부피는 10 mL, $[H_3O^+]=1\times10^{-7}$ M이므로 H_3O^+의 양은 1×10^{-9} mol이다. 또한 $\frac{[H_3O^+]}{[OH^-]}$의 비는 (가) : (나)$=10^8 : 1$이므로 (나)에서 $\frac{[H_3O^+]}{[OH^-]}=1\times10^{-8}$이고 $[H_3O^+]=1\times10^{-11}$ M이다. H_3O^+의 양(mol)은 (가)가 (나)의 200배이므로 $1\times10^{-9}=200\times\left(1\times10^{-11}\times\frac{x}{1000}\right)$에서 x=500이다.

ㄷ. $\frac{[H_3O^+]}{[OH^-]}$의 비는 (가) : (다)$=10^8 : 10^{14}$이므로 (다)에서 $\frac{[H_3O^+]}{[OH^-]}=1\times10^6$이고 $[H_3O^+]=1\times10^{-4}$ M이다. (나)에서 $[OH^-]=1\times10^{-3}$ M이므로 (나)의 pOH는 3이고, (다)에서 $[H_3O^+]=1\times10^{-4}$ M이므로 pH는 4이다. 따라서 $\frac{(나)의\ pOH}{(다)의\ pH}=\frac{3}{4}<1$이다. 답 ②

25 물의 자동 이온화

도전 1등급 문항 분석 ▸▸ 정답률 37.4%

표는 25 ℃의 수용액 (가)와 (나)에 대한 자료이다.

수용액	pH	pOH	H_3O^+의 양(mol) (상댓값)	부피(mL)
(가)	x	$14-x$	50	100
(나)	$14-2x$	$2x$	1	200

→ $[H_3O^+]$의 비는 (가) : (나) $=\frac{50}{100}:\frac{1}{200}=100:1$이다.

이에 대한 설명으로 옳은 것만을 〈보기〉에서 있는 대로 고른 것은? (단, 25 ℃에서 물의 이온화 상수(K_W)는 1×10^{-14}이다.)

보기

ㄱ. $x=5$이다. ✗ $x=4$

ㄴ. (가)와 (나)의 액성은 모두 산성이다. ○

ㄷ. $\frac{(가)에서\ OH^-의\ 양(mol)}{(나)에서\ H_3O^+의\ 양(mol)}<1\times10^{-5}$이다. ✗ >

해결 전략 수용액에서 pH와 pOH의 관계를 알고 있어야 하며, $[H_3O^+]$와 $[OH^-]$로부터 pH와 pOH를 비교할 수 있어야 한다. 또한 $[H_3O^+]$, $[OH^-]$와 용액의 부피를 이용하여 H_3O^+과 OH^-의 양(mol)을 구할 수 있어야 한다.

선택지 분석

ㄱ. $[H_3O^+]$는 (가)가 (나)의 100배이며, $pH=-\log[H_3O^+]$이므로 pH는 (나)가 (가)보다 2만큼 크다. 따라서 (나)에서 $x+2=14-2x$이므로 $x=4$이다.

✓ ㄴ. $x=4$이므로 (가)의 pH는 4, (나)의 pH는 6이다. 따라서 (가)와 (나)의 액성은 모두 산성이다.

ㄷ. (가)에서 pOH가 10이므로 $[OH^-]=1\times10^{-10}$ M이고, 부피는 0.1 L이므로 OH^-의 양은 1×10^{-11} mol이다. (나)에서 pH가 6이므로 $[H_3O^+]=1\times10^{-6}$ M이고, 부피는 0.2 L이므로 H_3O^+의 양은 2×10^{-7} mol이다.

따라서 $\frac{(가)에서\ OH^-의\ 양(mol)}{(나)에서\ H_3O^+의\ 양(mol)}=\frac{1\times10^{-11}}{2\times10^{-7}}=5\times10^{-5}>1\times10^{-5}$이다.

답 ②

26 수용액의 pH

도전 1등급 문항 분석 ▸▸ 정답률 37.4%

표는 25 ℃의 물질 (가)~(다)에 대한 자료이다. (가)~(다)는 각각 $HCl(aq)$, $H_2O(l)$, $NaOH(aq)$ 중 하나이고, $pH=-\log[H_3O^+]$, $pOH=-\log[OH^-]$이다.

물질	(가)	(나)	(다)
(메모)	pH=pOH=7 ➡ 중성	pH=2, pOH=12 ➡ 산성	pH=10, pOH=4 ➡ 염기성
$\frac{pH}{pOH}$	1	$\frac{1}{6}$	$\frac{5}{2}$
부피(mL)	100	200	400
	➡ $H_2O(l)$	➡ $HCl(aq)$	➡ $NaOH(aq)$

이에 대한 설명으로 옳은 것만을 〈보기〉에서 있는 대로 고른 것은? (단, 온도는 25 ℃로 일정하고, 25 ℃에서 물의 이온화 상수(K_W)는 1×10^{-14}이며, 혼합 용액의 부피는 혼합 전 물 또는 용액의 부피의 합과 같다.) → pH+pOH=14

보기

ㄱ. (가)는 $HCl(aq)$이다. ✗ $H_2O(l)$

ㄴ. $\frac{(나)에서\ H_3O^+의\ 양(mol)}{(다)에서\ OH^-의\ 양(mol)}=50$이다. ○ → '용액의 몰 농도(M) × 용액의 부피(L)'로 구한다.

ㄷ. (가)와 (다)를 모두 혼합한 수용액에서 pH<10이다. ○

해결 전략 수용액에서 pH와 pOH의 관계를 알고 있어야 하며, pH와 pOH로부터 $[H_3O^+]$와 $[OH^-]$를 구할 수 있어야 한다. 또한 $[H_3O^+]$, $[OH^-]$와 용액의 부피를 이용하여 H_3O^+과 OH^-의 양(mol)을 구할 수 있어야 한다.

선택지 분석

ㄱ. 물은 중성이므로 pH=pOH=7이다. 따라서 (가)는 $H_2O(l)$이다.

✓ ㄴ. 25 ℃에서 pH+pOH=14이다. (나)에서 $\frac{pH}{pOH}=\frac{1}{6}$이므로 pH=2, pOH=12이고, (다)에서 $\frac{pH}{pOH}=\frac{5}{2}$이므로 pH=10, pOH=4이다.

(나)에서 $[H_3O^+]=10^{-2}$ M이고 부피는 200 mL이므로 H_3O^+의 양은 2×10^{-3} mol이고, (다)에서 $[OH^-]=10^{-4}$ M이고 부피는 400 mL이므로 OH^-의 양은 4×10^{-5} mol이다.

따라서 $\frac{(나)에서\ H_3O^+의\ 양(mol)}{(다)에서\ OH^-의\ 양(mol)}=\frac{2\times10^{-3}}{4\times10^{-5}}=50$이다.

✓ ㄷ. (다) 400 mL에서 $[OH^-]=10^{-4}$ M인데 여기에 (가) 100 mL를 모두 혼합하면 혼합 용액의 부피가 500 mL로 증가하므로 $[OH^-]=\frac{4}{5}\times10^{-4}$ M로 감소하여 pOH는 4보다 증가한다. 따라서 (가)와 (다)를 모두 혼합한 수용액에서 pH<10이다.

답 ⑤

27 수용액의 pH와 pOH

자료 분석

(가)에서 pH−pOH=−8이고 pH+pOH=14이므로 pH=3, pOH=11이다. (나)에서 pH−pOH=10이고 pH+pOH=14이므로 pH=12, pOH=2이다.

선택지 분석

✓ ㄱ. (가)의 pH=3이므로 (가)는 산성 용액인 $HCl(aq)$이다.

✓ ㄴ. (나)에서 $\frac{[OH^-]}{[H_3O^+]}=\frac{1\times10^{-2}\,M}{1\times10^{-12}\,M}=10^{10}$이다.

✓ ㄷ. $\frac{(나)에서\ OH^-의\ 양(mol)}{(가)에서\ H_3O^+의\ 양(mol)}=\frac{1\times10^{-2}\,M\times0.05\,L}{1\times10^{-3}\,M\times0.1\,L}=5$이다. 답 ⑤

28 수용액의 pH

자료 분석

(가)의 pOH=12이므로 pH=14−12=2이고, (나)의 pH=13이므로 pOH=14−13=1이다.

선택지 분석

✓ ㄱ. (가)의 pH=2이므로 $[H_3O^+]=10^{-2}$ M=0.01 M이다.

✓ ㄴ. (나)의 pOH=1이므로 $[OH^-]$=0.1 M이다. 따라서 (나)에 들어 있는 OH^-의 양(mol)은 0.1 M×0.03 L=0.003 mol이다.

IV 역동적인 화학 반응

ㄷ. (가)에 들어 있는 H_3O^+의 양(mol)은 0.01 M×0.01 L=0.0001 mol이다. 따라서 여기에 물을 넣어 100 mL로 만든 HCl(*aq*)의 몰 농도는 $\frac{0.0001\text{ mol}}{0.1\text{ L}}$=0.001 M이고, pH=3이다. 답 ③

29 수용액의 pH

자료 분석

(가)의 pH가 (나)의 pH의 2배이므로 (가)는 NaOH(*aq*), (나)는 HCl(*aq*)이다.

선택지 분석

✓ ㄱ. (나)는 HCl(*aq*)이다.

ㄴ. (가)에서 pOH=14−2x로 $a=10^{-(14-2x)}$이고, (나)에서 pH=x로 $\frac{1}{10}a=10^{-x}$, $a=10^{-x+1}$이다. 따라서 $2x-14=-x+1$에서 x=5.0이다.

✓ ㄷ. $a=10^{-4}$이므로 10a M는 10^{-3} M이고, $[Na^+]=[OH^-]=10^{-3}$ M, $[H_3O^+]=10^{-11}$ M이다. 따라서 NaOH(*aq*)에서 $\frac{[Na^+]}{[H_3O^+]}=\frac{10^{-3}\text{ M}}{10^{-11}\text{ M}}=1\times10^{8}$이다. 답 ④

30 수용액의 pH

자료 분석

25 ℃에서 $[H_3O^+][OH^-]=1\times10^{-14}$이므로 (가)에서 $[H_3O^+]=1\times10^{-7.5}$ M, $[OH^-]=1\times10^{-6.5}$, (나)에서 $[H_3O^+]=1\times10^{-6}$ M, $[OH^-]=1\times10^{-8}$ M, (다)에서 $[H_3O^+]=1\times10^{-7}$ M, $[OH^-]=1\times10^{-7}$ M이다.

선택지 분석

✓ ㄱ. (나)에서 $[OH^-]=1\times10^{-8}$ M이므로 1×10^{-7} M보다 작다.

ㄴ. $\frac{(가)에서\ [H_3O^+]}{(나)에서\ [H_3O^+]}=\frac{10^{-7.5}\text{ M}}{10^{-6}\text{ M}}=10^{-1.5}$이다.

✓ ㄷ. $\frac{(나)에서\ H_3O^+의\ 양(mol)}{(다)에서\ H_3O^+의\ 양(mol)}=\frac{10^{-6}\times V}{10^{-7}\times100V}=\frac{1}{10}$이다. 답 ④

31 수용액의 pH

빈출 문항 자료 분석

표는 25 ℃에서 수용액 (가)~(다)에 대한 자료이다.

수용액	pH	$[H_3O^+]$ (M)	$[OH^-]$ (M)
(가)	x	100a → $10^{-x}=100a$	
(나)	$3x$		a → $a=\frac{10^{-14}}{10^{-3x}}$
(다)		b	b

이에 대한 설명으로 옳은 것만을 <보기>에서 있는 대로 고른 것은? (단, 온도는 25 ℃로 일정하고, 25 ℃에서 물의 이온화 상수(K_w)는 1×10^{-14}이다.)

보기

ㄱ. x는 4이다. ✗ $10^{-x}=10^{-12+3x}$ ⇒ $x=3$

ㄴ. $\frac{a}{b}$=100이다. ○

ㄷ. pH는 (다)>(나)이다. ✗ (나)>(다)

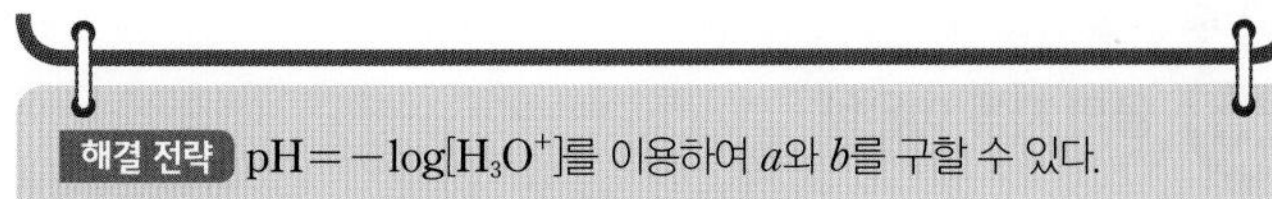

해결 전략 pH=−log$[H_3O^+]$를 이용하여 a와 b를 구할 수 있다.

선택지 분석

ㄱ. x=3이다.

✓ ㄴ. (나)의 pH=9이므로 $a=10^{-5}$이고, (다)에서 $[H_3O^+]=[OH^-]$이므로 $b=10^{-7}$이다. 따라서 $\frac{a}{b}=\frac{10^{-5}}{10^{-7}}$=100이다.

ㄷ. pH는 (나)가 9, (다)가 7이므로 (나)>(다)이다. 답 ②

32 물의 자동 이온화와 pH

자료 분석

pOH는 (나)>(가)이므로 (가)는 NaOH(*aq*)이고, (나)는 HCl(*aq*)이다. (가)에서 $[OH^-]$(M)$=a=10^{-x}$, (나)에서 $[H_3O^+]$(M)$=100a=10^{-(14-3x)}$이므로 x=4이고, $a=10^{-4}$이다.

선택지 분석

ㄱ. (가)는 NaOH(*aq*)이다.

✓ ㄴ. (가)의 pOH=4, pH=14−4=10, (나)의 pOH=12, pH=14−12=2이다. 따라서 pH는 (가)가 (나)의 5배이다.

ㄷ. $\frac{(나)에서\ OH^-의\ 양(mol)}{(가)에서\ H_3O^+의\ 양(mol)}=\frac{10^{-12}\times2V}{10^{-10}\times V}=\frac{1}{50}$이다. 답 ②

33 수용액의 pH

빈출 문항 자료 분석

표는 25 ℃ 수용액 (가)~(다)에 대한 자료이다. → $x+x+2=14$, $x=6$

수용액	(가)	(나)	(다)
pH	$x-2$ 4	x 6	9
pOH	10	$x+2$ 8	$x-1$ 5
부피(mL)	100	200	200

(가)~(다)에 대한 옳은 설명만을 <보기>에서 있는 대로 고른 것은? (단, 25 ℃에서 물의 이온화 상수(K_w)는 1×10^{-14}이다.)

보기

ㄱ. $[H_3O^+]>[OH^-]$인 수용액은 2가지이다. ○

ㄴ. (다)에서 $[OH^-]=1\times10^{-5}$ M이다. ○

ㄷ. H_3O^+의 양(mol)은 (가)가 (나)의 50배이다. ○

해결 전략 25 ℃에서 pH+pOH=14이므로 이를 이용하여 x를 구할 수 있다.

선택지 분석

✓ ㄱ. $[H_3O^+]>[OH^-]$인 수용액은 (가)와 (나) 2가지이다.

✓ ㄴ. (다)에서 pOH가 5이므로 $[OH^-]=1\times10^{-5}$ M이다.

✓ ㄷ. H_3O^+의 몰 농도는 (가)가 (나)의 100배이고, 부피는 (나)가 (가)의 2배이므로 H_3O^+의 양(mol)은 (가)가 (나)의 50배이다. 답 ⑤

34 수용액의 성질과 pH

자료 분석

25 ℃에서 $K_w=[H_3O^+][OH^-]=1\times10^{-14}$이고 (가)에서 $\frac{[OH^-]}{[H_3O^+]}=1\times10^{12}$이므로 $[H_3O^+]=1\times10^{-13}$ M, $[OH^-]=0.1$ M이다.
따라서 $a=0.1$이다.

선택지 분석

ㄱ. $a=0.1$이다.

✓ ㄴ. (가)에서 $[H_3O^+]=1\times10^{-13}$ M이므로 $pH=-\log[H_3O^+]=13$이다. 또한 $a=0.1$이므로 (나)에서 HCl(aq)의 몰 농도는 $\frac{a}{10}=\frac{0.1}{10}=1\times10^{-2}$ M이고 $pH=-\log[H_3O^+]=2$이다. 따라서 $\frac{\text{(가)의 pH}}{\text{(나)의 pH}}=\frac{13}{2}>6$이다.

ㄷ. 일정한 온도에서 용액의 부피가 10배가 되면 몰 농도는 $\frac{1}{10}$배가 되므로 (나)에 물을 넣어 100 mL로 만든 HCl(aq)의 몰 농도는 1×10^{-3} M이다. 따라서 $[H_3O^+]=[Cl^-]=1\times10^{-3}$ M이고 $[OH^-]=1\times10^{-11}$ M이므로 $\frac{[Cl^-]}{[OH^-]}=\frac{1\times10^{-3}\text{ M}}{1\times10^{-11}\text{ M}}=1\times10^{8}$이다. 답 ②

35 물의 자동 이온화와 수용액의 pH

자료 분석

25 ℃에서 수용액의 성질과 관계없이 모든 수용액의 $[H_3O^+][OH^-]=1\times10^{-14}$이다.

선택지 분석

✓ ㄱ. (나)는 $[H_3O^+]=[OH^-]$이므로 중성이다.

ㄴ. (다)는 $[H_3O^+]:[OH^-]=10^2:1$이므로 $[H_3O^+]=10^2\times[OH^-]$이다. $[H_3O^+][OH^-]=1\times10^{-14}$이므로 $10^2\times[OH^-]^2=1\times10^{-14}$이고 $[OH^-]=1\times10^{-8}$ M이다. 따라서 $[H_3O^+]=1\times10^{-6}$ M이므로 (다)의 pH는 6.0이다.

ㄷ. (가)는 $[H_3O^+]:[OH^-]=1:10^2$이므로 $[OH^-]=10^2\times[H_3O^+]$이다. $[H_3O^+][OH^-]=1\times10^{-14}$이므로 $10^2\times[H_3O^+]^2=1\times10^{-14}$이고 $[H_3O^+]=1\times10^{-8}$ M, $[OH^-]=1\times10^{-6}$ M이다. (다)에서 $[OH^-]=1\times10^{-8}$ M이므로 $[OH^-]$는 (가) : (다)$=10^2:1$이다. 답 ①

36 물의 자동 이온화와 수용액의 pH

자료 분석

물은 대부분 분자 상태로 존재하지만 매우 적은 양의 물이 이온화하여 동적 평형을 이룬다. 25 ℃에서 물의 이온화 상수는 다음과 같다.
$K_w=[H_3O^+][OH^-]=1\times10^{-14}$

선택지 분석

✓ ㄱ. (가)의 pH는 7이므로 중성이다. 따라서 $[H_3O^+]=[OH^-]$이다.

✓ ㄴ. (나)의 pH=10이므로 $[H_3O^+]=1\times10^{-10}$ M이다. $K_w=[H_3O^+][OH^-]=1\times10^{-14}$이므로 $[OH^-]=1\times10^{-4}$ M이다.

ㄷ. (가)와 (다)를 혼합한 용액의 부피는 100 mL이므로 (가)와 (다)의 혼합 수용액의 몰 농도는 (다)의 $\frac{1}{10}$배이다. 수용액을 $\frac{1}{10}$배로 묽히면 pH는 1 증가하므로 (가)와 (다)를 모두 혼합한 수용액의 pH=4이다. 답 ③

03 산 염기 중화 반응

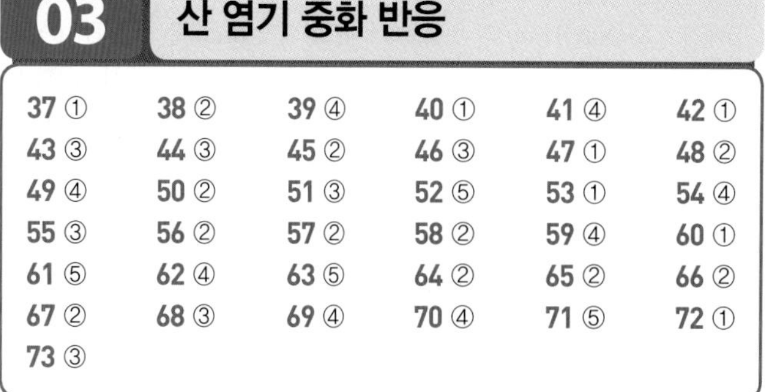

37 ①	38 ②	39 ④	40 ①	41 ④	42 ①
43 ③	44 ③	45 ②	46 ③	47 ①	48 ②
49 ④	50 ②	51 ③	52 ⑤	53 ①	54 ④
55 ③	56 ②	57 ②	58 ②	59 ④	60 ①
61 ⑤	62 ④	63 ⑤	64 ②	65 ②	66 ②
67 ②	68 ③	69 ④	70 ④	71 ⑤	72 ①
73 ③					

중화 적정 실험

도전 1등급 문항 분석 ▸▸ 정답률 32.2%

다음은 25 ℃에서 식초에 들어 있는 아세트산(CH_3COOH)의 질량을 알아보기 위한 중화 적정 실험이다. (→ 분자량을 M_A라 하면)

[자료]
○ 25 ℃에서 식초 A, B의 밀도(g/mL)는 각각 d_A, d_B이다.

[실험 과정]
(가) 식초 A, B를 준비한다. (→ A: k M이라 하면)
(나) A 20 mL에 물을 넣어 수용액 Ⅰ 100 mL를 만든다. (A 20 mL $=20d_A$ g, 수용액 Ⅰ → $\frac{1}{5}k$ M)
(다) 50 mL의 Ⅰ에 페놀프탈레인 용액을 2~3방울 넣고 a M NaOH(aq)으로 적정하였을 때, 수용액 전체가 붉게 변하는 순간까지 넣어 준 NaOH(aq)의 부피(V)를 측정한다.
(라) B 20 mL에 물을 넣어 수용액 Ⅱ 100 g을 만든다.
(마) 50 mL의 Ⅰ 대신 50 g의 Ⅱ를 이용하여 (다)를 반복한다. (→ 식초 B 10 mL($=10d_B$ g)가 들어 있다.)

[실험 결과]
○ (다)에서 V: 10 mL → $a\times10=\frac{1}{5}k\times50$ ⇒ $a=k$
○ (라)에서 V: 25 mL → 식초 B 10 mL에 들어 있는 CH_3COOH의 양$=0.025a$ mol
○ 식초 A, B 각 1 g에 들어 있는 CH_3COOH의 질량 → $x=\frac{a\times0.025\times M_A}{10d_B}$

식초	A	B
CH_3COOH의 질량(g)	0.02	x

($\frac{a\times0.02\times M_A}{20d_A}=0.02$)

x는? (단, 온도는 25 ℃로 일정하고, 중화 적정 과정에서 식초 A, B에 포함된 물질 중 CH_3COOH만 NaOH과 반응한다.)

해결 전략 중화점까지 산이 내놓은 H^+과 염기가 내놓은 OH^-이 같음을 이용하며, 식초의 밀도를 이용하여 부피를 질량으로 환산하여 식을 세울 수 있어야 한다.

선택지 분석

식초 A에서 아세트산의 몰 농도를 k M이라고 두면, (나)에서 수용액 Ⅰ에 들어 있는 아세트산의 몰 농도는 $\frac{1}{5}k$ M이다. (다)에서 수용액 Ⅰ 50 mL를 적정하였을 때 소비된 a M NaOH(aq)의 부피가 10 mL이므로 $a\times10=\frac{1}{5}k\times50$이므로 $a=k$이다. 아세트산의 분자량을 M_A라고 두면 식초 A 20 mL($=20d_A$ g)에 들어 있는 아세트산의 질량은 ($a\times0.02\times M_A$) g이다.

식초 A 1 g에 들어 있는 아세트산의 질량이 0.02 g이므로 $a=\frac{20d_A}{M_A}$이다.

(마)에서 a M NaOH(aq)과 반응한 아세트산의 양(mol)은 식초 B 10 mL에 들어 있는 아세트산의 양(mol)과 같다. (마)에서 a M NaOH(aq)과 반응한 아세트산의 양은 $(a\times0.025)$ mol이므로 식초 B 10 mL$(=10d_B$ g$)$에 들어 있는 아세트산의 질량은 $(a\times0.025\times M_A)$ g이다. 따라서 식초 B 1 g에 들어 있는 아세트산의 질량은 $x=\frac{a\times0.025\times M_A}{10d_B}$이다.

$a=\frac{20d_A}{M_A}$이므로 이를 대입하면 $x=\frac{d_A}{20d_B}$이다. 답 ①

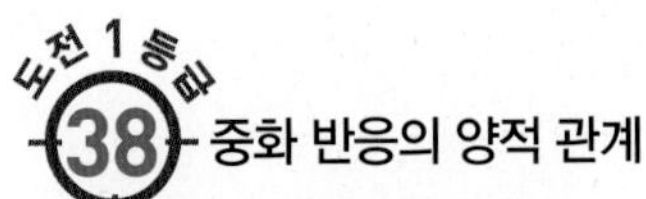

38 중화 반응의 양적 관계

도전 1등급 문항 분석 ▸▸ 정답률 28.1%

다음은 중화 반응 실험이다.

[자료]

○ 수용액에서 H_2A는 H^+과 A^{2-}으로 모두 이온화된다.

[실험 과정]

(가) x M $H_2A(aq)$과 y M NaOH(aq)을 준비한다.

(나) 3개의 비커에 (가)의 2가지 수용액의 부피를 달리하여 혼합한 용액 Ⅰ~Ⅲ을 만든다.

[실험 결과] Ⅰ이 중성 또는 염기성이면 Ⅱ, Ⅲ도 염기성 ➡ 모순 ➡ Ⅰ은 산성 / Ⅲ은 Ⅱ보다 산은 3배, 염기는 2배 ➡ Ⅱ는 염기성, Ⅲ은 중성

○ Ⅰ~Ⅲ의 액성은 모두 다르며, 각각 산성, 중성, 염기성 중 하나이다.

○ 혼합 용액 Ⅰ~Ⅲ에 대한 자료 $\frac{2xV}{V+10}=\frac{20y}{V+20}$

혼합 용액	혼합 전 수용액의 부피(mL)		모든 양이온의 몰 농도(M) 합
	x M $H_2A(aq)$	y M NaOH(aq)	
산성 Ⅰ	V	10	2
염기성 Ⅱ	V	20	2
중성 Ⅲ	$3V$	40	㉠ ➡ $\frac{40y}{3V+40}$

㉠$\times\frac{x}{y}$는? (단, 혼합 용액의 부피는 혼합 전 각 용액의 부피의 합과 같고, 물의 자동 이온화는 무시한다.)

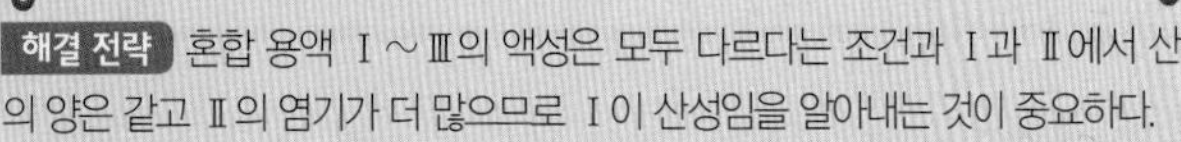

해결 전략 혼합 용액 Ⅰ~Ⅲ의 액성은 모두 다르다는 조건과 Ⅰ과 Ⅱ에서 산의 양은 같고 Ⅱ의 염기가 더 많으므로 Ⅰ이 산성임을 알아내는 것이 중요하다.

선택지 분석

혼합 용액 Ⅰ이 중성 또는 염기성이면 Ⅱ, Ⅲ도 염기성이어야 하므로 주어진 조건에 모순이다. 따라서 Ⅰ은 산성이다. Ⅱ가 중성이면 Ⅲ은 Ⅱ와 비교할 때 넣어 준 산의 양이 Ⅱ의 3배, 염기의 양이 2배이므로 산성이 되어 모순이다. 따라서 Ⅰ~Ⅲ의 액성은 각각 산성, 염기성, 중성이다.

Ⅰ과 Ⅱ의 모든 양이온의 몰 농도(M) 합이 같으므로 $\frac{2xV}{V+10}=\frac{20y}{V+20}$에서 $\frac{x}{y}=\frac{10(V+10)}{V(V+20)}$이다. Ⅲ은 중성이므로 $6xV=40y$에서 $\frac{x}{y}=\frac{20}{3V}$이다. 이를 연립하여 풀면 $V=10$이다.

Ⅰ에서 모든 양이온의 몰 농도 합이 2 M이므로 $\frac{0.02x}{0.02}=2$에서 $x=2$이고, Ⅲ에서 ㉠은 $\frac{0.04y}{0.07}=\frac{4y}{7}$이다. 따라서 ㉠$\times\frac{x}{y}=\frac{4y}{7}\times\frac{2}{y}=\frac{8}{7}$이다. 답 ②

39 중화 적정 실험

자료 분석

(나)에서 만든 수용액의 몰 농도를 y M이라고 할 때, y M 수용액 20 mL와 반응한 x M NaOH(aq)의 부피는 50 mL이므로 중화 반응의 양적 관계에 의해 $y\times20=x\times50$이므로 $y=\frac{5}{2}x$이다.

선택지 분석

✓❹ (나)에서 만든 수용액의 밀도가 d g/mL이므로 이 수용액 50 g의 부피는 $\frac{50}{d}$ mL이다. (나)에서 만든 수용액의 몰 농도는 $\frac{5}{2}x$ M이므로 이 수용액에 들어 있는 CH_3COOH의 양(mol)은 $\frac{5}{2}x\times\frac{50}{d}\times10^{-3}=\frac{x}{8d}$이다. 이 수용액은 (가)의 식초 10 g에 물을 넣은 용액이므로 (가)의 식초 10 g에 들어 있는 CH_3COOH의 질량은 $\frac{x}{8d}$ mol$\times$60 g/mol$=\frac{15x}{2d}$ g이다.

식초 1 g에 들어 있는 CH_3COOH의 질량은 a g이므로 $a=\frac{\frac{15x}{2d}}{10}=\frac{3x}{4d}$이다. 따라서 $x=\frac{4ad}{3}$이다. 답 ④

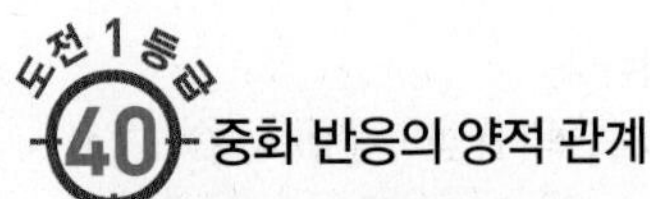

40 중화 반응의 양적 관계

도전 1등급 문항 분석 ▸▸ 정답률 17.4%

표는 a M HCl(aq), b M NaOH(aq), c M KOH(aq)의 부피를 달리하여 혼합한 용액 (가)~(다)에 대한 자료이다. (가)의 액성은 중성이다.

H^+의 양(mol)$=OH^-$의 양(mol) ➡ $10a=10b+10c$

혼합 용액		(가)	(나)	(다)
혼합 전 용액의 부피(mL)	HCl(aq)	10	x	x
	NaOH(aq)	10	20	
	KOH(aq)	10	30	y
혼합 용액에 존재하는 양이온 수의 비율		Na^+ n: $\frac{1}{3}$, K^+ $2n$: $\frac{2}{3}$	Na^+ $2n$: $\frac{1}{6}$, K^+ $6n$: $\frac{1}{2}$, H^+ $4n$: $\frac{1}{3}$	H^+ $4n$: $\frac{1}{3}$, K^+ $4n$: $\frac{1}{3}$, Na^+ $4n$: $\frac{1}{3}$

$Na^+:K^+=2:1$이라면 (나)는 조건에 위배된다. ➡ $Na^+:K^+=1:2$

$\frac{x}{y}$는? (단, 물의 자동 이온화는 무시한다.)

해결 전략 (가)의 액성이 중성이라는 사실과 (나)의 혼합 용액에 존재하는 양이온 수 비를 이용하면 a, b, c의 비를 구할 수 있다. 이때 산 수용액이 1가지이고 염기 수용액이 2가지일 경우 혼합 용액에 존재하는 양이온이 3종류이면 그 혼합 용액의 액성은 산성임을 알고 있어야 한다.

선택지 분석

✓❶ (가)의 액성은 중성이므로 혼합된 H^+의 양(mol)과 OH^-의 양(mol)이 같다. 따라서 $10a=10b+10c$이다.

(가)의 혼합 용액에 존재하는 양이온은 Na^+과 K^+인데, 수용액의 부피 비는 $NaOH(aq):KOH(aq)=1:1$이고, 양이온 수 비는 $2:1$이므로 염기 수용액의 몰 농도 비는 $2:1$이다.

만일 수용액의 몰 농도가 $NaOH(aq)$이 $KOH(aq)$의 2배라면 (나)에서 수용액의 부피 비는 $NaOH(aq):KOH(aq)=2:3$이므로 양이온 수 비는 $Na^+:K^+=4:3$이어야 한다. 그런데 (나)에서 혼합 용액에 존재하는 양이온 수 비는 $3:2:1$이므로 맞지 않는다. 따라서 수용액의 몰 농도는 $KOH(aq)$이 $NaOH(aq)$의 2배이다. 수용액의 몰 농도 비는 $b:c=1:2$이고, (가)에서 $a=b+c$이므로 $a:b:c=3:1:2$이다.

(가)에 존재하는 Na^+과 K^+의 양(mol)을 각각 n, $2n$이라고 하면 Cl^-의 양(mol)은 $3n$이다. (나)에 존재하는 Na^+과 K^+의 양(mol)은 각각 $2n$, $6n$이므로 H^+의 양(mol)은 $4n$이고, Cl^-의 양(mol)은 $12n$이다. 즉, 10 mL의 $HCl(aq)$에 들어 있는 Cl^-의 양(mol)은 $3n$이므로 $x=40$이다.

(다)에서 반응 전 H^+의 양(mol)은 $12n$이고, $KOH(aq)$ y mL에 들어 있는 K^+의 양(mol)을 k라고 하면, 혼합 용액에 들어 있는 양이온 수 비는 $1:1:1$이므로 반응 후 존재하는 이온 수 비는 $H^+:K^+=(12n-2k):k=1:1$에서 $k=4n$이다. 10 mL의 $KOH(aq)$에 들어 있는 K^+의 양(mol)이 $2n$이므로 $y=20$이다.

따라서 $\frac{x}{y}=\frac{40}{20}=2$이다. 답 ①

41 중화 적정 실험

자료 분석

(가)에서 식초 A, B의 몰 농도를 각각 p M, q M이라고 하면, (나)에서 만든 수용액 Ⅰ, Ⅱ의 몰 농도는 각각 $\frac{1}{5}p$ M, $\frac{1}{5}q$ M이다.

(다)에서 반응한 수용액 Ⅰ x mL에 들어 있는 CH_3COOH의 양(mol)은 $\frac{px}{5000}$이므로 $\frac{px}{5000}=0.1\times\frac{4a}{1000}$에서 $x=\frac{2a}{p}$이다.

(라)에서 반응한 수용액 Ⅱ y mL에 들어 있는 CH_3COOH의 양(mol)은 $\frac{qy}{5000}$이므로 $\frac{qy}{5000}=0.1\times\frac{5a}{1000}$에서 $y=\frac{2.5a}{q}$이다.

따라서 $\frac{x}{y}=\frac{4}{5}\times\frac{q}{p}$이다.

선택지 분석

✓❹ 식초 A, B 1 g에 들어 있는 CH_3COOH의 질량(g)은 각각 $16w$, $15w$이고, 식초 A, B 1 g의 부피(L)는 각각 $\frac{1}{1000d_A}$, $\frac{1}{1000d_B}$이므로 식초 A, B의 몰 농도(M)는 각각 $p=\frac{\frac{16w}{60}}{\frac{1}{1000d_A}}=\frac{16w\times1000d_A}{60}$이고, $q=\frac{\frac{15w}{60}}{\frac{1}{1000d_B}}=\frac{15w\times1000d_B}{60}$이다.

따라서 $\frac{q}{p}=\frac{15}{16}\times\frac{d_B}{d_A}$이고, $\frac{x}{y}=\frac{4}{5}\times\frac{15}{16}\times\frac{d_B}{d_A}=\frac{3d_B}{4d_A}$이다. 답 ④

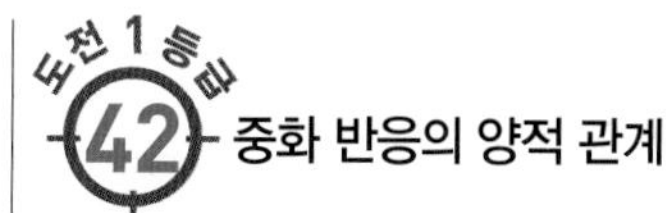

42 중화 반응의 양적 관계

도전 1등급 문항 분석 ▸▸ 정답률 18%

다음은 x M $NaOH(aq)$, y M $H_2A(aq)$, z M $HCl(aq)$의 부피를 달리하여 혼합한 수용액 (가)~(다)에 대한 자료이다.

○ 수용액에서 H_2A는 H^+과 A^{2-}으로 모두 이온화된다.

혼합 수용액		(가) → 염기성	(나) 중성	(다) 산성
혼합 전 수용액의 부피(mL)	x M $NaOH(aq)$	a	a	a
	y M $H_2A(aq)$	20	20	20
	z M $HCl(aq)$	0	20	40
모든 음이온의 몰 농도(M) 합			$\frac{2}{7}$	b

○ (가)~(다)의 액성은 모두 다르며, 각각 산성, 중성, 염기성 중 하나이다.

→ (혼합한 OH^-의 양−혼합한 H^+의 양)+A^{2-}의 양
$(xa-40y)+20y=0.02\times1000$

○ (가)에 존재하는 모든 음이온의 양은 0.02 mol이다.

○ (나)에 존재하는 모든 양이온의 양은 0.03 mol이다.

→ Na^+의 양
$xa=0.03\times1000$

$a\times b$는? (단, 혼합 수용액의 부피는 혼합 전 각 수용액의 부피의 합과 같고, 물의 자동 이온화는 무시한다.)

해결 전략 $NaOH(aq)$과 $H_2A(aq)$의 부피는 (가)~(다)에서 일정하므로 $HCl(aq)$의 부피만으로 각각의 액성을 구분할 수 있다. 또 염기성의 경우 모든 음이온의 양(mol)은 중화하고 남은 OH^-과 구경꾼 이온 중 음이온의 양(mol)의 합과 같음을 알아야 한다.

선택지 분석

✓❶ (가)~(다)는 각각 산성, 중성, 염기성 중 하나이고, $NaOH(aq)$과 $H_2A(aq)$의 부피는 (가)~(다)에서 일정하므로 $HCl(aq)$의 부피가 가장 많은 (다)가 산성, (나)가 중성, (가)가 염기성이다. 혼합 전 수용액 속 이온의 양을 나타내면 다음과 같다.

혼합 수용액		(가)	(나)	(다)
용액의 액성		염기성	중성	산성
혼합 전 수용액 속 이온의 양(mmol)	x M $NaOH(aq)$	Na^+ xa OH^- xa	Na^+ xa OH^- xa	Na^+ xa OH^- xa
	y M $H_2A(aq)$	H^+ $40y$ A^{2-} $20y$	H^+ $40y$ A^{2-} $20y$	H^+ $40y$ A^{2-} $20y$
	z M $HCl(aq)$	0	H^+ $20z$ Cl^- $20z$	H^+ $40z$ Cl^- $40z$
모든 음이온의 몰 농도(M) 합			$\frac{2}{7}$	b

(가)에 존재하는 음이온은 OH^-, A^{2-}이므로 $(xa-40y)+20y=0.02\times1000$에서 $xa-20y=20$이다. (나)에 존재하는 양이온은 Na^+뿐이므로 $xa=0.03\times1000$에서 $xa=30$이고, 따라서 $y=0.5$이다. (나)에서 혼합 전 H^+과 OH^-의 수는 같으므로 $xa=40y+20z$에서 $z=0.5$이다.

(나)에서 모든 음이온의 몰 농도(M) 합은 $\frac{20y+20z}{a+40}=\frac{2}{7}$에서 $a=30$이다.

(다)에서 모든 음이온의 몰 농도(M) 합은 $\frac{20y+40z}{a+60}=\frac{10+20}{30+60}=\frac{1}{3}$이다.

따라서 $a\times b=30\times\frac{1}{3}=10$이다. 답 ①

43 중화 적정 실험

자료 분석

중화 적정 실험에서는 산과 염기가 완전히 중화할 때 산이 내놓은 H^+의 양(mol)과 염기가 내놓은 OH^-의 양(mol)이 같다.

선택지 분석

✓❸ (가)에서 만든 100 mL 수용액에 들어 있는 CH_3COOH의 양(mmol)은 aV_1이고, (나)에서 적정에 사용된 수용액 20 mL에 들어 있는 CH_3COOH의 양(mmol)은 $\frac{1}{5}aV_1$이다. (다)에서 중화 적정에 사용된 b M NaOH(aq) V_2 mL에 들어 있는 NaOH의 양(mmol)은 bV_2이다.

CH_3COOH과 NaOH이 1 : 1의 몰비로 중화 반응하므로 $\frac{1}{5}aV_1=bV_2$이다. 따라서 $a=\frac{5bV_2}{V_1}$이다. 답 ③

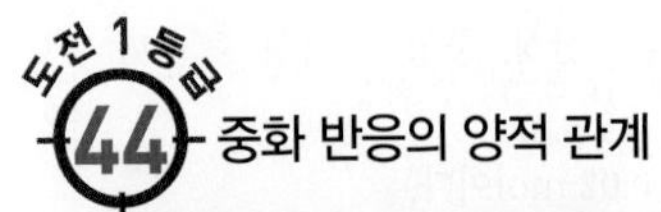

44 중화 반응의 양적 관계

도전 1등급 문항 분석 ▸▸ 정답률 27.9%

표는 a M $H_2X(aq)$, b M $HCl(aq)$, $2b$ M $NaOH(aq)$의 부피를 달리하여 혼합한 수용액 (가)~(다)에 대한 자료이다. 수용액에서 H_2X는 H^+과 X^{2-}으로 모두 이온화된다.

혼합 수용액		(가) 산성	(나) 산성	(다) 염기성
혼합 전 수용액의 부피(mL)	a M $H_2X(aq)$	10 H^+ 20a	20 H^+ 40a	20 H^+ 40a
	b M HCl(aq)	20 H^+ 20b	10 H^+ 10b	20 H^+ 20b
	$2b$ M NaOH(aq)	10 OH^- 20b	10 OH^- 20b	40 OH^- 80b
모든 양이온의 몰 농도(M) 합 (상댓값)		3	3	㉠

혼합 용액의 모든 양이온의 양(mol)의 합이 같고, Na^+의 양(mol)이 같으므로 H^+의 양(mol)도 같다. ➡ $(20a+20b)-20b=(40a+10b)-20b$

$\frac{a}{b}\times$㉠은? (단, 혼합 수용액의 부피는 혼합 전 각 수용액의 부피의 합과 같고, 물의 자동 이온화는 무시한다.)

해결 전략 (가)와 (나)의 모든 양이온의 몰 농도(M) 합이 같다는 것과 (가)와 (나)의 혼합 용액의 전체 부피가 같다는 것으로부터 (가)와 (나)의 모든 양이온의 양(mol)의 합이 같다는 것을 유추해 내야 한다.

선택지 분석

✓❸ (가)~(다)에서 반응 전 이온의 양(mol)을 정리하면 다음과 같다.

혼합 수용액	반응 전 이온의 양(mmol)				
	H^+	X^{2-}	Cl^-	Na^+	OH^-
(가)	$20a+20b$	$10a$	$20b$	$20b$	$20b$
(나)	$40a+10b$	$20a$	$10b$	$20b$	$20b$
(다)	$40a+20b$	$20a$	$20b$	$80b$	$80b$

(가)와 (나)는 모든 양이온의 몰 농도(M) 합이 같고 혼합 수용액의 전체 부피가 같으므로 모든 양이온의 양(mol)의 합이 같다. 그런데 위의 표에서 이온의 양(mol)을 비교하면 (가)는 산성이고, 따라서 (나)도 산성이다.

(가)와 (나)는 Na^+의 양(mol)이 같으므로 H^+의 양(mol)도 같다. 따라서 $(20a+20b)-20b=(40a+10b)-20b$에서 $2a=b$이다.

(다)에서 이온의 양(mol)을 비교하면 (다)는 염기성이다. 모든 양이온의 몰 농도(M) 합의 비는 (가) : (다)$=3$: ㉠$=\frac{10b+20b}{40}$: $\frac{80b}{80}$이므로 이를 풀면 ㉠$=4$이다. 따라서 $\frac{a}{b}\times$㉠$=\frac{1}{2}\times4=2$이다. 답 ③

45 중화 적정 실험

자료 분석

적정에 사용된 NaOH의 양이 $\frac{aV}{1000}$ mol이므로 (가)의 $CH_3COOH(aq)$ 20 mL에 포함된 CH_3COOH의 질량은 $\frac{aV}{1000}$ mol$\times$60 g/mol$=\frac{3aV}{50}$ g이다.

선택지 분석

✓❷ $CH_3COOH(aq)$의 밀도가 d g/mL이므로 $CH_3COOH(aq)$ 20 mL의 질량은 $20d$ g이다. $CH_3COOH(aq)$ $20d$ g에 포함된 CH_3COOH의 질량은 $\frac{3aV}{50}$ g이다. 따라서 $CH_3COOH(aq)$ 100 g에 포함된 CH_3COOH의 질량(g)은 $\frac{\frac{3aV}{50}}{20d}\times100=\frac{3aV}{10d}$이다. 답 ②

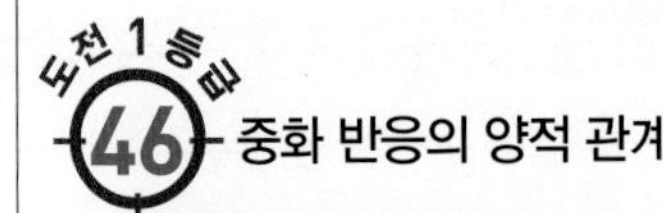

46 중화 반응의 양적 관계

도전 1등급 문항 분석 ▸▸ 정답률 32.3%

다음은 0.1 M HA(aq), a M XOH(aq), $3a$ M $Y(OH)_2(aq)$을 혼합한 용액 (가)와 (나)에 대한 자료이다.

○ 수용액에서 HA는 H^+과 A^-으로, XOH는 X^+과 OH^-으로, $Y(OH)_2$는 Y^{2+}과 OH^-으로 모두 이온화된다.

혼합 용액		(가)	(나)
혼합 전 수용액의 부피(mL)	0.1 M HA(aq)	50	50
	㉠ $3a$ M $Y(OH)_2(aq)$	20	V
	㉡ a M XOH(aq)	30	20
$\frac{[X^+]+[Y^{2+}]}{[A^-]}$ (상댓값)		18	7

$\frac{X^+\text{의 양(mol)}+Y^{2+}\text{의 양(mol)}}{A^-\text{의 양(mol)}}$으로 바꾸어 계산한다.

$\left(\frac{30a+60a}{0.1\times50}\right):\left(\frac{20a+3aV}{0.1\times50}\right)=18:7$

○ ㉠과 ㉡은 각각 a M XOH(aq), $3a$ M $Y(OH)_2(aq)$ 중 하나이다.

○ (나)는 중성이다.

혼합한 H^+의 양(mol)$=$혼합한 OH^-의 양(mol)

$\frac{V}{a}$는? (단, 혼합 용액의 부피는 혼합 전 각 수용액의 부피의 합과 같고, X^+, Y^{2+}, A^-은 반응하지 않는다.)

해결 전략 (가)와 (나)에서 $\frac{[X^+]+[Y^{2+}]}{[A^-]}$(상댓값) 비는 $\frac{X^+\text{의 양(mol)}+Y^{2+}\text{의 양(mol)}}{A^-\text{의 양(mol)}}$의 비와 같음을 이용하여 V 값을 구할 수 있다. 이때 ㉠과 ㉡이 각각 a M XOH(aq), $3a$ M Y$(OH)_2$(aq)인 경우와 각각 $3a$ M Y$(OH)_2$(aq), a M XOH(aq)인 경우 두 가지를 모두 계산해 보고 맞는 경우를 찾아낸다.

선택지 분석

✓❸ ㉠과 ㉡이 각각 a M XOH(aq), $3a$ M Y$(OH)_2$(aq)이라면 $\frac{[X^+]+[Y^{2+}]}{[A^-]}$ 비는 (가) : (나)$=\left(\frac{20a+90a}{0.1\times50}\right):\left(\frac{aV+60a}{0.1\times50}\right)=18:7$에서 $V<0$이므로 모순이다. 따라서 ㉠과 ㉡은 각각 $3a$ M Y$(OH)_2$(aq), a M XOH(aq)이다.

$\frac{[X^+]+[Y^{2+}]}{[A^-]}$ 비는 (가) : (나)$=\left(\frac{30a+60a}{0.1\times50}\right):\left(\frac{20a+3aV}{0.1\times50}\right)=18:7$에서 $V=5$이다.

(나)는 중성이므로 $0.1\times50=2\times15a+20a$에서 $a=0.1$이다.

따라서 $\frac{V}{a}=\frac{5}{0.1}=50$이다. 답 ③

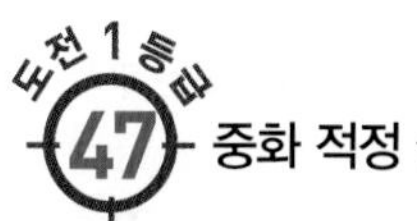

중화 적정 실험

도전 1등급 문항 분석 ▸▸ 정답률 24.8%

다음은 25 ℃에서 식초 A 1 g에 들어 있는 아세트산(CH_3COOH)의 질량을 알아보기 위한 중화 적정 실험이다.

[자료]
- 25 ℃에서 식초 A의 밀도: d g/mL
- CH_3COOH의 분자량: 60

[실험 과정 및 결과]
(가) 식초 A 10 mL에 물을 넣어 수용액 50 mL를 만들었다.
(나) (가)의 수용액 20 mL에 페놀프탈레인 용액을 2~3방울 넣고 a M KOH(aq)으로 적정하였을 때, 수용액 전체가 붉게 변하는 순간까지 넣어 준 KOH(aq)의 부피는 30 mL이었다.
(다) (나)의 적정 결과로부터 구한 식초 A 1 g에 들어 있는 CH_3COOH의 질량은 0.05 g이었다.

(→ 아세트산의 몰 농도가 x M일 때 / → H^+(CH_3COOH)의 양(mmol)$=x\times10\times\frac{2}{5}$ / → OH^-(KOH)의 양(mmol)$=a\times30$)

a는? (단, 온도는 25 ℃로 일정하고, 중화 적정 과정에서 식초 A에 포함된 물질 중 CH_3COOH만 KOH과 반응한다.)

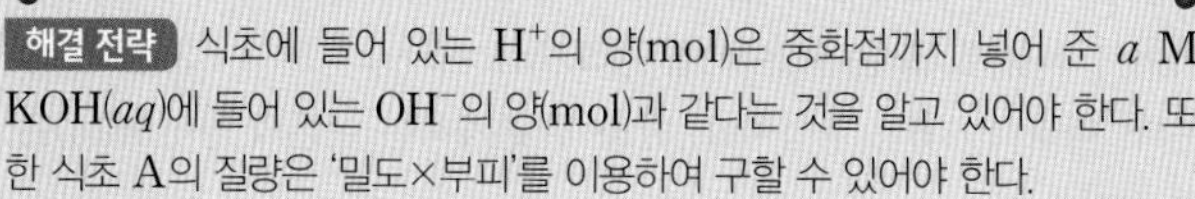

해결 전략 식초에 들어 있는 H^+의 양(mol)은 중화점까지 넣어 준 a M KOH(aq)에 들어 있는 OH^-의 양(mol)과 같다는 것을 알고 있어야 한다. 또한 식초 A의 질량은 '밀도×부피'를 이용하여 구할 수 있어야 한다.

선택지 분석

✓❶ 식초 A에서 CH_3COOH(aq)의 몰 농도를 x M이라고 할 때, (나)에서 (가)의 수용액 50 mL 중 20 mL만 사용했으며, 반응한 H^+의 양(mol)$=$반응한 OH^-의 양(mol)이므로 $x\times10\times\frac{2}{5}=a\times30$에서 $x=\frac{15a}{2}$이다.

또한 $\frac{15a}{2}$ M 식초 A 10 mL에 들어 있는 CH_3COOH의 양(mol)은 $\frac{15a}{2}\times0.01=\frac{3a}{40}$이며, CH_3COOH $\frac{3a}{40}$ mol의 질량(g)은 $\frac{3a}{40}\times60=\frac{9a}{2}$이다.

$\frac{15a}{2}$ M 식초 A 10 mL의 질량은 $10d$ g이므로 $\frac{15a}{2}$ M 식초 A 1 g에 들어 있는 CH_3COOH의 질량은 $\frac{\frac{9a}{2}}{10d}=\frac{9a}{20d}=0.05$이다.

따라서 $a=\frac{d}{9}$이다. 답 ①

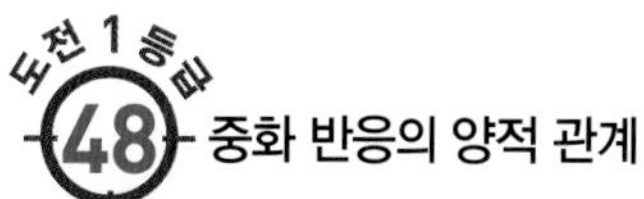

중화 반응의 양적 관계

도전 1등급 문항 분석 ▸▸ 정답률 37.5%

다음은 a M HA(aq), b M H_2B(aq), $\frac{5}{2}a$ M NaOH(aq)의 부피를 달리하여 혼합한 수용액 (가)~(다)에 대한 자료이다.

- 수용액에서 HA는 H^+과 A^-으로, H_2B는 H^+과 B^{2-}으로 모두 이온화된다. (→ $a\times3V+2\times b\times V=\frac{5}{2}a\times2V$ ➡ $a=b$)

혼합 수용액	혼합 전 수용액의 부피(mL)			모든 양이온의 몰 농도(M) 합 (상댓값)
	HA(aq)	H_2B(aq)	NaOH(aq)	
(가)	$3V$	V	$2V$	5
(나)	V	xV	$2xV$	9
(다)	xV	xV	$3V$	y

(→ (나)는 산성일 경우 모순이므로 중성 또는 염기성이다.)

- (가)는 중성이다. ($[Na^+]=\frac{5axV}{(1+3x)V}=\frac{3}{2}a$ ➡ $x=3$)

$\frac{y}{x}$는? (단, 혼합 수용액의 부피는 혼합 전 각 수용액의 부피의 합과 같고, 물의 자동 이온화는 무시한다.)

해결 전략 (가)가 중성임을 이용하여 a와 b의 관계를 구한 후 (가)에서 실제 $[Na^+]$의 농도를 구한다. (나)에서는 (나)가 산성일 경우와 중성 또는 염기성일 경우로 나누어 생각한 후 양이온의 몰 농도(M) 합을 구해야 한다.

선택지 분석

✓❷ (가)는 중성이므로 혼합한 H^+의 양(mol)과 OH^-의 양(mol)은 같다. 따라서 $a\times3V+2\times b\times V=\frac{5}{2}a\times2V$이므로 $a=b$이다.

(가)에는 양이온이 Na^+만 존재하므로 $[Na^+]=\frac{5}{6}a$ M이고, 모든 양이온의 몰 농도(M) 합의 비는 (가) : (나)$=5:9$이므로 (나)에 존재하는 모든 양이온의 몰 농도 합은 $\frac{3}{2}a$ M이다.

(나)에서 혼합 전 H^+의 전체 양은 $(aV+2axV)$ mmol이고 OH^-의 양은 $5axV$ mmol이다. 만일 (나)가 산성이라면 모든 양이온의 양(mol)은 혼합 전 H^+의 양(mol)과 같으므로 $\frac{3}{2}a\times(1+3x)V=aV+2axV$에서 $x<0$이 된다. 부피는 음의 값을 가질 수 없으므로 이는 모순이다.

따라서 (나)는 중성 또는 염기성이고, (나)에는 양이온이 Na^+만 존재하므로 $[Na^+]=\frac{5axV}{(1+3x)V}=\frac{3}{2}a$에서 $x=3$이다.

(다)에서 혼합 전 H^+의 전체 양은 $9aV$ mmol이고 OH^-의 양은 $\frac{15a}{2}V$ mmol이므로 (다)는 산성이고, 모든 양이온의 양(mol)은 혼합 전 H^+의 양(mol)과 같으므로 (다)에 존재하는 모든 양이온의 양은 $9aV$ mmol이다.

(다)에서 모든 양이온의 몰 농도(M) 합은 $\frac{9aV}{9V}=a$이므로 모든 양이온의 몰 농도(M) 합의 비는 (가) : (다)$=\frac{5}{6}a$: $a=5$: y에서 $y=6$이다.

$x=3$, $y=6$이므로 $\frac{y}{x}=2$이다. 답 ②

도전 1등급 49 중화 적정 실험

도전 1등급 문항 분석 ▸▸ 정답률 39.8%

다음은 중화 적정을 이용하여 식초 1 g에 들어 있는 아세트산(CH_3COOH)의 질량을 알아보기 위한 실험이다.

[실험 과정]
(가) 25 ℃에서 밀도가 d g/mL인 식초를 준비한다. → 들어 있는 식초의 질량$=d$ g/mL$\times$10 mL$=10d$ g
(나) (가)의 식초 10 mL에 물을 넣어 100 mL 수용액을 만든다.
(다) (나)에서 만든 수용액 20 mL를 삼각 플라스크에 넣고 페놀프탈레인 용액을 2~3방울 떨어뜨린다. → 들어 있는 식초의 질량$=2d$ g
(라) (다)의 삼각 플라스크에 0.25 M NaOH(aq)을 한 방울씩 떨어뜨리면서 삼각 플라스크를 흔들어 준다.
(마) (라)의 삼각 플라스크 속 수용액 전체가 붉은색으로 변하는 순간 적정을 멈추고 적정에 사용된 NaOH(aq)의 부피(V)를 측정한다.

[실험 결과]
○ V: a mL → $0.25\text{ M}\times\frac{a}{1000}\text{ L}=2.5\times10^{-4}a$ mol $=$삼각 플라스크에 들어 있는 아세트산의 양
○ (가)에서 식초 1 g에 들어 있는 CH_3COOH의 질량: x g

x는? (단, CH_3COOH의 분자량은 60이고, 온도는 25 ℃로 일정하며, 중화 적정 과정에서 식초에 포함된 물질 중 CH_3COOH만 NaOH과 반응한다.)

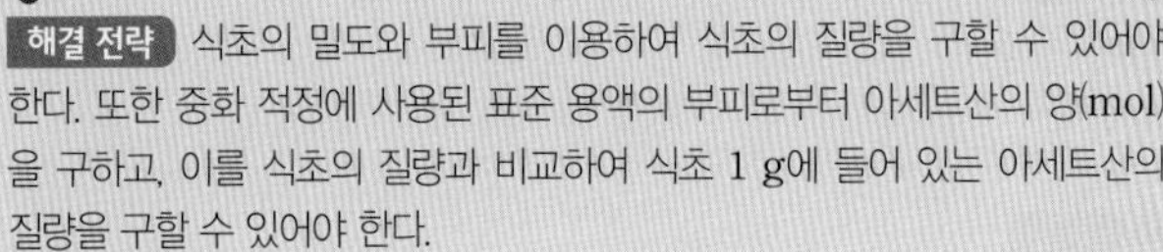

해결 전략 식초의 밀도와 부피를 이용하여 식초의 질량을 구할 수 있어야 한다. 또한 중화 적정에 사용된 표준 용액의 부피로부터 아세트산의 양(mol)을 구하고, 이를 식초의 질량과 비교하여 식초 1 g에 들어 있는 아세트산의 질량을 구할 수 있어야 한다.

선택지 분석

✓④ 식초의 밀도가 d g/mL이므로 (나)의 수용액 100 mL에 들어 있는 식초의 질량은 d g/mL$\times$10 mL$=10d$ g이다. (다)에서 이 수용액 20 mL를 삼각 플라스크에 넣었으므로 삼각 플라스크에 들어 있는 식초의 질량은 $2d$ g이다. (라)에서 0.25 M NaOH(aq) a mL를 넣었을 때 중화점에 도달하였으므로 삼각 플라스크에 들어 있는 아세트산의 양은 $2.5\times10^{-4}a$ mol이다.
아세트산의 분자량이 60이므로 삼각 플라스크에 들어 있는 아세트산의 질량은 $2.5\times10^{-4}a$ mol$\times$60 g/mol$=0.015a$ g이다. 삼각 플라스크에 들어 있는 식초의 질량이 $2d$ g이므로 식초 1 g에 들어 있는 아세트산의 질량(g)은 $\frac{0.015a}{2d}=\frac{3a}{400d}$이다. 답 ④

도전 1등급 50 중화 반응의 양적 관계

도전 1등급 문항 분석 ▸▸ 정답률 30.0%

다음은 a M HCl(aq), b M NaOH(aq), c M A(aq)의 부피를 달리하여 혼합한 용액 (가)~(다)에 대한 자료이다. A는 HBr 또는 KOH 중 하나이다.

○ 수용액에서 HBr은 H^+과 Br^-으로, KOH은 K^+과 OH^-으로 모두 이온화된다.

혼합 용액	혼합 전 용액의 부피(mL)			혼합 용액에 존재하는 모든 이온의 몰 농도(M) 비
	HCl(aq)	NaOH(aq)	A(aq)	
(가)	10	10	0	1:1:2
(나)	10	5	10	1:1:4:4
(다)	15	10	5	1:1:1:3

(가) 1:1:2 → 가장 많은 이온은 Cl^-이다.
(다) 1:1:1:3 → (다)에 존재하는 이온은 양이온과 음이온이 각각 1종류와 3종류 중 하나이다.

○ (가)는 산성이다.

→ (다)는 (가)에 비해 HCl(aq)이 많고 A(aq)이 추가되었으므로, A가 HBr이라면 (다)도 산성이다. ➡ 이 경우, (다)에 존재하는 이온의 몰 농도(M) 비가 자료와 맞지 않으므로 A는 KOH이다.

(나) 5 mL와 (다) 5 mL를 혼합한 용액의 $\frac{H^+\text{의 몰 농도(M)}}{Na^+\text{의 몰 농도(M)}}$는? (단, 혼합 용액의 부피는 혼합 전 각 용액의 부피의 합과 같고, 물의 자동 이온화는 무시한다.)

해결 전략 (다)에서 A가 HBr일 경우와 KOH일 경우로 구분하여 분석함으로써 A가 무엇인지를 알아낸다. 이때 액성을 알고 있는 (가)와 비교하고, (다)에 존재하는 모든 이온의 몰 농도(M) 비를 이용하여 (다)가 산성인지 염기성인지를 알아낼 수 있어야 한다.

선택지 분석

✓② (가)가 산성이고, 모든 이온의 몰 농도(M) 비가 1 : 1 : 2이므로 $a=2b$이다. A(aq)이 HBr(aq)이라면 (다)는 (가)와 비교하여 NaOH(aq)의 양(mol)은 같지만, HCl(aq)과 HBr(aq)이 추가되어 넣어 준 H^+의 양(mol)이 증가하였으므로 (다)도 산성이다. 그런데 이 경우 (다)에 존재하는 이온은 양이온이 2종류, 음이온이 2종류이어야 하는데, 모든 이온의 몰 농도 비가 1 : 1 : 1 : 3이므로 맞지 않는다. 따라서 A(aq)은 KOH(aq)이며, (다)에 넣어 준 이온의 양(mmol)은 다음과 같다.

$2b$ M HCl(aq) 15 mL		b M NaOH(aq) 10 mL		c M KOH(aq) 5 mL	
H^+	Cl^-	Na^+	OH^-	K^+	OH^-
$30b$	$30b$	$10b$	$10b$	$5c$	$5c$

(다)가 염기성이라면 (다)에 존재하는 이온은 양이온이 2종류, 음이온이 2종류이어야 하는데, 모든 이온의 몰 농도(M) 비가 1 : 1 : 1 : 3이므로 맞지 않는다. 따라서 (다)는 산성이고, 반응 후 존재하는 이온의 양(mmol)은 다음과 같다.

H^+	Cl^-	Na^+	K^+
$20b-5c$	$30b$	$10b$	$5c$

(다)의 수용액에서 양(mol)이 가장 많은 이온은 Cl^-이므로 $10b=5c$에서 $c=2b$이다.

따라서 (나)와 (다)에 들어 있는 이온의 양(mmol)은 다음과 같다.

	H^+	OH^-	Cl^-	Na^+	K^+
(나) 25 mL		$5b$	$20b$	$5b$	$20b$
(다) 30 mL	$10b$		$30b$	$10b$	$10b$

(나) 5 mL, (다) 5 mL에 들어 있는 이온의 양(mmol)은 다음과 같다.

	H^+	OH^-	Cl^-	Na^+	K^+
(나) 5 mL		b	$4b$	b	$4b$
(다) 5 mL	$\frac{10b}{6}$		$5b$	$\frac{10b}{6}$	$\frac{10b}{6}$

(나) 5 mL와 (다) 5 mL를 혼합한 용액에서 H^+의 양은 $\frac{2b}{3}(=\frac{10b}{6}-b)$ mmol이고, Na^+의 양은 $\frac{8b}{3}(=b+\frac{10b}{6})$ mmol이므로

$\frac{H^+\text{의 몰 농도(M)}}{Na^+\text{의 몰 농도(M)}}=\frac{1}{4}$이다.

답 ②

51 중화 적정 실험

자료 분석

$CH_3COOH(aq)$의 몰 농도를 구하기 위한 실험은 중화 적정이다. 중화 적정 실험에서는 산과 염기가 완전히 중화될 때 산이 내놓은 H^+의 양(mol)과 염기가 내놓은 OH^-의 양(mol)이 같음을 이용한다.

선택지 분석

✓③ (나)에서 a M $CH_3COOH(aq)$ 10 mL에 들어 있는 CH_3COOH의 양은 $a\ M\times10\times10^{-3}\ L=10a\times10^{-3}$ mol이고, 여기에 물을 넣어 100 mL로 만든 수용액 중 20 mL를 삼각 플라스크에 넣고 중화 적정 실험을 하였으므로 (다)에 들어 있는 CH_3COOH의 양은 $\frac{1}{5}\times10a\times10^{-3}$ mol $=2a\times10^{-3}$ mol이다. 중화점까지 넣어 준 $KOH(aq)$에 들어 있는 OH^-의 양(mol)과 $CH_3COOH(aq)$에 들어 있는 H^+의 양(mol)은 같으므로 $2a\times10^{-3}\ mol=0.2\ M\times x\times10^{-3}\ L=0.2x\times10^{-3}$ mol에서 $a=\frac{x}{10}$이다.

답 ③

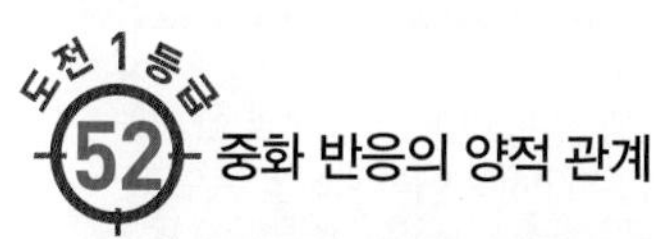

52 중화 반응의 양적 관계

도전 1등급 문항 분석 ▸▸ 정답률 14.7%

표는 x M $H_2A(aq)$과 y M $NaOH(aq)$의 부피를 달리하여 혼합한 용액 (가)~(라)에 대한 자료이다. → H^+의 양(mol)은 A^{2-}의 양(mol)의 2배이다.

혼합 용액		(가)	(나)	(다)	(라)
혼합 전 용액의 부피(mL)	$H_2A(aq)$	10	10	20	$2V$
	$NaOH(aq)$	30	40	V	30
모든 음이온의 몰 농도(M) 합 (상댓값)		3	4	8	

모든 음이온의 양(mol) $40\times3n=120n$ / $50\times4n=200n$

(가)가 산성 또는 중성이라면 ➡ A^{2-} $120n$ / A^{2-} $120n+OH^-$ $80n$

y M $NaOH(aq)$ 40 mL에 존재하는 OH^-의 양(mol)은 $320n$이다. ➡ (가)는 중성이다.

(라)에 존재하는 이온 수의 비율로 가장 적절한 것은? (단, 혼합 용액의 부피는 혼합 전 각 용액의 부피의 합과 같고, H_2A는 수용액에서 H^+과 A^{2-}으로 모두 이온화되며, 물의 자동 이온화는 무시한다.)

해결 전략 용액에 존재하는 모든 음이온의 양(mol)은 (모든 음이온의 몰 농도(M) 합)×(혼합 용액의 부피)를 이용하여 구할 수 있어야 한다. 또한 혼합 용액이 산성 또는 중성이면 용액 속에 존재하는 음이온은 A^{2-}뿐이고, 염기성이면 용액 속에 존재하는 음이온은 A^{2-}과 OH^-임을 알고 있어야 한다.

선택지 분석

✓⑤ (가)와 (나)의 $NaOH(aq)$의 부피 비가 3 : 4이면 혼합 전 $NaOH(aq)$ 속의 OH^-의 양(mol)이 3 : 4인데, 혼합 용액 속 모든 음이온의 몰 농도(M) 합의 비가 3 : 4이므로 (가)는 염기성이 아니다. (가)와 (나)에서 혼합 전과 후 존재하는 이온의 종류와 양(mol)은 다음과 같으며, (가)는 중성이다.

혼합 용액		(가)	(나)
혼합 전 (mol)	x M $H_2A(aq)$	10 mL	10 mL
		H^+ $240n$, A^{2-} $120n$	H^+ $240n$, A^{2-} $120n$
	y M $NaOH(aq)$	30 mL	40 mL
		Na^+ $240n$, OH^- $240n$	Na^+ $320n$, OH^- $320n$
혼합 후(mol)		Na^+ $240n$, A^{2-} $120n$	Na^+ $320n$, A^{2-} $120n$, OH^- $80n$

만일 (다)가 염기성이라면 혼합 용액에는 음이온 A^{2-} $240n$과 OH^- $(8nV-480n)$이 존재하므로 음이온의 양(mol)은 $(20+V)\times8n=8nV-240n$인데, 이 식은 성립하지 않는다.

만일 (다)가 산성 또는 중성이라면 혼합 용액에는 음이온인 A^{2-}만 존재하므로 A^{2-}의 양(mol)은 $(20+V)\times8n=240n$이고 $V=10$이다.

(라)에서 혼합 전과 후 존재하는 이온의 종류와 양(mol)은 다음과 같다.

혼합 전 이온의 종류와 양(mol)	H^+ $480n$, A^{2-} $240n$
	Na^+ $240n$, OH^- $240n$
혼합 후 이온의 종류와 양(mol)	H^+ $240n$, Na^+ $240n$, A^{2-} $240n$

따라서 (라)에 존재하는 이온 수의 비는 $H^+ : Na^+ : A^{2-}=1:1:1$이다.

답 ⑤

53 중화 적정 실험

자료 분석

$NaOH(aq)$ 500 mL에 들어 있는 $NaOH$의 양은 $\frac{w}{40}$ mol이므로 $NaOH(aq)$의 몰 농도는 $\frac{w}{20}$ M이다. 또한 a M $CH_3COOH(aq)$ 20 mL를 중화시키는 데 사용된 $NaOH(aq)$은 $(17.5-2.5)$ mL$=15$ mL이다.

선택지 분석

✓① 중화 반응의 양적 관계에 의하면 반응한 H^+의 양(mol)$=OH^-$의 양(mol)이다. $a\ M\times0.02\ L=\frac{w}{20}\ M\times0.015\ L$이므로 $a=\frac{3}{80}w$이다.

답 ①

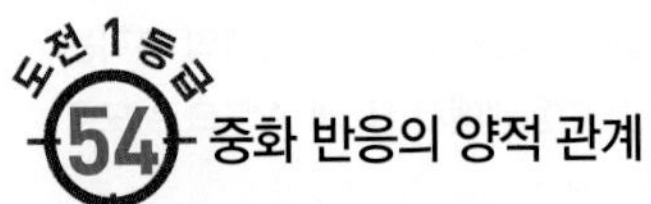

54 중화 반응의 양적 관계

도전 1등급 문항 분석 ▸▸ 정답률 34.1%

표는 a M $X(OH)_2(aq)$, b M $HY(aq)$, c M $H_2Z(aq)$의 부피를 달리하여 혼합한 용액 Ⅰ～Ⅲ에 대한 자료이다. ㉠, ㉡은 각각 b M $HY(aq)$, c M $H_2Z(aq)$ 중 하나이고, 수용액에서 $X(OH)_2$는 X^{2+}과 OH^-으로, HY는 H^+과 Y^-으로, H_2Z는 H^+과 Z^{2-}으로 모두 이온화된다.

혼합 용액		Ⅰ	Ⅱ	Ⅲ
혼합 전 수용액의 부피(mL)	a M $X(OH)_2(aq)$ (→ X^{2+} $4n$, OH^- $8n$이라면)	V	V	V
	$H_2Z(aq)$ ㉠ H^+ $6n$, Z^{2-} $3n$	10	0	10
	$HY(aq)$ ㉡	0	20	20
$\frac{\text{음이온의 양(mol)}}{\text{양이온의 양(mol)}}$		$\frac{5}{4}$	H^+ $4n$, Y^- $4n$	$\frac{7}{6}$
Y^-과 Z^{2-}의 몰 농도(M)의 합(상댓값)			5	7

Ⅱ : Ⅲ $=\frac{4n}{V+20} : \frac{4n+3n}{V+30}=5:7$

$V\times\frac{b+c}{a}$는? (단, 혼합 용액의 부피는 혼합 전 각 용액의 부피의 합과 같고, 물의 자동 이온화는 무시하며, X^{2+}, Y^-, Z^{2-}은 반응하지 않는다.)

해결 전략 혼합 용액 Ⅰ의 $\frac{\text{음이온의 양(mol)}}{\text{양이온의 양(mol)}}$ 값을 이용하여 혼합 용액 Ⅰ의 액성과 ㉠이 어떤 용액일지 유추한 후, 계산을 풀어나가면서 유추한 액성과 ㉠이 맞는지 확인할 수 있어야 한다.

선택지 분석

✓❹ $X(OH)_2(aq)$은 $\frac{\text{음이온의 양(mol)}}{\text{양이온의 양(mol)}}=2$이고, 여기에 $H_2Z(aq)$을 가할수록 $\frac{\text{음이온의 양(mol)}}{\text{양이온의 양(mol)}}$은 점점 감소하다가 중화점에서 1이 되므로 ㉠은 $H_2Z(aq)$이고, 혼합 용액 Ⅰ은 중화되기 전의 염기성이라고 가정할 수 있다.
a M $X(OH)_2(aq)$ V mL에 들어 있는 X^{2+}, OH^-의 수를 각각 $4n$, $8n$이라고 하면, Ⅰ의 $\frac{\text{음이온의 양(mol)}}{\text{양이온의 양(mol)}}$이 $\frac{5}{4}$이므로 c M $H_2Z(aq)$ 10 mL에 들어 있는 H^+, Z^{2-}의 수는 각각 $6n$, $3n$이다.
혼합 용액 Ⅲ은 혼합 용액 Ⅰ에 $HY(aq)$을 가한 것으로 혼합 용액 Ⅲ이 염기성이라면 $\frac{\text{음이온의 양(mol)}}{\text{양이온의 양(mol)}}$이 Ⅰ과 같아야 하는데 다르므로 Ⅲ은 산성이고, $\frac{\text{음이온의 양(mol)}}{\text{양이온의 양(mol)}}$이 $\frac{7}{6}$이므로 b M $HY(aq)$ 20 mL에 들어 있는 H^+, Y^-의 수는 각각 $4n$, $4n$이다.
Y^-과 Z^{2-}의 몰 농도(M)의 합 비는 Ⅱ : Ⅲ $=\frac{4n}{V+20} : \frac{4n+3n}{V+30}=5:7$이므로 $V=20$이다.
a M $X(OH)_2(aq)$ 20 mL에 들어 있는 X^{2+}의 수가 $4n$, b M $HY(aq)$ 20 mL에 들어 있는 Y^-의 수가 $4n$, c M $H_2Z(aq)$ 10 mL에 들어 있는 Z^{2-}의 수가 $3n$이므로 $a:b:c=\frac{4n}{20}:\frac{4n}{20}:\frac{3n}{10}=2:2:3$이다.
따라서 $V\times\frac{b+c}{a}=20\times\frac{2+3}{2}=50$이다. 답 ④

55 중화 적정 실험

자료 분석

중화점까지 가해진 0.1 M $NaOH(aq)$의 부피가 $(28.3-8.3)$ mL$=$20 mL이다. 중화 반응의 양적 관계는 $nMV=n'M'V'$이므로 $a\times0.01=0.1\times0.02$에서 $a=0.2$이다.

선택지 분석

✓ㄱ. (다)에서 산 수용액에 염기 수용액을 가하므로 삼각 플라스크 속 용액의 pH는 증가한다.

ㄴ. $a=0.2$이다.

✓ㄷ. (다)에서 반응한 H^+의 양(mol)$=OH^-$의 양(mol)$=$생성된 H_2O의 양(mol)이므로 0.002 mol이다. 답 ③

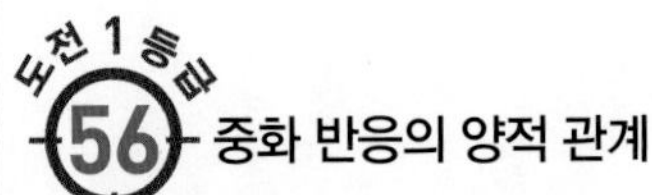

56 중화 반응의 양적 관계

도전 1등급 문항 분석 ▸▸ 정답률 33.9%

표는 0.8 M $HX(aq)$, 0.1 M $YOH(aq)$, a M $Z(OH)_2(aq)$을 부피를 달리하여 혼합한 용액 Ⅰ～Ⅲ에 대한 자료이다. 수용액에서 HX는 H^+과 X^-으로, YOH는 Y^+과 OH^-으로, $Z(OH)_2$는 Z^{2+}과 OH^-으로 모두 이온화된다.

혼합 용액		Ⅰ	Ⅱ	Ⅲ
혼합 전 수용액의 부피(mL)	0.8 M $HX(aq)$	5	1	4
	0.1 M $YOH(aq)$	0	4	6
	a M $Z(OH)_2(aq)$	5	5	6
모든 음이온의 몰 농도(M) 합(상댓값)		5	3	x

→ 모든 음이온: 혼합 용액이 산성이면 음이온은 X^-만 존재하며, 혼합 용액이 염기성이면 음이온은 X^-, OH^-이 존재한다.
→ $Z(OH)_2$: $Z(OH)_2$가 이온화하면 Z^{2+}과 OH^-이 1 : 2의 개수 비로 생성된다.

$a\times x$는? (단, 혼합 용액의 부피는 혼합 전 각 용액의 부피의 합과 같고, 물의 자동 이온화는 무시하며, X^-, Y^+, Z^{2+}은 반응하지 않는다.)

해결 전략 각각의 산 염기 용액의 몰 농도와 부피를 이용하여 혼합 전 이온 수를 구한다. 그리고 각 혼합 용액의 액성을 파악하여 음이온의 몰 농도(M) 합을 계산한다.

선택지 분석

✓❷ 혼합 전 수용액의 이온의 양(mmol)은 다음과 같다.

혼합 전 수용액	이온	이온의 양(mmol)		
		Ⅰ	Ⅱ	Ⅲ
0.8 M $HX(aq)$	H^+	4	0.8	3.2
	X^-	4	0.8	3.2
0.1 M $YOH(aq)$	Y^+	0	0.4	0.6
	OH^-	0	0.4	0.6
a M $Z(OH)_2(aq)$	Z^{2+}	$5a$	$5a$	$6a$
	OH^-	$10a$	$10a$	$12a$

혼합 용액 Ⅰ과 Ⅱ가 모두 산성이라면 Ⅰ과 Ⅱ에는 음이온은 X^-만 존재하고, 모든 음이온의 몰 농도(M) 합의 비는 Ⅰ : Ⅱ $=\frac{4}{10}:\frac{0.8}{10}=5:1$이어야 하므로 조건에 맞지 않다. 혼합 용액 Ⅰ과 Ⅱ가 모두 염기성이라면 모든 음이온의 몰 농도 합(M)은 Ⅱ > Ⅰ이어야 하므로 조건에 맞지 않다. 따라서 Ⅰ은 산성, Ⅱ는 염기성이다. 모든 음이온의 몰 농도(M) 합의 비는 Ⅰ : Ⅱ $=\frac{4}{10}:\frac{10a+0.4}{10}=5:3$이므로 $a=0.2$이다. 위 표에서 $a=0.2$를 넣어 계산하면 혼합 용액 Ⅲ은 산성이며, 모든 음이온의 몰 농도(M) 합의 비는 Ⅰ : Ⅲ $=\frac{4}{10}:\frac{3.2}{16}=5:x$이므로 $x=2.5$이다. 따라서 $a\times x=0.2\times2.5=\frac{1}{2}$이다. 답 ②

57 중화 적정 실험

자료 분석

(가)에서 CH_3COOH의 양은 $(0.01a+0.0075)$ mol인데 (나)에서 50 mL 중 20 mL만 취한다고 하였으므로 중화점까지 반응한 CH_3COOH의 양은 $\frac{2}{5}(0.01a+0.0075)$ mol이다.

선택지 분석

✓❷ 실험 결과 사용된 NaOH의 양은 0.1 M × 0.038 L = 0.0038 mol이므로 $\frac{2}{5}(0.01a+0.0075)=0.0038$에서 $a=0.2$이다. 답 ②

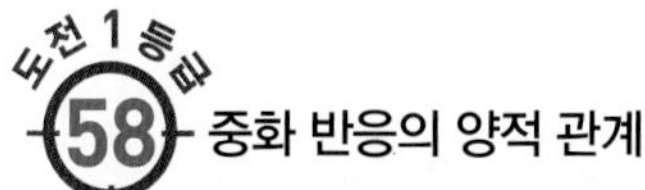

58 중화 반응의 양적 관계

도전 1등급 문항 분석 ▸▸ 정답률 19.0%

다음은 x M $H_2X(aq)$, 0.2 M $YOH(aq)$, 0.3 M $Z(OH)_2(aq)$의 부피를 달리하여 혼합한 용액 Ⅰ~Ⅲ에 대한 자료이다.

○ 수용액에서 H_2X는 H^+과 X^{2-}으로, YOH는 Y^+과 OH^-으로, $Z(OH)_2$는 Z^{2+}과 OH^-으로 모두 이온화된다.

혼합 용액	혼합 전 수용액의 부피(mL)			모든 음이온의 몰 농도(M) 합 (상댓값)
	x M $H_2X(aq)$	0.2 M $YOH(aq)$	0.3 M $Z(OH)_2(aq)$	
Ⅰ	V	20	0	5
Ⅱ	$2V$	$4a$	$2a$	4
Ⅲ	$2V$	a	$5a$	b

○ Ⅰ은 산성이다. (→ 음이온은 X^{2-}만 존재한다. ⇒ X^{2-}의 양: $xV=5\times(20+V)$ mmol)

○ Ⅱ에서 $\frac{\text{모든 양이온의 양(mol)}}{\text{모든 음이온의 양(mol)}}=\frac{3}{2}$이다.

○ Ⅱ와 Ⅲ의 부피는 각각 100 mL이다.

$x\times b$는? (단, 혼합 용액의 부피는 혼합 전 각 용액의 부피의 합과 같고, 물의 자동 이온화는 무시하며, X^{2-}, Y^+, Z^{2+}은 반응하지 않는다.)

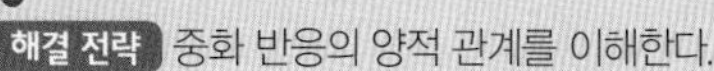

해결 전략 중화 반응의 양적 관계를 이해한다.

선택지 분석

✓❷ Ⅰ은 산성이므로 수용액 내 음이온은 X^{2-}만 존재한다. 따라서 X^{2-}의 양은 $xV=5\times(20+V)$ mmol라고 할 수 있다. 용액 Ⅱ가 산성이라고 하면 수용액의 부피는 100 mL이고, X^{2-}만 존재하므로 X^{2-}의 양은 $x\times2V=400$(mmol)이다. 따라서 $V=20$이고, $2V+6a=100$이므로 $a=10$이다.

혼합 용액	혼합 전 용액의 부피(mL)			모든 음이온의 몰 농도(M) 합 (상댓값)
	x M $H_2X(aq)$	0.2 M $YOH(aq)$	0.3 M $Z(OH)_2(aq)$	
Ⅰ	20	20	0	5
Ⅱ	40	40	20	4
Ⅲ	40	10	50	b

혼합 용액	혼합 전 수용액의 양이온과 음이온 양(mmol)			모든 음이온의 몰 농도(M) 합 (상댓값)
	x M $H_2X(aq)$	0.2 M $YOH(aq)$	0.3 M $Z(OH)_2(aq)$	
Ⅰ	$40x$ $20x$	4 4	0 0	5
Ⅱ	$80x$ $40x$	8 8	6 12	4
Ⅲ	$80x$ $40x$	2 2	15 30	b

Ⅱ에서 $\frac{\text{모든 양이온의 양(mol)}}{\text{모든 음이온의 양(mol)}}=\frac{80x-20+14}{40x}=\frac{3}{2}$에서 $x=0.3$이다.
Ⅱ와 Ⅲ에서 수용액의 부피는 같으므로 Ⅱ에서 음이온의 양은 $0.3\times40=12$(mmol)이고, Ⅲ에서 음이온의 양은 $12+2+30-24=20$(mmol)이다. $12:20=4:b$에서 $b=\frac{20}{3}$이다. 따라서 $x\times b=0.3\times\frac{20}{3}=2$이다. 답 ②

59 중화 적정 실험

자료 분석

중화 적정 실험 결과를 이용하여 몰 농도를 구할 수 있다.

선택지 분석

✓❹ (가)에서 만든 $CH_3COOH(aq)$의 몰 농도는 $\frac{x}{4}$ M이다. 0.2 M $NaOH(aq)$을 사용했을 때 중화점까지 넣어 준 부피가 40 mL이므로 $\frac{x}{4}$ M × 40 mL = 0.2 M × 40 mL이고, $x=\frac{4}{5}$이다. 또한 y M $NaOH(aq)$을 사용했을 때 중화점까지 넣어 준 부피가 16 mL이므로 0.2 M × 40 mL $=y$ M × 16 mL이고 $y=\frac{1}{2}$이다. 따라서 $x+y=\frac{13}{10}$이다. 답 ④

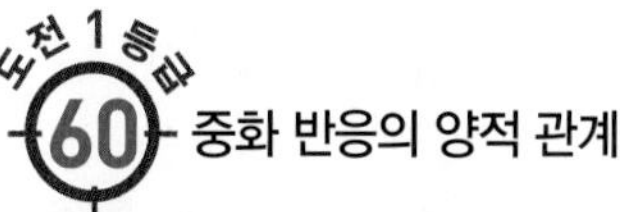

60 중화 반응의 양적 관계

도전 1등급 문항 분석 ▸▸ 정답률 23.8%

다음은 중화 반응에 대한 실험이다.

[자료]

○ 수용액 A와 B는 각각 0.25 M $HY(aq)$과 0.75 M $H_2Z(aq)$ 중 하나이다.

○ 수용액에서 $X(OH)_2$는 X^{2+}과 OH^-으로, HY는 H^+과 Y^-으로, H_2Z는 H^+과 Z^{2-}으로 모두 이온화된다.

[실험 과정]

(가) a M $X(OH)_2(aq)$ 10 mL에 수용액 A V mL를 첨가하여 혼합 용액 Ⅰ을 만든다.

(나) Ⅰ에 수용액 B $4V$ mL를 첨가하여 혼합 용액 Ⅱ를 만든다.

(다) a M $X(OH)_2(aq)$ 10 mL에 수용액 A $4V$ mL와 수용액 B V mL를 첨가하여 혼합 용액 Ⅲ을 만든다.

[실험 결과] → 3가지이므로 Ⅱ는 중성 용액이고, 이온은 X^{2+}, Y^-, Z^{2-}이다.

○ Ⅱ에 존재하는 모든 이온의 몰비는 3 : 4 : 5이다.

○ $\dfrac{\text{Ⅰ에 존재하는 모든 양이온의 몰 농도의 합}}{\text{Ⅲ에 존재하는 모든 양이온의 몰 농도의 합}}=\dfrac{15}{28}$이다.

$a+V$는? (단, 혼합 용액의 부피는 혼합 전 각 용액의 부피의 합과 같고, 물의 자동 이온화는 무시하며, X^{2+}, Y^-, Z^{2-}은 반응하지 않는다.)

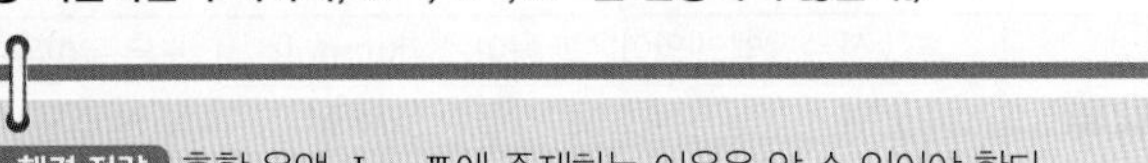

해결 전략 혼합 용액 Ⅰ ~ Ⅲ에 존재하는 이온을 알 수 있어야 한다.

선택지 분석

✓❶ Ⅱ에 존재하는 모든 이온의 종류가 3가지이므로 Ⅱ는 중성 용액이고, 존재하는 이온은 X^{2+}, Y^-, Z^{2-}이다. 양이온과 음이온의 전하량 합은 0이어야 하므로 이온의 몰비는 $Z^{2-} : Y^- : X^{2+}=3 : 4 : 5$이다. 수용액 A와 B의 몰 농도 비는 A : B 또는 B : A가 1 : 3이고, 수용액 A는 V mL, 수용액 B는 $4V$ mL가 첨가되었으므로 수용액 A는 0.75 M $H_2Z(aq)$, 수용액 B는 0.25 M $HY(aq)$이다. 따라서 혼합 전 용액의 부피는 다음과 같다.

혼합 용액	혼합 전 용액의 부피(mL)		
	a M $X(OH)_2(aq)$	0.25 M $HY(aq)$	0.75 M $H_2Z(aq)$
Ⅰ	10	0	V
Ⅱ	10	$4V$	V
Ⅲ	10	V	$4V$

혼합 용액 Ⅱ가 중성이므로 Ⅰ은 염기성이고, Ⅲ은 산성이다.

따라서 Ⅱ에서 혼합 전 OH^-의 양은 $a\times10\times2$ mmol이고, H^+의 양은 $(0.25\times4V)+(2\times0.75\times V)=2.5V$ mmol이므로 $a=\dfrac{V}{8}$이다.

Ⅰ에서 존재하는 모든 양이온 수는 a M $X(OH)_2(aq)$ 10 mL에 들어 있는 X^{2+}의 수와 같으므로 $\dfrac{V}{8}\times10$ mmol이고, 수용액의 부피는 $(10+V)$ mL이다. Ⅲ에 존재하는 양이온 수는 $(0.25\times V)+(2\times0.75\times4V)-\left(2\times\dfrac{V}{8}\times10\right)+\left(\dfrac{V}{8}\times10\right)=5V$(mmol)이고, 부피는 $(10+5V)$ mL이므로

$$\frac{\text{Ⅰ에 존재하는 모든 양이온의 몰 농도의 합}}{\text{Ⅲ에 존재하는 모든 양이온의 몰 농도의 합}}=\frac{\frac{1.25V}{10+V}}{\frac{5V}{10+5V}}=\frac{15}{28}\text{에서}$$

$V=4$이다. 따라서 $a+V=\dfrac{9}{2}$이다. 답 ①

61 브뢴스테드·로리 산 염기

자료 분석

브뢴스테드·로리 산은 H^+을 주는 물질이고, 브뢴스테드·로리 염기는 H^+을 받는 물질이다.

선택지 분석

✓ㄱ. (가)에서 H_3O^+이 생성되었으므로 HCl는 H^+을 내어놓는다.

✓ㄴ. (나)에서 HCO_3^-은 H_2O로부터 H^+을 받았으므로 ㉠은 OH^-이다.

✓ㄷ. HCO_3^-은 (나)에서 H_2O로부터 H^+을 받았고, (다)에서 HCl로부터 H^+을 받았으므로 (나)와 (다)에서 HCO_3^-은 모두 브뢴스테드·로리 염기이다.

답 ⑤

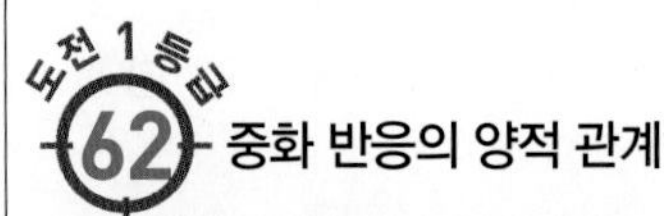

중화 반응의 양적 관계

도전 1등급 문항 분석 ▸▸ 정답률 30.3%

다음은 중화 반응에 대한 실험이다.

[자료]

○ 수용액 A와 B는 각각 0.4 M $YOH(aq)$과 a M $Z(OH)_2(aq)$ 중 하나이다.

○ 수용액에서 H_2X는 H^+과 X^{2-}으로, YOH는 Y^+과 OH^-으로, $Z(OH)_2$는 Z^{2+}과 OH^-으로 모두 이온화된다.

[실험 과정] → H^+ $0.6V$ mmol, X^{2-} $0.3V$ mmol

(가) 0.3 M $H_2X(aq)$ V mL가 담긴 비커에 수용액 A 5 mL를 첨가하여 혼합 용액 Ⅰ을 만든다.

(나) Ⅰ에 수용액 B 15 mL를 첨가하여 혼합 용액 Ⅱ를 만든다.

(다) Ⅱ에 수용액 B x mL를 첨가하여 혼합 용액 Ⅲ을 만든다.

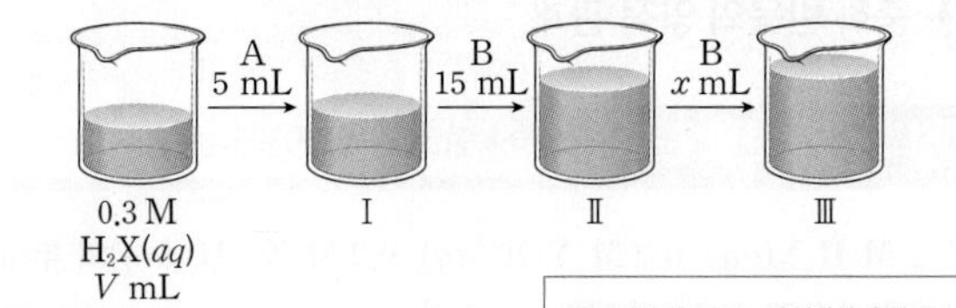

용액	반응 전	Ⅰ	Ⅱ	Ⅲ
이온의 종류와 양(mmol)	H^+ 12 X^{2-} 6	H^+ 8 Z^{2+} 2 X^{2-} 6	H^+ 2 Z^{2+} 2 Y^+ 6 X^{2-} 6	Z^{2+} 2 Y^+ 8 X^{2-} 6
수용액의 부피(mL)	V	$V+5$	$V+20$	$V+25$

→ 0.4 M $YOH(aq)$이라면 용액 Ⅰ에서 H^+의 양은 $(0.6V-2)$ mmol, Y^+의 양은 2 mmol, X^{2-} $0.3V$ mmol이고, $\dfrac{\text{음이온 수}}{\text{양이온 수}}=\dfrac{1}{2}$이 되어 주어진 조건에 맞지 않다. 따라서 A는 a M $Z(OH)_2(aq)$이고, B는 0.4 M $YOH(aq)$이다.

[실험 결과]

○ Ⅲ은 중성이다.

○ Ⅰ과 Ⅱ에 대한 자료

혼합 용액	Ⅰ	Ⅱ
혼합 용액에 존재하는 모든 이온의 몰 농도의 합(상댓값)	8	5
혼합 용액에서 $\dfrac{\text{음이온 수}}{\text{양이온 수}}$	$\dfrac{3}{5}$	$\dfrac{3}{5}$

$\dfrac{x}{V}\times a$는? (단, 혼합 용액의 부피는 혼합 전 각 용액의 부피의 합과 같고, 물의 자동 이온화는 무시하며, X^{2-}, Y^+, Z^{2+}은 반응하지 않는다.)

해결 전략 혼합 용액 Ⅰ ~ Ⅲ에 존재하는 이온을 알 수 있어야 한다.

선택지 분석

✓❹ A는 a M $Z(OH)_2(aq)$이고, B는 0.4 M $YOH(aq)$이다. A 5 mL에 들어 있는 Z^{2+}의 양은 $5a$ mmol, OH^-의 양은 $10a$ mmol이므로 용액 Ⅰ에서 $\frac{\text{음이온 수}}{\text{양이온 수}}=\frac{0.3V}{0.6V-5a}=\frac{3}{5}$이고, $5a=0.1V$에서 $a=0.02V$이다. B 15 mL에 들어 있는 Y^+과 OH^-의 양은 각각 6 mmol이므로 용액 Ⅱ의 H^+의 양은 $(0.4V-6)$ mmol, X^{2-}의 양은 $0.3V$ mmol, Y^+의 양은 6 mmol, Z^{2+}의 양은 $0.1V$ mmol이고, 총 이온의 양은 $0.8V$ mmol이다. 용액 Ⅰ에서 총 이온의 양은 $0.8V$ mmol이므로 혼합 용액에 존재하는 모든 이온의 몰 농도 합은 Ⅰ : Ⅱ $=\frac{0.8V}{V+5}:\frac{0.8V}{V+20}=8:5$이다. 따라서 $V=20$이고, 용액 Ⅱ에서 남아 있는 H^+의 양은 2 mmol이고, B x mL를 가했을 때 중화점에 도달하므로 $2-0.4x=0$에서 $x=5$이다.

따라서 $\frac{x}{V}\times a=\frac{1}{10}$이다. 답 ④

63 산 염기 반응

자료 분석

브뢴스테드·로리 산은 H^+을 주는 물질이고, 브뢴스테드·로리 염기는 H^+을 받는 물질이다.

선택지 분석

✓ㄱ. (가)에서 HCl는 H^+을 주므로 Cl^-이 되고, H_2O은 H^+을 받으므로 ㉠은 H_3O^+이다.

✓ㄴ. $NH_3(g)$를 물에 녹인 수용액은 OH^-이 들어 있으므로 염기성이다.

✓ㄷ. (다)에서 H_2O은 NH_4^+으로부터 H^+을 받으므로 브뢴스테드·로리 염기이다. 답 ⑤

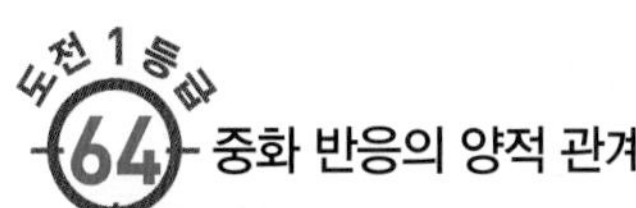

64 중화 반응의 양적 관계

도전 1등급 문항 분석 ▸▸ 정답률 37.7%

다음은 중화 반응 실험이다.

[자료]

○ 수용액에서 $X(OH)_2$는 X^{2+}과 OH^-으로 모두 이온화된다.

[실험 과정] → $\frac{\text{음이온의 양(mol)}}{\text{양이온의 양(mol)}}=\frac{2}{1}$

(가) a M $X(OH)_2(aq)$ V mL와 b M $HCl(aq)$ 50 mL를 혼합하여 용액 Ⅰ을 만든다.

(나) 용액 Ⅰ에 c M $NaOH(aq)$ 20 mL를 혼합하여 용액 Ⅱ를 만든다.

[실험 결과]

○ 용액 Ⅰ과 Ⅱ에 대한 자료

→ $\frac{\text{음이온의 양(mol)}}{\text{양이온의 양(mol)}}\neq\frac{2}{1}$이므로 산성이고, 음이온은 Cl^-이다.

용액	Ⅰ	Ⅱ
음이온의 양(mol) / 양이온의 양(mol)	$\frac{5}{3}$	$\frac{3}{2}$ → 염기성
모든 이온의 몰 농도의 합(상댓값)	1	1

$\frac{c}{a+b}$는? (단, X는 임의의 원소 기호이고, 혼합 용액의 부피는 혼합 전 각 용액의 부피의 합과 같으며, 물의 자동 이온화는 무시한다.)

해결 전략 $\frac{\text{음이온의 양(mol)}}{\text{양이온의 양(mol)}}$을 비교하여 용액 Ⅰ과 용액 Ⅱ의 액성을 파악할 수 있어야 한다. 2가 염기에 1가 산을 첨가할 때 중화점까지 $\frac{\text{음이온의 양(mol)}}{\text{양이온의 양(mol)}}$은 일정하다.

선택지 분석

✓❷ 용액 Ⅰ과 Ⅱ에 들어 있는 이온의 종류와 양(mol)은 다음과 같다.

용액 Ⅰ			용액 Ⅱ			
X^{2+}	H^+	Cl^-	X^{2+}	Na^+	Cl^-	OH^-
$2n$	n	$5n$	$2n$	$2n$	$5n$	n

용액 Ⅰ, Ⅱ에서 모든 이온의 몰 농도 합은 같으므로 $\frac{8n}{V+50}=\frac{10n}{V+70}$에서 $V=30$이고, $a:b:c=\frac{2n}{30}:\frac{5n}{50}:\frac{2n}{20}=2:3:3$이다.

따라서 $\frac{c}{a+b}=\frac{3}{2+3}=\frac{3}{5}$이다. 답 ②

65 중화 반응의 양적 관계

도전 1등급 문항 분석 ▸▸ 정답률 38.0%

다음은 중화 반응과 관련된 실험이다.

[실험 과정]

(가) a M $HCl(aq)$, b M $NaOH(aq)$, c M $KOH(aq)$을 준비한다.

(나) $HCl(aq)$ 20 mL, $NaOH(aq)$ 30 mL, $KOH(aq)$ 10 mL를 혼합하여 용액 Ⅰ을 만든다.

(다) 용액 Ⅰ에 $KOH(aq)$ V mL를 첨가하여 용액 Ⅱ를 만든다.

[실험 결과]

○ 용액 Ⅰ에서 H_3O^+의 몰 농도는 $\frac{1}{12}a$ M이다. → H_3O^+과 Cl^-의 몰비를 구하면 $\frac{1}{12}a(20+30+10):a\times20=1:4$이다.

○ 용액 Ⅰ과 Ⅱ에 들어 있는 이온의 몰비

용액	Ⅰ	Ⅱ
이온의 몰비	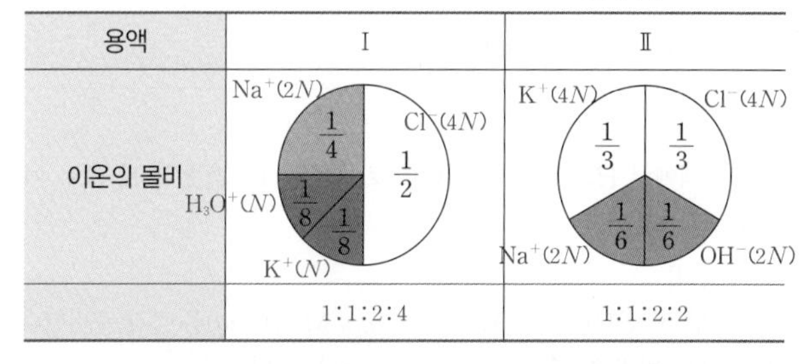	
	1:1:2:4	1:1:2:2

$V\times\frac{b}{c}$는? (단, 온도는 일정하고, 혼합한 용액의 부피는 혼합 전 각 용액의 부피의 합과 같으며, 물의 자동 이온화는 무시한다.)

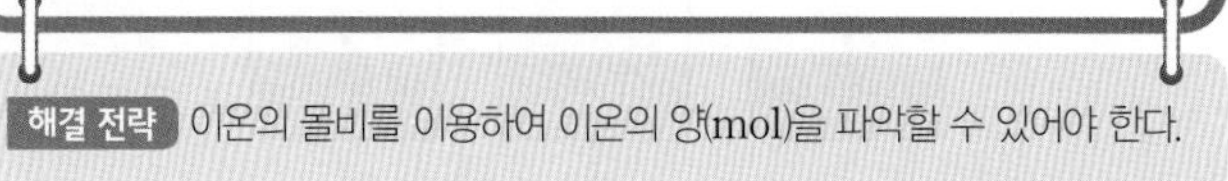

해결 전략 이온의 몰비를 이용하여 이온의 양(mol)을 파악할 수 있어야 한다.

Ⅳ 역동적인 화학 반응

선택지 분석

✓❷ 용액 Ⅰ에서 이온의 몰비가 1 : 1 : 2 : 4이고, KOH(aq)이 첨가된 용액 Ⅱ에서 이온의 몰비가 1 : 1 : 2 : 2(=2 : 2 : 4 : 4)이므로 용액 Ⅰ, Ⅱ에서 이온의 양(mol)은 다음과 같다.

용액	이온의 양				
	H_3O^+	Cl^-	Na^+	K^+	OH^-
Ⅰ	N	$4N$ (=20a)	$2N$ (=30b)	N (=10c)	0
Ⅱ	0	$4N$ (=20a)	$2N$ (=30b)	$4N$ (=40c)	$2N$

Na^+과 K^+의 몰비로부터 $30b : 10c = 2 : 1$이므로 $\frac{b}{c}=\frac{2}{3}$이고, 용액 Ⅱ에서 증가한 K^+의 양(mol)으로부터 $V=30$이다. 따라서 $V\times\frac{b}{c}=30\times\frac{2}{3}=20$이다. 답 ②

66 중화 적정 실험

자료 분석

(나)에서 만든 수용액 50 mL 중 30 mL를 (다)에서 0.1 M NaOH(aq)으로 적정하였으므로 (다)에서 만든 수용액 30 mL에 들어 있는 CH_3COOH의 양(mol)은 a M CH_3COOH(aq) x mL에 들어 있는 CH_3COOH의 양(mol)의 $\frac{3}{5}$이다.

선택지 분석

✓❷ (나)에서 만든 수용액 30 mL에 0.1 M NaOH(aq) y mL를 넣었을 때 모두 중화되었으므로 $\frac{3}{5}\times a\times x=0.1\times y$에서 $a=\frac{y}{6x}$이다. 답 ②

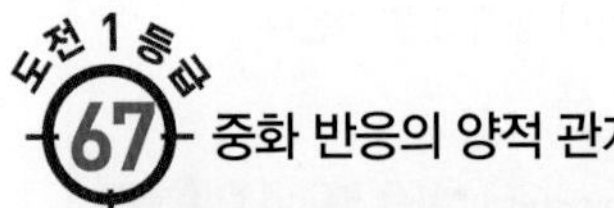

도전 1등급 67 중화 반응의 양적 관계

도전 1등급 문항 분석 ▸▸ 정답률 31.5%

다음은 중화 반응에 대한 실험이다.

[자료]

○ 수용액에서 H_2A는 H^+과 A^{2-}으로, HB는 H^+과 B^-으로 모두 이온화된다.

[실험 과정]

(가) x M NaOH(aq), y M H_2A(aq), y M HB(aq)을 각각 준비한다.

(나) 3개의 비커에 각각 NaOH(aq) 20 mL를 넣는다.

(다) (나)의 3개의 비커에 각각 H_2A(aq) V mL, HB(aq) V mL, HB(aq) 30 mL를 첨가하여 혼합 용액 Ⅰ~Ⅲ을 만든다.

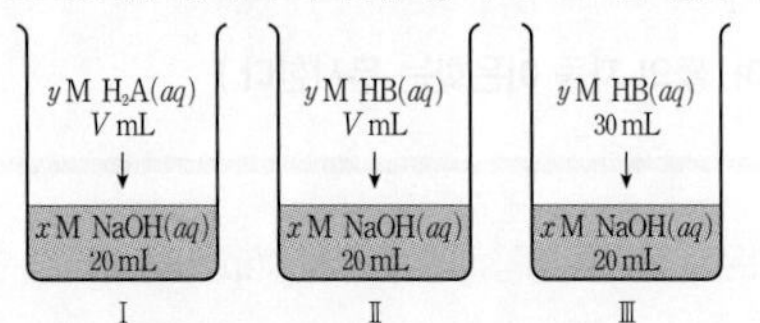

[실험 결과]

○ 혼합 용액 Ⅰ~Ⅲ에 존재하는 이온의 종류와 이온의 몰 농도(M)

이온의 종류		W	X	Y	Z
이온의 몰 농도(M)	Ⅰ	$2a$	0	$2a$	$2a$
	Ⅱ	$2a$	$2a$	0	0
	Ⅲ	a	b	0	0.2

→ 이온 W~Z는 각각 A^{2-}, B^-, Na^+, H^+, OH^- 중 하나이다. 혼합 용액 Ⅱ와 Ⅲ에서 Z의 몰 농도가 각각 0, 0.2 M이므로 Z는 H^+이고, Y는 Ⅱ와 Ⅲ에서 모두 0이므로 OH^- 또는 A^{2-} 중 하나인데, 혼합 용액 Ⅰ에서 Y와 Z가 모두 존재하므로 Y는 A^{2-}이다. W, X는 각각 Na^+, B^- 중 하나인데 W는 Ⅰ~Ⅲ에 모두 존재하므로 W는 Na^+, X는 B^-이다.

$\frac{b}{a}\times(x+y)$는? (단, 혼합 용액의 부피는 혼합 전 각 용액의 부피의 합과 같고, 물의 자동 이온화는 무시한다.)

해결 전략 이온의 몰 농도(M)를 이용하여 W~Z 이온이 각각 무엇인지 찾을 수 있어야 한다.

선택지 분석

✓❷ 이온 W~Z는 각각 A^{2-}, B^-, Na^+, H^+, OH^- 중 하나이다. 혼합 용액 Ⅱ와 Ⅲ에서 Z의 몰 농도가 각각 0, 0.2 M이므로 Z는 H^+이고, Y는 Ⅱ와 Ⅲ에서 모두 0이므로 OH^- 또는 A^{2-} 중 하나인데 혼합 용액 Ⅰ에서 Y와 Z가 모두 존재하므로 Y는 A^{2-}이다. 또한 W, X는 각각 Na^+, B^- 중 하나인데 W는 Ⅰ~Ⅲ에 모두 존재하므로 W는 Na^+, X는 B^-이다.

이온	W	X	Y	Z
이온의 종류	Na^+	B^-	A^{2-}	H^+

W(Na^+)의 몰 농도는 Ⅱ에서가 Ⅲ에서의 2배이므로 혼합 용액의 부피는 Ⅲ에서가 Ⅱ에서의 2배이다. 따라서 $V=5$이다. 또한 혼합 용액 Ⅰ에서 W(Na^+)와 Y(A^{2-})의 몰 농도가 같으므로 혼합 전 이온의 양(mol)도 같다. 따라서 $x\times20=y\times5$이고 $y=4x$이다.

혼합 전후 Na^+, B^-의 양(mol)은 변하지 않으므로 혼합 용액 Ⅱ의 W(Na^+)는 $x\times20=2a\times25$이므로 $a=\frac{2}{5}x$이다. 또한 HB(aq)의 양은 Ⅲ에서가 Ⅱ에서의 6배이므로 혼합 용액 속 X(B^-)의 양(mol)도 6배이다.

$b\times50=6\times2a\times25$이므로 $b=6a$이다.

혼합 용액 Ⅲ에서 혼합 전 OH^-의 양은 $x\times0.02$ mol, H^+의 양은 $y\times0.03$ mol이고 혼합 후 H^+의 양은 0.2×0.05 mol$=0.01$ mol이다. 따라서 H^+의 양은 $0.03y=0.02x+0.01$이고 $y=4x$이므로 $x=\frac{1}{10}$이며, $y=\frac{4}{10}$이다. 따라서 $\frac{b}{a}\times(x+y)=6\times\left(\frac{1}{10}+\frac{4}{10}\right)=3$이다. 답 ②

68 중화 적정 실험

자료 분석

중화 적정에서 필요한 실험 기구와 실험 과정을 잘 알아 두어야 한다.

선택지 분석

✓❸ 중화 적정에 사용된 0.2 M NaOH(aq)의 부피가 10 mL이므로 아세트산 수용액에 들어 있는 CH_3COOH의 양은 0.2 M × 0.01 L = 0.002 mol이다.

(가)의 $CH_3COOH(aq)$ 10 mL에는 1.0 M×0.01 L=0.01 mol의 CH_3COOH이 들어 있으므로 이 수용액에서 0.002 mol의 CH_3COOH을 얻으려면 100 mL$\times\frac{1}{5}$=20 mL의 $CH_3COOH(aq)$이 필요하다. 따라서 ㉠은 20이다. 중화 적정에서 농도를 아는 표준 용액이 담겨 있는 기구 ㉡은 뷰렛이다. 답 ③

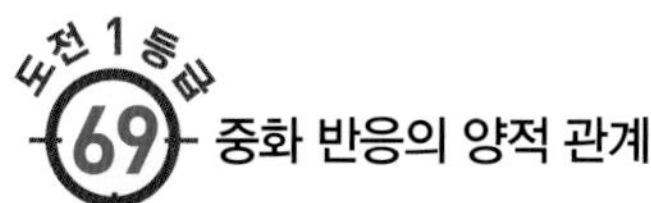

중화 반응의 양적 관계

도전 1등급 문항 분석 ▸▸ 정답률 37.7%

다음은 중화 반응에 대한 실험이다.

[자료]

○ ㉠과 ㉡은 각각 $HA(aq)$과 $H_2B(aq)$ 중 하나이다.

○ 수용액에서 HA는 H^+과 A^-으로, H_2B는 H^+과 B^{2-}으로 모두 이온화된다.

[실험 과정]

(가) $NaOH(aq)$, $HA(aq)$, $H_2B(aq)$을 각각 준비한다.

(나) $NaOH(aq)$ 10 mL에 x M ㉠을 조금씩 첨가한다.

(다) $NaOH(aq)$ 10 mL에 x M ㉡을 조금씩 첨가한다.

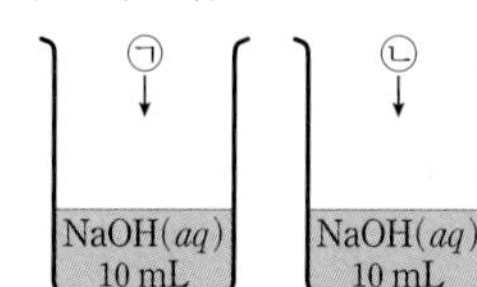

[실험 결과]

○ (나)와 (다)에서 첨가한 산 수용액의 부피에 따른 혼합 용액에 대한 자료

NaOH(aq) 10 mL에 HA(aq)을 조금씩 첨가하면 소모되는 OH^-의 양(mol)과 증가하는 A^-의 양(mol)이 같으므로 중화점까지 혼합 용액 속 총 이온의 양(mol)은 일정하다. 그런데 혼합 용액의 부피는 증가하므로 혼합 용액에 존재하는 모든 이온의 몰 농도(M)의 합은 감소한다.

첨가한 산 수용액의 부피(mL)		0	V	$2V$	$3V$
혼합 용액에 존재하는 모든 이온의 몰 농도(M)의 합	(나)	1	$\frac{1}{2}$		$\frac{1}{2}$
	(다)	1	$\frac{3}{5}$	a	y

○ $a<\frac{3}{5}$이다.

y는? (단, 혼합 용액의 부피는 혼합 전 용액의 부피의 합과 같고, 물의 자동 이온화는 무시한다.)

해결 전략 중화 반응에서 총 이온의 양을 파악하고 있어야 한다.

선택지 분석

✓❹ $NaOH(aq)$ 10 mL의 모든 이온의 몰 농도(M)의 합이 1이므로 Na^+의 몰 농도(M)는 $\frac{1}{2}$, OH^-의 몰 농도(M)는 $\frac{1}{2}$이다.

i) (나)에서 ㉠이 x M $HA(aq)$인 경우

$HA(aq)$ V mL와 $3V$ mL를 넣었을 때 모든 이온의 몰 농도(M)의 합이 모두 $\frac{1}{2}$이므로 $HA(aq)$ V mL를 첨가했을 때 혼합 용액은 염기성이고, $HA(aq)$ $3V$ mL를 넣었을 때 혼합 용액은 산성이다.

$HA(aq)$ V mL를 넣기 전과 후 전체 이온 수는 같으므로 (모든 이온의 몰 농도(M)의 합)×부피=$1\times10=\frac{1}{2}(10+V)$에서 $V=10$이다.

$HA(aq)$ $3V$ mL를 넣었을 때 혼합 용액은 산성이므로 모든 이온의 양(mol)은 $HA(aq)$ $3V$ mL에 들어 있는 모든 이온의 양(mol)과 같다. 따라서 $\frac{1}{2}\times(10+3V)=2\times x\times3V$이므로 $x=\frac{1}{3}$이다.

(다)에서 ㉡은 $x\left(=\frac{1}{3}\right)$ M $H_2B(aq)$이므로 H^+의 몰 농도(M)는 $\frac{2}{3}$, B^{2-}의 몰 농도(M)는 $\frac{1}{3}$이다. $NaOH(aq)$ 10 mL에 존재하는 Na^+과 OH^-의 양은 모두 $\frac{1}{2}\times0.01$ mol이고 $H_2B(aq)$ 10 mL에 존재하는 H^+의 양은 $\frac{2}{3}\times0.01$ mol, B^{2-}의 양은 $\frac{1}{3}\times0.01$ mol이다. 두 용액을 혼합했을 때 혼합 용액에 존재하는 이온은 Na^+ $\frac{1}{2}\times0.01$ mol, H^+ $\frac{1}{6}\times0.01$ mol, B^{2-}의 양은 $\frac{1}{3}\times0.01$ mol이므로 모든 이온의 몰 농도(M)의 합은 $\dfrac{\frac{1}{2}\times0.01+\frac{1}{6}\times0.01+\frac{1}{3}\times0.01}{0.02}=\frac{1}{2}$이므로 제시된 자료에 부합하지 않는다. 따라서 ㉠은 $H_2B(aq)$, ㉡은 $HA(aq)$이다.

ii) (다)에서 ㉡이 $HA(aq)$인 경우

(다)에서 $a<\frac{3}{5}$이므로 $HA(aq)$ V mL를 넣었을 때 중화점 이전이므로 $HA(aq)$ V mL를 넣기 전과 후 전체 이온 수는 같다. 따라서 (모든 이온의 몰 농도(M)의 합)×부피=$1\times10=\frac{3}{5}(10+V)$에서 $V=\frac{20}{3}$이다.

(나)에서 $H_2B(aq)$ $3V(=20)$ mL를 넣었을 때 혼합 용액에 존재하는 모든 이온의 양(mol)은 $H_2B(aq)$ $3V$ mL에 존재하는 모든 이온의 양(mol)과 같으므로 $\frac{1}{2}\times(10+3V)=3\times x\times3V$에서 $x=\frac{1}{4}$이다.

$H_2B(aq)$ V mL를 넣었을 때 $NaOH(aq)$ 10 mL에 존재하는 Na^+과 OH^-의 양은 모두 $\frac{1}{2}\times0.01$ mol$=\frac{1}{200}$ mol이고 $H_2B(aq)$ 10 mL에 존재하는 H^+의 양은 $2\times\frac{1}{4}\times\frac{1}{150}$ mol$=\frac{1}{300}$ mol, B^{2-}의 양은 $\frac{1}{4}\times\frac{1}{150}$ mol$=\frac{1}{600}$ mol이다. 두 용액을 혼합했을 때 혼합 용액에 존재하는 이온은 Na^+ $\frac{1}{200}$ mol, OH^- $\frac{1}{600}$ mol, B^{2-}의 양은 $\frac{1}{600}$ mol이므로 모든 이온의 몰 농도(M)의 합은 $\dfrac{\frac{1}{200}+\frac{1}{600}+\frac{1}{600}}{\frac{1}{60}}=\frac{1}{2}$이므로 제시된 자료에 부합한다.

iii) y 구하기

(다)에서 $NaOH(aq)$의 몰 농도는 0.5 M, 부피가 10 mL이므로 $\frac{1}{4}$ M $HA(aq)$ $3V(=20)$ mL를 가하면 중화점에 도달한다. 이때 혼합 용액에 존재하는 모든 이온의 수는 $NaOH(aq)$에 처음 들어 있는 이온 수와 같으므로 모든 이온의 양은 0.5 M×0.01 L×2=0.01 mol이다. 혼합 용액의 부피가 30 mL이므로 혼합 용액 속 모든 이온의 몰 농도는 $\frac{0.01}{0.03}=\frac{1}{3}$(M)이다. 따라서 $y=\frac{1}{3}$이다. 답 ④

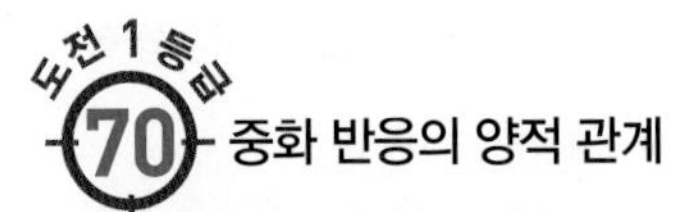

70 중화 반응의 양적 관계

도전 1등급 문항 분석 ▸▸ 정답률 30.5%

표는 0.2 M $H_2A(aq)$ x mL와 y M 수산화 나트륨 수용액($NaOH(aq)$)의 부피를 달리하여 혼합한 용액 (가)~(다)에 대한 자료이다.

용액	(가)	(나)	(다)
$H_2A(aq)$의 부피(mL)	x	x	x
$NaOH(aq)$의 부피(mL)	20	30	60
pH		1	
용액에 존재하는 모든 이온의 몰 농도(M) 비	(원그래프)		(원그래프, ㉠)

(나)의 pH=1이므로 혼합 전 $NaOH(aq)$의 부피가 (나)보다 적은 (가)도 산성이다. $H_2A(aq)$과 $NaOH(aq)$을 혼합하였을 때 산성 용액에서 $2\times$(A^{2-}의 양(mol))은 (H^+의 양(mol)+Na^+의 양(mol))과 같고 (가)의 pH는 1보다 작을 것이므로 (가)에서 용액에 존재하는 모든 이온의 몰 농도(M) 비는 $A^{2-}:H^+:Na^+=2:3:1$이다.

(다)에서 ㉠에 해당하는 이온의 몰 농도(M)는? (단, 혼합 용액의 부피는 혼합 전 각 용액의 부피의 합과 같고, 혼합 전과 후의 온도 변화는 없다. H_2A는 수용액에서 H^+과 A^{2-}으로 모두 이온화되고, 물의 자동 이온화는 무시한다.)

해결 전략 (나)의 pH=1인 것을 이용하여 (가)와 (다)의 용액의 액성을 예측한다.

선택지 분석

✓❹ 이온의 양(mol)은 (몰 농도(M)×용액의 부피(L))와 같으므로 (가)에서 혼합 전 0.2 M $H_2A(aq)$ x mL에 들어 있는 H^+의 양과 A^{2-}의 양은 각각 $2\times0.2\times\frac{x}{1000}$ mol, $0.2\times\frac{x}{1000}$ mol이고, y M $NaOH(aq)$ 20 mL에 들어 있는 Na^+의 양과 OH^-의 양은 각각 $y\times\frac{20}{1000}$ mol이다. 따라서 $A^{2+}:Na^+=\frac{0.2x}{1000}:\frac{20y}{1000}=2:1$이므로 $x=200y$이다.

(나)에서 혼합 전 0.2 M $H_2A(aq)$ x mL에 들어 있는 H^+의 양과 A^{2-}의 양은 각각 $2\times0.2\times\frac{x}{1000}$ mol, $0.2\times\frac{x}{1000}$ mol이고 y M $NaOH(aq)$ 30 mL에 들어 있는 Na^+의 양과 OH^-의 양은 각각 $y\times\frac{30}{1000}$ mol이다.

두 용액을 혼합하여 반응시켰을 때, 혼합 후 H^+의 양은 $\left(2\times0.2\times\frac{x}{1000}-y\times\frac{30}{1000}\right)$ mol이다. 따라서 용액의 부피는 $\frac{x+30}{1000}$ L이므로 H^+의 몰 농도는 $\frac{0.4x-30y}{(x+30)}=0.1$이고, 이 식에 $x=200y$를 대입하여 풀면 $x=20$, $y=0.1$이다.

(다)에서 혼합 전 0.2 M $H_2A(aq)$ $x(=20)$ mL에 들어 있는 H^+의 양은 $2\times0.2\times\frac{20}{1000}$ mol$=\frac{8}{1000}$ mol, A^{2-}의 양은 $0.2\times\frac{20}{1000}$ mol$=\frac{4}{1000}$ mol이고, $y(=0.1)$ M $NaOH(aq)$ 60 mL에 들어 있는 Na^+의 양과 OH^-의 양은 각각 $0.1\times\frac{60}{1000}$ mol$=\frac{6}{1000}$ mol이다. 두 용액을 혼합하여 반응시켰을 때, 혼합 후 H^+의 양은 $\frac{2}{1000}$ mol이다.

따라서 (다) 용액에 존재하는 모든 이온의 몰 농도 비는 $A^{2-}:H^+:Na^+=\frac{4}{1000}:\frac{2}{1000}:\frac{6}{1000}=2:1:3$이고 ㉠에 해당하는 이온은 A^{2-}이다.

(다)의 부피는 80 mL이므로 A^{2-}의 몰 농도는 $\frac{0.004\text{ mol}}{0.08\text{ L}}=\frac{1}{20}$ M이다.

답 ④

71 중화 반응의 양적 관계

자료 분석

(가)는 중성이므로 $[Na^+]+[H^+]=[Na^+]$이고, (나)는 산성이므로 $[Na^+]+[H^+]=[Br^-]$이다. 혼합 용액의 부피 비는 (가) : (나)=2 : 1이고, 몰 농도 비가 (가)의 $[Na^+]$: (나)의 $[Br^-]$=1 : 2이므로 (가)에서 Na^+의 양(mol)과 (나)에서 Br^-의 양(mol)은 같다. 또한 (가)에서 Na^+의 양(mol)과 Cl^-의 양(mol)이 같으므로 몰 농도 비는

$HCl(aq):HBr(aq):NaOH(aq)=\frac{1}{30}:\frac{1}{15}:\frac{1}{20}=2:4:3$이다.

선택지 분석

✓ㄱ. 몰 농도 비는 $HBr(aq):NaOH(aq)=4:3$이다.

✓ㄴ. (다)는 염기성이므로 Na^+의 몰비는 (가) : (다)$=3\times50:5\times(x+20)=20:x$이고, $x=40$이다.

✓ㄷ. (가)와 (다)에서 생성된 물의 양(mol)의 비는 (가) : (다)$=2\times30:(2\times10)+(4\times10)=1:1$이다.

답 ⑤

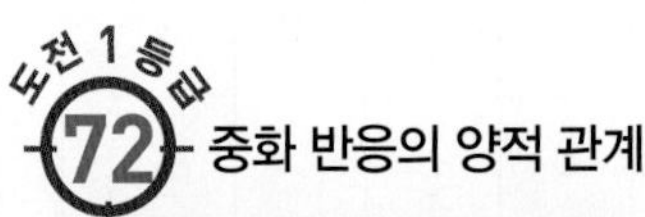

72 중화 반응의 양적 관계

도전 1등급 문항 분석 ▸▸ 정답률 18.4%

다음은 중화 반응 실험이다.

[실험 과정]

(가) $HCl(aq)$, $NaOH(aq)$, $KOH(aq)$을 준비한다.
(나) $HCl(aq)$ 10 mL를 비커에 넣는다.
(다) (나)의 비커에 $NaOH(aq)$ 5 mL를 조금씩 넣는다.
(라) (다)의 비커에 $KOH(aq)$ 10 mL를 조금씩 넣는다.

[실험 결과]

○ (다)와 (라) 과정에서 첨가한 용액의 부피에 따른 혼합 용액의 단위 부피당 전체 이온 수

단위 부피당 전체 이온 수에 실제 부피를 곱하면 실제 이온 수를 구할 수 있다.

(다) 과정 후 혼합 용액의 단위 부피당 H^+ 수는? (단, 혼합 용액의 부피는 혼합 전 각 용액의 부피의 합과 같다.)

해결 전략 단위 부피당 전체 이온 수가 일정하다는 사실을 이용하여 KOH(aq) 5 mL의 단위 부피당 이온 수를 구할 수 있어야 한다.

선택지 분석

✓❶ 첨가한 용액의 부피가 0일 때 단위 부피당 전체 이온 수가 $4N$이므로 HCl(aq) 10 mL에 들어 있는 전체 이온 수는 $40N$이라고 가정할 수 있고 이 속에는 H^+ $20N$이 들어 있다.

(다)에서 NaOH(aq) 5 mL를 넣었을 때 반응한 H^+ 수만큼 Na^+ 수가 증가하므로 전체 이온 수는 $40N$으로 일정하다. 또한 (라) 과정에서 KOH(aq) 5 mL를 넣었을 때 모두 중화되었으므로 이 혼합 용액 속 전체 이온 수도 $40N$이며, 단위 부피당 전체 이온 수는 $\frac{40N}{20\text{ mL}}$이므로 $2N$이다.

(라)에서 KOH(aq) 5 mL를 추가로 넣었을 때 단위 부피당 전체 이온 수는 일정하므로 KOH(aq) 5 mL의 단위 부피당 이온 수는 $2N$이고 전체 이온 수는 $10N$이다.

(라)에서 처음 KOH(aq) 5 mL를 넣었을 때 반응한 OH^- 수는 $5N$이고, 따라서 (다) 과정 후 혼합 용액 속에는 H^+ $5N$이 들어 있으므로 단위 부피당 H^+ 수는 $\frac{5N}{15\text{ mL}}=\frac{1}{3}N$이다. 답 ①

73 중화 반응의 양적 관계

자료 분석

(다) 과정 후 용액에 존재하는 양이온의 종류가 2가지이고 양이온 수 비가 1 : 1이므로 (다) 과정 후 용액 속에 존재하는 H^+ 수를 $2N$, Na^+ 수를 $2N$이라고 가정할 수 있다. 따라서 (다) 과정 후 용액 속 Cl^- 수는 $4N$이고 HCl(aq) V mL에는 H^+ $4N$, Cl^- $4N$이 존재함을 알 수 있다. 또한 (나)와 (다) 과정에서 HCl(aq) V mL에 넣어 준 NaOH(aq)의 부피는 $2V$ mL이므로 NaOH(aq) V mL에는 Na^+ N, OH^- N이 존재함을 알 수 있다.

선택지 분석

✓ㄱ. (나)에서 H^+ $4N$과 OH^- N이 중화 반응하므로 과정 후 용액에 존재하는 H^+ 수는 $3N$, Na^+ 수는 N이다. 따라서 Na^+ 수와 H^+ 수의 비는 1 : 3이다.

ㄴ. (라) 과정 후 양이온 수 비가 1 : 2이므로 용액 속에는 Na^+ $2N$과 K^+이 존재한다. (다) 과정 후 용액 속에 H^+ $2N$이 존재하므로 (라) 과정 후 용액 속에 존재하는 K^+ 수가 N이라면 (라) 과정 후 용액 속에는 H^+이 존재해야 하는데, 이는 제시된 자료에 모순이다. 따라서 (라) 과정 후 용액 속에는 K^+ $4N$이 존재하며, H^+ $2N$과 OH^- $4N$이 중화 반응하여 OH^- $2N$이 남게 되므로 (라) 과정 후 용액은 염기성이다.

✓ㄷ. (나)와 (다) 과정 후 용액은 모두 산성이므로 전체 이온 수는 HCl(aq) V mL에 존재하는 전체 이온 수와 같다. 따라서 용액의 단위 부피당 전체 이온 수 비는 (나) 과정 후 : (다) 과정 후 $=\frac{8N}{2V}:\frac{8N}{3V}=3:2$이다.

답 ③

04 산화 환원 반응

74 산화 환원 반응

빈출 문항 자료 분석

다음은 금속 A~C의 산화 환원 반응 실험이다.

[실험 과정]

(가) $A^+(aq)$ $15N$ mol이 들어 있는 수용액 V mL를 준비한다.
(나) (가)의 비커에 B(s)를 넣어 반응시킨다.
(다) (나)의 비커에 C(s)를 넣어 반응시킨다.

[실험 결과 및 자료]

○ (나) 과정 후 B는 모두 B^{2+}이 되었고, (다) 과정에서 B^{2+}은 C와 반응하지 않으며, (다) 과정 후 C는 C^{m+}이 되었다.
○ 각 과정 후 수용액 속에 들어 있는 양이온의 종류와 수

과정	(나)	(다)
양이온의 종류	A^+, B^{2+}	B^{2+}, C^{m+}
전체 양이온 수(mol)	$12N$ ➡ A^+ $9N$, B^{2+} $3N$	$6N$ ➡ B^{2+} $3N$, C^{m+} $3N$

$2A^+ + B \longrightarrow 2A + B^{2+}$ ($6N$, $3N$)　　$mA^+ + C \longrightarrow mA + C^{m+}$ ($9N$, $3N$)

이에 대한 설명으로 옳은 것만을 〈보기〉에서 있는 대로 고른 것은? (단, A~C는 임의의 원소 기호이고 물과 반응하지 않으며, 음이온은 반응에 참여하지 않는다.)

보기

ㄱ. $m=3$이다.
ㄴ. (나)와 (다)에서 A^+은 산화제로 작용한다.
ㄷ. (다) 과정 후 양이온 수 비는 $B^{2+} : C^{m+}=1:1$이다.

해결 전략 각 과정 후 수용액 속에 들어 있는 양이온의 종류와 전체 양이온 수를 분석하여 금속과 금속 이온의 반응 몰비를 파악하고, 반응 몰비로부터 금속 이온의 산화수 비를 구해야 한다.

선택지 분석

과정 (나)에서 A^+ $15N$ mol 중 $6N$ mol이 B $3N$ mol과 반응하여 과정 후 수용액에는 A^+ $9N$ mol과 B^{2+} $3N$ mol이 들어 있다. 과정 (다)에서 B^{2+}은 C와 반응하지 않으므로 A^+ $9N$ mol은 넣어 준 C와 모두 반응한다. 따라서 반응한 C의 양은 $3N$ mol이다.

✓ㄱ. (다)에서 A^+ $9N$ mol이 C $3N$ mol과 모두 반응하였으므로 $m=3$이다.

✓ㄴ. (나)와 (다)에서 A^+은 환원되었으므로 산화제로 작용한다.

✓ㄷ. (다) 과정 후 수용액에는 B^{2+} $3N$ mol, C^{3+} $3N$ mol이 들어 있으므로 양이온 수 비는 $B^{2+} : C^{3+}=1:1$이다. 답 ⑤

75 산화 환원 반응

자료 분석

산화 환원 반응식에서 증가한 산화수의 합과 감소한 산화수의 합은 같으며, 반응 전과 후 원자의 종류와 수는 같다.

선택지 분석

✓❷ (가)에서 X의 산화수는 +3에서 +5로 증가하고, Br의 산화수는 +5에서 −1로 감소한다. a는 (가)에서 각 원자의 산화수 중 가장 큰 값과 같으므로 $a=5$이다. $\frac{\text{생성물에서 X의 산화수}}{\text{반응물에서 X의 산화수}}$는 (가)에서 $\frac{5}{3}$이고 (나)에서도 이와 같아야 하므로 (나)의 생성물에서 X의 산화수는 +5이다. 따라서 $(+5)\times2+(-2)\times m=0$에서 $m=5$이다. 또 (나)에서 증가한 산화수의 총합은 $5\times2\times2=20$이고 감소한 산화수 총합도 이와 같아야 하므로 $4\times(7-n)=20$에서 Y의 산화수는 $n=2$이다. 이를 정리하면 다음과 같다.

(가) $3\underset{+3}{\underline{X}}O_3^{3-}+\underset{+5}{\underline{Br}}O_3^- \longrightarrow 3\underset{+5}{\underline{X}}O_4^{3-}+\underset{-1}{\underline{Br^-}}$

(나) $5\underset{+3}{\underline{X_2}}O_3+4\underset{+7}{\underline{Y}}O_4^-+bH^+ \longrightarrow 5\underset{+5}{\underline{X_2}}O_5+4\underset{+2}{\underline{Y^{2+}}}+cH_2O$

(나)에서 산소 원자 수는 반응 전과 후 31로 같아야 하므로 $c=6$이고, 수소 원자 수는 반응 전과 후 12로 같아야 하므로 $b=12$이다.

따라서 $\frac{m\times n}{b}=\frac{5\times2}{12}=\frac{5}{6}$이다. 답 ②

76 산화 환원 반응

자료 분석

A^{a+} $3N$ mol이 모두 반응할 때 Ⅰ에서 전체 양이온의 양(mol)이 증가했으므로 이온의 산화수는 A^{a+}이 B^{b+}보다 크고, Ⅱ에서 전체 양이온의 양(mol)이 감소했으므로 이온의 산화수는 C^{c+}이 A^{a+}보다 크다. 즉, $c>a>b$이므로 $a=2$, $b=1$, $c=3$이다.

선택지 분석

✓ㄱ. (나)에서 A^{a+}은 환원되고 B와 C를 산화시키므로 A^{a+}은 산화제로 작용한다.

✓ㄴ. 금속과 다른 금속의 양이온이 반응할 때 양이온의 총 전하량은 일정하다. Ⅱ에서 일어나는 반응의 화학 반응식은 다음과 같다.

$3A^{2+}+2C \longrightarrow 3A+2C^{3+}$

A^{2+} $3N$ mol이 반응하면 C^{3+} $2N$ mol이 생성되므로 $x=2N$이다.

✓ㄷ. $b=1$, $c=3$이므로 $c>b$이다. 답 ⑤

77 산화 환원 반응과 산화수

자료 분석

M의 산화물에서 O의 산화수는 −2이고, Cl의 산화수는 −1이므로 M의 산화수는 MO_2에서 +4, MCl_2에서 +2, MO_x^-에서 $(2x-1)$이다.

$\frac{\text{반응물에서 M의 산화수}}{\text{생성물에서 M의 산화수}}$는 (가) : (나)=7 : 2이므로 $\frac{4}{2}:\frac{4}{(2x-1)}=$ 7 : 2에서 $x=4$이다.

선택지 분석

✓❷ (나)에서 M의 산화수는 +4에서 +7로 3만큼 증가하고, I의 산화수는 0에서 −1로 1만큼 감소하므로 증가한 총 산화수와 감소한 총 산화수가 같도록 계수를 맞추면 $a=3$, $d=6$이다. 또한 반응 전후 O의 원자 수는 같아야 하므로 $4+b=8+c$이고, 반응 전후 H의 원자 수도 같아야 하므로 $b=2c$이며, 이를 풀면 $b=8$, $c=4$이다.

완결된 화학 반응식은 다음과 같다.

$2MO_2+3I_2+8OH^- \longrightarrow 2MO_4^-+4H_2O+6I^-$

따라서 $\frac{b+d}{x}=\frac{8+6}{4}=\frac{7}{2}$이다. 답 ②

78 산화 환원 반응

자료 분석

산화 환원 반응에서 반응 전과 후에 이온의 전하량의 총합은 같아야 한다.

반응 후 A^{3+}의 양을 $3k$ mol이라고 하면 ㉠의 양은 $3k$ mol, ㉡의 양은 $2k$ mol이다.

㉠이 A, ㉡이 B^{n+}이라고 가정하면, 반응 전 이온의 전하량 총합은 $18k$ mol이고, 반응 후 이온의 전하량 총합은 $(9k+2nk)$ mol이므로 $18k=9k+2nk$에서 $n=4.5$이다. 이는 n이 산화수로 정숫값을 가져야 하므로 모순이다. 따라서 ㉠이 B^{n+}, ㉡이 A이다.

선택지 분석

ㄱ. A^{3+}은 $A(s)$로 환원되므로 산화제로 작용한다.

✓ㄴ. ㉠은 B^{n+}이다.

ㄷ. 반응 전 이온의 전하량 총합은 $15k$ mol이고, 반응 후 이온의 전하량 총합은 $(9k+3nk)$ mol이므로 $15k=9k+3nk$에서 $n=2$이다. 답 ②

79 산화 환원 반응과 산화수

자료 분석

반응 전후 원자의 종류와 수는 같으며, 산화 환원 반응식의 반응 전과 후에 전하량의 총합이 일정하다.

선택지 분석

✓❷ 반응 전후 원자의 종류와 수가 같도록 식을 세우면 M 원자 수에 의해 $a=e$(㉠), Cl 원자 수에 의해 $b=d$(㉡), H 원자 수에 의해 $2c=f$(㉢), O 원자 수에 의해 $4b+c=e$(㉣)이다.

반응 전후 전하량 총합이 같도록 식을 세우면 $3a-b=-d+2e+f$이고 ㉠, ㉡을 이 식에 대입하면 $a=f$(㉤)이다. ㉠, ㉡, ㉢, ㉤을 ㉣에 넣어 정리하면 $d=\frac{f}{8}$이다. 따라서 $\frac{d+f}{a+c}=\frac{3}{4}$이다. 답 ②

80 산화 환원 반응과 산화수

자료 분석

산화 환원 반응식에서 증가한 산화수의 합과 감소한 산화수의 합은 같으며, 반응 전과 후 원자의 종류와 수는 같다.

선택지 분석

✓❹ X는 산화수가 +2에서 +4로 2만큼 증가하고 Y는 산화수가 +7에서 +2로 5만큼 감소하므로 증가한 산화수의 합과 감소한 산화수의 합이 같다고 하면 $2a=5b$이다. 또 반응 전후 산소 원자 수가 같으려면 $4b=d$, H 원자 수가 같으려면 $c=2d$이다. 따라서 완성된 화학 반응식은

$5X^{2+}+2YO_4^-+16H^+ \longrightarrow 5X^{4+}+2Y^{2+}+8H_2O$ 이다.

따라서 $\frac{b+d}{a+c}=\frac{2+8}{5+16}=\frac{10}{21}$이다. 답 ④

81 산화 환원 반응

빈출 문항 자료 분석

다음은 금속 A～C의 산화 환원 반응 실험이다.

[자료]

(가) 비커에 A^+ n mol과 B^{b+} n mol이 들어 있는 수용액을 넣는다.

(나) (가)의 비커에 $C(s)$ w g을 넣어 반응을 완결시킨다.

(다) (나)의 비커에 $C(s)$ $2w$ g을 넣어 반응을 완결시킨다.

• 금속 양이온의 종류에 A^+이 없으므로 A^+ n mol이 모두 반응
• 금속의 종류에 C가 없으므로 $C(s)$ w g이 모두 반응
➡ $2A^+ + C(s) \longrightarrow 2A(s) + C^{2+}$
n mol　$\frac{1}{2}n$ mol

[실험 과정]

○ 각 과정 후 비커에 들어 있는 금속 양이온과 금속의 종류

과정	(나)	(다)
금속 양이온의 종류	B^{b+}, C^{2+}	C^{2+}
금속의 종류	A	A, B

• 금속 양이온의 종류에 B^{b+}이 없으므로 B^{b+} n mol이 모두 반응
• 금속의 종류에 C가 없으므로 $C(s)$ $2w$ g이 모두 반응
➡ $B^{b+} + C(s) \longrightarrow B(s) + C^{2+}$
n mol　n mol　$\therefore b=2$

이에 대한 옳은 설명만을 〈보기〉에서 있는 대로 고른 것은? (단, A～C는 임의의 원소 기호이고, A～C는 물과 반응하지 않으며, 음이온은 반응에 참여하지 않는다.)

보기

ㄱ. (나)에서 $C(s)$는 환원제로 작용한다.

ㄴ. $b=2$이다.

ㄷ. (다) 과정 후 수용액 속 C^{2+}의 양은 $\frac{3}{2}n$ mol이다.

해결 전략 비커에 들어 있는 금속 양이온의 종류와 금속의 종류를 분석하여 각 과정에서 어떤 금속 이온이 얼마만큼 반응했는지를 유추해야 한다. 또 반응 전후 수용액 속 (+)전하의 총량은 일정하다는 것을 이용하여 B^{b+}의 산화수를 구한다.

선택지 분석

✓ㄱ. $C(s)$는 C^{2+}으로 산화되므로 환원제로 작용한다.

✓ㄴ. (나)의 비커에 금속 이온은 B^{b+}, C^{2+}이 존재하고 금속은 A만 존재하므로 (나)에서는 A^+ n mol과 $C(s)$ w g이 모두 반응했음을 알 수 있다. 반응 전후 (+)전하의 총량은 일정하므로 A^+ n mol과 $C(s)$가 반응하여 C^{2+} $\frac{1}{2}n$ mol이 생성되고 B^{b+} n mol은 그대로 존재한다. (다)의 비커에 금속 이온은 C^{2+}만 존재하고 금속은 A, B가 존재하므로 B^{b+} n mol과 $C(s)$ $2w$ g이 모두 반응했음을 알 수 있다. 즉, B^{b+} n mol과 $C(s)$ n mol이 모두 반응했으므로 $b=2$이다.

✓ㄷ. (다) 과정 후 수용액 속 C^{2+}의 양은 (가) → (나)에서 생성된 $\frac{1}{2}n$ mol과 (나) → (다)에서 생성된 n mol의 합인 $\frac{3}{2}n$ mol이다. 답 ⑤

82 산화 환원 반응

자료 분석

$A^+(aq)$은 $A(s)$로 환원되고 $B(s)$는 $B^{m+}(aq)$으로 산화되며, 화학 반응 전후 (+)전하의 총량은 변하지 않는다.

선택지 분석

✓ㄱ. 화학 반응 전후 (+)전하의 총량은 변화가 없으므로 $m=2$이다.

ㄴ. $B(s)$는 자신은 산화되면서 다른 물질을 환원시키는 환원제이다.

ㄷ. 반응하는 $B(s)$와 생성되는 $A(s)$의 반응 몰비는 1 : 2이다. 따라서 $B(s)$ 1 mol이 모두 반응하였을 때 생성되는 $A(s)$의 양은 2 mol이고 질량은 $2a$ g이다. 답 ①

83 산화 환원 반응

자료 분석

산화 환원 반응에서 증가한 총 산화수의 합과 감소한 총 산화수의 합은 같다.

선택지 분석

✓❶ Cu의 산화수는 0에서 +2로 증가하고, N의 산화수는 +5에서 +2로 감소하므로 $a=3$, $b=2$이다. 반응 전과 후 원자의 종류와 수가 같아야 한다. O 원자 수에서 $6=2+d$에서 $d=4$이고, H 원자 수에서 $c=8$이다.

따라서 $\frac{b+d}{a+c}=\frac{6}{11}$이다. 답 ①

84 산화 환원 반응

자료 분석

금속과 금속 이온의 반응에서 산화되는 물질이 잃은 전자 수와 환원되는 물질이 얻은 전자 수는 같다.

선택지 분석

ㄱ. (나)에서 B^{m+} $2N$ mol이 생성되었으므로 반응한 B의 양은 $2N$ mol이다. 따라서 A^{2+} $3N$ mol이 얻은 전자 수와 B $2N$ mol이 잃은 전자 수는 같으므로 $m=3$이고, 이 반응의 화학 반응식은 다음과 같다.

$3A^{2+}+2B \longrightarrow 3A+2B^{3+}$

✓ㄴ. (다)에서 B^{3+} $2N$ mol이 반응했을 때 생성되는 C^{2+}의 양이 xN mol이므로 $x=3$이고, 이 반응의 화학 반응식은 다음과 같다.

$2B^{3+}+3C \longrightarrow 2B+3C^{2+}$

ㄷ. (다)에서 $C(s)$는 산화되고 B^{3+}은 환원되므로 $C(s)$는 환원제이다.

답 ②

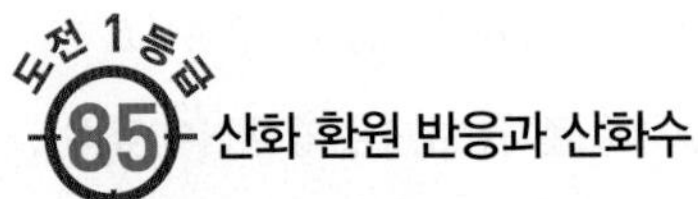

85 산화 환원 반응과 산화수

도전 1등급 문항 분석 ▸▸ 정답률 **32.6%**

다음은 금속 X, Y와 관련된 산화 환원 반응에 대한 자료이다. X의 산화물에서 산소(O)의 산화수는 −2이다.

○ 화학 반응식: → 반응 전후 X 원자 수는 같다. ➡ $2a=d$

$$aX_2O_m^{\ 2-}+bY^{(n-1)+}+cH^+ \longrightarrow dX^{n+}+bY^{n+}+eH_2O$$

→ X의 감소한 총 산화수와 Y의 증가한 총 산화수는 같음을 이용하여 식을 만든다.

(a~e는 반응 계수)

○ $Y^{(n-1)+}$ 3 mol이 반응할 때 생성된 X^{n+}은 1 mol이다. → $b=3d$

○ 반응물에서 $\dfrac{X의\ 산화수}{Y의\ 산화수}=3$이다.

→ $\dfrac{m-1}{n-1}=3$ ➡ $m=3n-2$

***m*+*n*은? (단, X와 Y는 임의의 원소 기호이다.)**

해결 전략 화학 반응식에서 O와 H는 산화수가 변하지 않고 X와 Y의 산화수가 변함을 알고, 이를 이용하여 식을 세울 수 있어야 한다. 또한 나머지 자료를 이용해서도 식을 세운 후, 미지수를 풀어 나간다.

선택지 분석

✓❸ 반응 전과 후 X 원자 수는 같으므로 $2a=d$이다.
$Y^{(n-1)+}$ 3 mol이 반응할 때 생성된 X^{n+}이 1 mol이므로 $b:d=3:1$에서 $b=3d$이다.
$X_2O_m^{\ 2-}$에서 X의 산화수를 x라 두면, O의 산화수는 −2이므로 $2x-2m=-2$에서 $x=m-1$이다. 반응물에서 $\dfrac{X의\ 산화수}{Y의\ 산화수}=\dfrac{m-1}{n-1}=3$이므로 $m=3n-2$(㉠)이다.
X의 감소한 총 산화수와 Y의 증가한 총 산화수는 같다. X의 감소한 산화수를 k라고 두면, X의 산화수는 $(m-1)$에서 n으로 감소하므로 $m-1-k=n$(㉡)이다.
㉠과 ㉡에서 $k=2n-3$이므로 감소한 총 산화수는 $2a\times(2n-3)$이다.
Y의 산화수는 $(n-1)$에서 n으로 증가하므로 증가한 총 산화수는 b이다.
따라서 $2a\times(2n-3)=b$이고, $2a=d$, $b=3d$에서 $n=3$, ㉠에서 $m=7$이다. 그러므로 $n+m=10$이다. 답 ③

86 산화 환원 반응

자료 분석

(가)와 (나)에서 Z는 Z^{2+}으로 산화되고, X^{2+}은 X로, Y^{m+}은 Y로 환원된다. 산화제는 다른 물질을 산화시키고 자신은 환원되는 물질이고, 환원제는 다른 물질을 환원시키고 자신은 산화되는 물질이다.

선택지 분석

✓ㄱ. (가)에서 X^{2+}은 $3N$ mol 모두 X로 환원되었고, X^{2+}과 Z^{2+}의 전하량이 같으므로 Z^{2+}도 $3N$ mol 생성되었다. 따라서 $a=3N$이다.

ㄴ. 금속 양이온의 전하량의 합은 산화 환원 반응 후에도 같아야 한다. 따라서 (나)에서 $3m=m+6$에서 $m=3$이다.

ㄷ. (가)와 (나) 모두에서 Z는 Z^{2+}으로 산화되므로 $Z(s)$는 환원제로 작용한다. 답 ①

87 산화 환원 반응

자료 분석

M의 산화수는 0에서 $+x$로 증가하므로 M은 산화되고, 환원제이다. N의 산화수는 +5에서 +4로 감소하므로 N는 환원되고, NO_3^-은 산화제이다.

선택지 분석

✓❹ 산화제인 NO_3^-과 환원제인 M은 2 : 1의 몰비로 반응하므로 $a:b=1:2$이다. N의 산화수는 +5에서 +4로 감소하므로 $b=2$라면 $a=1$이며, 이동한 전자의 양은 2 mol이므로 $x=2$이다. O 원자 수는 반응 전과 후에 6으로 같아야 하므로 $d=2$이고, H 원자 수는 반응 전과 후에 4로 같아야 하므로 $c=4$이다. 따라서 NO_3^- 1 mol이 반응할 때 생성된 H_2O의 양은 1 mol이므로 $y=1$이고, $x+y=3$이다. 답 ④

88 산화 환원 반응

자료 분석

화학 반응식 $aX^{m+}(aq)+bY(s) \longrightarrow aX(s)+bY^+(aq)$에서 X^{m+} N mol이 모두 반응하였을 때 생성된 Y^+의 양이 $2N$ mol이므로 반응 몰비는 $X^{m+}:Y^+=1:2$이다. 따라서 $a=1$, $b=2$이다. 또한 산화 환원 반응에서 산화되는 물질이 잃은 전자 수와 환원되는 물질이 얻은 전자 수는 같으므로 $N\times m=2N\times1$에서 $m=2$이고, 완성된 화학 반응식은 다음과 같다.
$X^{2+}(aq)+2Y(s) \longrightarrow X(s)+2Y^+(aq)$

선택지 분석

ㄱ. X의 산화수는 +2에서 0으로 감소한다.

✓ㄴ. Y의 산화수는 0에서 +1로 증가하므로 $Y(s)$는 산화된다. 따라서 $Y(s)$는 자신은 산화되면서 다른 물질을 환원시키는 환원제이다.

✓ㄷ. $m=2$이다. 답 ④

89 산화 환원 반응

도전 1등급 문항 분석 ▸▸ 정답률 **28.6%**

다음은 금속 M과 관련된 산화 환원 반응의 화학 반응식과 이에 대한 자료이다.

○ 화학 반응식:

$1\times2\times a=(7-n)\times2$ (증가한 산화수 합 = 감소한 산화수 합)

$$2\overset{+7}{\underline{M}}O_4^-+aH_2\overset{+3}{\underline{C}}_2O_4+bH^+ \longrightarrow 2\overset{+n}{\underline{M}}{}^{n+}+c\overset{+4}{\underline{C}}O_2+dH_2O$$

(a~d는 반응 계수)

산화수 변화가 없는 원자 수
H 원자 수: $2a+b=2d$
C 원자 수: $2a=c$
O 원자 수: $8+4a=2c+d$

○ MO_4^- 1 mol이 반응할 때 생성된 H_2O의 양은 $2n$ mol이다.

***a*+*b*는? (단, M은 임의의 원소 기호이다.)**

해결 전략 화학 반응식을 완성하기 위해 증가한 산화수의 합과 감소한 산화수의 합이 같다는 것을 이용하여 계수 비를 구한 후, 산화수 변화가 없는 원자들의 수가 같도록 계수를 맞추어야 함을 알고 있어야 한다.

선택지 분석

✓❶ 화학 반응식에서 M의 산화수는 +7에서 $+n$으로, C의 산화수는 +3에서 +4로 변한다. 다른 원소들의 산화수는 변화가 없으므로 C는 산화되고, M은 환원되었다. 이때 산화되는 물질에서 증가한 산화수의 합은 환원되는 물질에서 감소한 산화수의 합과 같아야 하므로 $1\times2\times a=(7-n)\times2$에서 $2a+2n=14$ … ㉠이다. 반응 전과 후 원자의 종류와 수는 같아야 하므로 H 원자 수에서 $2a+b=2d$ … ㉡이고, C 원자 수에서 $2a=c$이다. 또한 O 원자 수에서 $8+4a=2c+d$이므로 $8+2c=2c+d$에서 $d=8$이다.

MO_4^- 1 mol이 반응할 때 생성된 H_2O의 양은 $2n$ mol이고, 반응 몰비는 $MO_4^-:H_2O=2:d=2:8=1:2n$에서 $n=2$이다. 따라서 $2a+2n=14$(㉠)에서 $a=5$이고, $2a+b=2d$(㉡)에서 $b=6$이다. 따라서 $a+b=5+6=11$이다. 답 ①

90 산화 환원 반응

자료 분석

(가)에서 반응 전후의 전하의 합이 같아야 하므로 $0=2\times(+n)+6\times(-1)$에서 $n=3$이다.

(나)에서 Cr의 산화수는 +6 → +3으로 감소하고, Fe의 산화수는 +2 → +3으로 증가하므로 증가한 산화수와 감소한 산화수가 같도록 계수를 맞추면 $6a=b$이고, Cr의 원자 수를 맞추면 $2a=d$이다. 산화수 변화가 없는 원자 수가 같도록 맞추면 $c=2e$이고 $7a=e$이다. 따라서 $b=6a$, $c=14a$, $d=2a$, $e=7a$이다.

선택지 분석

✓ㄱ. (가)에서 Cl의 산화수가 0 → −1로 감소하므로 Cl_2는 자신은 환원되면서 다른 물질을 산화시키는 산화제이다.

✓ㄴ. $n=3$이다.

ㄷ. $\frac{d+e}{a+b+c}=\frac{2a+7a}{a+6a+14a}=\frac{3}{7}$이다. 답 ③

91 산화 환원 반응과 산화수

자료 분석

산화 환원 반응식에서 증가한 산화수의 합과 감소한 산화수의 합이 같다는 것을 이용하여 (나)의 산화 환원 반응식을 완성하면 다음과 같다.

$5Sn^{2+}+2MnO_4^-+16H^+ \longrightarrow 5Sn^{4+}+2Mn^{2+}+8H_2O$

선택지 분석

ㄱ. (가)에서 O의 산화수는 O_2에서 0, CO_2에서 −2로 감소하므로 O_2는 환원되었다. 따라서 O_2는 자신은 환원되면서 다른 물질을 산화시키는 산화제이다.

✓ㄴ. (나)에서 Mn의 산화수는 MnO_4^-에서 +7, Mn^{2+}에서 +2로 감소한다.

ㄷ. $a=5$, $b=2$이므로 $a+b=7$이다. 답 ①

92 산화 환원 반응

빈출 문항 자료 분석

다음은 산화 환원 반응 (가)~(다)의 화학 반응식이다.

(가) $\overset{+2}{C}O+2H_2 \longrightarrow \overset{-2}{C}H_3OH$

(나) $\overset{+2}{C}O+H_2O \longrightarrow \overset{+4}{C}O_2+H_2$

(다) $\underset{2}{a}\overset{+7}{Mn}O_4^-+\underset{3}{b}\overset{+4}{S}O_3^{2-}+H_2O \longrightarrow \underset{2}{a}\overset{+4}{Mn}O_2+\underset{3}{b}\overset{+6}{S}O_4^{2-}+\underset{2}{c}OH^-$

(a~c는 반응 계수)

이에 대한 설명으로 옳은 것만을 〈보기〉에서 있는 대로 고른 것은?

보기

ㄱ. (가)에서 CO는 환원된다.

ㄴ. (나)에서 CO는 산화제이다. 환원제

ㄷ. (다)에서 $a+b+c=4$이다. $a+b+c=7$

해결 전략 화학 반응식에서 각 물질의 산화수 변화를 파악하고, 반응 계수를 구할 수 있어야 한다.

선택지 분석

✓ㄱ. (가)에서 C의 산화수는 +2에서 −2로 감소하므로 CO는 환원된다.

ㄴ. (나)에서 C의 산화수는 +2에서 +4로 증가하므로 CO는 산화된다. 따라서 CO는 환원제이다.

ㄷ. (다)에서 Mn의 산화수는 +7에서 +4로 감소하고, S의 산화수는 +4에서 +6으로 증가하므로 증가한 산화수와 감소한 산화수가 같도록 계수를 맞추면 $a=2$, $b=3$이다. 반응물에서 H 원자 수가 2이므로 $c=2$이다. 따라서 $a+b+c=7$이다. 답 ①

93 산화 환원 반응과 산화수

자료 분석

산화 환원 반응에서 산화수 변화는 다음과 같다.

(가) $2\overset{0}{H_2}+\overset{0}{O_2} \longrightarrow \underset{㉠}{2\overset{+1}{H_2}\overset{-2}{O}}$

(나) $\underset{㉡}{\overset{0}{O_2}}+\overset{0}{F_2} \longrightarrow \underset{㉢}{\overset{+1}{O_2}\overset{-1}{F_2}}$

(다) $\underset{㉣}{5\overset{+1}{H_2}\overset{-1}{O_2}}+2\overset{+7}{Mn}\overset{-2}{O_4^-}+6\overset{+1}{H^+} \longrightarrow 2\overset{+2}{Mn^{2+}}+5\overset{0}{O_2}+8\overset{+1}{H_2}\overset{-2}{O}$

선택지 분석

✓ㄱ. (가)에서 H의 산화수는 0에서 +1로 증가하고 O의 산화수는 0에서 −2로 감소하므로 H_2는 산화되고 O_2는 환원된다. 따라서 (가)에서 O_2는 산화제이다.

✓ㄴ. MnO_4^-에서 Mn의 산화수는 +7이므로 (다)에서 Mn의 산화수는 +7에서 +2로 감소한다.

✓ㄷ. O의 산화수는 H_2O에서 −2, O_2에서 0, O_2F_2에서 +1, H_2O_2에서 −1이다. 따라서 ㉠~㉣에서 O의 산화수 중 가장 큰 값은 +1이다. 답 ⑤

94 산화 환원 반응과 산화수

빈출 문항 자료 분석

다음은 산화 환원 반응 (가)~(다)의 화학 반응식이다.

(+4−2, +1−2, 0, +1+6−2, +1−1)
(가) $SO_2+2H_2O+Cl_2 \longrightarrow H_2SO_4+2HCl$

(0, +1−2, 0, +1−1)
(나) $2F_2+2H_2O \longrightarrow O_2+4HF$

(+7−2, +1, +2, +2, +3, +1−2)
(다) $aMnO_4^-+bH^++cFe^{2+} \longrightarrow Mn^{2+}+cFe^{3+}+dH_2O$
(a=1, b=8, c=5, d=4)

(a~d는 반응 계수)

이에 대한 설명으로 옳은 것만을 <보기>에서 있는 대로 고른 것은?

보기

ㄱ. (가)에서 S의 산화수는 증가한다. O
ㄴ. (나)에서 H_2O은 환원제이다. O
ㄷ. $\frac{b}{a+c+d}<1$이다. O

해결 전략 화학 반응식에서 각 물질의 산화수 변화를 파악해야 한다.

선택지 분석

✓ㄱ. (가)에서 S의 산화수는 +4에서 +6으로 증가한다.
✓ㄴ. (나)의 H_2O에서 H의 산화수는 반응 전과 후에 변화가 없고, O의 산화수는 −2에서 0으로 증가한다. 따라서 H_2O은 자신은 산화되고 다른 물질을 환원시키는 환원제이다.
✓ㄷ. (다)에서 Mn의 산화수는 +7에서 +2로 5 감소하고, Fe의 산화수는 +2에서 +3으로 1 증가하므로 c=5이고, a=1이다. 또한 반응 전과 후의 O 원자 수가 4이므로 d=4이고 반응 전과 후의 H 원자 수가 8이므로 b=8이다. 따라서 $\frac{b}{a+c+d}=\frac{8}{1+5+4}=\frac{4}{5}<1$이다.

답 ⑤

95 산화 환원 반응과 산화수

자료 분석

산화 환원 반응에서 산화수 변화는 다음과 같다.

(0, +1−2, +1−2+1, 0)
(가) $2Na+2H_2O \longrightarrow 2NaOH+H_2$

(+3−2, +2−2, 0, +4−2)
(나) $Fe_2O_3+3CO \longrightarrow 2Fe+3CO_2$

(+2, +7−2, +1, +4, +2, +1−2)
(다) $5Sn^{2+}+2MnO_4^-+16H^+ \longrightarrow 5Sn^{4+}+2Mn^{2+}+8H_2O$

선택지 분석

✓ㄱ. Na의 산화수는 0에서 +1로 증가한다.
ㄴ. CO는 산화되므로 환원제이다.
ㄷ. Sn의 산화수는 2만큼 증가하고, Mn의 산화수는 5만큼 감소하므로 $a=c=5$이고, 반응 전과 후 각 원자 수는 같아야 하므로 $d=8$, $b=16$이다. 따라서 $\frac{c+d}{a+b}=\frac{13}{21}<\frac{2}{3}$이다.

답 ①

96 산화 환원 반응과 산화수

자료 분석

(나)에서 O의 산화수는 −1에서 −2로 1만큼 감소하고, I의 산화수는 −1에서 0으로 1만큼 증가하므로 a ~ e는 각각 1, 2, 2, 1, 2이다. 따라서 (나)의 화학 반응식은 $H_2O_2+2I^-+2H^+ \longrightarrow I_2+2H_2O$이다.

선택지 분석

✓ㄱ. (가)에서 Cu의 산화수는 0에서 +2로 2만큼 증가하므로 Cu는 산화된다.
ㄴ. (나)에서 H_2O_2는 환원되므로 산화제이다.
ㄷ. $\frac{d+e}{a+b+c}=\frac{3}{5}$이다.

답 ①

97 산화 환원 반응과 산화수

빈출 문항 자료 분석

다음은 산화 환원 반응 (가)와 (나)의 화학 반응식이다.

(0, 0, +2−1)
(가) $O_2+2F_2 \longrightarrow 2OF_2$

(+5−2, −1, +1, −1, 0, +1−2)
(나) $BrO_3^-+aI^-+bH^+ \longrightarrow Br^-+cI_2+dH_2O$ (a~d는 반응 계수)
(a=6, b=6, c=3, d=3)

이에 대한 설명으로 옳은 것만을 <보기>에서 있는 대로 고른 것은?

보기

ㄱ. (가)에서 O의 산화수는 증가한다. O
ㄴ. (나)에서 I^-은 산화제로 작용한다. X 환원제
ㄷ. $a+b+c+d=12$이다. X 18

해결 전략 산화 환원 반응에서 산화수의 증가량과 감소량은 같음을 이용하여 화학 반응식을 완성할 수 있어야 한다.

선택지 분석

✓ㄱ. 전기 음성도는 F>O이므로 OF_2에서 O의 산화수는 +2, F의 산화수는 −1이다. 따라서 (가)에서 O의 산화수는 0에서 +2로 증가한다.
ㄴ. (나)에서 I의 산화수는 −1에서 0으로 증가하였으므로 I^-은 산화된다. 따라서 I^-은 환원제이다.
ㄷ. 산화 환원 반응은 동시에 일어나므로 산화수의 증가량과 감소량은 같아야 한다. Br의 산화수는 6 감소했고 I의 산화수는 1 증가했으므로 a=6이고 c=3이다. 나머지 H, O 원자의 계수를 맞추면 b=6, d=3이다. 따라서 $a+b+c+d$=18이다.

답 ①

98 산화 환원 반응식 완성하기

빈출 문항 자료 분석

다음은 산화 환원 반응의 화학 반응식이다.

$$aCuS+bNO_3^-+cH^+ \longrightarrow 3Cu^{2+}+aSO_4^{2-}+bNO+dH_2O$$

(a~d는 반응 계수)

→ NO_3^-에서 (N의 산화수)+3×(O의 산화수) = −1이므로 N의 산화수는 +5이다. SO_4^{2-}에서 (S의 산화수)+4×(O의 산화수)=−2이므로 S의 산화수는 +6이다. 또한 NO에서 N의 산화수는 +2이다.

이에 대한 설명으로 옳은 것만을 〈보기〉에서 있는 대로 고른 것은?

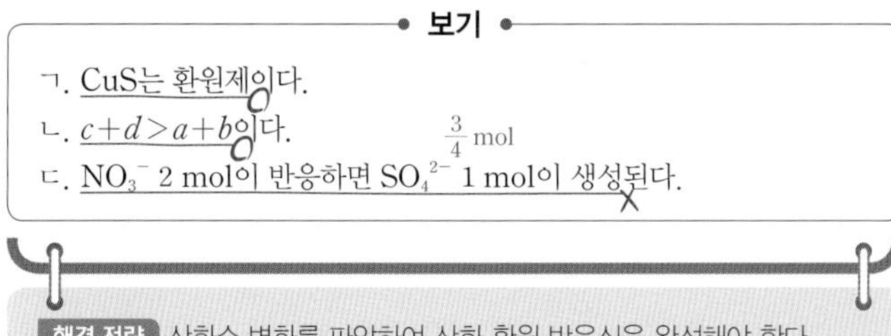
보기

ㄱ. CuS는 환원제이다.
ㄴ. $c+d>a+b$이다.
ㄷ. NO_3^- 2 mol이 반응하면 SO_4^{2-} 1 mol이 생성된다.

해결 전략 산화수 변화를 파악하여 산화 환원 반응식을 완성해야 한다.

선택지 분석

✓ ㄱ. 제시된 화학 반응식에서 S은 산화수가 -2에서 $+6$으로 증가하므로 CuS는 산화된다. 따라서 CuS는 환원제이다.

✓ ㄴ. 산화 환원 반응식에서 Cu의 원자 수는 같아야 하므로 $a=3$이다. 산화 환원 반응에서 증가한 산화수의 합은 감소한 산화수의 합과 같다. 증가한 S의 산화수는 8이고 감소한 N의 산화수는 3이므로 $8a=3b$이다. 따라서 $b=8$이다. O 원자 수는 $3b=4a+b+d$, H 원자 수는 $c=2d$이므로 $c=8$, $d=4$이다.

완성된 화학 반응식은 다음과 같다.

$3CuS+8NO_3^-+8H^+ \longrightarrow 3Cu^{2+}+3SO_4^{2-}+8NO+4H_2O$

$a+b=11$이고 $c+d=12$이므로 $c+d>a+b$이다.

ㄷ. 반응 몰비는 화학 반응식의 계수 비와 같으므로 NO_3^- : $SO_4^{2-}=b$: $a=8$: 3이다. 따라서 NO_3^- 2 mol이 반응하면 SO_4^{2-} $\frac{3}{4}$ mol이 생성된다.

답 ③

99 산화 환원 반응

자료 분석

산화 환원 반응식을 먼저 완성해야 한다.

(가) $\overset{+3\ -2}{Fe_2O_3}+2\overset{0}{Al} \longrightarrow 2\overset{0}{Fe}+\overset{+3\ -2}{Al_2O_3}$

(나) $\overset{0}{Mg}+2\overset{+1\ -1}{HCl} \longrightarrow \overset{+2\ -1}{MgCl_2}+\overset{0}{H_2}$

(다) $\overset{0}{Cu}+\underset{2}{a}\overset{+5\ -2}{NO_3^-}+\underset{4}{b}\overset{+1\ -2}{H_3O^+} \longrightarrow \overset{+2}{Cu^{2+}}+\underset{2}{c}\overset{+4\ -2}{NO_2}+\underset{6}{d}\overset{+1\ -2}{H_2O}$

선택지 분석

✓ ㄱ. (가)에서 Al은 산화수가 0에서 $+3$으로 증가하였으므로 산화된다.

ㄴ. (나)에서 Mg은 산화수가 0에서 $+2$로 증가하였으므로 산화된다. 따라서 Mg은 자신은 산화되면서 다른 물질을 환원시키므로 환원제이다.

ㄷ. 산화 환원 반응에서 증가한 총 산화수와 감소한 총 산화수는 같고 일반적으로 화합물이나 다원자 이온에서 산소(O) 원자의 산화수는 -2이다. NO_3^-에서 이온을 구성하는 원자의 총 산화수는 -1이므로 (N의 산화수)$+3\times$(O의 산화수)$=-1$이다. 따라서 N의 산화수는 $+5$이다. NO_2에서 분자를 구성하는 원자의 총 산화수는 0이므로 (N의 산화수)$+2\times$(O의 산화수)$=0$이다. 따라서 N의 산화수는 $+4$이다. (다)에서 Cu의 산화수는 0에서 $+2$로 증가하고 N의 산화수는 $+5$에서 $+4$로 감소하므로 반응 계수 $a=c=2$이다. 또한 반응 전후 질량은 보존되므로 H 원자 수와 O 원자 수를 각각 같게 맞추면 H 원자 수는 $3b=2d$, O 원자 수는 $3a+b=2c+d$이므로 $b=4$, $d=6$이다. 따라서 $a=c=2$, $b=4$, $d=6$이므로 $a+b+c+d=14$이다.

답 ①

100 산화 환원 반응과 산화수

빈출 문항 자료 분석

다음은 산화 환원 반응의 화학 반응식이다.

$$\underset{2}{a}Fe^{2+}+\underset{1}{b}H_2O_2+\underset{2}{c}H^+ \longrightarrow \underset{2}{a}Fe^{3+}+\underset{2}{d}H_2O$$

(a~d는 반응 계수)

이 반응에 대한 옳은 설명만을 〈보기〉에서 있는 대로 고른 것은?

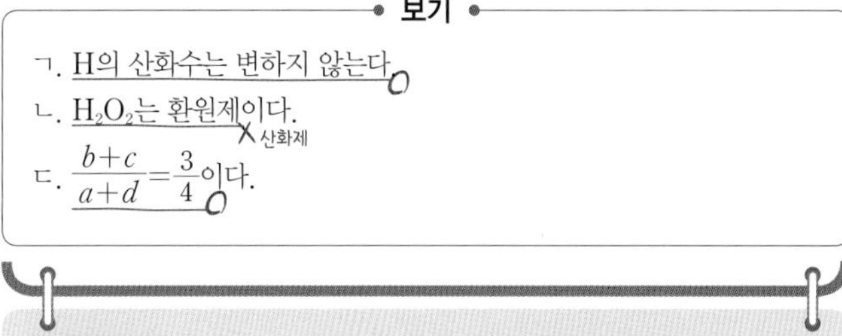
보기

ㄱ. H의 산화수는 변하지 않는다.
ㄴ. H_2O_2는 환원제이다.
ㄷ. $\frac{b+c}{a+d}=\frac{3}{4}$이다.

해결 전략 산화수를 구하여 산화 환원 반응식을 완성해야 한다.

선택지 분석

✓ ㄱ. H의 산화수는 $+1$로 변하지 않는다.

ㄴ. H_2O_2에서 O는 산화수가 -1이고 H_2O에서 O는 산화수가 -2로 산화수가 감소하였으므로 H_2O_2는 환원되었다. 따라서 H_2O_2는 산화제이다.

✓ ㄷ. a~d는 각각 2, 1, 2, 2이므로 $\frac{b+c}{a+d}=\frac{3}{4}$이다.

답 ④

101 산화 환원 반응

자료 분석

Cr의 산화수는 $+6$에서 $+3$으로 감소하고, S의 산화수는 0에서 $+4$로 증가한다. 따라서 $a=2$, $b=2$, $c=4$, $d=2$이다.

선택지 분석

✓ ㄱ. S의 산화수는 0에서 $+4$로 증가한다.

ㄴ. $a+b+c+d=2+2+4+2=10$이다.

ㄷ. $K_2Cr_2O_7$은 산화제로 작용한다.

답 ①

102 산화 환원 반응

자료 분석

산화수 변화는 다음과 같다.

(가) $\overset{+2\ -2}{CuO}+\overset{0}{H_2} \longrightarrow \overset{0}{Cu}+\overset{+1\ -2}{H_2O}$

(나) $\overset{+3\ -2}{Fe_2O_3}+3\overset{+2\ -2}{CO} \longrightarrow 2\overset{0}{Fe}+3\overset{+4\ -2}{CO_2}$

(다) $\overset{+4\ -2}{MnO_2}+4\overset{+1\ -1}{HCl} \longrightarrow \overset{+2\ -1}{MnCl_2}+2\overset{+1\ -2}{H_2O}+\overset{0}{Cl_2}$

선택지 분석

✓ ㄱ. (가)에서 H의 산화수는 0에서 $+1$로 증가하므로 H_2는 산화된다.

ㄴ. (나)에서 CO는 CO_2로 산화되면서 Fe_2O_3을 Fe로 환원시키므로 환원제이다.

ㄷ. 일반적으로 화합물에서 O의 산화수는 -2이고 금속 염화물에서 Cl의 산화수는 -1이다. 따라서 MnO_2에서 Mn의 산화수는 $+4$이고 $MnCl_2$에서 Mn의 산화수는 $+2$이므로 (다)에서 Mn의 산화수는 감소한다.

답 ①

103 전기 음성도와 산화수

자료 분석

공유 결합을 이루고 있는 두 원자에서 전기 음성도가 큰 원자가 공유 전자쌍을 모두 가져간다고 가정할 때 구성 원자의 전하가 그 원자의 산화수이다.

선택지 분석

✓❹ 전기 음성도가 X가 Y보다 크고 Z보다 작다면, (가)에서 X 원자는 2개의 Y 원자로부터 전자 2개를 가져오고 Z 원자에게 전자 1개를 빼앗기므로 X의 산화수는 −1이다. 이는 제시된 자료에 부합한다. 따라서 (나)에서 X 원자는 Y 원자로부터 전자 1개를 가져오고 Z 원자 2개에게 전자 2개를 빼앗기므로 X의 산화수는 +1이다. 답 ④

104 산화 환원 반응

자료 분석

환원제는 자신은 산화되면서 다른 물질을 환원시키는 물질이다.

선택지 분석

✓ㄱ. (가)에서 Ca은 산소를 얻었으므로 산화된다.

ㄴ. (나)에서 반응 전후 모든 원자의 산화수가 변하지 않았으므로 $CaCO_3$은 산화되지 않는다.

ㄷ. (다)에서 Mg의 산화수는 0에서 +2로 증가하였고 H의 산화수는 +1에서 0으로 감소하였으므로 H_2O은 산화제이다. 답 ①

05 화학 반응에서 출입하는 열

105 ②	106 ⑤	107 ②	108 ②	109 ②	110 ③
111 ⑤	112 ③	113 ⑤	114 ④	115 ⑤	116 ④

105 발열 반응과 흡열 반응

자료 분석

㉠산화 칼슘(CaO)과 물(H_2O)의 반응을 이용하여 음식을 데울 수 있는 것은 반응이 일어날 때 열을 방출하기 때문이다.

㉡철(Fe)의 산화 반응을 이용하여 손난로를 만들 수 있는 것은 반응이 일어날 때 열을 방출하여 주위의 온도가 높아지기 때문이다.

㉢질산 암모늄(NH_4NO_3)의 용해 반응을 이용하여 냉각 팩을 만들 수 있는 것은 반응이 일어날 때 열을 흡수하여 주위의 온도가 낮아지기 때문이다.

선택지 분석

✓❷ 화학 반응이 일어날 때 열을 흡수하는 반응을 흡열 반응이라고 하므로 흡열 반응은 ㉢이다. 답 ②

106 발열 반응과 흡열 반응

자료 분석

발열 반응은 화학 반응이 일어날 때 열을 방출하는 반응이고, 흡열 반응은 화학 반응이 일어날 때 열을 흡수하는 반응이다.

선택지 분석

✓ㄱ. 연료가 연소될 때에는 열이 방출되므로 ㉠은 발열 반응이다.

✓ㄴ. 요소가 분해되면서 암모니아가 생성될 때 연료의 연소 반응에서 발생한 열을 흡수하므로 ㉡은 흡열 반응이다.

✓ㄷ. 디젤 엔진에 요소수를 넣어 주면 요소가 분해되어 생성된 암모니아가 대기 오염 물질인 질소 산화물을 질소 기체로 변화시키므로 대기 오염을 줄일 수 있다. 답 ⑤

107 발열 반응과 흡열 반응

자료 분석

화학 반응이 일어날 때 열을 방출하는 반응은 발열 반응이고, 열을 흡수하는 반응은 흡열 반응이다.

선택지 분석

✓❷ 숯이 연소될 때 열이 발생하는 것처럼 화학 반응이 일어날 때 주위로 열을 방출하는 반응을 발열 반응이라고 한다. 답 ②

108 발열 반응과 흡열 반응

자료 분석

화학 반응이 일어날 때 열을 방출하는 반응은 발열 반응으로, 열을 방출하므로 주위의 온도가 높아진다. 화학 반응이 일어날 때 열을 흡수하는 반응은 흡열 반응으로, 열을 흡수하므로 주위의 온도가 낮아진다.

선택지 분석

학생 A. 염화 암모늄을 물에 용해시켰을 때 수용액의 온도가 낮아졌으므로 ㉠은 흡열 반응이다.

학생 B. 뷰테인을 연소시켰을 때 열이 발생하였으므로 ㉡은 발열 반응이다.

✓학생 C. 화학 반응이 일어날 때 열을 흡수하는 반응은 흡열 반응이다.

답 ②

109 발열 반응과 흡열 반응

빈출 문항 자료 분석

다음은 학생 A가 가설을 세우고 수행한 탐구 활동이다.

[가설]

○ ㉠

[탐구 과정 및 결과]

○ 25 ℃의 물 100 g이 담긴 열량계에 25 ℃의 수산화 나트륨($NaOH(s)$) 4 g을 넣어 녹인 후 수용액의 최고 온도를 측정하였다.

○ 수용액의 최고 온도: 35 ℃ → 온도가 높아졌으므로 발열 반응이다.

[결론]

○ 가설은 옳다.

학생 A의 결론이 타당할 때, 다음 중 ㉠으로 가장 적절한 것은? (단, 열량계의 외부 온도는 25 ℃로 일정하다.)

해결 전략 실험에서 수용액의 온도 변화를 알아보기 때문에 열 출입에 관한 문제인지를 파악한다.

선택지 분석

✓❷ 탐구 과정 및 결과를 통해 '가설은 옳다.'고 결론을 맺었으므로 학생 A가 세운 가설은 '수산화 나트륨(NaOH)이 물에 녹는 반응은 발열 반응이다.'이다.

답 ②

110 발열 반응과 흡열 반응

빈출 문항 자료 분석

다음은 화학 반응에서 출입하는 열을 이용하는 생활 속의 사례이다.

(가) 휴대용 냉각 팩에 들어 있는 질산 암모늄이 물에 용해되면서 팩이 차가워진다. → 흡열 반응

(나) 겨울철 도로에 쌓인 눈에 염화 칼슘을 뿌리면 염화 칼슘이 용해되면서 눈이 녹는다. → 발열 반응

(다) 아이스크림 상자에 드라이아이스를 넣으면 드라이아이스가 승화되면서 상자 안의 온도가 낮아진다. → 흡열 반응

이에 대한 옳은 설명만을 〈보기〉에서 있는 대로 고른 것은?

보기

ㄱ. (가)에서 질산 암모늄의 용해 반응은 흡열 반응이다. O

ㄴ. (나)에서 염화 칼슘이 용해될 때 열을 방출한다. O

ㄷ. (다)에서 드라이아이스의 승화는 발열 반응이다. X (흡열)

해결 전략 주위의 온도 변화로 발열 반응인지 흡열 반응인지 파악할 수 있어야 한다.

선택지 분석

✓ㄱ. 휴대용 냉각 팩에 들어 있는 질산 암모늄이 물에 용해되면 팩이 차가워지므로 질산 암모늄이 물에 용해되는 반응은 열을 흡수하는 흡열 반응이다.

✓ㄴ. 염화 칼슘이 물에 용해되면서 열을 방출하는 발열 반응이 일어나므로 염화 칼슘을 제설제로 이용한다.

ㄷ. 드라이아이스가 승화되면서 열을 흡수하는 흡열 반응이 일어나므로 드라이아이스를 냉각제로 이용한다.

답 ③

111 발열 반응과 흡열 반응

자료 분석

실험 (가)에서 수용액의 온도가 올라갔으므로 수산화 나트륨이 물에 용해되는 반응은 발열 반응이다.

실험 (나)에서 수용액의 온도가 내려갔으므로 질산 암모늄이 물에 용해되는 반응은 흡열 반응이다.

선택지 분석

✓ㄱ. (가)는 발열 반응으로 반응이 일어날 때 열이 방출된다.

✓ㄴ. (나)에서 일어나는 반응은 흡열 반응이다.

✓ㄷ. 흡열 반응을 이용하여 냉찜질 팩을 만들 수 있다.

답 ⑤

112 발열 반응과 흡열 반응

자료 분석

발열 반응은 화학 반응이 일어날 때 열을 방출하는 반응이고, 흡열 반응은 화학 반응이 일어날 때 열을 흡수하는 반응이다.

선택지 분석

✓학생 A. 발열 반응은 화학 반응이 일어날 때 열이 방출된다.

학생 B. 화학 반응에는 열을 방출하는 발열 반응과 열을 흡수하는 흡열 반응이 있다.

✓학생 C. 메테인의 연소 반응에서는 열과 빛이 발생하므로 발열 반응이다.

답 ③

113 화학 반응에서 출입하는 열의 측정

자료 분석

열량계의 온도 변화를 통해 발열 반응인지 흡열 반응인지 알 수 있다.

선택지 분석

✓학생 A. 열량계 내부의 온도가 높아졌으므로 이 반응은 발열 반응임을 알 수 있다. 따라서 열량계 내부의 온도 변화로 반응에서의 열의 출입을 알 수 있다.

✓학생 B. $CaCl_2(s)$이 물에 용해되는 반응이 일어날 때 수용액의 온도가 높아졌으므로 이 반응은 발열 반응이다.

✓학생 C. 스타이로폼 컵은 단열을 위해서 필요한 것으로 열량계 내부와 외부 사이의 열 출입을 막기 위해 사용하는 것이다. 답 ⑤

114 발열 반응과 흡열 반응

자료 분석

온도 변화에 따라 발열 반응인지 흡열 반응인지 알 수 있다.

선택지 분석

✓㉠ 뷰테인이 연소될 때 열과 빛이 발생하며, 이때 발생한 열을 이용하여 물을 끓인다. 따라서 발열 반응이다.

㉡ 질산 암모늄을 물에 용해시켰을 때 용액의 온도가 낮아졌으므로 용해될 때 열을 흡수한다. 따라서 흡열 반응이다.

✓㉢ 진한 황산을 물에 용해시켰을 때 용액의 온도가 높아졌으므로 용해될 때 열을 방출한다. 따라서 발열 반응이다. 답 ④

115 화학 반응에서 열의 출입

빈출 문항 자료 분석

다음은 질산 암모늄(NH_4NO_3)과 관련된 실험이다.

[실험 과정]

(가) 열량계에 20 ℃ 물 100 g을 넣는다.

(나) (가)의 열량계에 NH_4NO_3 w g을 넣고 모두 용해시킨다.

(다) 수용액의 최저 온도를 측정한다. → 최저 온도를 측정하므로 이 반응은 열을 흡수하는 흡열 반응이다.

(라) 20 ℃ 물 200 g을 이용하여 (가)~(다)를 수행한다.

[실험 결과]

○ (다)에서 측정한 수용액의 최저 온도: 18 ℃

○ (라)에서 측정한 수용액의 최저 온도: t ℃

이에 대한 옳은 설명만을 <보기>에서 있는 대로 고른 것은?

보기

ㄱ. NH_4NO_3의 용해 반응은 흡열 반응이다. O

ㄴ. $t>18$이다. O

ㄷ. NH_4NO_3의 용해 반응은 냉각 팩에 이용될 수 있다. O

해결 전략 '질산 암모늄을 용해시킨 후 최저 온도를 측정한다.'는 사실을 파악해야 한다.

선택지 분석

✓ㄱ. NH_4NO_3을 물에 용해시키면 수용액의 온도가 낮아지므로 NH_4NO_3의 용해 반응은 흡열 반응이다.

✓ㄴ. 용해시키는 용질의 질량이 같으므로 수용액의 질량이 크면 온도 변화는 작다. 따라서 $t>18$이다.

✓ㄷ. NH_4NO_3의 용해 반응은 흡열 반응이므로 냉각 팩에 이용될 수 있다.

답 ⑤

116 화학 반응에서 열의 출입

자료 분석

연소 반응과 중화 반응은 대표적인 발열 반응이며, 냉각 팩에서 질산 암모늄의 용해 반응은 흡열 반응이다.

선택지 분석

✓(가) 화석 연료의 연소 반응은 발열 반응이다.

(나) 냉각 팩에서의 질산 암모늄의 용해 반응은 열을 흡수하는 흡열 반응이다.

✓(다) 중화 반응은 발열 반응이다. 답 ④

한눈에 보는 정답

Ⅰ 화학의 첫걸음

01 우리 생활 속의 화학 (본문 8~13쪽)

01 ③	02 ①	03 ③	04 ④	05 ③	06 ③
07 ⑤	08 ⑤	09 ⑤	10 ④	11 ③	12 ③
13 ③	14 ②	15 ③	16 ④	17 ③	18 ④
19 ③	20 ③	21 ③			

02 화학식량과 몰 (본문 13~20쪽)

22 ③	23 ⑤	24 ⑤	25 ④	26 ④	27 ④
28 ⑤	29 ①	30 ②	31 ⑤	32 ⑤	33 ②
34 ③	35 ④	36 ④	37 ⑤	38 ④	39 ④
40 ⑤	41 ①	42 ③	43 ④	44 ②	45 ⑤
46 ②	47 ①	48 ②	49 ①	50 ④	

03 화학 반응식 (본문 21~33쪽)

51 ④	52 ④	53 ②	54 ②	55 ④	56 ③
57 ③	58 ②	59 ④	60 ②	61 ②	62 ①
63 ②	64 ③	65 ①	66 ②	67 ④	68 ①
69 ④	70 ④	71 ①	72 ④	73 ④	74 ④
75 ①	76 ⑤	77 ②	78 ③	79 ③	80 ③
81 ①	82 ①	83 ②	84 ②	85 ②	86 ③
87 ④	88 ②	89 ②	90 ②	91 ①	92 ①
93 ⑤	94 ⑤	95 ②	96 ④	97 ③	

04 용액의 농도 (본문 33~37쪽)

98 ①	99 ①	100 ①	101 ③	102 ①	103 ③
104 ③	105 ②	106 ④	107 ①	108 ③	109 ⑤
110 ③	111 ④	112 ②	113 ④	114 ④	115 ①

Ⅱ 원자의 세계

01 원자의 구조 (본문 42~48쪽)

01 ⑤	02 ③	03 ③	04 ①	05 ②	06 ⑤
07 ②	08 ④	09 ②	10 ⑤	11 ⑤	12 ③
13 ②	14 ⑤	15 ③	16 ⑤	17 ②	18 ⑤
19 ③	20 ④	21 ⑤	22 ④	23 ⑤	24 ④

02 현대적 원자 모형과 전자 배치 (본문 48~60쪽)

25 ①	26 ③	27 ②	28 ①	29 ①	30 ③
31 ①	32 ④	33 ⑤	34 ③	35 ⑤	36 ⑤
37 ⑤	38 ⑤	39 ③	40 ④	41 ③	42 ②
43 ②	44 ①	45 ③	46 ③	47 ③	48 ①
49 ③	50 ④	51 ③	52 ③	53 ①	54 ⑤
55 ④	56 ⑤	57 ①	58 ④	59 ①	60 ①
61 ②	62 ②	63 ③	64 ④	65 ④	66 ②
67 ②	68 ⑤	69 ④	70 ①	71 ③	

03 원소의 주기적 성질 (본문 60~73쪽)

72 ②	73 ④	74 ③	75 ⑤	76 ②	77 ⑤
78 ④	79 ②	80 ④	81 ④	82 ①	83 ⑤
84 ③	85 ②	86 ③	87 ④	88 ②	89 ③
90 ①	91 ①	92 ⑤	93 ④	94 ③	95 ①
96 ⑤	97 ③	98 ①	99 ①	100 ⑤	101 ③
102 ②	103 ④	104 ⑤	105 ④	106 ①	107 ②
108 ①	109 ①	110 ④	111 ⑤	112 ③	113 ⑤
114 ⑤	115 ③	116 ①	117 ③	118 ④	119 ③
120 ②					

Ⅲ 화학 결합과 분자의 세계

01 화학 결합 본문 78~88쪽

01 ⑤ 02 ⑤ 03 ⑤ 04 ① 05 ⑤ 06 ⑤
07 ⑤ 08 ③ 09 ⑤ 10 ⑤ 11 ③ 12 ③
13 ② 14 ④ 15 ⑤ 16 ⑤ 17 ④ 18 ③
19 ③ 20 ⑤ 21 ② 22 ① 23 ⑤ 24 ⑤
25 ② 26 ⑤ 27 ③ 28 ⑤ 29 ③ 30 ②
31 ④ 32 ① 33 ⑤ 34 ⑤ 35 ③ 36 ②
37 ② 38 ③ 39 ④ 40 ①

02 결합의 극성과 루이스 전자점식 본문 88~96쪽

41 ② 42 ④ 43 ⑤ 44 ② 45 ⑤ 46 ④
47 ④ 48 ① 49 ③ 50 ③ 51 ④ 52 ⑤
53 ⑤ 54 ② 55 ① 56 ⑤ 57 ② 58 ④
59 ⑤ 60 ② 61 ③ 62 ② 63 ④ 64 ⑤
65 ① 66 ④ 67 ③ 68 ⑤ 69 ③ 70 ①
71 ③ 72 ⑤ 73 ④

03 분자의 구조와 성질 본문 97~105쪽

74 ③ 75 ③ 76 ④ 77 ① 78 ④ 79 ⑤
80 ③ 81 ① 82 ⑤ 83 ① 84 ① 85 ④
86 ② 87 ① 88 ① 89 ① 90 ② 91 ④
92 ③ 93 ④ 94 ④ 95 ④ 96 ① 97 ③
98 ② 99 ② 100 ⑤ 101 ② 102 ② 103 ⑤
104 ③ 105 ② 106 ⑤ 107 ⑤ 108 ⑤

Ⅳ 역동적인 화학 반응

01 동적 평형 본문 110~114쪽

01 ④ 02 ③ 03 ③ 04 ① 05 ② 06 ①
07 ③ 08 ① 09 ③ 10 ③ 11 ⑤ 12 ①
13 ① 14 ① 15 ④ 16 ① 17 ② 18 ①

02 물의 자동 이온화와 pH 본문 115~119쪽

19 ⑤ 20 ④ 21 ③ 22 ② 23 ③ 24 ②
25 ② 26 ⑤ 27 ⑤ 28 ③ 29 ④ 30 ④
31 ② 32 ② 33 ⑤ 34 ② 35 ① 36 ③

03 산 염기 중화 반응 본문 119~130쪽

37 ① 38 ② 39 ④ 40 ① 41 ④ 42 ①
43 ③ 44 ③ 45 ② 46 ③ 47 ① 48 ②
49 ④ 50 ② 51 ③ 52 ⑤ 53 ① 54 ④
55 ③ 56 ② 57 ② 58 ② 59 ④ 60 ①
61 ⑤ 62 ④ 63 ⑤ 64 ② 65 ② 66 ②
67 ② 68 ③ 69 ④ 70 ④ 71 ⑤ 72 ①
73 ③

04 산화 환원 반응 본문 131~138쪽

74 ⑤ 75 ② 76 ⑤ 77 ② 78 ② 79 ②
80 ④ 81 ⑤ 82 ① 83 ① 84 ② 85 ③
86 ① 87 ④ 88 ④ 89 ① 90 ③ 91 ①
92 ① 93 ⑤ 94 ⑤ 95 ① 96 ① 97 ①
98 ③ 99 ① 100 ④ 101 ① 102 ① 103 ④
104 ①

05 화학 반응에서 출입하는 열 본문 139~141쪽

105 ② 106 ⑤ 107 ② 108 ② 109 ② 110 ③
111 ⑤ 112 ③ 113 ⑤ 114 ④ 115 ⑤ 116 ④